U0271861

曾省先生

（1899—1968）

1950 年，曾省（左二）在河南小麦吸浆虫灾区治虫时看显微镜

1954 年曾省（后排左三）与同事摄于
武昌中南农业科学研究所

1957 年曾省（后排右六）与同事摄于
武昌华中农业科学研究所

1956 年春，曾省夫妇及儿子、
幼女摄于武汉大学珞珈山教职工住宅区

1962 年夏曾省夫妇
及幼女摄于沈阳东陵

1947 年曾省夫妇及幼女摄于武昌华中大学教职工宿舍楼前

20 世纪 60 年代初曾省及夫人陈颂　摄于大连

廿年革命亦艰辛　　　　　　　陈颂

廿年革命亦艰辛
　风兴夜寐寺秒分
十载华中农科所
　年々有战立苍穹
豫西驻点花炎暑
　替天小麦吸浆虫
派员赴浙取天敌
　东居宜都柑桔虫
业余主编植保报
　交流经路惠同行

62年革命去辽宁
　主治桃小寄毛虫
小虫祸害危绳诊
　丰收有望丝厂竹
曾有节去灵柔果
　初试苹力有前程

两年奋致挽产业
　工农同庆生产增

64,65编图谱
　各方协作联系保
之膜果盖千百
　处理若霖必躬亲
图纸标本逐接对
　质量查核方加精
如期完成付印行
　一页图文一片心

生物防治会召开
　四方捷报抵心怀
科学之峰齐攀进
　有沿规律巧安排
曾有小组育新菌
　稻螟防治新花开

UNIVERSITÉ
DE
LYON

FACULTÉ DES SCIENCES

-3 JUIL 1930

SOUTENANCE DE THESES

LE LUNDI 7 JUILLET courant à 17 HEURES

AMPHITHEATRE DES SCIENCES NATURELLES

M. TSENG SHEN , soutiendra ses thèses en vue de l'obtention

du grade de DOCTEUR DE LA UNIVERSITE DE LYON, sur les

sujets suivants;

Ière THESE- Etude sur la douve de Chine

2ème These - Les diptères pupipares.

里昂大学理学院论文答辩公告

（法国里昂第一大学档案馆提供）

（译文）

理学院论文答辩公告

兹定于 7 月 7 日 17 点在自然科学梯形教室举行

曾省 先生考取里昂大学博士学位 答辩会

有关主题如下：

论文一：对中华肝吸虫/华支睾吸虫的研究

论文二：对双翅、蛹生类昆虫特性的论述

（里昂大学理学院　印章）

1930 年 7 月 3 日

（高发明译）

FACULTÉ DES SCIENCES

Doctorat de l'Université de Lyon

PROCÈS-VERBAL

de l'examen subi par M. TSENG SHEN

né à SOEI-AON (CHINE)

le 26 SEPTEMBRE 1899

N° de la quittance : 8603

PREMIÈRE THÈSE

Etude sur la douve de Chine.

DEUXIÈME THÈSE

Propositions données par la Faculté :

Les diptères pupipares

MENTION

Honorable

LYON, le 7 JUILLET 1930

Vu :
Le Doyen,

Le Secrétaire,

Fait et signé en séance par les
Membres du Jury.

里昂大学理学院博士学位答辩记录

（法国里昂第一大学档案馆提供）

（译文）

答辩记录

应试者　曾省　先生

1899 年 9 月 26 日 生于（中国）瑞安

应试号　8603

第一篇论文

对中华肝吸虫/华支睾吸虫的研究

第二篇论文

理学院命题：对双翅、蛹生类昆虫特性的论述

评语

很好

院长阅批

秘书　　　　　　　评委对答辩签字

（签字）　　　　　（三人签字）

1930 年 7 月 7 日 于里昂

注：评委译名见后附
　　评委会审定　　　　　　　　　理学院院长阅批
　　C．瓦奈先生
　　J．居阿尔先生　　　　　　　　V．格里尼亚尔
　　A．博内先生

（高发明译）

发明奖励项目
公　报
1979—1981
（摘录）

第 81–23 号　　防治柞蚕饰腹寄蝇的有效药剂
（总 173）　　"灭蚕蝇 I 号"和"灭蚕蝇 III 号"

发 明 者　辽宁省蚕业科学研究所 王宗武、曲天文、于溪滨、胡沁琴，北京农业大学黄瑞纶、陈万义、韩熹莱，中国科学院动物研究所 赵建铭，中国农业科学院植物保护研究所 曾省，大连医学院 伍律，辽宁大学 吴必强，中国科学院昆虫研究所 邹伯祥

申报部门　农业部

批准时间　1981 年 5 月　　　　　**奖励等级**　二等
证 书 号　100095　　　　　　　　**奖章号**　1023

柞蚕饰腹寄蝇是危害柞蚕生产的主要害虫之一，发生在辽宁、吉林等省蚕区。辽宁蚕区平均寄生率达 65%，严重的达 100%，对柞蚕生产威胁极大。

经研究查明，该蝇为寄蝇科、饰腹寄蝇属的一个新种，命名为柞蚕饰腹寄蝇 Blepharipa tibialis（Chao）。

在研究过程中，人工饲养柞蚕饰腹寄蝇获得成功，并对该蝇的生殖系统和消化系统进行了解剖和组织学研究，查明其食性、寿命、交配以及受精卵的胚胎发育、产卵习性和蝇卵的孵化经过等。特别是发现了它在蚕体内的寄生过程和规律，即一龄幼蛆寄生在柞蚕皮下的毛原细胞内形成包囊，二龄幼蛆寄生在蚕气门周围形成呼吸漏斗，三龄幼蛆大量咬食蚕体组织，使蚕致死。弄清蝇蛆的寄生和危害规律，为药剂防治提供了重要依据。

针对幼蛆寄生的规律和特性，研究出了选择性杀虫药剂"灭蚕蝇 I 号"，将它喷到柞叶上，蛆蚕吃下带药的柞叶，可杀死体内的蝇蛆，使蛆蚕恢复健康，防治效果平均达 93.5%。此药对桑蚕蝇蛆病亦有同样防治效果。继"灭蚕蝇 I 号"之后，又研究出了"灭蚕蝇 III 号"，将被寄生的蛆蚕，放入药液内浸后取出，即可治愈蛆蚕，平均防治效果达 97.5%。经系统观察证明，这两种药物对柞蚕当代、子代及蚕丝品质均无不良影响。

中华人民共和国国家科学技术委员会
1983 年

生物防治害虫的先驱
——曾省先生文集

中国农业科学院植物保护研究所　组编

曾晓华　主编

中国农业科学技术出版社

图书在版编目（CIP）数据

生物防治害虫的先驱：曾省先生文集／中国农业科学院植物保护研究所组编，曾晓华主编 . —北京：中国农业科学技术出版社，2018.10

ISBN 978 - 7 - 5116 - 3485 - 6

Ⅰ . ①生… Ⅱ . ①中…②曾… Ⅲ . ①农业害虫 – 生物防治 – 文集 Ⅳ . ①S476 – 53

中国版本图书馆 CIP 数据核字（2018）第 010152 号

| 责 任 编 辑 | 李冠桥　陶　莲 |
| 责 任 校 对 | 马广洋 |

出 版 者	中国农业科学技术出版社
	北京市中关村南大街 12 号　邮编：100081
电　　话	（010）82109705（编辑室）　（010）82109702（发行部）
	（010）82109709（读者服务部）
传　　真	（010）82106625
网　　址	http://www.castp.cn
经 销 者	各地新华书店
印 刷 者	北京富泰印刷有限责任公司
开　　本	787mm×1 092mm　1/16
印　　张	37.25　彩插 12 面
字　　数	901 千字
版　　次	2018 年 10 月第 1 版　2018 年 10 月第 1 次印刷
定　　价	330.00 元

代序一

曾省，农业昆虫学家。他在害虫生物防治的研究上，取得了开创性的成果。他开始从异地引入大红瓢虫，建立人工自然种群获得成功，为我国国内天敌异地引种开创了典范。他分离出杀螟杆菌，并应用于水稻生产，为害虫防治开辟了新的途径。他还将家畜寄生虫的防治方法移植到柞蚕寄生蝇的防治上，取得了良好效果。此外，对小麦吸浆虫等防治的研究也有较深造诣。

    曾省，又名曾省之。1899 年 9 月生于浙江省瑞安县一个农民家庭。他二岁丧父，家境中衰，靠卖田、典物、借债度日。曾省兄弟三人最后不得不随母迁寓外祖父家，靠其周济生活。曾省从小生活在农村，熟悉农业生产落后状况，日睹农民生活的困苦，因此，自幼便萌发了改变农业技术落后状态的愿望。1916 年他从瑞安县立中学毕业后，远离故乡和亲人，投考了南京高等师范农业专科。在校期间，受到学校严格实用技术训练和严谨治学精神的熏陶，这对他以后的事业和工作作风有很大影响。1920 年农业专科毕业，留校任助教。次年南京高等师范改为东南大学，曾省转入该校生物系任教，同时补习必修课程，完成本科规定的学分，于 1924 年获学士学位。在此期间，曾省亲受秉志教授指导，学业大有进步，对动物组织切片技术颇有研究，并开设组织切片方法的课程。

    1927 年年初，曾省因受国内土地革命影响，各地农民运动蓬勃发展，他离开了东南大学，到南京市郊农民协会任干事，从事农民福利工作。后遭国民党政府干预，并强行改组了农民协会，1928 年曾省被迫离职，回中央大学（原东南大学）继续任教。回校后，他埋头学业和教学工作，成绩显著，不久就升为生物系讲师。

    1928 年，曾省经秉志等著名生物学家的推荐，得到中华文化基金会资助，前往法国里昂大学理学院攻读昆虫学、寄生虫学和真菌学，1930 年获里昂大学理学博士。随后前往瑞士暖狭登大学从事生物学研究。为了更多地掌握现代科学知识，日后好报效祖国，他除在柏林短期学习德语外，还花了很多时间利用巴黎博物馆条件，从事昆虫分类的研究。

    1932 年，曾省途经莫斯科回国，受聘于青岛大学生物系主任兼教授，并开展海洋生物的研究工作。由于他从小立志献身于祖国的农业事业，1934 年经学校同意，前往济南筹建农学院，并任院长。在此期间，他提倡农学院办学要教育、科研、生产结合，培养全面人才。因此，他主张农学院招收研究生和举办冬季农民训练班等，组织教师下乡调查农业生产情况，普及新农业知识，传授农业新技术，搜集研究材料和制作实物标本，工作颇有成绩。后因校舍问题与山东省教育厅当局发生争执而辞职。1935 年秋，他接受四川大学任叔永校长之邀入川，任四川大学农学院院长、教授。1946年曾省离川东下入鄂，先在汉口商品检验局任技正，兼湖北省农学院教授和植物病虫害系主任。后转入华中大学生物系任教授，到1951年。

中华人民共和国成立后，1949年前往北京参加中华全国自然科学工作者代表大会筹备工作。1951年参与中南农业科学研究所（后来的华中农业科学研究所）的筹建，并任副所长，兼植物保护系主任、研究员。1959年因工作需要，奉调北京，任中国农业科学院植物保护研究所研究员，负责昆虫标本室工作，并主持《中国农作物病虫图谱》（1~2集）编审工作。

曾省曾任湖北省民主同盟委员、武汉市政协委员、湖北省科学技术协会副主席以及《昆虫学报》编委。"文化大革命"中受迫害，于1968年6月10日含冤辞世。1978年得到平反昭雪。

在生物防治研究工作上的贡献

曾省早年在果树、粮食的害虫天敌的研究上做了不少工作。1952年湖北省宜都等县发生了严重的柑橘吹绵蚧为害。宜都县20万株柑橘仅产5 000多千克，严重影响了产量。曾省利用天敌防治虫害的原理，派出助手前往浙江永嘉县采集大红瓢虫300余头，通过人工饲养、繁殖、驯化，采用多点释放和保护越冬等措施，使大红瓢虫适应了当地环境条件，建立了自然种群。经过三年努力，基本控制了宜都柑橘吹绵蚧的为害。为我国国内天敌异地引种开创了成功的典范。此项成果，后来被引用到四川泸州柑橘产地也收到了明显的防治效果。

1962年，曾省在辽宁凤城县调查柞蚕饰腹寄蝇为害时，从柞蚕饰腹寄蝇蛹体上分离到一种虫生真菌，经鉴定定名为赤色穗状菌，对柞蚕饰腹寄蝇和家蝇的蛹都有寄生和杀死作用。

1964年，以中国昆虫学会和中国植物保护学会名义，由我国著名昆虫家刘崇乐和曾省共同主持，在武汉召开了"全国第一届生物防治学术讨论会"，对如何加强我国生物防治研究提出了不少很好的建议。并在曾省的创议和主持下，中国农业科学院植物保护研究所正式设立了由他主持的生物防治研究课题，开展了赤眼蜂繁殖和应用的研究；对苏云金杆菌防治菜青虫以及京郊主要农作物害虫天敌种类调查，取得了良好的成果。1965年11月，曾省和助手从长沙湖南省农业科学院的试验田内采集到三化螟幼虫尸体，从中分离出一种芽孢杆菌，定名为杀螟杆菌。在湖南省微生物工厂协作下，使该菌顺利地通过了深层发酵工艺，进行批量生产。生产出来的杀螟杆菌剂，经田间试验，表明对稻苞虫、水稻三化螟、茶毛虫、菜青虫等均有良好防治效果。这是我国首次采集分离并进行工厂化生产和大面积应用的细菌杀虫剂。

此外，曾省对赤眼蜂分类也有较深的研究。他利用赤眼蜂雄蜂外生殖器和翅上毛列作为分类依据，对辽宁和北京郊区采集到的三种赤眼蜂进行了鉴定。他是我国最早应用雄蜂外生殖器形态和翅上毛列排序作为赤眼蜂分类依据的学者之一。

在柞蚕饰腹寄蝇防治工作上的贡献

柞蚕丝绸是我国重要的传统外贸物资。由于柞蚕饰腹寄蝇的为害，20世纪60年代初仅辽宁生产区产量损失达65%左右，灾情严重地区损失高达100%。因此，柞蚕饰腹寄蝇成了柞丝生产的主要威胁。柞蚕饰腹寄蝇属于内寄生蝇类，当柞蚕吐丝结茧前，寄蝇老熟幼虫从蚕体内破皮脱蛆，使柞蚕不能结茧而死亡。同时由于柞蚕系野外放养，给柞蚕饰腹寄蝇防治带来困难。1962年曾省接受辽宁柞蚕研究所的邀请，参加了柞蚕饰腹寄蝇防治协作组。他不顾年老体弱，带领助手多次奔赴蚕区调查虫情，研究寄生蝇生活史和习性，并根据寄蝇的产卵行为和在蚕体内发育过程，提出了防治对策。他运用丰富的寄生虫学知识，成功地将有关家畜寄生虫防治方法移植到柞蚕饰腹寄蝇防治上，取得了显著效果。他提出用"灭蚕蝇"喷洒过的柞树叶喂养柞蚕，杀死蚕体内的寄蝇蛆，使受害柞蚕能正常生长发育和吐丝结茧，经过试验效果十分理想。后来将此法在江南桑蚕区用来防治家蚕寄生蝇也取得了同样效果。随着协作组参加单位增多，研究领域更加扩大和深入从而使研究水平达到更高的层次，经济效益和防治效果更加显著，并于1981年荣获国家发明二等奖。

在小麦吸浆虫防治研究工作上的贡献

曾省在小麦吸浆虫防治研究上有较深的造诣。20世纪50年代，小麦吸浆虫严重威胁我国冬麦区的生产。曾省亲自率领科技人员奔赴河南南阳等吸浆虫危害严重地区，深入生产实际，蹲点农村，观察研究其生活史、生活习性和发生规律，提出了小麦吸浆虫预测预报的方法；并采取选育抗虫品种、拉网捕捉成虫和化学防治相结合的防治措施，获得了很好的防治效果，为当地农业生产作出了贡献。并撰写出《小麦吸浆虫防治方法》和《小麦吸浆虫》专著和数篇论文；在学术界有一定影响。

曾省在我国高等教育岗位上整整耕耘了30个春秋，为国家培养了大批的专业人才。在植物保护科学研究上，他主张必须联系农业生产。不论选题、研究方法，都应围绕着生产中存在的实际问题去考虑，并且深入农村，建立基点，开展调查和分析，才能收到实效。

叶正楚
（中国农业科学院生物防治研究所前副所长）

注：原文中年份有误者，经核实，已更正。——编者

代序二

中国农业科学院植物保护研究所在 60 周年所庆之际，在父亲曾省辞世近 50 年后，决定出版《生物防治害虫的先驱——曾省先生文集》，以缅怀他的毕生功绩。作为子女，我们真是百感交集，激动不已。我们更加坚信：凡是为人民做过好事的人，党和人民永远不会忘记他。我们衷心感谢植保所领导，也更深切体会到党对知识和知识分子的尊重，党的伟大，社会的进步和历史的正义。

父亲一生，热爱祖国，关爱人民，为农业服务鞠躬尽瘁。他在我国农业教育和农业科技方面做出了创造性贡献，在棉蚜虫、园艺害虫、仓库害虫、水稻害虫、小麦吸浆虫、柞蚕寄生蝇等防治方面都建立了卓著的业绩，尤其在生物防治农作物害虫领域，成为我国生物防治害虫的先驱和奠基人之一。他的一生是兢兢业业为国为民奉献的一生，是不断探索、钻研、实践、创新的一生，为我国农业科技史增添了光辉的一页。他的爱国、敬业、求实、创新的精神，大多凝聚在本文集中，值得后人学习、继承和发扬。

父亲幼年丧父，家道中落，谈起儿时最早的记忆就是债主逼债时的凶狠和恐吓，以及祖母无奈的哭泣和哀求。小小年纪便经历了苦难生活的折磨，从小深知我国农村的极度贫困和落后的状况。为改变我国农村落后面貌，他青少年时代即矢志发愤图强，刻苦认真学习，成绩优异。1928 年在中央大学任讲师时，由中华教育文化基金会资助前往法国里昂大学攻读昆虫学、寄生虫学和真菌学。1930 年获理学博士学位。回国后献身于防治农作物病虫害的教学和科研事业。工作中强调理论联系实际，重视调查研究，坚持创新原则，每治虫害必从观察害虫生活史及习性入手，找出害虫生命中最脆弱时段及最有利的灭杀时机，采用最合理经济有效的方法，歼灭害虫。早在 20 世纪 30 年代，国外刚采用生物防治时，他就以生物学家的敏感，考虑到化学药剂对人畜及环境的危害，在我国率先研究用生物防治法来防治害虫。在他 30 余年治虫生涯中，积累了丰富的经验，写出了大量的科技论文及专著。在搜集、阅读父亲著作中，我深受教益，印象最深的有以下几方面。

教学生产结合，提高普及兼顾

1934 年，父亲任山东大学农学院院长时，就提倡"农学院办学要教育、科研与生产相结合，培养全面人才"。主张除招收大学生外，还应招收研究生；利用冬季农闲时举办农民训练班。一方面组织教师下乡调查农业生产情况，搜集研究材料和制作实物标本；另一方面办农校，强调文化教育与生产教育并重，文化教育使农民能读书看报、记账写信，免受人欺；生产教育则是以增加农业生产为目标，传授农业知识，推广新技

1

术、新品种。1934年冬第一期农民学校办得非常成功，深受农民欢迎。

1935年他在主持四川大学农学院时，根据抗战时期四川经济发展和人才紧缺的状况，先后创建了4个系和5个研究室（不久条件成熟后都升级为系），基本包含四川农林主要领域的学科专业。他坚持每个系及研究室都要建实习农场或实验基地，为理论联系实际的教学创造条件。要求学生"手、脑并用，耕、读兼施"，既有知识、又会干农活、又会动手搞科研，为今后服务农业打好基础。除大学教育外，还坚持创办有针对性的短期农民学校和讲习班，自任校长，亲自授课，促进了农民素质的提高。

他教育农学院的学生一定要以发展农村经济，改善农民生活为目标，研究课题要直接为巩固大后方经济实力服务，支援抗战。病虫害系学生的毕业论文课题，都是针对防治当时四川严重的虫害，如烟草害虫、仓库害虫、水稻害虫、柑橘害虫等。他带学生李隆术所做的研究，就是为防治抗战时为害严重的仓库害虫，以挽救仓库储粮损失达10%～20%的严重状况为课题。师生二人在敌机轮番轰炸下，在昏暗的油灯下，艰辛开展了3年的研究，出版了《仓库害虫及其防治》一书，促进了粮食仓储的改进，减少了粮食损失，支持了抗战，培育了新人。李隆术后来成为我国知名的仓储害虫防治专家，西南农业大学教授、博士生导师及学科带头人。

曾省在高等学校执教30个春秋，他以先进的农业教育理念，为我国培养了一大批优秀的理论联系实际的农业科技人员、专家。他们在抗日战争期间及中华人民共和国成立后的农业建设中起了重要的骨干作用。在这方面，他不愧为有远见卓识和使命感的现代农业教育家。

爱国敬业，拥护党的领导

从1928年父亲博士学位论文的选题《中华肝吸虫的研究》，及父亲做研究所用的54件寄生虫标本，全是由他自己从国内带去和托他的老同学从国内寄往法国的事实，表明他是刻意要为研究袭扰我国江南一带农民的顽疾的"肝吸虫病"而去法国专攻寄生虫学的。爱国爱民之深情感人肺腑！

1930年博士毕业后，父亲去瑞士暖狭登大学任研究员。但他念念不忘要改变祖国农村贫穷落后的志向，在抓紧时机充实自己、作好准备后，于1932年毅然放弃国外优厚待遇回国服务。

1935年，父亲应四川大学校长任鸿隽（叔永）之邀入川，主持四川大学农学院工作。他在《一年来四川农业的进步》中建言："……东北四省沦陷，暴邻压境，华北及沿海各省，日处于蹂躏骚扰状态之中，一旦战争爆发……复兴民族根据地，首推四川，考四川全省之基础，大部建于农业之上。……故目前川省政府之建设计划及川大教育方针，亦以振兴农业、复兴农村为急务。"他怀着一颗赤诚爱国之心，为建立一个巩固的抗日大后方出谋划策。他提出了许多改进农业的途径：如加强农业调查、研究与试验，改良品种、改进生产方法、防治病虫害、提升农民经济及生活、培养各层次农业人才、创办农民补习学校。他还建议在农作物主产区分别成立甘蔗、棉作、烟草、稻麦、芸薹等7个农业试验场，以作研究增产示范基地。由四川大学农学院"备咨询与教育之责"，各专业师生均参与协助各试验场工作。他选的科研课题，都是为了增加农作物产量质量，减少病虫害，以增强大后方经济实力为宗旨的。

1942年他在四川大学校刊上著文写道："此研究之进行当在敌机袭扰威胁之下从未稍落，……敌机仅能破坏我物质，不能破坏我精神。"爱国激情溢于文稿。

抗战期间父亲主持正义，见义勇为，保护四川大学中共地下党干部李相符同志（森林系教授，住我家隔壁），国民党要逮捕他，情况危急。父亲与许多教授挺身而出，签名保护他，才使李伯伯安然无恙。中华人民共和国成立后，李相符教授曾任中国林垦部副部长、北京林学院首任院长、第一任党委书记等职。

中华人民共和国成立后，他的爱国热情更加高涨。1950年11月，他从《长江日报》上获悉湘赣鄂桂等省入库粮食霉烂生虫达1.004亿斤的消息，心急如焚，连续奋战数日夜，写出《防治公粮霉烂生虫》一书，图文并茂，通俗易懂，交武汉通俗图书出版社应急出版，充分体现了他关心国家利益的赤子之心。

全国进行土地改革，他热烈拥护，感到农民得到解放，今后发展农业大有作为。父亲在《我对于防治害虫的看法》一文中写道："尤其土改以后，农民生产情绪增高，对生产技术改进要求大增，认为害虫防治是最需要的技术。所以每个昆虫学家和……防治害虫的人们必须按新方针、新路线去防治害虫，帮助农民提高生产。"立场鲜明，责任感强烈。

自1951年起，他连续八年奔赴小麦吸浆虫重灾区河南，参与研究防治小麦吸浆虫站工作。每年从小麦抽穗、灌浆到成熟季节，他都在南阳、洛阳的田间地头，和农民一道查看虫情，探索有效的抗虫办法。终于和众多科技人员与农民一起，解决了虫情预测预报、用药、灭虫以及培育抗虫品种等问题，基本消除了虫害，使数千万亩小麦获得丰收，受到河南省政府嘉奖。他在《小麦吸浆虫》一书中描述他对党领导"大面积防治吸浆虫的经验"的深切体会，"这些经验证明了由党领导科学研究，接触生产实践，走群众路线和集体创造，很快解决问题"，"而且通过大面积防治，显示出社会主义社会制度的优越性。"

严谨研究，勇于创新

父亲善于细心观察研究，孜孜不倦；勤于亲自动手实干，锲而不舍；乐于虚心学习探索，推陈出新。他的发明、发现颇多，体现了一位科学家的引领作用。

1932年任瑞士暖狭登大学研究员时，撰写论文《中国鸟禽类绦虫的研究》（一）、（二），其创新点有：一是发现鸟禽类绦虫7个新物种；二是发现中华鸟禽类绦虫与欧洲、澳洲、埃及和乌拉尔的鸟类绦虫或多或少有亲缘关系。

1936年他在成都作水稻螟虫观察时就有三个重要发现：

（1）凡是灌溉便利水源充足之地，螟害就轻，反之螟害就重，证明水利灌溉可抑制虫害。

（2）他指导农场种了25种水稻以观察螟害，发现受螟害重者（20%以上），其成熟期都在9月底和10月初，这就证明变更种植期，栽种早熟稻，可减少虫害。

（3）25种水稻中，有一种叫"铁梗青"的，其成熟期在10月半，其螟害仅为1%，证明它是一种抗螟品种，可以大量育种，种植。

3

1937 年他建议都江堰提前放水，以破坏水稻螟虫生长环境，抑制螟虫的生长。

1940 年研究防治柑橘红蜡介壳虫时，发现每年 6—7 月正是幼虫刚孵出之生命最脆弱期，此时用松脂合剂杀虫效果最佳。又发明了"川大毒胶"，杀灭柑橘天牛及苹果天牛效果甚好，对防治园艺害虫颇有贡献。

20 世纪 50 年代，为防治小麦吸浆虫为害，他带领科技人员在河南重灾区农村，观察研究害虫生活史和习性，掌握了幼虫和蛹的地下活动规律，并用淘土法计量地下虫口密度。在此基础上，他总结并提出了小麦吸浆虫预测预报方法。

1961 年辽宁凤城柞蚕基地发生严重的寄生蝇为害，柞蚕大量死亡，蚕丝减产近 60%～100%。1962 年父亲受农业部指派和辽宁省柞蚕研究所之邀前往抗灾，他虽已年过花甲，但心系蚕农，不顾天寒地冻、食物短缺，不辞辛劳奔赴灾区。经对柞蚕和寄生蝇的生活习性作细致观察研究，在与北京农业大学、辽宁柞蚕研究所等单位科研人员协同努力下，终于按他提出的用药方案和施药方法，有效地杀灭了寄生蝇，挽救了辽宁柞蚕业的重大损失。该药方即"灭蚕蝇一号"药，1981 年获国家科技发明二等奖（集体奖）。

1962 年曾省在国内首次先后发现了寄生于棉铃虫蛹的粉样穗状菌和寄生于柞蚕寄生蝇的赤色穗状菌，能使多种害虫罹病，可用作生物防治。父亲与同事一道通过试验，成功掌握了它们的分离、培养、繁殖和制菌粉技术，这两种穗状菌都成功地用于田间有效杀灭害虫，属创新性成果。

1965 年他对害虫天敌赤眼蜂分类，提出科学的鉴定标准，即用赤眼蜂雄蜂外生殖器和翅上毛列作为分类依据。比此前日本学者提出的分类依据更为完善、准确。

我国生物防治害虫的先驱

1933 年父亲在《生物学与人生》一文中，述及国外已有"驱除害虫不用药液，而提倡生物防治方法"，"采用益虫来治害虫"。

父亲以生物学家兼农学家所具有的农学、寄生虫、昆虫、微生物等学科专业的优势，对新兴的"生物防治"技术十分赞赏，并潜心钻研，试验，有计划地探索用生物防治法来防治害虫。

1934 年，父亲观察到棉蚜有 14 种天敌，指出"其中 5 种瓢虫之捕食（棉蚜）能力强，繁殖速，一年发生数代，且出现期早、饲育容易，宜讲究保护繁殖之道，使其为我人任天然（生物）防治之责"。

1941 年，他用了半年观察烟草青虫的卵、幼虫、蛹、成虫的天敌。拟用幼虫天敌之"腐烂病菌"来作生物防治烟草青虫的试验。

1945 年，他在进行了一系列有关"白僵菌与昆虫"课题研究实验后，弄清了桑蚕被白僵菌寄生所引起的生理及病理反应；明确了白僵菌可由皮孔、消化道进入蚕体使之感染；并解剖了罹病末期的蚕体，观察到白僵菌在蚕体内的繁殖现象。得出结论："此菌能在蚕体及其它昆虫体上寄生，并使它们罹病而死。近欧西学者利用之以治农作物害虫。"本实验为以后用食虫菌对害虫进行生物防治打下了坚实的理论技术基础。

在1945年年底写给四川大学校方的一份报告中，他提到：……"省最近介绍（接种）蚕之白僵病菌孢子于臭虫身上，确能寄生，如空气湿度较高臭虫必致病斃"。他还表示："今后打算学习并从事生物防治的研究。"他描述了"生物防治"概念："利用寄生菌、寄生虫与肉食昆虫以之防治其它害虫，称（为）生物防治。"

1952年湖北宜都等县柑橘受吹绵蚧严重为害，父亲立即派助手从浙江永嘉县采集300余头大红瓢虫。这恰是他酝酿已久且胸有成竹的"生物防治"方案。并创造性地通过人工饲养、繁殖、驯化，采用多点释放和保护越冬等措施，使大红瓢虫适应了当地环境，建立了自然种群。经过三年努力，基本控制了宜都柑橘吹绵蚧的为害，成为我国将害虫的天敌异地引种进行生物防治成功的经典范例。

1964年3月，在武汉"全国第一届农林害虫生物防治学术讨论会"上，曾省介绍了1962年他在国内首次发现的两种可杀灭害虫的虫生真菌（粉样穗状菌和赤色穗状菌），它们的寄主范围广、毒性强、能在马、羊、猪粪与苜蓿土、荷池泥等培养基上生长，制成菌粉后可在田间有效治虫。他的发言引起热烈的响应，对全国生物防治工作起了很好的促进作用。会后，曾省完成了《1964年全国农林害虫生物防治学术讨论会论文集》的主编工作。

随即，在父亲的创议下，中国农业科学院植物保护研究所设立了由他主持的生物防治研究课题组，积极开展生物防治的相关研究，如对赤眼蜂的分类依据、识别标志、鉴定标准、繁殖和应用，均作出很好的研究；对京郊农作物害虫天敌的调查，明确了京郊主要农作物害虫的天敌种类；对利用苏云金杆菌防治菜青虫的研究也取得了好成绩，为该制剂的推广应用提供了实验数据。

1965年，父亲连续发表三篇重要论文：《有关赤眼蜂种鉴别的商榷》，使利用赤眼蜂防治害虫更便捷有效；《虫生微生物及其利用》，介绍推广生物防治的新技术；《一种虫生真菌——赤色穗状菌的研究》，全面总结了应用赤色穗状菌防治柞蚕饰腹寄蝇的创新成果；大力推广生物防治新方法。

1965年11月，父亲和中国农业科学院植物保护研究所生物防治组人员，从三化螟幼虫尸体中分离出一种芽孢杆菌，定名为"杀螟杆菌"。在湖南省微生物工厂协作下，使该菌制剂顺利进行批量生产。产出的"杀螟杆菌剂"，经田间试验，证明对稻苞虫、水稻三化螟、茶毛虫、菜青虫等均有良好的防治效果。这是我国首次自主发现并采集、分离、培养、制粉、接种、试验、生产定型可在田间大面积应用的细菌杀虫剂，具有我国生物防治害虫史上的里程碑意义，父亲心中充满了喜悦和希望。

这一年，曾省已66岁，不顾身患耳鸣、腰痛和手指颤抖等疾病，仍壮心不已，奋斗不息，带领年青人投身于大田、实验室、试验田和协作单位，通过大量精细、艰苦的劳动，创造出丰硕成果，促进了我国生物防治技术领域日益扩大、方法不断更新。他为我国生物防治害虫事业的奠基作出了重大贡献。

1966年"文化大革命革"开始，刚起步的大规模生物防治工作被迫停顿。1968年父亲被迫害致死，十年后，中国农业科学院为父亲平反昭雪。

父亲热爱祖国，拥护党的领导，献身科学、坚持真理、践行理论联系实际和不断创新精神，体现了中国老一代科学家的优秀品质和高尚情操，是我们学习的榜样。我们一定要把他的精神代代相传，为祖国的繁荣富强奋斗不息。

曾晓华
（曾省先生次女）

目　　录

生物防治

蚕类病虫害及其防治

小麦吸浆虫及其防治

水稻病虫害及其防治

各级农业教育的研究与实践

其　　他

附　　录

生物防治

白僵病菌与昆虫[*]

曾　省

国立四川大学农学院植物病虫害学系蚕桑学系合作研究

白僵病菌为僵菌之一种，僵病英法名 Muscardine，德文为 Kalkzucht。僵病种类颇多，就外表颜色而言，计有褐僵病，浓黄僵病，橙黄僵病，黑僵病，绿僵病等名称。亦有总称为硬化病者，因虫体得病，不久僵化（mummified），肢体变硬故名。此菌能在蚕体及其他昆虫体上发生，近欧西学者有利用之以治作物害虫，为自然防治法中一种有益寄生菌。唯对家蚕侵害颇烈，故一面研究防治之方法以解养蚕者之危，一面调查培养接种，考察其在中国利用之可能性。除已于 1945 年春着手试验进行室内研究外，特参阅古今中外书籍杂志，编著此文，以作研究工作进行时之南针，并可供国内研究蚕体白僵病及注意害虫自然防治者之参考。时间匆促，挂漏谬讹之处，在所难免，幸希有以教之。至关于防治与利用试验之结果，容整理后发表。

一、研究历史

中国《本草纲目》书中早有蚕入药之记载。欧洲于 1763 年有此病之记载（Lulwig：Lehrbuch der niederen Kryptogamen）。19 世纪发表多数报告：就中有 Montagne 氏研究僵病者 Histoire botaniqu de Ia muscardine（1835 年）。同年意大利学者 Agostino Bassi 始从事研究白僵病，发现蚕体内有某种菌寄生而成僵病，且证明能接触传染。同年 Balsamo 又将 Bassi 所发现之菌加以研究，并命以 bassiana 之种名。此后关于此病之研究有 Audouin（1837），Turpin（1836），De Bary（1867），Guerin de Meneville（1899），Delacroix（1893）等。在 20 世纪 Beanverie（1914），Conte et Levrat（1906—1907），Paillot（1930），Vincens（1912），Vuillemin（1911）等。1895 年 Forbes 试验证明 Beauveria（Sporstrichum）globulifera 可治一种长椿象（Chinch bug，Blissus Ieucopterus，Lygaeidae）。1892 B. globulifera 被输入 Algeria 以之杀菜跳虫（Flea beetle，Haltica，金花虫科，为葡萄之害虫）。1893 Giard 记载 Cordyceps entomorhiza 能致病于蜚蠊、天蛾、夜蛾幼虫及家蚕等。在法国葡萄蛾蛹 Polvchrosis 与 Clysia（细叶捲蛾科 Phaloniidae）皆有 Spicaria farinosa 僵菌侵害而致死。1903 Vaney *et* Conte 培养蚕体上白僵菌，涂孢子于葡萄叶上，

＊《农林新报》，1946，第 1～9 期合刊。

能使 Haltica（鞘翅目昆虫）传染死亡甚惨。

Arnaud（1927）报告白僵菌（*B. bassiena*，*B. densa*，*B. globulifera* 及 *Spicaria* sp.）可侵害家蚕及菜白蝶（*Pieris brassicae* L.），*B. effusa* 初寄生于家蚕，后亦能为害其他昆虫如 Colorado potato beetle（*Leptinotarsa decem lineata*）。

日本研究家蚕白僵病之专家有胜又藤夫（1929—1932）注意发育与生态，三谷贤三郎（1923—1929）研究家蚕白僵病之预防，关本（佐藤）清太郎（1910—1930）研究家蚕白僵病之种类与形态；边渡虎之助（1917）、石渡繁胤、三宅市郎（1916）研究家蚕白僵病之一新种——绢毛状白僵病；齐藤菊雄（1928）研究紫外光对于蚕之白僵病消毒力；此外尚有其他论文数十篇，不胜枚举。

我国方面关于蚕体白僵病间有著作发表，大率是译述性质，最近中山大学陈湘芷研究家蚕白僵病，惜未读其报告（仅见诸中华农学会通讯）。此外抗战前中央农业实验所曹诒孙君创制防僵粉，闻著成效，宣传亦盛于一时。

二、僵菌种类

据日本学者报告在日本国内寄生于昆虫蜘蛛身上发生硬化病（僵病）之菌已知者有 60 余种，寄生蚕儿体内者为 21 种，而确定者不外十四种。

1. 蝗 疫 菌　Empusa grylli（Fresenius）Thaxter（Fam. Entomoph thor aceae；subtribe，Entomophthrineae；trihe，Zygomycetes；class Phycomycetes

2. 褐 僵 菌　Aspergillus flavus Link（Fam. Aspergillaceae；subtribe，Plectascineae；tribe；Euascomycetes；Class Ascomycetes）

3. 麴　菌　A. oryzae（Ahlburg）

4. 浓黄僵菌　Storigmatocystis fulva（Montagae）Saccar do（Fam. Aspergillaceae）

5. 橙黄僵菌　S. sp.

6. 黄 蛹 菌　Cordeceps militaris（L）Link（Fam. Hypocreaceae，subtribe Pyrenomycetineae；Euascomycetes；Ascomycetes

7. 黑 僵 菌　Oospora destructor（Metochnikoff）Delacroix（Fam. Mucedinaceae；tribe Hyphomycetes；Class Fungi imperfecti

8. 白 僵 菌　（1）Botrytis bassiana Balsamo（Fam. Mucedinaceae）
　　　　　　［Beauveria bassiana（Bals.）Veuill.］The genus Beauveria included in the tribe verticillieae of the fungi imperfecti Belorce reclassification by Veuillomin in 1912. the species was known as Botrytis bassiana Bals.
　　　　　　（2）B. bassiana form malvaceoroses Miyake
　　　　　　（3）B. sp.（n. sp）

9. 绢毛白僵　Harziella entomophila Ishiwata et Miyake（Fam. Mucedinaceae）

10. 丝 僵 菌　Momuraea pracina Noulblanc（Fam. Mucedinaceae）

11. 蛛　菌　Spicaria spp.（Fam. Mucedinaceae）

12. 黄 僵 菌　Isaria farinosa（Dicks）Fries（Fam. Stilbaceae，tribe Hyphomycetes，

Class Fungi imperfecti

13. 赤 僵 菌　I. fumosorosea Wize

14.　　　Fusarium acridiorum Brogn et Delacroix（Fam. Tuberculariaceae），tribe Hyphomycstes. Class Fungi imperfecti.

硬化病菌既如此之多，然发生猖獗之种类每因地方与年岁而不同。1921 年日本全国硬化病颇流行，经蚕业试验场向各州县搜集硬化病 153 头，调查其各类，黄僵病占 53.6%，白僵病 23.5%，丝僵病 22.2%，绢毛白僵病最少，仅占 0.6%。中国方面资料尚付缺如。

受蚕之硬化病寄生之昆虫种类甚多，已知者有 6 目 30 余种，就中鳞翅目最多，共计达 20 种以上，其他直翅目，鞘翅目次之，双翅目、半翅目及长翅目则较少。

野外昆虫　蚕之硬化病寄生菌数

Ⅰ　鳞翅目		（寄生菌种数）
蚕蛾科		4
天蚕蛾科		4
同	天蚕	5
同	柞蚕	5
螟蛾科		3
叶捲蛾科		1
尺蠖蛾科		1
灯 蛾 科		2
灯 蛾 科		1
枯叶蛾科		2
枯叶蛾科		5
毒 蛾 科		1
天社蛾科		1
天 蛾 科		1
夜 蛾 科		2
避债蛾科		4
谷蛾科		1
Ⅱ　鞘 翅 目		
天牛科		2
伪瓢虫科		1
金龟子科		3
同		3
Ⅲ　直 翅 目		
蝗虫科		1
螳 螂 科		1

蟋 蟀 科	1
Ⅳ 双翅目	
家 蝇 科　蠁蛆（蛹）	5
Ⅴ 半翅目	
?　杉 毛 虫	2
樱 毛 虫	
赤 毛 虫	1
蝉 科	1
Ⅵ 蝎虫目	
拳尾虫科	1
蜘 蛛 纲	1

石川金太郎著《蚕体病理学》书中所举之蚕体白僵病为①*Botrytis bassiana* Balsamo 1835（Syn. B. paradosa Bal. 1835 及 *Beauveria bassiana* Veuillemin）；②*B. bassiana* Bal. forma malvaceosea Miyake 192□；③*Harziella entomophila* Ishiwata et Miyake 1916。

Arnaud 所著之《Traite de pathologie vegetale》书内所载 *Beauveria* 属内包括四种，即 *Beauveria densa*，*B. bassiana*，*B. globulifera* 及 *B. effusa*

Beauveria 属内各种菌形态颇相似，然根据特性，仍可区别，尤其在培养基上之色状，兹分别示之如次表：

A. 分生子椭圆形，菌落在马铃薯培养基上，现紫红色 …………………… *B. densa*

B. 分生子圆形

    a. 菌落速现粉末状，在培养基上无色（白色）…………………… *B. bassiana*

    b. 菌落保持棉絮状

        甲．培养基上呈黄绿色，有时色欠显明 …………………… *B. globulifera*

        乙．培养基上呈红紫色，似 *B. densa* …………………… *B. effusa*

三、家蚕被白僵菌寄生所起生理与病理之反应

往昔学者推测白僵病菌侵入蚕体可由三路：①由昆虫之皮孔而入；②由呼吸器而入；③由食物传染入消化道而致病。经各种试验证明，由呼吸器传染为不可能之事，经消化道传染之结果常不一致，法国学者尝屡证明此病可由消化道传染，日本学者谓添食菌种试验不能致病，中国蚕丝专家多赞同此说，在我们进行此试验时，添食菌孢子亦能得病致死，故此一点尚须继续研究。

至于由皮孔侵入致病，经胜又藤夫（蚕の白僵病菌の寄主体侵入し：就レ）Conte et Levrat，Arnaud 及 Picard 等氏研究甚详，所得之各种现象叙述之如次：

（1）菌丝能泌，Diastase 溶解几丁质因而钻入表皮及其组织，在表皮组织中菌丝周围绕以透明之晕圈（Aureole claire）是变质之几丁层。

（2）菌丝接触其皮下组织后，繁殖甚速，皮下层组织 La couch hypodermique 全被其破坏，在其中易窥见细胞由此层离散者，其色与邻近细胞不同。

（3）皮下脱离之细胞先被菌丝缠绕，再经来自血中之变形细胞 Amibocytes 围集，似有抵抗外物侵入之现象。且此种细胞原形质中常充塞菌丝残片，此为一明证。但此物抵抗力较白僵菌之侵入力弱，故蚕体终至屈服被害。

（4）蚕体内亦起一种发炎反应（Un reaction inflammatoire）有类其他动物体内局部传染或外物侵入时所起之反应。

（5）菌丝虽被血细胞吞食，然其力有限，不足以制菌丝之死命，仍能利用细胞内原形质以资发育，而吞食细胞反被其寄生而消灭。

（6）菌丝侵入，除破坏皮下组织与发炎之外，常看见皮下组织附近有细胞之伤损（Lesion cellulaires），于新皮形成处生大罅隙（Vacules enormes），染以 Fuchsin acid 而不着红色。

四、白僵菌在蚕体内繁殖之现象

Guerin-meneville 曾证明此菌在蚕体血液中繁殖全是短线状（Sous forme de filamen's court ou fragmente），或称生节孢了 Arthrospores，当病进行剧烈时，血液量减少，血球破坏，且血之物理及化学之性质亦改变，如酸性减低，而近中性，正形之结晶物，亦随之产生。循环迟缓，渐停止，且体质变稠黏；死后体渐变酒红色（rouge vineux），且逐渐硬化。经 24～48 小时后，死体盖以一层白色菌丝，迨分生孢子生出呈粉状，于是体现白花质全结晶。数年后意大利学者 Verson（1917）分析此物之成分为□酸镁与□C_2O_4Mg，$5C_2O_4$（NH_4）HoH_2O，Oxalate double de magnesium et d'ammonium。蚕体得僵病后起酒红色，依 Perioncito 之解释谓由生色细胞 Bacterie Chromogene，Micrococcus prodigiosus Cohn 所致，因此种细胞生存，得力于白僵菌之寄生。Trevisan de Saint-Leon 不赞成此说，谓酒红色之发现系白僵菌本身所致，与前述细胞无关，后者乃一种死物寄生，固无助于僵病之进行。

菌丝繁殖先集于侵入之地方，然为时甚暂，三日后经过表皮闯入虫体血内，在血中可发现少数菌丝，此后菌丝繁殖增旺，然仅在血中，至死时始侵害其他组织。在血内所见之菌丝，有时甚细长，其节颇短，在其端常出分枝，在传染后六日之血中，看见有节似撑或棍棒状，然其数较长直者为少。至病之末期纵剖蚕体视之，则见菌丝甚多，麇集于消化道周围及表皮若干处，而罕入其他组织，唯消化道内已有发现但为数甚少，亦有数菌丝深入肠细胞中者。脂肪体内发生硬化质 Scierotes 概在虫体死去后。

五、僵菌之利用

古时可以入药，今则利用其寄生性以之扑灭其他害虫。

（1）入药。白僵蚕在中国《本草纲目》书中及日本小泉荣次郎所著《新本草纲目》（原名《和汉药考》）所载有治中风、失音、头风、齿痛、喉痹、咽肿、丹毒、搔痒、瘰疬、结核、疟疾、血病、崩中、带下、小儿惊痫、肤如鳞甲等症，并有下乳汁、灭瘢痕之功效。

例如：①咽喉肿痛，喉痹已危者，白僵蚕焙末，生姜汁调灌立愈，神妙之方也。

②为末封疔肿，根即拔出，奇妙。

③齿牙疼痛选白僵蚕直而不曲者，与生姜汁拌和同炒至红黄色，去生姜，将蚕研为末，皂角水调涂，神效。

④乳汁不通，白僵蚕为末，酒服二钱，少顷饮好茶，梳髪数十度，乳汁自然如泉涌出。

⑤重舌，木舌，僵蚕一钱，黄连蜜炒二钱为末掺之，涎出愈，小儿口疮神方也。

⑥出血不止，白僵蚕炒至黄色，研极细末敷之。

⑦中风半身不遂，白僵蚕，白附子，全蠍各等分为末二钱，热汤搅拌服（其他从略）。

（2）治虫。关于利用白僵菌以治虫，以前学者虽有种种试验报告，然未曾作田间大规模之利用。迨 1930—1932 年 Bartlett 与 Lelebure（Bartlett，K. A. and Lefebure C. L.：Field experiments with Beauveria bassiana（Bals）Vuill.，a fugus attaching the European Corn borer，Journ. Econ. 1934，vol. 27，no. 6，pp. 1147 – 1157）在美国麻省 Massacausetts 以白僵菌作防治欧洲玉米蛀虫之大规模田间试验，渐引人注意为进入另一境地之研究。兹将其研究报告撮要述之如次。

①当研究欧洲玉米蛀虫 European corn borer 寄生昆虫之时，一部分玉米蛀虫由满洲 Manchuria 运来，则发现 80% ~ 90% 之幼虫被白僵菌 *B. tassiana* Vuill 寄生而死，因其寄生率如此之高，故着手研究，冀其能大量培养以作田间试验。

②此菌对于幼虫、蛹及卵（野外叶下之卵传染较少）皆可侵害，尤以稚龄幼虫为最。

③玉米为其最宜生存之植物，玉米之花蕊（tassels）及叶鞘部（axils of leaves）最易藏匿孢子，且此处常被害虫蛀入。

④初培养于 Petri dishes，后用大 galvanized trays 培养，终以产生孢子量有限，乃利用 Gipsy moth laboratory 之培养室，含有 11 盘，每盘长 3 英尺宽 2 英尺。玉米粉糊（Corn-meal mush）为最适宜之培养基。此糊浆隔日消毒 2 次，每次 1 小时，次将孢子与消毒面粉混和撒于其面。在室内温度下放置 3 ~ 4 日，则全面长有白菌丝。末将其盘取出放于通风室中，使其底糊早干，如此可以促孢子之生成，并造成坚实糊面，则孢子易于扫刷。撒播时初用玉米淀粉（corn starch）作悬系物（carrier），后证明面粉亦有同样功用。其混和比例为 8 磅玉米粉与 10 克孢子。

⑤两次试验证明，孢子量用得多时，则幼虫被菌毙者多，每英亩撒 20 克孢子，能杀死 30.9% 幼虫，10 克者仅 1.4%，40 克者（分两次撒）达 70.4%。

⑥撒孢子最适宜之时为产卵最盛后一星期，产卵年约二次。农民之意见，撒孢子后之玉米田产量比不撒者为丰。

⑦本试验证明连撒数次孢子者比撒一次之效为著。

⑧玉米蛀虫藏匿之杂草，撒孢子后亦见效。由风自然吹送孢子于草上者，亦可使虫得病而死。

我对于防治害虫的看法（节选）*

曾 省

关于农作物害虫防治工作，根据政府新指示的政策，与各地农民反映，都是迫切需要。尤其土改以后，农民生产情绪增高，对生产技术改进要求增大，认为害虫防治是最需要的技术。在新民主主义国家里面的科学家，应争取为人民服务，所以每个昆虫学家和研究害虫、防治害虫的人们，应该检讨过去工作，而且必须本着新方向，新路线去做，才能解决问题，帮助农民提高生产。

谈到害虫防治基本原则。关于防治害虫的办法，有的主张用土法、土药，有的采用人工捕杀的小法，有的宣传化学药剂的功效，有的提倡利用生物防治。究竟那种主张是对的？我想都对，可是要看情形，要看效果，要明了害虫的生活习性，利用环境条件，灵活运用，尽力打击，才会达到目的。这是最辩证的、唯物的。今后防治害虫应有三种力量，运用四种办法。什么是三种力量？就是人力，财力和智力。什么是四种办法？就是人工防治，农业防治，药剂防治与生物防治。

人力在目前中国广大农村里，当然不成问题，真是"取之不尽，用之不竭"。我国治蝗虫自古迄今是用人力捕杀的；其他方法也须用人来推动，用人力去做，所以人力算是第一要素。防治害虫应当应用政治力量，提高人民政治水平，组织民众，发动民众，普遍地推动，彻底地执行，而且要教育群众，灌输虫害知识与防治技术，使农民明白道理，了解情况，随时随地注意自动自觉地去灵活运用，最好事先预防，不许发生。次之，及早扑灭或设法躲避，不得已用人工捕杀与药剂杀灭。这与医药卫生的实施是同样的道理。我对害虫防治工作，向来如此主张："六分政治，四分技术"，"七分预防，三分治疗"。所谓"人力"亦可说是指一切用人力做得到的事而言。

所谓财力是指政府对于保护农作物，防治害虫一切的设施所费的金钱而言；自然包括科学研究和防治工作经费等。在目前全国财政情况之下，政府对病虫害虽甚注意，但想拿出充分财力做此事，还未到成熟时期。至于农民，大部分还不甚裕余，乡村间合作组织尚未普遍建立，经济力量仍是非常脆弱，在这时候想害虫防治工作做到十全十美，是不可能的。只有等待全部土改完成之后，生产力解放，经济组织健全，病虫害研究才有大大地发展的希望，科学化的防治工作也才会全面大量展开。

防治害虫工作有时失败，不能达到预期目的，这个是人事与财力上的缺陷。然人类智慧不足，对害虫的生存发展规律还未一一掌握住，还是无可否认的事实。我们学习社会发展史，读过生物进化论，都明白人与自然斗争取得了胜利，创造了人类的世界，是

* 《中国昆虫学会通讯》1951 年，3 卷 6~7 期。

由劳动中发展智慧，而由工作中建立科学，害虫防治也是人类诞生后与自然长期残酷斗争历史的一部分。今后还需人人努力，世世代代坚持延续下去，而研究治虫专家更须首先担当起来这个责任，努力研究，仔细观察，深切了解害虫的生活史、习性、生理现象及其与环境条件的关系，然后如何拿人力药物来消灭它，避免它，甚至利用其他动物、植物来打击它。此即所谓四种办法。

一、用人手与简单器具来捕虫

这个办法在目前中国农村，甚至在将来农村里确仍有采用的必要。可是人工防治的效果，要看什么虫，在什么时候，在什么地方。例如某种昆虫它的生活喜在地面集中，每年发生次数少，它的寄主或所害的植物种类不多，而且某地区天然环境简单，人力确有过剩，如在北方广大平原和在南方沙洲上，用人力捕打蝗虫，是一个突出的例子。又对于某种害虫使用药剂不灵，而无其他方法可以防治，同时田地面积不大，害虫分布又复集中，我们仍可用人工捕捉来消灭一部分害虫。例如四川平原在烟田捕地老虎，当时田间草未长大，烟田将来要种稻，故提早种烟，而地蚕适于此时集中进攻，农民于清晨天正破晓时，当虫体行动已不灵活，但未深入土中，用竹籤去挑，百发百中，捕捉很多。又防除螟虫，在秧田捕卵，也是个好例子，当早夏螟蛾方出，秧苗嫩绿可爱，群蛾喜集中产卵，如改用新式秧田，畦阔四尺，伸手可及，捕卵颇易。个个卵块，有卵数十枚，捕卵一块等于杀虫数十，而且在本田治虫与秧田捕蛾捉卵，劳易有天渊之别。于螟虫第一代第二代如努力搜捕，第三代为害就可减轻或甚至基本消灭了。如秧田稻田用"六六六"和烟草石灰粉杀螟有效，那么徒手捕杀的方法，当然列于次要地位了。

二、农业防治

讲究农业耕作制度和方法，配合防治虫害目的，大概是起了预防的作用。一般老农多多少少有些经验，我们应针对这问题，深入研究，用科学来解释已有现象和方法，并使普遍地应用起来，不仅省时省力，和减少药物器械的消耗，而且不伤害植物，对于作物生长反而有利，我们国内专家素来忽略或轻视此问题。对害虫防治一般看法，总是专对药剂有效与否而言。而且一部分学园艺的，学农艺的，学森林的，认害虫防治是研究昆虫专家的事，而不想在自己的工作范围内连带解决它。这都是孤立的看法。解决害虫问题应根据昆虫学知识，结合农民实际经验，把农药和栽培方法，整个联系起来看，用四面八方的力量去歼灭它。其中包括了：①变更种植期（即所谓逃遁法），②布置诱杀场所，③清洁田园（即所谓田园卫生），④耕种土地，⑤选种除害，⑥轮栽避患，⑦施肥壅土，⑧间苗免疫，⑨灌溉排水，⑩气候预测。这都与防虫有关，有时获益反比药剂为强，现在举几个例来说明其中的关系。

1936年我在成都作水稻螟虫的观察，得了三点结论：第一是灌溉便利，水源旺盛，虫灾就不凶；反之在堰尾田，因栽插迟，常常缺水，虫害就重。1934—1935年在北方棉田里观察，棉田如有井，天旱可以灌溉，棉株长得强壮，棉蚜红蜘蛛为害很轻。这证明了水利灌溉可以抑制虫害的发生。第二是我们曾在成都种了25种水稻作螟害的观察。螟害重的（20%以上）其抽穗期，概在八月下旬，成熟期在九月下旬或十月初旬，这就证明变更种植期，栽插早熟水稻，可以减少虫害。第三是这25个品种的稻内有一种叫铁梗青，抽穗期在九月初成熟期在十月半，本是晚稻种，可是螟害仅1%。那是证明品种有抗螟能力了。

耕田锄地本是有助于治虫的工作；所谓三耕——秋耕、冬耕和春耕——确是治虫办法之一，不仅铲除螟虫，而且一切在土里过冬虫都可大部消灭，并可改善地力，促进作物生长。我对这件事是绝对拥护的。可是工作有时会受人力不足，耕牛缺乏、前后作物栽种收获时期迫促，以及天旱、落雨、刮风等事实的限制。我们应该劝农民三耕，明白其中道理；而政府亦当设法协助农民克服困难。此外提倡垦荒，把土地好好利用，使蝗虫无地繁殖，是根绝蝗灾的办法。害虫猖獗常有周期性，即在某年为害较轻，而相隔若干年后则发生极多；螟虫蝗虫就是这些例子。此种情形与气候关系甚为密切，可根据一地数年气候的变化与害虫繁殖的增减预测知之，可做事先预防的准备，希望昆虫学专家与气候学家结合起来，共同研究，预告农民做各种避虫、灭虫的准备。这也是有利的办法。其他办法与治虫的关系学农的与从事农业工作的人们都会明白，无须一一说明。

三、药剂防治

用药剂来杀虫本是一种治标而不是治本的办法；是一种驱除而不是预防的方法。使用时须知学理与技术，并须配合精良用具与大量药物供应。从目前中国农村经济及人民文化水准来看，不一定会随时随地用得着。这是指一般杀虫西药而言。至于国货土药杀虫剂，如普遍使用，产量还成问题，所以使用药剂来杀虫，前途还有许多暗礁，须待逐一克服。照我看来，用药剂杀虫，普遍使用，亦须待土改全部完成后农民经济好转，生产技术提高，而与工业的发展有连带的关系。西药之所以便宜，大部分是利用工业副产品来加工的，就不是副产品，原料也有时比我国的便宜些。国内应用药剂治虫已经见效的是在棉田，菜园与果园方面。今后注意的问题是药械大量供应与成本减低。如近来湖北省粮政局在汉口第三仓库用氰酸气熏蒸虽有显著效力，但并不能断根；而且第二次在街上买氰化钾就没有货了。又如湖南红砒价高，华北农民不愿采用，是值得注意的。又药剂杀虫顶要紧是把握时间；在川西坝杀柑橘红蜡介壳虫用松脂合剂，喷射在六月底七月初，卵正孵化，稚虫仅一、二龄时喷射很著大效，稍迟必失败。对任何害虫喷药，首先应明了其生活史与习性，找到紧要关头，予以无情打击，就可减省人工与药料。药剂杀虫对一年一代，寄主植物少的昆虫能著奇效；若寄主复杂，代数多，就应当细加研究，寻求别法，不然屡用药物喷射会引起费工过多和用药不经济的问题。

四、生物防治

利用其他动植物来防治害虫，在世界科学发达的国家内，已有不少先例。我国有人想引用瓢虫来治柑橘吹绵介壳虫已有一部分结果。这样的工作可说在中国正在开始，希

11

望某处有专家有设备，不妨在政府力量援助之下，让其试验，让其发展；同时对干部，对农民也应尽量介绍传播这种知识，使捕虫时注意寄生蜂，寄生蝇及肉食昆虫的卵与茧，善加保护，免得把益虫和害虫一起杀死了，玉石俱焚，殊属可惜。

上面所说的话是很啰唆冗长；我再来总结一下。就是：第一，研究害虫防治要针对农业的需要，换句话说，"理论须与实际结合；科学研究与技术推广人员都要与农民结合。"第二，防治害虫要懂得科学道理，熟练科学技术，灵活适用各种方法，配合环境条件，联系各种现象去解决，不是专靠人工捕杀，也不是光靠药物喷射，正是人类与虫害在生存矛盾，对立竞争中寻求统一的办法，一定要"普遍联系""互相依存"去看现象，去研究当今问题，这是最唯物、最辩证、最科学的方法。今后研究和推广方法与以往的不同，关键就在于此。第三，防治害虫要普遍而有显著成效，一定要组织农民，教育农民，同时并发掘农民的智慧，使其打破迷信思想接受简易新科学知识，自动自发地去防治。同时基层工作干部与上级研究人员甚至中小学教员，都须继续不断，互相学习理论与经验，并结合农民集体研究来解决问题。第四，行政部门除作政策领导之外，应速联系各地区科学研究机关与人员合理分配工作，予以经费、人力、设备三方面援助，使他们能照新方向、新路线去努力。各出其力，各用其长，共同来负担解决害虫的问题，也是今后执行农林政策中重要的一环节。

一种寄生昆虫的穗状菌（*Spicaria* sp.）研究初报[**]

曾省 尹莘耘

真菌与昆虫的关系，早在《本草纲目》与《植物名实图考》等古书中有所记载，如"冬虫夏草""僵蚕"等，是虫生菌最早被发现和利用的事例。但是，对寄生虫体的菌类进行分离、培养、大量繁殖和施用于大田防治害虫，过去在国内还没有。新中国成立后虽有少数人研究、报道，也只限于白僵菌、绿僵菌等一类，至于寄生昆虫体的穗状菌（*Spicaria* sp.）被发现，在我国还是首次。

这种菌经初步试验证明，寄主范围广，繁殖容易，有人田利用的可能，特此简报，希各方面多作研究，使它早日在生产上应用，防治有关害虫。

一、穗状菌的发现和试验经过

1961 年 8 月，中国农业科学院植物保护所虫害室田毓起同志从河南新乡小冀带来一批棉铃虫的初龄幼虫，在室内继续饲养（在小冀和北京这批幼虫喂以茼麻果实）两代，至 11 月 8 日化蛹时，用由附近麦田取来未经消毒的土培养，结果于 1962 年 1 月发现蛹体着生白色毛状物，300 个虫中有 20 个长霉，逐渐蔓延，几及全体，只剩下 100 个好蛹，后用防僵粉拌蛹，才抑制其传染为害。

作者把病蛹移至玻璃缸中，放入研细的消毒土，土稍湿（含水量 10% ~ 20%），过一周，蛹体长出白色细短菌丝，集结成一小棉球状，生长较老的棉球上现轻微绉裂，放射出丰盛的白色粉状孢子，再过数日，渐呈浅黄色。每球之下，连以联丝体或菌柄，把球剖开，用放大镜观察，球面粉白色，内稍黄，柄上端插于球下；一端连接蛹体，柄内部黄色而非中空，柄大小长短不一致，短的仅 1 ~ 2 毫米、长的达 16 ~ 17 毫米；粗的有 1 ~ 6 毫米，细的比蚕丝还细；每柄由无数分生孢子梗聚积而成，有的单独竖立，有的作树根状蟠结，都直通蛹体。"棉球"起初是单独分生的，圆形，逐渐长大后，互相合并，成不规则块状。棉球亦大小不等，小的直径在 1 毫米以下；大的达 5 ~ 6 毫米，有的几个棉球合并直径超过 10 毫米。小棉球形成初期，面上孢子间分泌液状物，呈珍珠小粒，肉眼视之有反光，后呈黄色，易挥发干燥，留下小孔（有时在培养皿菌落周围易看见）。以上所述都见于土面，若把土中蛹挖出，用清水洗净，看见蛹埋于土中一端

[*]（*Spicaria* sp.）此属名由中国科学院微生物研究所鉴定。

[**]《植物保护学报》，1962，1（3）。

长平铺菌落，呈膜状，分布于土中。在玻璃缸或指形管内缸壁缝与土壤空隙间见阳光一面，有时亦长出膜状菌落象地衣状，面积为 13 毫米 × 4 毫米，25 毫米 × 17 毫米，4 毫米 × 100 毫米，外缘白色，稍内灰白色，中央有黄色斑痕，日久会褪色，这些变形想是菌体受压迫，不能自由向外伸展而成。把僵化病蛹（外表未长出菌丝丛）洗净，纵面剖开，其中充满了黄褐色僵化物，仅存有一小条黑色斑块，疑是蛹肠部。后在培养皿中底铺滤纸滴水使湿润，两天后亦逐渐长出白霉，初平铺，后即长出小棉球形的籽实体。

作者又曾把感病的蛹放于玻管内，分盖土、不盖土、盖土深浅、加水、不加水、塞木塞与塞棉花等组合处理，结果证明，寄生于昆虫蛹的菌，一定要在土壤保湿环境和空气不大流通的地方，方可正常发育，这对将来大量繁殖和田间防治提供了有利线索。

用消毒土壤拌孢子，或将病虫尸体研成粉末，然后，用毛笔蘸孢子擦刷虫体，或用清水洗蛹体，稍干后，放孢子中滚转，做了好多接种试验，发现有许多昆虫可以感染发病，病菌发育良好，经试验的寄主如下：

（1）棉铃虫蛹 *Heliothis armigera* Hubner 易感染。

（2）黏虫 *Pseudaletia separata*（Walker）三龄以前幼虫，蛹及成虫都感染（先由蛹感染，羽化后发病生霉）。

（3）苍蝇蛹，材料是北农大附小灭蛹运动时收集交来，未查学名。

（4）斜纹夜盗蛾 *Prodenia litura* Fabricius 初期蛹以蒸馏水洗过，略干，涂擦孢子感染很快，一星期即发病，（一般需二星期或三旬），先长棒状，指状体。过二星期，变成球状体。

（5）榆天蛾蛹 *Callambulyx tatarinevii* Brermer et Grey。

（6）铜缘金龟子幼虫 *Anomala corpulenta* Motsch。

二、虫菌的分离，培养和繁殖

1. 分离与培养：用稀释法在盛有普通洋菜培基上进行（常有细菌杂生，用 0.25% 金霉素压制），当白色菌落长出后，挑取无杂菌落于洋菜试管斜面上繁殖。经温度范围的测定：这种菌在 16～28℃ 间均能生长发育，以 24℃ 产生孢子最多。8℃ 以下，36℃ 以上则停止生长。在试管斜面培养时，生长出白色细短、较紧密的菌丝，渐呈乳白色，最后表部略带浅黄色。菌体在生长茂盛时，能形成不同形状的小突起，有时也能形成带有菌柄象菌蕈的籽实体，与土壤内虫体上直接产生的一样。成熟后，表面聚生松散的孢子层，振荡试管孢子即散落。用分离所得的纯粹培养菌，接种虫体，获得成功。带菌虫体再分离时，亦获得与原菌相同的菌种。

2. 菌种繁殖：该菌既可培养于普通马铃薯洋菜斜面培基上，亦可直接培养于马铃薯块上，在 20～28℃ 温箱中，培养 5～7 天，即长出棉絮状菌丝和孢子，如要制取大量的孢子，可将去皮马铃薯，切成 1 厘米见方的小块装入克氏瓶、或三角瓶中，加水少许（保持薯块在灭菌后不干，也不浸在水内），经 15～20 磅、半到 1 小时高压灭菌，冷后，接入菌液（长成孢子的试管内加灭菌水洗下孢子），在 20～28℃ 温箱内培养 7 天，即得大量菌丝和孢子。将此菌丝随同基物倒出，在 40℃ 以下的温箱中烘干，碾成粉末，即可保存，或立即施入田间，供杀虫试验。至于在土粪及饼土内大量繁殖，现正在试制中，结果容续报。

三、本菌分类的讨论

根据此菌籽实体的外观，很像 Stilbellaceae 科内 Stilbella（Stilbum）属的寄生菌。在不同寄主或不同培养基上有时也会产生白色小棒状体，与一般束状菌（Isaria）的籽实体很相似。经中国科学院微生物研究所真菌室共同研究观察到分生孢子梗（束）。在许多菌丝枝上有菌丝轮，每轮有 1~4 个瓶状体。瓶状体基部膨大，上部细缩，宽 1.65~2.5 微米，长为 5~10 微米；在瓶状体前端连接长出分生孢子，排列不作炼状，但堆积成不规则簇状。菌丝细小，分格，宽 1.7~3.5（1.5~3.0 微米）*，分生孢子卵圆形（亦有一端圆，一端尖形），有时亦见到圆形*、椭圆形*，大小为（1.65~2.5）微米×（2.5~3）微米 [（1.8~2.9）微米×（2.2~4.4）微米]*。菌丝和分生孢子透明无色，根据这些事实断定此菌隶于穗状菌属（*Spicaria*），因此我们很同意伯赤（Petch，1934）的意见：粉质束状菌（*Isaria* farinosa）是一个束生的穗状菌，它可呈多孢子束状菌型，或呈简单的穗状菌型，故说束状菌是一个复式的穗状菌，他并建议以穗状菌（*Spicaria*）来代替束状菌（*Isaria*）这个属名，并把粉质束状菌 *Isaria farinosa* Dicks，改为 *Spicaria farinosa*（Fron）Vuill.。同时作者在进行本试验中，于接种的斜纹夜盗蛾蛹上，起初看到长出许多棒状籽实体，过了二星期，这些棒状都变为棉球状实体，因此证明这些不同形状籽实体，是不同发育阶段或不同寄主的表现。查阅文献发现穗状菌属已被记载的种不下二三十种，因手下资料不足，搜集不易，同意中国科学院微生物研究所真菌研究室的意见暂鉴定为 *Spicaria* sp. 属，正如伯赤氏所说：鉴定束状属（*Isaria*）的菌，观察分生孢子梗（束）是头等重要的特征，有许多束状菌无法确定，是因为没有把分生孢子梗形态构造记载下来，只提到分生孢子梗的紧合成束是不够的。

---

* 有 * 处是作者在实验室观察记载数字。

柞蚕寄生蝇赤紫穗状菌（*Spicaria rubido-purpurea* Aoki）的初步观察*

曾　省** 　尹莘耘*** 　赵玉清****

本菌是于1962年6月间，在辽宁省凤城、安东一带柞蚕寄生蝇蛹体上发现。据我们在各处调查结果，寄生率为3.6%～20.0%。近年来柞蚕寄生蝇在这些地方猖獗发生，柞蚕70%～100%被寄生，影响柞蚕生产很大，目前正在寻求各种防治途径，而想利用生物防治作探索性的研究，确有其必要。现将菌态外观，分离培养，菌体发育及蝇蛹接种等初步报道如次。

一、菌态外观

蛹体被菌寄生，起初体外包被间断零散或呈块状白色薄膜菌丝体，经在培养皿内湿润培养，在这些菌膜间长出白色线状，指状，树枝状及不规则块状突起，就是或长或短或粗或细，新生长出来的"籽实体"，初是白色，渐老熟呈暗赤紫色，有的生于蛹的两端，有的生于两侧，其数亦不一致，从1个至五六个以上，有始终单独伸长，亦有数个初分离，后合併，亦有作线状蟠结。指状，枝状籽实体短的仅长1～2毫米，3～4毫米，长的不过4～5毫米，9～10毫米。分生孢子卵圆形，大小为［1.0～2.0（2.8～3.5）］微米×（2.0～2.4）微米（在培养基中有时产生较大）。圆筒形孢子，大小为［6.9～11.5（12，16，18.4）］微米×（3.5～4.6）微米；小梗大小为［6.9～9.3（16）］微米×［2.3～3.4（4.6）］微米；瓶状体大小为（6.9～9.2）微米×（18.4～23.0）微米；轮生节间距18～23微米。根据上述一系列的数据，比较日本1941年在蠁蛆蛹体上发现的*Spicaria rubids-purpurea* Aoki所具特征基本相同，故定此名。

二、分离培养

经过各种方法的分离和培养获得了纯菌种，移植于平面培养基上（马铃薯、蔗糖、洋菜），置于23～25℃温箱中发育，菌落呈圆笠状，老熟时外围直径为27～28毫米，

---

* 《中国昆虫学会讨论会会刊》，1962。

** 曾省：中国农业科学院植保所。

*** 尹莘耘：中国农业科学院土肥所。

**** 赵玉清：辽宁省蚕业科学研究所。

具同心圆轮层，中央高耸，纯白色，大 15 毫米 ×7 毫米，外围有稍凹陷，带暗色圈，宽 3 毫米，再外稍高呈"围坎"状，宽 4 毫米，亦呈白色，最外一层为稀薄菌丝圈，呈浅灰色绒毛状，宽 4 毫米。菌落底面映有小凹，随菌落生长而渐被填平，基底黄褐色。培养历十余日，菌落中央高处出现不规则形的赤紫色孢子堆，或仅现粉状孢子（赤紫色），亦有在菌落沿第二圈凹陷处长出圆柱状或珊瑚状突起，形很短小，由许多圆柱形籽实体 ［（3~4）毫米 ×1 毫米］组成，在孢子堆中出现水珠状分泌物，干后遗留小孔。

最近在北京又将蝇蛹经升汞水和金霉素液消毒，并用无菌水稀释至一万倍，然后涂在平板培养基上培养，曾分离出轻紫棕色（Ridgway's color standard；light purple-drab）和浅肉色（Pale flesh color）似是一种两个变型，拟继续进行生物学特性观察与毒力测验，其结果容后详细报道。

三、菌体发育

无论在固体或液体悬滴培养基中，第二天孢子开始发芽，第三日后见到生长旺盛，分枝很多的菌丝上长着一些粗短膨胀弯曲的菌丝；雌性配子囊（产囊体），在这些膨大部分附近，又长出较细菌丝，雄性配子囊（雄器），很显著的看到粗细菌丝或两个膨大部分有互相接合现象；同时也间有看见菌丝能作"H"形的接合。在干燥或衰老菌丝上看到在不同型或不同部位菌丝上长出成串的分生孢子。另外在液体培养基中，见在旺盛的菌丝上长出圆筒形孢子，这些孢子能"裂殖"，能"芽生"，能"延长"，形成很长的菌丝。在载玻片上悬滴液体培养基，旁置碎玻片，上盖盖玻片镜检，见其中菌丝上长出分生孢子梗，分生孢子梗上长着轮生瓶状体，再上长着连串或不连串分生孢子，瓶状体与菌丝相连处生小梗，有的没有小梗，而直接生于菌丝上。

四、蝇蛹接种

将由柞蚕和天幕毛虫所出同种寄生蝇蛹体，放在此种真菌的孢子粉中滚转，使蛹体上沾满孢子，然后放在盛有湿润滤纸的培养皿中，在 25~28℃ 的温箱中培养。一星期后，寄蝇蛹即被此菌寄生。初显白色菌丝，后变成紫色，最后也生成珊瑚状籽实体。

关于本菌菌粉制造与大田利用试验，正在研究中。

应用赤色穗状菌防治柞蚕饰腹寄蝇的初步研究[*]

曾省[1]　赵玉清[2][**]

(1. 中国农业科学院植物保护研究所；2. 辽宁省蚕业科学研究所)

我国东北地区盛产柞蚕，而从 1957 年起由于柞蚕饰腹寄蝇 *Blepharipa tibialis* (Chao) 的为害，损失很重，严重地影响着我国柞蚕生产的发展。1962 年在辽宁省丹东市郊区和凤城县四台子一带调查，发现寄蝇蛹在土中被一种食虫真菌寄生，（图 1）寄生率相当高（3.4% ~ 30.3%）。当时推想，寄蝇发生盛衰和种群消长或与此菌有密切关系，正如农民所说"旱蛆、涝蚊"，是否由于旱年雨少，此菌孢子在土中不易发育，寄蝇蛹难于感染，因此成蝇羽化量大。为了要揭开这个自然规律，并想设法利用此菌控制柞蚕饰腹寄蝇的为害，遂于 1962 年在辽宁省蚕业科学研究所及中国农业科学院植物保护所共同进行一系列的研究，如菌种的分离、培养鉴定以及温湿度与菌的发育关系等。1963 年夏并在辽宁省蚕业科学研究所（辽宁凤城）制成较大量菌粉、做小区治虫试验，均获得一定成果。现特将有关应用方面材料加以整理报道。

一、赤色穗状菌的分离、培养和繁殖

本菌的分离：是取被真菌寄生的虫体少许放在试管内捣碎，加入 10 毫升 0.25% 金霉素液，浸 10 ~ 20 分钟，并不时地摇动试管使其均匀。用灭过菌的吸管吸 1 毫升放于盛 10 毫升灭菌水的试管中摇匀后，再从此试管中吸出 1 毫升，放于另一盛 10 毫升灭菌水的试管中，这样连续稀释三次后，即得 10 倍、100 倍和 1 000 倍的孢子悬液。再将每一级稀释液各涂平面培养基三个，涂完后放在 25℃ 温度中培养 3 ~ 4 天即可分离。分离时，将单独的菌落移植于斜面培养基（由马铃薯、蔗糖、洋菜配成）上，再放在 25℃ 温度中培养，一星期后，即能生出大量带粉红色孢子菌落。

本菌的较大量繁殖：我们是用马铃薯块在克氏瓶中繁殖。即将马铃薯去皮，切成 1 厘米^3 的小块，放在克氏瓶中，其量约占瓶体的 1/2 或 1/3 即可。塞好瓶塞后包好，在 15 磅压力下灭菌半小时，冷却后接种。接种完毕，放在 25℃ 中培养 20 天后取出凉干。凉干后，将菌粉过筛再加入其他填充物如草炭土等，即可应用。

---

　　* 《辽宁蚕业研究所刊物》，1963. 及《柞蚕寄生蝇论文集》，1980。

　　** 赵玉清同志已调至山东省济南市中心医院。

此菌除在马铃薯块上能够很好的繁殖外，在白薯块上、马、羊粪为主的培养基上，都能生长良好。其孢子的致病力与马铃薯块上产生的孢子，经比较试验证明没有什么区别。

二、赤色穗状菌的鉴定

经过鉴定，我们确定此菌属于半知菌纲（Fungi Imperfectii）、链孢霉目（Moniliales）链孢霉科（Moniliaceae）穗菌状属（Spicaria），学名为 Spicaria fumerosea（Wize）其异名为 Isaria fumerosea（Wize）。在苏联和日本都曾有人对此菌进行过研究与利用的报道，在国内还是初次发现，特做了初步的研究。

关于此菌的种名，我们曾在1962年初步鉴定为：赤紫穗状菌（Spicaria rubudopurpurea Aoki），但经过1963年冬，对菌种进行过详细观察后，则更正为 Spicaria fumerosea（Wize），即赤色穗状菌。现将两菌形态生理上不同之点区别如下：

赤紫穗状菌

（spicaria rubudopurpurea Aoki）

①分生孢子赤紫色

②无分生孢子梗束

③分生孢子球形或卵圆形

④分生孢子较大其范围是（2.1~3.9）微米×（2.0~3.3）微米，但（2.9~3.1）微米×（2.4~2.7）微米最多

⑤瓶状体较长9~19.1微米

⑥适应温度28~30℃。

赤色穗状菌（图1）

（Spicaria fumerosea Wize）

①分生孢子粉红色

②有分生孢子的梗束

③分生孢子卵圆形与椭圆形

④分生孢子较小其范围是（1~2.8）微米×（2.4~4.0）微米，但1.5微米×2微米最多。

⑤瓶状体较小1.5~4微米

⑥适应温度20~24℃。

三、赤色穗状菌致病力的测定

（一）赤色穗状菌对柞蚕饰腹寄蝇蛆致病力的测定

方法：将孢子粉少许放在10毫升灭菌水中制成悬液，把蛆放在其中一蘸即取出，分别放在盛有20%含水量的灭菌土的指形管（1厘米×6厘米）内和空的灭过菌的指管内。每管放一头蛆，然后将管口用湿沙布扎好，在保湿条件下，放在25℃温度中培养，20多天后取出检查，其结果见表1。

从表1看出本菌对柞蚕饰腹寄蝇的蛆在上述环境中有很高的致病力，致病率接菌区60%~90%，对照为0%。

表1　赤色穗状菌对柞蚕饰腹寄蝇蛆致病力的试验结果

处理区名	接种头数	寄生头数	寄生率（%）	好蛹头数	坏死头数	丢失头数
接菌（空）	10	6	60	0	3	1
接菌（空）	10	6	60	0	4	0
接菌（空）	10	9	90	0	1	0
对照	10	0	0	8	2	0
接菌（空）	20	15	75	0	5	0
接菌（土）	20	16	80	0	4	0
接菌（土）	20	15	75	0	3	2
对照	20	0	0	15	3	2

（二）赤色穗状菌对柞蚕饰腹寄蝇蛹致病力的测定

方法：将蝇蛹放在纯孢子粉中滚过，使蛹体沾满孢子。然后将蛹放在盛有 20% 含水量的器皿中，处理完后在 25℃ 左右的温度中培养 20 多天后取出检查，结果见表 2。

表 2　赤色穗状菌对柞蚕饰腹寄蝇蛹致病力的试验结果

处理区名	接种头数	寄生头数	寄生率（%）	好蛹头数	坏死头数	丢失头数
接菌	50	47	94	3	0	0
接菌	50	50	100	0	0	0
接菌	50	42	84	8	0	0
接菌	50	50	100	0	0	0
接菌	50	46	92	4	0	0
接菌	50	49	98	1	0	0
对照	50	8	16	10	32	0
对照	50	9	18	8	33	0
对照	50	7	14	9	34	0
对照	50	26	52	4	15	5
对照	50	7	14	2	41	0
对照	50	6	12	8	36	0

从表 2 看出，本菌对柞蚕饰腹寄蝇蛹也有较高的致病力。其致病率接菌区 84% ~ 100%，对照 12% ~ 52%。

四、不同土壤湿度对赤色穗状菌寄生影响的试验

根据室内试验曾找出此菌孢子发芽相对湿度为 98% 或 100% 适宜，生长发育温度为 20 ~ 24℃，但因此菌侵害寄蝇蛹是在土中，不同湿度的土壤对本菌寄生影响的测定富有实际的意义，所以做了不同绝对含水量的土壤在 25℃ 中对本菌寄生的影响试验。

方法：把消毒的土壤配成绝对含水量为 15%，25%，35%，45%，55%，五级，并各设有相应的对照区。将配好的土壤放在 14 厘米×11 厘米的玻璃缸中，然后放入接种了本菌孢子的蛆（在纯孢子粉中滚过的蛆）。缸口涂上凡士林，再加玻璃盖以防止水分散失。接种区重复三次，对照区各重复二次，处理完毕，放在 25℃ 中培养，20 天以后取出检查，结果见表 3。

从表 3 可以看出此菌在 35% 绝对含水量的土壤中寄生率最高，平均寄生率为 88.33%，同时也可以看出在 35% 绝对含水量的土壤中蛹的坏死数也最少，平均坏死率为 8%。

五、不同孢子量对柞蚕饰腹寄蝇蛆致病力的测定

为了在进行防治试验前找出药量与致病力的关系的参考资料，所以进行了本试验。

方法：将孢子粉少许放入 10 毫升，灭菌水中制成原液，稀释 10 倍，100 倍，1 000 倍，10 000 倍，50 000 倍和 100 000 倍的不同悬液，用每种稀释液各接种蝇蛆 40 头，接种过的蛆放在指形管（1×6）内，每管只放一头蝇蛆，处理完毕，将指形管口用湿沙布

扎好，在保温条件下，放在 25℃ 左右的温度中培养，20 天后取出检查，其结果见表 4。

表3 不同土壤湿度对赤色穗状菌寄生影响的试验

含水量（%）区名	接种数量（个）	寄生数量（个）	寄生率（%）	好蛹数（头）	坏死数（头）	丢失数（头）
15	100	93	93.00	0	7	0
15	103	62	60.19	0	41	0
15	100	87	87.00	0	13	0
对照	100	29	29.00	71	0	0
对照	100	31	31.00	29	40	0
25	102	91	89.21	0	11	0
25	100	83	83.00	0	17	0
25	100	78	78.00	0	22	0
对照	101	4	3.96	90	7	0
对照	100	21	21.00	51	28	0
35	100	80	80.00	0	9	11
35	100	95	95.00	0	5	0
35	100	90	90.00	0	10	0
对照	100	4	4.00	72	23	1
对照	100	21	21.00	44	35	0
45	100	0	0	0	97	3
45	100	0	0	0	93	7
45	100	83	83.00	0	9	8
对照	100	5	5.00	75	19	1
对照	100	4	4.00	82	14	0
55	100	49	49.00	0	38	13
55	100	72	72.00	0	25	3
55	100	74	74.00	0	26	0
对照	100	1	1.00	51	31	17
对照	100	0	0	0	67	24

中国农业科学院植物保护研究所叶正楚同志亦曾参加过此项试验

表4 不同孢子量对柞蚕饰腹寄蝇蛆致病力的测定

处理液稀释倍数	孢子数量个/头	接种头数	寄生头数	寄生率（%）	坏死头数	丢失头数	好蛹头数
原液	7368	40	27	67.5	8	2	3
10	1804	40	25	62.5	8	1	9
100	897	40	29	72.5	4	2	5
1 000	567	40	25	62.5	3	5	7
10 000	135	40	21	52.5	3	7	9
50 000	62	40	20	50.0	3	2	14
100 000	43	40	16	40.0	4	2	18
对照	0	40	0	0	5	2	33

从表 4 可以看出，本菌对柞蚕饰腹寄蝇蛆的寄生率随着蛆体粘着的孢子数的增加而提高，随着孢子数的减少而下降。如粘着孢子 7 368 个时寄生率为 67.5%，粘着孢子 43 个时寄生率为 40%，对照区为 0%。

六、室外接种试验——赤色穗状菌在不同深度土层中对柞蚕饰腹寄蝇蛆致病力的试验

方法：将 1：2 的马铃薯菌粉草炭制剂以 1.5 千克/米² 的用量，分别撒在室内花盆中，室外花盆中和室外小区试验的土面上与深度 3 厘米、5 厘米的土层中。先后两种深度区撒完菌粉后再用土盖上，然后将蛆蝇均匀地撒到各种处理的土面上，让其自由入土，20 多天后进行检查，其结果见表 5。

表5　本菌在不同深度土层中对柞蚕饰腹寄蝇蛆致病力的试验

地点	处理区名	共检头数（个）	寄生率（%）	寄生头数（个）	坏死头数（个）	好蛹数（个）
室内 （花盆）	土面撒菌	101	43.56	44	14	43
	3 厘米撒菌	100	30.00	30	2	68
	5 厘米撒菌	100	31.00	31	2	67
	对照	134	3.73	5	44	85
室外 （花盆）	土面撒菌	314	42.67	134	56	124
	3 厘米撒菌	311	24.11	75	67	169
	5 厘米撒菌	310	23.87	73	99	138
	对照	422	2.13	9	120	293
室外 （小区）	土面撒菌	1 077	72.98	786	213	78
	3 厘米撒菌	907	40.24	365	149	393
	5 厘米撒菌	898	43.98	394	115	389
	对照	1 008	4.27	43	228	747

从表 5 可看出：①将菌粉撒在地面上对蝇蛆致死率最高；如室外小区试验，土面撒菌为 72.98%；3 厘米撒菌为 40.24%，5 厘米撒菌为 43.98%；对照为 4.27%。室内外花盆试验结果也是土面撒粉较高。②本菌在自然条件下，致病力也较高。

七、摘要

（1）本菌在一般的真菌培养基上如马铃薯、蔗糖、洋菜培养基上和马铃薯块及马、羊粪加腐植土等的培养基上都能很好地生长发育和繁殖。

（2）本菌对柞蚕饰腹寄蝇蛆和蛹都有较强的致病力，如对蛆的致病率接菌区为 60%～90%，对照区为 0%。对蛹的致病率接菌区为 84%～100%、对照区为 12%～52%。

（3）本菌在 35% 的土壤绝对含水量中寄生率最高，35% 含水量的土壤中接菌区，平均寄生率为 88.33%，对照区为 12.5%。其他含水量的土壤中接种区，其平均寄生率为 65%～83.43%，对照区为 0.5%～30%。

（4）本菌对蛆的致病力，随着蛆体粘着的孢子数的增多而提高，反之随着蛆体粘着孢子数的减少寄生率也降低，如蛆体粘着的孢子数是 7 368 个时，寄生率为 67.5%，蛆体粘着孢子数是 43 个时，其寄生率为 40%，对照区为 0%。

（5）本菌在室外小区试验中，孢子粉撒在地面上时，对柞蚕饰腹寄蝇蛆的致病率最高为 72.98%；在 3 厘米深土中，为 40.24%；在 5 厘米深土中，为 43.98%。对照区

为 4. 27% 。

其他室内外花盆试验也证明土面撒粉寄生率也是最高。

八、结论

根据上述一系列试验与观察，断定本菌对柞蚕饰腹寄蝇蛆和蛹的侵染力相当强，而且菌种培养也容易。在辽宁省丹东一带秋季气候多雨，土温适宜（本菌适宜温度经试验测定为 20～24℃）土壤绝对含水量为 15%～35%，蝇蛆入土时如在地面接触孢子，入土化蛹后，定会被本菌寄生而死亡，次春不得羽化。可能是继"灭蚕蝇一号"之后发现消灭寄蝇的第二种武器。本菌寄主相当广，在土中如遇适宜温度可以继续发育不断蔓延。今后应该针对生产问题多费时间继续研究，解决实际应用技术与大量产生孢子问题，取得最后成功。这样，不仅解决柞蚕寄蝇问题，或试用以防治农作物害虫、家蚕多化性寄蝇、果树害虫及家蝇等。由于我们曾做过试验，初步证明本菌可寄生于苹果食心虫茧、家蝇蛆及黏虫蛹和幼虫。而文献记载这种菌有用之杀灭家蝇的蛆蛹。

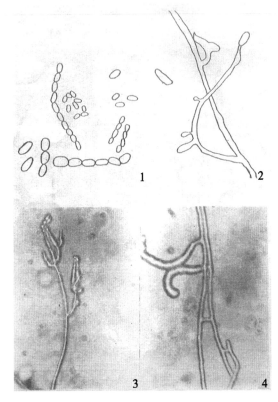

1. 分生孢子（有小型大型两种）；2. 圆筒孢子从菌丝上生出来；3. 分生孢子梗；
4. 菌丝的"H"形接合和膨大菌丝

图 1（a）　生长发育情况

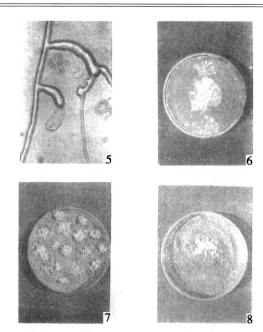

5. 菌丝的"H"形接合和膨大菌丝；6. 在柞蚕饰腹寄蝇蛹上，本菌生长发育情况；

7、8. 在人工接种的柞蚕饰腹寄蝇蛹体上长出的分生孢子梗束

图1（b）　生长发育情况

所以，以后的研究工作应注意以下几点：①根据现有经验制造较大量菌粉，在小面积柞蚕窝茧场试用，观察其感染寄生的结果；②利用山草、马粪、羊粪等当地易得材料，做成堆肥，然后用此作为培养基物，混合孢子，在自然环境下施入土中，保持土中适当湿度，土面略盖杂草和土，观察此菌在土中生活发展情况；③在室内继续进行干物质培养试验，找出廉价物美的培养基，并掌握能产生丰富孢子的技术，配合上述两项工作，利用食虫菌杀柞蚕、家蚕寄蝇，且为防治一般农作物害虫找出可以试用的一种食虫菌。

至于其他关于本菌的生物学特性也应围绕应用的问题，继续观察研究，这也有助于解决实际问题，且能丰富真菌学的内容。

虫生微生物及其利用[*]

曾 省

　　植物保护是防治农、林作物病虫害，保证丰产、稳产的有效途径之一，所以"农业八字宪法"列有"保"字，其中包括人工、化学、物理、农业、生物、法规（植物检疫）等防治方法。而生物防治是常被采用的方法之一，效果有时很显著，如利用天然界益兽、益鸟、天敌昆虫（包括捕食性昆虫、寄生蜂、寄生蝇等）、线虫及微生物等。用以防治的微生物有病毒、细菌、真菌及原生动物等。

　　每种害虫在自然界中都有不少的微生物天敌，同它们生在一处，互相制约，造成"自然平衡"的局面。其中牵沙内在、外在因子很多，有自然的力量，也有人为的力量；有生物因素，也有非生物因素；而气候因子与它们的关系最为密切。毛主席在《实践论》中教导我们："抓着了世界的规律性的认识，必须把它再回到改造世界的实践中去，再用到生产的实践、革命的阶级斗争和民族斗争的实践以及科学实验的实践中去。"因此，我们不仅要探索害虫和天敌与其他因子的关系，而且还要进一步利用与改造它们。

　　控制自然、消灭害虫有许多方法，过去一般只注意化学防治。化学防治害虫虽然见效很快、处理方便，但是有许多地方因为长期地不合理施药，已引起不少不良后果：①害虫产生抗药性；②这种害虫杀死后，别种害虫又起来，因为别种害虫的天敌被药杀死；③残毒遗留积累于蔬菜及果品中，有害于人、畜健康；④制药原料量大，有供不应求之势。有人认为，以生物防治害虫是"无限资源"替代"有限资源"，因为天敌在建立群落之后，滋生蔓延，世代不绝，而用化学药剂防治，有时很快就消失了。

　　生物防治是利用有生命的动物、植物来灭虫，受外界环境条件影响很大，若施用时期或方法不合适，则还不如化学药剂防治效果显著。因此，采用生物防治，事先进行广泛、深入的调查，进行多方试验，摸清特性和规律，创造大量繁殖与制造菌剂的方法，以及改进使用技术等，确是一系列关键性问题。现在把国内外利用微生物防治害虫已有的实例介绍于下，以说明该项研究工作有很大的前途。

一、利用细菌防治害虫

　　利用细菌来抑制害虫，世界各地事例很多，限于篇幅，仅提已被广泛利用，而且成效显著的几种。

---

　　[*]《科学通报》，1965，9 期。

（1）日本金龟（金龟子）流乳病[1]［Milky disease of Japanese beetle（*Popillia japonica* Newm)］，包括有两种细菌，即日本金龟芽孢杆菌（*Bacillus popilliae* Dutky）与慢死芽孢杆菌（*B. lentimorbus* Dutky）。蛴螬（金龟子幼虫）被此菌感染后，血液混浊，全体呈乳白色。健虫血滴暴露于空气中即变暗色，而病虫的血滴却仍保持白色。美国（1939—1949）曾使用该菌菌粉 151 559 磅，撒布于 73 618 英亩面积草地上，每平方英尺虫口密度由 44 头减至 5 头以下。我国金龟子种类很多，成虫把果树、林木的叶吃光，危害很大，幼虫为害禾苗亦甚烈。迄今用化学药剂防治还未奏全功，且用药量很大。因此，在我国蛴螬体中找出流乳病杆菌，加以培养利用，是很重要的。

（2）苏芸金杆菌[2]（*Bacillus thuringiensis* Berliner）是柏利纳（Berliner）1951 年从地中海粉螟（*Ephestia kühniella*）中分离出来的，是一种产芽孢细菌，又是一种严格的虫生细菌。它能抵抗不良环境，杀虫力强，可引起不同鳞翅目幼虫流行病。现在我国正在研究利用它来消灭大面积的松毛虫。

（3）蜡样芽孢杆菌（*Bacillus cereus* Fr. & Fr.）[1]即青虫菌或称虫菌 3 号（*B. cereus* var. *galleriae*，No. 3）能引起许多鳞翅目昆虫败血病（Septicemia）。也有寄生于壁蝨体内的，对白菜青虫、蜜蜂蜡螟感染力很强。1959 年该菌由国外引进，现湖北省农业科学研究所研究此菌，汉口抗生素厂已生产大量菌粉，以此喷杀白菜青虫与松毛虫颇著成效。1962 年作者从辽宁凤城四台子土中采到腐烂、出水、发臭的柞蚕寄生蝇（*Crossocosmia tibialis* Chao）蛹内亦分离*出这样芽孢杆菌（图 1）。

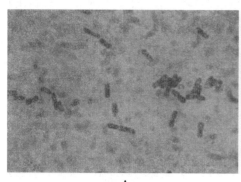 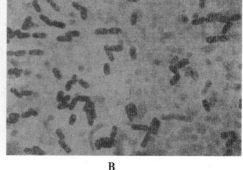

A   B

A. 蜡样芽孢杆菌（*Bacillus cereus*）   B. 巨大芽孢杆菌（*Bacillus megatherium*）

图1　从柞蚕寄生蝇病蛹分离出来的芽孢杆菌

（4）蝗疫杆菌[1]［*Aerobacter*（*Coccobacillus*）*aerogenes* var. *acridiorum*］系德勒尔（d'Herelle）1910 年在墨西哥发现和应用，成绩颇著，但后来别人依法使用失败。这可能是蝗属不同或本菌种有几个菌系或小种（Strains）存在，因此毒力不同。

（5）赛氏红菌[3]（*Serratia marcescens* Bizio）在国外能侵害许多鳞翅目昆虫，最近陈誉在新疆首次从自然死亡甜菜象鼻虫（*Bothynoderes punctiventris* Germ）尸体中分离出

* 本工作是沈阳农学院张义成同志在中国农业科学院植物保护研究所进行的，由何礼远同志指导，并由北京农业大学俞大绂教授指导鉴定。

来，经接种试验，对黄地老虎（*Agroits segetum*）死亡率为90%，对甘蓝夜蛾（*Barathra brassicae*）、棉铃虫（*Heliothis armigera*）也都有致病力。

二、利用真菌防治害虫

从农业与医学方面来看，早就知道真菌（Fungi）能广泛为害植物和动物，但引起昆虫病害则知之较少。1853年白西（A. Bassi）发现家蚕有白僵病菌寄生，而中国发现更早，在1578年以前就利用"冬虫夏草""僵蚕""蝉花"等食虫菌入药。侵害昆虫的真菌有下列几大类：

（1）藻状菌纲（Phycomycetes）中有以下几属，即虫霉（*Empusa*，分生孢子梗不分枝）、虫生藻菌属（*Entomophthora*，分生孢子梗分枝）及绵霉属（*Achlya*）。作者（1954—1956）在河南洛阳一带曾发现小麦吸浆虫幼虫夏天常被一种绵霉所侵害（图2）。过去国内记载绵霉属真菌只有稻秧绵腐病（Achlya oryza I. et N. 与 A. prolifera De Bary），而国外文献记载这属的真菌侵害水中动物达十余种[4]。

（2）子囊菌纲（Ascomycetes）有虫草菌属（*Cordyceps*）即"冬虫夏草"一类的虫生真菌，邓叔群[5]在《中国的真菌》一书中列举24种。此外还有多毛菌属（*Hirsutella*）[6]寄生于鳞翅或鞘翅目昆虫身上。1964年河南舞阳县农林局寄来被该菌寄生的金针虫标本，据说该县金针虫沟叩头虫（Pleonomus canaliculatus F.）发生严重，每平方尺有虫3~15头，个别地块被寄生率达60%~70%（图3）。

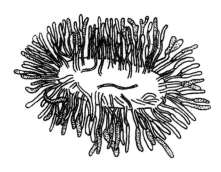

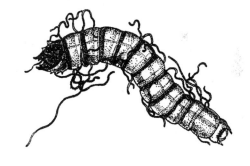

图2　麦红吸浆虫幼虫被绵霉（**Achlya sp.**）所寄生的外观

图3　沟金针虫被一种多毛菌（**Hirsutella sp.**）所寄生，体外围生分生孢子梗束

（3）担子菌纲（*Basidiomycetes*）有时虽能侵害昆虫，但并不重要，从略。

（4）半知菌纲[1,6]（*Deuteromycetes*）中有许多属是重要的虫生真菌，例如：①粉虱赤座霉属（*Aschersonia*）多寄生于介壳虫与粉虱（*A. aleyrodis* Webber），孢子堆是红色的，*A. goldiana* Sacc. & Ellis 是黄色的；②麯霉属（*Aspergillus*），例如黄麯霉（*A. flavus* Link）侵害蜜蜂幼虫。1964年在北京室内饲养蝼蛄，死亡频繁，体上亦长出一种麯霉，似 *A. oryzae* Wehmer；③白僵菌属（*Beauveria*），国内徐庆丰[7]、邓庄、林伯欣等研究较详，福建林业科学研究所[8]已大量培养，以此喷杀松毛虫有效。此外，还有④镰刀菌（*Fusarium*）；⑤棒束孢菌属（*Isaria*）；⑥绿僵菌属（*Metarrhizium*，青木清认为与 *Oospo-*

ra 是同物异名）；⑦堆生孢子菌属（*Sorosporella*）；⑧穗状菌属（*Spicaria*）等。

三、利用病毒防治害虫

据世界文献记载，昆虫病毒到现在已有 250 余种。绝大多数系侵害鳞翅目昆虫[1,3]，少数也能感染膜翅目和双翅目幼虫。但鞘翅目、半翅目昆虫具有高度抵抗性。幼虫最易感染（有时蛹也能偶然感染），到了成虫期，昆虫组织内改变为不感病性，这是生物学上极有兴趣的问题。病毒系纯寄生性的微生物，不能在没有活细胞基质上生长，主要生于细胞核内，也有生于细胞质内。病毒在普通显微镜下看不到任何形象，用电子显微镜才能看出包含体（Inclusion bodies）内病毒的形状和结构。昆虫病毒至少可分为 4 类[1,3]：①多角体形包含体，是波莱尔氏属（*Borrelina*），发育于细胞核内的，叫"核型多角体病毒"，发育于细胞质内的叫"质型多角体病毒"；②有微小椭圆形颗粒状包含体，或称荫状体（Capsules），在细胞核或细胞质中发育，是勃戈提氏属（*Bergoldia*）；③有折光性而具多态型（Polymorphic）的包含体是巴约氏属（*Paillotella*）；④不具有任何包含体，是莫拉塔属（*Morator*）。此外还有史密斯氏属（*Smithia*），该属仅有一个模式种，包含体是多角形，病毒粒子是圆形。病毒在昆虫体内有一定潜伏期，直至某些环境条件改变时而刺激其活动与发育，高温（32~35℃）、饥饿或营养不良易打破昆虫抗病毒性，而缩短其潜伏期，病遂暴发。

病毒各种包含体不溶解于热水、冷水、乙醇、氯仿、乙醚、二甲苯及丙酮，但易溶解于碱液。所以辽宁省推广防止柞蚕脓病一种病毒时，是用 1% 苛性钠溶液，保持 16~18℃卵面消毒（把卵装在纱布袋里，先用水洗 2~3 分钟，浸药一分钟，立即取出，用手轻轻挤出药水，然后放清水中漂洗二三次，至无药液为止，然后晾干，保温在 18~20℃中，促使卵孵化）。在室内饲养，为了保证不发病毒，用 0.5% 石灰水浸叶消毒，取出晾干喂蚕，都是应用这个特性来消灭柞蚕病毒的。

目前各国利用人工方法散布病毒防治害虫的例子还不多，原因是生产大量病毒有困难。在实验室内生产大量病毒有二种方法：①组织培养法（Tissue culture）；②昆虫饲养室的生产法（Insectary production）。近年来实验证明，受精鸡蛋是组织培养哺乳类动物病毒的好物质与方法，但是欲生产大量病毒用作田间散布，还是以饲养大量昆虫寄主来培养病毒最有希望[1]。一种方法是收集早期感染的田间寄主昆虫，放置在实验室或昆虫饲育室中，直到发病死亡，就可用昆虫尸体制造病毒浮悬液（Virus suspension）；另一种方法是从田间采集大量健全的幼虫，然后连同必须的食料放在适当构造的虫笼中，于食料上喷射微量的病毒浮悬液，或放置少数带病毒昆虫于其中，则全部幼虫不久就被侵染。在这些昆虫死后，收集起来，制成浮悬液，然后放于适当地方储藏或冷藏。这种浮悬液用于田间时，须稀释至每毫升含有 0.5 亿~1 亿的多角体才适于喷撒。

四、利用原生动物防治害虫

昆虫的病由原生动物寄生所致是很多的，其中主要的是属于微孢子虫目（Microsporidia)。巴约（Paillot，1928）曾说过："原生动物在害虫自然控制中所起的作用比细菌更重要得多。"寄生于经济昆虫不下 30 余种，著名例子有玉米螟微孢子虫（*Perezia pyraustae*）、菜白蝶微孢子虫（*Perezia mesnili*，*P. legeri*，*P. pieris* 及 *Thelohania mesnili*）、苹果蛾微孢子虫（*Nosema carpocapsae*）及棉铃虫孢子虫（*Nosema heliotidis*）等，利用之能引起害虫慢性病，而使虫口低落。问锦曾[9]于 1962—1963 年首次在北京玉米螟体内找到微孢子虫而定名为 *Nosema pyraustae*（Paillot）Weiser，并观察其发育。

五、国内利用微生物防治害虫的研究

我国过去对寄生昆虫的微生物研究很少，但贯彻科学研究为生产服务的方针后，对微生物杀虫剂研究颇多，发展很快。例如：

（1）苏芸金杆菌和青虫菌的利用，经中国科学院、林业科学研究院、湖北省农业科学研究所、湖南细菌肥料厂及农业部成都兽医生物药品制造厂和四川省农业科学院等单位努力研究，摸索出生产两种菌剂的一套工艺流程，每克菌粉含菌量达 300 亿以上。用来杀除马尾松松毛虫、菜青虫效果显著，施之于茶毛虫及果树害虫也有效。

（2）白僵菌的利用，自从吉林省农业科学院[2]开始研究利用白僵菌来防治大豆食心虫（*Grapholitha glycinivorella* Matsumura）获得成功后，遂引起各方的注意，但是否在野外柞林为害柞蚕，还须深入调查和试验。据广西方面报道，松毛虫感染白僵菌，死尸在树皮缝隙中隐藏历三年，孢子仍有生活力。福建林业科学研究所[8]经 5 年室内和林间试验研究，证明该菌在适温（24～28℃）、高湿（RH·90%）情况下，对防除松毛虫有一定效果，死亡率达 50.8%～88.2%，且具有蔓延扩散能力，对人畜无害。1964 年在武汉全国生物防除学术讨论会上，讨论在养蚕地区使用白僵菌孢子喷杀森林害虫问题，一位蚕病专家声称：家蚕在室内饲养，因已掌握了"防僵粉"，因此对白僵病并不可怕，而在不养蚕地区防治农林害虫，使用白僵菌更不成问题了。不过白僵菌孢子发芽，湿度要在 90% 以上，且施用地点、季节及时间倒值得事先仔细调查研究。

（3）两种穗状菌的发现和试用。粉样穗状菌［*Spicaria farinosa*（Fron）Vuill］（图 4）和赤色穗状菌［*Spicaria fumoso-rosea*（Wize）vassilijevsky］（图 5）在国内为首次记载。前者由作者在北京从棉铃虫蛹体中分离出来[10]；后者是作者在辽宁凤城四台子从柞蚕寄生蝇（*Crossocosmia tibialis* Chao）蛹体中分离出来[11]。这两种菌的寄主范围较广，毒性强，而且容易培养。1964 年在武汉全国生物防除学术讨论会上，经作者报告后，有许多专家建议应大量培养孢子，作杀害地下虫试验，因为这两种菌能在马粪、羊粪、猪粪与苜蓿土、荷池泥培养基上生长，曾试杀地下夜蛾科害虫蛹与蝇蛹，效率颇高，而且土中温、湿度变迁较缓，特别是灌溉或低洼地区，土中湿度高，有利于这些菌发芽、感染、生长。现正沿此途径摸索进行各种试验。

其他虫生真菌如：蚜霉（*Empusa* sp.），上海复旦大学生物学系曾进行研究；虫生藻菌（*Entomophthora* sp.），马永贵曾在三化螟体上发现，并加以研究；绿僵菌（*Metarrhizium* spp.）在内蒙古、贵州、四川发现，都未大面积应用于生产；还有一种砖红色堆生孢子菌［*Sorosporella uvella*（Krass）Giard］为贵州福泉烟草研究所发现，为害几种地老虎很普遍。

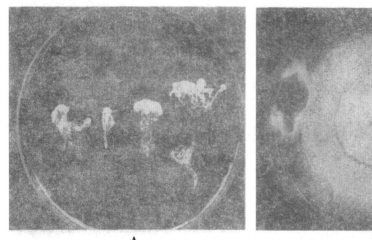
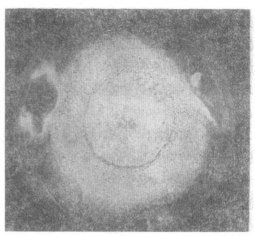

A．棉铃虫蛹被粉样穗状菌（*Spicaria farinosa*）所寄生，上生不同形状的分生孢子梗束和块；

B．粉样穗状菌在培养基上，老熟菌落满生粉样分生孢子

图4　粉样穗状菌

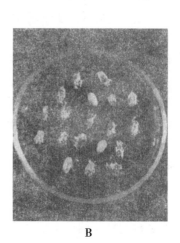

A．柞蚕寄生蝇蛹在土中自然感染赤色穗状菌后，所生棒状分生孢子梗束；

B．柞蚕寄生蝇蛹经人工接种赤色穗状菌孢子后，用湿润培养，各蛹体所生分生孢子梗束

图5　赤色穗状菌

六、存在问题和今后努力方向

（1）关于苏芸金杆菌和青虫菌菌粉制造产品含菌数的检查与毒力测定，应有一致的操作规程与统一标准。欲适于国家大量生产，应积极寻找多种寄主和扩大使用范围；同时也必须改变其由于不同寄主所引起菌种专化性的偏向，并注意经常透过

复壮（活体培养）加强其生活力。改进工艺流程，减低成本，增加毒力，以提高防治效率。芽孢细菌培养过滤液经各方试验，证明有杀虫毒素，应加测定，并设法提炼利用。

（2）利用虫生真菌防治农林害虫的问题是如何能产生大量孢子：①用固体培养应研究培养基的成分与配合，以利大量繁殖，并掌握多产孢子的技术。最理想的是，利用牲畜肥料或堆肥于发酵后，在不消毒情况下，拌入真菌孢子，使其自能生存、发展，一遇地下害虫，因环境条件适宜，孢子发芽，侵入虫体，因而致死。这一关必须突破；②用液体深层培养也须先在室内试验，求得合理的氮、碳源比例，控制空气流通量和酸碱度，使其多产孢子。另外，利用滤液提炼与用填充剂吸附滤渣，晾干研细，进行杀虫等试验。

（3）利用病毒防治害虫在我国还没人做试验，更谈不上大量应用。目前国内昆虫病毒研究仅限于以下两方面：①室内理论性的研究，如病毒分离、鉴定、结构观察、组织培养和潜伏性、感染性的试验，以及在虫体中所起生理、生物化学变动的现象；②只局限于蚕体病毒的研究，做了各种消毒、防病试验。今后希望针对生产，扩大应用范围，大胆尝试，大量培养病毒来消灭猖獗、暴食性的害虫。

（4）为了达到上述各项要求，必须组织协作，集中力量，迅速解决生产上的迫切问题。组织协作，在社会主义国家内是提高科学水平、增加生产的多快好省的办法。同时也须用各种方式培养研究技术人员，建立一支队伍。此外，还须组织力量，进行调查，采集研究，挖掘资源，大量利用，扑灭害虫，以保证农业稳产、丰产。

参考文献

［1］　Steinhaus E A. Principles of insect pathology ［J］. McGraw-Hill, 1949：300 – 364，398 – 495，504 – 622.

［2］　 DeBach P, Schlinger E I. Biological control of insect pests and weeds ［J］. Chapman & Hall Ltd, 1964：515 – 534.

［3］　SWeetman H L. The principles of biological control ［J］. 1958：30 – 41，42 – 57，58 – 68.

［4］　青木清. 昆虫病理学 ［J］. 技报堂, 1957：43 – 93，107 – 177，178 – 181.

［5］　邓叔群. 中国的真菌 ［M］. 科学出版社, 1963：146 – 152.

［6］　曾省. 小麦吸浆虫 ［M］. 农业出版社, 1965：100 – 101.

［7］　徐庆丰. 昆虫学报. 1959：9（3）：203 – 217.

［8］　福建林业科学研究所报告, 1964.

［9］　问锦曾. 动物学报. 1965：17（1）：64.

［10］　 曾省. 植物保护学报. 1962：1（3）：332 – 333.

［11］　 曾省. 植物保护学报. 1965：4（1）：59 – 68.

一种虫生真菌——赤色穗状菌 *Spicaria fumoso-rosea*（Wize）Vassilijevsky 的研究[*]

曾省[1]　尹莘耘[2]　赵玉清[3]

（1. 中国农业科学院植物保护研究所；2. 中国农业科学院土壤肥料研究所；
3. 辽宁省蚕业科学研究所）

提　要　在辽宁省发现一种寄生于柞蚕寄生蝇蛹体上的食虫菌，鉴定为赤色穗状菌［*Spicaria fumoso-rosea*（Wize）Vassilijevsky］，是我国首次详细观察记载。此菌容易培养，在马铃薯、甘薯块上，以及马粪、羊粪混和腐植土上都可以生长发育良好。致病力强，自然寄生率为 3.4% ~ 20.3%；接种感染寄生率为 10% ~ 100%。此菌除寄生于柞蚕寄生蝇蛹外，还可寄生于黏虫、苹果食心虫及家蝇等。本菌孢子发芽所需相对湿度为 98% ~ 100%，在 98% 以下不能发芽；土壤绝对含水量 15% ~ 55% 时发生良好，尤以 35% 为最适宜。最适温度为 20 ~ 24℃。小区接种试验结果：在地面撒菌粉让寄蝇蛆爬行钻入，寄生率为 72.98%；在土深 3 厘米与 5 厘米处撒菌粉，寄生率为 40.24% 和 43.98%。

柞蚕饰腹寄蝇（*Crossocosmia tibialis* Chao）是我国东北柞蚕产区的重要害虫之一。1962 年夏作者在辽宁省凤城县四台子和安东市郊区五龙背等地，发现柞蚕寄生蝇蛹在土中被一种真菌寄生，其寄生率为 3.4% ~ 20.3%（表 1）。1962 年冬把寄生蝇蛹放于木箱内土中带至北京供试验用，不到一个月，大部分蛹都感染此菌而死亡。1962 年夏在辽宁四台子曾作初步分离、培养、接种和发育的观察。1962 年冬又在北京中国农业科学院土壤肥料研究所抗生菌研究室与植物保护研究所实验室内作了较仔细的分离、培养、接种和温、湿度等试验。1963 年夏复在四台子进行了不同土壤湿度对此菌发育的影响等研究。1963 年冬又在北京进行了菌种鉴定工作。现将各种观察和试验所得的结果加以整理，报道如下：

表 1　柞蚕寄生蝇蛹自然感染寄生率的调查（1962）

蝇蛹来源		羽化蛹数	未羽化蛹数			被真菌寄生百分率（%）
地点	日/月		真菌寄生	蜂寄生	其他病原	
四台子	3/Ⅵ	187	28	1	144	7.8
五龙背	4 – 8/Ⅴ	241	13	38	92	3.4
五龙背	9/Ⅵ	67	6	0	20	6.4
四台子	29/Ⅵ	150	67	2	111	20.3

* 《植物保护学报》，1965，第 4 卷，1 期。

一、自然感染蛹的外观

1962 年 6 月 4 日把曾被真菌所寄生，体外有白色菌丝的寄生蝇蛹，用灭菌水冲洗数次，并选生有分生孢子梗束的蛹，放于玻璃皿中，经湿润培养。隔数日则见体外包有间断零散或呈块状白色、较厚的菌丝。6 月 12 日又检查，看见在这些菌膜间长出白色绒毛状、指状、树技状及不规则块状的突起（图 1），这就是新生长出来的分生孢子梗束（Synnemata）。这些分生孢子梗束穿破蛹壳外出，位置很不一致，有的生在两端，有的生于两侧；其数目亦复不同，从 1～6 个或更多，有的始终单独伸长，亦有数个初分离而后合并，亦有作线状蟠结。一般来说，分生孢子梗束比较细小，短的仅 1～4 毫米，长的亦不过 4～10 毫米。菌落、分生孢子梗束、以至孢子堆都带紫褐色。经湿润培养较久时，这种紫褐色能渗透到滤纸上，色甚浓。剥开蛹壳检查，也可见到未羽化的成虫，被菌丝包围而死的。

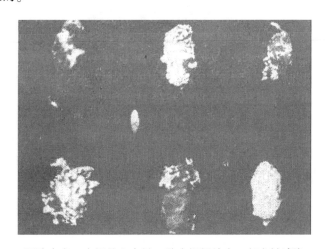

照片中有一小蛹是土中另一种小蝇蛹放在一起亦被感染

图 1　柞蚕寄蝇蛹由土中取出，表面已长菌丝，经湿润培养，长出紫褐色各形分生孢子梗束

二、分离和培养

1962 年夏从经湿润培养蛹体上，挑出较老熟分生孢子，放于凹面载玻片上，加少许灭菌水，再用白金针尽量搅拌研调使散，然后用白金耳蘸取一点带菌的水在马铃薯、洋菜、蔗糖培养基平面或斜面上划线接种。另外在平面培养皿中移植纯粹不带杂菌的菌落，任其正常发育，菌落呈圆笠状（图 2），老熟时外围直径为 27 毫米 × 28 毫米（有时较大），具同心轮层，中央耸起，纯白色，大小 15 毫米 × 7 毫米；稍外有略凹陷、带紫色圈，宽 3 毫米；再外稍高，呈"围坎"状，宽 4 毫米，亦呈白色；最外一层为稀薄菌丝圈，呈浅灰色绒毛状，宽 4 毫米，菌落底面映有小凹，随菌落生长而逐渐填平，基底黄褐色。历时十余日，该菌生长老熟，有些菌落中央高处出现不规则的赤紫色孢子堆，或仅有粉状孢子，色亦紫赤，零星散布，亦有在菌落缘沟（第二圈凹陷处）长出圆柱状或珊瑚状凸起，形短小，缘沟随之亦渐长平，孢子堆间出现水珠状分泌物，干后遗留小孔。珊瑚状凸起群是由许多圆柱形、上端尖细的分生孢子梗束组成。

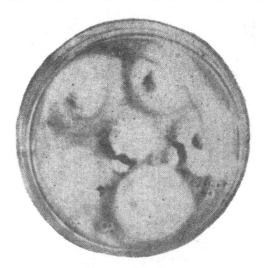

图2　本菌分离接种于平面培养基上，初期菌落白色，呈笠帽状，具同心轮层

1962年10月在中国农业科学院土壤肥料研究所抗生菌研究室曾做过较精密的分离（方法从略），一星期后即能长出大量带浅肉红色（查Ridgway's《Golor Standard》书中标准是"Pale flesh color"）孢子的菌落；同时分离出一种紫丁香青霉菌（*Penicillium lilacium* Thom.），菌落初呈白色，渐变成紫色，孢子和菌丝均是紫色（查Rigway's《Color Standard》书中标准是"Light purple – Drab"）。后者经几次接种，对寄生蝇都不寄生，谅是一种杂菌与该虫生菌混生而被分离出来的。嗣后只用前述浅肉色菌种进行各项试验，而不用紫色杂菌。这个纯菌种经多次接种培养，菌落生长发育形状都相同。

三、本菌的形态

在马铃薯、蔗糖、洋菜培养基培养出来的菌体的各部形态记载如下（图3）。

（1）菌丝形态：线状、无色、间有隔、宽1~3微米，多数聚集时显白色，似绒色。在悬滴培养片上，于菌落发育盛期前后，常看见菌丝膨大部分有的粗短弯曲，有的长直，互相靠拢，甚至互相扣合，似有"接合"现象，此外发展菌丝"H"形的接合亦不少。

（2）分生孢子：卵圆形，有的是椭圆形，着生在瓶状体上，亦有直接从幼嫩菌丝上或干燥、衰老菌丝上长出分生孢子。孢子成串，不易散开。一般为（1~2.8）微米×（2.4~4）微米，光滑，粉红色，后变浅肉红色。在25℃温度中经15小时发芽。

（3）瓶状体：酒瓶状，瓶腹最宽处一般为1.5~3微米，长度为4~15微米。

（4）圆筒形孢子：圆筒形或长椭圆形，无色，透明，（3~5）微米×（4.5~3.6）

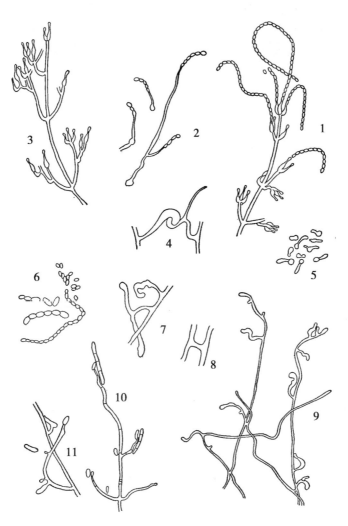

　　1. 本菌老熟分生孢子梗；2. 在初生菌丝上直接长出分生孢子；3. 本菌的幼嫩分生孢子梗；
4. 菌丝两个膨大部分相结合；5. 孢子发芽；6. 分生孢子有大型和小型；7. 正从菌丝长出膨大部
分；8. 菌丝"H"形的接合；9. 菌丝到处萌生膨大部分，并有三处"H"形接合；10. 菌丝分
隔显明并芽生圆筒形孢子，有的已延长分节；11. 圆筒形孢子正从菌丝上芽生出来

图3　本菌发育阶段各部形态

微米，由菌丝的尖端或旁侧生出，以后脱离菌丝，逐渐伸长，并生成隔膜。圆筒形孢子
本身能"裂殖""芽生"，并能延长复成菌丝。

　　（5）菌落：菌落中央有突起，外具同心轮，至老熟时无突起，仅平铺呈现数同心
轮层，或凸起减缩变低而带同心轮。每轮的边沿都先显出深浅不同的粉红色孢子，边
沿以内的菌丝面上随着孢子发生量少，由粉红色渐渐变淡而显成白色，因而形成红白相
间的美丽同心轮层。至老熟时粉红色孢子都变成浅肉红色。

　　（6）分生孢子梗束：形状大小不一，有棒状、指状、细线状、半球状，有柄或无
柄，束的表面因长满了分生孢子，故显粉红色，后变浅肉红色，挺立在绒毛状的菌丝层

中。分生孢子束间或无束孢子堆上都有深浅不同的棕色或浅黄褐色的液珠分泌出。分生孢子梗束有的分散，有的密集在一起，有的仅基部聚合，着生于基物上，形似美丽花朵或珊瑚丛。在马铃薯、蔗糖、洋菜培养基及虫体上都能长出分生孢子梗束。

四、大量培养孢子试验

为了找出适于本菌生长发育和能产生大量孢子的培养基，经用各种不同培养基培育后，证明本菌除生长在马铃薯、蔗糖、蛋白胨、洋菜；马铃薯、蔗糖、洋菜培养基之外，在白薯块上也生长良好，而在蛹、洋菜培养基上则易产生孢子（表2）。

表2　二种穗状菌在四种培养基上生长发育情况

培养基 / 菌种	蛹，洋菜**	马铃薯、蔗糖、蛋白胨、洋菜	马铃薯、蔗糖、洋菜	白薯块
赤色穗状菌	＋＋＋ 易生孢子	＋＋＋	＋＋＋	＋＋＋
寄生棉铃虫穗状菌*	－	＋＋＋	＋＋＋	＋

　*棉铃虫穗状菌，1961年在北京棉铃虫病蛹上分离出来，属另一种穗状菌（*Spicaria* sp.）曾经试验，亦能感染侵害柞蚕寄生蝇的蛹，故列入试验，以资比较。

　**蛹，洋菜培养基：柞蚕寄生蛹5克，水100毫升；洋菜2%或4%，蝇蛹经洗后，捣碎加水煮沸，过滤，加洋菜溶化。

　"＋＋＋"表示菌落生长旺盛，孢子亦多；"＋"生长不好；"－"生长更差

根据国内已有的报告，一般繁殖大量真菌，制造菌粉，多有用粮食，或用价格较贵的物品。为了考虑用价廉、来源广的原料，曾以马粪、羊粪、蚕粪为主的配料，即用马粪、羊粪、蚕粪各3分，掺入腐植土（菜园土或林下土）各6分，豆饼粉1分，并加0.1～0.3过磷酸钙，经多次试验，证明马、羊粪培养菌落生长良好，能多产孢子，而蚕粪则发育不良（表3）。用马铃薯块大量培养孢子亦获成功。

五、不同寄主接种试验

为了进一步探索本菌的致病能力，曾连续作过多次不同寄主接种试验，结果证明本菌除能寄生柞蚕寄生蝇和家蝇蛆、蛹等外（表3），对黏虫［*Lucania separata*（Walker）］幼虫和苹果食心虫（*Carposina nipoensis* Walsingham）亦都能寄生（图4）。一般于接种后15天左右，在寄主体外薄白菌落上，即可看到指状突起物长出，此突起物渐渐由细变粗，由白色变成浅肉红色（亦有从白色先变粉红色，后呈浅肉红色），当肉红色出现后，常有液珠分泌出来，呈浅黄褐色。指状突起多簇生在一起，像花朵［图4（3）］，也有单独长出呈棒状［图4（2）（4）（5）（7）］。从柞蚕寄生蝇蛹、黏虫蛹与苹果食心虫越冬茧上长出的体较大，而从家蝇体上长出的则较小。

表 3　孢子接种不同寄主的结果

培养基	接种头数	寄生头数	寄生率（%）
马铃薯、蔗糖、洋菜	9（家蝇蛹）***	4	44.0
马铃薯、蔗糖、洋菜	16	8	50.0
对照	10	0	0
马铃薯、蔗糖、洋菜	50（家蝇蛹）***	19	38.0
马铃薯、蔗糖、洋菜	50	41	82.0
马铃薯、蔗糖、洋菜	50	32	64.0
马铃薯、蔗糖、洋菜	50	38	76.0
对照	50	0	0
对照	50	0	0
马铃薯、蔗糖、洋菜	20（柞蚕寄生蝇蛹）	6	30.0
马铃薯、蔗糖、洋菜	10	1*	10.0
马铃薯、蔗糖、洋菜	10	8	80.0
对照	10	3**	30.0
马粪、腐植土、豆饼粉、过磷酸钙	26（柞蚕寄生蝇蛆）	17	65.3
马粪、腐植土、豆饼粉、过磷酸钙	25	16	64.0
对照	25	4**	16.0
羊粪、腐植土、豆饼粉、过磷酸钙	25（柞蚕寄生蝇蛆）	14	56.0
羊粪、腐植土、豆饼粉、过磷酸钙	25	12	48.0
对照	25	2**	8.0

＊其中 9 头被细菌感染死亡；

＊＊自然感染寄生；

＊＊＊当时无新鲜蝇蛹，而保存于木箱土中的蛹发现已大部分自然感染，故用家蝇蛆作试验。

在四台子辽宁省蚕业科学研究所曾做过小区接种防治试验，在 5 块土上，3 个作为处理区，2 个为对照区，处理区又分为地面及土深 3 厘米、5 厘米，撒孢子粉①，结果以地面撒孢子粉让蛆爬行钻入，感染寄生率为 72.98%，而土深 5 厘米、3 厘米分别为 43.98% 与 40.24%。

六、有关适宜温、湿度的测定

（1）不同温度对菌落发育影响试验。温度处理分为七级，即 16℃、20℃、24℃、

---

① 这批孢子粉是用马铃薯块放于克氏瓶中培养，等长出大量孢子后，与细、干草炭粉，以 1∶2 比量混合，再用筛筛过使用。每克含 22.8 亿个孢子。

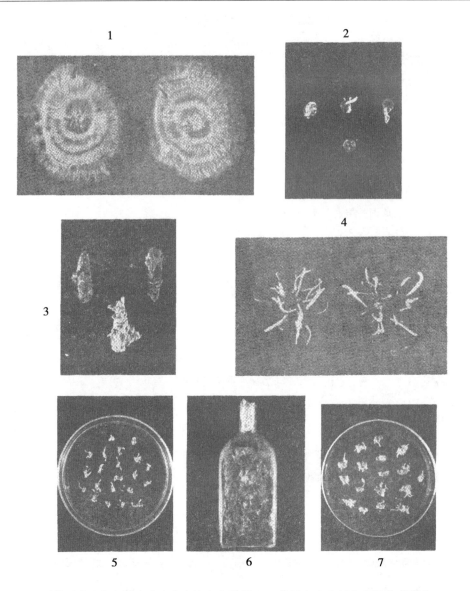

1. 从柞蚕寄生蝇蛹精密分离出来浅肉色菌落；2. 苹果食心虫越冬茧被本菌寄生；3. 柞蚕寄生蝇蛹接种本菌，置土中培养，长出棒状分生孢子梗束；4. 黏虫幼虫接种本菌后，在蛹体上长出分生孢子梗束；5. 家蝇蛆接种本菌后，长出各式分生孢子梗束；6. 本菌在克氏瓶里马铃薯块上长满本菌的菌落；7. 柞蚕寄生蝇蛹在木箱土中自然感染，被本菌寄生

图 4　接种试验

28℃、32℃、36℃、40℃。每隔二日（1963 年 3 月 21 日至 27 日）测量菌落半径长度一次，用数字记载，并求出平均每日增长毫米数（原记载数字从略）。根据这些数字绘成曲线图（图 5），当时亦将棉铃虫穗状菌列入做同样试验，以资比较。

从图 5 可以看出，①这两种菌在 20～24℃的温度范围内生长发育最好；②赤色穗状菌在 24℃以上温度中生长则渐受抑制，而棉铃虫穗状菌尚能缓慢生长至 36℃时而止；
③在同一温度中棉铃虫穗状菌比赤色穗状菌长得较快。

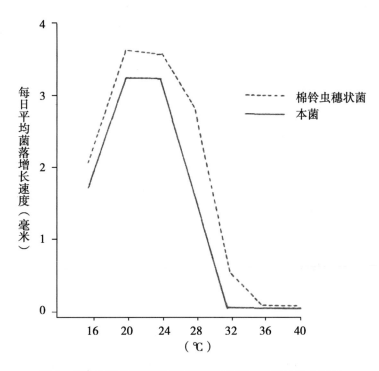

图 5　两种穗状菌菌落在不同温度培养下每日平均增长速度

（2）不同湿度对本菌孢子发芽试验：①用不同盐类过饱和溶液，包括硫酸铜（相对湿度为 98%），硫酸锌（90%），硫酸铵（81%），氯化铵加硝酸钾（72.6%）；②不同浓度氢氧化钾溶液（100%、90%、80%、70%、60%）；③不同浓度硫酸溶液（40%、80%、100%），结果见表 4。

表 4　孢子发芽所需的相对湿度

相对湿度（%）	100	98	90	81	80	72.6	70	60	40	在水中
发芽情况	+	+	−	−	−	−	−	−	−	+
试验次数	3	1	2	1	2	1	1	1	1	1

从表 4 可看出赤色穗状菌发芽对湿度要求相当严格，必须在相对湿度 98%、100% 或在水中才能发芽，98% 以下则不能发芽。

（3）不同土壤湿度试验：因此菌侵害寄生蝇蛹是在土中，故在不同湿度的土壤中进行试验。把消毒土壤盛于玻璃缸中，配成绝对含水量为 15%、25%、35%、45%、55% 五级，各有相应对照，然后放入接种本菌孢子的蛆，置于 25℃温度中培养，检查结果见表 5。由表可以看出赤色穗状菌对土壤湿度的适应范围很广，从 15% 至 55% 绝对含水量的土壤都能发育，感染寄生，其中最适宜的是 35%。

表5 土壤湿度对本菌寄生的影响

处理	检头数	寄生数（头）	平均寄生率（%）
绝对含水量			
15%（三次）	303	242	80.60
对照（二次）	200	60	30.00
25%（三次）	303	252	84.00
对照（二次）	201	61	30.30
35%（三次）	289	265	88.33
对照（二次）	199	25	12.56*
45%（三次）	282	83	27.66
对照（二次）	199	9	4.52
55%（三次）	284	195	65.00
对照（二次）	159	1	0.6

接种日期：1963 年 7 月 3 日；检查日期：1963 年 7 月 26 日。

七、菌种的鉴定

关于穗状菌属（Spicaria）[1] 虫生真菌，全世界已知其名者，不下 20 余种。根据分生孢子梗（Gonidiophores）、瓶状体（Phialides）与分生孢子（Gonidia）的形状及大小，赤色穗状菌与赤紫穗状菌（Spicaria rubido - purpurea）和紫色穗状菌（S. purpuroidea）颇相似，但后者老熟菌落呈暗紫色，分生孢子较大 [（5.6~6.6）微米×（2.24~2.80）微米] 与本菌显有不同之处，而与赤紫穗状菌亦有下列数点的区别（表6），因此鉴定本菌为 Spicaria fumo - rosea（Wize）Vassilijevsky（赤色穗状菌），去年误定为 Spicaria rubino - purpurea Aoki，应予更正。

表6 赤紫穗状菌和赤色穗状菌的区别

形态特征	菌种	
	赤紫穗状菌	赤色穗状菌
分生孢子形状和颜色	赤紫色，球形和卵圆形	初粉红色，后浅肉红色，卵圆形和椭圆形
分生孢子梗束	无	有
分生孢子大小	（2.1~3.9）微米×（2.0~3.3）微米 但以（2.9~3.1）微米×（2.4~2.7）微米为最多	（1.0~2.8）微米×（2.4~4.0）微米 但以2微米×1.5微米为最多
瓶状体	9~19.1 微米	4 微米×15 微米
适宜温度	28~30℃	20~24℃

---

① 属半知菌纲（Fungi imperfecti）链孢霉目（Moniliales）链孢霉科（Moniliaceae）。

STUDIES ON THE ENTOMOGENOUS FUNGUS—*SPICARIA FUMOSO-ROSEA* (WIZE) VASSILIJEVSKY

Teseng Sheng　Yin Sin-yüng　Chao Yü-ching

(*Institute of Plant Protection, Academy of Agricultural Science of China;*
Institute of Soils and Fertilizers, Academy of Agricultural Science of China;
Institute of Sericulture of Liaoning Province, China)

This account is given to state the results of stuadies on an entomogenous fungus-*Spicaria-fumoso-rosea* which is commonly found underground, infecting the pupae of the parasitic flies. Crossocosmia tibialis Chao, that have devastated the Chinese oak silk-worms, Antheraea pernyi Guen-Mcncville of the Northeastern China, especially in the Liaoning Province, during the recent years. This fungus is hitherto unrecorded in China and the percentage of parasitism in nature is from 3.4% to 20.3% and sometimes even higher.

This paper implies such data as: (1) the description of this fungus with some distinguishable and indespensable morphological characters for identification, that, as for the convenience of reference and comparison, are illustrated in figures and tables attached to the text; (2) certain environmental factors requisite for the development of the fungus, such as the culturetemperature (20 ~ 24℃), the soil moisture (15% ~ 55 %) and the relative humidity (98% ~100%) which is necessary to the germination of the spores; and (3) some experiments conducted forthe selecting culture media and the methods of isolation and inoculation.

From the viewpoint of utilization, the present fungus appears to possess some good qualities suitable for application, namely, (1) being easily cultured on potato, sweet potato, horse or sheep manure and even humus media; (2) with high infectivity, from 10% ~100% after artificial inoculation; and (3) with a rather wide scope of hosts, such as both larvae and pupae of Lucania scparata (Walker), pupae of Pyrausta nubilalis Hibner (in one case, accidentally inoculated by nature in the laboratory), pupae of Carposina nipomensis Walsingham, andvarious fies.

Some rather small-scaled plot-tests of inoculating the larvae of the parasitic flies (dropping down from the silk-worm cocoons attached on the oak branches) were made, indicatingthat the percentage of infection being 72.98%, as spore-powder dusted on that ground surface and contaminating the larvae by their crawl; whereas only 40.24% ~43.98%, when powder dusted at 3 or 5 cm. deep in soil.

参考文献

[1] 沈其益.真菌生理学讲义 [M].下卷.1963：17-31.

[2] 徐庆丰等.应用白僵菌 Beauveria bassiana (Bals). Vuill. 防治大豆食心虫 (Grapholitha glycinivorella Mats.) 的初步研究 [J].昆虫学报，1959，9 (3)：203-217.

[3] 吉林省农科院，山东省农科院.白僵菌防治大豆食心虫及其简易的繁殖方法和使用问题的探讨 [J].中国植物保护科学，1961：774-787.

[4] 曾省，尹莘耘.一种寄生昆虫的穗状菌（Spicaria sp.）研究初报 [J].植物保护学报，1962，1 (3)：332-333.

[5] 曾省，赵玉清.1963.应用赤色穗状菌防治柞蚕饰腹寄蝇的初步研究 [J].辽宁省蚕业科学研究所刊物，6.

[6] 石川金太郎.蚕体病理学 [M].1935：225-238.

[7] 青木清.籤蛆竝к家蚕к病原性を有する新丝状菌к就て [J].蚕丝试验场报告，1941，10 (6)：419-439.

[8] 青木清.昆虫病理学，1957：86-91，375-390.

[9] 泽田兼吉.大正八年台湾产菌类调查报告 [M].第一编：605-606.

[10] 佐佐栖二，中根正行.森林土壤の微生物学研究 [J].应用菌学，1946，1 (2)：105-106.

[11] Charles Vera K. A new entomogenous fungi on the corn – ear worm, Heliothis obsoleta [J]. Phytopathology, 1938, 28：893-897.

[12] Fron G. Researches sur les parasites végétaux de la Cochylis et de l'Endemis. Bull. Soc [J]. Mycol. de France, 1911, 27：481；28：151.

[13] Gilman J. C. A manual of soil fungi [M].1957.2nd Edt：306-309.

[14] Hara K. A list of Japanese fungi hitherto known [M].1954.4th, Edit：477.，6 plates.

[15] Petch T. Studies in entomogenous fungi [J]. Spicaria Trans Brit Myc Soc, 1925, 10：183-189.

[16] Petch T. Notes on entomogenous fungi [J]. Trans. Brit. Myc. Soc. 1931, 16：209-245.

[17] Petch T. Notes on entomogenous fungi [J]. Trans. Brit. Myc. Soc. 1938, 21：34-67.

[18] Saccardo P. A. Sylloge Fungorum [J].1913, 22：1302.

[19] Steinhaus E. A. Principles of insect [J]. pathology, 1949：371-409, 677-685.

[20] Vaukassovitch P. Contribution àl'étude d'un Champignon entomophyte, Spicaria-farinosa (Fries) var [J]. Verticilloides Fron. Ann. des Epiphytes, 1925, 11：75-106.

[21] Wolf F. A., Wolf F. T. The fungi, 1947, 2：442-455.

有关赤眼蜂种鉴别的商榷[*]

曾 省

（中国农业科学院植物保护研究所）

摘 要 Quednau，W. 在 1956 年、1960 年连续发表文章，提出用生物学特性的标准来辨别赤眼蜂种或生态型，是具有一定科学意义的，但忽视雄外生殖器的构造。石井悌（Ishii，T.，1941）曾建议根据雄虫外生殖器的构造来区别几种赤眼蜂，并成立两个新种，即 *Trichogramma chilonis* 与 *T. jezoensis*。因为制片的关系，雄外生殖器构造部分看不清楚，故他所绘的图是不甚完善的；作者现改进了制片方法，使赤眼蜂雄外生殖器内部构造，在显微镜检视下较为明显，特为补充，重行描述，并取北京地区玉米螟卵赤眼蜂（*T. chilonis*）与桃卷叶蛾卵赤眼蜂（*T. minutum*）作为典型，以资比较。同时发现这两种赤眼蜂的前翅毛列与稻螟赤眼蜂（*T. japonicum*）有显着的差异，特别是第 6 条纵毛行与第 8 条横毛行汇合处，前者有缺口，呈倒"八"字形，后者无缺口，呈倒"人"字形（图2，a，b）；而且稻螟赤眼蜂雄外生殖器内不具"针"，故不同意 Quednau 把 *T. chilonis* 并入 *T. japonicum* 种内作为"同物异名"，而应该维持石井悌的 *T. chilonis* 仍为一个独立种。

作者 1963 年在辽宁省丹东市郊区于柞蚕卵内发现一种食胎赤眼蜂［*Trichogramma embryophagum*（Hartig）］，在国内为初次记载，确是产雌性孤雌生殖型。

一、引言

赤眼蜂是新兴类群，正在演化，还在不稳定中，所以它的种、型常受外界环境条件，如温、湿度的变化和寄生营养的不同，表现于身体上不同颜色、斑纹与某部形态、构造的变异，这对鉴别种（小种或生态类型）和生产上利用（如运用种内杂交优势，增强生活力和繁殖率）会造成紊乱现象，国内外研究利用赤眼蜂的科学工作者都想注意种、型的鉴别。要彻底明了赤眼蜂种、型的问题，必须从形态、生态、生理、胚胎发育、寄主范围、在不同寄主的寄生效率以及其他生物学特性等各方面加以研究。不过从形态学方面来鉴别仍是基本工作，故先从此入手。

石井悌谓赤眼蜂是小蜂总科中对种的区别最难的一属，过去 Flanders（1938）等专依虫体颜色来区分是靠不住的，于是建议观察雄虫外生殖器的构造与前翅纤毛的排列，但未观察雄虫触角，特别是棒状部大小与其毛数多少、长短、粗细等。其实石井悌对赤眼蜂雄外生殖器的观察不甚清晰，有必要重新进行观察与描述。至于 Quednan 所提出生物学特性标准，即用对生态因素所起各样反应的特性来鉴别，则须在一定条件下才能进行。

---

[*] 《昆虫学报》，1965.7，14 卷，4 期。

现在作者用本国材料,从雄性外生殖器的形态构造及翅毛排列重新观察,并提出对赤眼蜂种的鉴别意见,以供参考。

二、材料和方法

为了达到上述目的,我们采集北京产两种赤眼蜂作为试探材料,其中一种是马连洼附近大田内寄生于玉米螟卵,同时亦可寄生于菜白蝶卵内的赤眼蜂;另一种是西北旺果园桃树上卷叶蛾卵内的赤眼蜂。将活的成虫投入指管内,注入 40 ~ 50℃ 热水,尽力振荡,促其迅速烫死,使翅、足与触角都能伸展。冷后用滴管吸移至 70% 乙醇中泡 30 分钟至 1 小时,挑出其中体大、全翅的赤眼蜂雌雄各一,移至玻片上平放,加以"甘油阿拉伯胶"一小滴,盖上盖玻片,放在酒精灯上轻轻地煎沸几十秒到一二分钟,使虫体各部透明,并将体内或体外气泡全行逐出。最后外涂稀"加拿大胶"或"指甲油",就可封固久藏。为了明确各部构造,另把头部、翅及雄外生殖器解剖下来,照上法另制一片,以便详细观察。用此法制片比用二甲笨、丁香油或冬绿油透明,用加拿大胶封固为佳,没有皱缩、脆破现象。因虫体一经绉缩有许多特征就看不清,特别是雄外生殖器与前翅的构造。

三、观察与鉴定

1. *Trichogramma chilonis* Ishii, 1941

玉米螟卵赤眼蜂玻片在显微镜下观察,首先发现前翅面上纤毛的分布与 *Trichogramma dendrolimi* Matsumura 的前翅颇相似,但按雄外生殖器里针的形状,大小则有显著的区别。

雄虫头、胸俱黄色,但腹部大部分呈褐色(镜检透明标本每节具有横条灰黑色斑)有时胸部亦略现灰黑色,体长 0.5 ~ 0.65 毫米。触角由 4 节组成,棒状节长等于宽的 6 倍,生细长毛 30 ~ 50 根,毛长等于节宽 2.5 ~ 3 倍。雄虫外生殖器鞘 Sheath 或 gonobase (图 1a,S) 边缘较狭,呈长卵圆形,71.3 微米 × 49.6 微米,附有长圆锥形背中突起 Dorsal median process of sheath 或 spatha (图 1a,DMP.) 长 55.8 微米,与鞘边缘相接处略凹陷。突起的内方藏有暗褐色针 Subgenital spiculum (图 1a,P.),呈窄长三角形,针的游离部分长 12.4 微米,基部宽 3.1 ~ 4.6 微米。在针的两侧有副器或阳茎侧突 (Parameres 或 Claspers 图 1a,M.) 各一,其近端有肌肉与之相连,远端分化成两节,共长 12.4 微米,宽约 4.6 微米,末节生小钩 (Hooks 图 1a,H.),6.2 微米 × 1.6 微米。阳茎端 (Aedeagus 图 1a,AE.) 腹面伸出,其远端似由两阳茎瓣 (Penis valves = Laminae aedeagus 图 1a,V.) 合成,有时还看见内膜 (Endotheca) 的构造。除上述这些构造之外,还有从阳茎基 (Phallobase) 延伸出两个较硬的侧瓣 (Lateral lobes of phallobase 图 1a,L),包围并保护内部各器官而达于阳茎端开口处的稍后方。

雌虫全体黄色。腹部基端及产卵管或腹部末端带黄褐色,全部透明,呈淡黄色,唯胸部头顶色稍浓;腹部第 3、第 4、第 5、第 7 节现灰黑色横条,6 节没有这样横条,产卵

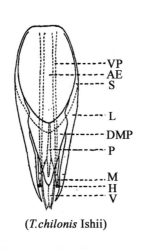 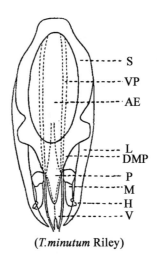

(*T.chilonis* Ishii)　　　　　　　　(*T.minutum* Riley)

a. 玉米螟卵赤眼蜂 ♂ 外生殖器　　　b. 桃捲叶蛾卵赤眼蜂 ♂ 外生殖器

AE. 阳茎端；DMP. 背中突起；H. 钩；L. 硬侧瓣；M. 副器或阳茎侧突；P. 针；

S. 鞘；V. 阳茎瓣；VP. 阳茎瓣后部

图 1　示意图

管所在部位有时亦灰黑色。触角棒节、索节俱带灰黑色（在自然情况下可能是淡褐色）；第一索节长等于宽（19.0 微米），第二索节长 22.8 微米，宽 19.0 微米，长略大于宽，二者之和比梗节短；梗节亦带灰黑色，长 52.2 微米，末端宽 22.8 微米。棒状部淡褐色（玻片标本呈灰黑色），不规则长圆形，具 3 个棱形及 10 余个圆感觉器，并生长、短细毛。梗节有微弱纵条纹并在亚背缘上生 3 根刚毛，柄节与梗节长比为 3：1。腹乳突具 4 根长刚毛。产卵管长等于胸腹部长的 1/4。足淡黄色，跗节末端淡褐色不显著。

雌雄成虫的前翅透明，翅毛细亮，毛头整齐，毛行较长而纤毛排列齐整不乱的有 7 纵行（图 2a，1～7）（石井悌原说此虫前翅具 12～13 纵行，现为观察方便，故择其长而整齐的 7 行来区别）和 1 横行（石井悌叫它为 "Oblique proximal-caudal line"）（图 2a，8）。这横行上有毛 4～6 根，与第 6 纵行（石井悌叫为 Reciprocal line）近端第 1 根毛相隔甚近，常留一缺口，作倒 "八" 字形排列。这点与寄生三化螟卵赤眼蜂在此处二毛行汇合无缺口排列呈倒 "人" 字形者有显著不同（图 2b）。前翅缘毛在外缘角处最长，达 21.7～27.9 微米，基部有淡暗晕区，在此区内，于两毛行（第 6、8 毛行）汇合处顶端附近，在第 6 毛行近端内后方有 9～12 根微毛，排列成堆，或星罗棋布，或横列稀疏散开达到第 7 行内方，然后向第 7 行近端伸延，有时插杂于第 7 行内。

由华北各地与南京寄来的王米螟卵赤眼蜂都是这一种，即 *Trichogramma chilonis*，系石井悌在二化螟卵中发现，而 Quednau 把它列为 *T. japonicum* 的 "同物异名" 是不正确的，因前者是固定独立的种。

2. *Trichogramma minutum* Riley，1871

卷叶蛾卵赤眼蜂通过鉴定，首先发现成虫的前翅面毛行和纤毛分布，与 Quednau 所

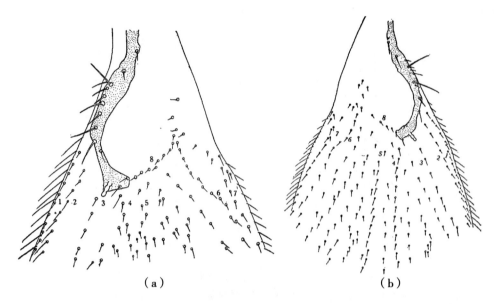

（a）玉米螟卵赤眼蜂前翅基部表示翅毛的分布，注意倒八字形毛行排列，6 行与 8 行汇合处有缺口；（b）三化螟卵赤眼蜂前翅基部，表示翅毛的分布，注意倒人字形毛行排列，6 行与 8 行汇合处无缺口

图 2　示意图

著《赤眼蜂问题》内所附 *T. minutum* 的图颇相似，其他特征述之如次。

雄虫头黄色，胸部黄褐色，前胸背板有黑斑，腹部黄色，每节背部有灰黑横条纹，末端更浓。体长 0.60 毫米。触角灰黑色，棒状部长等于宽 5~6 倍，生毛 40~50 根，毛长等于节宽 2.5~3 倍。若根据上述数点形态特征与前种不易区别，但镜检雄成虫外生殖器（图 1b），则有显著不同之点颇多。例如雄虫外生殖器的鞘（图 1b，S）呈广卵圆形，65.1 微米×136.4 微米，边缘较宽，接近远端两侧有深凹陷，随即向前方膨出，连有尖葫芦形背中突起（12.4 微米×46.5 微米）（图 1b，DMP.）下面藏有粗大暗色针（图 1b，P.），远端呈菱形，其柄向后延伸颇长，其游离部分为（21.7~28.5）微米×（15.2~19）微米。在针之两侧有副器或阳茎侧突（图 1b，M）各一，远端两节较粗长21.9 微米×6.2 微米，第二节上生钩，（5.58~6.2）微米×2.17 微米（图 1b，H）。阳茎端（图 1b，AE）较粗，由两阳茎瓣（图 1b，V）合成，亦可见其内膜（Endotheca），瓣粗壮亦通至阳茎端开口处的后方。

雌虫头部黄色，胸、腹黄褐，带有灰黑色斑纹，而以腹部每节背斑更显著，产卵管部分亦带灰黑色，体长 777~943 微米。触角黄褐色（镜检带灰黑），系节二节同长，同宽。前翅透明，基部有淡暗晕区，缘毛长短（最长为 27.9 微米）与翅毛分布同前种，初视之很难区别，横脉（第 8 条脉）与第 7 条纵脉近端汇合亦成倒"八"字形。头部顶亦具长圆鱼鳞状雕刻。足黄褐色，腿节带灰色。腹部卵形，较胸部略长，前翅较体短（查广赤眼蜂 *T. evanescens* 的前翅较体长，同时翅面纤毛分布较密而稍乱）。

根据上述两种蜂的前翅与雄性成虫触角的构造，一时较难区别（其实有可区别的细微特征，但须仔细观察，容后报道），然观察雄性外生殖器的构造，显然有不同之点。检查河南辉县从野外所采来玉米螟卵寄生蜂与山东济南农业科学研究所及河北保定农学院寄来玉米螟卵寄生的赤眼蜂都属于前一种（*T. chilonis*）；从广东寄来遂溪县高旱区寄生于甘蔗条螟（*Proceras venosatus* Wlk.）卵的赤眼蜂，与顺德沙滘和新会低水地寄生于甘蔗黄螟（*Eucosma schistaceana* Sn.）卵的赤眼蜂都很象后一种（*T. minutum*）。

3. *Trichogramma embryophagum*（Hartig，1838）

这是 1963 年托辽宁蚕业科学研究所于溪滨同志于 8 月 6 日在丹东市郊区五龙背人民公社老左沟大队所采到寄生于柞蚕（Antherea pernyi Guén-Méneville）卵的一种赤眼蜂，在国内未曾记载，特为报道。

雄虫（图 3a）体粗大，腹部特肿胀，向背后方拱起，体长 1 017.5 微米（腹长

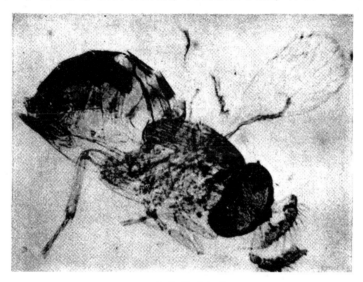

（a）雄成虫♂

（b）雌成虫♀

图 3　柞蚕卵赤眼蜂［*T. embryophagum*（Hartig）］

481.5 微米，头、胸各长 268 微米），头、胸淡黄褐色，腹部各节背现灰横条斑，末端更浓，亦有团集成块，腿色同头、胸各节呈黄揭色。触角棒、环、梗节都呈深黄褐色，唯柄节淡黄色；棒节长等于宽的 5 倍，生毛 40 – 45 – 50 根，毛长等于节宽 1 ~ 5 倍。

雌虫（图 3b）浑身黄褐色，体长 610.5 ~ 721.5 微米（乙醇泡过，用二甲苯透明，加拿大树胶封固，体已收缩，较自然状态为小），腿色较淡。触角黄褐色，唯柄节较淡，棒状节有呈雕刀头状，两侧不对称，节长比阔大 2.5 ~ 3 倍，第一索节比第二节长，第二索节长阔之比为 7：5，第一索节长阔之比为 9：5；梗节前粗后细，长阔之比为 17：7；柄节细长，长阔之比为 25：6。头部不显各样刻纹。前翅毛分布整齐、稀明，很像 Quedneu 所绘 T. embryophagum 第 9 图所列的翅。前翅前后缘毛细短，外缘毛较粗长，缘痣脉（Submarginal + marginal + stigmal veins）上生 8 根较粗硬刺。

雄外生殖器因只有一个雄成虫，无法拆阅，但从已制好标本仔细观察，各部大致可辨：全构造外貌似梭形，即中部宽，远端较尖，近端钝圆，224.2 微米 ×72.2 微米，鞘两侧平直无刻凹，背中突起粗钝，49.4 微米 ×22.8 微米，与副器同伸展较长，几达硬侧瓣末端，针粗长，34.2 微米 ×19 微米。

根据上述翅毛排列，雄触角棒状节的长阔的比例，节毛长短以及生境（树栖型）所在，颇像 T. embryophagum，唯触角棒状节毛数略少，仅 40 ~ 50 根；是产雌性孤雌生殖（Thelytoke），很像 T. cacoeciae Marchal 1929。Quednau 已把 T. embryophagum 和 T. cacoeciae 并为一种，认为是同物异名。检查在丹东市郊所采到标本，原装于两个试管内，共有 9 粒秋柞蚕卵，仅 2 粒被寄生，剥开卵壳检查，一粒有 75 头赤眼峰，另一粒有 30 头，全系雌性，仅一头为雄虫，与 T. cacoeciae 特性颇相似，确是一种产雌性孤雌生殖的生态型。因此把在丹东市郊区所采得的柞蚕卵赤眼峰鉴定为食胎赤眼蜂 Trichogoamma embryophagum（Hortig）。

ON THE IDENTIFICATION OF *TRICHOGRAMMA* INSECTS

Tseng Sheng

（*Institute of Plant Protection*，*Academy of Agricultural Science of China*）

Quednau, W., in 1956 and 1960, proposed to take bioogical characteristics as the criteria for distinguishing the species or ecotypes of *Trichogramma* but neglected the structure of the male genitalia.

Ishii (1941) published a paper indicating that the structures of the male genitalia would be the main characteristics for identification of species of *Trichogramma* and described two new species, namely *Trichogramma chilonis* and *T. jezoensis*, for the specimens collected by himself. Owing to the preparation technique, the structures of the male genitalia had not been brought out clearly so that his drawings were not accurate enough. The present writer has improved somewhat the preparation technique, making the parts of the male genitalia of *Trichogramma* more distinguishable.

The male genitalia of *Trichogramma* consist of a dorsal sheath with a dorsal median process extending backwards. Beneath the sheath lies a subgenital spiculum, the shape and size of which are variable in different species. Joined to its lateral sides, is a pair of parameres or claspers. At the extremity of each clasper a hook is attached. The aedeagus, that extends ventrally under the spicule, is armed at the extremity with two valves or laminae aedeagus, in which the endotheca is sometimes visible. Besides the structures mentioned above, there are two stiffer lateral lobes, extending out from the phallobase for protection.

For the purpose of comparative study, both the egg-parasite of the corn-borer, *Trichogramma chilonis*, and that of peach tortricid, *T. minutum* were examined and conspicuous difference in the parts of the genitalia were found between them (Fig. 1, a & b).

At the same time, the writer has found that the ciliation of the forewing of *T. chilonis* is quite different from that of the rice paddy borers' parasite, *T. japonicum*, especially at the junction of the 6th (longitudinal) and 8th (transverse) lines (Fig. 2, a & b). Moreover, *T. chilonis* possesses a smaller subgenital spicule in the male genitalia, while *T. japonicum* lacks it. According to these characteristics, the writer, therefore, prefers to retain Ishii's species.

In this connection, a hitherto un-recorded species, *Trichogramma embryophagum*, is reported. It is first found in Tantung vicinity (in Liaoning Province), parasitic on Chinese oak silkworm eggs, and appears to be of a "thelyotokous ecotype".

参考文献

[1] Flander S E. Identity of the common species of American *Trichogramma* [J]. J. Econ. Ent. 1938, 31: 456 – 457.

[2] Flander S E, Quednau W. Taxonomy of the genus *Trichogramma* [J]. *Entomophaga*. 1960, 5 (4): 285 – 293.

[3] Quednau W. Die biologischen Kriterien zur Unterscheidung von *Trichograrmma*-Arten [J]. *Zeitschrift für Pflanzenkrankheiten und Pflanzenschutz*. 1956, 63 (1): 333 – 344.

[4] Quednau, W. Uber die Identitat der *Trichogramma*-Arten und einiger ihrer Oekotypen. Mitteilungen aus der Biologischen Bundesanstalt für Land-und Forstwirtschaft Berlin-Dahlem [J]. Heft. 1960, 100: 11 – 38.

[5] Quednau, W. Die Problematik der Nomenklatur bei den *Trichogramma*-Arten [J]. *Entomophage*, 1961, 6: 155 – 161.

[6] Snodgrass, R. E. Principles of insect morphology [J]. 1935: 602 – 609.

[7] Tuxen S L. Taxonomist's Glossary of Genitalia in Insects [J]. 1956: 131 – 140.

蚕类病虫害及其防治

乐山蚕桑害虫调查记^{***}

曾 省 李惟和

1943 年秋曾省与李惟和承本校蚕桑系之托，往川南产丝最盛之区，乐山一带，调查蚕桑病虫害，以作教材与研究之张本，历时十余日，凡耳闻目见之事实，将详叙述，并采集标本多件，细加鉴别记载，借供教学研究之参考，尚希斯学专家予以指教为幸。

一、调查记实

九月九日晨在九眼桥盐码头登舟，顺流南下，夜宿黄龙溪。戒口解缆，夜宿青神县。十一日午后三时抵乐山。翌晨赴嘉乐门外新运会妇指委会乐山蚕丝实验区办公处访梁嗣统秘书，及江苏省立蚕丝职校及女职校校长郑辟彊先生，商住宿研究场所。旋往白岩壩女职校接洽，并参观蚕室，蚕儿俱已上簇，或正结茧收茧中，蚕种为推广制种之指定种（华五及华六）。据云川南白僵病最猖獗，脓病、软化病次之，微粒子病甚少，蝇蛆不易防，农家甚多，即在该校簇架之下蝇蛆及蛹亦不少，可想此害之严重，惜无法统计其百分率，据说约 5%，恐不止此。秋蚕则较春蚕受害为烈。蝇产卵蚕体上，幼虫白色，微长圆形，两端略小，孵化者一端有一孔。归途就道旁桑树上采集，得泡沫虫幼虫，桑蜡毛虫等均普通，尖头光蝉则难捉捕。午后由城内折回中央技专蚕桑系所属之乐山种场，参观蚕室、蚕室二楼上下，均设纱窗，可防蝇蛆，秋蚕未上簇，多二三龄者，种为华五华六及改良土种。乐山一带，蚕儿白僵病颇猖獗，在农家为 7% ~ 80%，有时全部死亡，蚕死时尸体伸直，尾部干净，初以指触之觉软，旋略硬化，隔二三日出霉，农家不但不知预防，且以中药行收买僵蚕，每担五六千元（去年九月时价），乐山全境可收二三万斤，僵蚕春出者佳，秋出者逊，腹内全膠化，体表洁白为上品。以是农民对僵蚕均保留不毁，检出晒干，孢子飞散传播，以致为害蔓延病益猖獗。有人谓四川境内白僵病凭肉眼观察有异于江浙一带之白僵病，是否属实，姑志之以供研究决定。其次为脓病，湿度高则死亡率增加，故换沙须勤，室内处理求其干燥，乡人呼为"跑马蚕"病剧时，蚕向笆周乱爬，或命"奶奶蚕"，病剧流脓浆故名，其实征状最显者，为体节高肿，触之破即流脓，在乐山一带，损失为 6% ~ 7%，盛时亦有大部死亡，宜及早挑剔、隔离、干燥始免于难。下痢（软化病）在乐山本不猖獗，但去秋以喂蚁时，桑叶硬化较老，故易得下痢症，有 5% ~ 10%。留白岩坝二日，职校教务主任王幹治先生，

---

* 害虫之鉴定承王德秀女士协助颇感。

** 《新农村》，1944 年，2 卷，4 期。

相待甚殷，并多承指导，中央技专校教授段佑云亦不时协助，搜集病蚕标本，俱深感谢，余等曾徒步赴苏稽镇采集，此地设有制种场及苗圃，得桑刺蛾白毛虫甚多，又得少许轮介壳虫，旋访种场主任庄荣蕗，谈询蚕桑病虫害情形，据所云与蚕校所闻见者无甚差异，惟在桑圃，承庄主任导引，曾见一种桑粉虫［*Bemisia myriacae Kuwana*（非桑木虫）］形体甚小，而繁殖力强，桑抽新叶时，为害甚重，采集许多，以供归后研究，旋又承主任导观各蚕室，正在制种，凡上簇，制茧发蛾，交尾产卵，各阶段皆得见之。

晚间在该校晤汤锡祥先生，甫自沪来，畅谈川省蚕丝改进途径，美国目前及战后，年需进中国生丝十五万担，但以战前江苏产丝情形论，勉强可达此产量，而目前全川即生产五万担，尚感困难，故蚕业发展，尚有待于改良与努力也。

返蓉时，因汽车客人拥挤，携带标本不便，承乐山中国农民银行车正源先生之指示，得间道经青神眉山成都其路线示之如次。

乐山徐家塌 12 里过河——→沟儿口 12 里黄包车——→牟子场 10 里鸡公车——→关庙乡 10 里滑竿——→板桥溪 20 里滑竿——→新渡口过河 12 里——→刘家场 20 里鸡公车——→青神县——→黑龙场 20 里滑竿——→张家坎 20 里黄包车——→眉山县。

抵青神宿合作金库，晤经理及办事员，得悉乐山青神一带蚕种来源。①大部来自乐山实验区，嘉阳总场（苏稽）所出蚕子，白僵病颇多，脓病亦有之。②中央技专大佛牌蚕子孵化不齐，"奶奶"病猖獗，白僵病亦烈。③成都锦城合作蚕种厂之蚕子不孵化者多，且孵化早迟不齐。④夹江种厂之蚕种病亦多。此外，⑤某私人制种厂，秋蚕夏蚕杂出，不浸酸，卵常不孵化。政府对蚕种之检查，须特别严格，免蚕农遭损失。今年春蚕，每一小张，所费人工伙食 1 070 元，而收茧 732 千克，每千克茧价为 170 元，共得 1 244 元，盈余固甚微，而秋蚕因罹病颇多，损失更大，某太婆养二大张蚕，费种本 480 元，而收茧仅数两，故人人望而生畏，下年不敢轻于尝试，此蚕业前途之一暗礁也。期求蚕丝业之发达，一是宜有真正保险之优良品种，二是对病害有防治把握，三是蚕农合作社技术指导与金融，应操于一机关，求一元化，方能指挥如意，渐趋进步。

二、标本记载

此行适当秋末，桑树害虫并不猖獗，然各处采集所得之标本为数亦不少，除一部分外，余俱未酿成巨灾，有严重之损失，兹择其普通而较重要者，按昆虫界分类之地位，简略记载如次。

（一）金龟子（*Heptopnylla picea* Motsehulsky）

体长 18 毫米，较大于北海道，日本所产者，头腹背面皆为黄褐色，有光泽，头楯节形，有粗大点刻，其前缘向上翻，疏生黄褐色毛，触角片状，雄者六节，雌者五节，前背板有光泽，为赤褐色粗点疏布，从前缘起至侧缘，皆有黄褐色刺毛，小楯板半圆形，有细点刻，翅鞘稍带黄色，每边有四条不明之纵隆起线，上密布粗大点刻，其侧缘上长黄褐色毛，腹面后胸节密生有黄褐色长毛，足为褐色，上长粗刺毛。

（二）白象鼻虫（*Dormatoxenus nodosus* Motchulsky）

体全面被白色鳞片，处处混以灰白色鳞片，头部至口吻，有细中央纵沟，触角前端黑色，复眼之前，内方各有一横沟，复眼后方有一横陷，口吻先端之凹陷部，形小装有白色长毛，前背板之中央有一细纵沟，表面稍粗糙，无显著之皱襞，翅鞘各具十条之点刻，性喜啮噬桑叶之边缘，雌雄常在树枝叶间交尾，触之则伴死坠地。

（三）天牛（*Callidium rufipenne* Motschulsky）

体扁平色黑及赤褐色，头及背面黑褐色，生有长毛，翅鞘铜赤色，腹节黄褐色，头上有小点刻，复眼凹入，触角在头部向前方突出，黑色，上长有疏生粗黄褐色刺毛，雄者较长过体，雌者较短于体，前胸上有微小点刻，且长有黄褐色毛，其后缘略呈圆形。中央部两侧，有二细长之隆起小楯板黑色，其中央凹入，翅鞘上有大点刻，且疏生黄色刺毛，背面有二纵隆起线，翅端较圆形不能覆盖其尾部，脚黑色，后脚较大，腿节肥大甚显著，棍棒状，基部为楯状，体长 7 ~ 12 毫米，四五月出现，幼虫为害桑、杉、桧树，在其皮下穿孔，成虫害叶芽等。

（四）金花虫（*Phyllobrotica grmata* Baly）

体略呈长方形，黑色，头部黑色，头顶及翅鞘青蓝及绿蓝色，头部颜面黄褐色，复眼黑色，甚大，触角及足黄色，触角为长丝状，基部五六节，带有黄褐色，第一节最短，第二节短，雄者触角之问呈杯形，有二角状突起黄色，雌者缺此，前背板黄色，上有粗点刻，中央部侧面，有二横沟，小楯板三角形，翅鞘广阔，两侧平行，上之点刻甚明显，体长 5 ~ 7 毫米。

黄金花虫（*Luperodes pellidulus* Baly）体长 5 ~ 6 毫米长卵形，背面隆起淡黄土色，有光泽，复眼黑色甚大，其腹面头顶触角，皆黄褐色，触角稍短于体，前背板幅长约二倍于幅宽，两侧平行横凸状，有细点刻极明显，小楯板为小三角形，翅鞘广于背板甚多，卵形，上有点刻且疏生黄色长毛。

（五）桑螟（*Margaronia pyloalis* Walker）

幼虫头部淡褐色，触角三节，基节较大，二节较小，末节更小，尖端分两叉，单眼六对，三对黑色，排成一列，三对白色，分布于此列之后侧方，一对后下方，两对共排成半圆形，缺口向后，背线及亚背线，稍带黄色，中背线之两侧，至亚背线上，有一横排之三突起，黑点位于亚背线上者较小，各胸节有一对胸足，腹部之前，八节在其中背线之两侧，各有成排之二突起，黑点位于亚背线上方，各有一较小之突起黑点，第九腹节中背线之两侧，亦有二突起黑点，但相隔较远，在行列亚背线之上，仍有一较小之黑点，以上各突起黑点，各具一细毛，腹部三至六及末腹节之腹面，各具伪足一对，成熟幼虫长 19 毫米左右。

（六）中国刺蛾（*Thosea sinenis* Walker）

幼虫无足，体躯刺枝上生刚毛，有毒，化蛹时，脱刺枝入土作茧化蛹，亦有作茧树皮上者，幼虫体椭圆形，腹面扁平，背面屋瓦状，体色美丽，呈草绿色，头小，褐色。茧卵形，坚牢似雀卵，一端生盖。幼虫匍匐桑叶上，沿叶缘侵噬，常匿伏叶下，采集时不觉被其毒毛刺锯，发痒微痛。

（七）野蚕（*Theophila maodanina* Moore）

体生灰黑色长毛，胸部暗灰褐色，第二第三节膨大，第二节有一对黑色纹，其周围呈赤色，第三节有一对浓色圆纹，第五节有二个赤褐色马蹄纹，第八节有一对淡褐色圆纹，及散布数个白色点纹，腹部第十一节，具一个肉角气门，灰褐色，其周围呈黑色，老熟幼虫，体长 60 毫米，此次所采得者体长 20 毫米。

（八）白毛虫（*Acronycta majer* Brem）

幼虫头部漆黑色，触角之基部及口呈淡绿色，腹部背面淡绿色，腹面暗绿色，背线绿色，第四及第六至第八节之左右生毛，第十一节之中央亦生毛，由侧面可见三角形。此三角形在浓蓝色毛间，并生有与之同长黄色毛，体节及脚之基部，簇生白色长毛，气门及胸脚黑色，成熟虫体长 60 毫米。

（九）金毛虫（*Arctoris chrysorrnoea* L.）

幼虫头部深褐色，全体许多毒刺毛，前胸中背线之两则，各有一大束之刺毛，基部鳞红色，中背线金黄色，背线之两侧有横排之二颗黑色突起，其第一二及第七腹节近背线之黑色突起特大，具黑色丛毛特多，左右合并压于背线上，其生于第一二腹节上者，又合成一四方形之大丛毛，全体之每一黑色突起，上均有一束较长之毛，突起之周围，及体腹均有黄色点纹，全体每气孔之下，及无气孔节之同位置，各具有刺毛一束，束基金黄色，老熟幼虫长 32 ~ 34 毫米。

（十）有缘鼎蟓（*Leptocorisa varicornis* Lao.）

体长 16 毫米内外，生时为黄绿色，死后为淡黄色，体细长，头小，前方突出复眼黑色，突出甚大，在复眼前后，头之两侧，各有黑褐条纹，触角极细长，片黄色，第一二三节之半部，皆为黑色部分，第四节大半部为黑褐色，末节最长，前胸背甚长，前缘部有襟状区划，侧缘有黄白线条，小楯板细长，末端甚尖，平翅鞘尾端，为膜质部，淡褐色，胫节端及跗节端色较浓，且有金黄色毛。

（十一）粉虫（*Benusia myricae* Kuwana）

全体黄色，被白粉，形小，伏居于桑叶底面，腹眼黑褐色，肾脏形，触角七节，下唇先端黑褐色，前后均乳白色，翅脉一条黄色，周缘生端正锯齿状之突起，脚淡黄色，后脚载前中两脚长大，跗节二节，先端具爪二，卵圆锥形，初生时为黄色，后变为黑色，与若虫所脱之壳，杂着生于叶之下面，常人肉眼不易辨别，嫩叶被众粉虫将养液吸收后，叶呈皱缩枯燥之状。

（十二）尖头光蝉（*Dictyopnara Sinca* Wk）

体黄褐色，头部特别突出，复眼淡褐色，前胸背有褐纵条五条，中胸背有褐色纵线四条，前翅透明颇大，有翅脉呈网状，近翅端处有淡褐色纹。

（十三）泡沫虫（*Lepyroma sp.*）

体长 7 ~ 8 毫米，头突出复眼灰黑色，前胸背后缘凹入小楯板后端甚尖，前胸背板及翅上皆有小点，亦疏生黄褐色短毛，翅鞘甚宽，在其翅鞘基部外缘有一黄褐色斑纹，在翅鞘中部，前缘至后缘有二条黄褐色斑纹，此二纹成一三角形之两边，翅末端有一深褐色纹，在其大纹之间，尚有云状小褐色纹，翅鞘上生有黄色短毛，体下面及足为暗褐色，有不规则之斑纹，头部腹面之中央，有一大黑褐色斑纹，其外面有黄褐色带。

其余标本记载容后再陆续发表。

辽宁省柞蚕寄生蝇调查及其
防治措施的研讨[*]

曾　省

柞丝产量不稳定的原因与种质变劣、病害抬头、鸟、兽害和其他虫害有关，但主要原因是寄生蝇为害。寄生蝇有数种，其普遍发生、为害严重的，首推梳胫寄蝇[①]（*Blepharipoda schineri* Mesnil）。

辽宁省寄生蝇为害情况，据已有调查资料，1956 年以前，在柞蚕主要产区，寄生蝇为害较少，1957 年后种群数量逐年增加，为害也随之严重。推其原因，不外乎受自然条件与人为力量的影响。关于气象因素与寄生蝇发生的关系，过去没有系统的记载资料可供具体分析，但按全国气象方面 1958 年以后的情况看来，一般地区"雨量偏低气温偏高"，对寄生蝇越冬蛹的死亡定会减少，而次年发生基数必随之相对增加。根据当地农谚："旱蛆涝蛟（蛟指线虫而言）"，"今冬雨雪封地早，来春寄蝇轻"，这证明寄生蝇虫口密度大小与雨量多少是有相关性的。即就 1961 年与 1962 年寄生蝇密度比较来说，如以 1961 年寄生蝇羽化率为 100%，1962 年只有 20% ~ 60%（一般估计）。据草河研究所气象站记录，在凤城地区 1961 年的 1、2、3、4 月份，雨量只有 11.2 毫米，而 1962 年同期为 119.3 毫米，而 1961 年这时期最低温为 − 16.9℃，1962 年为 −15.0℃，后者仅较前者略高，故主要原因是在降水量，特别是蛹正在化蛾的时期，虫体内部起生理变化。从一般来说，这时期是抵御恶劣环境最薄弱阶段，故降水量多，蛹的死亡率就增加。但仅凭这样简单的分析，还不足以说明寄生蝇为害率逐年上升的原因，今后必须对寄生蝇越冬蛹生活发育情况和羽化百分率，以及虫口基数的调查作广泛精密的工作。如果连年土中越冬蛹死亡率很低，而柞蚕业发展很快，亦有可能是柞蚕放养面积广，寄生蝇食料供给充分，因此繁殖成活率高。有时蝇蛆还随采茧、购茧等运输情况扩散。管理松懈，可能是寄生蝇猖獗的重要原因。有些蚕场由于柞蚕放养管理不周，产生一系列的不良现象：如选种不严，剪移不勤，靠工除害和清理柞场等工作做得不够，因此，蚕儿上山，有的因身体软弱或生病就落树掉了一大半，有的被鸟雀吃光。蚕农因蚕儿生长发育不好，存活不多，信心不足，甚至丢了下山不管，所以蚕儿被蝇寄生特多。遗留蝇蛆落土化蛹，明春羽化，"放虎回山"，任其繁殖，虫口积累越多，势必造成严重的灾害。

---

[*] 《中国农业科学》，1963 年，1 期。

[①]　此名是由中国科学院动物研究所赵建铭同志初步鉴定的。

防治寄生蝇的策略

寄生蝇的防治措施，过去所推广的"挖蝇蛹"、"烧柞场"、"六六六熏烟"等方法都未得显著的效果。在 1962 年辽宁省农业厅柞蚕所召开的柞蚕生产会议上曾布置"早采茧"的办法，照理论上讲确有科学的根据。我们 1962 年曾做了"蚕茧脱蛆"的观察，少的脱出一头蛆，多的达 119 头，普通在数头至数十头之间（表 1）。

表 1　蚕体内幼蛆数的调查（采集地点：熏烟蚕场）

蚕号	蛆数
10	22
11	21
12	7
13	4
14	17
15	32
16	12
19	9
22	4
23	6
25	1
26	119
27	1
42	8
52	7
54	4
55	23
56	26
69	12
70	4

解剖检查结果，共调查了 339 头，平均每头 16.9 蛆，最少 1 蛆，最多 119 蛆。

如果蚕农都能好好贯彻执行"早采茧"的办法，今年杀死一头蛆，等于明年杀死几百头至千余头蛆（一个雌蝇能产卵 800 ~ 1 000 粒以上）。又据柞蚕所于溪滨技师报告，1957 年采取"早采茧"的办法，9 把茧就消灭了 170 万头蛆，24 把茧消灭了 372 万头蛆，其数实足以惊人！如各地蚕农真能齐心进行，全力以赴，连续数年，可以消灭寄生蝇的为害。同时，也要注意野生寄主（毛虫类），设法扑灭，免贻后患。

另一个防治方法，就是在结茧前铲除杂草，清理枯枝落叶；结茧后匀撒六六六粉于树下地上，使蛆落地触药中毒而死。这一方法对摘茧遗漏和不能及时摘茧的窝茧场尤为重要。根据各方反映，这时正是农忙时期，同时辽宁省雨季又即来临，有的地方恐难实现。因此在这次科研协作总结会议上就提出，春季四月间，当寄生蝇蛹羽化出土前先烧柞场，加以清理，把枯枝落叶中害虫的卵和蛹等烧杀掉；次撒六六六粉，使未展翅的成虫出土爬行于草丛间接触药剂而死；最后当成虫未散开前用六六六烟熏一次，雄蝇先出先熏，雌蝇后出后熏，这样做必可杀死成虫寄生蝇一大批，春季应结合生产早作布置。同时也必须指出：如能固定"窝茧场"，加强管理，进行对越冬寄生蝇的各种防治措施，就准备了更有利的条件。

防治技术上存在的一些问题

（1）用六六六烟雾剂对寄生蝇杀伤力很大。据柞蚕所 1962 年春试验的结果，用药 0.2 ~ 0.4 斤，对蝇杀死率可达 82% ~ 92%；大面积放烟，每亩 0.6 斤，在蚕场捕到的寄生蝇，全部中毒死亡。但烟雾剂对二、三眠起蚕健康亦十分不利。用药每亩一斤，受烟时间为 13 分钟，对二眠起蚕的杀死率平均达 71.3%。以 亩 0.4 斤，受烟时间 3 分钟，对三眠起蚕的杀伤亦能达 27.5%，而且清晨在蚕场熏死一批，下午寄生蝇又从别处飞来补充，有许多蚕场证明熏烟效果不显著，故建议改用于窝茧场和改进使用方法。

（2）"迟放"，过去认为可以逃避部分寄生蝇产卵，减轻为害率。但经过这几年各方面试验与生产实践，证明因气候、地形以及放养技术的关系，结果颇不一致。特别是 1962 年寄生蝇盛发期，推迟到 6 月上、中旬，有的地方对迟放可能因管理不良，发育迟缓，三、四龄期如碰上寄生蝇盛期，柞蚕被害反严重。所以"迟放"一定要结合"早放"一批坏蚕或黄色蚕（据王殿文劳模说，寄生蝇喜黄色产卵），作为诱杀一批蛆之用，而且必须加强预测预报，明确当年寄生蝇发生盛期，以便决定"迟放"日期，并同时必须选好柞场，注意地形位置与精细管理，提高放养技术，才能创造和保证"迟放"的有利条件。

（3）火烧蚕场，西丰种场每年都进行，寄生蝇为害率年年轻。但据柞蚕所 1962 年春所做的火烧蚕场的试验，结果反对表土有促进寄生蝇蛹提早发育之效，而对深土的蝇蛹并无杀伤之功。这次我往安东市调查，王殿文劳模强调烧蚕场好处多。1962 年他们放的蚕，寄生率特轻，仅 25%，而获得丰收（二把剪收 70 000 种茧），归功于烧蚕场。是否烧蚕场能减轻寄生率，还应在春季结合大面积实际情况进行调查研究。

（4）早采茧。过去认为劳动力安排有困难，不易实行，1962 年因为管理权下放，蚕农积极性提高。例如五龙背新康大队与楼房梨树大队，都以 4 个工分摘 1 000 茧，发动社员上山采茧，结果圆满。目前存在的问题只是摘茧前的准备与摘后的处理，以及采时技术传授保证不损茧与各地全面推动，这确是重要问题。据最近辽宁省蚕业科学研究所分组出发调查，发现蚕农在剥茧、放粗茧、晒蛆茧等处地下，潜伏蝇蛹很多，应该及早发动群众挖除。因面积小，位置近，虫口集中，易于处理。四台子大队 1962 年春共放九把剪蚕，只一把有收成，仅 20 000，内中蛆茧就有 80%。此外野生寄主毛虫类，影响早摘茧功效，应进一步广泛调查，深入研究，澄清对象，设法防治。

（5）加强窝茧场平时管理，清除杂草，及时修剪，并进一步固定窝茧场，改"根刈"为"中刈"，以及砍伐槲柞或喷药槲柞上，免致诱蝇集中于养蚕场，或趁其吮食糖蜜，乘机施用毒药，消灭它们。这都是一些新提出的问题，亟望提前研究解决。此外亦可在窝茧场土中试用菌粉，繁殖土中寄生菌来消灭越冬蛹。

（6）其他。如"室内饲养柞蚕"，"二化一放"，以及改二化为一化，选育一化品种，因地制宜，灵活运用，各有其好处。今后应分别提早深入研究，迅速明确其效果，以定取舍。

协作研究的成绩

1962年2月间，中国农业科学院辽宁分院召开了研究防治寄生蝇协作会议，参加工作的有沈阳农学院、大连医学院等九个单位。因为大部分单位都派人到四台子驻柞蚕所研究，不仅理论结合实际，解决了许多现实的问题，而且互相观摩，互相启发，进步很快，收获很大。每星期开会一次，报告各组工作情况，讨论临时发现的问题和设计如何做试验。最后于7月5日至7日开了一次总结会议，每协作单位派人参加，并请分院、省、市科委派员指导，各提出工作总结报告，讨论防治途径和方法，并交换了1963年工作计划。概括起来成绩有以下几方面。

（1）在生物特性方面。经过集体仔细观察，对寄生蝇食性，如吃什么？怎样吃？已初步了解，并创造了饲养寄生蝇的方法。这一步关系很重要，为今后生物学特性的观察和防治研究准备了有利的条件。其次经过室内接卵试验，初步明确了种类和野生寄主（柞蚕之外，还有天幕毛虫、舞毒蛾及红纹毛虫等寄主）。此外如卵的形态，产卵习性，雌蝇生育力，蛆的发育经过，蛹的垂直分布与越冬死亡调查，都有初步结论。

（2）六六六烟剂。原来规定用8%六六六，每亩用药量为一斤。经过1962年试验证明，即减低药量分别为0.6、0.4、0.2仍有显著效果。并明确了六六六对柞蚕有中毒现象。因此在大面积使用六六六烟剂时，对药量及施药时期必须加以控制，并拟改进使用场所与熏烟技术。1962年北京农业大学用他们合成的新杀虫剂作试验，对杀死蚕体内蝇蛆的作用很好。1963年拟作进一步试验。

（3）在放蚕技术方面。在柞蚕所的基点（五龙背）结合蚕农做试验，证明迟放必须结合早放，一边诱杀蝇蛆，一边躲避产卵。于5月9日至10日放养的蚕儿蛆害率达95%以上，而18日至20日放养，一把剪能得80 000粒茧，其中蛹茧约55 000粒，创造了1962年该地区放春蚕生产最高纪录。柞蚕所在场内又进行迟放试验，初步证明5月15日以后放养的蚕儿，比5月上旬放养的寄生蝇为害率减轻20%。西丰种场做了柳树放蚕试验，证明东北箕柳有利用价值，柞蚕生活率为60% ~70%。

（4）生物防治。1962年在协作工作进行中，找到了一种寄生在寄生蝇蛹上的真菌，已分离培养获得纯种，尚在继续做大量繁殖和大田利用试验中。

柞蚕寄生蝇[*]

曾省　张义成

　　柞蚕寄生蝇是柞蚕的主要害虫，在我国东北辽宁省一带，春季为害严重，柞蚕被它寄生的有二成到七成，有的地方柞蚕甚至全部被摧毁，对柞蚕丝的生产和制种事业影响很大。

　　中国农业科学院辽宁分院于1962年春组织力量成立了"柞蚕寄生蝇防治研究组"[①]，在辽宁省蚕业科学研究所（以下简柞蚕所）进行集体研究，对寄生蝇的生物学特性、化学防治、生物防治，以及放养技术等都有显著的进展。在这里，主要是把寄生蝇为害的"来龙去脉"说个明白，尽管在研究中所得到的结果有些还是新苗头，也愿介绍出来，以便使蚕农们掌握有关寄生蝇的知识和防治技术，再结合自己的养蚕经验，在今年春季用各种方法向柞蚕寄生蝇作坚决的斗争。

一、柞蚕寄生蝇的种类和特征

　　为害柞蚕的寄生蝇有三种[②]，其中最厉害的是"柞蚕饰腹寄蝇"。雄性成虫体黑色，头部复金黄色或灰黄色粉被，后头被黄灰色绒毛。胸部黑色，密被浓黑细毛，复有灰色或黄粉色粉被，背面可看到五条狭窄黑色纵带，小盾板棕黄色。腹部扁平，呈三角锥形，背面黑色，两侧及腹面棕黄色，腹部为灰色或黄灰色粉被，第四腹节腹面两侧各有一密毛小区。后足胫节背前方的梳状鬃长短一致，排列紧密。雌性成虫体较粗短，头部复银灰色或黄灰色粉被，额较宽，每侧有两根向前弯曲的外侧额鬃（雄性额窄，无外侧额鬃）。胸部有五条较明显的黑色纵带，腹部两侧一般没有棕黄色斑，胸部和腹部背面都有灰色粉被，腹部第三至第五节背面后缘各有一条黑色横带，第四节腹面两侧无密毛小区。后足胫节背前方的梳状鬃长短不一，排列较疏松。

───────────

　　[*]《辽宁省科学技术协会》，1963.3。

　　[①]　本研究组包括有：辽宁省蚕业科学研究所；中国科学院动物研究所；中国农业科学院植物保护研究所；北京农业大学；大连医学院；辽宁大学生物学系；沈阳农学院；大连商品检验局；吉林省口前蚕业科学研究所；辽宁省蚕业学校。

　　[②]　据赵建铭同志报告：在东北地区为害柞蚕的寄生蝇除"柞蚕饰腹寄蝇"外，还有"舞毒蛾尖头寄蝇"和"史奈饰腹寄蝇"。"舞毒蛾尖头寄蝇"体瘦长，头部显著向前突出，腹部背面复闪光的灰白色粉被，乍看颇似麻蝇。卵较大，乳白色，产于柞蚕体表。"史奈饰腹寄蝇"与"柞蚕饰腹寄蝇"是同一个属的边缘种，它们的区别是"史奈饰腹寄蝇"雌体后足胫节上的背前鬃长短一致，排列紧密，卵黑褐色。这两种寄生蝇本来都是寄生在其他鳞翅目森林害虫的，在柞蚕体内仅能寄生一个短时期，即因不能适应而死亡，所以不能使柞蚕致死，但往往容易引起蚕儿发病或延缓发育速度。

卵灰色，微小，呈卵圆形，前端尖，后端钝，背面隆起，腹面扁平。卵壳较厚，复盖在卵的背面，表面现网状花纹；壳内有一层卵膜，半透明，有时可看到里面的幼虫。

幼虫有三个龄期，蜕皮两次。老熟幼虫乳白色或黄白色，身体分十四节，即头部一节，胸部三节，腹部十节，第九、第十两节位于第八节腹面，不很明显。头部前端有侧突，腹面有"口孔"，孔间有"口咽器"，前端的"口钩"向外露出，也可收入胸腔。腹面生"腹垫"，前、中胸节间有"裂缝状气门"。腹部末端的后方平滑，叫作"后表面"，中央有一对"气门板"，板内侧有一个"气门钮"，周围有三个弯曲的"气门裂"。

蛹长圆形，黑褐色或酱黑色，前端较细，有头部缩陷痕迹；后端钝圆，用放大镜可看到遗留的后气门板。全身有节，节间生横纹刺片，摸之触手。

二、柞蚕寄生蝇的生活史

寄生蝇的成虫于每年五月上旬发生，五月下旬开始产卵，六月上、中旬为产卵寄生盛期，幼虫在蚕体内寄生期间为 22～40 天，柞蚕结茧后，幼虫由茧蒂附近穿孔脱出，落地钻入土中化蛹越冬，直到第二年五月再羽化成蝇。因为一年只发生一次，是一化性。

根据笼中饲养的结果知道：雌蝇的寿命最长为 46 天，最短为 22 天；雄蝇交配后最长活 25 天，最短活 6 天；雌蝇产卵期最长为 31 天，最短为 17 天，死亡前 3～5 天仍能产卵。

三、柞蚕寄生蝇的生活习性

寄生蝇的成虫羽化时，从蝇蛹顶端裂开，靠它的"前额囊"的膨胀与收缩以及足的动作，慢慢地钻出地面。刚出地面的成虫，体壁柔软，翅卷缩，只能在地面爬行，及至爬到草茎或树干上，就静止下来，再经 1～2 小时才能展翅飞行。如果在这时往地面草丛或枯叶间撒药，可以杀死一批成虫。

寄生蝇在羽化后到开始产卵以前，大部分在去年春蚕"窝茧场"活动，到产卵期雌蝇才飞集到养蚕场（二把场）内寻找寄主寄生。因此在春蚕二把场的雌蝇密度最大，而一般柞林和杂树林却较少。如果按山坡高度区分来说，以中部密度为大，下部次之，上部较少。

寄生蝇羽化后一定要吃东西补充营养，卵巢才能发育排卵。如果知道它吃什么，怎么吃？这对防治寄生蝇很重要。经过在室内仔细观察，初步看出以下几点习性。

（1）根据室内用菜碟铺纸浸稀蜜饲养观察，寄生蝇取食时很少自动落在食物上，但一经与食物接触，就立刻开始吮吸，只有饱食后或受惊时，成虫才拒绝进食。

（2）寄生蝇在笼内（小型特制纱布笼，见图 2）有向上性，一般经常停留在笼的上部；低温时喜在阳光下，而在高温或中午的强光下，又寻觅遮阳处躲避；大风或落雨天需有避风雨的场所；并且有在一日之中不断吸吮水分的习性。

（3）柞树嫩枝（特别是槲柞）内因含糖分多，常有一种叫"大栎枝蚜"的黑色大

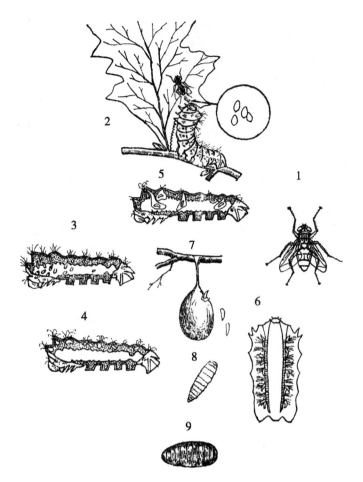

1. 寄生蝇的成虫；2. 雌蝇产卵于柞叶上，正在柞蚕所吃叶的附近；3. 柞蚕体的剖面，表示寄生蝇卵被柞蚕吞下，卵壳经肠液消化后，幼蛆穿过肠壁，爬入体腔；4. 寄蝇蛆钻进柞蚕体壁下"毛囊"内；5. 蛆在"毛囊"中长大，沉陷于体腔脂肪组织中；6. 蛆到后期突破"包囊"，爬到柞蚕的气门附近；7. 柞蚕已结茧，蝇蛆从茧中爬出落地；8. 寄生蝇的蛆；9. 蝇蛆钻入土中后变成蛹，蛰伏越冬

图1　柞蚕寄生蝇的生活史
（曾省、赵建铭设计，张义成绘）

蚜虫（图3）寄生，分泌蚜蜜，柞蚕寄生蝇就常来枝上吸吮；此外，柞林中杂生的油松上也发现有另一种蚜虫寄生，在附近落叶松的枝叶上还大量发现有一种绵蚜，分泌蜜汁也很多，落在树下毛榛叶面上成为闪亮的点片。如果这些东西都是寄生蝇的补充营养品，那末柞蚕寄生蝇的食物来源就更丰富了。应该注意观察，一定要趁它们飞到这些地方吃东西时，喷药或放毒诱杀。

（4）柞蚕寄生蝇在雌雄交配后第12天，雌蝇开始产卵。产卵时间多在每天上午4—11时。每次产卵5～18粒。

（5）寄生蝇的产卵方法奇妙，当柞蚕吃叶正盛时，雌蝇好象被什么气味吸引，飞来落在叶面，开始徘徊在蚕儿周围，然后慢慢靠近蚕的头部，于口器前边的叶面上产下

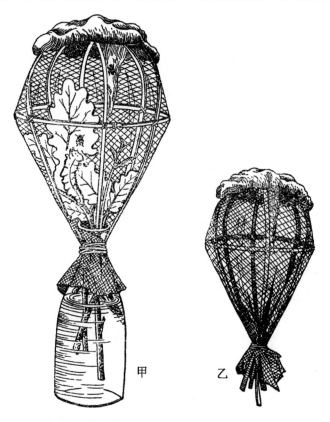

（甲）笼内养有柞蚕和寄生蝇；瓶中装水和插柞枝；

（乙）空笼的结构。

图2　柞蚕寄生蝇饲养笼

（于溪滨设计，张义成绘）

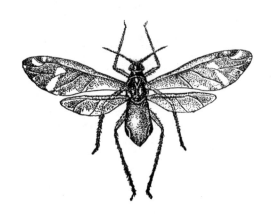

图3　大栎枝蚜

卵来（图1）。雌蝇产卵后就敏捷飞去，使蚕儿在毫无察觉中，把蝇卵吃下。蝇卵被吞入消化道并达到中肠后，借肠液的作用，才能孵出幼蛆。幼蛆穿过肠壁进入体腔，就钻进蚕儿体壁疣状突起下的"毛囊"内。"毛囊"被寄生后，逐渐膨大充水，呈瘤状，形成幼蛆的"包囊"，随即与刚毛脱节，固着在柞蚕体壁的内薄膜上。这时，柞蚕体表疣状突起上的兰色"辉点"逐渐消失，刚毛也由卷曲而脱落，现出明显的病征。在寄生初期，幼蛆"包囊"处在体壁与肌肉之间，以后随着幼蛆的发育和"包囊"的增大，"包囊"遂穿过脂肪体沉入体腔。在这个时期里，幼蛆发育很慢。待柞蚕发育到吐丝结茧时，幼蛆破囊出来并钻到蚕儿的气门下方，以身体的后端与气门相接，到这时，因幼蛆开始大量吸食寄主的脂肪体，身体迅速增长，于是就很快地完成了幼虫期的发育，把柞蚕杀死在"蛹前期"。因此，不管蚕儿在三龄期或在五龄期被寄生，蝇蛆在蚕体内都不出来，必须等到蚕儿吐丝结茧第五天以后，它才咬破蛹皮、穿破茧壳，鱼贯而出。一个茧出蛆最少一头，最多可达 119 头，一般在 20 头上下。

（6）从茧中脱出的蝇蛆，在地面爬行不久，即钻入土中，经过 20 小时以上的时间就变成蛹。蛹藏在土中的深度，要看土壤性质、结构和地面植物种类、生长疏密而有不同，大多数在 5～10 厘米深处。从 6 月下旬入土变蛹，以蛹态越冬，到第二年 5 月上旬开始羽化。

四、柞蚕寄生蝇的寄主和天敌

寄生蝇最喜欢的寄主是柞蚕，其次是天幕毛虫（图 4）再次为舞毒蛾的幼虫（图 5）。

图 4　天幕毛虫

图 5　舞毒蛾幼虫

寄生蝇在自然界中也有不少捕食性和寄生性的天敌。成虫的天敌有食虫虻、蚂蚁和蜘蛛等。蛹的天敌有穗状菌（图 6），在自然情况下蝇蛹被寄生的占 3.6%～20.3%；现正在研究大量繁殖菌粉，并且研究如何结合肥料施入土中，以杀灭地下柞蚕寄生蝇的蛹。除穗状菌外，还有一种寄生蜂，叫"柞蚕锤角黑蜂"（图 7），形很小，体黑色，它产卵在蛹体中，发育长大，吃尽蛹内东西后才出来。有时从蛹内可以出来几十头小蜂。

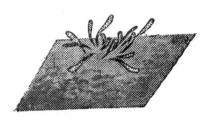

图6　寄生蝇在土中被穗状菌寄生后，伸出棒形籽实体

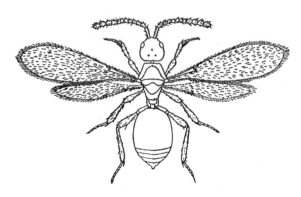

图7　寄生于柞蚕寄蝇蛹的"锤角黑蜂"
（李平淑、金达生观察，张义成绘）

五、防治柞蚕寄生蝇的途径

防治柞蚕寄生蝇的方法，过去有的采用"山上挖蝇蛹"和"二化一放"，也有的提出用"火烧蚕场"和"蒿柳放蚕"等，但因耗费劳动力大，或经执行后所得效果不一，或见效迟缓，仅在个别地方推行，未能普遍应用。1962年夏，在柞蚕寄生蝇防治研究组的总结会议上，经过全面讨论，认为药剂、生物、物理和放养技术等防治措施都应注意。其中有的方法可以在过去研究结果的基础上加以改进提高，有的还需要另觅途径。现在仅对三种防治办法提出意见，供各地消除柞蚕寄生蝇时参考。至于其他办法，有待今年研究组进一步研究和各地继续试验或重点示范后，再加以总结才能明确。

1. 早摘茧和迅速消灭蛆、蛹

蝇蛆寄生在蚕体内，无论早、晚都在结茧第五天以后才开始从茧内脱出。生产队如果能在蚕儿结茧后五天以内，集中全力把茧摘回，使蝇蛆全部集中脱在室内、院内、树下或别的地方的土中，就可以迅速消灭它们。这是防治柞蚕寄生蝇最便利，最有效的办法。例如1957年和1962年在凤城四台子原种场和安东市五龙背人民公社新康大队进行过早采茧的试验，13把剪的春蚕，共计消灭蝇蛆达213万头，对减少当地第二年寄生蝇的数量起到一定作用。又1962年9月底柞蚕所也曾派三批人到岫岩、宽甸、凤城及安东市郊区重点调查蛹的分布和作实地挖蛹的考察，发现多数地方都能照辽宁省农业厅的指示提早摘春茧，这是很好的；但是有些地区因为贯彻"早摘春蚕消灭蝇蛆奖励办法"为时较晚，落的不实，执行不够普遍，发展也不平衡，据初步估计，这些地方还有80%（自然也有被鸡、猪吃了一些，但为数不多）以上的蝇蛹留在原来放茧，挂茧、剥茧、晒茧等场所（表1）。这些蝇蛹被从山上搬到屋内或院里，得到好的环境保护它们安全越冬，解冻羽化后，一定会飞回柞蚕场，岂不是"放虎归山，后患无穷"。因此，这些地方应该抓紧在解冻后蛹未化蝇时，取其分布面积小，距家近、数量集中，赶快把它们挖掉。这只要发动老、弱和小孩，就可以轻而易举地完成（图8）。至于挖出来的蛹，可以把它们烧掉、砸死，也可以喂鸡、换绸（政府已公布丝绸奖励办法）；如有可能的话，最好还是设缸放土埋蛹，缸上盖细铁丝网，使羽化的蝇关在缸里，而寄生蜂可以飞出，这样可以保护天敌。这种现实可行的办法，各地还应坚持下去，以彻底消灭寄生蝇。从观察和调查知道，一头雌蝇能产数百甚至上千粒卵，一个茧能脱出 1～119头蛆，这样一年年繁殖下去，影响要有多大！根据柞蚕所的调查报告（表2）可以看出，早摘春茧的蚕场里蝇蛹很少，几乎没有挖到；而晚摘春茧的蚕场地下蝇蛹就很多，如在结茧后 7 天才摘茧的蚕场（这是摘迟了），7 平方米的土里就挖出蝇蛹 59～96个。这足可以说明茧摘得早（结茧后 5 天内）或摘得及时，对减低蚕场中的蝇蛹数量起着多么大的作用。真值得提高警惕。

图8　在农家挖柞蚕寄生蝇蛹的回忆

（张义成绘）

2. 加强放养管理技术和做好预测预报

要做好防治柞蚕寄生蝇的工作，不能专靠使用化学药剂，还必须重视放养技术。例如 1962 年春，辽宁柞蚕所在安东市郊区五龙背人民公社新康大队第一生产队设立了"大面积综合防治示范点"，选用孤山、迎风头，尖柞林，采取了"早放蚕"（5月9日到 10 日放蚕，到寄生蝇盛发时可先诱杀一批），结合"晚放蚕"（5 月 15 日到 16 日）并实行"三移放养"的措施（第二龄移一次，第四龄移二次，第五龄移三次），使蚕儿营养优良，促蚕儿发育整齐、迅速，虫体健康；另外辅以"外围熏烟"（蚕儿在二眠起，对六六六烟剂抵抗力弱的时候，在养蚕场外围施放六六六烟剂，防止寄生蝇侵入养蚕场）与"流烟熏烟"（六六六烟剂的放烟点固定在柞场的迎风头上，烟雾放出后，靠风力吹过养蚕场。这种方法可在寄生蝇产卵盛期，白天有风时熏杀）的办法，已获得良好防治结果，示范区的蚕儿被寄生率比对照区降低三到五成（31.3%～55.5%），而获得 4 把春蚕产量为 22 106～75 729 粒（平均 46 157 粒）。

要做到"迟放"，及时避免盛发寄生蝇的进攻，一定要做好预测预报。先选点取样检查，了解它们在当地的分布和发育进度，然后推测它们的发生期和发生量。这个工作很重要，各地一定要抓紧做好。

现在把该示范点 1962 年所做工作，附述在下面，以供参考。

（1）实行集体保卵和孵卵，防止卵期过干、受冻或热伤：（甲）清扫一间比较凉爽的屋子，用 2% 石灰乳进行室内消毒；（乙）蚕具框子在河川流水中洗刷干净，并用 1% 苛性钠消毒；（丙）卵面也用 1% 苛性钠消毒；（丁）为防止鼠害，做成木架分两层悬挂空中；（戊）用纸做成 25 厘米×30 厘米的纸盒，每盒装卵四两；（己）从 4 月 25 日起到 5 月 12 日止，保卵期间的温度最高为 18℃，最低为 9℃，相对湿度保持在 60%～80%。

（2）除害保苗：（甲）选择背风温暖的地势作"把场"（第一次放蚁蚕的柞林）；（乙）"把场"的柞树完全选用二年生；（丙）"把场"的柞墩下，在放蚁前撒布 0.5% 六六六粉；（丁）实行绑小把，及时匀蚕；（戊）各柞坊都准备鸟枪，每把"剪子"二斤火药、六斤砂子。

（3）实行三移放养法：（甲）第二龄移一次（有少数到第三龄时移）；（乙）第四龄移第二次（有少数到第五龄初移）；（丙）第五龄移第三次。

（4）早摘茧，消灭蝇蛆；早批蚕和晚批蚕采取分批窝茧，结茧后分期摘茧。

3. 对化学药剂防治的讨论

根据柞蚕所的报告，在 1956 年和 1962 年曾两度试验证明：当成虫刚羽化出土时，翅未展开，寄生蝇爬行在树下草丛间，接触药剂的机会较多，那时蝇体又软弱，如撒 1% 六六六粉于"窝茧场"地面，每平方米用药量为 25 克（折合每亩撒药 33 市斤），对蚕寄生蝇杀死率达 81.5% 以上；当在蚕寄生蝇整个羽化期间施药两次，杀死率达 93.9%。又用 6% 可湿性六六六粉在每平方米土上施入 35 克，杀蛹率达 91.1%；用 1% 六六六粉在每平方米土上施入 45 克，杀蛆率达 5.6%～34.6%。在柞树下杂草除的干净比不除草的，药剂效果显著。因此，有条件的地区，今春应选点试用，它的优点是施药与养蚕场隔离，蚕儿不会中毒。如改用六六六颗粒剂，撒在窝茧场树下草丛间，熏杀才羽化出土的成虫，效果可能更好些。现把防治玉米螟时颗粒剂的做法介绍在下面，可供参考。先取当地农田泥土或煤炭渣，过筛，筛的土粒大小在 20～40 或 60 筛孔之间（杀草丛间初羽化的蚕寄生蝇时土粒宜较粗）。然后按一斤 6% 六六六掺土 60～100 斤的比例，配成含丙体六六六 0.1% 及 0.06% 的颗粒剂。滴滴涕颗粒剂是用 50% 可湿性滴滴涕粉，按一斤滴滴涕掺土 9 斤的比例，配成 5% 滴滴涕颗粒剂。

柞蚕所于 1959 年和 1962 年，先后在室内、室外用 8% 六六六烟剂进行多次熏杀蚕寄生蝇的试验，证明杀伤效果显著。如药量一市亩用一市斤，无论在室内、室外或柞场内，对寄生蝇的杀死率都可达 100%；即使一市亩用药减到 0.2 市斤（二市两）到 0.4 市斤（四市两），受烟时间为 3 ~ 5 分钟，杀死率也可达 82% ~ 92%。缺点是药熏对二眠和三眠起蚕有一定药害，如一市亩用药一市斤熏，受烟 13 分钟，对二眠起蚕的杀死率平均达 72.2%；一市亩用药 0.4 斤熏，受烟 3 分钟，对三眠起蚕的杀死率平均达 27.5%。因此，在使用烟剂熏杀时，要特别注意避免在蚕才起眠后熏。除此以外，也不妨收集山上枯枝杂草，特别是富有气味的野生杂草，如黄蒿①和野薄荷（南方常用来烧驱蚊蝇）之类，烧烟试熏。

在柞蚕场使用六六六烟剂，因为气流或风向的关系，持续时间不长，上午熏死一批蝇，下午又来一批蝇，必须时常熏。今春应在"窝茧场"熏杀初羽化集中未散的成虫，或在杂树林中熏（在这些地方须加强观察寄生蝇密度大小，然后决定熏杀与否），也可以在二把场外围分散"堆熏"、"经常熏"和"少量熏"，既可驱除寄生蝇闯进，又不至于杀伤柞蚕。不妨试试看。

表 1　潜伏在放蛆茧场所，蝇蛹密度的调查

调查地点	放养人	放蛆茧场所	挖蛹面积（平方米）	挖蛹粒数
岫岩红旗社久裕大队	孟宁君	厢房门槛	0.18	93
岫岩红旗社久裕大队	毛作礼	米仓下	0.51	299
五龙背新康大队	康连福	树下剥茧场所	1.00	36
五龙背新康大队	许振禄	棚下四个柱脚	1.44	34
鸡冠山陡岗大队	宋天久	晒茧场所	0.70	32
鸡冠山陡岗大队	曾庆宽	晒茧场所	0.50	11
宽甸亮子沟	王守福	放茧处	1.00	12
四合子汪家铺	郎迁阁	磨房	2.40	124
辽宁蚕校	蚕校	制种室	三块砖下	366

表 2　在早、晚摘春茧的蚕场挖蛹调查结果

调查地点	项目 户号	蛆害率（%）	结茧后几日摘茧	挖蛹情况 面积	蛹数粒	平方米挖蛹粒数
岫岩红旗社久裕大队	1	100.00	结茧后 7 ~ 8 天	三墩柞蚕约 9 平方米	59	8.4
岫岩红旗社久裕大队	2	100.00	尚有 20% 未结茧的蚕	三墩柞蚕 4 ~ 5 平方米	0	0
凤城鸡冠山公社陡岗大队	3	50.00	结茧后 3 天	五墩柞树	0	0
凤城鸡冠山公社陡岗大队	4	25.00	结茧后 3 天	五墩柞树	4	0.8
凤城鸡冠山公社陡岗大队	5	80.00	结茧后 4 天	五墩柞树	3	0.6
凤城鸡冠山公社陡岗大队	6	63.64	结茧后 7 天	五墩柞树	15	3.0
宽甸茧场沟	7	20.00	尚有 10% 未结茧的蚕	三墩树约 9 平方米	35	3.9
宽甸茧场沟	8	20.00	在早摘茧后 8 天开始二批摘茧	三墩树 7 ~ 8 平方米	96	12.3

---

① 浙江嘉兴有些蚕户用青蒿、黄花蒿晒干在蚕室附近熏驱多化性寄蝇，据说有一定效果。

小麦吸浆虫及其防治

小麦抗吸浆虫品种的选择[*]

曾省[1]　刘家仁[1]　陈业英[1]　何均[2]　徐盛全[2]　吴庆梓[2]

（1. 中南农业科学研究所；2. 河南省人民政府农林厅）

1951 年我们在南阳研究小麦吸浆虫防治，就注意小麦抗吸浆虫品种问题，把南阳专区农场试验小麦品种数十个，根据为害率和损失率的检查，与植物形态观察，初步提出："植株高、麦芒长、籽口紧、小穗密"是小麦抗吸浆虫的性状。1952 年仍在南阳区农场继续观察，取国内外小麦种、区县评选种、良种区域试验等许多品种，根据 1951 年经验再来鉴定，并将原规定标准略加修正。1955 年分别在洛阳和南阳二地进行观察，同时把两年来所得的抗吸浆虫特性再加考验。兹将抗吸浆虫小麦品种的性状，分述于下。

一、抗虫品种的特性

（1）芒粗长挺直，沿小穗并列向上（不是左右分开），且芒上有刺触之扎手者，有阻碍吸浆虫爬行产卵作用，如南大 2419、碧玛四号、玉麦等有此特性。

（2）有的品种芒虽比较软弱，但穗之下部芒卷曲、互相钩搭、小穗扣合紧密，如当地"新出山豹"具此特性。

（3）颖壳厚，特别护颖强大，能将外颖脊背大部遮盖，且外被蜡质，籽口紧合（因壳长、面广、凹深），如南大 2419，新出山豹、西农 6028 等。

（4）小穗自上而下排列紧密，中间空隙小（直密），又凡具六花五籽或五花四籽（横密）较一般三花二籽抗虫性强，受害轻，如新出山豹、中农 28、西农 6028 等。此种花多籽满的"多花性小麦"不仅抗虫，且能丰产，应特别注意。

二、抗虫品种鉴定

兹将六个小麦抗虫品种的性能，并以大口麦、白玉皮、白女麦等为对照，列表（表 1）如后，以资鉴别。

若按小穗直密，则以蚂知了为最高（30），次为碧玛四号（29）、中农 28（28）、新出山豹（27）、西农 6028（23）、南大 2419 最低（16），而白玉皮、大口麦等小穗上下中间空隙最适于成虫产卵（见图）。按小穗横密，则以中农 28 最高（七花五籽），新出山豹、南大 2419、西农 6028 次之，而大口麦与白玉皮仅四花三籽或三花二籽，白女

---

[*]《农业科学通讯》，1954 年第 4 期。

麦为四花二籽，较之前数品种参差甚大。

此数品种中，论芒的构造与排列，南大2419最合理想（粗壮长直、沿小穗上升），确能妨碍吸浆虫成虫的产卵，次之为西农6028及碧玛四号、新出山豹的下位芒互相钩搭是其优点，而白玉皮仅有顶芒，大口麦无芒。

籽口紧有数个类型：护颖长大且坚硬，与外颖抱合紧，如南大2419（外颖长10毫米，护颖长9毫米，护颖咀长2毫米，护颖紧抱外颖，其咀达于外颖芒的基部；吸浆虫成虫爬至外颖顶端，亦无法弯曲其产卵管，产卵于外颖及护颖之间）、新出山豹、西农6028；碧玛四号虽护颖比外颖矮小，但内外颖扣合甚紧；白玉皮护颖虽硬，但内外颖抱合不紧；大口麦颖壳不强，籽白极松，因此受害严重。在南阳内乡赤眉有一种白女麦受吸浆虫为害颇重，它的外颖长9毫米，护颖长7毫米，护颖与外颖抱合不紧（易分离脱落），护颖顶端距外颖顶端3~4毫米，颇适于吸浆虫成虫产卵在护颖与外颖之间以及小穗轴基部。

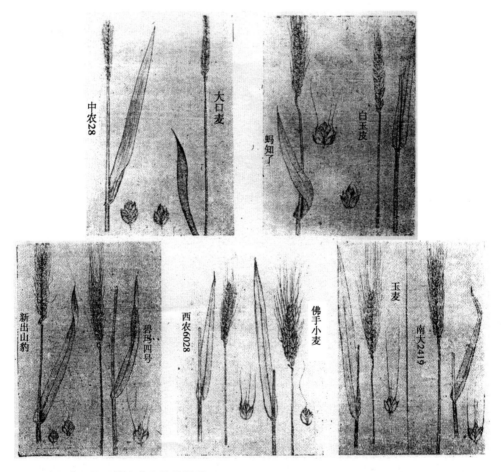

洛阳专区抗吸浆虫小麦品种说明

1. 大口麦、白玉皮是受害品种，列为对照。

2. 南大2419、西农6028、碧玛4号、中农28系专区农场引进的抗吸浆品种。

5. 玉麦、佛手小麦、新出山豹、蚂知了为农家抗吸浆虫品种，尤以后者种植较为普遍。

根据今年在洛阳观察所得：初孵化的吸浆虫幼虫系由内外颖边缘最柔软薄弱处侵入麦粒（河南吸浆虫站总结时，各地同志亦有此报道），这就更说明了内外颖扣合的紧与否，影响孵化幼虫的侵入，换言之，内外颖边缘贴合越紧，受害就轻，反之则重。

表1　小麦抗虫品种特性的鉴别

品种	麦穗	芒	颖壳	籽口	备注
南大2419	纺锤形，穗长12.5厘米，小穗总数20，密度为16，直密较稀疏，横密五花四籽，也有六花五籽，穗重3.4~5.0克	粗长挺直，并列向上，有刺	护颖长大，外被蜡质，坚硬	扣合很紧，护颖嘴端与外颖芒基紧贴	
西农6028	长方形，穗长8厘米，小穗总数18，密度为23，中密，六花五籽或五花四籽，穗重1.5~3.3克	芒粗长，向两侧斜出，中央小穗有芒，细短向上	中厚，但护颖高大，几与外颖同高	内颖外颖抱合尚紧	
新出山豹	长方形，穗长9厘米，小穗总数24，密度为27，中密，六花五籽，穗重2.2~4.19克，侧面上下宽大同	芒细短，排列不齐，上位芒直挺较紧硬，下位芒卷曲，互相勾搭	护颖较窄，但高与外颖齐肩	内外颖抱合甚紧	抽穗晚，灌浆快，间有似蚂知了的穗形
中农28	棍棒形，穗长8厘米，小穗总数22，密度为28，中密，七花五籽，穗重为0.9~4.2克	无芒	护颖长而大，外被蜡质，坚硬	内外颖扣合不其紧	
碧穗4号	长方形，穗长8厘米，小穗总数23，密度为29，密，五花四籽，或五花三籽，穗重1.7~3.0克	芒粗长，稍向左右斜伸，中央芒向上	坚韧，略具蜡质护颖盖住外颖三分之二	籽口紧	
蚂知了	短方形，腰部略弯曲，穗长6.85厘米，小穗总数20，密度为30，是密，五花四籽，穗重0.5~3.0克，侧面上宽下窄	芒少，细短无力，下颖芒长，弯曲，排列不整齐，钩搭不多	护颖小窄，无蜡质，外颖脊背大部外露	内外颖扣合不紧	
白玉皮	纺锤形，小穗排列稀落，中间空隙大，穗长9.20厘米，小穗总数16，密度18，是疏，四花三籽或三花二籽，穗重1.0~1.9克	穗顶略有短芒	护颖长大，外被蜡质，坚硬	内外颖扣合不其紧（吸浆虫有产卵于内外颖之间者）	抽穗早，灌浆慢
大口麦	纺锤形，穗长8.7厘米，小穗总数17，密度为20，是疏，三花二籽，穗重0.7~1.9克	无芒	护颖薄弱，无蜡质	籽口极松被害严重	洛阳一带，普遍栽培，52年曾列为评选种
白女麦	橄榄形，穗长7.7厘米，小穗总数20，密度为26，四花二籽，穗重0.7~0.9克，基部5~7小穗不孕，每小穗6~18籽	芒长，软弱	脆薄，光亮	抱合松，易脱落	南阳、内乡、赤眉、白女麦受害极重

三、产卵与麦穗的结构

吸浆虫成虫一般是自麦穗下部，向上爬行时产卵，当爬至麦穗顶端时又飞起，再落至麦穗的下部，向上爬行试探产卵。吸浆虫多自麦穗侧面曲折爬行而上升，产卵的90%以上都在小穗的内侧，即小穗与穗轴之间。

小穗宽大，穗辐（即穗轴至小穗外缘的宽度）增阔，小穗与穗轴成一相对角度（小穗与穗轴基部紧靠，上部远离），使吸浆虫无法自麦穗的侧面产卵于小穗内侧，此是抗虫的首要性能。

如南大2419，由于穗辐阔，小穗与穗轴所夹角约有30°，其基部与穗轴密接，上部与穗轴远离，致使吸浆虫从侧面上升时，其产卵管不能达于小穗与穗轴交接处。且小穗与穗轴间未能形成（有利于吸浆虫产卵的）适当空隙。它如白女麦的小穗与穗轴，从基部至顶端，若接若离，其形成的空隙，随处均适于吸浆虫产卵。

四、不同品种的被害情况

参阅表2中各品种麦穗内虫穗及幼虫数，亦足以证明上述抗虫性状，其表现显著者为南大2419，被害率低，虫卵及幼虫数均少，白玉皮及大口麦则反之。

根据已有的损失率，新出山豹为8.6%，蚂知了为10.6%，白玉皮为19.2%~40.9%，而普遍栽培的大口麦损失竟达26%~72%。

总而言之，小麦抗吸浆虫性状是综合的。各种特性配合多，则抗虫性强。抗虫性是相对的，而非绝对的，此点在选择抗虫品种时须明确。此外，就我们调查所知及群众反映，凡被吸浆虫为害较轻的品种，大多是红麦品种，其品质虽差，但产量较高；群众明知其能多打粮食，因经济价值较低，且不合公粮规格，故农民不愿多种红麦。为了减少吸浆虫为害增产粮食，希政府粮食部门，对此问题应作适当的考虑。

五、小麦性状的观察

对各种抗虫品种性状应作全面了解。对品种应该注意它的历史与生物学性状。小麦抗吸浆虫品种的一般性状的记载见表3。

表3所述许多是一般性状，与抗虫特性关系不大。抽穗期与扬花期均稳定，如南大2419，53年抽穗期为4月21日至23日，而52年为4月22日，扬花期53年为4月26—27日（52年资料缺乏）。以南大2419、白玉皮、大口麦等抽穗期较早，中农28、碧玛四号等次之，而以西农6028、新出山豹、蚂知了等较迟。

每年各该小麦抽穗扬花期相差甚微，仅2~3天，这与大气高温条件是分不开的。查洛阳专区农场4月气象报告：21日以前温度或高或低，准在20℃左右盘旋；21日以后至27日、28日、29日，温度由20℃扶摇直上达30℃左右，有时低至7℃。平均气温为21℃左右时，很适合吸浆虫成虫的羽化，故4月24日、25日、26日成虫发生达最高峰，出土吸浆虫竟达 80%，白玉皮、大口麦无抗虫性能，故受害重。至于西农 6028、"新出山豹"与"蚂知了"三个品种，经过 30℃高温，3～4 天（4 月 24—27 日）之后，才开始抽穗，至 5 月 4 日开花完成，洽逢吸浆虫盛发期的后半期，因此受害较轻，可能各品种抽穗扬花期早晚，也是抗虫品种综合因子之一，容后观察确定。

麦花开放时间长短固与天气之晴朗阴雨有关，若都在晴天观察，似能依品种之不同而有久暂悬殊，如南大 2419、新出山豹，碧玛 4 号等需十余分钟，蚂知了、中农 28 等需二十余分钟，而白玉皮和大口麦竟达 50 分钟以上。

表 2　小麦品种与吸浆虫为害的关系①

品种名称	南大 2419	西农 6028	新出山豹	中农 28	碧玛四号	蚂知了	白玉皮	大口麦
10 穗产卵总数	1	—	6	9	5②	38	88	127
产卵最多部位	外颖外面③	—	外颖外面	外颖外面	外颖边缘	外颖外面	穗轴上④	穗轴上
20 穗幼虫总数	11	16	40	49	48	245	490	841
平均每穗幼虫数	0.5	0.8	2.0	2.4	2.4	13.7	24.5	42.0
20 穗中被害穗数	7	7	9	11	13	18	18	20
被害百分率	35	35	45	55	65	90	90	100
损失百分率	—⑤	—	8.6			10.6	19.2～40.9	26.1～72.0

说明：①此项数字，是取农家栽培小麦及专区农场引进品种，加以观察，检查所得结果。

②碧玛四号，卵数尚少，而幼虫数较多，被害率为 65%，故列第五。

③外颖不仅指第一花、第二花外颖，而系包括所有小花之外颖，尤其是中间不孕花之外颖外面卵数最多。

④穗轴上是指穗轴与小穗轴间，吸浆虫在大口麦、白玉皮穗上，多产于此种场所。

⑤系专区农场引进品种，未计损失率

表 3　小麦抗吸浆虫品种的一般性状

品种	生长情形			开花				茎和叶					种籽			
								茎		杆	叶		粒			
	分蘖力	抽穗期（月/日）	扬花期	成熟期	每花时间（分钟）	宽度（毫米）	株高（厘米）	直径（毫米）	颜色	杆色	外形	面积（厘米）	粒色	粒质	每穗籽粒数	千粒重（克）
南大 2419	108	4/21～23	4/26-27	6/4	7～12.5	4	119.4	5.0	绿色带蜡质	白	深绿、厚、上微毛下面光、带蜡质	16.5×1.2	白	半角质	56～78	34.0
新出山豹	79	4/27～29	5/4	6/4	7～15.5	2	120.5	5.0	绿色稍被蜡质	白	灰绿色、薄、两面光、少数有蜡质	18.5×1.5	红	半角质	64～92	30.5
蚂知了	—	4/26～28	5/1～4	6/3	11～20	2	95.0	4.7	浅绿色	金黄	浅绿、中厚、两面光	16.8×1.2	红	半角质	35～75	28.5
碧玛四号	100	4/25～27	4/30～5/2	6/4	12～14	—	104.5	4.0	绿色	白	背生微毛，呈灰绿色中厚，正面光滑	25×1.8	白	硬	35～53	36.2

（续表）

| 品种 | 生长情形 | | | 开花 | | | 茎和叶 | | | | | | 种籽 | | | |
---	分蘖力	抽穗期（月/日）	扬花期	成熟期	每花时间（分钟）	宽度（毫米）	株高（厘米）	茎 直径（毫米）	茎 颜色	杆 杆色	叶 外形	叶 面积（厘米）	粒 色	粒 质	每穗籽粒数	千粒重（克）
中农28	106	4～27	4/28～29	5/30	25～28	4	61-90	4.0	绿色有蜡质	白	绿色,中厚,两面光	28×1.5	红	软	55～63	29.7
西农6028	—	4/28～30	5/4	6/1	9～17	2～3	119.0	3.0	纯绿色	白	绿色,薄,两面光	18.0×7.0	白	硬	63	30.0
白玉皮	128	4/22～23	4/25～27	6/2	6～30	3～4	133.5	4.5	纯绿色	白	绿色,中厚,两面光	18～26×1.3～2.0	白	硬	25	31.4
大口麦	82	4/22～25	4/26～28	6/1	11～36	2～4	111.5	4.0	绿色有蜡质	白	浅绿色,中厚,两面光	12.4×1.0	白	硬	34	25.7

附注：（参考洛阳专区农场观察记载）

① "南大2419" 抗寒力较差，抗锈力强，倒伏度在试验行内表现较差，大田种植不显著，饱满度优，不易落粒，上年为粉质麦，本年已变为半角质，该品种希望很大，既能抗虫，品质亦由坏变好，值得注意。

② "新出山豹" 抗黄锈较差，稍倒伏，抗寒力较好，该品种为半角质麦，落粒程度中等。

③ "碧玛四号" 抗锈病力强，抗寒力亦较好，不倒伏，饱满度优，落粒度中等，唯上年为角质麦，本年变为粉质，品质变劣。

④ "中农28" 抗寒力较差，各种病害，本年均未发现，不倒伏，落粒度中等，饱满度较差。

⑤ "蚂知了" 的这些特性未详，容后观察。

⑥ "白玉皮" "大口麦" 具系角质麦并有其他优点，但因受吸浆虫害重，无所取。

⑦关于叶色深浅，株杆高低，粗细，与土壤肥力，栽培方法有关，有时不能作为标准，仅供参考而已。

吸浆虫蛹期的鉴别[*]

徐盛全　蔡述宏　曾　省

关于蛹期的识别，1954 年洛阳吸浆虫工作组已初步提出，兹根据 1956 年在辉县进一步观察的结果作下列补充，以供各方面研究之参考。

（1）前蛹。幼虫头部缩入前胸，体形变短加粗，不甚活动，前、中、后胸三节分界不明显，连成圆形，其中脂肪体消失，呈白色透明状，剑骨片特别明显，眼点分离、翅芽、足、触角在体中开始形成，透视之，呈乳白色（图 1）。

（2）初蛹。前蛹脱掉幼虫之皮（剑骨片随皮脱掉）即化为初蛹，初蛹体呈淡黄色，翅芽、足、触角白色或淡黄色，翅芽短仅及腹部第 1 节，眼点无变化，前胸背面之一对毛状呼吸管显著伸出，以后翅芽渐次增长，其尖端一般均达第 3 腹节，虫体颜色亦较前变深，多为橙黄色或橘红色（图 1）。

（3）中蛹。体色橙黄或橘红，最突出的变化是复眼的渐次形成，左右愈合，复眼颜色由淡黄→橙黄→橘红→深红色；翅芽、触角有的为淡黄有的为黄白色，变化不一，据观察一般以淡黄色为最多（图 1）。

（4）后蛹。中蛹至后蛹首先是翅芽变灰色→淡黑色→赭色→黑色；复眼亦由红→深红→黑红→黑色；足及触角亦渐由淡黄→淡灰→深灰→黑色；虫体颜色变化不一，多数为橘红，少数颜色较淡（图 1）。

以上均是在解剖显微镜下观察之结果，其中有许多方面肉眼不易看见，为了便于在大田应用，能为广大群众所掌握，特将肉眼能辨别的各种蛹期变化特点简述于下。

（1）前蛹。幼虫体前端发白，发亮（应注意不要与死幼虫混淆）。

（2）初蛹。已成蛹形，呼吸管由上端伸出。

（3）中蛹。复眼形成，渐变成红色，肉眼可以识别。

（4）后蛹。翅芽初变灰黑为后蛹期的开始，以后翅芽、足、触角、复眼都渐变黑。

结茧蛹的变化过程与裸蛹完全相同，但由于结茧蛹的变化过程不好掌握，因此在实际应用当中往往将所有的长茧不分虫态均一律列入"茧蛹"内，虫情的测报多系根据裸蛹不同蛹期数量变化进行分析，从 1956 年实际工作中我们体会到这样的测报结果存在有两个问题：

①幼虫结成长茧后并不立即化蛹，一经水浸茧内幼虫很快即脱茧而出，如果将这些活动幼虫亦列入茧蛹数目内，这样就扩大了幼虫化蛹数量。

---

* 《昆虫知识》，1958 年第 3 期。

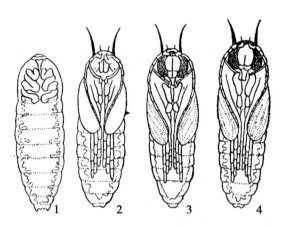

1. 前期蛹；2. 初期蛹；3. 中期蛹；4. 后期蛹

图1　吸浆虫蛹

②水浇地区化蛹初期，一般茧蛹多于裸蛹，如仅根据裸蛹预报，势必减少蛹的比率，缩小了虫情，例如，1956年4月17日在辉县西关按系统淘土法淘土两小方共得蛹434个，平均每小方有蛹217个，其中茧前蛹占11.5个，茧初蛹占130.5个，裸前蛹占19.5个；裸初蛹占55.5个，即这天这方土内实际有前蛹31个，初蛹186个，但如果只根据裸蛹计算每方土内则仅有前蛹19.5个、初蛹55.5个了。这也就是说如果单纯依据裸蛹进行预报，将来大田成虫实际发生的数量会比我们所预测的大得多，当然影响测报的因子很多，如测报点的选择，代表性的大小，取土方位，等等，但茧蛹的不予列入，是其缺点。兹将1956年4月14日至5月9日间逐日剥茧结果列表如下页（表1）。

从表中可以看出自始至终茧蛹均占有一定的数量，为了正确掌握虫情，做好预测预报，今后在有条件（人力物力）的地区，重点的进行逐个剥茧检查还是十分必要的，但这个工作仅限于室内，一般大田无法进行，1956年辉县在掌握大面积测报方面是将茧蛹按当日当地裸蛹不同蛹期，不同比例分配，然后分别加入计算的，这样做的结果与实际情况，虽有所出入，但比之不列入计算要好得多。

表 1　吸浆虫蛹动态检查

虫态	4/14	15	16	17	18	19	20	21	22	23	24	25	26	27	28	29	30	5/1	2	3	4	5	6	7	8	9	10	11	12	13
茧蛹 前	101.5	46.5	19.5	11.5	5.5	2.5	2	6.5	7	4	2	2	4	7.5	3	9	0.5		0.5	1.5		0.5	0.5							
茧蛹 初		8.5	79.5	130.5	28	73.5	47.5	81	47	9.5	2	11.5	7.5	6.5	2	7	1.5	6.5	7	5										
茧蛹 中						25.5			14.5	3.5	0.5	9.5	19.5	8.5	14	16.5	1.5	2.5	2				1.5	3.5	5					
茧蛹 后						0.5						3.5	1	5		7.5	1.5	1	3	0.5			1		1	1				
茧蛹 合计	101.5	55	99	142	33.5	102	49.5	87.5	68.5	17	4.5	26.5	32	27.5	19	40	5	10	12.5	7		0.5	3	3.5	6	1				
裸蛹 前	61	48.5	22	19.5	9.5	25.5	5	10.5	2.5	2.5	2	3	3.5	3	7	5	5	1	1	1		0.5	0.5							
裸蛹 初	1.5	7	47.5	55.5	15.5	31	36.5	65	45	7.5	3.5	17.5	14.5	5.5	2.5	12.5	3.5	8	5	2	0.5	5.5	3	1		0.5				
裸蛹 中						0.5	0.5	2	8	6	4	43.5	35	43.5	8.5	18.5	8.5	4.5	11.5	4.5	2	3.5	0.5	4	4	1.5				
裸蛹 后									1				6	32.5	10.5	22	4	1.5	3.5	1	1.5	4		11	6	3				
裸蛹 合计	62.5	55.5	69.5	75	25	57	42	77.5	56.5	16	9.5	64	59	84.5	28.5	58	21	15	21	8.5	4	13.5	4	16	10	5				
总 计	164	110.5	168.5	217	58.5	159	91.5	165	125	33	14	90.5	91	112	47.5	98	26	25	33.5	15.5	4	14	7	19.5	16	6				

备注：1. 因人力所限，检查不及时，故有的茧蛹脱出后，系以裸蛹计算，因此表列茧蛹数少于实际茧蛹数；2. 表内空格表示无虫；3. 上列数字是该地两小方土所得虫数的平均数。

小麦吸浆虫的生态地理、特性
及其根治途径的讨论***

曾 省

小麦吸浆虫在我国无论春麦、冬麦区都曾发生为害，因此，全国农业发展纲要规定为消灭害虫对象之一。据文字记载和各地农民回忆，这种害虫在我国已有几十年、几百年的历史，甚至还更久远些。在猖獗发生的年份，麦收损失严重。过去反动政府漠视农业生产，对此虫发生情况不明了，防治更无办法。1948—1950 年因为早春雨雪多，全国主要麦区如华北、江淮地区普遍发生吸浆虫，小麦一般减产一成至二成，重的三成至五成，个别地方甚至高达八成至九成。地下虫口密度，一立方尺土中有虫数十、数百至数千头。新中国成立后在党和政府领导下，全面展开科学研究与大面积防治，成绩卓著，在短短几年，弄清害虫种类和其分布，滋生地点，掌握着它的生物学特性和发生规律，并创造了一套预测预报办法，解除了吸浆虫的威胁。在防治方法上，起初用"拉网"防治成虫，1953 年以后则大量推广用药粉喷杀成虫，1958 年以后采用土壤处理，消灭土壤中幼虫。又各地先后选育和鉴定抗吸浆虫的小麦品种，如南大 2419、西农 6028、西北站二号、中农 28 及矮立多等；后来在四川、湖北、江苏等省大量推广南大 2419，陕西、河南广泛种植西农 6028，贵州则采用矮立多小麦品种，均取得了显著的防治成效。据最近几年各地报告，大部分地区吸浆虫发生为害面积显著地缩小，地下虫口密度亦迅速下降，一般小方（0.25 平方尺，深 6 寸）土中有虫头数 1～5 以下，麦粒被害为 0.1%～0.3%，甚至检查麦垄不见成虫，剥查麦穗找不到幼虫。但根据小麦吸浆虫发生和传播途径，以及消长规律与环境因子的关系，推断此虫今后如遇气候条件适宜，特别是连年早春雨水充沛，可能再度猖獗为害。因为吸浆虫幼虫有多年不羽化的习性，即麦红吸浆虫幼虫能活 12 年，麦黄吸浆虫 4～5 年，加之幼虫能随水漂流，成虫会被微风吹送。现在河流上游有些地区情况不明，虫害还未肃清，不能保证下游各地土中虫群不逐渐积累繁殖，至一定期间暴发，特别是地势低洼，土壤经常保持湿润的地方，或渠浇、井浇的麦田，更应经常注意其发生动态，以便及时采取防治措施，消灭为害。故特根据吸浆虫的地理分布、特性提出根治的意见，以供有关方面参考。

一、地理分布

我国小麦吸浆虫主要有两种，即麦红吸浆虫〔*Sitodiplosis mosellana*（Gchin）〕和麦

---

* 本文承马世骏、蔡旭、杨平澜、刘家仁、周大荣等同志提出宝贵意见，加以修改，特此申谢。

**《中国农业科学》，1962 年第 3 期。

黄吸浆虫〔*Contarinia tritici*（Kirby）〕。因为它们对于环境条件的要求各有不同，所以地理分布区域亦异。麦红吸浆虫老熟幼虫常藏伏于第二龄所蜕的皮中，能经历数十天干旱而不死，故多盛生于河谷或沿河平原温度较高或干旱地带；而麦黄吸浆虫则无抗旱能力，但抗寒性很强。把幼虫放于 −26℃ 低温处理中，6 天以后才开始部分死亡，故一般多生于高山阴湿或高纬度寒冷地带。在我国境内麦黄吸浆虫则分布于西北高寒山地，如青海脑山区与甘肃、宁夏南部山区，海拔高度在 2 500 米左右，气候寒冷、阴雨较多的地方，地下幼虫麦黄吸浆虫占 90% 以上，麦红吸浆虫极少数。这些地方被称为 "麦黄吸浆虫主发区"（杨平澜，1959）。其次为西北高原河谷地带，有河流灌溉或雪水灌溉的湿润地区，叫 "川水区"，海拔高度在 2 000 米以下，视地势高低，气候变化，耕作制度，以及植被种类，红、黄吸浆虫混生比例常有不同，如青海湟河流域、甘肃白龙江、西汉水一带和洮河、渭水上游，以及陕西秦岭、巴山山区，甚至四川嘉陵江、岷江等流域，贵州乌江流域和湖北汉水下游天门一带，在这些地区红、黄两种吸浆虫共存，称 "红、黄吸浆虫并发区"。较低的地带，如关中平原、华北平原沿河流两岸，再南展至江淮地区和长江两岸，则以麦红吸浆虫占绝对多数，这些地方被称为 "麦红吸浆虫主发区"。在这个地区内，如河南栾川、卢氏一带高耸的地区，因环境条件适于麦黄吸浆虫的生存和发展，至今仍有麦黄吸浆虫作岛屿状的分布。

因为吸浆虫幼虫能暂时生存于水中，故每当上游水发时常杂泥沙中，随水沿溪河而下，沉积于河谷间的大小盆地，或聚集于川流交错的低洼地带旱作地（如江苏通扬运河以南高沙杂谷区，面积在 100 万~500 万亩），然后滋生繁殖，借水力、风力逐渐作面的扩散，如关中平原，南阳盆地，伊、洛河两岸，江淮地区等，过去都是我国麦红吸浆虫经常严重发生的地方；而上游高山地带的河谷盆地更是麦黄吸浆虫滋生场所。因为这些地区气候寒冷，多阴雨，小麦、青稞发育缓慢，生长期很长，抽穗不一致，而麦黄吸浆虫对地温要求幅度较广，变蛹、羽化、成虫出土又不整齐，故给麦黄吸浆虫繁殖有利的机会，因此密度很大，据调查，一尺直径网捕十复次，得到成虫 1 521 头，在严重田块里十复次的成虫近万头（宁夏，1958），像这些地方可能都是吸浆虫发生基地。

二、影响猖獗为害的因素

小麦吸浆虫发生盛衰，为害轻重受环境因子的影响很大。如地势、地形、雨水（湿度）、温度、风、阳光（日照）、土壤性质、寄主植物种类和生长情况以及天敌等都有密切关系，其中以雨水和温度为最重要。红、黄两种吸浆虫幼虫对温度反应的敏感程度差不多。麦红吸浆虫经国内各处田间观察和室内试验，都证明越冬幼虫的生理零度〔发育起点，即越冬幼虫开始破囊（茧）上升活动的温度〕是 9℃，变蛹是 12~15℃，羽化是 20~22℃，与小麦拔节、抽穗、扬花三个阶段所需温度适相符合，所以说吸浆虫对小麦有自然选择的适应性。至于对麦黄吸浆虫生长发育所需温度的观察，在国内没有像麦红吸浆虫那样较详细的报道；不过根据在红、黄吸浆虫并发区麦黄吸浆虫发生期一般比麦红吸浆虫早一二星期，推测起来它所需积温或较麦红吸浆虫为少。此外，麦红吸浆虫的蛹遇到 10℃ 以下的低温就会停止或延长它的发育时间，甚至会增加蛹的死亡率。晚霜的侵袭会迟延麦红吸浆虫成虫的发生约一星期。气温在30℃以上会使麦红吸浆虫幼虫从表土钻回深处，重新变为休眠体，再行蛰伏起来。高温亢旱是造成麦红吸浆虫多年不羽化的主要因子，并会使分布地区受到限制。如我国华北平原一带（包括关中平原）麦红吸浆虫分布地区，三四月间降水量一般都在20~50毫米以上，唯山西高原以东、渤海以西、山东泰沂山地以北，以及陕西北部则在25毫米以下，有时春旱还很厉害[①]。这些地方多是冬小麦产区，四月气温平均在10~12℃，很适于吸浆虫的生活，但因吸浆虫幼虫在土中活动化蛹期间降水量少，就抑制麦红吸浆虫的发生。其中纵有引水灌溉的麦田，然当成虫产卵时期，遇到天旱，卵的孵化率和幼虫成活率低亦不至于成灾，河北邯郸专区磁县一带就是这样情形（郑炳宗，1956）。至于麦黄吸浆虫由于这些地方高温干旱更无立足生存的可能。麦黄吸浆虫在它的普遍发生地区，由于地势和气候的关系，温湿度都能满足它的要求，故多年不羽化现象较少，甚至幼虫年年多能完全羽化，没有遗留在土中。

雨水（雪）对解除吸浆虫幼虫休眠起主要的作用[②]。根据我们多年在大田观察和参考各地的报道，早春三四月降水量的多少、降水的早晚、降水的频度以及雨水渗入土中的深浅，都能影响越冬幼虫破囊（茧）上升的快慢和数量，造成成虫发生高峰的次数、高低，即发生的整齐与否和规模大小，以致引起吸浆虫为害小麦的轻重。所以观察记载各地区这时期的降水（雪）量是研究或预测各该地区吸浆虫发生的依据。温度高低自然会影响吸浆虫的发育，不过华北地区每年早春回暖很快，3月至5月初气温每月增高8~10℃，两个月内所增气温占半年所增的70%（雨量增加只占前半年所增的8%），吸浆虫发生恰在这个季节，除晚霜降临前后一星期之外，平时每日平均温度变迁幅度有限，从一般来说，各地温度对吸浆虫发育是足够的，但影响虫群数量消长不大，而每年这时期的降水量稀少就能控制吸浆虫猖獗发生。观察1954年和1955年洛阳小麦吸浆虫发生情况，就证明与降水量有密切关系，即1955年三四月水量比1954年多一倍以上（即66.8毫米∶29.5毫米），因此成虫发生数量比1954年为多，前期特为显著，后期则因灌溉关系（洛阳安乐窝一带麦田有渠水灌溉）发生规模虽差不多，但仍以1955年成虫发生迅速整齐。至于一二月的降水量在华北一带是很微少的，就是遇到雨量较多年份，那时候的温度还低，达不到吸浆虫的生理零度的要求，对吸浆虫发育没有多大影响。为了证明麦红吸浆虫越冬幼虫对水的敏感性，1954年洛阳大田中进行早灌、迟灌和不灌水三种类型麦田中吸浆虫蛹数变动的观察，所得结果绘成曲线图（图1）；并另在一块麦田内进行挑水浇地试验，证明土中休眠体在有足够水分情况下，则变活动幼虫，逐渐向表土一二寸中移动，其在五寸土中数量变化情形示见图2。

---

① 华北地区位于夏季风区域北部边缘，湿润气流常常不到，水量年迟年早，造成农业上旱灾。

② 那耶（Nayar, K. K., 1955）和巴斯朗（Paslow, T. 1954）报道瘿蚊科昆虫，如 *Schizomyoa macarangoe* Nayar 和 *Contarima sorghicola*（Cog.）的幼虫，打破休眠是接触了水，与我国麦红吸浆虫越冬幼虫早春在土中开始活动，有类似的现象。

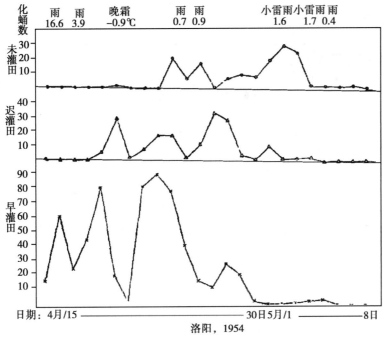

图 1　不同时期大水漫灌麦田土中吸浆虫蛹化情形

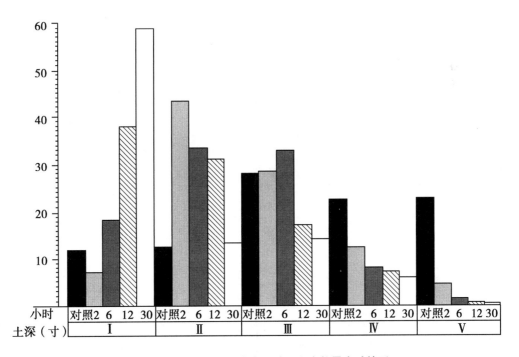

图 2　挑水浇麦田后幼虫在五寸深土中数量变动情形

三、抗虫与物候

为了长远打算，广植抗吸浆虫的小麦品种，比药剂防治更觉经济有效。根据湖北省天门县杨场乡的调查（蔡述宏，1958），从 1956 年大面积推广南大 2419 以后，虫口密度显著下降（表1），而且下降的程度与麦田更换品种年份的早晚有密切关系，即换种早的田虫口密度小，反之就大（表2）。陕西种植西农 6028 亦有同样的效果（陕西，1957（表3）。

表 1　南大 2419 与本地小麦田内幼虫密度

（湖北，天门）

年份	本地小麦收割后 25 平方寸，六寸深土中平均虫数	南大 2419 麦收割后 25 平方寸，六寸深土中平均虫数
1956	121.5	15.2
1957	34.4	1.1
1958	43.0	1.1

表 2　不同年期换种南大 2419 的本地麦田内虫口密度调查

调查地点	田号	1953 年 冬播	1954 年 冬播	1955 年 冬播	1956 年 冬播	1957 年 冬播	1958 年收割后土壤检查 淘土方数	1958 年收割后土壤检查 幼虫数（平均）
建军二社	1	本地小麦	南大 2419	南大 2419	南大 2419	南大 2419	5	1.8
	2		本地小麦	南大 2419	南大 2419	南大 2419	5	1.2
	3				本地小麦	南大 2419	5	0.2
	4					本地小麦	5	43.0

表 3　多年栽植西农 6028（抗虫）和 302（不抗虫）小麦结果的比较

（前西北农业科学研究所）

年份	302 小麦（不抗虫）损失率（%）	302 小麦（不抗虫）麦收后幼虫存量（头）	西农 6028 小麦（抗虫）损失率（%）	西农 6028 小麦（抗虫）麦收后幼虫存量（头）
1950	58.93	913.0	—	—
1951	58.52	342.9	—	—
1952	30.71	233.0	2.7	34
1953	25.70	628.0	—	28
1954	9.60	581.0	0.22	7
1955	0.58	81.3	极少	—
1956	3.9	170.0	极少	—
1957	21.71	578.0	0.05	8.8

南大 2419 小麦抗虫的特性，过去所提是麦芒长而略向侧放射，内外颖抱合紧及小

穗密集等，对麦红吸浆虫产卵习性来讲，基本上还合于实际情况；至于对具有细长产卵管伸入麦颖上端洞孔中产卵的麦黄吸浆虫，又经湖北天门方面更深入的观察，初步找出几点特性：①内颖尖端侧片与背片抱合处，以及所成的弧口宽度较狭；②内颖背片与侧片长度差小，且其上着生长而密的刺毛；③内外颖扣抱紧密；④内颖先端露出较少（表4）。根据检查结果，证明麦黄吸浆虫产卵一般喜找内颖尖端外露的麦花，内颖较外颖短的则未发现有卵，而内颖等长的受卵率仅占1.7%。故选择南大2419麦穗上麦花的内颖尖端短于外颖尖端的品种加以大量繁殖，或者可根绝吸浆虫。又根据检查麦花的结果：内颖两侧片与背片抱合处及其所成弧口越狭，刺毛就越集中，背侧片长度之差越小，刺毛和刺毛交叉数就越多，而且密度加大，更能发挥阻拦吸浆虫产卵和幼虫侵入的作用。此外该报告还提到，麦粒表皮组织厚薄及胚乳质地粗细与吸浆虫幼虫死亡率大小颇有关。在刚抽出麦穗有吸浆虫产卵，幼虫易于侵害，被害率就高，抽出时间久被害率就低，甚至不能取食而致死，这由于子房逐渐发育，表皮组织加厚，不利于幼虫侵害，是一种物候现象。

表4　南大2419与本地小麦内颖尖端抱合处宽狭度及弧口大小比较

品种	小穗号	露出内颖				隐伏内颖			
		内颖尖端露出数	抱合处平均宽度（毫米）	弧口宽度（毫米）	卵数	内颖尖端隐伏数	抱合处平均宽度（毫米）	弧口宽度（毫米）	卵数
南大二四一九	1	13	0.117	0.111	0	24	0.074	0.070	0
	2	43	0.130	0.117	0	9	0.179	0.161	0
	3	18	0.118	0.123	0	2.5	0.178	0.166	0
	4	26	0.112	0.111	16	8	0.100	0.100	0
	5	11	0.244	0.201	8	16	0.113	0.097	0
	总平均	22.2	0.147	0.125	4.8	16.4	0.126	0.117	0
本地小麦	1	30	0.240	0.170	89	总平均	0.128	0.119	0
	2	45	0.267	0.233	141	检查南大2419麦花，内颖外露数，每穗平均为50.8%，而本地麦则达94.8%，几天隐伏内颖，平均内颖露出长度，南大2419为0.393～0.9毫米，本地麦为0.872～2.2毫米			
	3	38	0.330	0.250	44				
	4	28	0.347	0.288	204				
	5	40	0.353	0.236	140				
	总平均	36.2	0.305	0.235	123.6				

四、根治途径的讨论

要巩固目前的成绩，继续消灭吸浆虫，使其不复为害，今后应该根据吸浆虫的地理分布与传播途径，全国通盘筹划，集中力量，重点歼灭。从全局考虑，特别要注意上游河谷盆地和下游低洼旱地吸浆虫滋生场所。这些地方吸浆虫密度仍大，为害相当严重，如宁夏山区1958年严重为害麦田，十复次网捕成虫千、万头；江苏泰州一带1961年还有相当大的面积发生吸浆虫。严重田块应作土壤处理，轻的就用药粉喷杀，想无问题，不过要做到治虫效力大，成绩显著，必须把技术交给群众，并发动组织群众，认真贯彻执行。至于吸浆虫密度现在很低的地区如河南、陕西一带，亦宜年年加强田间检查，严密监督吸浆虫的活动，加以防范。

此外，推广已有抗虫品种和选育地方新抗虫品种，在根治小麦吸浆虫工作中是极其重要的。近几年来各地利用抗虫小麦品种来防治吸浆虫成绩卓著，在我国农作物防治害虫工作中确是最突出的例子；不过有的地方因为对小麦选种注意不够，栽培管理差，抗虫品种渐形退化，丧失了抗虫性能，如西农 6028 在河南偃师，南大 2419 在天门都曾发现不抗虫的现象。据在天门观察，初引种时南大 2419 穗形方正，芒长而强硬，向两旁伸展，成熟时穗色红褐，颖壳包附很紧，脱落不易；但近年来南大 2419 穗形变成扁平尖长，麦芒伸展较狭，穗色黄褐，颖壳松弛，脱落较易，就穗形来讲已经近于本地鬚麦，这是值得警惕的。我国地区辽阔，环境条件悬殊，而栽培技术又各不同，每个地区应因地制宜地自行选育，大量繁殖抗吸浆虫小麦品种，以抑制其为害。西北农学院与中国农业科学院陕西分院已获得宝贵经验：凡是以抗虫品种作为亲本，就很容易获得抗虫的后代（朱象三，1960），可依此为准则，选择丰产、质优的亲本来杂交。至于抗虫性能构成和表现的内、外在因子，仍须进一步加以观察研究，这也是小麦抗虫育种工作中的重要理论性问题。地方小麦品种中也有不少品种似较抗虫，应经过广泛调查，单株选育，不断提高抗虫能力。有些品种如佛手麦（圆锥小麦）、"晚麦"等须经过高温或强日光的刺激才能抽穗，是避过吸浆虫盛发期的晚熟品种，但恐其延误了后作栽培或妨碍增加复种指数，则不宜提倡。

在西北高原地区抗吸浆虫的小麦和青稞的选育工作也是很重要的。如宁夏灌区曾初步选出磨埧兰、阿尔太、幼士顿小麦品种；青海曾选出受害率很低的"白浪散"（青稞）、"藏青稞"和"钻麦"、"吊沟板麦"，但必须进一步观察研究，肯定特性，大量繁殖，或利用杂交，培育优良品种，以之根治上游地区的吸浆虫，免致增加下游虫群的来源。

小麦吸浆虫[*]

曾 省

一、引 言

小麦吸浆虫是一种毁灭性的害虫，在我国无论春麦、冬麦地区都曾发生为害，是全国农业发展纲要规定的消灭对象之一。据文字记载，小麦吸浆虫在我国已有几十年至几百年的历史。直至1936年才有较详细的描述。在猖獗发生年份，麦收损失严重。过去反动政府不重视农业生产，对虫害发生情况不明了，防治更无办法。1948—1950年，因为早春雨雪多（表1），全国麦区普遍发生吸浆虫，小麦一般减产一成至二成。重的三成至五成，个别地方甚至高达八成至九成。地下虫口密度，一立方尺土中有虫数十、数百乃至数千头，为害甚为严重。

中华人民共和国成立后，由于党和政府的重视，全面展开了对小麦吸浆虫的科学研究和大面积防治工作，成绩显著，仅在短短几年内解除了吸浆虫的威胁，并弄清害虫种类和其分布滋生地点，掌握着它的生物学特性和发生规律，并创造一套预测预报办法。在防治方面，在1951—1958年，我国尚未大量制造六六六粉，当时根据吸浆虫成虫和幼虫的习性，创造了"拉网"，用稀布捕成虫，稠布捕幼虫。1953年以后大量推广0.5%六六六粉喷杀成虫。1956年民航局飞机在河南辉县及宁夏银川一带大面积撒药防治。1958年以后，采用6%六六六粉土壤处理，消灭地中吸浆虫幼虫与其他地下害虫，为六六六粉防治吸浆虫开辟了新的途径。此外，在国内各地还先后选育和鉴定出抗吸浆虫小麦品种，在陕西、河南、四川、湖北等省大面积推广栽植，对防治吸浆虫起了很大的作用。据近几年各地报道，大部分地区吸浆虫发生为害面积显著缩小，地下虫口密度迅速下降，一般小方（0.25平方尺，深6寸）土中有虫头数1~5头以下，麦粒被害为0.1%~0.3%，甚至检查麦垅不见成虫，剥查麦穗找不到幼虫，基本上控制了小麦吸浆虫的为害。现将小麦吸浆虫为害情况，种类分布，生物学和生态学的特性以及大面积防治方法和经验等，分述如下。

二、我国小麦吸浆虫为害的情况

关于小麦吸浆虫在我国为害的历史，在古书中略有记载，根据目前已查到的文献，有

---

[*] 农业出版社，1965年。

清张宗法撰《三农记》（1760）载："凡麦吐穗收浆时，劈开麦实，有红虫如虮者在稞嘴间，过三日不见矣。"又清道光 15 年（1839）《吴县志》，第 55 卷，祥异考载："四月初二日下午大雨雹……越三日复降红沙，着麦变小红虫，咬断麦根，垂成菽麦，几至颗粒无收"。

现就各地从 1935 年起至 1958 年所载片断材料，整理列于表 1，从这个表的内容，可以证明吸浆虫发生与当年降水量有密切的关系。

表 1　1935—1958 年国内部分地区小麦吸浆虫发生成灾与降水量的关系[①]

地点	年份	降水量（毫米）					吸　浆　虫　为　害　情　况
		1 月	2 月	3 月	4 月	4 个月总降水量	
		黄		河	流	域	
西安	1946	4.9	12.5	35.9	47.7	101.0	"陕西鄠县吸浆虫成灾"（西北农学院，1950）
	1947	7.9	3.3	31.7	25.7	68.6	
	1948	20.5	27.5	39.5	58.1	145.6	"1948 年成过灾，因为那几年雨水特别多"（西北农学院，1950）
	1949	—	15.5	34.5	27.5	77.5	
	1950	4.3	16.7	16.2	111.1	148.3	"今年发生很严重的虫害……损失达 80% 以上"（西北农学院，1950）。
	1951	7.0	33.0	9.1	44.3	93.4	"在 1950—1951 年，甚至 1952 年还猖獗发生，1951 年每亩因虫减产 62.9%"（西北农业科学研究所，1956）
	1952	0.8	17.1	42.4	53.8	114.1	
	1953	20.2	8.1	32.5	25.7	86.5	
	1954	17.5	20.5	13.0	60.8	111.8	
	1955	0.7	13.0	9.1	8.7	31.5	"当年天旱产量稍低，而虫害严重度极微"（西北农业科学研究所，1956）
	1956	16.6	0.4	14.7	45.9	77.6	
	1957	16.0	2.6	26.8	53.1	98.5	
		江		淮	地	区	
阜阳，阜南县	1935	47.1	43.0	55.4	102.2	247.7	"吸浆虫为害程度为 60%～65%，损失三成多"（皖北，1951）
扬州	1936	21.9	64.4	12.5	183.0	281.8	"本年收麦前雨水颇多吸浆虫亦大繁殖"（蔡邦华，1936）；这年四川南部县亦发生
霍丘	1937	36.4	42.8	30.2	73.0	183.2	"吸浆虫为害较严重（皖北，1951），原载 1938，恐是 1937 之误"
三尖河	1938	0.0	0.0	50.0	0.0	50.0	天旱
寿县	1939	15.1	82.4	56.1	34.7	188.3	"雨水多，黄河决口，吸浆虫为害严重。"（皖北，1951）
双门铺	1940	17.1	71.6	48.5	26.5	173.7	"从 1935 年至 1944 年，吸浆虫原灾区出现"（皖北，1951）
	1941	1.9	57.5	82.9	52.2	194.5	
	1942	14.2	34.6	69.8	71.5	190.1	
	1943	23.3	27.2	103.2	92.6	240.3	
	1944	47.4	44.1	8.4	78.2	178.2	
吴江	1945	60.4	41.6	71.9	77.8	271.7	1945—1951 年吸浆虫发生面积扩大，严重成灾。吴江张群本 1945 年半亩小麦只收 5 升，幼虫亦有 2 升。（程，1953）
	1946	22.0	59.7	289.8	59.0	430.5	
	1947	105.5	36.0	45.1	17.1	202.7	"天门晚麦没有收成"天门附近缺降水量记载

（续表）

地点	年份	降水量（毫米）					吸 浆 虫 为 害 情 况
		1月	2月	3月	4月	4个月总降水量	
			黄	河	流	域	
南京	1948	39.8	27.2	124.4	37.7	229.1	
	1949	11.0	58.8	172.3	70.9	313.0	"泰兴发生吸浆虫为害"
	1950	61.5	26.0	65.2	87.7	240.4	"吸浆虫为害以 1950 年为最重，1951 年发生较少，1952 年部分地区发生严重。据安徽阜阳群众反映，1950 年 4 月上旬降水特别多，超过常年数量，同年四五月间虫害大发生"（华东，1953）
	1951	19.6	94.2	36.2	79.0	229.0	
	1952	16.8	106.8	133.5	75.7	332.8	
	1953	(34.8)	81.5	70.7	28.0	215.0	
	1954	95.4	76.7	38.7	93.1	303.9	
	1955	29.7	64.6	118.6	60.4	273.3	
	1956	39.8	6.3	139.4	65.8	251.3	
	1957	54.9	50.9	35.3	116.0	257.1	
	1958	13.8	28.8	39.3	214.3	296.2	

① 从这个表内可以看出，过去在自然情况下，那一年 1～4 月的雨水多，小麦吸浆虫就发生严重，在黄河流域如降水量超过 90～100 毫米，江、淮地区超过 180～200 毫米，都是吸浆虫大发生的年份。

这个表内所列"吸浆虫为害情况"是根据各地所述虫情的报道，加以整理，并按年份查对 1—4 月降水量作为引证，有些地方原无气象测报机构，则列附近地方的降水量以作参考。有的气象记载因故中断，很难求其完整。

1936 年小麦吸浆虫在江苏扬州大发生，蔡邦华曾作较详细的科学记载*，其实当年各麦区也都发生，小麦受了损害，如四川南部县就有同样的记载。1950 年，我国连年春季雨水充沛，各地小麦吸浆虫又大发生。1950 年有河南、陕西、安徽、江苏、湖北等省 80 余县，1951 年发展到 11 省 139 个县市。根据 1954 年的调查则有 18 个省区、260 余县市。历年来经各地党和政府的正确领导，发展了科学研究和组织训练农民，努力防治，灾害已经基本消灭，原来严重地区的虫口密度曾被压低到防治标准以下。但新的受灾地区也在逐渐发展，原因是各该地区最初土中吸浆虫幼虫数量本来不多，变为成虫为害轻微，没有引起人们的注意或重视；或者是这些幼虫可能由大水泛滥从上游麦田冲洗而来，或是成虫由微风从上风头吹至下风头地点，产卵麦穗上，变为幼虫，长大落地〔据瑞典华林格莱（Wallengren, H.）报道：休眠体有时还会随狂风，夹杂泥砂中落于别地〕，经过连年适宜的雨水培育滋生，累积数量，虫口大增，历一定年数，遂猖獗发生而成灾害。也有是广大农民群众在党和政府的领导教育下，根据科学工作者的研究的结果，大家认识了它，因而各地发现面积逐渐扩大。故种麦地区，对土中或麦穗中的吸浆虫，仍应分别地段抽样检查，监视吸浆虫的活动，发现一定标准数量时，应即施药扑灭，或提倡种植抗虫麦种，作为长期的防御。

---

* 当时在描述的资料中，包括有两种吸浆虫，成虫是指麦黄吸浆虫，幼虫则是麦红吸浆虫。至 1950 年朱弘复根据解放初期所采集的材料，把两种吸浆虫学名弄清楚，红的鉴定为 *Sitodiplosis mosellana*（Céhin），黄的为 *Contarinia iritici*（Kirby）。

三、大面积防治吸浆虫的经验

新中国成立初期在党的正确领导下，各地根据以粮、棉为中心的农业增产方针，坚决迅速扑灭小麦吸浆虫为害。在小麦吸浆虫为害的省、专、县都轰轰烈烈地展开大面积防治工作，并成立吸浆虫防治指挥部，由各专、县地委、县委政治挂帅，组织广大农民群众，配合有关业务部门，如科学研究和教育机关，交通运输和商业供销部门，展开由几千亩，几万亩至几十万亩的大面积防治工作。在领导、技术、群众三结合的原则下，边研究，边防治，边试验，边改进，使科学研究密切联系生产实践，为政治服务。不断地创造了许多有效的防除方法，如华东、西北地区提出抗吸浆虫小麦品种，使用0.5%六六六粉消灭吸浆虫的成虫；华中地区提出拉网捕捉幼虫和成虫，用水淘检查土中吸浆虫（最早时把泥土放在玻璃板上用针挑检，很费时费工）以及用蛹的体色、形态上的变化作为预测预报的根据；华北地区提出用测虫笼，测探成虫发生规模和成虫出土比率，使用6%六六六粉处理土壤等；这些成绩都是在党和政府的领导督促指示下，为适应当地需要，由广大技术干部共同努力而获得的。同时还有许多方法是通过群众的生产实践逐步提高和改进的。如大面积普查取样方法，改进淘土检查方法和在麦垅中打药，以及先检查麦田，后重点喷药，即所谓"挑治"等。上述事实充分说明了党领导科学，走群众路线的正确性，而且通过大面积防治，显示出社会主义社会制度的优越性。

这些成绩的获得是与党的领导和农业部的检查督促分不开的。在1951年到1958年期间，农业部曾召集全国性小麦吸浆虫座谈会共计6次 *，每次总结各地大面积防治经验与交流科学研究的成果，互相学习，互相提高，对全国吸浆虫大面积防治起了很大的作用，而且向研究机关与研究人员提出明确的方针，任务与要解决的课题，使研究工作者有了方向和目的。如采用0.5%六六六粉喷杀成虫的试验。用飞机治虫，以及提出怎样预测预报吸浆虫发生等，都是明显的事实。

各地吸浆虫大面积防治获得显著效果，也由于干部掌握了深入农村，深入田间，把技术交给群众的一套办法。各专、县、社分层举办了不同规模、不同程度的吸浆虫防治训练班或讲习会，使干部和农民大部分能了解吸浆虫生活发展的规律，学会运用防治技术，经过实践，不断改进提高。有时技术干部还利用报刊、小册子、图片、标本、幻灯、黑板报、广播筒等，深入农村宣传，使科学研究与推广工作结合起来，通过生产实践与总结群众经验，找出研究对象与技术改进的途径，使防治技术逐步提高。

作者从1951年至1958年曾参加河南小麦吸浆虫防治工作，亲身体会到新中国成立后害虫防治工作与过去大不相同。如政府重视，各方支援协作，运用科学，大力宣传，经过实践，再度提高，其影响所及，迅速生效。第一年（1951）** 南阳专区防治小麦吸

---

* 第一次全国小麦吸浆虫座谈会1951年2月在北京召开，第二次1952年在洛阳召开，第三次1955年2月在北京召开，第四次1958年2月在北京召开；另外1956年在武昌召开了全国小麦吸浆虫预测预报会议，1957年在西安召集第二次小麦吸浆虫预测预报会议。

** 当时全国各地，如陕西关中、江苏、安徽北部小麦产区，有吸浆虫的专、县，组织领导防治与科学工作者参加研究，情绪热烈，成绩显著。

浆虫工作，事先在农业部、中南农林部以及河南省委的指示下，结合中南农业科学研究所、河南大学农学院、河南省农林厅三方面的力量，到南阳后又得专署重视和全力支持，先后成立调查防治委员会及各级治虫指挥部，发动干部、群众、学生、青年、妇女、儿童，利用各种集会和各种方法，宣传讲解吸浆虫为害情形和推广捕虫有效办法，使家喻户晓，人人皆知，大力突击，收效巨大。此外并抽调河南大学农学院病虫专科学生40人，结合专署农业技术训练班学生20人与防治站人员，统一组织，统一领导，分重点、副点及一般调查三类。试验研究工作与防治示范，由中南农科所和河南大学农学院专家、教授及专业干部、助教等负责担任。如采集麦田土中所藏吸浆虫幼虫作室内和田间试验，并在大田土中自然环境下，不断观察幼虫活动，由休眠体变蛹，羽化成虫，及其生活经过与习性。产卵后又观察幼虫孵化，侵害麦粒，成长落地入土与风、雨、晴、阴气候转变的关系，至于环境因子，如地形、地势、温度、湿度、光、热等对其生存发展的影响也一并加以研究观察。根据幼虫习性与大田试验，创造拉网大面积防治方法，并试用六六六粉灭杀成虫，为以后药剂防治打下基础，至于抗吸浆虫品种的性状，也初步加以观察。这些经验证明了由党领导科学研究，接触生产实践，走群众路线和集体创造，很快地解决了问题。河南省的吸浆虫防治工作连年在省委领导下，经过拉网、撒药（南阳、洛阳）、飞机防治（辉县）、土壤处理（孟县）等，使防治技术迅速改进和提高，1959年开封专区的防治工作就是典型的例子*。从4月22日到29日共出动659万人次，运用了446万多件喷粉器械，由于事先准备充分，共防治面积约6 046 698亩，一般喷药两次，有的喷三次，杀虫率一般在90%以上，全区基本达到无产卵现象，出土成虫全被歼灭，保证小麦大丰收。这样治虫的辉煌胜利是党领导的胜利，是群众努力奋战的结果，也是人民公社优越性的表现。总结起来有下列几点经验：①政治挂帅，领导亲临前线，把党的方针政策具体贯彻到实际工作中去；②大力开展宣传，采用查算对比，实例教育，小型展览；③提高领导艺术，做到四抓：一抓重虫区，二抓后进，三抓火候，四抓检查；④做好充分准备与各部门密切配合；⑤加强技术力量，做好有主干和群众性的测报；⑥组织专业队，做到治虫春播两不误，克服背工、窝工、调配忙乱现象，如项城县根据小麦生长及成虫发生情况提出了：扬罢花不治，未露脸不治，没成虫不治，大麦田不治，而在麦豆混作，出穗露脸，发生成虫的麦地普遍进行防治，达到节约人力、物力的要求（开封，1959）**。其他省份各专、县先进例子很多，如陕西、江苏、安徽、青海、甘肃等省以及宁夏回族自治区都有领导组织群众的极丰富经验和获得每次防治吸浆虫的显著效果。

1955年前华北农业科学研究所在遂平试用六六六粉处理土壤，灭杀土中吸浆虫，效果良好。河南省1956年、1957年在新乡、孟县、辉县、沈邱、汝南、项城等县进行较大规模示范，面积达24 461亩，1959年大面积推广土壤处理3 323万亩，现在全国各地多采用这个方法。

---

* 那几年如陕西、江苏、安徽、河南等省各有关专、县都遵照农业部的指示，在各地展开防治工作都有一套办法与丰富经验。查所存资料仅河南开封专区的报告较为详细，故录之以作今后防治的参考。

** 这就是1955年洛阳小麦吸浆虫防治工作组所提出"挑治"的办法，可以节省人力和物力。

为了长远打算，比药剂防治更经济有效的是推广抗吸浆虫的小麦品种。在新中国成立初期各地已先后选育和鉴定抗吸浆虫小麦品种，如南大2419、西农6028、西北站二号、中农28及矮立多等。后来在四川、湖北、江苏、安徽等省大量推广南大2419；陕西、河南两省广泛种植西农6028，贵州省则采用矮立多小麦品种，都有显著效果。在西北高原地区也选出抗吸浆虫小麦和青稞品种，如宁夏回族自治区初步选出"磨坝兰""阿尔太""幼土顿"小麦，青海也选出"白浪散（青稞）""藏青稞"和"钻麦""吊沟扳麦"等，受害率都很低。

四、小麦吸浆虫的形态

小麦吸浆虫的成虫、幼虫、蛹、卵以及休眠体等的形态构造，国外学者虽有详细观察和记载，但经国内科学工作者的钻研，也发现不少新的材料。

（一）麦红吸浆虫

1. 成虫

雌成虫：体微小纤细，似蚊子，体色橙黄，全身被有细毛，体长2~2.5毫米，翅展约5毫米（图1）。头部（图2，1~3）很小，下口式，折转覆在前胸下面，颜面橙黄色；复眼黑色，合眼式，左右两眼完全愈合，没有界线，眼分子很大，镜面圆形，没有单眼。触角（图2，4、5）细长，念珠状，14节（2+12）；两基节橙黄色，短圆柱形，长与宽度相仿，其余12节，各节细长，形状相似，通称鞭节，颜色一致，全为灰色；第一鞭节由两节愈合而成，各鞭节基部膨大呈球形，端部缩小呈颈状，膨大部分有两圈刚毛和很多极细的毛状突起；第一鞭节的膨大部分较第二鞭节的膨大部分略长，第三鞭节的膨大部分为其颈长的两倍，第十鞭节（图2，5）的膨大部分亦为其颈长的两倍；末节端部的小筒，略较末前节的颈为短。口器（图2，1、2）呈吻状，退化，各部不易认辨，须4节，生有长毛，第一、二节略呈圆球形，第二节较第一节大，第三、四节圆筒形，第三节较第二节长，第四节最长。

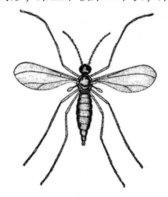

图1 麦红吸浆虫雌成虫（作者原图）

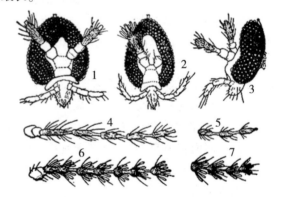

1. 麦红吸浆虫雌虫头的正面；2. 麦红吸浆虫雄虫头的正面；3. 麦红吸浆虫雌虫头的侧面；4、5. 雌虫触角的基部与末端；6、7. 雄虫触角的基部与末端

图2 麦红吸浆虫头部和触角（仿周尧图）

胸部很发达，橙黄色，前胸很狭，不易看见，中胸很大，背板发达，盾片大，颜色较深，小盾片圆球形，隆起，侧板发达，侧板缝成直线，连接翅基部和中足基节间，后胸很小，不发达。

注意先端五节合称跗节，其第一跗节特短是其特征之一

图3　麦红吸浆虫成虫的足

足（图3）三对都很细长，灰黄色：基节小，锥形；转节小，圆形；腿节细长，较腹部略短；胫节与腿节几同长，跗节5节：第一节极短，约为胫节的1/16，第二跗节特长，和胫节同长度，第三至第五节长度递减，第二跗节以后部分极易脱落。爪（图4）简单，稍弯曲和悬垫的长度一样。

前翅（图5）发达，成阔卵圆形，基部收缩，膜质很薄，透明，带有紫色闪光，翅膜和脉纹上都着生有毛。脉纹只4条：沿前缘的为前缘脉（C），其次为第一径脉（R_1），只达翅的1/3处；第三条为径脉总支（Rs），直达翅的端部，与前缘脉的端部相连接；第四条为中脉的后支（M_4）和肘脉（C_{u1}）合并为叉状。后翅退化成平均棍。

腹部九节，略呈纺锤形，橙黄色；第一、二节较小，第三节最大，以后各节逐渐减小；第八第九两节之间有可以套缩的

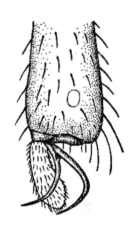

图4　麦红吸浆虫足的末端（仿周尧图）

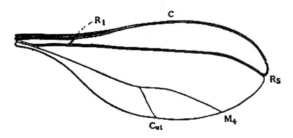

图5　麦红吸浆虫的前翅

伪产卵管（Psedovipositor）是由第九节延伸而成，中等长度，略能伸缩，全部伸出时约为腹长的一半。伪产卵管的末端有瓣状片3枚，背面二侧瓣较大，内有深沟，腹面生一小平锥形瓣片（图6，1、2）。

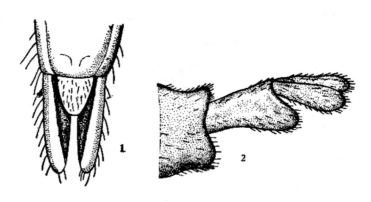

1. 背面；2. 侧面

图6 麦红吸浆虫的产卵管的末端（仿周尧图）

雄成虫：形状与雌虫一样，唯体形稍小，长约2毫米，翅展约4毫米（图7）。头部较雌的略狭，从正面看来尤其明显（图2，2）。触角远较雌虫的长，念珠状，26节（触角中的12个鞭节每节都形成好象有2个节，2加24，故成为26节）。基部两节橙黄色，短圆柱形。鞭节灰色，每节基部有圆球形的膨大，端部呈细长的颈状，每节的膨大部分除有很多细的毛状突起和两圈刚毛外，还生有一圈很大的环状线（可能也是一种感觉器），称为"环状毛"（Cir-cumfila），和雌的触角有显著的差别（图2，6、7）。各节的形状完全一样，但越近末端的节越小，末节除颈部外和各节一样。口器很狭，须4节；第一节短，第二、三节略长，端节尖而长，生有长毛。

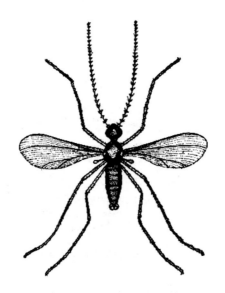

图7 麦红吸浆虫雄成虫（作者原图）

腹部较雌虫为细，末端略向上弯曲，具外生殖器或交配器，其两侧有搅握器一对，末端生坚锐黄褐色的钩，器面生长毛，中间有阳具，中藏阳茎，阳具基部两侧生副器（图8）。

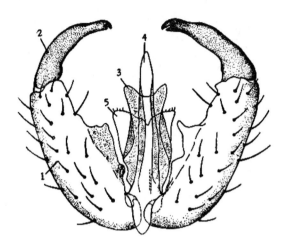

1. 攫握器；2. 钩；3. 阳具；4. 阳茎；5. 副器

图8 麦红吸浆虫雄虫交配器（仿周尧图）

2. 卵（图9）

卵很小，肉眼不易辨见，几个卵聚集在一起时，亦需细心才能看到。卵长圆形，一端较钝，长0.09毫米左右，宽0.035毫米，淡红色，透明，表面光滑。将酒精泡过的标本放在显微镜下观察，内部充满了蛋黄球。卵初产出时为淡红色，快孵化时变为红色，前端较透明，幼虫活动可从壳外看见。

3. 幼虫

小麦吸浆虫幼虫的龄期经过，国内外记载很少，杨平澜等在上海观察麦红吸浆虫幼虫的龄期经过和形态变化颇详，特把第一、二龄幼虫的形态，根据他的记载，转述于次，至于第三龄是常见的幼虫，形态早有描述。

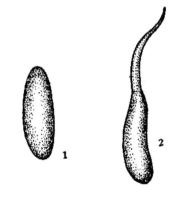

1. 麦红吸浆虫卵；2. 麦黄吸浆虫卵

图9 小麦吸浆虫的卵

第一龄幼虫（图10）：从卵里孵化出来的幼虫，在身体背面无显著的瘤点，在腹面则有极小的棘，集合成群，按体节分列。气管系属于后气孔式，仅在第九腹节上有一对大而突出的气孔。腹部末端呈二叉状，在每个叉的顶端各有一根小的角刺；在每个叉的内缘各有一根小刚毛，在外侧各有一根粗刚毛（图10，1）。到第一龄幼虫将近脱皮时，腹部末端呈半圆形，原有的分叉状态全然消失，但在其上的角刺与刚毛则仍然可辨（图10，2），这是第一龄幼虫的期末。第一龄幼虫在身体的颜色上也易于识别，它的皮层全透明，从外面可以透见体内的几处颜色，在身体两侧各有一纵列橙黄色的脂肪体（Tis-su adipeux）小块，最初在一节上有几小块，以后逐渐增长而并合为每侧各一块，但节与节的脂肪体还不连接；又在第一、二胸节间最初有一小块棕色斑点，以后就显出为黑色锚状的眼点（Tache ocula-ires）；在腹部的中部常有一块橘红色的斑点。

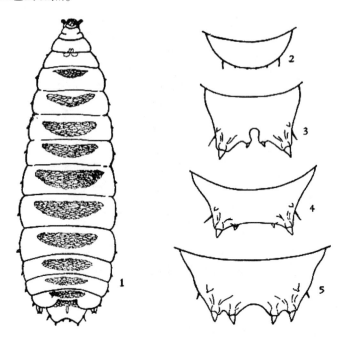

1. 第一龄幼虫腹面；2. 第一龄幼虫末期腹部末端轮廓；3. 第二龄幼
虫腹部末端轮廓；4. 第二龄幼虫末期腹部末端轮廓；5. 第三龄幼虫
末期腹部末端轮廓（仿杨平澜图）
图10　麦红吸浆虫第一、二龄幼虫腹面观

第二龄幼虫：身体背面有稀疏的瘤点，腹面的棘群较第一龄时明显。气管系属于侧气孔式，有气孔9对，一对在前胸背面，其余在1~8腹节两侧，最后一对气孔最大。腹部末端主要分为二叉（图10，3~4）。每一叉的内缘又各有一个小分枝，叉枝的顶端各有一根刚毛，刚毛着生在腹面，小突起在背面（图10，3）。将近脱皮时（第二龄期末）腹末逐渐接近截状，但从角刺的大小还可以辨识它的龄期，因为角刺在大小及排列上是不改变的（图10，4）。第二龄幼虫的颜色主要是橙黄色，脂肪体从身体两侧的中央逐渐扩展，到最后几乎全身都是脂肪体的橙黄色。

第三龄幼虫（图11）：就是在麦穗常见到的老熟幼虫，体长2.5~3毫米，椭圆形，前端稍尖，腹部粗大，后端较钝，橙黄色。全身13节（头1节，胸3节，腹9节），无足，头小，分为两部分，前部较短小，皮质坚硬，有纵列的黄色"筋"4条［用氢氧化钠煮过的标本才见（图12，Ⅰ）］，后部较大，透明，柔软，便于伸缩。头顶具触角一对，仅一节，椭圆形，腹面有纵裂口（图12，Ⅲ）。费尔托氏Felt记载，认为触角2节是疑问，用低倍显微镜看，似有线痕，用高倍显微镜看，是腹面横裂沟反映而成的错觉，确不是节界。没有单眼和复眼，但在头部的背面与腹面剑状胸骨片相对稍偏前处有

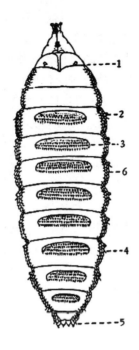

1. 背气孔；2. 侧气孔；3. 腹板；4. 刺毛；

5. 小突起（即角刺）；6. 鳞片

图 11　第三龄幼虫腹面观（作者原图）

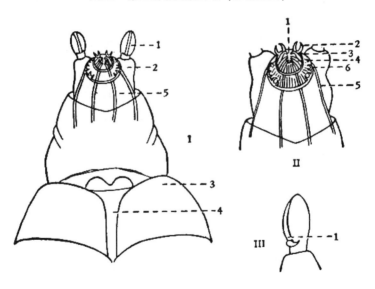

Ⅰ. 头胸部：1. 触角；2. 口器；3. 第一胸节；4. 丫形剑骨片；5. 筋

Ⅱ. 口器：1. 口；2 和 6. 叉状锐刺；3. 钩状刺；4. 尖直刺；5. 筋

Ⅲ. 触角：1. 触角腹面的裂缝

图 12　麦红吸浆虫头胸各部放大图（作者原图）

黑色眼点（在第一龄时开始形成），感光极敏捷。在第一胸节的腹面，到第二龄才见到这类幼虫所特有的剑骨片构造。剑骨片在第一次脱皮后才显出来，最初剑骨片的柄是不完全的，到老熟时才长完全。剑骨片为幼虫行动的重要器官。幼虫当老熟时，爬到麦芒顶端，用剑骨片固定住，腹面向外，把身体反卷起来，弯曲成圆球形，然后用头部末端猛力一弹，虫就跳落地面。"在入土时它把身体倒竖起，头收缩在胸部里面，这样剑骨片的前端就游离地突出在外面，用来作钻掘的工具。"（西北，1951）。口器（图12，Ⅱ）甚小，不易辨认，经甘油酒精浸透后（新采来的标本），在高倍显微镜下详细观察，可见口的周围肌肉发达，着生锐刺5对，第一对叉状，位于口的上方，第二对钩状，第三、四、五对尖直，分列两侧。另有叉状刺3对，位于前口刺外缘的后方，此等锐刺能锉穿或钩破麦粒表皮组织，使麦浆流溢便于吸收，而非刺穿。

虫体背面自第一胸节至末节被覆鳞片，体的两侧在显微镜下观察，特别显著，背面和侧面还有很多疣状突起，疣的上面簇生丛毛。腹面在1~8节每节的前半部，有横列椭圆形骨片各一，上生尖形细齿（棘）。第一胸节腹面中部有一纵贯"丫"形骨片（图13），称为剑状胸骨片或称锚状骨（简称剑骨片），后伸达于第二节前缘。剑骨片形状可作为幼虫分类根据之一。

腹部1~8节腹面两侧各着生气孔一对，向外突出。腹部末节很小，末端有四个突起（角刺），每个突起顶端都各有一个粗角刺，它的数目、形状、位置亦与分类有关，肛门在末节腹面的中央（图10，5；图11）。角刺大小几

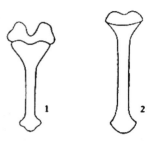

1. 麦红吸浆虫的
2. 麦黄吸浆虫的

图13　吸浆虫的胸骨片

相等，角刺腹面外侧生2刚毛。末节背面靠两侧处还有一对小型突起，不几丁质化，相对的腹面两侧也有一对小突起，各着生有一根毛。

幼虫有大小两型，大型体大为2.15毫米×0.85毫米，小型为1.55毫米×0.42毫米。根据试验，饲养大型幼虫89头，羽化的45头成虫全是雌性，饲养小型幼虫91头，羽化的48头成虫中，46头是雄性，2头是雌性（洛阳，1954）。

4. 蛹

蛹有两种，一种是裸体蛹，一种是带茧的蛹，蛹体构造都是一样的。体赤褐色，长2毫米，前端略大，头的后面前胸处有一对长毛，黑褐色，是呼吸管［此与摇蚊科（Chironomidae）展跗属（*Tanytarsus*）的蛹颇相似，此点或可证明吸浆虫原是水生昆虫，故性喜水］。另外头的前面有一对白色毛，必须细致观察才能见到，大概是一种感觉毛，足细长，排列在腹部中央，伸过翅芽，触角和翅芽密贴在体的两侧（图14）。

根据1954年洛阳及1956年辉县吸浆虫工作组指出，小麦吸浆虫蛹的发育变化分为4个阶段，其形态上区别如下（图15）：

（1）前蛹（图15，1）。幼虫头部缩入前胸，体形变短加粗，不甚活动，前、中、后胸3节分界不明显，连成圆形，其中脂肪体消失，呈白色透明状，剑骨片特别明显，眼点分离，翅芽、足、触角在体中开始形成，透视之，呈乳白色。

（2）初蛹（图15，2）。前蛹脱掉幼虫的皮（剑骨片随皮脱掉）即化为初蛹。初蛹

体呈淡黄色，翅芽、足、触角白色或淡黄色，翅芽短仅及腹部第一节，眼点无变化，前胸背面的一对毛状呼吸管显著伸出，以后翅芽渐次增长，其尖端一般均达第三腹节，虫体颜色亦较前变深，多为橙黄色或橘红色。

（3）中蛹（图15，3）。体色橙黄或橘红，最突出的变化是复眼的渐次形成，左右愈合，复眼颜色由淡黄→橙黄→橘红→深红色，翅芽、触角有的为淡黄，有的为黄白色，变化不一，据观察一般以淡黄色为最多。

（4）后蛹（图15，4）。中蛹至后蛹首先是翅芽变灰色→淡黑色→赭色→黑色；复眼亦由红→深红→黑红→黑色；足及触角亦渐由淡黄→淡灰→深灰→黑色；虫体颜色变化不一，多数为橘红，少数颜色较淡。

5. 休眠体

小麦吸浆虫在其一生内大部分时间蛰居土中，而且还有多年休眠不出土的现象，所以幼虫入土3天后，身体反卷做成茧状"囊包"*（Cystc）（图16，1），包于体外，以抵御外界的不良环境。有的认为遇干燥或高温环境会结"囊包"，也有的认为虫体接触较坚硬的物质如泥土就结"囊包"，原因未明。囊包系极细微的丝状组织，在显微镜下检视可见丝

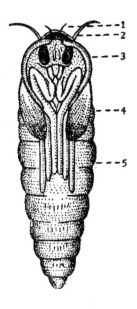

1. 头前毛；2. 呼吸管；
3. 复眼；4. 翅芽；5. 足

图14 麦红吸浆虫蛹腹面观（作者原图）

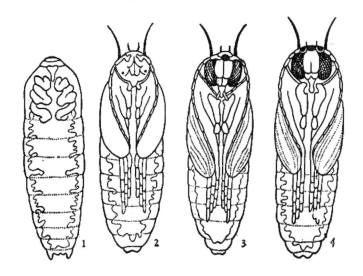

1. 前蛹；2. 初蛹；3. 中蛹；4. 后蛹

图15 麦红吸浆虫蛹的发育四个阶段（作者原图）

状体，囊包极薄，无色透明，幼虫居其中，很容易看出属于那一种（指黄、红小麦吸

---

* 过去称休眠体的外壳为茧，其实非含蛹的茧，以之别于化蛹时所结长形的茧，故改称"囊包"或简称"囊"。

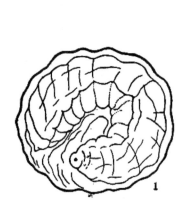
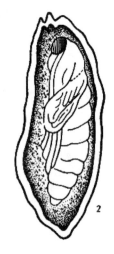

1. 形成休眠体外围以"囊包"（茧）；2. 长形茧

图16　小麦吸浆虫的休眠体和长茧

浆虫而言），包的组成很特别，先织成一层薄的外衣，幼虫居其中裱贴其内壁而成"囊包"（Wallengren，1937）。囊包圆形，黄泥浆色，似粗沙粒，用扩大镜看，呈豌豆状，从侧面看为圆形，略现两面凹或凸，混杂于泥土中不易辨别，故必须用水淘洗。囊包遇水浸渍，幼虫会破包而出，爬至适宜地点，从新作包而成新的休眠体。据华林格莱（Wallengren，1937）记载："从一般来说，每囊包仅含一头虫，但有时有两条虫居于一囊包内。在这种情况下，这两条虫是大小不同的，即一条小的，一条明显大的，可称为"双胞茧（囊包）"（Zwilling kokon），两个幼虫彼此互相密靠，同居囊包内，而各以其可织物做成外衣，然后用同一的囊包把它们一起围住。"在我国还未有这样的记载，现介绍以作参考。

　　幼虫至化蛹前另外会结成一种长形茧（图16，2）居其中化蛹，这与休眠体的囊包在性质和色泽上大致相同，即用水湿后为鲜黄褐色，移至空气中，干燥后，皆为淡黄褐色。但不同之处有5点：①休眠体为近圆球形，蛹茧为扁长圆形；②幼虫在休眠体"囊包"内作卷曲状，在茧壳内作平伏状；③休眠体囊包较坚韧，不易破裂，蛹茧则较脆弱，经干燥后稍触即破裂；④休眠体近圆形直径为0.5毫米左右，囊包组织紧密，没开口，蛹茧长度为1.0毫米左右，尖端有一口；⑤在休眠体内的幼虫于化蛹前必须先破裂囊包自休眠体内爬出，易地化蛹，在茧壳内幼虫能直接化蛹，直到羽化时，才撕破茧壳而出。

（二）麦黄吸浆虫

1. 成虫

　　雌虫：雌虫体长2毫米左右[*]（图17），翅展约4.5毫米。全体被细毛，黄色。复眼黑色，合眼式，无单眼，后头近圆形，头盾片长方形。触角念珠状，色灰黄，亦为

---

　　[*] 宁夏报告（1928）雌虫大者体长2.3~3.0毫米，而小者仅1.1毫米，似与幼虫入土前的营养有关。

（2＋12）型，两基节短圆柱形，第一鞭节亦由两节愈合而成，其余各节中部微缩，近似葫芦形，端部缩小呈颈状，每节膨大部分生有几个小圈的长的刚毛（青海1959：触角膨大部分每球上各有两圈刚毛），以及许多短小细毛，中部生细毛，但无刚毛，颈部色较淡，无细毛，也无刚毛，末节端部延长呈圆筒形，其构造与其他各节相同。口器吻状，很短，上唇剑形，盖在下唇上面，唇瓣2节，下腭须4节，第一节最短，余节依序递长。

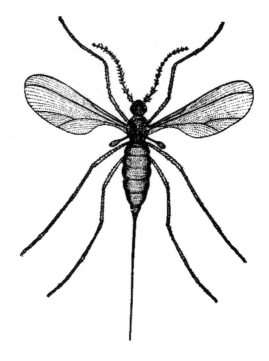

胸部黄色，前胸很狭，中胸发达，盾片大，赭黄色，小圆片呈圆球形，略向后延伸。足灰黄色，基节近锥形，转节圆形，腿节长度约等于腹部长度的2/3，胫节与腿节等长，跗节5节，第一节最短，第二节最长，第三至第五节

图17 麦黄吸浆虫雌成虫

依此递短，爪弯曲较悬垫稍长。翅宽卵圆形，膜质透明，微带淡黄色，翅脉简单仅4条，胫脉总支（Rs）到达后缘处不大明显。

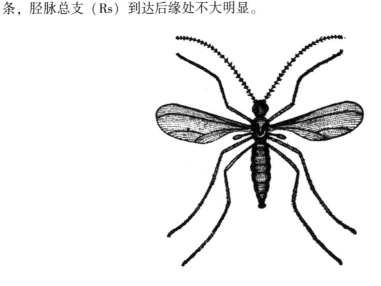

图18 麦黄吸浆虫雄成虫

腹部9节，黄色，第一及第二节较狭，末节细小形成产卵管，能伸缩，管端细尖如针，约为腹长的2倍，腹部背板及腹板均有灰色条纹，近后端两节上有皱褶纹。

雄虫：体较雌虫略小，长约1.5毫米（图18）。触角亦为2＋12型，但远较雌虫为长，鞭节各节中部收缩使上下呈两个圆球形膨大，因此从外表看鞭节好象是24节。交配器的攫握器部分的内缘部光滑无齿，腹瓣分裂（图19）。

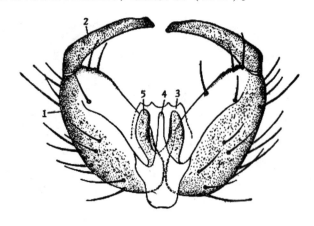

1. 攫握器；2. 钩；3. 阳具；4. 阳茎；5. 副具

图19 麦黄吸浆虫雄虫的交配器（仿周尧图）

2. 卵

卵长0.298毫米，宽0.068毫米，香蕉形（图9，2），颈部微曲，末端收缩成细长的柄，白色微黄，表面光滑（天门，1955），据宁夏报告，检查1 544卵中，99%以上的卵是长卵形，微弯曲，成块或散生，没有所谓附属柄状物。卵产成块状，排列整齐，形成香蕉式垒叠两层或三层，而排列不整齐的则成不正形堆状。也有个别卵是散生的，散生卵中少数卵末端有胶体和较长的细丝。据观察这是产卵结束后，在产卵管排出时，将所分泌的液拉成柄状细丝而成，并不是固定的附属物（柄）。

3. 幼虫

幼虫初孵化时体无色，行动极缓慢，取食后渐变为黄绿色。老熟幼虫体长2.5毫米左右，前端尖，后端钝，胸部剑骨片*叉状部缺刻浅（图13，2），末对气孔在腹部第八节后缘，很显著突出，尾部末端有4个小突起，中间一对突起几丁质化，外面一对突起之外各有一根小毛（骤看好象有6个突起）（图20）。

4. 蛹

幼虫准备化蛹时结长茧居其中，初变蛹时淡黄色，快羽化时赭黄色，头前面有一对感觉小毛，与胸呼吸管等长（图21）。初化的蛹，嫩黄绿色，触角、复眼、前胸呼吸管，翅

图20 麦黄吸浆 图21 麦黄吸浆
虫幼虫 虫蛹

---

* 幼虫孵化后即有剑骨片，无色透明，第二日叉状部浅赭色，柄透明，而在第二次蜕皮后为赭色。

芽及脚均为白色，半透明状，翅芽仅达腹部第一、二节，3 日后翅芽达腹部第四节，呈淡灰色。脚灰白色，较翅芽为浅，复眼微带橙色，呼吸管淡赭黄色；以后颜色逐渐加深，一星期后，复眼为深赭色，呼吸管赭黄色，翅芽淡黄赭色，脚灰黄色；两星期后，翅芽为黑褐色，呼吸管深赭灰色。翅芽及脚由于雌雄性别不同而颜色有异，雌的翅芽为深赭红色，脚赭色，而雄的则为灰褐色（天门，1955）。

五、小麦吸浆虫的生物学特性

小麦吸浆虫的生物学特性，解放后经过我国科学工作者和农民科学家的观察，积累了很丰富的知识，有的在世界各国小麦吸浆虫研究文献里还没有记载。现将其主要生物学特性分述于后。

（一）世代

小麦红、黄吸浆虫的生活史，从一般情形来说都是一年一代。在我国麦红、黄吸浆虫主发区是否于麦收后有一代生于野生植物上，到如今尚无报道。据英国裴纳氏（Barnes，H. F.）的报告，麦黄吸浆虫有部分当年入土幼虫能化蛹羽化，产卵于野生植物 * （Couch grasses = Agropyron repens）上，是为第二代。在同一地方两种吸浆虫并存的时候，黄的发生较早，红的较迟。如四川南部县 1954 年 3 月 24 日至 4 月 5 日麦黄吸浆虫成虫占 73.2%，4 月 6 日至 14 日麦红吸浆虫成虫占 62.1%，又贵州省 1958 年调查，在 3 月下旬以麦黄吸浆虫成虫最多，到 4 月下旬以麦红吸浆虫最多。麦黄吸浆虫一般分布于降水量较多，土壤阴湿的高山地带，所以羽化较整齐，成虫出土率高，最后在土内无遗留（天门、栾川、南部等县）。但据青海报道，幼虫亦有当年不羽化出土现象。麦红吸浆虫在我国沿海一带春季气温适宜，雨水充沛（上海），出土整齐，但在北方较干燥地区（河南、陕西、山西、甘肃、宁夏、青海），幼虫破囊活动受大气温度高低与降水量多少及寒流侵袭次数的影响很大。当雨水少的年份，或降雨很暴，地下渗透不深，土中深处的幼虫不能上升变蛹羽化出土；有的已上升活动，后因天气干旱，又退回作囊继续休眠，有时由于大气温度继续升高，在 30℃ 以上盘桓，不适于化蛹，亦重新作囊蛰伏，故吸浆虫有多年不羽化或多年休眠的现象（华北 1954，1956；洛阳 1954，1955；青海 1959）。又如 1954 年山西吸浆虫研究组报道："没有羽化为成虫的幼虫休眠得很快，在 4 月下旬即重复向土里钻入三四寸深处，一二寸深土中幼虫几乎没有存在。在 5 月 1 日以后这些不蛹化的幼虫又重新开始休眠，5 月 2 日检查休眠体数量已超过 40%，羽化极少的地，休眠率竟达 70% 以上。所以小麦吸浆虫过去在我国猖獗常在早春雨水充沛的年份，或是干旱的年份，而在春季引水灌麦的地区发生较盛，其原因就在于此。我国境内各地对吸浆虫幼虫在土中潜伏究能生活多少年尚无精确的观察，唯山西吸浆虫

---

* 据青海报告小麦红、黄吸浆虫，除为害小麦、青稞、大麦外，绿毛鹅冠草（Roegneria pendulina Nevski），披碱草［Clinelymus dahuricus（Turcz.）Nevski］，颖草［Aneurolepidium dasystachys（Trin.）Nevaki］和老芒麦［Clinelymus sibiricus（L.）Nevski］等 4 种禾本科杂草亦受其害。

防治研究组* 1954 年在芮城曾做过较细致的观察，从观测笼成虫羽化出土以后，将多处笼底完全淘土检查，证明幼虫多年休眠现象存在极为普遍，最突出显著的是有一块大麦地已轮作两年，仍存有大量幼虫（表 2）。据英国裴纳氏（Barnes, H. F., 1952）和戈赖托莱（Golightly, W. H., 1952）报道，麦黄吸浆虫在土中生活不能超过 4～5 年，麦红吸浆虫可在 7 年以上，甚至经 12 个冬季仍能由休眠体复活为幼虫，变蛹化为成虫。

表 2　小麦吸浆虫土中休眠多年不羽化的调查

检查地号数	地　别	调查日期	幼虫 每平方尺	休眠体 6寸深平均	幼虫密度 总计	耕　作　情　况
I	小麦地	5 月 11 日	208	254	462	已回茬大麦棉花两年
II	小麦地	5 月 12 日	156	164	320	已回茬大麦棉花两年今年无浇水
III	小麦地	5 月 11 日	466	134	600	连作小麦浇水 4 次
IV	小麦地	5 月 11 日	34	56	90	连作小麦浇水 4 次
V	小麦地	5 月 11 日	24	164	188	连作小麦井水浇 4 次
VI	小麦地	5 月 9 日	112	824	936	连作小麦井水浇 4 次
VII	小麦地	5 月 12 日	64	70	134	连作小麦井水浇 4 次
VIII	小麦地	5 月 16 日	562	88	650	

（二）生活史

我国境内小麦吸浆虫，因为地区和气候不同，发生固有早迟，而各虫态历期亦有长短的差别。麦红吸浆虫在华北、关中一带成虫羽化约在 4 月下旬，有的年份提早到 4 月中旬。成虫寿命很短，如连续发生，成虫在田间出现可达一月以上。羽化的成虫很快就交尾产卵，卵期 3～7 日，5 月上旬幼虫孵化，在麦颖内生活 15～20 日才老熟。5 月下旬于小麦收获前出颖入土结囊潜伏，过夏越冬，在次年春季羽化前 10 日左右化蛹，蛹期 5～10 日，羽化后出土，再产下一代，为害小麦。在华东地区，苏、皖一带麦红吸浆虫，除有时早春受海洋气候影响发生稍迟外，各虫态历期与华北地区大致相同。

湖北天门（1954）麦黄吸浆虫的越冬幼虫于 3 月上旬迁移到土壤表层结长茧准备化蛹，3 月 20 日前后开始变蛹，至 4 月 9 日已全部变蛹，蛹期 15～20 日。4 月 11 日首先在大田中发现成虫，5 月 7 日绝迹，4 月 20 至 26 日是成虫盛发期，成虫寿命一星期左右。成虫羽化后交配即行产卵，卵经 7～10 日孵化，从 4 月中至 5 月初麦壳中均有卵存在。孵化的幼虫在麦壳中生长半月即老熟，5 月 13 日早晨大露水，少数幼虫开始入土，15～18 日落雨，幼虫落土 89.65%。四川（1954）气候较暖，吸浆虫成虫始发期是在 3 月半（春分节前后），盛期 4 月初（清明节前后），终见期为 4 月底（谷雨节前

---

* 山西吸浆虫防治研究组是由前华北农业科学研究所和省农业厅合作组成。

后）。宁夏（1958）一带吸浆虫的成虫活动期是非常长的，但在小麦田的有效活动为 6 月 14 至 7 月 20 日，期限只有 35 天左右，在 7 月 15 日早莜麦开始孕穗。截至抽穗时，成虫都转向莜麦田活动，至 8 月上旬天气凉冷后才逐渐绝迹，在早莜麦上仍可活动 30 天左右，其整个活动期为 60 天左右。青海（1959）吸浆虫一般是 5 月下旬至 6 月上旬成虫开始羽化，8 月上旬终止。西宁地区曹家寨 1958 年麦红、黄吸浆虫均于 5 月 29 日羽化，而廿里铺村 1957 年为 8 月 8 日至 10 日。在青海麦红吸浆虫雌虫寿命为 4～5 日，雄虫 4 日左右；麦黄吸浆虫雌虫 4～7 日，雄虫亦 4 日左右。卵期麦红吸浆虫为 6～7 日；麦黄吸浆虫 8～10 日。蛹期红的 14 日左右，黄的 18 日。二者均于 5 月中旬开始化蛹，7 月中旬终止，田间有蛹期 50 日左右。

（三）生活习性

1. 麦红吸浆虫

麦红吸浆虫的生活习性，西北农学院和南阳小麦吸浆虫研究站观察较详，其中有许多习性国内外尚少记载，特予引述，并择取国内各地所报道的材料，加以修改补充。

（1）成虫的习性。羽化：在南阳、洛阳观察，幼虫当化蛹末期，体色变暗，头部变为漆黑色，翅芽变为灰黑色时，腹部在地下"土窝"内不时蠕动，等待外间气候适宜时（如雨后或地面温湿度适宜时）即开始羽化；有的不筑"土窝"，即在土壤裂隙间直接化蛹，这种化蛹现象，以在接近地表和土壤干燥处发现较多（洛阳，1953）。据上海方面报道，"成虫从半露空的蛹羽化"。而参阅瑞典华林格莱氏的著作，也记载"在脱离蛰伏以后，蛹用其后端插植土中，在尾部几节有一小土垫（Klein Erdklümpchen），身体则摇摆自由在地面上"。据作者推断这两种不同化蛹方式，筑土窝与竖立土表或与土中湿度有关，土中湿度较大，则竖立土表而化蛹。在羽化前，蛹从其头及胸背面裂一纵隙，胸部即自蛹壳内拱出，头部相继而出，触角，腿及翅亦随着出来。翅最初皱缩，以后伸展，然后带蛹壳在土壤表面爬行。腹部最后自蛹壳内脱出，故有时成虫自土壤内爬出地表后，把蛹壳遗置地面，但大部蛹壳皆遗留土内。自羽化开始至羽化完毕，其经过时间为时仅 5～10 分钟。成虫在羽化后，即脱离地下的土窝，沿土壤空隙向地表爬出，其爬出的时间一日之内以中午前后最盛，晨、昏较少，在洛阳、上海还发现有带茧的蛹。

羽化后成虫活动：刚由蛹皮脱出的成虫，翅未展开，也颇活泼，爬到地表后，无论在傍晚或早晨均不飞翔，最初在地面成静止状态，稍微休息，两个皱叠的翅互相击拍，不久翅就展开变硬，先爬行，为时 10～30 分钟，然后作一尺左右的短距离飞翔，其飞翔的范围多在地面或在地面杂草的茎株间或麦秆的下半部，一般不迁飞。成虫羽化正值小麦抽穗，在风平浪（麦浪）静的早晨或傍晚，向麦株的上部飞动，直至麦穗顶端以上高三、四寸处，一次飞翔距离为 2～6 尺或至几丈远，即落下休息，高可达一、二丈，不能作远距离的飞行。飞翔的方向是顺风的，如在飞迁中遇到微风飘送，就能飞翔得更高更远，成为散布的主要方式之一。1951 年在武功农学院高达十几丈的大楼顶，曾用胶纱布粘到吸浆虫的雌成虫。天气干燥或风大时，则仍在近地面活动或静伏于麦株下部茎叶间，或根际土壤隙缝中，一般风速在 3 米/秒时成虫活动减少，风速到 5 米/秒时则极少活动。故在干燥起大风天气，用小形虫网或拉网不能捕获或只能捕获少数成虫，就是这个原因。在雨后 2～4 日或天气湿润，清晨太阳未上升前，露水稍重则落伏不动，至 8 时前后太阳上升即开始飞翔，中午时稍停，下午 4—5 时以后再度活动，日落前后飞翔最盛，尤以下午 4 时左右最为活泼，8 时以后，成虫活动有时仍盛，直至天黑始落下栖息。入夜露水初潮，雌虫复上升至麦穗上吸取露水，半夜 12 时左右再下降，或静止麦株上半部（麦叶、茎、穗）直至次日早晨 4 时后，天黎明仍多静止不动，早晨天亮后，如成虫体面沾露水不多，略震动其翅、足，即可飞翔或爬行。如在麦穗上静止，头向下腹向上，呈斜坡状，饮其附近露水，为时 10 分钟左右，饮毕即他去，或静止原处。当太阳初升时，则虫体趋于向阳处，即东方一面，使阳光照射，为时 5 分钟左右，复爬行于背阴处静止，或再吸露水或作短距离的飞翔。当太阳上升较高，7 时半前后，成虫在麦株上半部多呈不安定状态，且在麦株间飞翔活动有不耐阳光照射的模样，并于此时陆续自麦株上部降至麦株下半部距地 2～5 寸处麦叶下，或杂草茎叶背面。如果大田麦株稀疏，不足以隐蔽其躯体时，则向麦株生长繁茂密集处隐伏，或在其他豌豆、小蔍豆藤下隐藏。因此在一般大田中，如土壤肥沃，植株繁茂的麦田内成虫必多，产卵量亦大，受害较重；凡土地瘠薄麦株生长较差的田，成虫少，卵数不多，受害轻。

成虫的弱点：

①怕阳光：成虫对于阳光辐射，除每日上午 7 时前及下午 4 时以后外，多想逃避。若将成虫移置于强烈阳光下，不加荫蔽，在 30 分钟左右即告死亡，故阳光充足的麦田，植株稀薄、低矮，对成虫是不利的。

②忌水湿：下雨后对已羽化的成虫极为不利，大田湿气过大时，晚间露珠凝结必大，成虫的翅或足如被露珠或湿气黏着，即不能爬行或飞翔，常见上午 8—9 时露珠不能蒸发净尽时，成虫即死于其附近或将其腿折断而离去。

③体脆弱：成虫在其飞翔或静止时，如遇猛力震动，或碰到固体物质，即坠地不起。再如天空起急风后，大田中成虫数即减少或绝迹。

④寿命短：雌虫寿命 3～5 日，雄虫寿命 2～4 日，交尾后很快死亡。但据瑞典华林格莱氏报告：在饲养笼中观察，湿度适当高，而没有阳光照射到的地方，雄虫寿命为 7 日，雌虫能活到 12 日。

成虫交尾：当交尾以前，雌成虫安稳静止于麦秆上距地面根部约 20 厘米处，雄虫即自它处飞来降落于雌虫的背上，然后身体颤动，雌虫的翅向左右略展开，使雄虫腹部与雌虫腹部接触，雄虫头部略向上昂举，腹部向下弯曲，后足固持于麦秆上，此时雄成虫腹末端的生殖器不断向雌虫腹部末端试探钩握，为时约 30 秒钟，俟雌雄两生殖器完全接触，即静止不动。此时雌雄虫仍成重叠状，历时 5～6 秒钟，雄虫前足放松，将身体倒转，从雌虫体上跳下，此时两虫成一字形，互相背向，唯生殖器密切联系，因有副器钩握不易脱离，同时两虫的翅仍成半开展状，如此历时约 4 分钟（一般来说 5～10 分钟）交尾完毕而分离。雄虫即在距雌虫 4～5 厘米处，体略颤动数次，即静止不动。雌成虫此时亦静伏不动，仅将其翅还原平覆在背上。为时 30 秒钟左右，雄成虫即飞到另一麦株降落，将腹部略弯曲震动数次，飞往它处。雌虫半小时后开始爬行约 15 厘米处，在一麦叶上静止不动，直至因麦叶震动而飞去。*

产卵：雌雄成虫交尾在每日下午3—4时，当日或次日即行产卵，一般以羽化后第二日产卵最多。此时正当小麦抽穗。成虫产卵前，在麦穗上下左右爬行，同时将腹部末端的产卵管伸出不停地在各小穗的空隙间试探，凡产卵管能插入之处即行产卵。"雌虫产卵有趋触性，在产卵时，产卵管总是前后摆动，若能接触物体即将卵产下，否则另觅适合地位"（西北农学院，1950）。护颖与外颖之间，外颖与内颖之间，护颖外面，小穗轴与穗轴之间，不孕小穗的外颖背面，内颖背面，外颖与内颖合缝处均有产卵，其中以外颖与护颖之间，即外颖的背上方产卵机会为最多，不孕小穗外颖背面，护颖内侧，小穗轴与穗轴之间稍次，其他则较少，内颖外颖之间最少。其中以内外颖之间，虫的发育最好，因幼虫孵化后不需经过颖口，即可潜入与麦粒相接触，便于取食。雌虫于每一产卵处选定后即将其两翅高举，腹部向下深入后，静止不动，即为产卵开始，每产卵一次需时4～21秒钟，亦有达40秒钟的。每次产卵一粒至四、五粒，分散产。若在虫口发生密度较大的地区，亦有连续集中产卵累积至二三十粒，或虽将产卵管插入缝隙间达数秒钟而不产卵，又拔出它去另寻产卵处所的。雌虫每次产卵后，在原处略休息3～5秒钟即另换产卵地点，产卵时极为忙碌，在麦穗上下不停的爬行，如找不到适宜产卵处，即飞至其他麦穗上寻找。其所选择的麦穗多为刚抽出来，未扬花或正在扬花的，凡已扬花或正在灌浆的麦穗成虫多不喜产卵。西北农业科学研究所曾把麦红吸浆虫的卵用人工接种在不同阶段的302和6028小麦穗上，检查侵入致害幼虫的结果见表3。

表3　在小麦生长不同阶段接种吸浆虫卵后的侵入率

品　种	接　卵　时　期	接　卵　部　位	接卵数	侵入数	侵入率（%）
	刚　　抽　　穗	护　外　颖　间	43	30	70
302	抽　　全　　穗	小　　穗　　柄	18	18	100
	刚　开　花　后	护　外　颖　间	18	6	33.3
	灌　浆　　1/3	护　外　颖　间	9	0	0
	刚　　抽　　穗	护　外　颖　间	45	2	4.4
6028	抽　　全　　穗	小　　穗　　柄	33	2	6.6
	刚　开　花　后	护　外　颖　间	9	0	0
	灌　浆　　1/3	护　外　颖　间	6	0	0

证明开花后至灌浆阶段侵入率是很低的。

若单拿一个麦穗来说，则以上、中部麦穗的小花被产卵较多，基部较少，因为小麦抽穗都先在叶的中部露脸，故上、中部的花被产卵较早而多。又1951年在河南南阳观察，于4月下旬或5月初旬羽化的成虫，产卵多在"顶棚"的麦穗（即较早有效分蘖长成的麦穗）上，5月中旬羽化的成虫则产在"中棚"（分蘖较迟）或晚熟的麦穗上，5月下旬羽化的成虫寻觅产卵处所较难，多在晚抽穗扬花的麦穗产卵。由于成虫陆续发生，产卵期可延长至一个月。产卵时间多在晴朗无风的时候，从下午5—8时，而以6、

＊　这是1951年5月5日在洛阳韩旗屯观察的一个例子。

7 时为产卵盛时，太阳落下后则停止产卵。每一雌虫一生产卵数目据西北农学院报告，为 60~70 粒。1951 在南阳从 5 月 16 日至 24 日止，剖腹检查雌虫 20 个，计获卵 1 126 粒，每雌虫腹内含卵 32~83 粒，平均为 56 粒，与前数甚接近（表 4）。雌雄性比各年颇不一致，一般雌性较多，雄性常先一日羽化。据西北农学院的报告（1950），"成虫产卵对寄主作物有选择性，如有数种不同禾本科植物在一起，所喜食的第一为小麦。其次为鹅观草、大麦、黑麦、燕麦，但因各寄主生长发育不同而有不同情形。例如 5 月 10 日成虫产卵末期，小麦皆已开过花，而在豌豆田中生长的野生大麦才开花，我们曾经看到雌虫飞集在野生大麦上产卵，一穗上落虫 34 头。以小麦来说：各不同品种的小麦因其生理形态构造的不同，比较起来，产卵亦有选择，蚂蚱麦与 302 麦为产卵最多的品种。6028 麦以其护颖芒刺较长，颖壳扣合较严，产卵管不易插入，故产卵极少，而在其他小麦开花过后，晚穗的 6028 麦亦被集中产卵，因护颖与外颖间不易插入，多产在小穗柄上。"根据吸浆虫的产卵对小麦品种有选择性，华东和华中农业科学研究所也曾鉴定和分析了小麦抗虫性，将详述于"小麦抗吸浆虫品种"章内，这里不多谈。

表 4　小麦吸浆虫雌虫每日剖腹查卵的虫号及腹内含卵数

日期	卵数（粒）					小计（粒）
	虫 1	虫 2	虫 3	虫 4	虫 5	
1951 年 5 月 16 日	35	41				76
5 月 18 日	60	63	70	70		269
5 月 19 日	45	38	32			116
5 月 21 日	47	55				102
5 月 22 日	65	56	68	67	83	339
5 月 23 日	46	51				99
5 月 24 日	59	66				125
总　　计						1 126
平　　均						56

根据江苏扬州农业试验站报道，麦红吸浆虫成虫有微弱的慕光性，红灯在 4 个晚上诱获成虫 22 头，黄灯诱捕数是红灯的 1.9 倍，绿灯诱获数是红灯的 2.32 倍，蓝灯诱获数是红灯的 2.68 倍。又据最近贵州思南农业局测报站（贵州思南，1960）报道：小麦吸浆虫有较强的趋光性，在一般螟虫预测灯下，诱获相当多，而麦红吸浆虫多于黄的；对红、蓝光线趋光性较强，黄绿次之，白色较差。各处对吸浆虫成虫慕光性的观察结果颇有出入，这里加以介绍，以作今后继续观察的参考。

（2）幼虫的习性。卵的孵化：卵产后经 3~4 日，或 5~6 日孵化。在孵化时，卵顶端一部透明，其他部分为赤红色，且可隔卵壳见到幼虫在壳内活动。幼虫由卵的一端破壳出来，在卵壳附近盘桓一短时间即缓缓爬行，至外颖基部，由内外颖合缝处折转入颖壳，附于子房或刚灌浆的麦粒上为害，并不集居于雄蕊，柱头间。

幼虫在颖内活动：幼虫体躯紧靠麦粒后，即以口器破伤麦粒果皮吸食流出浆液，如此生活两旬左右，脱皮两次而老熟。第一次脱皮在两日以后，第二次脱皮在老熟入土之前。在上海观察第一龄幼虫 4~5 日，第二龄幼虫期 5~8 日。麦红吸浆虫老熟幼虫体缩短变硬，并在最后一次所脱皮内蛰伏不动，抵御干旱（黄的则无此习性），等到相当雨湿，即苏醒恢复活动，钻出蜕皮，爬出颖外。初孵化的幼虫体白色透明，内有微红色点，不数日后全体皆变红黄色，肥胖丰满，而麦粒则瘪缩。一壳内少的有虫一、二头，多的三、四头，最多的30~40头。一枝麦穗上常有70~80头虫，最多达240头以上。

幼虫为害麦粒：麦粒被害的情况和受害的程度与幼虫侵害的部位、虫数以及侵入时间早晚都有关系。幼虫侵入麦粒时间越早则为害越重，越晚则越轻。若正在扬花期间，或正在灌浆的种子上，一颗麦粒上只有一头幼虫，则麦粒仍能继续发育，为害结果是麦粒受害部分色泽变褐，成熟时麦粒瘦小，略成凹陷状。此种现象若不认真注意，难与健粒区别。若有幼虫2~3头或3~4头以上，则此麦粒不能发育，皱缩成一团，仅有表皮而无种仁，麦壳完全空虚，颖壳被映为红色，亦有因雨后发霉而变成黑绿色。在洛阳（1957）、上海（1957）都观察到：幼虫在子实背面为害，虫数在4头以下，一般只是受害部分遭到破坏，成为"虫伤粒"；自腹沟面为害，子实皱缩枯黄而死，一虫即造成"全损粒"，其原因可能由于麦粒内维管束排列靠近腹沟之故（图22）。如在乳熟期侵入一头幼虫能伤害麦粒1/3，如在乳熟以后侵入，受害程度便轻。

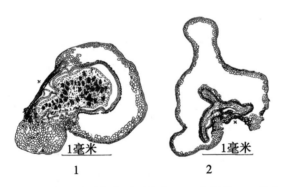

1. 虫伤粒，×代表有虫的一侧，受到伤害而不发育；2. 全损粒，×代表虫在麦粒腹沟处，整个胚乳不发育，形成全损粒

图22　吸浆虫第三龄幼虫所在的受虫害麦粒横剖面（仿杨平澜图）

幼虫离颖落地入土：如在雨天或雨后次日或早晨雾重天气，由于颖壳受水湿浸润，较为柔软，因此花内压力减少，老熟幼虫即将其最末一次皮壳脱去，向颖口外爬出，其爬出方法为头部露出颖口后，不断左右摇摆蠕行而出。自幼虫的头部露出颖口时起，至身体完全脱离颖口止，为时仅2分钟左右。如果颖口紧，爬出费时，直至太阳上升后颖壳干燥收缩仍不能脱离颖口，则虫体一部夹在颖口内，一部露在颖口外，即告死亡。老熟幼虫脱离颖口后，不久即继续蠕动爬行，找各种机会落地。落地的方法，就在南阳、洛阳大田中观察所见到的有下列数种：

①依靠虫体自身蠕动爬行，至麦芒、麦叶或小穗的顶端，幼虫体前后两端向一处弯曲，背部拱起，然后猛力弹动、虫体即弹落地上。这一点与英国裴纳氏所说麦红吸浆虫幼虫永不跳跃，有别于麦黄吸浆虫，是不一致的。不仅我们最初在南阳麦田中看到，以后在洛阳也见到。西北农学院报道（1951）也有同样的记载。

②幼虫离开颖口后，如适值下雨，则随雨水顺麦穗、麦秆而流至地面。

③幼虫离颖口后，雨已停止，亦能沿麦穗、麦秆向下爬行而达于地面。

④幼虫离颖口后，适值有雾，水珠凝结甚多，幼虫在其爬行过程中如与水珠相接触，即潜入水珠中，每一水珠中所见幼虫数目有1~7头，遇有微风摆动，水珠被震落，幼虫亦随之落地，或随水珠向下滚流，达于地面。

⑤水珠中虽有幼虫潜入，但水珠未向下滚流，因阳光热力渐次蒸发，则幼虫于水分蒸发将尽时，复向下爬行，至地面入土。

⑥幼虫爬至麦芒、麦叶顶端后，借风力吹动，即可帮助其落土。

⑦人工器械的震动或拂扫亦可帮助其落地。如麦收割前没有雨水，收麦时震动，也能使虫落地，在麦田上成一片红色，还有一部分则被带入麦场，但到麦场后因场地坚硬，再加日晒碌碡，成活极少。即或有混入麦种内，也由于麦子堆中干燥，难以生存。各地都曾作过粮食及农家贮麦检查，均未发现有活虫，因此证明吸浆虫不易借麦糠、麦种携带散布，但混入麦余内未被晒死的幼虫，如果被扫落在麦场附近土中，仍有生存的可能。1951年在南阳检查7立方寸麦余与碎土内有幼虫230头，因当日天气干燥，全数死亡。故各地对麦场上的麦余碎土应加以烧毁。

老熟幼虫在地面活动：无论借何种方法落于地面的幼虫，其目的是在进入土壤深处，潜居生活。幼虫落地后先在地面爬行，经若干分钟后，寻得土壤缝隙，即钻入隐伏不见，也有幼虫达到土面不即完全钻入，如下雨则雨止后表土水分渗下时始大量钻入（山西，1954），但有时经过几十分钟后又爬出在地面爬行，待再找到缝隙钻入，不复爬出。若地无缝隙，而土松软，则以头部向下钻入土中至不易活动处，即潜伏呈休眠状。幼虫入土潜伏，如遇土壤干燥，则将身体收卷，做成囊包被在体外而成休眠体，以抵抗不适环境。麦收后，土壤未破坏，则以麦根土粒中最多，占50%，其他处占50%（西北农学院）。根据山西吸浆虫防治研究组的观察（1954）：幼虫入土以后即开始休眠，此时一般在1~4寸间数量最多，麦收期间，麦红吸浆虫幼虫休眠率只达50%~60%，以后陆续增加，直至6月下旬，幼虫始大部分休眠，其情况见下表（表5）。

表5　吸浆虫幼虫入土日数与休眠百分率

地　别	日　　期	休眠百分率（%）
试验地 I	5月15日	23.1
	20日	24.3
	26日	58.9
	6月7日	56.2
	14日	64.1
	20日	87.1
	29日	88.9

（续表）

地　别	日　　期	休眠百分率（％）
试验地 Ⅱ	5 月 15 日	—
	20 日	30.0
	26 日	—
	6 月 7 日	56.3
	14 日	—
	20 日	—
	29 日	90.3

幼虫在土中活动及变化：幼虫在土中蛰伏 10 个多月，次年 2、3 月间如遇适当土温和湿度，部分休眠体的幼虫就破囊外出，开始活动。幼虫破囊有两种方法：一种为幼虫用口器和头部将休眠体壳先穿一孔（有的说幼虫以胸骨片破囊活动），虫体自孔内向外爬出，此种方法适宜囊壳比较厚（在壳外面透视不到虫体）时用；另一种方法为幼虫在休眠体内利用身体卷曲的弹动力，将休眠体壳胀破为两半后，自破裂缝隙间爬出，这种方法适于休眠体壳较薄（在壳外面可以看到虫体）时用（宛洛，1953）。

活动幼虫遇干旱天气时，则由土壤浅处向深处移动。例如 1951 年在南阳 4 月上半月气候干燥，有亢旱现象，幼虫则潜居于地下 5～8 寸深处最多，其他深度则较少，至 4 月下半月曾落雨一次，到化蛹，羽化期，则幼虫上升至 1～4 寸深处潜居较多。至于休眠体 4 月上半月在土壤分布的情况和活动幼虫略同，即在地下 5～8 寸深度居多，其他范围较少；至 4 月下半月，休眠体无大变化。5 月上半月一部分休眠体借第二次降水（3 毫米）的润湿度破囊为活动幼虫，并上升至近地面 1～2 寸深度变蛹羽化。至 5 月下旬检查土壤未破囊的休眠体继续存留，仍在蛰伏。

休眠体破囊及幼虫活动情况：1951 年在南阳自 4 月 1 日至 4 月 3 日以休眠体 50 个置于培养皿中，略加水少许，使休眠体浸湿，在一小时内，即有开始破囊现象，破囊之前，幼虫先以口器将囊穿破，头部向外伸出，身体左右摆动或蠕动，历时 10 分钟左右，即可完全出囊，在 4 小时内 50 个休眠体中有 21 个破囊外出，其后因培养皿内湿度不足，中止破囊，至 4 月 2 日再增加水湿，则剩余的 29 个休眠体中，有 26 个在 2 小时内破囊，所余的 3 个，于次日再增加水湿，则仅有 1 个破囊，其余 2 个放在显微镜下观察，幼虫已死于囊中，由此可知增加水湿，保持长时间的相当湿度，几可使休眠体全部出囊。将已出囊的幼虫放在疏松较湿润的土壤上，幼虫则在两分钟内潜入土中，在开始潜入时，头部向下，末端向上成直立状，同未经休眠的幼虫活动一样。若将活动的幼虫置于湿纸上则蠕动爬行甚速，在一小时内可爬 10 厘米的距离，除爬行外又可将其身体两端向一处弯曲，将背部拱起猛力弹动（这点和英国裴纳氏所说麦红吸浆虫幼虫永不弹动是不同的）。若将已潜入土壤中的幼虫设法使土壤水分增加，则幼虫又可自湿土中爬出蠕行，另寻适当的土壤潜入。以上所述种种情况证明，增加土壤湿度可以促进幼虫的活动，亦即雨年虫害猖獗原因之一。

若将活动幼虫放于极干燥的培养皿中，经过 2 小时左右的爬行，如找不到适当的湿上潜入则静止不动，若死亡状，再放于湿润的土面，可复醒而潜入土中，若将活动幼虫放于阳光下，不加荫蔽，暴晒 2~3 小时即告死亡。由此证明干燥环境对吸浆虫幼虫极其不利，故旱年发生不猖獗。

幼虫的背光性和向水性：麦红吸浆虫幼虫离开麦穗落地迅速入土与它具有强烈的背光性（negativ phototaxis）是分不开的，白天在实验室内饲养，我们常见幼虫背光爬行，或聚集在遮光处（南阳，1951）。夜晚常见幼虫钻出土面活动，日出前后又钻入土内（杨平澜，1960）。这些观察都证明吸浆虫有强烈的背光性。华葛纳和开利［Wagner（B）and Klee（H）］两氏曾做过观察，说吸浆虫幼虫是正向水性的（positiv hydrotaktisch），但当土中水分过多时，即被迫向土表转移。这种情况我们 1953 年在洛阳也曾看到，3 月 26 日大雪，积雪融化后，土壤湿度加大，3 月 29 日清晨太阳未出前到去年曾严重受害麦田内观察，有大量幼虫在地面爬动，有的爬到拔节的麦秆上，离地面高达 5 寸上下，同时在麦田小凹坑中有数头幼虫聚集一起，极为活跃，这证明土壤湿度过大时吸浆虫不喜在其中生活。

麦红吸浆虫的抗旱能力：麦红吸浆虫的老熟幼虫，因身体藏于第二次脱皮壳内，增加了它的抵抗干旱的能力，历久不死，所以常常在割麦时，随着麦株，带到场内或室内。瑞典华林格莱报道："生于小麦花内两条麦红吸浆虫，藏于第二次脱皮壳内，因天气干旱未落地，居花中达 67 日，后又把麦穗放在实验室内，那些没有围绕着皮壳的麦黄吸浆虫幼虫，经 35 日后就死亡，而这几条麦红吸浆虫幼虫仍能生存。这证明皮壳确实具有适当的御护干旱的能力。"

（3）蛹。越冬老熟幼虫于每年 3、4 月间当外界温、湿度适宜，即自土壤深处向表土 1~2 寸深处化蛹。化蛹有三种方式，一为直接竖立于土表半裸露化蛹（华林格莱和杨平澜）或在土壤缝隙间化蛹（南阳）；二为在表土内掏成土窝，幼虫在其中化蛹（南阳，1951）；三为先结成扁平椭圆的茧，然后在茧内化蛹（洛阳，上海）。蛹将羽化时，靠腹部蠕动和背上所生的倒刺沿幼虫入土的小孔道运动，到土表合适的位置羽化，蛹的活动有时较幼虫为活泼。如土壤湿度较小而温度较高时，幼虫多不结长茧，即在土窝中化蛹。在南阳*两三年中只看到裸体的蛹，并没有发现结长茧的蛹，以后在洛阳，当初发现时认为是变形的休眠体，其后经详细观察和在茧壳中发现到真正蛹体存在时，始知是化蛹的另一方式。"根据以后几年淘土的经验，在蛹化初期，休眠体、活动幼虫和长茧三者同时发现"，后期则以休眠体、幼虫、裸体蛹及带长茧蛹并存，而且还常常看到幼虫结成长茧后并不立即化蛹，一经淘土时水浸，茧内幼虫很快即脱茧而出。但也有始终带长茧不脱的，这大概与幼虫蛹化程度深浅有关。水浇地区化蛹初期，一般茧蛹多于裸体蛹，如仅根据裸体蛹预报，势必减少蛹的比例，缩小虫情。所以检查蛹化率时应破茧仔细检查才能得到蛹的正确数量。茧内的蛹于羽化前冲破茧壳而出，与在休眠体内幼虫于化蛹前必须先破茧壳再从休眠体爬出易地化蛹不同。杨平澜（1954）在上海观察红吸浆虫亦发现长茧，他说长茧的幼虫是被寄生的个体。英国裴纳氏未曾见长茧说"麦红吸浆虫研究者到如今还没

---

    * 南阳，洛阳都是麦红吸浆虫发生多的地区。

有第二种化蛹茧的报道"[*]。而瑞典华林格莱氏似把这两种茧混为一谈："当藏伏于茧内幼虫达到活动时期，逐渐地伸展至体的全长。因此破裂其茧，遂变为游离活动的幼虫，或者这些茧伸长围绕幼虫变为薄的透明的皮"（Wallengren，1937）。

蛹对环境的抵抗力极弱，温湿度稍有不合适，即不能羽化，如用人力移动其位置，或变换环境，就会中途死亡或延长其羽化期。

2. 麦黄吸浆虫

关于麦黄吸浆虫国内研究较少，对它的习性观察报道也很不够，现仅把散见于青海、宁夏，天门报告加以整理，分述于下，其与麦红吸浆虫相同的就删略不谈。

（1）成虫。因为产卵管很长，它的产卵方式就与麦红吸浆虫完全不同。产卵时成虫落在小穗的顶端，产卵管自内外颖尖端从合孔处插入，大多数产于内颖的内面上半部或1/4处（天门，1955）。但据宁夏报告（1958），产卵管的插入，在小麦上多从穗上部4/5处或从颖旁中部插入，卵多在外颖内侧（占查卵总数的41.2%）及内颖折缘外侧（占查卵总数37.4%），其他如内颖内侧（占21.4%），很少有在颖外及穗轴产卵；在莜麦和燕麦上产卵多选择抽出半穗者，卵管从颖端抱合处插入。成虫以触角试探产卵（麦红吸浆虫是以产卵管试探产卵的），产卵时极为安静，常在 个麦穗上很久不飞去，平均每虫在一穗上的产卵时间为1小时余，产卵20余次，每次需时3~4分钟，每次产卵1~25粒不等，平均6~7粒。卵粒排列不规则，集中成块，产卵时如不受外力干扰，每次停留时间较长，所产卵块整齐，每块卵粒也多。成虫产卵对寄主没有多大选择，只要刚抽穗，它就产卵。但在不同麦类上每块卵数有所不同。因此不同麦类品种间受害差异很大。产卵受时间限制不大，除了强烈的日光照射或有重露的夜晚、早晨外，其余时间从早晨8点到下午6点，甚至到晚11点都可产卵，以傍晚6~8点活动最盛。2级以上的风可影响其活动。成虫微有趋光（弱光）性。成虫羽化以后，雄虫多留在"源地"，据宁夏记载，离"源地"较靠近麦田边缘，雄占58.5%，而离"源地"较远的仅占1.03%。

（2）幼虫。卵初产时乳白色透明，3、4日后卵内有黄色点散布，再经2日后卵黄集中于卵之前部，然后再慢慢向中后方移动。孵化前一日在显微镜下观察，幼虫体节清晰可别，且能见到幼虫在卵壳内伸缩蠕动。初孵化幼虫，性极迟钝，行动缓慢，多停留在小麦柱头端毛或腹沟中，逐渐转移到麦粒背基部继续为害。幼虫共脱皮二次，第一次在孵化后5天，长达1毫米时；第二次在老熟前。第一次脱皮后，幼虫长度迅速增加，11~12日后生长又趋缓慢，其中以孵化后6~7日生长最快。幼虫在麦壳中约经半月老熟，不藏于蜕皮内，遇雨湿自麦壳爬出弹落地面，再弹跳各处，入土结囊蛰伏。幼虫入土后，当天即深达7寸，而以3寸为最多（天门）。青海报告：在土未翻耕时幼虫在2~3寸土地深处占69.70%，1寸深处占16.67%，4寸深处占13.64%，5~6寸深处极少。幼虫入土后3日即开始结囊，这与土壤湿度有关，土壤湿度在25%~30%时结囊最多，过干过湿结囊数目均较少；过干则幼虫萎缩，过湿则幼虫水肿，体节伸长，甚至糜烂而死。据宁夏（1958）观察："相对来看麦黄吸浆虫绝大部分是在当年羽化"；但

---

[*] 裴纳氏只见到休眠体，而未见长茧。

青海报告（1959）："两种吸浆虫均有隔年羽化习性，麦黄吸浆虫不羽化率为 6.33% ~ 14.69%；麦红吸浆虫为 14.61% ~ 17.18%"，这样的差异或与地区不同和发生时期降水量多寡有关。

（3）蛹。幼虫在土中蛰伏近 10 个月，于第二年惊蛰后（天门），向土壤表层迁移，准备化蛹。在化蛹阶段，虫体变化大致同麦红吸浆虫。幼虫体伸直不动（前蛹），不像幼虫那样卷曲自如。这种变动可能与化蛹前结长茧有关。前蛹变蛹一般需时 3 ~ 4 日，湿度过低有时可达十余日。蛹体腹部活动力甚强，借以摇摇上升至表土，有利羽化。结茧的蛹多于翅芽及脚色变赭红时自茧外出，钻动到土面或土缝中，再过 2 或 3 日即羽化。

六、小麦吸浆虫的种类与分布

我国小麦吸浆虫主要有红，黄两种，即麦红吸浆虫 [*Sitodiplosis mosellana* (Géhin)] 与麦黄吸浆虫 [*Contarinia tritici* (Kirby)][*]。前者能耐干旱，但不甚耐长期阴湿；而后者则需长期湿润的环境，不能耐干旱。这些特性是根据它们的地理分布，所处生态条件不同，在群体长期系统发育，适应环境，演变遗传而产生的。例如河南省芦氏县农业技术推广站观察记载（1954）："山峡、背阴、土壤潮湿，为黄吸浆虫发生适宜区。如磨上乡是一斜形山沟，东南北三面高山林立，并有小溪从中穿过，每年夏季日照时间比一般都短，为黄吸浆虫猖獗之地，每立方尺有虫 304 个，其中黄色为 300 个，占总虫数 98%；而地势平坦，宽展向阳，为红吸浆虫区，在张麻乡检查，每立方尺存虫 128 个，全是橘红色，城关一带同此"。在湖北省天门县分布，可以划分为两个区，县河以北属丘陵地带，土质为白闪土，旱作和水田交错，小麦吸浆虫发生较少，红吸浆虫略占优势；县河以南为广大平原旱作区，多为油砂土，作物生长良好，大都是豆、麦（大麦、黄豆、粟谷）三熟，或麦、棉两熟，前作套后作，土面经常有作物覆盖。由于降水量多（常年水量为 1 335 毫米），地下水位较高，再加作物覆盖，土壤能保持一定湿润，温度变动亦小，小麦吸浆虫发生严重，麦黄吸浆虫占绝对优势，成为我国麦黄吸浆虫分布在平原地区的特殊例子（麦黄吸浆虫在欧洲主要分布于平原）。

红、黄两种吸浆虫以前分布于国内各冬、春小麦产区，计有 17 个省和两个自治区，即青、甘、陕、豫、晋、冀、皖、苏，浙、赣、鄂、湘、蜀、黔、辽、吉、黑等省及宁夏和内蒙古自治区。当时西起青海湟源、亹源、大通、互助一带，东达淮河，长江流域沿海各县（苏北有泰州，南通、盐城、淮阴等专区的 30 余县，而以泰兴、靖江、如皋、泰州 4 县交界处为最重，苏南计有江宁、镇江、武进、太仓、上海等县市；皖北计有阜阳，宿县，六安、滁县、巢湖等专区的 24 个县市，而以凤台、颍上、滁县、来安 4 县为重；皖南有芜湖、宁国两县），北自内蒙、宁夏（银川、吴忠，约在北纬 38°25′）

---

[*] 此外在麦田内还能找到三、四种或更多的吸浆虫（西北农学院，1951；洛阳，1955；青海，1957），学名俱未定。

南至四川宜宾（北纬28°49′）、浙江丽水（北纬28°01′）、贵川铜仁（北纬27°35′）、湖南邵东（北纬27°）、江西吉安（北纬27°10′）一带。在我国冬小麦主要产区内，特别是黄河、淮河流域，从北纬31°余起至北纬35°余止，在这个范围内麦红吸浆虫分布普遍，有时为害很严重。其他如宁夏灌区，关中灌区、汉中平原亦有麦红吸浆虫发生，称为"麦红吸浆虫主发区"*（大体在北纬40°以南，27°以北，从东海到东经100°这个范围内）。至于长江中、下游沿岸与较南地区，如浙江的嘉兴、金华、衢县、永康；江西的丰城、吉安以及湖南的邵东等地，虽有发现，但都是麦红吸浆虫"分布区"或"扩散区"，间或零星稀落的分布，一般为害轻微。我国具有典型的季风气候，夏季炎热，冬季寒冷，雨水分布不均。东部平原受季风影响较烈，温、湿度变化大，不适于麦黄吸浆虫的生存。而西北部高寒山地或叫"脑山区"（海拔2 000～2 500米，西北农科所；2 600～3 000米，青海农林所），即青海（大通、互助、湟源、湟中、化隆等县）、甘肃南部，以及大通河，洮河、白龙江等上游的高山与六盘山一带（海拔1 850～2 600米，包括固源、隆德、泾原、西吉等县），受季风影响较小，气温比较寒冷，雨量较多，作物发育生长迟缓，因而麦黄吸浆虫的发生多，为害持续时间也很长（宁夏，1958），这些地方就称"麦黄吸浆虫主发区"[黄占96.59%，红占3.41%，宁夏；黄占80.56%～100%，红占0%～19.44%，青海（表6）]。在高原河谷地带，有河流灌溉的阴湿地区，或叫"川水区"（海拔1 500～2 000米），视地势高低麦红、麦黄吸浆虫的混生比率常有不同，如青海湟河、黄河，甘肃白龙江、西汉水、洮河、渭水的上游（表7），以及陕西秦岭山区、巴山山区则为麦红、麦黄吸浆虫并发区。这样共存情况沿嘉陵江（嘉陵江上游来自甘肃境内的白龙江、白水江、西汉水等；下游汇合前、后江、南江、通江、渠江等水发源于大巴山）而下达南充、武胜、岳池一带，东由渠江，通江而分布于达县、巴中、南江等县，西经涪江（分布于三台、盐亭、射洪、蓬溪等县）与岷江（分布于华阳、仁寿、眉山，雅安等县），最南达至宜宾。东部则发现于汉水下游各县，而显著地聚集于天门县境**。贵州沿乌江一带，在铜仁专区山地，位置虽比长江沿岸较南，但地势颇高，夏季无酷热，全年多阴雨，适于麦黄吸浆虫的生存，故红、黄亦并发。因此在我国大陆西部，"麦红、黄吸浆虫并发区"由南到北，若断若续，成片分布。此外在麦红吸浆虫普遍发生地区内，麦黄吸浆虫亦有在高山谷地作零星残遗"岛屿状"的分布，如河南栾川、卢氏（伏牛山间海拔1 000～1 500米高寒多雨山区）则以麦黄吸浆虫为多。根据上述一系列的小麦吸浆虫分布情形，初步推断吸浆虫分布原来就是红、黄两种共同生存，以后受地壳变动或"造山运动"成为若断若续，块块条条的区系分布，再受气候、土壤及栽培作物等环境的影响而发展为麦红或麦黄小麦吸浆虫

---

　　* 东北小麦吸浆虫分布情况不甚明了，据东北1954年调查报告所载麦红吸浆虫占绝对多数。经作者与沈阳农学院朱永年讲师于1962，1963两度在沈阳等地调查与观察过去所保留下的标本，都不能确定有麦红和麦黄吸浆虫存在；至于在我们调查时在麦穗中所发现的一种小形红色瘿蚊科幼虫是另一种。1962年夏作者又与朱永年同往黑龙江赵光国营农场在麦田淘土亦无所获。

　　** 四川盆地与江汉平原部分旱作区，由于土质好，作物生长良好，复种指数高，土面经常有作物覆盖，加之气候温和，土壤较湿润，土中温、湿度变动小，故适于麦黄吸浆虫的生存。

不同主发区 *。

表6　青海麦红麦黄吸浆虫分布概况

地　区	海拔高度（米）	检查地块数	检　查　虫　数				
			总虫数（个）	红虫（个）	%	黄虫（个）	%
化隆（尕西沟）	2 900	1	265	4	1.51	261	98.49
互助（却藏滩）	2 700	2	192	0	0	192	100.00
湟源（地汉）	2 634	2	703	22	3.13	681	96.87
湟中（海马泉）	2 500	3	1 094	49	4.48	1 045	95.52
大通（柳树庄）	2 500	4	660	76	13.57	484	86.43
西宁（十里铺）	2 244	4	2 917	567	19.44	2 350	80.56
贵德（河阴镇）	2 237	6	375	297	79.20	78	20.80
乐都（高庙镇）	2 160	7	117	96	82.05	21	17.95
民和（东垣滩）	1 830	5	365	287	78.63	78	21.37

表7　在甘肃临洮检查土壤所得两种吸浆虫数量的百分比[①]（1958）

地　名	虫体总数			红黄虫百分比（%）	
	红虫	黄虫	合计	红虫	黄虫
城关旭东社麦地	38	36	74	51.4	48.6
城关洮丰社麦地	37	12	49	75.5	24.5
农校农场麦地	9	271	280	3.3	96.7
城关北关社麦地	17	166	183	9.3	90.7
上营好水社麦地	0	90	90	0	100

　　① 为甘肃农学院薛绍瑄、薛铎同志的通讯材料，特此致谢。

　　我国东北春麦区包括黑龙江、吉林全省，辽宁省大部分地区，以及内蒙古自治区东北部，是我国主要春麦产区之一，但小麦吸浆虫分布为害情况，尚未明确。本区全年半均气温为0~7℃，一月平均气温在 – 10 ~ – 28℃，最低温度在 – 33 ~ – 47℃，为我国气温最低的地区，降水量一般为280~700毫米，雨量集中在六、七、八3个月，在小麦拔节到抽穗期间的降水量，一般在50~100毫米以上，适合于小麦吸浆虫发生的需要。从纬度来看，东北地区在北纬40°~53°，而欧洲小麦吸浆虫分布在北纬40°以北，几乎接近到北极圈，从温度来看，冬季并不甚冷（斯德哥尔摩、瑞典，在北纬59°25′，为 – 19℃；哥本哈根、丹麦，在北纬55°41′，为 – 13℃）。我国东北极端最低气温在 – 33 ~ – 47℃，比世界各小麦吸浆虫分布区的冬季温度都要低。冬季低温可能是我国东北春小麦吸浆虫发生主要控制因素（刘家仁，1962）。

────────────

　　* 这是作者的初步推断，目前虽无充分论据，然根据略薄夫（М. А. Рябов）："切根虫年周期的类型"一文中曾提到："大约在第三纪中叶，因为强烈的大地变动构造，建立了阿尔斯高山褶皱，而引起广大地区，首先高耸地壳，地层本身的气候起变化，这是第三种影响动植物生活的强烈因素。"又雅洪托夫（В. В. Яхонтов）在"昆虫生态学"书中说："虽然某一些生活小区的生物群落基本上取决于该生活小区的生态条件，但是也不应该忘记地球发展的历史因素。"我国生物地理分布受各期造山运动如"天山运动""燕山运动"或"震旦运动"，以及第三、第四纪地层变动等的影响是很大的。迄今惜无充分材料，仅提出线索，以供进一步分析研究参考。

我国境内吸浆虫分布，有些地方受早春三、四月间降水量限制很严，但江淮地区，小麦拔节、抽穗期间降雨量已达50毫米，有利于麦红吸浆虫的发生。黄河流域在小麦拔节到抽穗期间的降雨在兰州以南出现30～40毫米区域，渭河流域在25～50毫米，秦岭山地达到40～60毫米，以及沿黄河两岸的灌溉区，如洛阳、孟县等地是黄河流域麦红吸浆虫主要发生地。但在山东泰沂山地以北，渤海以西和山西高原以东，4月降雨在10毫米以下，黄河下游其他地区降雨大致在10～25毫米之间，均不利于吸浆虫的发生为害。豫东、苏北沙荒盐碱地区，作物生长不良，土壤温湿变化大，吸浆虫极少分布。山东半岛泰沂山地以南，降雨较多，适于吸浆虫的发生，但至今尚无报道，可能是未被发现，或是地理隔离，或在产卵时天气干旱影响孵化与幼虫成活所致。这些地方是冬小麦主要产区，4月气温虽够，平均为10～12℃，但因幼虫在土中上升化蛹期间降水量少，又不适于麦红吸浆虫幼虫活动，有些地方纵能引水灌溉麦田，然当成虫产卵时期，适逢天旱，幼虫的孵化率和成活率俱低，即有也不致于成灾，河北邯郸专区磁县一带就是这现象（郑炳宗，1956）。至于麦黄吸浆虫由于这些地方高温干旱更无生存的可能。

吸浆虫在土内分布密度随栽培制度和作物生长情形每年都有差异。据宁夏报告（1958），曾对不同前作的土地进行了淘土检查。发现凡隔年麦茬地内红吸浆虫所占比率就大，平均占88.32%，不隔年的麦茬地则黄吸浆虫占比率大，红吸浆虫平均仅占2.23%。土中虫口密度

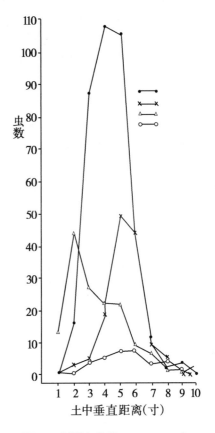

图23　新野老龙镇1951，1952年吸浆虫在土中垂直分布的情况

大小，受很多条件的影响：①靠近去年麦茬地的麦田成虫数量多，越远越少；②避风向阳凹田、沟地，成虫数量多；③平川、半山坡地次之，高山地密度极少。如在隆德县（宁夏）各地轮作是：小麦—马铃薯—大麦、小麦、莜麦；或小麦—蚕豆—小麦或其他。因而极少有重茬小麦，在隔年麦茬地内就留存很少吸浆虫。吸浆虫由马铃薯或蚕豆地里羽化出土后，必须经过迁移，才可到麦田为害，故距离去年麦茬较近的小麦田成虫出现就较多。又据青海调查，前作为小麦、青稞者虫口密度比马铃薯、蚕豆、苜蓿地多3～14倍。四川报道，1953年调查入土幼虫黄蛆占91.6%，而1954年则以红蛆为多数，占94.5%。推测原因与小麦生育阶段有关，一般黄吸浆虫成虫出土早，如小麦抽穗早碰上黄的发生盛期，产卵多，将来黄的幼虫必多，反之小麦抽穗迟，碰上红吸浆虫发生盛期，土中幼虫则以红的占多数。

以上所述都是过去我国吸浆虫的平面分布，下面谈谈吸浆虫幼虫在土中的垂直分布情形。吸浆虫幼虫在土内分布的深浅常随种类、土壤性质、结构，以及季节气候的变化而有差异。各地关于这项周年的记载较少，河南新野老龙镇工作组（南阳，1952）自1951年7月初起至1952年6月止，每隔数日或十数日即检查土壤一次，得知幼虫入土（7月7日检查）以四、五寸处为最多，三、六寸处次之，一、二、七、八、九寸处均少，十寸处则没有发现。在越冬前检查（12月14日），以五、六寸处为最多，四、七寸处次之，二、三、八寸处均少，九、十寸处则没有发现；至第二年4月1日检查，以二寸处为多，一、三、四、五寸次之，六、七、八、九寸均少，十寸处则没有发现；第二年6月10日检查，以四、五、六寸处为最多，三、七、八寸处次之，一、二、九、十寸处则没有发现。

关于不同深翻地麦吸浆虫垂直分布及其对羽化数量的影响，则以青海研究较详。据青海1959年报道，两种吸浆虫在同一地方入土分布深浅亦有不同，在西宁市曹家村麦红吸浆虫的垂直分布为1~2寸占55.23%，3~4寸占35.30%，5~6寸占9.46%；麦黄吸浆虫则依次为62.64%，30.40%和6.96%。在小桥附近每0.25平方尺内有虫3~112头，平均24.4头，其垂直分布为0~3寸占37.46%，3~5寸占41%，5~7寸占18.74%，7~10寸占2.8%。

从不同深度翻耕试验证明，一般深耕0.8尺的地中，麦吸浆虫分布深度为0.1~0.8尺，其中98%以上的虫数是在0.1~0.6尺内；深翻3尺的，0.1~0.8尺内只占40%以上，50%分布在0.8~1.8尺内（表8）。

表8　不同深翻地小麦吸浆虫垂直分布比较

| 地点 | 耕翻深度 | 取点数 | 不同深度土内虫数（个） | | | | | | | | | 合计 |
			1~2寸	3~4寸	5~6寸	7~8寸	9~10寸	11~12寸	13~14寸	15~16寸	17~18寸	
小桥	0.8尺	3	25	33	10	4	0	—	—	—	—	72
曹家寨	0.8尺	5	212	153	59	2	0	—	—	—	—	344
合计		8	243	128	59	6	0	—	—	—	—	506
%			48.02	37.15	13.64	1.19	0	—	—	—	—	
十里铺	3尺	3	73	27	17	8	15	11	8	41	44	244
十里铺	3尺	3	12	12	9	5	23	20	11	1	3	96
十里铺	3尺	2	25	17	10	2	1		18	6	12	91
合计		8	150	56	36	15	39	31	37	48	59	431
%			25.52	12.99	8.35	3.48	9.65	7.2	8.58	11.14	13.69	

又根据淘土观察，耕翻0.8尺与深翻1.8尺的土地中，化蛹深度均在0.1~0.4尺内，0.5~1.8尺内的幼虫均不能化蛹。经检查羽化前63.62%虫口分布于0.7~1.8尺内，羽化后则有60.19%残留虫口分布于0.1~0.6尺内（表9），证明深层的一部分幼虫能上升至浅层土壤，也有一部分幼虫留在深处不能向上移动。

表9　深翻地内小麦吸浆虫羽化前后垂直分布情况

取土时期		深度（寸）									合计
		1～2寸	3～4寸	5～6寸	7～8寸	9～10寸	11～12寸	13～14寸	15～16寸	17～18寸	
羽化前	虫数（个）	48	48	36	20	92	80	44	4	12	384
	%	12.50	12.50	9.38	5.21	23.96	20.83	11.46	1.04	3.12	
羽化后	虫数（个）	118	51	23	19	33	29	22	13	11	319
	%	36.99	15.99	7.21	5.96	10.34	9.09	6.89	4.08	3.45	

七、小麦吸浆虫的发生

小麦吸浆虫发生的盛衰、早迟以及为害严重与否，除土中藏伏的当年越冬和多年休眠的虫口密度大小以外，同当地环境条件，如纬度高低，海拔高度，地形位置，土质砂黏，气象变化，灌溉次数、时期以及覆盖物等有密切关系。

小麦吸浆虫在我国境内分布，在同一地区内每年成虫发生的时期大体是一致的。有时则有迟早之差，红的只有7～10天，而黄的有一个月。

不同地区成虫的发生，根据各地的材料，分别种类，加以研究，得到以下的图景。麦红吸浆虫主发区成虫发生的资料，在北纬31°～36°的比较完备，各地成虫的发生期彼此之间的差异较小（表10），其中从东到西大致可分成两段：上海、苏北、皖北是东段，河南、山西、陕西是西段。麦红吸浆虫的成虫发生期东段晚于西段约一星期（杨，1960）。这或与我国华北关中一带早春干旱，气温上升较速有一定的影响。以4月份的平均温度来看，西安为14.8℃，上海为13.7℃，南通13℃，就可看出华北、关中麦红吸浆虫发生较早的原因[*]，麦红吸浆虫主发地区幼虫活动至变蛹羽化期间气温保持在10～20℃，有时或较高。从小麦吸浆虫发生条件来说，那时温度似无问题，但影响发生多少的条件主要是降水量。根据我国主要冬麦区4月份降水量（表11）就可证明，北京、保定、太原、德州、大同等地降雨在20毫米以下，吸浆虫分布少，而西安、汉中、运城、南阳、阜阳、南通等地降雨在40毫米以上，是吸浆虫主要发生区。洛阳降雨虽较少，但由于灌溉条件好，吸浆虫发生亦重（刘家仁，1962）。

表10　麦红吸浆虫主发区成虫发生期

年份	发生日期							
	上海	苏北	皖北	南阳	洛阳	芮城（山西）	长安	武功
1950		4月26日	4月26日				4月19日	
1951		4月28日	4月27日	4月25日				
1952		4月25日	4月25日	4月16日			4月21日	
1953	4月29日	4月18日	4月24日	4月19日	4月18日			4月22日

---

　　[*] 华北春旱的原因主要是回暖太速。3—5月初气温每月增高8～10℃；两个月内所增气温占前半年所增的70%，而雨量增加只占前半年所增的8%。

（续表）

年份	发生日期							
	上海	苏北	皖北	南阳	洛阳	芮城（山西）	长安	武功
1954	4月28日				4月17日	4月16日		4月15日
1955	4月27日				4月22日			4月21日
1956	4月26日				4月17日		4月16日	
1957	4月28日						4月18日	
1958	4月23日					4月20日	4月15日	

表11　我国主要冬麦区四月份降水量

站　　名	北京	保定	太原	德州	大同	西安	汉中	运城	南阳	阜阳	南通	洛阳	临沂
四月份降水（毫米）	17.2	8.6	14.8	11.2	13.3	40.7	41.4	52.0	64.9	71.3	99.6	23.6	45.4
记录年代	82年	17年	28年	7年	11年	22年	13年	2年	4年	11年	10年	7年	6年

麦黄吸浆虫在两种吸浆虫并发区内发生较早，而数量又较多（见四川南部县1954年和贵州1958年的报告）。若按全国发生情况来看，麦黄吸浆虫所跨纬度的幅度较大，因此其间的差异也很显著（表12）。麦黄吸浆虫所分布的地区都是我国的高原区，高原区的情况比较复杂，地形和高度对麦黄吸浆虫成虫发生都有很大的影响。如四川盆地的发生期比较早，青海的脑山区比川水区的发生期较迟。一般而论，麦黄吸浆虫成虫发生期从南到北可分为三段：贵州、四川属于南段，成虫发生最早；河南栾川和卢氏等山地属于中段，成虫的发生稍迟；宁夏、青海属于北段，成虫发生最晚，各段之间的日期相差在一个月左右。在宁夏、青海的高山地带，麦黄吸浆虫成虫的发生比当地灌溉区的发生时期更迟（杨，1960）。麦黄吸浆虫主发地区都是高山多雨阴湿的地方，从一般来说，湿度是不成问题的，影响其发生早迟和多少，全视气温上升的早晚和高低，因此温度成为麦黄吸浆虫发生盛衰的主要因素，与麦红吸浆虫成虫发生条件的要求似有差别。不仅如此，即在同一个地区内，由于地势、地形等条件不同，小区域气候有差异，成虫发生的时期也不一致。如陕西岐山县农业技术推广站1954年记载，塬下地区向阳，较塬上地区要暖些，所以塬下成虫在4月26日已见发生，5月3日至8日到盛期，塬上4月30日才发生，5月8日至10日才到盛期。而安徽省定远县报道（1959）与此不同："吸浆虫一般是平原和低洼地发生较早，高地、旱地发生较迟；不过今年（1959）春季雨水较多，特别是4月上旬雨水充沛的情况下，则有相反的情形。拂光（地名）点地势高燥，成虫最早于4月15日出土，其他两个点：如新华、朱巷等旱地则迟2~3天，而年家岗点地势低洼，成虫出土最迟，4月21日才发现成虫。又如1953年在南阳专区各县观察，内乡、西峡4月15日成虫开始羽化，邓县、镇平为16日，南阳17日，南召18日，新野19日，方城、沁阳迟至20日以后，可见南阳区成虫发生时期是由西向东，由山地到平原，逐渐发现晚。原因是西部山区小麦播种，以及生长发育时期，较东部平原为早，西峡小麦播种在秋分后数日，内乡、镇平在寒露前，南阳在寒露、霜降间。山区由于地势高低不等，又有向阳背阴干燥、潮湿等的变化很多，因之发生情况更要复杂。

表 12　麦红、黄吸浆虫并发区黄吸浆虫成虫发生期

年份	发生日期							
	贵州铜仁	四川南部	湖北天门	河南栾川	宁夏灌区	宁夏山区	青海川水区	青海脑山区
1952		3 月 27 日			5 月 27 日			
1953		3 月 25 日			6 月 4 日			
1954		3 月 24 日			5 月 25 日			
1955			4 月 11 日	4 月 29 日				
1956					5 月 29 日			7 月 1 日
1957			4 月 2 日				6 月 8 日	7 月 1 日
1958	3 月下旬	3 月 19 日	4 月 13 日		4 月 25 ~ 29 日 (6 月 23 日) ~ 6 月 28 日)	6 月 14 日	5 月 29 日	6 月 24 日

据西北农业科学研究所报告（1956），甘肃的天水专区小麦吸浆虫发生在 4 月底、5 月初；兰州在 5 月末，河西一带及青海西宁等地又在 6 月初、6 月上旬；六盘山附近高山地区的静宁、隆德等地（现属宁夏自治区）发生早期在 6 月末；乌鞘岭、天祝自治区在 7 月初；青海脑山地带由于地势更高，多发生在 7 月上旬，个别地区还有出现于 7 月中旬的，并录之以供参考。

　　就是同一块田地由于成虫发生前每年气温升降变化，温度有高有低，影响地温的变化不同，因而也影响蛹化时期和蛹期长短不一致，成虫发生时间每年也都不同。如武功三道塬成虫发生情况的连年记载如下（1956，西北）（表 13）。

表 13　小麦吸浆虫成虫每年发生与土壤积温的关系

年份	4 月份 5 厘米深土温度（℃）		成虫发生情况		
	月总积温	日平均温度	初期	第一次盛期	末期
1952	470.7	15.7	4 月 21 日	4 月 25 日 ~4 月 28 日	5 月 9 日
1953	447.3	14.9	4 月 22 日	4 月 26 日 ~5 月 4 日	5 月 10 日
1954	538.9	18.0	4 月 15 日	4 月 20 日 ~4 月 27 日	5 月 12 日
1955	459.0	16.7	4 月 20 日	4 月 25 日 ~4 月 29 日	5 月 13 日

　　作物覆盖稀密能影响地温高低，吸浆虫发生也就有先后。1957 年在河南孟县系统淘土检查三块麦地，南地密植多肥，4 月 27 日开始有羽化成虫，北地为一般麦田，4 月 25 日见成虫，极北地小麦生长瘦弱稀疏，4 月 23 日即有羽化成虫（湖北，1961）。

　　又麦田位置向南，北面有屋墙、树木遮蔽烈风，也常使地温较高，吸浆虫提早发育。例如 1955 年洛阳新村王国清的麦田，吸浆虫成虫较大田提早 7 天发生，1956 年辉县西关田守财麦田靠近屋边早 4 日发现成虫，考虑这些条件，预先选择系统淘土地点，对预测预报工作有很大帮助。

　　温度高低固能影响吸浆虫的发生，同时也会影响小麦植株的生长，有时因降雨多，日照少，地温低，一般小麦未抽穗而吸浆虫成虫已出土，遂集中于早熟麦上产卵，造成早抽穗的麦（因品种、播种期、麦田位置，以及麦田管理不同，致抽穗有早迟）严重损失，这种特殊现象，是 1955 年在洛阳所见。

　　1955 年洛阳一带小麦抽穗较晚，第一批吸浆虫成虫出土，而一般小麦都未露脸。这种情况，以前都未见过，经分析研究，得知大气中温度高，日照时间长，以及土中温度高，能促进小麦抽穗；而 1955 年 3—4 月下雨 66.8 毫米，使气温和地温均降低（1955 年 4 月气温日平均总和为 422.6℃，5 厘米深地温为 480.5℃）。1954 年 3—4 月降水量少，仅 25.9 毫米，而气温日平均总和为 462.7℃，地温为 570.7℃，均为 3 年中之最高年。至于 1953 年 3～4 月雨量适中为 33.9 毫米，温度亦适中（前者 444.2℃，后者 553.6℃），可以看出 1955 年气温、地温因早春降雨过多（几乎等于 1954 年 3 倍，1953 年的 2 倍）而降低（表 14）。但吸浆虫反而因雨水充沛，幼虫上升较易较快，达到表土后，又逢 4 月 11—12 日前后气温骤高，促使吸浆虫加速变蛹，此时小麦又正是未孕穗时期，致形成小麦有抽穗赶不上吸浆虫第一批出土情况。

表 14　洛阳 1953—1955 年 3～4 月气候变化记载

雨量（毫米） 3 月和 4 月	气温① 4 月份	地温（4 月份）			相对湿度（%） 四月份
		5 厘米	10 厘米	20 厘米	
1953 年 33.9	上 129.3 中 130.1 }444.2 下 154.8	上 150.4 中 174.7 }553.6 下 228.5	上 152.8 中 189.2 }571.1 下 229.1	上 140.6 中 177.2 }528.6 下 210.8	上 56.6 中 49.4 }54.8 下 58.3 （平均）
1954 年 29.5	上 144.4 中 148.1 }462.7 下 170.2	上 181.2 中 182.9 }570.7 下 206.5	上 179.2 中 183.4 }565.6 下 203.0	上 171.4 中 177.1 }542.1 下 193.6	上 57.6 中 67.2 }60.6 下 56.9 （平均）
1955 年 66.8	上 154.4 中 132.5 }422.6 下 135.7	上 163.1 中 158.0 }480.5 下 159.4	上 169.1 中 157.2 }489.5 下 163.2	上 143.7 中 154.4 }448.4 下 150.3	上 58.7 中 67.1 }65.0 下 69.2 （平均）

　① 三、四两月雨量积累，使土中水分增加能影响吸浆虫幼虫在土中上升活动，故雨量列三、四两月，而小麦至 3 月 24 日左右才拔节，4 月 3 日吸浆虫幼虫才上升，3 月气温、地温，影响小麦与吸浆虫发育不大，故温度仅列 4 月份的记载。

　　华北、关中一带麦红吸浆虫成虫发生每年在 4 月 20 日左右，正值小麦抽穗扬花的时候，根据达尔文学说，那就是吸浆虫和小麦之间有和谐现象，认为这种现象是生物由于长期自然选择保留下来的适应性。而这种选择则基本建立于小麦抽穗扬花与吸浆虫变蛹羽化所需温度的统一性。又吸浆虫羽化因受自然（如下雨、麦地向阳及地势较高等）和人为（即井浇，渠浇）力量的影响，致前后分批出土，而小麦亦因天气、品种、播种期、地力肥薄以及浇水早晚、次数，致抽穗亦有先后，这是小麦又给吸浆虫适应的机会（曾省，1957）。

八、环境因子与吸浆虫的关系

（一）地形、地势

根据过去调查，凡生产小麦地区，吸浆虫几普遍发生。如麦红吸浆虫在沿河流域、渠浇、井浇地带以及雪水灌溉区域分布较为集中，尤其是这些地区的低洼地方或山谷盆地，密度更大。*

以河南南阳地区为例来说，东南有桐柏山脉，北有伏牛山脉，蜿蜒起伏，全区形成袋状盆地，在新野、邓县形成缺口，其间河流有淇河、白河、唐河都经新野注入汉水。整个盆地的东北西三面都是高山，东北面稍低，越向中南部地势越低，河流也越多，过去是吸浆虫猖獗地方。如新野老龙镇一带是南阳盆地的底，地势最低，河流最多。在新野砑石区横越30里，有大小河流7条，吸浆虫为害最严重。沿河流上溯至山谷间，也有许多低地和小盆地都是吸浆虫发生基地。

又如洛阳、偃师是豫西熊耳山蜿蜒起伏形成的盆地，中间被洛河和伊河由西向东贯穿。洛河北岸和邙岭南麓，如安乐窝、北王、凉楼一带以及洛河和伊河相汇的南岸回郭镇都是吸浆虫巢穴，小麦受害很严重。

关中平原西自宝鸡，东至潼关，南依秦岭，北以北山、黄龙、雁门等山脉为界。从宝鸡向潼关，越往东越低，平原的面积，渐见扩展，形成大盆地。中有渭河、泾水、洛水。如以渭河为界，越向北地势越高，分三道原、二道原、头道原，而以三道原水位高，吸浆虫分布密度人，小麦受害重。再看渭河以南，由秦岭到渭河，地势逐级下降，也有三"原"之分，其间河道纵横，均汇聚流入渭河，造成吸浆虫为害严重地区。苏北、皖北吸浆虫成灾区域都是江淮地区内河流分布众多，地势较高的旱作地（低洼地均种水稻），如江苏北部高砂杂谷区，位于通扬运河以南，清泰界河以北，为吸浆虫常发地区，面积100万~150万亩。

至于西部高原如青海农业区，不论川水、浅山，脑山等地区都有不同程度的发生，其中以川水、脑山地区较为普遍。川水区，气候较暖，年平均温度为4.5~5.1℃，年降水量为342.7~583毫米；脑山区地处高寒，年平均气温为1~2℃，年降水量452.8~524.6毫米。宁夏吸浆虫分布于黄灌区和阴湿地区，前者全为麦红吸浆虫发生地区，后者为麦黄吸浆虫发生地区，亦有少量红吸浆虫混杂发生。

小麦吸浆虫在甘肃全省普遍发生，特别在洮河，大夏河流域、泾河、渭河、河谷地区，以及临夏、和政、天祝等县阴湿山地，发生严重。

（二）雨水和大气湿度

小麦吸浆虫一生活动，很多时期需要水的帮助。如早春蛰伏土中越冬的幼虫破囊活动上升至表土时，幼虫变蛹羽化出土时，幼虫在麦壳中老熟时需要雾、露及雨水才能离穗落土，以及幼虫靠流水传播分散等。

成虫和卵都需要较高的湿度，高湿对麦黄吸浆虫的成虫和麦红吸浆虫的卵更为重要（杨平澜，1959）。在卵孵育期间如果天气干旱，大部分卵就不能孵化，干瘪死亡。幼虫的活动，蛹化和蛹的活动羽化也需要一定的湿度。有时温度已经达到适宜幼虫活动和蛹化的程度，但由于湿度不够，仍然蛹化不了。因而推延了成虫的发生时间，或仍结囊蛰伏起来。试验证明，土壤饱和含水率在70%左右，化蛹羽化最为适宜，低于45%，则不能化

---

*据1962年南阳通讯，现在南阳郊区附近，淘土找不到吸浆虫幼虫及休眠体，但赤眉及新野有些地方密度仍有大的。新野是低洼地区，赤眉是山间盆地。

蛹。1951年在南阳李华庄最早发现蛹是在4月18日，4月25日就有羽化的成虫在土中尚未飞出，25日夜小雨，26日即有成虫飞于地面，凡此都可证明变蛹、羽化需要相当水分。"如果落雨或田里灌水过多，超过了土壤的保水能力，这时幼虫就爬出地表呼吸。由于土壤的性质结构不同，保水力大小不一致，因之幼虫活动蛹化所需最适宜的含水量，应该是在不超过该土壤的最大保水力的条件下，水分越多越好"（西北农业科学研究所1956）。青海（1959）调查：一般栽培条件下能维持植物正常生育的土壤湿度，均能满足麦吸浆虫化蛹时的水分需要。在一定范围内土壤保水量越大，化蛹量越高，反之越低。土壤含水量少至7.5%～10.94%时，即不能化蛹。据前华北农业科学研究所报道：在4月间化蛹前的温、湿度改变，对于吸浆虫的猖獗消长，极为重要。湿度的反应，由于休眠的时期长短，差异极大，休眠时间越短，对于湿度的反应越加灵敏（钟等，1956）。

在干旱地区或干旱年份，土壤温度升高后，幼虫活动蛹化就要看灌溉情况来决定，常常会因灌溉不及时，土壤水分缺乏，幼虫活动蛹化受到限制，推延了成虫羽化期。宁夏回族自治区的银川和吴忠，降水量很少，土地全凭灌溉，因之成虫发生期也和灌水时期有重要关系（表15）。

表15　在吴忠麦田灌水和成虫发生的关系

年份	灌头水时间	吸浆虫发生盛期时间	为害情况
1952	5月10日（小麦拔节）	5月30日（小麦抽穗）	严重
1953	5月20日（小麦孕穗）	6月16日（抽穗期已过）	轻

据青海报道，浇水时间延迟或不浇二水，有抑制化蛹的作用，但却能引起小麦减产10.71%～14.56%，因此在自然情况下，试图以减少浇水的办法防治麦吸浆虫是值得多次试验和慎重考虑的。

又1954年洛阳小麦吸浆虫工作组[*]曾在早浇（渠浇）麦田、迟浇麦田、未浇麦田等三个不同地块进行了系统淘土观察，根据土中蛹的发育进度，明确地看出幼虫活动上升和变蛹、羽化与灌水有无、早迟，关系很大，而且还可以预测不同地块成虫羽化和决定施药时期（图24）。

同年山西吸浆虫防治研究组在芮城井浇麦地观察，亦有同样的情况，即成虫发生时期和数量可分为三个类型，想与井浇早迟、次数有关。

洛阳吸浆虫工作组（1954年）又用水桶挑水在麦地中进行浇水试验，并以未浇水作对照，看浇水后吸浆虫幼虫活动情形，证明了土中休眠体得有足够水分，则变为活动幼虫，逐渐向表土一、二寸土中活动，浇水后隔时淘土检查幼虫数量变迁，结果示如图（图25）。

再根据全国各地吸浆虫发生情形，亦证明与当年早春降雨时期早晚、降水量多少有密切联系。

如1953年3月26日河南省偃师县白村乡下雪近1尺左右后，淘土检查一、二寸土中幼虫数量大（40.24%～94.00%），而休眠体比率少（6.00%～59.67%），与降雪前情形恰巧相反。又1954年在洛阳县安乐乡一带淘土，于4月9日开渠放水之前，发现

---

　　[*] 由洛阳专署、河南农学院以及华中农业科学研究所各派干部组成。

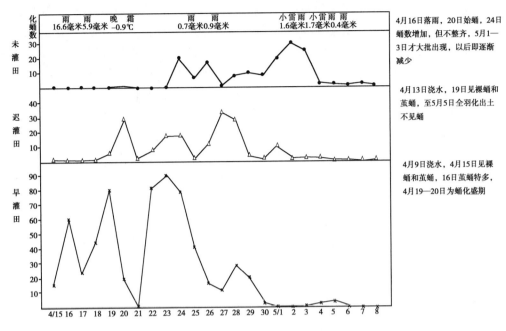

图24 不同时期大水漫灌麦田土中吸浆虫蛹化情形（洛阳，1954）

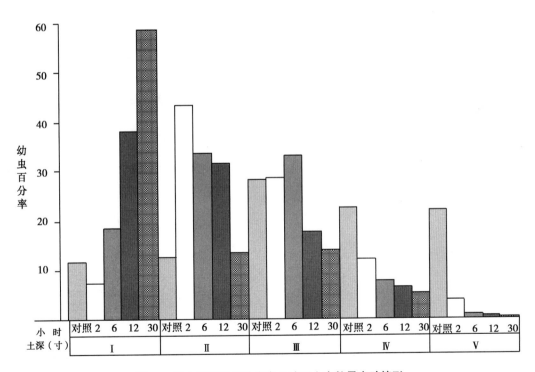

图25 挑水浇麦田后幼虫在5寸深土中数量变动情形

土中休眠体（60%～90%），比幼虫（10%～20%）多。这与当年三、四月份雨水有关（表16）。1954年3月与4月上半月雨量，比1953年同时少28毫米，故土中多休眠体，待开渠放水后，幼虫在土中遇水分充足，才破茧上升表土活动，而数量增加。因此证明土中含水量充足，对于吸浆虫上升活动起了决定性作用。换句话说，春季雨水少，土中缺乏水分，就可推测当年土中幼虫活动上升少，将来成虫出土亦不会旺盛。又如河南舞阳县，1953年因春季雨水缺乏，天气干燥，土壤板结，致吸浆虫发生极为零星。在该县杨堂乡附近，1952年吸浆虫发生最严重，每穗有虫多达180个，小麦减产有达九成以上。而1953年缺雨，在吸浆虫发生时期，每平方尺仅见成虫1~3个，最多亦不过6个。当年南阳方面也有此情况，因早春三个月没有落雨，吸浆虫成虫发生少，小麦受害亦轻微。这些事实都说明了吸浆虫发生和发展，与当年三四月间雨量和土壤含水量有密切关系，因此根据当年三四月降雨（雪）量和灌水量的多少，可作为小麦吸浆虫发生季节性预测预报的依据。若拿全国情形来看，到处都可说明这个问题。如陕西武功1951年4月份降水量为56.3毫米，当年幼虫不化蛹的有18.3%，而1955年4月降水量为8.3毫米，幼虫不化蛹的竟达97%。青海脑山区1956年6月份降雨145.9毫米，羽化率为67.73%，1957年同期降雨为53.4毫米，羽化率仅37%。在山西芮城调查，也是降水量的差异影响羽化的数量，1954年平均羽化率为43.5%，1955年为24.7%。安徽阜阳1956年4月份降雨量161.5毫米，平均羽化率为73.9%，1957年降雨72.4毫米，平均羽化率为59.9%。在灌溉区由于灌水的多少与灌水时间，对吸浆虫羽化率也有显著的不同。1956年宁夏吴忠县上桥在吸浆虫活动化蛹阶段，小麦地未灌水，土壤湿度小，羽化率仅为22.19%，永宁王太乡灌水三次，羽化率为78.13%。长江流域麦区在幼虫活动化蛹期间，降水量经常在100毫米以上，吸浆虫每年羽化率高；湖北历年记载均在90%以上，江苏亦有同样情况。而黄河流域麦区，由于降雨量较少，而且降雨时期亦有迟早不同，因而各年羽化率有很大差异，最高可达80%~90%，最低不到10%。在灌溉区（井浇、渠浇）羽化率比较稳定，但也因灌溉时期及次数而有差异（湖北，1961）。

表16 洛阳1953年和1954年三、四月份降雨量比较

月份		1953年		1954年
3月全月	1日	3.8毫米	3日	0.8毫米
	9日	1.2毫米	4日	0.3毫米
	10日	3.7毫米	26日	1.7毫米
降雨量	11日	0.1毫米		
	26日	22.7毫米（大雪）		
4月上半月降雨量			7日	0.6毫米
	10日	1.0毫米	10日	0.7毫米
			13日	0.4毫米
总　计		32.5毫米		4.5毫米

（三）温度

每年四五月间吸浆虫发生早迟盛衰，除雨水、湿度以外，温度也是主要因子。如1951年至1954年在洛阳，每年幼虫变蛹在4月中旬，而1955年自4月4日起至13日止，每日最高温度总在 23～35℃，故 4 月 10 日前后就发现土中有 12%～50% 的蛹。但 13 日起气温迅速下降，至 4 月 19 日降霜，在这数日内淘土结果，发现幼虫数目减少，而休眠体数目相对增加，约占 60% 以上。同时降霜后气温很低连续达四、五日之久，至 4 月 23 日以后才回复正常（12～15℃），故成虫到 27 日始普遍盛发。这说明晚霜降温会阻碍吸浆虫变蛹与羽化，1954 年也有同样的现象。原来在 1954 年 4 月 17 日就发现成虫，亦因 4 月 20 日晚霜的关系，成虫盛发期确被拖延了三、四日，直至 25 日落雨以后，天气放晴，才大批涌现出来。这些事实都证明吸浆虫的发生与大气温度是紧密联系而分不开的。

安徽省定远县 1959 年小麦红吸浆虫发生与发展情况的总结报告：4 月上旬气温平均在 10～12℃ 之间，适宜幼虫上升活动。4 月 8—10 日平均气温各为 13℃、17.1℃、15.8℃，淘土检查化蛹率均达 50.8%，进入化蛹盛期。4 月 11 日由于遭受冰雹雷雨侵袭，气温突然下降，持续 7 日，成虫到 15 日始见出土，每日平均气温均在 13℃ 以下，因而对成虫羽化出土抑制很大，据大田兜捕检查，平均每网捕获成虫还不到一头。4 月 14 日至 15 日的淘土检查，虫态也相应改变，休眠体突然增加，平均占 43%，蛹也全部被长茧包围。这一时期温度变化很大，19—22 日，每日温差为 11.9℃、11.3℃、14.5℃、7.5℃，较 1958 年同期温差高出 5～6℃，对吸浆虫的正常发育有一定影响。

根据西北农业科学研究所历年室内试验观察的结果，"在土壤湿度充足的情况下，麦红吸浆虫越冬幼虫开始活动的土壤温度需在 10℃ 以上，蛹期温度在 15℃ 左右，羽化温度在 20℃ 左右。开始羽化日期和蛹期的长短，不在于当时的温度，而是要求一定的开始温度和一定量的温度总积累数（西北，1956）"。与洛阳小麦吸浆虫工作组在洛阳观察 3 年的结论："小麦抽穗、扬花与麦红吸浆虫变蛹、羽化所需温度有统一性，因此小麦生长发育各阶段所需温度与小麦吸浆虫各虫态所需温度是完全一致的"（曾，1954）（表 17）。

表 17　小麦和吸浆虫生长发育所需要的温度

小麦生长发育各阶段所需温度	拔节	孕穗	抽穗	扬花	备注
	10℃±	10～14℃±	15℃±	17.7～19.0℃±	根据前华中农业科学研究所小麦工作组在河南临颍的记载
根据大田观察记载	幼虫上升活动 10℃±*		变蛹羽化 15～20℃±		根据小麦吸浆虫工作组在河南、洛阳的记载

*　1956 年在辉县土温测定，越冬麦红吸浆虫幼虫开始活动为 8.4～9.0℃。

西北农业科学研究所另又提到："温度超过一定范围以后，蛹化，羽化也会停止。如温度低于 10℃ 时，幼虫就不能蛹化，已化蛹的幼虫，蛹内生理变化也停止进行，因之蛹期延长甚或遭到破坏而死亡。如果在幼虫活动阶段，温度突然升高到 30℃ 以上，幼虫虽不死亡，但也不能化蛹，而是仍旧潜伏起来。"这个现象也很符合于各地系统淘土所得的结果。如洛阳 1955 年 5 月 4 日以后，温度升高，气温高达 31℃，淘土结果，地下吸浆虫化蛹率逐日下降，由 16.6% 下降至 1.67%，而休眠体则与日俱增，由 67% 上升至 88%。1954 年山西吸浆虫防治研究组报道亦有同样情况（见生物学特性章"世代节"）。

宁夏从检查中认为："麦黄吸浆虫对气温及土温的要求不甚严格，适应范围较广，但其初期出现成虫的数量在各不同地区的田块内同温度呈正比，因为气温影响着物候（小麦的发育阶段），从不同地区来看，以向阳避风的凹地、川地气温比较高，小麦出穗扬花亦早，吸浆虫出现就早，且数量一般较多，阴坡山地气温较低，小麦生育阶段较迟，吸浆虫出现就迟一些"。

据青海报告：川水地不同地区小麦吸浆虫开始化蛹的地温（5 厘米）范围为 11 ~ 20.5℃，成虫开始羽化地温（5 厘米）范围为 16.5 ~ 19.5℃；脑山地表吸浆虫开始化蛹的地温为 10.07 ~ 15.8℃，成虫开始羽化的地温为 12.9 ~ 17.1℃。

洛阳小麦吸浆虫工作组（1958）曾将刚采回的麦穗老熟幼虫，立即置于最适土壤湿度（70%），而给以不同的温度处理，在 32℃ 或 22℃ 恒温中的幼虫，从 6 月至 12 月将近 7 个月的时间无一虫羽化；如先将幼虫在 3 ~ 5℃ 中处理 40 日，再移置于 22℃ 中，即可获得羽化成虫 10% ~ 20%，处理 80 日，可获得羽化成虫 80% ~ 90%，如将幼虫先放在 22℃ 中 40 ~ 60 日，则低温处理时间需要延长；先经 32℃ 高温 40 ~ 60 日，则低温处理时间可以缩短。已解除休眠的幼虫，放在 32℃ 中，只有个别羽化为成虫，多数幼虫则再度休眠。根据以上这些试验，证明华北各地 5 月初以后，土中原已解除休眠的幼虫大部分钻进深土中重新做"囊包"休眠，主要是对高温 31℃ 以上不适；同时也证明幼虫解除休眠一定要经过（12 月、1 月、2 月）3 个月的低温。也有人说："吸浆虫的休眠幼虫外部形态虽已发育成熟，不再取食，也不增大体形，即给予好的温湿度条件，却绝不化蛹；但把它放在潮湿的土壤中，在 4 ~ 6℃ 低温下，保持 100 ~ 120 日，当年的老熟幼虫绝大部分可以解除休眠；如果放在 16 ~ 20℃ 的温度下，则需要 180 日左右的时间，才能使大部分幼虫解除休眠。"可是奈耶（Nayar，1955）和巴斯乐（Passlow）报道，瘿蚊科昆虫［*Schizomyia macarangae*（Coq.）］，Nayar 和 *Contarinia sorghicola*（Coq.）的幼虫打破休眠是接触了水，与在我国北方大田中实际情形相似，这里介绍以作参考。

小麦吸浆虫的幼虫不甚耐高温，西北农学院曾用麦红吸浆虫作过试验，幼虫在 36℃ 有一小部分死亡，45℃ 以上幼虫死亡率显著升高，到 50℃ 以上全部死亡，管内外温度和水温相差 0.5℃，实际致死温度是 49.5℃（南阳小麦吸浆虫研究站曾做试验测定，麦红吸浆虫致死温度为 48℃）。

在我国中原的麦红吸浆虫主发区，土内的幼虫密度经过夏季以后有大量减少的现象，表 18 是陕西武功连续 5 年检查的结果，土内的幼虫有显著的越夏死亡，而冬季对幼虫密度则无显著的影响。这种幼虫越夏死亡的原因，主要是温度作用。不过温度是直接通过高燥干旱引起虫体死亡，或者是高温促使土中微生物的发展，使休眠体腐烂，这个问题还值得进一步深入研究（参考本书第十章天敌的调查）。

在春麦区的麦黄吸浆虫幼虫没有显著的越夏死亡现象，但在高山地带的冬季低温则有影响。据青海脑山区 1957 年调查（翟，1957），土内幼虫越冬死亡率在平地有 43.5%，在阴坡有 38.7%；又如在青海西宁 1958 年检查，越夏死亡率仅为 14.3% ~ 37.1%，1959 年却藏滩检查，麦吸浆虫越夏死亡率为 27% ~ 39.3%。但越冬死亡率较高，解冻到化蛹盛期，麦红吸浆虫的死亡率为 47.33% ~ 56.37%，麦黄吸浆虫死亡率为 33.83% ~ 53.50%；春季解冻到羽化末期，麦红吸浆虫死亡率为 76.25% ~ 84.17%，麦黄吸浆虫为 47.00% ~ 73.12%。

表 18　麦红吸浆虫幼虫夏、冬在土中死亡率

年份	麦收后虫数	秋耕前虫数	越夏死亡率（%）	解冻后虫数	越冬死亡率（%）	备　注
1950—1951	913.0	76.0	91.68	71.0	6.6	所得的虫数都是三道堰吸浆虫试验地多样本的平均数
1951—1952	342.9	19.0	94.46	20.0	无	
1952—1953	233.0	30.0	87.10	37.7	无	
1953—1954	628.0	47.3	92.47	45.0	4.9	
1954—1955	581.3	187.3	67.80	232.0	无	

吸浆虫幼虫耐低温的能力较强，武功地区冬季土壤结冻厚度仅 5 寸，而在春小麦区冬季土壤常结冻到 1 尺以上，每年吸浆虫仍照常发生（西北所，1956）。瑞典华莱格林氏（1937）对麦黄吸浆虫曾做过不同低温的处理，在 $-26℃$ 6 日，部分幼虫开始死亡。

（四）土壤性质

麦红吸浆虫幼虫于 5 月间，黄的于 7~8 月间，离麦穗落地，在土中过夏越冬，直到次年春季始行上升变蛹、羽化、出土。在土壤中潜伏达 10 个月以上，土壤结构、性质、含水量及酸碱度与吸浆虫生存和分布都育密切的关系。

1. 土壤种类

据调查了解：①壤土，团粒结构好，土质松软，有相当的保水力和渗水性，而且温度变差小，最适宜于小麦吸浆虫的生活发生；②黏土，由于团粒细小，保水力低，干燥后易板结，空隙少，影响吸浆虫和蛹的呼吸活动，因之生活与发生较差；③砂土内空气流通，水分容易蒸发，且地温变化大，早晚相差很悬殊，能有 10℃ 以上的差额，对于幼虫生存不宜，因此吸浆虫分布在壤土地多，重黏土、砂土地少。如河南省沁阳、博爱等地多为壤土，砂质壤土及黏壤土，故吸浆虫在各该县较为严重，每平方尺 6 寸深土，最多有虫达 2 000~5 000 个以上。开封附近砂质土，虫口密度就很少，4~14 个。壤土或不甚结实的黏土，排水良好，保肥力亦强，这种土壤既适于小麦的生长，又利于吸浆虫幼虫的生存，若小麦生长旺盛稠密，地面保持润湿，成虫活动便利，土中化蛹数常较稀麦干燥地方多，小麦被害亦重。

1951 年在河南南阳专区十一县市调查结果，情况与上同。黏壤土被害率为 28%~65%，损失率 0.8%~12.2%；黏土被害率 15.56%，损失率 0.28%~1.41%；砂土被害率 10%~39%，损失率 0.17%~1.08%。1953 年 3 月在安徽六合县检查结果，砂质壤土内虫数最多，黄砂壤土次之，黏土又次之，砂土最少（表 19）。

表 19　不同土壤内幼虫越冬密度（六合，1953 年 3 月）

土壤种类	掘土面积（平方米）	掘土深度（寸）	幼虫数	结囊幼虫数	合计
砂质壤土	185	4	1 873	114	1 987
黄砂壤土	185	4	1 432	201	1 633
黄黏土	185	4	220	0	220
砂质土	185	4	93	43	136

1951 年 5 月在安徽阜阳检查壤土麦田的虫害率 40% ~ 60%，砂质壤土 33%，黏质土 25%，砂土只 3%。西北亦有同样情况的报道：1950 年在陕西周至县调查城南关砂土地含砂颇多，所种之华阳麦受害率为 100%，严重率为 16.4%；而南王婆寺西南，砂质壤土上的华阳麦受害率为 100%，严重率则达 40%。周至楼观区焦镇一带，壤土上的老本麦受害率为 100%，严重率为 35.47%；而砂土的老本麦受害率为 90%，严重率为 17.5%。

2. 土壤湿度

根据历年淘土结果，得知吸浆虫在地下分布密度是不一致的，虽在同一地块内，同一种耕作方法，同一作物生长情况下，密度相差亦甚悬殊，少的相差数十个，多的相差几倍，这与当地土壤含水量很有关系。例如洛阳县（1955）水磨村张连喜地东端，含水量为 14.26%（一般 1 ~ 6 寸深处含水量为 11.16% ~ 16.99%），每小方土中幼虫数量为 263 个，西端含水量为 11.16%，则每小方土中幼虫数量减为 119 个。这种例子很多，在各地淘土检查时经常遇到。照一般情形而论，在同一块地中进水一端地势略高，虫口密度较小，宿水的一端地势略低凹，虫口密度较大。据青海 1956 年调查，老水地的虫口密度高出新水地 3 倍左右，其原因是老水地土壤结构好，含水量高，有利害虫生存，故虫口密度较高；新水地土壤结构差，含水量低而干燥，不利此虫生存，因而虫口密度较低（表 20）。

表 20　新水地与老水地虫口密度比较

地点	品种	水地类别	取点数	总虫数（个）	平均（个）	备注
廿里铺机耕农场	96 号	新水地	6	71	11.83	新水地于 1954 年灌溉
廿里铺农业社	碧玉麦	老水地	6	275	45.83	

又据宁夏（1958）报告："由于土质关系，土壤水分易于蒸发漏失而呈干旱状态，在这样的土质条件下，雨量对麦黄吸浆虫上升及羽化就特别显得重要，今年吸浆虫能够大量出土羽化的原因与经常的雨量是分不开的"。

3. 土壤酸碱度

洛阳小麦吸浆虫工作组试验结果（洛阳，1955），麦红吸浆虫幼虫在 pH 值为 7 ~ 11 液中都能活动，而以 pH 值为 8 为最适宜，因此证明吸浆虫幼虫适于在微碱性土壤中生存，但过碱在 pH 值为 12 以上或过酸在 pH 值为 1、pH 值为 2 液中全部死亡，pH 值为 3 ~ 6 也不能生活，当时测定洛阳安乐窝附近农家肥料 pH 值为 7.0 ~ 8.8；当地土壤 pH 值为 7.8 ~ 8.0。由此初步推断，我国华南红壤与东北草甸黑土和白浆土地区的酸性土中无吸浆虫的生存，不仅是受高、低温的限制，而且与土壤酸碱度亦有关系。

（五）风力

风有助于吸浆虫的生存和发展。第一，吸浆虫成虫形体纤弱，飞行力不强，在活动时如有风吹动，即可借风力而送至别处，因此风力有助于吸浆虫的传播。1951 年在河南新野老龙镇一带，根据群众反映，当年于成虫盛发时，连日起西南风，故吸浆虫分布便向东北延伸 5 ~ 6 里。华东报告（1953），"虫灾区域内普遍存在这些现象，南面先发现虫害，北面随后发生，南面的灾害一般比北部重些，这些事实揭示虫灾是由南面向北蔓延，其原因可能是在成虫发生期内盛行南风和东风，成虫会顺风吹送至无灾区。"西北报道"关中春夏之交，多吹东风，但西风也有，这对吸浆虫的分布有很大方便，尤其便于东西方向的分布。"凡此证明吸浆虫幼虫，原靠水力沿河谷渠道迁移至最适宜的低洼地方作为根据地，滋生繁殖，此为较远距离的线的传播，然后成虫再借风力，作较近距离的面的发展，散布到附近地方。第二，风会阻碍吸浆虫成虫产卵，如1954年在洛阳从4月27—29日，以及5月2、3、4三日，每日下午都刮风，傍晚退热快，致成虫飞到麦头不能很好地产卵，就落到麦垄中麦株下部，而4月30日傍晚无风，就可看到成虫上升产卵现象。在这种情况下，后来剥麦穗查卵和幼虫的时候，发现"二棚麦"较"头棚麦"上卵与幼虫俱较多。

（六）阳光

吸浆虫成虫活动一方面需要相当的湿气，另一方面需要合适的光照。麦子生长旺盛，阳光不易透过的地方，可以保持相当的湿气，其中藏虫特多，活动的时间也会延长，下午阳光略不充足时即可活动，是以受害较重，尤以其中较低的植株受害较烈。阳坡地种的麦子受害较轻，因受光照处多且空气干燥；阴坡地受害较重。而生长在高处的麦子如种的太稠密，也会遭到严重的侵害。如周至南关王婆寺的碧玉麦株高低颇不一致，检查其受害率为100%，但其中有高大麦株其严重率为34%，而在高麦中的低麦严重率为49%；又在该地中向西有一斜坡，在紧邻坡处下面的一片小麦生长得非常高大，稠稀互间，并夹有低小麦株，抽检任何麦株，每一麦粒中至少有3~4头幼虫，低矮麦子上更多，一株麦上共有113个幼虫，数目相当惊人（西北农学院，1950）。又青海（1959）报告：小麦植株越高，受害越轻，越低则越重。平均损失率高的为4.4%，中7.83%，低12.89%。这些现象可能是小麦吸浆虫成虫怕阳光直射，喜欢在中低植株穗上产卵的原故。

九、小麦吸浆虫预测预报办法

1956年农业部规定了小麦吸浆虫预测预报办法，实施以后，收到很大效果，目前吸浆虫虽然已经控制到几乎不再为害的程度，但这种预测预报方法，还值得记述一下，以便回忆和研究参考。

对小麦吸浆虫预测预报，必须做好：①了解地下虫口密度与分布面积；②掌握发生情况及时防治；③检查效果和估计来年发生等三阶段工作，就是在这三阶段中，观察害虫发生，生活条件，和小麦生育情况，结合气候及土壤中温湿度的变化，具体地、正确地指导防治，并检查效果，以明确防治方向。此工作必须有组织、有领导、有计划地进行，以获得全面情况。

（一）淘土检查幼虫和蛹

1. 普遍检查

目的在了解各地区地下虫口密度与分布面积，以确定防治区和制订防治计划。

（1）淘土面积以25平方寸（5寸见方），深度以6寸为准，以生产队为单位，根据地形、水利、土质、耕作品种等条件，将其划分为若干自然区，每区选择有代表性的地块取样检查。

（2）一年淘土检查 3 次。

第一次在麦收后 1 周内检查，记载入土幼虫分布和密度。

第二次在秋耕前 10 天内检查，记载土中幼虫分布和密度，并与前项记载比较，了解幼虫越夏死亡情况。

第三次在解冻后 10 日内检查，了解幼虫越冬后密度。

第一、二次检查为给将来的长期预测积累资料，第三次检查为指导当年防治的短期预测根据。

根据第三次检查结果，划分下列区域（根据 1955 年全国小麦吸浆虫试验研究座谈会决定标准）：

① 分布区：每 25 平方寸土内幼虫密度为 5 个以下。

② 轻害区：每 25 平方寸土内幼虫密度为 5～40 个。

③ 重害区：每 25 平方寸土内幼虫密度为 40～100 个。

④ 严重区：每 25 平方寸土内幼虫密度为 100～250 个。

⑤ 极严重区：每 25 平方寸土内幼虫密度为 250 个以上。

一般分布区，在平常年分可不必防治，但如抽穗前，雨量适宜，吸浆虫羽化率高的年份，亦应进行防治。

2. 系统淘土

为正确掌握虫情及时喷药，在各重点虫害地区，进行系统淘土检查，取样宜多，必须注意不同类型的麦田，如高地、低地、水浇地与非水浇地、向阳地、背阳地、避风地、当风地等，如人力不足，可先选择当地虫口密度大，向阳避风与代表一般性的三种不同情况的麦田同时进行检查以作比较。

（1）小麦开始孕穗前 10 日起，每 3 日淘土一次，结合进行土壤水分测定，观察记载幼虫上升土表情况。或查气象记载，从 3 月全月与 4 月上半月降水量多少及温度适宜与否，就可推断当年吸浆虫出土盛衰情况。即 3 月分雨水多或下雪大，则吸浆虫上升多，如 4 月上半月气温适宜，而不干旱，羽化成虫必多，否则就少。

（2）开始发现虫蛹后，每一天淘土一次，至当地最后开花的品种开花完毕后，每 2 日检查一次，直至小麦灌浆过半时终止检查。

根据华中农业科学研究所及河南农业厅的研究，在系统淘土检查中，根据蛹的各阶段形状和颜色的改变，可预测羽化时期，准备防治工作（图 26）。

前蛹期：幼虫开始变蛹，头缩入体内，体形粗短，不活跃，胸部白色透明，经 6～7 日羽化为成虫。

蛹初期：蛹已化成，体色橘黄，有翅和足，翅芽很短，淡黄色，前端有两根呼吸管，5～6 日可羽化。

蛹中期：化蛹后 2～3 日，复眼变红，翅芽由淡黄色变红色，再过 3～4 日，可羽化为成虫。

蛹后期：复眼、翅、足和呼吸管都变成黑色，腹部变成橘红色，在 1～2 日内即可羽化出土。

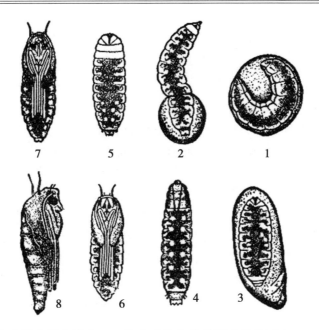

1. 休眠体内幼虫蜷曲姿态；2. 浇水后幼虫从休眠体破茧而出；3. 幼虫结长茧；
4. 幼虫开始蛹化；5. 前蛹；6. 蛹初期；7. 蛹中期；8. 蛹后期

图 26　在淘土中鉴别吸浆虫蛹的变化

此时如发现 1～2 寸土中，有部分蛹的复眼及翅芽变黑，一切防治工作都要准备妥当，待足变成黑色时，就准备喷药。

根据西北农业科学研究所的研究，用检查小麦抽穗前 3～5 日的已化蛹量以定防治的措施。如果在小麦抽穗前 3～5 天检查，每 25 平方寸的化蛹数在 2 个以下，可不防治，2～5 个时施药 1 次，5 个以上可施药 2 次（抗虫良种小麦田可施 1 次）。

又前华北农业科学研究所建议：如在 3 月下旬至 4 月初旬，准确淘土检查幼虫活动情况，根据 1～3 寸游离幼虫数量，就可以正确估计出当年是否发生猖獗。不过上升幼虫总数量并不可能完全羽化，因为有一部分幼虫，由于遇到当年不适宜气候，而重新结囊休眠，一般羽化数字和游离幼虫数字相差在 10% 左右。如无羽化率，可用化蛹率来推算，但最好用成虫观测笼观测成虫羽化。

（二）观测成虫

如麦子将要露脸抽穗，观测吸浆虫快要出土盛发时，应严密观测大田成虫活动，观察方法有下列数种：

1. 用网兜捕

从吸浆虫快羽化时起，在正常天气下每日下午 6—7 时，用口径 1 尺，柄长 3 尺的捕虫网，往返兜捕 10 次，得虫 20～50 多个，为打药最有利时机。

2. 扒麦检虫

在麦垅中蹲下，从麦株中部双手扒开麦垅，观察起飞成虫，一眼看到 3 个以上，同时小麦已开始抽穗，可打药。此法群众易于接受。

3. 用笼观测

笼子由木架或铁架蒙上细铁、铜纱或细纱布制成，面积1平方尺，高1尺（改用5寸×5寸×5寸亦可），均为内径，其基部可插于土中（图27）。根据不同的、有代表性的水地、旱地、灌水时间的迟早等，结合淘土检查的不同化蛹率，（化蛹盛期约在孕穗后期）将笼扣于不同地上。[*] 扣时为了检查方便，可将小麦一部茎叶除去。了解吸浆虫的羽化量，就便于指导适时打药。

图27　观测笼

每次检查观测笼后，记下笼内成虫数（检查后务必取出虫子，以免与次日出土成虫相混淆），这样所得资料还可以帮助掌握喷药次数。如数日后笼内虫子还继续盛发，就可进行第二次喷药。从观测笼内总虫数，结合笼底土中，经淘土所得残余虫数，就可计算出羽化率。同时从观测笼所获得的结果证明，吸浆虫每年羽化消长程度颇不一致，即羽化期早迟、长短以及羽化率高低，不仅年各不同，而且因地而异，即在同一地区，于不同土地内，在栽培灌溉大致相同条件之下，羽化时期亦各不相同（钟等，1954）。

（三）受害检查

1. 剥穗检查的目的

（1）在没开展防治地区或可疑地区，通过剥穗检查，肯定有无吸浆虫。

（2）借以了解吸浆虫的分布、密度、为害程度和估计损失。

（3）在药剂防治地区，从剥穗检查中，可考证防治成果和技术优劣。

（4）借以找出当地抗虫品种。

2. 剥穗检查与计算方法

在小麦灌浆后、吸浆虫老熟幼虫入土前，最好在小麦扬花后7日开始检查，各地区必须着手在有代表性的田内取穗检查，分5点取样，每点各5穗，共取25个穗，携入室内剥穗检查。为免幼虫脱落，可将样穗分别置于纸袋内，检查时应先数麦粒，再数虫数，连纸袋内的虫一并记入，按下列公式计算：

（1）被害率。被害率（%）$= \dfrac{\text{有虫穗数}}{\text{检查穗数}} \times 100$

（2）损失率。各地区应注意根据吸浆虫种类的不同，分别记载其为害损失率。[**]

麦红吸浆虫为害损失率（%）$= \dfrac{\text{检查穗虫数}}{\text{检查穗粒数} \times 4} \times 100$

麦黄吸浆虫为害损失率（%）$= \dfrac{\text{检查穗虫数}}{\text{检查穗粒数} \times 6} \times 100$

公式中乘以"4"或"6"是表示不同种类的吸浆虫幼虫可吃完一粒麦粒的假定数。

---

　[*]　这个方法适用于虫口密度大的地区，在虫口密度小的地区使用，可能由于扣笼地面上，恰好没有幼虫而失去作用，必须增加扣笼数，以堵塞这个缺点。

　[**]　实际应用计算防治效果时，可以预先布置5~6块药剂防治与不防治的对照区，用此公式计算其损失率之差，即可根据防治亩数相乘得出增产数字。

（四）环境因子调查

影响小麦吸浆虫为害程度的因子很多，除与吸浆虫种类比例、成虫发生期有关外，其他如小麦品种、抽穗期、气候、地势、耕作技术和寄生蜂繁殖等都有一定的关系，因此除上列观察记载外，尚须进行以下一系列的观测工作。

1. 气候

（1）土壤温度。一般以 5 厘米深度为标准，记载时间分上午 7 时、下午 1 时、7 时三次进行。

（2）土壤湿度。从土中幼虫开始上升至下一代幼虫入土为止，每 3 天测定土壤含水量一次，取样主要在幼虫活动层，如遇降雨以后，就必须按需要临时增加测定次数*，如人力经费不足，此项工作可省去。

（3）大气温度及相对湿度记载。每天三次与土壤温度记载同时进行，如能记载草温更好。

（4）雨（降雨次数、日数、时间、细雨或暴雨以及降雨量）、风（风向、风速、刮风时间，特别注意成虫羽化出土后下午 4—8 时的情况）及日照等分别记载。

这些工作如附近有气象站，可根据其记载，以作参考，否则人力有限可酌量减少记载项目，而大气温湿度及雨量是主要的。

2. 耕作记载

（1）小麦品种及其特性。如播种期、拔节期、分蘖数、孕穗期、齐穗期、始花期、终花期等。

（2）耕作技术概况。整地、播种、行距、中耕除草、基肥、追肥等。

（3）水地记载浇水日期，浇水次数及浇水量。

3. 其他

（1）地形和地势。如河流、山岳、坡地、洼地、丘陵、平原等。

（2）土壤种类及性质。如砂土、壤土、黏土、酸碱度等。

（3）寄生天敌种类。发生密度及活动情形。

---

* 土壤湿度测定，用酒精烧土法。在幼虫主要活动的土壤深度范围内取样，每次取土 20～30 克，每一代表性田亩取样 2 个，放在密闭铁盒内，称出并记载其重量，然后将酒精倾于盒内，用火点着烧，至重量不变为止。根据损失水分的重量计算土壤含水量，每一土样燃烧时间 15～20 分钟，每测定一样本需酒精 20～30 毫升，分 3～4 次倾入土内燃烧。

附 土内吸浆虫检查方法

一、淘土法

淘土是调查吸浆虫分布、虫口密度以及观察幼虫活动、变蛹、羽化的主要方法，我们研究预测预报，一定要掌握这项技术。淘土法当初创造经过情形和大面积使用的方法如下。

（一）当初创造经过情况

中南（华中）农业科学研究所结合河南省农业厅、农学院的同志 1951 年在南阳工作时最初检查土壤是用**直接检查泥土法**，把土壤从地中取回，直接放于玻璃板上。用针一点一点来拨开，薄铺检阅，把土中幼虫和休眠体捡出。但是工作进行中感到很多困难。有时检查比较干燥黏性的土壤，便结块生硬，难以碾碎，纵然大力把它碾碎了，虫体亦被同时碾碎不见；有时遇有湿润土壤，亦无法散开检查。平常每立方尺土壤中至多仅得吸浆虫 132 个，而用水淘法，在同一地中每方尺可得 738 个。由此可知直接检土法所得结果是不正确的。又直接检土法，每人每日只可检土 1 袋，而用水淘土法每人每日可淘土 10 袋以上，有时多至 20～30 袋，确是省事省力不少。

当年秋天，在新野老龙镇工作的同志创造了淘土法，1952 年在全国吸浆虫会议决定公布，介绍各处采用。其方法步骤及用具等如下。

1. 淘土检查应准备下列各种用具

（1）铜纱筛一个。筛长 1 尺 6 寸，宽 1 尺 1 寸，高 2 寸，以每英寸 60 眼的铜纱为底（筛孔大小，以能顺利透过泥浆水，而吸浆虫不能漏下为原则），以干的杉木为边（现改用普通筛粉用的圆箩筛亦可）。

（2）布口袋 10 个。布口袋均以 1 尺 2 寸长，8 寸宽大小为佳，以较密不漏的稀布做成。

（3）铁桶（或中等大瓦缸）两只，或较大面盆两只，以便放土加水搅拌。

（4）小铁铲一个，供挖土用。

（5）米尺（或市尺）一支，用以测量土壤面积。

（6）镊子一把，毛笔一枝（捡取吸浆虫用），又放大镜一个，供观察辨别。

（7）玻璃皿（培养皿）、指形管或试管十个（盛吸浆虫用）。

2. 淘土的步骤

（1）取土。携带布口袋 10 个、米尺、小铁铲各一，到目的地中，选择适当地点，不要太靠地边或地头，用尺量地 1 尺见方（1 平方尺），厚 1 寸，用小铁铲取土 100 立方寸装于布袋中，如此继续取土共 10 次，深至 1 尺，分装 10 个布袋，运至淘土的地方［后改为 5 寸见方，厚 1 寸，称"小方"（以区别于 1 尺见方的"大方"，小方所得虫数乘 4 等于"大方"的虫数），共 6 次，挖至 6 寸深，装 6 布袋，因此可省人力，提高工作效率］。

（2）淘土。淘土最好在清水河边、沟边或井边，携带自田间所取土壤，及面盆、铁桶、铜纱筛、指形管或玻璃皿、镊子、毛笔等物。先将一袋土倾倒于铁桶中，加水用手轻轻的弄碎，然后用力搅拌，使吸浆虫悬浮于泥浆水中，稍停数秒钟，待砂沉淀于桶底，将泥水倒于铜筛上，泥浆水由筛孔漏下，吸浆虫则留于铜筛上，可用镊子一一捡置指形管或玻璃皿中。但是铜筛上亦可能存留尚未腐败的草根及其他夹杂物，与吸浆虫混淆不清。用镊子捡了一次后，可将铜筛放于水面，轻轻振荡，洗去筛上泥浆，并用镊子捡去草根等杂物，切勿用漂水方式，因为吸浆虫结囊的幼虫亦有浮于水面的，捡时要密切注意上面是否附有吸浆虫。同时用手或棒在桶里搅拌时，也要注意手上棒上是否粘有吸浆虫。每淘一袋土壤，须继续加水四、五次，一直等到倒出的泥浆没有吸浆虫，而桶中只遗砂粒时，则可另换一袋土壤淘取。如此继续进行淘完 10 或 6 袋土壤后，个别记载各指形管（或玻皿）中的吸浆虫数（每袋土中淘出之虫应分别置于玻皿或指形管内），由此可以知道 1 方尺内有多少吸浆虫，以及在土壤

图 28   淘土前取土分别置于布袋中

不同深度中的分布情况。如欲知结囊幼虫与不结囊幼虫数的比例，则必须当时记录，因为时间较久，则已结囊幼虫会破囊外出。

图 29   在河中渗土淘洗检查吸浆虫

亦有将土袋放入河中或坑内，待土被水渗透，泥块解化后，用力摇荡，使泥土由布眼中全部洗出（即水洗检查法），然后将袋内渣滓草沫子等，倒入面盆内，必须将袋上冲洗干净，盆内加水，用水搅动，使草沫子和虫体分开，徐徐倒入箩筛内，再用水漂浮，使草沫子均匀摊开，仔细审视，用毛笔或镊子将虫体取出，放在放大镜下鉴别（内中有非吸浆虫类幼虫，如食锈虫等瘿蝇科昆虫的结囊幼虫），各寸土内发现虫数，详细分别记载填入表 21。

表21　省　专区　县　区　公社小麦吸浆虫淘土检查登记表

1. 公社名称			4. 自然环境				
2. 地形、地势、土质			5. 前作品种栽培情况				
3. 检查日期			6. 占耕作面积和发生亩数　调查人：				

深度 ＼ 类别	幼虫	休眠体	蛹		合计	备考
			茧蛹	裸蛹		
第1寸						
……						
……						
6寸						
统计						
百分率						

（二）大面积淘土

淘土工作关系重要，不仅要广泛进行，而且需要相当技术水平，往往由于经验缺乏，人力、时间限制，数十里取一方土，代表数十或数万亩土地，甚至有在县境四周各淘一方，代表一县的。结果取样少，代表面积大，没有正确性，使防治计划不符合实际情况，造成工作盲目被动。

应发动群众力量，做好淘土工作摸清吸浆虫的底子。在展开全面淘土之前，必须分区进行传授检查技术（最好是集中到县统一训练），然后进行下列工作：

1. 以社为单位检查，要正确而全面地了解小麦吸浆虫在地下分布的密度和面积，必须以社为单位，进行淘土检查工作

（1）了解情况，首先要访问群众，召集老农座谈会，了解该社两年来吸浆虫发生为害及分布情况（哪一片重，哪一片轻），心中有数，防止盲目淘土，浪费人力和时间，又得不到正确的结果。

（2）组织力量。应以社干部为领导，党、团员为骨干，组织积极分子、社技术员、生产队长、特别是初中高小毕业生、转业军人，召开专门会议，由曾参加过训练的人传授检查技术，然后划分区域，明确责任，分片包干进行检查。

2. 划分自然区

根据了解的情况，结合自然环境，如地形、地势、水利、土质、耕作品种等条件，将全社划分若干个自然区（或小区），在其中选择有代表性的地块取样检查，但自然区不宜过大，特别是在平原地区，一般为500亩左右。

3. 选择代表地块均匀取样

在一个自然区（小区）内选择代表地块的多少，一般应根据自然区的大小和形状而定，同时也要考虑人力和时间，取样本来是越多越好，但主要问题取决于取样是否均匀和富有代表性。地块是方形或长方形的，可采取5点取样法，三角形的可采取3点取样法，圆形或半圆形的可采取边缘取样法。如自然区过大，又不能再分小区，可适当增加淘土方数。一般应先择低凹潮湿、过水地、密植、非抗虫品种地、连作麦田、未防治或防治不及时、受害最重的地块取样（每样"方"5寸长、5寸宽、6寸深），然后进行淘土检查。

4. 淘土方法

仍用以往秋冬方法。

5. 选择代表密度，计算面积

密度应以大多数的为代表，面积应以麦播面积为准。如一个自然区耕地面积300亩，麦播面积为200亩，淘土5方，密度第一方为114个，第二方为18个，第三方为5个，第四方为35个，第五方为50个，则应选20～40个为200亩的统一代表密度，列表填报，表式如下（摘录《植物保护通讯》

1955 年第十、十一期合刊内《豫省小麦吸浆虫淘土检查的经验》一文)。

表22　小麦吸浆虫淘土检查统计表

面积：　　　亩

单位：　　土方：5 寸×5 寸×6 寸

县　　别 （或区、乡、村）	检查 耕地 面积	检查 麦播 面积	检查 方数	虫口密度面积							备注
				5 个 以下	5～20	21～40	41～100	101～250	250 以上	合计	
县、区、乡	300	200	5		200						

二、泥浆水检查法

准备好两个约能容 8 斤水的盆，把挖出来的150 立方寸土样按 5 寸平方，2 寸深的标准分做 3 层。先将第一层土倒入甲盆内，加水满至八成，以不溢出为度，搅成泥浆水（波美 18°～26°），虫体便漂浮起来。另把淘土的笋筛设法斜放在乙盘上，然后将甲盆的泥浆水通过笋筛慢慢倒入乙盆，这样甲盆中剩的是泥砂，乙盆中是泥水，向笋筛上却有一些泡沫和少量杂质。将这些泡沫和杂质用水一淘，笋筛上的虫体即可显明看出，拣出记载其数目。洗掉笋筛上杂质，再把乙盆中泥水倒入甲盆，再搅动，再过笋筛，再记载，经过三次重复后，即可将虫漂净，三次虫数相加，即为被检查出的总数。用同法亦可检出第二层与第三层土中的虫体。

使用此法，应注意以下数点：

1. 泥浆水的浓度在波美 18°～26°均可进行漂捡，一般土壤样本泡开，搅动后均能达到这种浓度，如砂质太重，可酌量加一些无虫胶泥；对黏重土壤或坚实土层，应先将土样泡开，待土块完全在水中分散后，再进行漂捡。

2. 泥浆水是悬浮液，其浓度随时间逐渐降低，泥水搅好后，稍微平静须立即过笋筛。

3. 浮捡时应特别注童甲盆边缘泡沫中可能黏着的虫体。

据陕西省经验，1 个人检查 1 个样本 3 层共需时间 1 时半左右，漂浮净度达 98.7%。

三、氯化钙饱和溶液检查法

将已用笋筛淘洗过的存留物晒干，放进配好的氯化钙饱和溶液（先将药放在水里，慢慢溶至不溶，存留结晶为止，成为过饱和溶液；然后按 1∶1 的浓度加水稀释，即成为饱和溶液）中，用小棒尽力搅拌，多拌几次以防幼虫为残物所羁绊。置半至一小时，使沙子逐渐沉下，此时残留物已不多，最好用稀细布滤过，或用草纸将浮面物取出，晒干后即可很快看出虫体数目。

前华北农业科学研究所试验，用此法可以使无论何种变态虫体均能漂上，漂浮净度达 100%。另外，用过液体还可以存留作第二次用，检查过的残渣，可用清水浸泡，使一部分药又溶回水中，用火将水蒸发掉，氯化钙又可恢复原来结晶状，所以一斤氯化钙用的时间很长。

以上 3 种方法，供各预测预报站斟酌具体情况选择采用。为了便于各地生产队情报员应用，曾把上述办法简化，1959 年的实用方法如下。

四、小麦吸浆虫情报员观测办法

小麦吸浆虫情报员在公社测报站的统一领导下，调查本生产小队小麦吸浆虫的分布范围，虫口密度和虫情变化，及时上报队、社。

1. 夏季幼虫入土分布调查

在本生产队吸浆虫发生区和可能发生区，于小麦收获以后、夏播以前，按照不同土壤、地势、前茬、耕作、品种及防治与未防治等划分若干类型区，在各区内选代表性地块，用五点取样法，每点各淘土一小方（5寸×5寸×6寸）检查幼虫密度，将结果表报大队及公社，以便制定秋季防治规划。表式如下（表23）。

表23　幼虫淘土调查表

年　　月　　日　××公社　××大队　××生产队

项目	前茬类型	土质类型	地势类型	防治情况	淘土点数					合计	平均	备注
					1	2	3	4	5			

2. 春季幼虫密度调查

春季解冻后小麦拔节前，就各种类型田（土壤施药或未施药……），调查越冬虫口密度及越冬死亡率，及时上报队、社，以供制定土壤施药及成虫期防治计划，报表格式同上。

3. 网捕成虫

情报员根据上级成虫羽化始期的预报，选择早播、早熟、背风向阳和不同土壤、不同前茬、地势及不同防治情况的各种类型田，各固定一个点，在无风无雨的正常天气，每日下午太阳落山前，用口径一尺柄长三尺的捕虫网，在麦株上兜捕十复次，将捡获成虫数填入下表，及时上报（表24）。

表24　成虫发生情况调查表

年　　月　　日　××公社　××大队　××生产队

调查时间＼麦田类型	小麦品种	播期月/日	麦田环境	地势	土质	前茬	防治情况	十复次成虫数	备注

调查者

4. 麦穗受害检查

小麦灌浆后，吸浆虫幼虫未坠地入土前（约在小麦扬花后十日，河南在5月中旬前后），检查主要类型田麦穗被害率。用五点取样法，每点任意选择20穗，共100个穗，带回室内逐穗逐粒检查，将结果填入下表上报。以便公社测报站统计出各种防治效果及社、队损失率（表25）。

表25　小麦吸浆虫穗粒被害率调查表

年　　月　　日　××公社　××大队　××生产队

麦田类型＼项目	代表面积	穗被害率			粒被害率			幼虫数			备注
		检查穗数	被害穗数	%	总粒数	被害粒数	%	总虫数	每穗平均	每粒平均	

调查者

十、天敌的调查

小麦吸浆虫的天敌根据各处报道已记载的不下十余种。

（一）捕食性昆虫

计有蜘蛛两种，即绿蜘蛛与褐蜘蛛（学名俱未详）捕食成虫；3 种蚂蚁捕食幼虫，即黄色小蚂蚁（*Vollenhovia emeryi* Wheeler），黑色蚂蚁（*Lasius niger* L.）及褐色大头蚂蚁（*Pheidole nodus* Smith）；还有几种蓟马（*Haplothrips* sp.）捕食吸浆虫的卵（南阳，1951）。在天门观察一头小于蓟马的吸浆虫幼虫，只需 10～15 分钟，其体就被蓟马吸完（蔡述宏，1958）。在江苏扬州与湖北天门一带田间，常发现一种舞蝇（*Platypalpus* sp.）捕食吸浆虫甚凶（杨平澜，1959）。

（二）寄生性昆虫

吸浆虫的寄生昆虫*很多，在我国麦红吸浆虫幼虫体内曾发现有宽腹姬小蜂（*Tetrastichus* sp.）和尖腹黑蜂（*Platygaster error* Fitch）；寄生于麦黄吸浆虫幼虫还有背弓尖腹寄生蜂（*Inostemma* sp.）和圆腹黑蜂（学名未详）（宁夏，1958，天门）。青海曾报道，小麦吸浆虫寄生蜂有 5 种，即背弓寄生蜂、尖腹寄生蜂、圆腹寄生蜂、小尖腹寄生蜂、小花腿寄生蜂（青海 1957 工作总结），而小尖腹寄生蜂和小花腿寄生蜂都未见标本，又无记载，学名亦未详。关于普通 4 种吸浆虫寄生蜂形态习性比较列见表 26（西北农业科学研究所，1956）。

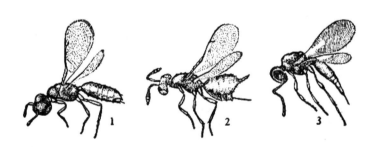

图 30　小麦吸浆虫寄生蜂
1. 宽腹姬小蜂（♂）　　2. 宽腹姬小蜂（♀）　　3. 尖腹黑蜂（♀）

上述各种天敌中只有宽腹姬小蜂和尖腹黑蜂发生普遍，值得详细研究，设法利用。河南南阳专区 1951 年开始发现有少数寄生蜂。1952 年 4 月 24 日在新野程营西坡程秀德

---

　　* 寄生蜂寄生于吸浆虫卵中有：1. *Isosasius punctiger* Nees, 2. *Inostemma horni* Ashmead；寄生于幼虫体中有：1. *Leptacis tipulae* Kirby, 2. *Platygaster tuberosula* Kieffer, 3. *P. error* Fitch, 4. *Brachinostemma* sp., 5. *Isostasius inserens* Kirby, 6. *Synopeas scutellaris* Walker, 7. *S. muticus* Nees, 8. *Synopeas* sp., 9. *Sactogaster pisi* Forster, 10. *Macroglenes penetrans* Kirby, 11. *Pirene graminea* Haliday, 12. *Pteromalus micans* Olivier, 13. *Coleocentrus spicator* Goureau, 14. *Ichneumon penetrans* Smith；寄生于蛹体中有：1. *Tetrastichus previcornis*（Nees）Panzer, 2. *T. clavicornis*（Themson）Zetterstedt, 3. *Tetrastichus* sp.

的地拉网一次，得寄生蜂 2 万余头，而吸浆虫仅十数头，在其他地里亦为数十或数百比一。1953 年寄生蜂普遍发生，除少数地区外，吸浆虫为害均轻微，1954 年每方尺土平均不到 10 个幼虫。南阳吸浆虫如此大量减少，这固然由于党政重视，大力领导群众防治的结果（如选种抗虫品种，普遍进行拉网、打药等一系列的措施），但寄生蜂盛发是消灭吸浆虫重要原因之一。对这两种吸浆虫寄生蜂曾作初步观察，兹将其生活习性和保护试验略记于下。

表 26 四种吸浆虫寄生蜂形态习性比较

种类	宽腹姬小蜂	尖腹黑蜂	背弓尖腹寄生蜂	圆腹寄生蜂
学名	*Tetrastichus* sp.	*Platygaster error* Fitch	*Inostemma* sp.	
科名	寡节小蜂科 Tetrastichidae	黑蜂科 Platygastridae		黑蜂科 Platygastridae
形态	1. 体长 1.25~1.7 毫米	1. 体长 1.4~1.6 毫米	1. 体长 1.4~1.6 毫米	1. 体长 1.2~1.5 毫米
	2. 足转节以下为褐色，其余身体各部黑色	2. 足转节和跗节黄褐色，其余全体黑色	2. 足转节胫节和跗节褐色，其余身体为黑褐色	2. 足黄褐色显明，体黑色
	3. 触角短，膝状部 10 节，有锤状部	3. 触角 10 节较长，无锤状部	3. 触角 10 节，中长	3. 触角长，鞭节第一节特长
	4. 复眼赤褐色	4. 复眼黑色	4. 复眼黑色	4. 复眼黑色
	5. 翅有简单脉纹，前缘脉弯曲，中间断开，支脉不成圆形	5. 翅无脉纹	5. 翅有简单脉纹，前缘脉直，支脉成圆球形	5. 翅无脉纹，而有缘毛
	6. 腹部阔卵形，腹面有膜	6. 腹部纺锤形，末端尖细	6. 腹部纺锤形，末端尖细，而腹部第一节在背板上着生一向前伸出之圆秆弓状物，直达头顶	6. 腹部圆形
	7. 雌虫产卵器从腹部中间伸出	7. 雌虫产卵器从腹部末端伸出	7. 产卵器由腹末端伸出	7. 产卵器由腹部末端伸出
习性	1. 成虫不甚活泼，爬伏麦穗，产卵较慢，稍惊动也不飞离	1. 成虫活泼、灵敏，在麦穗上行动忙迫，产卵快，稍惊动即飞离	发生量高	发生量低
	2. 幼虫在吸浆虫幼虫体内，老熟后，即钻出，在土内化蛹羽化	2. 幼虫在吸浆虫幼虫体内，老熟后，即在其中化蛹，羽化后始飞出		
	3. 成虫密度大，产卵量高	3. 成虫密度小，产卵量较低		
	4. 发生量高	4. 发生量较低		

1. 生活习性

此两种寄生蜂均产卵在吸浆虫卵内，寄生蜂的卵并不影响吸浆虫卵的孵化，吸浆虫卵孵化后，寄生蜂卵仍在吸浆虫体内，吸浆虫幼虫老熟入土，寄生蜂卵也随着入土越夏过冬，到第二年 3 月中、下旬才孵化，吸食吸浆虫体质而长大，变蛹羽化，再飞到麦穗上产卵在吸浆虫卵内。寄生经过可以图解如下。

（1）尖腹黑蜂（*Platygaster error* Fitch）。尖腹黑蜂在吸浆虫体内孵化后，吸食吸浆虫体质，逐渐长大，经 20 余日老熟。吸浆虫幼虫最初呈脂肪体零乱，继则呈僵死状，终至死亡，其体质大部为寄生蜂所吸食。寄生蜂幼虫老熟后在吸浆虫皮内化蛹，将寄生蜂剩余体质集中于尾端，脂肪球沉淀在下层，上面漂浮着一层淡黄色油质，寄生蜂蛹的

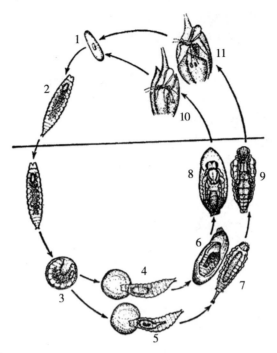

1. 寄生蜂卵在吸浆虫卵内；2. 吸浆虫幼虫从麦壳内爬出落入土中；3. 幼虫结圆茧（囊）休眠；4. 尖腹黑蜂幼虫在吸浆虫幼虫体内；5. 宽腹姬小蜂幼虫在吸浆虫幼虫体内；6. 尖腹黑蜂幼虫老熟，吸浆虫幼虫死亡，皮硬化；7. 宽腹姬小蜂幼虫老熟，脱吸浆虫之皮准备化蛹；8. 尖腹黑蜂幼虫老熟，在死去的吸浆虫幼虫皮内化蛹；9. 宽腹姬小蜂的蛹；10. 尖腹黑蜂产卵在吸浆虫卵内；11. 宽腹姬小蜂产卵在吸浆虫卵内

图31 吸浆虫寄生蜂生活史

腹部即浸于此油质中。吸浆虫幼虫死亡后，其外皮变为坚硬的圆筒透明体，保护寄生蜂变蛹羽化，同时其残余体质集中于尾端，经二三星期亦不变坏，这说明尖腹黑蜂在生物进化上有其特长之处。

尖腹黑蜂化蛹后经10日左右开始变为黑色，再经一星期左右才羽化。羽化前二三日不时摆动其头部触角及脚，其大颚极为发达，大得与其头部不相称，羽化时以口咬吸浆虫皮壳（皮壳已硬化），经二三分钟后即可咬破，然后继续使洞口扩大，经一小时许可以完成相当大的洞口。首先伸出触角，再以头试探外出，如觉洞口有阻碍的地方，则继续咬大出口，然后伸出头，继之以前足，中、后足尽力向外撑，经数分钟，其全身可爬出洞口，初羽化时其腹部及翅膀甚湿，在土表一面爬行，一面以后足理翅擦腹，以前足整触角，爬行甚久。

成虫夜晚多伏在麦叶下面，也有少数藏在麦穗缝隙中不动，晴天无风，从早晨8—9时开始，一直到下午6—7时，整日在麦穗中吸浆虫卵上产卵，但以上午10—12时，下午3—4时产卵最盛。成虫身体小巧，活泼敏捷，可沿穗轴辗转爬行于麦穗隙缝中，以细长触角搜索吸浆虫卵。每当触角触到卵时，即迅速产卵于其中，产卵时头向前伸，全身用力，每产一卵需时数秒钟。发现几次交尾，均在上午 11 时前后，于麦秆中部呈重叠式，时间很短促，只几秒钟。

（2）宽腹姬小蜂（*Tetrastichus* sp.）。宽腹姬小蜂在吸浆虫体内孵化后，亦以吸浆虫体质为食，吸浆虫体内脂肪球呈零乱状态，在解剖镜下可以看见乳白色的寄生蜂幼虫。寄生蜂幼虫继续长大，快老熟前，几乎充满吸浆虫体中，吸浆虫幼虫即死亡。幼虫老熟后脱出吸浆虫皮外，经三四日才化成裸蛹，蛹经三四日后腹部内颜色变深，复眼和单眼变为红色，以后颜色渐渐加深，一星期后头部翅芽及脚均变为黑色，再经一二日即羽化，总计蛹期 8 ~ 10 日。

成虫行动比较迟钝，没有尖腹黑蜂那样活泼，每日活动情况大致与尖腹黑蜂同，夜晚藏在麦叶或杂草下面，早晨 8 时以后慢慢从麦叶下面爬到麦穗上，向阳展翅，晒太阳，使翅膀干燥。所有雄性成虫几乎都在麦秆上爬行，寻觅雌性交配，交尾时间也很短促，只五、六秒钟。雌虫交尾后爬到麦穗上产卵，以触角轻敲麦颖，搜寻吸浆虫卵，产卵管自腹部垂直伸入麦颖内，产卵于吸浆虫卵中。因为它的身体较粗大，笨拙，触角也比较粗短，不能爬行麦穗缝隙中，所以很少产卵在穗轴上的吸浆虫卵内，它产卵远较尖腹黑蜂为慢，每产一卵需一分钟左右。

关于这两种寄生蜂的其他生物学特性，总结各方的记载如下。

寄生蜂发生量常高于吸浆虫的发生量，每年随陆地气候条件的不同其比率亦有变动。按西北农业科学研究所大田观察记载，寄生蜂占吸浆虫比率（%），1951 年为 212.24%，1953 年为 98.8%，1954 年为 32.09%，1955 年为 37.75%。在南阳郊区 1952 年寄生蜂与吸浆虫成虫比例为 1.7∶1；在新野老龙镇为 4∶10。根据两者产卵数，推知一个寄生蜂足够控制一个半雌性吸浆虫成虫所产的卵，而吸浆虫成虫（♀）与寄生蜂之数比达到 1.5∶1 时，第二年就不能有吸浆虫灾害。检查吸浆虫幼虫，一般仅供一头寄生蜂的发育，如发现一个虫体内有两个寄生蜂幼虫同时孵化取食，结果由于都不能得到允分营养而中途死亡。寄生蜂较吸浆虫晚出土 3 ~ 5 日，初发生时密度常较吸浆虫大，日后随着吸浆虫成虫出土较多而增加密度，两者的发生曲线大致相吻合。寄生蜂迁移性能较吸浆虫成虫为小，因之重复产卵，造成过度寄生现象亦多。

又据两种寄生蜂习性初步观察，尖腹黑蜂可能较宽腹姬小蜂为优越，总括起来有以下 5 点（表 27）。

表 27　两种寄生蜂习性优劣比较

尖腹黑蜂	宽腹姬小蜂
在吸浆虫体内化蛹，可以得到保护；	脱离吸浆虫幼虫之皮而在土中化蛹，蛹体较弱，没有保护，根据室内饲养结果易发霉致死；
产卵迅速，每产一卵需时仅数秒钟；	每产一卵需时一分钟左右；
行动敏捷活泼；	行动迟钝缓慢；
身体较细小，可往来于麦穗缝隙中，搜寻吸浆虫卵；	身体比较粗大，不能很方便的行动于麦穗缝隙中；
触角细长，搜索吸浆虫卵较易	触角比较粗短，搜索深处吸浆虫卵较困难

2. 保护试验

1953 年在南阳专区内乡、赤眉剪麦穗，得吸浆虫 2 万余头（先剪麦穗捆缚成束，置于地面光滑无缝隙处或铺上旧油布，喷以清水，上盖布使闷湿，半小时后幼虫多爬

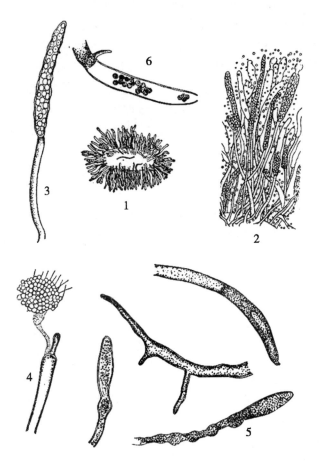

1. 幼虫体上盛长绵霉菌；2 和 3. 游动孢子器丛；4. 游动孢子团从孢子器中射出；
5. 初形成的游动孢子器芽（Cemmae）；6. 单独孢子器内游动孢子团已射出

图 32　寄生于麦红吸浆虫幼虫与蛹的绵霉菌

出，很容易收集大量幼虫），又在沁阳拉网得幼虫数十万头，用细土拌装木箱中（前西北农业科学研究所，1956 年，介绍寄生蜂的贮运，用小型大口桶、罐、花钵，内盛一半松湿土壤，将有寄生蜂寄生的老熟幼虫，或结茧幼虫放入后，再用疏松壤土覆盖，凡在幼虫开始休眠，到活动蛹化以前都可以运送）运到洛阳，分别饲养在 8 个瓦缸中（内乡、赤眉 2 缸，沁阳 6 缸），瓦缸内盛土，中插竹筒，竹筒下部周围凿小孔，以便浇水免表土干裂。缸埋在院中，冬天盖以麦草，上覆斗笠。1954 年 4 月移 4 缸（南阳 1 缸，沁阳 3 缸）到麦地中，上覆纱布，让寄生蜂自由飞散麦田中产卵，另外 4 缸仍留院中，上面罩上铜纱盖，盖的中央有孔，孔上安一个马灯罩，上遮黑布，以便观察吸浆虫与寄生蜂发生数目、种类、性比及羽化时间等。饲养释放结果还好，惜次年工作地点转移，此项试验未继续。

（三）食虫性真菌

过去在洛阳 5—6 月间，屡次把吸浆虫幼虫放养于普通水中，3～4 日内就全身长出白霉，越长越密，有时蛹亦如此，虫体僵直不动而死（图32，1）。取部分白霉菌置显微镜下观察，菌体呈细丝状，有的菌丝顶端上生棒状或略呈弯钩状的游动孢子器（Zoosporangium）（图32，2、3），未形成游动孢子器的菌芽（Gemmae），菌丝尖端呈不规则的肿胀，颜色暗淡，形状不一，有棒状，瘤状或指形（图32，5）。已成熟游动孢子器射出孢子群，暂时停于孢子器口上，聚集成团，不即离散，也没区分出梨形（Pyriform）和肾形（Reniform）游动孢子而经过两游时期（Diplanetic stage），所以很明确的不是水霉菌属（Saprolegnia），而孢子团上部分孢子还看见带有两条纤毛，其孢子团射出方式很象绵霉菌属，故暂定为 Achlya sp.。[*]

据各方面报道，夏天幼虫在土中死亡率很高，被这种菌寄生占大部分，值得今后好好地分离、培养与接种观察，现在暂把零星在自然环境下看到的现象集绘于一图，以供进一步研究的参考。绵霉菌在我国一般寄生于水稻秧苗，引起烂秧现象，寄生于昆虫（吸浆虫幼虫）身上，在国内还是初次记载，而国外记载绵霉菌（Achlya）和水霉菌（Saprolegnia）寄生昆虫身上曾屡见不鲜。[**]

十一、防治方法

小麦吸浆虫于1949—1950年在我国小麦产区猖獗发生，造成严重的损失。1951年中央农业部在北京召开了第一次全国小麦吸浆虫防治座谈会，指示各地从速扑灭此虫。在西北、中南、华东等地区组织了广大力量，深入重灾区，展开研究，并结合进行大面积防治。不到十年光景，不仅已将吸浆虫的生物学特性摸清楚，而且找出许多办法，基本上消灭了虫灾。现把各种有效防治方法及其发展经过，就文献记载和回忆所及，概括地叙述于下，对昆虫科学，农业技术发展来看，是具有很重大意义的。

（一）人工防治

是指利用简单器具来捕杀吸浆虫，计有网兜、拉网两种方法（曾省等，1952）。

1. 网兜

用稀布作成一个直径1.5尺，长3尺，口大底小，锥形网袋，用铁丝或柳条、竹条等做圈撑起，系于4尺木棍或竹竿上，一人拿着，到吸浆虫成虫发生的麦田里，一面走，一面将网在麦穗上或麦行间左右扫动，就可把虫兜在网内，然后杀死。

2. 拉网

在国内还未大量生产六六六的时候，为适合当时农民的迫切需要和政府的要求，南阳吸浆虫研究站根据"此虫遇障碍物一触即落地，用手击扑，虫体动弹不起，旋即死亡。与在研究室饲养成虫时见其体小，翅宽，腿长，在试管中遇管壁上稀微水汽就被粘住不得脱而死"的习性，集体创造了拉网法（中南，1951，防治小麦吸浆虫创造"拉

---

　　[*]　根据所绘的图经魏景超教授鉴定为此属。

　　[**]　此菌在水中寄生于动物或昆虫体上不下10种：1. *Achlya americana* Hump.（水蚯蚓）；2. *A. dioica* Pringsh（水中昆虫）；3. *A. flagellata* Coker（水中蚯蚓和甲虫）；4. *A. flexuosa* Nagai（水中蚯蚓）；5. *A. megasperma* Humphr.（水中动物）；6. *A. papillosa* Humphr.（水中动物）；7. *A. penetrans* Duncan（水中动物）；8. *A. prolifera* Nees（水中昆虫尸体）；9. *A. oidiifgra* Horn（蚂蚁 Formis，虫类 Vermini）；10. *A. racemosa* Hild（水中蚯蚓，蜘蛛）。

网"的前因后果），用稀布（最好用布质柔软，布面不光滑带有细纤维，如做蚊帐用的稀纱布）缝成 2 丈长（或再长些亦可）、2.5 尺宽的长形布块，上下两边缝上两条中等

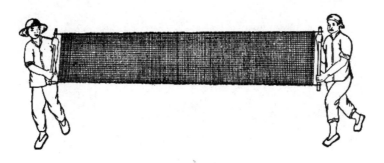

图 33　捕捉吸浆虫的拉网

粗的麻绳，左右两端拴以等长木棍或竹竿（图 33），用两人扯着网的两头，在麦田里来回拉，在一亩大小面积上可拉到虫 700～800 头（当年天旱成虫发生少，且拉网推广布置稍晚）。1952 年在南阳市用 1.3 丈长的稀布拉网，在半亩麦田里拉一次，拉得成虫 3 万多头；在偃师（洛阳专区）用 1.5 丈长，2 尺宽稀布网，拉 25 丈远，即捕获成虫 55 900 余头。又用稠布做网，四边缝上竹竿，捕幼虫亦有很大效果。在偃师用 1.5 丈长，2.5 尺宽的网，拉 17 丈远，即捕获幼虫 112 500 头（南阳，1952）。1953 年在洛阳凉楼乡 5 月 15 日群众冒雨捕幼虫，拉 3～4 小时，防治了 1 350 亩田（一般每亩拉 3 遍），每个网以最少捕虫量半斤计算，就有 37 斤 5 两（当时每个网长 1.4 丈，宽 2.4 尺，捕得幼虫已满盖布网，共计使用 75 个网，16 块布）。曾称出一钱幼虫来数，计有 7 756 头，每斤合 775 600 头，全部就有幼虫 32 475 200 头。"因为成虫很俏薄，见水就被粘住，不能动弹，用纱布来做网，透气不兜风，若把网沾湿，就能粘得稳，但不能太湿，因水多会把布眼遮住了就不透风，拉着不易碰上虫。两人要把下边绳子拉紧，上边略松，弄成兜状，走时不要太快或太慢，两眼须一边看虫碰网多少，一边看走的路，并要随着改变手势，这样一试便中"。这是凉楼拉网能手刘大松使用拉网的体会和运用的方法。

至于捕虫效果，据 1953 年在洛阳王庄试验，在进行过拉网防治的一亩地产麦 361.57 斤，不拉网的一亩地（其他条件几全相同）产麦 251.64 斤，两者相差 109.93 斤。有的地方两者比较只多产麦 24～36 斤。在拉网过程中还可以捕到不少麦蜘蛛、麦蚜、黏虫、麦叶蜂幼虫及潜叶蝇等，当时农民很欢迎。第一年在南阳专署领导下大面积防治了 33 万亩麦田，挽救小麦损失 548 余万斤（中央，1952），第二年中央农业部曾通令全国各地推广采用；不过这个工作做起来很费力，有时在田中会踩坏麦株，到 1954 年以后，国内大量供应六六六粉，各地就采用六六六粉喷杀成虫了。

图34　捕虫能手刘大松使用拉网的姿势（图左为刘大松）

表28　凉楼刘大松拉网捕虫记载

月　日	拉网时间	网兜捕成虫数（直径1尺）	拉网每2平方寸捕虫数							捕虫计算（寸² 为单位）$\frac{长 \times 宽}{2} \times$ 捕虫数 = 总虫数
			1次	2次	3次	4次	5次	6次	7次	
4/23	6～7	61	2	5	8	6	4	5		52 500
4/24	6～7	46	2	8	8	7	5	4		59 500
4/25	6～7	192	5	9	8	8	9	7	4	92 750
4/26	6～7	230	5	8	7	9				50 750
4/27	6～7	83	2	7	6	5				35 000
4/28	风雨	29								
4/29	6～7		1							1 750
4/30	有风	捕不到虫								
5/1	有风	捕不到虫								
5/2	有风	捕不到虫								
5/3	6～7	123	4	2	2	1				15 750
合计		764								308 000

注：①面积1亩1分地。

②网长1.4丈，宽0.25丈，面积140寸×25寸＝3500寸²。

③初以网兜试捕，看虫密度

（二）六六六药剂防治

1. 喷药试验

（1）麦头喷药。1951年中央农业部曾拨0.5%六六六粉在陕西武功、安徽凤台、河南南阳等处试治小麦吸浆虫。在凤台因小区面积过小，区间药效干涉很大，致处理间差异不显著（华东，1953）；南阳因药剂运到较晚（小麦抽穗扬花期已过），虽经喷药达750亩，但最后效果并不显著（南阳，1951）；唯武功试验效果良好，但数字未发表。兹据南阳吸浆虫研究站老龙镇与洛阳白村工作组1952年报告有关喷药效果录之如下。

表 29　喷药前后成虫密度的检查（新野老龙镇，1952）

处理	第一次喷药前	第一次喷药后					第二次喷药前	第二次喷药后					
	4/27 早	4/27 晚	4/28 早	4/28 晚	4/29 早	4/29 晚	4/30 早	4/30 晚	5/4 早	5/5	5/7	5/10	5/14
对照	3.6	3.0	7.6	27.3	8.0	18.0	16.8	9.6	9.3	1.6	0	0.4	0.5
喷药	2.5	0	0.5	3.2	2.0	1.8	0	0.4	0	0.2	0	0.2	0.2

注：表内数字系以 1 尺直径的捕虫网兜捕 10 次平均虫数。

表 30　施药区与对照区成虫密度检查表（偃师白村）

施药日期	检查日期	成虫密度		与对照区增减	备 注
		施药区	对照区		
4/27	4/28	0	50	− 50	表内数字系用直径 9 寸的捕虫网兜捕 5 次以上每次的平均数。
4/27	4/29	1.3	30	− 28.7	
4/27	4/29	0	29	− 29.0	
4/27	4/30	11.0	25	− 14.0	
4/27	5/1	3.7	2.3	+ 1.4	
4/27	5/2	5	5.3	− 0.3	

根据此数申算施药区比对照区成虫减少 86.4%

由上表得知各地在喷药后成虫密度骤然减少，当日绝大部分成虫均先后死亡。据偃师工作组报告喷药后 10 分钟内，成虫即中毒麻醉，坠落地面，颤动挣扎，产卵管伸张弯曲，肛门排出白色液体，或在麦株间飞翔呈不安状态，3 小时内成虫全部死亡。在严重区内每平方尺平均有虫尸 135 头，一般地区平均有 5～30 头。喷药后当日即网不到成虫，第二天以后，在喷药区内微有成虫发现，第三天以后虫数渐增，5 天以后喷药区与不喷药区即无差别。

表 31　喷药期小麦抽穗情况对于吸浆虫的为害率与损失率的检查（偃师白村）

地点	小麦品种	喷药时期小麦抽穗情况		被害率（%）	损失率（%）	每亩减产量（斤）	每亩产量（斤）	与对照区相差（斤）
		第一次喷药	第二次喷药					
偃	大口麦	孕穗期	抽穗扬花期	90	5	10.0	267	127
师	大口麦	抽穗期	扬花期	90	14.2	28.4	223	83
白	大口麦	扬花期	扬花灌浆期	100	36	72.0	204	64
村	大口麦	对照	对照	100	70	140.0	40	

由表 31 得知喷药时间以小麦孕穗（打包）时期为最佳；其次是抽穗期与扬花期，灌浆期则为时已晚，效果不大。

表 32　施药区与未施药区产量比较表（洛阳，偃师）

地点	处理	为害率（%）	损失率（%）	面积（亩）	总产量（斤）	每亩产量（斤）	施药区与未施药区产量差额
洛 阳	施 药	100	10.6	2.9	936.7	323.0	165.5
韩旗屯	未施药	100	35.0	2.0	315.0	157.5	
洛 阳	施 药	90	8.0	1.1	374.0	186.0	52.0
韩旗屯	未施药	100	46.0	2.7	405.0	134.0	
偃 师	施 药	100	6.2	1.0	186.0	340.0	190.0
白 村	未施药	100	50.0	1.3	174.2	150.0	
偃 师	施 药	90	9.5	3.0	344.0	114.0	44.0
白 村	未施药	100	53.0	2.7	199.0	70.0	

从上表中得知六六六粉示范，在洛阳、偃师效果特别显著，平均每亩增产112.8斤。

1954年在洛阳为进一步掌握适当施药量和施药浓度，提高六六六粉防治的效率，减少药量，曾进行0.5%，0.3%，0.1%，0.05%等杀虫效力试验，结果是：

①0.5%，0.3%效果为佳，杀虫率在90%以上，0.1，0.05效果次之；

②根据被害率检查，75穗麦中，施用0.5%，0.3%，小区内均有2头幼虫，施用0.1%，0.05%小区内则均有3头幼虫，对照则有29头幼虫。

（2）地面撒药。1954年4月14日以0.01%的可湿性六六六药水喷射在安乐窝庙后，已经浇过水的麦田（幼虫大多上升至1寸表土内准备化蛹），土中幼虫多爬出土面，但不久大都又爬向土中。为了证明幼虫是否死亡，乃将爬出土面的幼虫100头放在盛土的大培养皿中，另在室内以0.013%的六六六直接喷于另100头幼虫体上，同时以出囊之幼虫100头不喷药，均培养在相等大培养皿中作对照，观察其羽化情况，其结果见表33。

表33　可湿性六六六喷射土壤幼虫的结果

处　理	共试虫数	孵化日期虫数							羽化虫数	土中存有虫数 5月11日检查
		4/30	5/1	5/2	5/3	5/4	5/5	5/6		
0.013%六六六（室外田间）	100	0	0	0	0	0	0	0	0	10头幼虫
0.013%六六六（室内）	100	0	0	0	0	0	0	0	0	34头幼虫
对照	100	26	12	12	8	0	2	1	61	蛹1头，休眠体28头，幼虫2头

根据上表可以看出以下数点：

①经过0.013%六六六药水喷射以后的吸浆虫幼虫，无论在田间或室内均无一羽化者；

②中毒幼虫并未全部死亡，田间喷药的尚余10%，室内喷药的尚余34%，但中毒幼虫全部不能再结囊，身体缩短，呈扁圆形，体内卵黄球零散。

2.“挑治”省药

吸浆虫成虫发生期较长，有时长达一月之久，但盛发期往往只有7～10日，必须在成虫开始盛发时喷药1～2次，将其杀死，使不能产卵孵化为害，这个时期是非常短促的，迟一二日也会不起或很少起到作用。要在这个有利时机喷药，必须掌握以下几个关键。

（1）淘土检查，做好预测。春季雪融以后，吸浆虫发生地区的当地技术推广站或人民公社技术员，要用淘土方法，在大面积的小麦田内检查越冬后土壤中幼虫分布密度，结合春季雨水多少，预测当年吸浆虫发生严重程度的可能性，以便准备药械进行防治。选择3～5块麦田，作系统检查幼虫上升活动和蛹化情形（幼虫活动上升时，可隔2～3日检查一次，化蛹以后须逐日检查），结合气象变化，预测成虫分批出土时日，与发生规模，以便及时喷药。

（2）“三看”条件进行撒药。进行防治时，必须了解小麦的生育期，掌握吸浆虫成虫发生与小麦抽穗期相一致的自然规律。小麦由于不同品种、不同播种期，以及其他因子的影响，抽穗时期不完全相同，而吸浆虫成虫发生期亦非绝对一致的，因此特别要注意天气变化对于前述两者的影响。所以要"三看"撒药，即①看虫情——成虫开始盛发；②看作物——小麦开始抽穗；③看天气——无风雨，这 3 个条件的综合便是撒药的有利时机。

（3）检查密度，分批打药（即早抽穗、早见虫，就先打药；后抽穗，后见虫就迟打药），当时向农民传宣称为"挑治"：根据吸浆虫成虫出土不一致的情况，不能普遍挨田打药，浪费人力，物力。应事先检查成虫密度，决定即时打药，或延缓一二日打，其办法如下：

①每日下田三次，用两手将麦垄左右分开（不要使劲太大），一眼看出约在一平方尺视野范围内，能看到 5～10 头以上或较少成虫，可以打药。

②在成虫发生时间，每日观察土中羽化出土成虫数目多时，即可开始打药。

③用口径 1 尺的手网捕虫，往返一次为一下，10 下为一计算单位，每一单位达 20～30 头以上者可以打药。示范区内除组织群众集体喷药外，必须根据个别地块，具体情况，灵活掌握（即有个别地块如先见成虫，应先喷药，不要等待），必须教会群众，如何查虫，如何掌握喷粉有利时机，免致打药不及时，遭受不应有的损失。1955 年洛阳仅安乐窝一乡这样喷药，就节省药粉达 2 000 余斤。

3. 施药工具

最初各地施药都是用喷粉器在傍晚成虫上升至麦穗时喷药，后因大面积使用喷粉器，供应不够，同时集中傍晚喷药，劳动力不易调度，而且有时傍晚风大，或因气候变化，退热早，成虫不起飞或喷药被风吹散，效力不甚显著，颇不经济。针对这个问题，克服上述喷药的困难，1954 年洛阳小麦吸浆虫工作组在防治吸浆虫大会上，首先提出用布口袋或旧袜筒装药粉吊在竹竿、木棍或葵花梗上，在麦垄中打药，从上午九时起至下午五、六时前都可工作，从效果看，比喷粉麦头上好，如药粉不致因风吹散，都集中麦垄间，落于地上，把白昼在麦垄中飞舞的成虫都打死，即从土中钻出来的羽化成虫亦相继中毒死亡，而且农民不管老弱男女，有暇都可整日在田中打药，药效亦保持较久。又因为喷粉器需要数量大，有的地方供应不及时，农民和技术干部纷纷自制各种式样布袋撒粉器，如"一条龙"，"单人或双人撒粉器"，"一竿数袋撒粉器"，亦有利用风箱来撒粉。其中最为适用的是竹竿撒粉袋（图 36），可用一根长约 7 尺的竹竿，拴上 6 个小布袋，小布袋长 6 寸，宽 5 寸，每个小布袋，一次可装药 12 两（约装大半袋）；竹竿上钉 6 个丁字形小竹棍，插进小布袋里，撒粉时布袋只会上下振动，而不会左右摇摆，撒药方便，出粉均匀；布袋口要扎紧，以免漏粉；撒粉时一人手持竹竿中部，竹竿平麦头，布袋垂于麦穗下面，稍用力上下震动，使药粉均匀撒在麦穗、麦叶、麦秆和地面上，这样不但可以杀死已经羽化的成虫，而且由于地面上有药，四、五日内陆续羽化的成虫都会死亡。如此每人每小时可以撒粉 8 亩。撒药时间要在白天。因为成虫怕光，白天躲在麦叶和杂草下面不敢飞出，撒药后可以全部杀死。傍晚成虫容易飞逃，早晨露水会打湿布袋不下药，在这两个时候均不宜打药。

至于用药量与药粉浓度也有不少研究和改进。最初（1951）在南阳提出喷药 3 次，

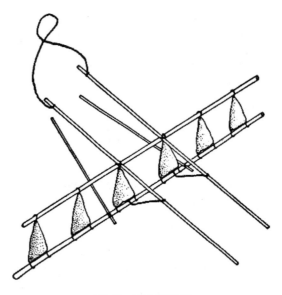

图35 双人撒粉器

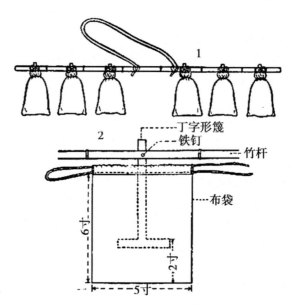

1. 竹竿上吊布口袋；2. 布口袋内装丁字架，打时粉在内受振动，容易撒出

图36 竹竿撒粉袋

共用 0.5% 六六六粉 7 斤，是根据当年吸浆虫受气候影响成虫发生 3 次小高峰，与 0.5% 六六六药效仅能维持 3～5 日而决定的。后经各方研究改进，只要能正确掌握成虫发生盛期，喷药两次就可以，甚至在吸浆虫不猖獗地区，不严重年份，成虫出土整齐，只需喷一次。用药浓度最初各地都用 0.5% 六六六，后因节约用药情形下，在洛阳吸浆

虫工作组试用0.25%六六六粉（把0.5%六六六粉加一倍细土拌和），亦见成效。前华北农业科学研究所还试验证明，0.1%六六六粉（0.5%粉1斤对过筛细土4斤）对吸浆虫仍有杀伤作用（华北，山西，1954），不过药效持续日数自然减短。

4. 土壤处理

1956年以后前华北农业科学研究所植保系（即现中国农业科学院植物保护研究所）鉴于过去国内外防治吸浆虫，是以药剂扑灭成虫为主。但是这种办法必须有准确预测情报才能获得良好效果。由于施药时小麦已开始抽穗，成虫羽化后在很短时间内即行产卵，因此施药期间极为迫切，稍拖延即遭受损失。其次吸浆虫羽化率极不一致，不少幼虫仍休眠居留土内，以后逐年羽化为害，所以必须连年防治始能安全保产。麦圆蜘蛛（*Penthal* sp.）、麦叶蜂（*Dolerus tritica* Chu），以及各种地下害虫，如金针虫、蛴螬、蝼蛄、黄褐油葫芦（*Gryllus testaceus* Walker）以及白菜乌壳虫（*Colaphellus bowringi* Baoly）等，必须进行多次防治工作才能消灭。这样既费劳力，也不经济。小麦机播后，在孕穗期施药也有一定困难，操作时田间作物遭受践踏损失。应用药剂处理土壤可以克服上述一系列的矛盾，而且对于各种害虫也能收到综合防治的效果。

经过1956—1958年3年研究的结果，证明六六六有效成分，借水渗透至包囊内，接触幼虫体躯，发生毒效，而且在一定温度下，其死亡数与时间长短成正比例。同时又证明土壤中水分含量大小与毒效有密切关系，为日后有许多地方在早春麦田内进行锄地、施药、灌水即能杀死吸浆虫，起了理论性指导作用。

该研究所自1955年开始在山西芮城和河南遂平分别进行不同用量的六六六处理土壤消灭小麦吸浆虫的田间试验，证明土壤处理对消灭土中幼虫和抑制成虫羽化有良好效力。1956年秋又在河南新乡张门农业社进行大面积（2000亩左右）试验，以资证实。1957年10月在河南项城县，正当秋旱，土壤在干旱情况下，用六六六处理土壤，效果仍很大，至1958年4月网捕检查成虫，处理区为0~0.6头，对照区为26.8~40.8头（用扫网扫捕10次平均数）。从此证明旱地、旱年用六六六处理土壤防治吸浆虫亦有效。又大面积土壤经处理后，检查地下害虫（蝼蛄、蛴螬、金针虫等），密度亦大量减低，已近于全部消灭。

大面积施用六六六时所发生的问题，主要是"漏治"。由于处理中适值下雨停工，或因事不治；此外坟头、田边、沟沿等没有犁到的地方，很容易被忘记撒药，使成虫第二年可以继续飞出，必须注意防止，采用包工插旗就可克服这点。有的地方施药量不够，或不平均，亦影响药治效果，必须带秤或量具下地，以便用药操作合于规格。

六六六药粉施于土中以后，一般在规定浓度下，不仅对植物不会引起药害，还可以刺激生长而增产。经前华北农业科学研究所两年试验，证明对小麦生长发育无不良影响，且可增产，这与华东、内蒙、山西运城等地试验结果相符合。各地群众反映，用六六六处理土壤以后，小麦生长旺盛，叶色浓绿，如同施肥一样。

据国外文献记载，六六六处理土壤用量在过高时会引起药害，一般每公顷在4千克有效成分用量之内都可获得良好效果，没有药害，因此在该所（华北所）规定浓度下是不会有害的。不过马铃薯对六六六很敏感，如每公顷用药达2千克以上，极易变味。马铃薯对六六六变味与品种亦有关系，有的易变味，有的则否，在马铃薯地内施药，这点应加注意。

六六六对麦红吸浆虫具有强大毒杀效力，较其他有机氯杀虫剂如氯丹、狄氏剂、艾氏剂、毒杀芬等杀虫力为大，越接近蛹期施用，其效果越大。

前华北农业科学研究所除在室内做各种药剂试验外，曾在河南新乡、项城、孟孙，山西芮城等地分别进行大面积示范试验，结果证明，于麦播时每亩用 6% 六六六粉 3 斤，对土 47 斤，充分拌搅均匀（先用 7 斤土和 3 斤药拌匀，再将其余细土加入）用器械或人工撒布，使药土均匀散布土面，随即进行翻耕，对于来年吸浆虫发生有很大抑制作用，且能于两年内维持残留毒力。

当春季麦田中耕施肥灌水期间，在麦垅中撒布六六六药土，然后锄下即行浇灌，每亩用 6% 六六六 2 斤，对土约 40 斤，对小麦吸浆虫杀伤效果亦极大。经过这样处理的麦田，次年吸浆虫的密度大大退减，1957 年羽化后，其密度减退 94% ~98%，1958 年羽化前调查剩余吸浆虫密度减退 98% ~99%，当年羽化率为 0。在大面积调查，其情况也如此，1958 年羽化盛期网捕成虫始终没有发现，1958 年检查土中吸浆虫密度已无存在。

春季中耕施药灌浇，对杀伤小麦吸浆虫及兼治各种麦虫效果甚为显著，特别是越接近吸浆虫化蛹羽化期，则效果更大。但是一般地下害虫在冬小麦返青拔节后即开始为害，因此如地下害虫严重地块，则仍以提早施用为宜。至于以何时施药最为适宜，应随各地情况而异，一般来说，华北冬小麦在多种害虫同时严重的情况下，以 3 月中旬至 4 月上旬施药为适宜，4 月上旬前用药则每亩用 6% 六六六粉 3 斤，4 月中旬则以 1~2 斤为合适，如为吸浆虫单独发生地区，则以 4 月上、中旬化蛹盛期进行防治为好。

六六六施用方法对药效的影响，该所亦曾加以注意，1957—1958 年曾进行施用药土后暴晒时间与毒效关系试验，证明如六六六药土在土面暴晒 1 日以后，其杀虫毒效显著减迟，其效果损失达 50%，在施用时与大量有机粪肥混用，其毒效也显著消减，如与过磷酸钙化肥混合施用则不影响其杀虫效力。

在我国西北高原地区，如宁夏、青海于 1956 年开始了六六六药粉土壤处理，防治小麦吸浆虫的研究工作，分别在幼虫期和蛹期进行，大致与上述中国农业科学院植物保护研究所研究结果相同（青海农林农学研究所，1958）。幼虫期土壤处理，分春耕播种、中耕除草、秋季耕翻 3 个时期进行。将不同用量的药粉，先用细土 5~7 斤稀释，然后再加入 40 斤细土搅拌均匀，配成毒土，均匀撒布地面后，借犁、耙、铲、耱，翻动地面的作用，覆盖毒土。凡药粉播撒越均匀，毒土覆盖越严密的，其药效持久时间越长，杀虫效果也越高。蛹期处理，在有灌溉条件的地区，是把药粉喷布地面后浇水，或将药粉装入小纱布袋内固定在进水口处，借流水冲散药粉，传布全田渗入土内；在没有灌溉条件而多雨的地方，则将药粉配成毒土，在吸浆虫化蛹盛期喷布于地表，借降水使药剂渗入土中，杀伤幼虫或蛹。这样试验，在西宁、互助、乐都、湟元等县、连续进行 3 年，都证明蛹期土壤处理是防治小麦吸浆虫的一种较好的方法（表34）。

表34 蛹期土壤处理试验结果

年份	地点	处理		重复次数	观测笼中羽化虫数（头）		笼底土中残存虫数（头）		备注
		施药量（斤/亩）	施药方法		总计	平均	总计	平均	
1957年	西宁（廿里铺）	6%可湿性六六六3斤	浇2水前施药	3	0	0	—	—	
		对照	浇水不施药	3	207	67	—	—	
	互助（却藏滩）	6%六六六粉3斤	施药不浇水（两天后降雨）	3	1	0.38	71	23.67	
		0.5%六六六粉3斤	施药不浇水（两天后降雨）	3	5	1.67	70	23.33	
		对照		3	31	10.33	95	31.67	
1958年	西宁（曹家寨）	6%可湿性六六六3斤	二水前施药	3	2	0.67	58	19.38	
		6%可湿性六六六3斤	二水口施药	3	6	2	124	41.33	
		6%六六六粉3斤	二水时施药不浇水	3	79	27.33	62	20.67	大田
		6%可湿性六六六2斤	二水前施药	3	3	1	112	37.33	
		6%可湿性六六六1斤	二水前施药	3	8	2.67	125	41.67	
		6%可湿性六六六1斤	二水口施药	3	8	2.67	103	34.33	
		6%六六六粉1斤	二水前施药	3	8	2.67	118	39.33	
		0.5%六六六粉4斤	二水前施药	3	121	40.33	128	42.67	
		0.5%六六六粉4斤	二水时施药不浇水	3	50	16.67	58	19.3	人田
		对照	—	6	291	48.50	130	21.67	
1959年	湟源（池汉）	6%六六六粉3斤	不浇水	2	1	0.50	21	10.50	
		对照		5	419	83.80	68	13.60	
	乐都（高庙）	6%可湿性六六六3斤	二水口施药	6	0	0	29	4.83	
		对照		6	17	2.83	21	3.50	
	西宁（十里铺）	6%六六六粉3斤	一水前施药	3	11	3.67	421	140.33	
		0.5%六六六粉4斤	二水口施药	3	95	31.67	809	269.67	
		对照	—	6	626	104.33	1.857	309.50	
	大通（柳树庄）	6%六六六粉3斤	二水前施药	2	1	0.50	3	1.50	
		0.5%六六六粉4斤	二水前施药	2	32	16.00	0	0	
		对照	—	6	207	34.50	27	4.5	

表34说明，蛹期土壤处理每亩施用6%六六六粉或6%可湿性六六六3斤，施药后即浇水或水口施药处理的，成虫不羽化或仅极少数羽化，羽化率比对照减低95%～100%，同时土中残存虫数亦较对照低，说明防治效果最好，适用于水浇地或雨水较多地区推广使用。

每亩施用6%六六六粉或6%可湿性六六六1斤、2斤，无论浇水前施药或水口施药，羽化虫数也少，效果略次于上法，同时也适于以上地区推广。蛹期每亩施6%六六六粉3斤或0.5%六六六粉4斤，不浇水的，分别比对照减低羽化虫数2～3倍，效果较差，推广价值不大。

每亩施0.5%六六六粉3～5斤，在川水地区浇水前施或水口施的，每平方尺内平均羽化31～40头，较对照减低羽化3倍或不减低，脑山地区羽化1～10头，减低羽化虫数3～5倍，证明对麦吸浆虫有一定的杀伤作用。

中耕期土壤处理每亩施6%六六六粉3～5斤的，可使地中成虫不羽化或仅个别羽化，效果和蛹期处理相同。

春播期土壤处理，则效果较差，每亩施6%六六六粉3斤的，每平方尺内最少可羽化 1~2 头，最多可达 8~93 头。其原因是施药期害虫正处于休眠期，虫体外包薄囊，不能活动，呼吸量低，抗药力强，故羽化虫数较多。

青海农林科学研究所就土壤处理对作物影响也曾进行相应的观察，据说："不论在播种前，生长期或先一年，每亩施用 6% 六六六粉剂 4 斤以下，对马铃薯块茎品质均无明显影响，但若超过 4 斤，则会使其味变辣发涩，品质变劣。"在青稞地中耕期土壤处理施用 6% 六六六粉，则青稞下部嫩叶发生黄枯现象，不久叶子仍转青，但中毒植株生长较矮小，此后孕穗，抽穗均较迟缓。

5. 飞机撒药

飞机撒药是高度机械化的治虫方法，其效果远远超过其他器械，可以节省劳力，用药量少，喷撒均匀，杀虫效率高，而且不会踩踏损伤庄稼。1956 年在农业部领导下曾在河南辉县、新乡交界处的 80 137 亩麦田上，用飞机进行防治小麦吸浆虫的试验示范工作；同年在甘肃银川（现划为宁夏回族自治区）亦进行飞机撒药防治，结果良好。杀虫效率当天检查能达到 90%~100%，而且药效维持 4~5 日，除毒杀吸浆虫成虫外，其他害虫如麦红蜘蛛、麦叶蜂幼虫、麦椿象等都死亡累累，因此保证了小麦的丰收。

为了做好这项工作，事前曾做了一系列的准备，如确定防治区（勘划多次），成立灭虫总指挥部和农村指挥部，训练农民技术员和讯号员以及装粉队，另外还组织防治区吸浆虫工作组，掌握测报，相据①小麦生长，②地下虫体化蛹和数比，成虫羽化等情况来决定喷药正确时期和次数，并在飞机喷药后即作撒粉量和药效检查。其方法转述于下。

（1）田间实际受粉量和均匀度的测定。利用面积 100 方寸的接粉板，散置于取样区中，各板的距离和位置不拘。当飞机每喷撒完毕一次，地面一定单位面积内即应有一定量的药粉，根据此一数值即能算出一亩面积的实际受粉数量。例如，此次飞机撒粉，规定每亩用 1.5 斤六六六粉，即 750 克粉。那么（600 000 方寸：750 = 800：1）即每 800 方寸应有 1 克约粉。因此，在测定时，将 8 块 100 方寸的接粉板，散置于人田中，在喷撒以后 1 小时，用毛笔细心将接粉板中的药粉扫入玻璃皿中携回实验室称量。如 8 块板中的总粉量为 1 克，则每亩恰合 1.5 斤，如不足 1 克，则可按比例求出每亩所受药量。

接粉板系用 3 分厚木板作成，长 × 宽 = 20.6 寸 × 5.6 寸（图 37），四周各钉以横断面为 3 分宽，2 分高的小木条作成板框，以阻止药粉由板中被微风吹落。板的一角留一缺口，以便由此将药粉扫入玻璃皿中，板面衬贴一层完整的黑油光纸（与木条框交界处不能有任何缝隙），以便观察药粉粒的位置而予以扫集。

如欲检查飞机撒粉是否均匀，则可作几组接粉板（如每亩施 1.5 斤药，则每组应为 8 块），而后在不同地势或区域的麦田中，分别置入一组接粉板，最后比较各组受粉量的大小，就可看出何处撒得多，何处撒得少；同时，一日之内，在不同时间，不同风速，不同飞行高度的情况下，撒粉量的差异也可用这种方法加以测定和比较。

此次飞机在河南辉县防治吸浆虫，前后共撒两次粉，兹将两次所测定的田间受粉量列表述明于下（表 35）。

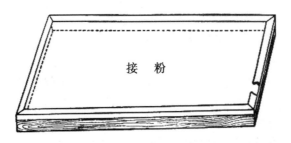

图37 在飞机撒粉时田间实际受粉量测定用的接粉板

接 粉

图38 飞机撒粉

表35 飞机撒药两次田间受粉量的测定

撒粉次第及日期		测定地点	测粉板位置	测定结果（克/寸²）	折合每亩受粉量（斤）	备注
	4/26	百泉梅溪南地	行间地面	0.25/800	0.42	飞机粉门定为1.25斤/亩
	4/27	郭村西地	行间地面	0.55/800	0.82	飞机粉门定为1.35斤/亩
第一次	4/27	郭村西地	行间地面	0.7/800	1.05	飞机粉门定为1.35斤/亩
	4/27	郭村西地	行间1.5尺高处	0.2/800	0.3	飞机粉门定为1.35斤/亩
	4/27	郭村东地	行间1.5尺高处	0.2/800	0.3	飞机粉门定为1.35斤/亩
第二次	5/2	李庄	与麦梢齐	0.72/800	1.08	飞机粉门定为1.40斤/亩
	5/2	李庄	行间地面	0.70/800	1.05	飞机粉门定为1.40斤/亩

　　4月26日早晨6时开始撒粉时，天气十分恶劣，满天乌云，风速很高而且强弱不定，计为8米/秒，6.7米/秒和4.6米/秒不等，风向也不固定，时而东北，时而西北；飞机喷出的粉带忽疏忽密，呈团状结构，极不均匀，而且离地过高，因此部分地块如表内所称梅溪，受粉极少，每亩只合0.42斤药粉。4月27日在郭村测定时，情况则大有不同，当日异常晴朗，风力为3.4米/秒，风向东，地面第一组板的总粉量合每亩0.82

斤，第二组合 1.05 斤，每亩仅相差 0.23 斤，因此可以肯定当天撒的粉，在地面上分布得比较均匀。但在 1.5 尺高的空间的受粉量却很低，只合每亩 0.3 斤，原因可能是粉板四周的拦粉框过于低矮，药粉被风吹走所致。

第二次撒粉的情况较前更为良好。5 月 2 日下午，在北部李庄一带实测结果，最高的受粉量每亩竟达 1.08 斤，较当日飞机粉门预定药量每亩仅少 5.2 两。

（2）药效检查。此次飞机防治吸浆虫的药效检查，从：①比较撒粉前、后网捕成虫的数量；②比较撒粉前后扒麦垅所见空间成虫数量；③地面平均每 100 方寸中，中毒成虫的数量等三方面来进行。网捕成虫，系以口径 1 尺，把长 3 尺的网，向身体两侧各兜捕 10 个来回（即 10 复次），把所获虫数作为一个统计单位来比较。每次检查均在固定地点，一定时间，一定地位进行（时间为下午 6—7 时；网捕位置在无风晴朗时，以网口圆心与麦梢相齐为准，有风时插入行间掠地面进行兜捕）。扒麦垅检查，系蹲入麦行间两手将麦株扒开后，以面前 1 尺×0.5 尺×1 尺的空间里的飞舞成虫数为计算单位；中毒虫数系以地面 100 方寸中所见各类中毒的虫数为统计单位。兹将各种检查结果列于表 36。

表 36 喷粉前后成虫数量变化与虫尸数量检查结果

检查地	网捕成虫数量（10 复次）		成虫减少（%）	扒麦垅所见成虫数量（1 尺×0.5 尺×1 尺）		成虫减少（%）	地面 100 寸^2 中毒虫数		
	喷药前	喷药后		喷药前	喷药后		死亡	挣扎	活虫
第一次撒粉（4 月 26 日）前后检查的结果									
百泉村	20.2	0.6	97.0	4	0	100	—		
楼根	80.0	0	100	—	—	—	—		
梅溪	43.2	2.5	94.2	8.5	0	100	—		
清真寺	88.0	0	100	—	—	—	—		
西关古城	48.4	0	100	—	—	—	—		
胡桥	76.0	0	100	0.75	0	100	—		
冀庄	13.0	0	100	—	—	—	—		
新桥	0	0	—	3	0	100	—		
小李庄	3.5	0	100	3	0	100	—		
夏峰	47.0	0	100	12	0	100	18		
郭村	33.0	0	100	5	0	100	23		
梁村	450.0	0	100	—	0	100	22		
郑屯	144.4	4.0	97.2	15.0	0	100	—		
高村	250.0	0	100	—	0	—	56		
孟庄	96.0	0	100	—	0	—	27		
陈堡	183.3	0	100	—	0	—			
西张门	80.0	1.5	98.1	—	0.16	—	7.7		
第二次撒粉（5 月 2 日）前后检查的结果									
西关古城	39.7	0.3	99.2				13.6	2.0	0
百泉梅溪	153.5	0	100				2.0	2.0	0
李庄	334.3	0	100				4.1	0.7	0.01
冯庄	209.0	0	100				7.2	0.7	0.25
东关	47.3	0	100				50.7	8.1	0.44

（3）药效持久力的测定。为了确定此次飞机所撒 1.5% 六六六药粉的持久力，曾在

辉县一定地块按下述两种方式进行了测定工作。

①喷药后每日下午到事前选好的地块进行一次检查，看看有无中毒、挣扎，尤其是不具中毒现象的成虫，如有，则表示该日已无药效，由此可知药效究能维持几天，兹将各点观察结果列于表 37。

表 37　药效持久力田间观察结果

观察地点	日期 （月/日）	撒粉后的日数	地面平均每 100 寸^2 中的各类成虫数		
			死亡	挣扎	健康
西关古城甲地	5/2	撒粉后当天	13.6	2.0	0
	5/3	第二日	0	1	0
	5/4	第三日	0	0	0
	5/5	第四日	0	1	4
	5/6	第五日	0	0	1
冯庄甲地	5/2	当天	9.5	0	0
	5/3	第二日	0.8	3.3	0
	5/4	第三日	—	—	—
	5/5	第四日	0	0	0
	5/6	第五日	0	0	0.4
	5/7	第六日	0	0	1.8
郭村东南地	5/4	当天	7.2	1.5	0.2
	5/5	第二日	10.0	0.4	0
	5/6	第三日	3.3	0	0
	5/7	第四日	5.4	0.16	0
	5/8	第五日	3.6	0	1

注：死虫：倒在地上，足已停止抽动。

挣扎者：能站立，但行动失去平衡，或已倒至地面而足仍在颤动；腹部常常扭动，产卵管伸缩不止。

健康者：能站立，而且行动正常。

凡是发现有挣扎者，即表明该日药粉仍然有效，否则就不会产生此种中毒现象。上表各点数字，大多表明在撒药后第三、四日均有中毒挣扎的成虫出现（冯庄甲地除外），这说明第三、四日药力尚存在，新从地下羽化的成虫仍能受药粉感染而中毒。但必须声明，单靠检查挣扎的有无，并不能百分之百地说明药效持久力的问题。因为地面有许多小黑蚁能迅速将中毒成虫拉入蚁穴中，这样就难免要发生：田间虽无中毒挣扎者，但药粉仍属有效的现象；因此，还必须检查健康者的有无来确定药效的有无。凡喷药后某日开始发现有健康活泼的成虫，即说明药已无效；当然，成虫的迁移性和新羽化而尚未触及药粉的情况是必须加以考虑的。检查时，如发现有健康成虫，绝不能立即断言药已失效，尚需仔细追踪观察达 15 分钟以上，有的达 50 余分钟之久（在西关古城甲地的观察恒在半小时以上），如始终无中毒现象，才填入健康者栏内。由表中"健康者"一栏看来，各点大多在撒药粉后第四天开始发现健康成虫，由此可知药力能支持 4 天是没问题的。

②至未撒粉区捕捉成虫，逐日扣入第一天撒了粉的地面观测笼中，看看何时成虫不再中毒，亦证明：1.5% 六六六每亩喷撒 1.4 ~ 1.5 斤的药效，只维持 4 ~ 5 日，超过 5 日，即失去杀虫效力。

（三）农业防治

农业防治方法的效果，有时不如人工和药剂防治的显著迅速，但各地如好好总结农民经验，并贯彻执行"农业八字宪法"，加强麦田管理，造成不利于吸浆虫生存发展的生境，有时亦颇见效，且省时省力，农民喜欢接受。现就各地对吸浆虫有抑制作用的耕作技术与试验观察材料，整理分述于后。

1. 轮作制度

小麦的轮作制度和虫害程度有密切关系。据安徽阜阳一带调查。

（1）小麦连作和小麦、大豆轮作的麦地，被害较重，平均损失20.58%。

（2）夏季高粱与大豆轮作，冬季小麦与休闲交替的麦地，小麦损失只13.97%。

（3）冬季豌豆与小麦混作，株间比较蔽塞，适于吸浆虫栖息生存，虫害较重，损失达21.32%。

（4）稻麦轮作的麦地，越冬密度低，损失亦轻，例如安徽定远县，炉桥区，同面积的土壤内，稻田有8~10头幼虫，普通地300头左右（华东，1953）。又据宁夏回族自治区吴忠县调查，稻麦二段轮作田，吸浆虫土内密度为1.3头，连种小麦两年为2.7~8头，三年为16.3头，说明稻旱轮作，吸浆虫不耐水淹而大批死亡。

1951年在南阳专区农场附近调查，炕地（休闲地）小麦吸浆虫损失率较低，仅有12%（表38）。一亩能收麦480~520斤（当然还有其他因子）。此外还有一个显著例子，即南阳近郊有一片9亩地，10年来从未换茬（小麦~玉米和绿豆），1950年遭吸浆虫为害，仅收240斤麦子，1951年收成也很差，1952年麦穗几乎大半是空壳。1952年在南阳专区农场附近与农民研究讨论后总结出这句话："炕炕地，换换茬，保证种得好庄稼。"

表38　炕地与连作地小麦受吸浆虫为害情形

农户姓名	小麦品种	前作	为害率（%）	损失率（%）	每分地单位面积产量（斤）
耿镇安	白玉皮	炕地	22	12	52.00
顾殿柱	白玉皮	炕地	—	12	40.50
牛富均	白玉皮	玉米绿豆	64	18	16.12
王大华	白玉皮	玉米	98	28	12.10

2. 耕耙

河南南阳、洛阳一带，麦收以后，因天时季节迫近或人工缺乏关系，小麦收后，田土仅耙一次，即行种秋（包括玉米、谷子、大豆、绿豆、芝麻、红薯等作物），以后枝叶茂盛，土中水分不易蒸发，日光不得透射，是吸浆虫最适宜生活的场所，故过去吸浆虫年年为害严重。1954年夏在洛阳，曾作麦收后翻耕暴晒试验，吸浆虫死亡率在50%~70%以上，有些地方还多。陕西方面亦有同样的报道：1951年6月中旬在武功三道原麦收后休闲地，经过浅耕翻晒，检查土中吸浆虫幼虫，死亡率在90%以上（中央座谈会，1952）。宁夏黄灌区麦后翻晒越夏死亡率为80%~91.69%，而麦后复种越夏死亡率为29.56%~62.50%。麦后复种，土壤湿度大，地面有作物覆盖，地温降低，越夏死亡少。这主要由于麦后翻晒，土壤干燥，地温很高，使幼虫大量死亡。不过根据洛阳经验，翻耕暴晒后，整地播种，有时会耽误玉米下种，影响收成，"一晚三分薄"

确是农民的经验，其中矛盾，尚难解决，只有提出这些事实，留供社、队对小麦增产，加强麦田管理，或在计划土地利用时和实施轮作休闲时作参考。

3. 灌溉

用渠水灌溉地区，浇水早迟与次数多少会影响吸浆虫成虫羽化时期与数量。如宁夏吴忠一带，小麦一般灌水2次，在吸浆虫羽化阶段不浇水，土壤湿度低，土表板结而羽化率低；永宁小麦一般都灌3次水，灌第二次水时正值吸浆虫羽化，因此羽化率较高而小麦受害重（永宁，1956）。浇水时间延迟或不浇2水有抑制化蛹的作用，但却引起小麦减产10.7%～14.56%，因此，想以减少浇水的办法来防治吸浆虫不大可能（青海农林科学研究所）。

4. 稀、密植

密植是增产措施之一，但因为水土条件与当地耕作制度的关系，有时在增加播种量的基础上，调节株行距和播种方法，亦可获得丰收。例如1951年于冬季种麦前，在南阳专区农场附近与农民讨论，布置合作试验；改3条腿耧为两条腿耧耩麦，并改东西行为南北行。这样小麦生长不致太稠，且南北行通风良好，阳光充足，可以避免吸浆虫窝藏，减少为害。根据生长期间观察及收获量调查，一般两行栽，南北行，小麦生长情况最好，3行栽南北行次之；3行栽东西行较差（表39）。

表39　南阳郊区调查小麦不同行数与不同行向的结果

农户姓名	小麦品种	耕作方法	每分地小麦产量（斤）	每分地麦秸重（斤）	每亩小麦重量（斤）	每亩麦秸重量（斤）	备注
李书衡	宛1486	南北2行栽	38.5	56	385	560	
蔺友德	宛1486	南北2行栽	30.84	56	308.72	560	
王德元	宛1486	南北3行栽	27.54	40	275.6	400	
朱洪巨	宛1486	南北3行栽	27.12	46	271.24	460	
刘天顺	宛1486	南北3行栽	22.5	55	225	350	
赵连生	宛1486	南北3行栽	13.42	—	134.36	—	麦草因掺乱未计
王德清	宛1486	东西3行栽	24.12	38	241.25	380	
王清三	宛1486	东西3行栽	17.36	—	173.72	—	麦草因掺乱未计
李书衡	中农二八	南北2行栽	42.5	83.25	422.5	832.8	
刘光汉	中农二八	南北3行栽	22.42	31	224.36	310	
王大华	中农二八	东西3行栽	21.5	31	215	310	

注：小麦产量与地力、肥料、灌溉都有关，当时尽量选附近相似地块进行比较。

根据上表，很明显地可以看出，利用两条腿耧耩麦，不但不比3条腿耧产量减少，反而增多，每亩平均产量在300斤以上，而东西行3条腿耧耩的麦田每亩平均仅200斤左右。市郊区白庄乡劳模李书衡特别强调这种耕作技术比3行栽东西行好，不仅产量高，而且麦草总重亦增加。新野老龙镇工作组报告："2行栽较3行栽生长良好，植株粗而高，穗长而小穗密"。据洛阳工作组报告："2行栽较3行栽生长好，受害轻（表40）"。故当年总结农民经验时有这样的一句话："两条腿，南北行，虫子少，长得好。"据吴忠县1954年调查，播种方法不同，小麦受吸浆虫为害也不同：撒播田被害率60.5%，平均每穗虫数6.7头；交叉条播田被害率51.7%，平均每穗虫数4.5头；条播田被害率35%，平均每穗虫数3头。这可能是不同播种方法造成了田间特殊小气候，并与小麦生育期是否整齐有关。条播田通风，透光良好，小麦生育期较整齐，所以受害最轻。

表40 2行栽，3行栽小麦受害情形和产量比较

1951年洛阳工作组

农户姓名	为害率（%）		严重率（%）		每亩产量（斤）		2行较3行栽每亩增产量（斤）
	2行栽	3行栽	2行栽	3行栽	2行栽	3行栽	
韩明道白连青 1	70（1亩白）	90（2亩韩）	11.7	20	167	123	44
李和尚 2	90（1亩）	100（3.4亩）	16	43	119	98	21

（四）抗虫品种

我国在进行小麦吸浆虫防治研究工作时，各地都注意抗虫品种的调查、观察及试验，并推广种植抗虫品种以抑制小麦吸浆虫的发生及为害。如南阳小麦吸浆虫研究站于1951年经过广泛调查与比较解剖小穗的构造，曾初步提出"植株高，小穗密，籽口紧，麦芒长是小麦抗吸浆虫性状"。次年认为植株高不能作为抗吸浆虫的主要特性。抗虫品种猴巴掌株高达148～153厘米，玉麦株高117厘米，但中农28号株高仅54～62.5厘米，因小穗密和发育良好，受害亦轻。该站1954年又提出穗形构造：芒长和弯曲，颖壳长大、坚硬与籽口紧合等特性（表41）。其中以籽口紧和小穗密为最重要。

表41 小麦抗虫品种特性的鉴别

品种	麦穗	芒	颖壳	籽口	备注
南大2419	纺锤形，穗长12.5厘米，小穗总数20，密度为16，直密较稀疏，横密五花四籽，也有六花五籽，穗重3.4～5.0克	粗长挺直，并列向上，有刺	护颖长大，外被蜡质，坚硬	扣合很紧，护颖嘴端与外颖芒基紧贴	
西农6028	长方形，穗长8厘米，小穗总数18，密度为23，中密六花五籽或五花四籽，穗重1.5～5.3克	芒粗长，向两侧斜出，中央小穗有芒，细短向上	中厚，但护颖高大，几与外颖同高	内颖外颖抱合尚紧	
新出山豹	长方形，穗长9厘米，小穗总数24，密度为27，中密六花五籽，穗重2.2～4.19克，侧面上下宽大同	芒细短，排列不齐，上位芒直挺较紧硬，下位芒卷曲，互相钩搭	护颖较窄，但高与外颖齐肩	内外颖抱合甚紧	抽穗晚，灌浆快，间有似蚂知了的穗形
中农28	棍棒形，穗长8厘米，小穗总数22，密度为28，中密七花五籽，穗重为0.9～4.2克	无芒	护颖长而大，外被蜡质，坚硬	内外颖扣合不甚紧	
碧蚂4号	长方形，穗长8厘米，小穗总数23，密度为29，密五花四籽，或五花三籽，穗重1.7～3.0克	芒粗长，稍向左右斜伸，中央芒向上	坚韧，略具蜡质护颖盖住外颖三分之二	籽口紧	
蚂知了	短方形，腰部略弯曲，穗长6.85厘米，小穗总数20，密度为30，是密，五花四籽，穗重0.5～3.0克，侧面上宽下窄	芒少，细短无力，下部芒长，弯曲，排列不整齐，钩搭不多	护颖小窄，无蜡质，外颖脊背大部外露	内外颖扣合不紧	

（续表）

品种	麦穗	芒	颖壳	籽口	备注
白玉皮	纺锤形，小穗排列稀落，中间空隙大，穗长9.20厘米，小穗总数16，密度18，是疏，四花三籽或三花二籽，穗重1.0~1.9克	穗顶略有短芒	护颖长大，外被蜡质，坚硬	内外颖扣合不甚紧（吸浆虫有产卵于内外颖之间者）	抽穗早，灌浆慢
大口麦	纺锤形，穗长8.7厘米，小穗总数17，密度为20，是疏，三花二籽，穗重0.7~1.9克	无芒	护颖薄弱，无蜡质	籽口极松，被害严重	洛阳一带，普遍栽培，1952年曾列为评选种
白女麦	橄榄形，穗长7.7厘米，小穗总数20，密度为26，四花二籽，穗重0.7~0.9克，基部5~7小穗不孕，每小穗6~18籽	芒长，软弱	脆薄，光亮	抱合松，易脱落	南阳、内乡、赤眉、白女麦受害极重

图39　在洛阳干部与农民同下田检查小麦吸浆虫为害情形并选抗虫品种（左2为曾省）

籽口紧系指颖壳（包括护颖，内、外颖）厚硬，与抱合紧而言。1952年在南阳检查许多麦种，发现颖壳有毛，则抱合都松，如世界小麦1768，1272被害率在87%以上。颖壳质厚而护颖强大，能将外颖脊背大部遮盖，且外被蜡质，故籽口扣合很紧（因为壳长、面广、凹深），如南大2419、* 新出山豹，西农6028等。另外，外颖与麦

---

　　* 南大2419号特点是春性强，在晚播条件下表现良好，成熟也早，可以代替大麦或"三月黄"。小麦在山西芮城1953—1954年试种时，由于播种期不适当，拔节过早而冻死一部分，但翌春重新分蘖后生育正常，仍得到每亩500多斤的高产。1954年秋在回茬棉花地上试种，虽遭到最冷的冬季，1955年春又很干旱，但麦收时该品种每亩仍收300多斤，比一般"三月黄"小麦要高得多。

粒扣合得紧亦关重要。如偃师白村一种小麦，系从解放麦品种中选出，外颖和麦粒扣合极紧，扬花时雄蕊都不吐出，故不受吸浆虫的为害（南阳，1952；1954）。西北提出："外颖两侧片形成的角度和内颖两侧片所形成角度相同，因此，两者扣合以后，内外颖侧缝紧密，麦红吸浆虫幼虫不易钻进。"

穗形构造则以小穗自上而下排列紧密，中间空隙小，称"直密"*，又凡具六花五籽或五花四籽，称"横密"，较一般三花二籽抗虫性强，受害轻，如新出山豹、中农28、西农6028等。此种花多籽满的"多花性小麦"，不仅抗虫，而且能丰产，应特别注意加以选育（图39）。

至于对具有细长产卵管能伸入麦颖上端洞孔中产卵的麦黄吸浆虫，经湖北天门方面更深入的观察，初步找出几点特性：①内颖尖端侧片与背片抱合处，以及所成的弧口宽度较狭；②内颖背片与侧片长度差小，并着生长而密的细毛；③内外颖扣抱紧密；④内颖先端露出较少。根据检查结果，证明麦黄吸浆虫产卵一般喜找内颖尖端外露的麦花，内颖较外颖短的则未发现有卵，而内颖等长的受卵率仅占1.7%。因此，从南大2419中选出麦花内颖尖端短于外颖尖端的品种，加以大量繁殖，可能防止吸浆虫为害。又根据检查麦花的结果：内颖两侧片与背片抱合处及其所成弧口越狭，刺毛就越集中，背侧片长度之差越小，刺毛和刺毛交叉数就越多，而且密度加大，更能发挥阻拦吸浆虫产卵和幼虫侵入的作用（表42）。

表42　南大2419与本地小麦内颖尖端抱合处宽狭度及弧口大小比较

品种	小穗号	内颖尖端露出数	露出内颖			内颖尖端隐伏数	隐伏内颖		
			抱合处平均宽度（毫米）	弧口宽度（毫米）	卵数		抱合处平均宽度（毫米）	弧口宽度（毫米）	卵数
南大 2419	1	13	0.117	0.111	0	24	0.074	0.070	0
	2	43	0.130	0.117	0	9	0.179	0.164	0
	3	18	0.143	0.123	0	2.5	0.178	0.166	0
	4	26	0.152	0.111	16	8	0.100	0.100	0
	5	11	0.244	0.204	8	16	0.113	0.097	0
	总平均	22.2	0.147	0.125	4.8	16.4	0.126	0.117	0
本地小麦	1	30	0.240	0.170	89	总平均	0.128	0.119	0
	2	45	0.267	0.233	141	检查南大2419麦花，内颖外露数，每穗平均为50.8%，而本地麦则达94.8%，几无隐伏内颖，平均内颖露出长度，南大2419为0.393~0.9毫米，本地麦为0.872~2.2毫米			
	3	38	0.330	0.250	44				
	4	28	0.347	0.288	204				
	5	40	0.353	0.236	140				
	总平均	36.2	0.305	0.235	123.6				

前华东农业科学研究所从1950—1953年，研究小麦吸浆虫，以抗虫品种试验为重点，包括分期播种，避虫试验及抗虫性的测定。前者试验结果（表43），证明品种间呈现不同程度的抗虫性能有4种类型：①不受播种期影响的品种，在各种播种期中受害都

---

* 穗密（直密）＝ $\frac{小穗数 \times 10}{穗长}$ ，按10厘米内所有小穗之多少以定其疏密，其标准如下：密度在22以下者为疏；22~28者为中；28~34者为密；34以上者为甚密。

很轻微，如南大 2419、矮立多、中农 28、西北站二号等。这些品种以后经各方观察，证明都是抗虫品种，具有各种不同组织构造的抗虫性能，完全不是避虫作用。②晚抽穗避虫的品种，如二维 80、五爪麦等，一般在 5 月 10 日左右抽穗，落在吸浆虫盛发期以后，基本避掉虫害，所以被害轻。据洛阳方面观察亦有同样情况，如西农 6028、新出山豹、蚂知了等 3 个品种经过 30℃ 高温 3～4 日（4 月 24—27 日），以后（曾，1954）才开始抽穗，至 5 月 4 日开花，已在吸浆虫盛发期的后半期，因此受害较轻。③抗虫性较弱的品种如骊英三号、金大 2905、徐州 438 等，因播种期变动，在抽穗时遇着吸浆虫盛发期，受害较重，能避掉就较轻。④抗虫性最弱的品种，如红芒子、和尚头等，抽穗期对于播种期变动的感应性迟钝，无论播种早晚，总在吸浆虫发生期内抽穗，于是各次播种的受害均重。

表 43　扬州地区小麦品种分期播种避虫试验

类别	品种及播种期									
	1951					1952				
	品种	9/23	10/7	10/21	11/5	品种	9/24	10/8	10/23	11/7
一穗上虫数	南大 2419	2.66	0	3.66	0	南大 2419	0.2	0	0	0
	中农 28 号	3.66	1.00	0.66	13.00	矮立多	0.2	0.2	0	0
	矮立多	1.33	0	20.33	10.00	中农 28 号	0.6	0.4	0	0
	骊英 3 号	7.66	12.00	32.33	57.00	胜利	0.8	0.2	0.6	1.0
	骊英 1 号	5.33	3.66	14.00	54.33	2 维 80	0	0	0	0
	金大 2905	6.00	11.66	3.33	22.66	金大 2905	0	0.6	2.4	7.4
	金大 4197	21.33	17.00	28.66	68.00	泾阳 302	0.4	3.6	11.6	1.6
	和尚头	66.00	58.00	61.33	94.66	大玉花	5.0	3.8	7.6	2.0
	红芒子	138.66	165.66	113.00	89.66	美玉	4.4	8.0	11.4	2.2
						红芒子	21.6	13.4	30.0	4.0
虫粒（%）	南大 2419	0.86	0	0.83	0	南大 2419	0.06	0	0	0
	中农 28 号	0.26	0.15	0.08	0.34	矮立多	0.03	0.05	0	0
	矮立多	0.23	0	1.05	0.27	2 维 80	0	0.13	0	0
	骊英 3 号	1.38	3.21	6.61	11.00	中农 28 号	0.10	0.11	0	0.13
	骊英 1 号	1.44	1.33	1.15	17.06	胜利	0.30	0.70	0.24	0.09
	金大 2905	1.03	2.11	0.88	3.42	金大 2905	0	0.17	0.50	1.92
	金大 4197	5.42	4.60	8.33	15.77	泾阳 302	0.13	0.71	2.82	0.87
	和尚头	13.44	14.29	14.13	23.39	大玉花	1.73	1.11	2.07	1.09
	红芒子	22.79	25.25	25.95	18.91	美玉	1.78	2.27	3.62	0.85
						红芒子	3.94	2.27	4.00	1.18

上述第三类型的麦种可由播种期变动其抽穗，以减轻虫害，但在实地防治应用上不甚可靠。问题在于每年三、四月间的气候决定该年吸浆虫发生的早晚和盛衰，不仅各年差异都很大，虫早发生时，早播的麦遭害重，如阜阳 1951 年情况；晚发生则晚播麦受害重，如阜阳 1952 年的情况。1951 在南阳调查，农民亦有此反映："去年早种麦受灾重，晚种麦受灾轻，今年（1952）就是晚种重，早种轻。"因此各地吸浆虫发生情况变动不定，受害结果亦甚悬殊。目前对这种变动情况，不能预见，在具体进行时就不可能有意识地去掌握，达到减轻为害的目的。一方面又因普通小麦由于变动播种期来推迟或提早抽穗的时间极有限，仅靠播种期措施，不能绕过吸浆虫发生期，因而难期减轻

损失。

至于抗虫性的测定，证明南大 2419、矮立多和中农 28 号确具有抗虫害的性能，其中南大 2419 表现尤为优异（表 44）。在小麦抽穗、扬花和灌浆等 3 期内分别接虫观察结果（表 45），证明小麦抽穗期最易受害。1953 年单就最易受害的抽穗期进行接虫试验结果（表 46），证明各品种受卵数互有高低，幼虫数亦有显著不同，南大 2419 和西北站 2 号虫数最少，虫害百分数亦最轻。

表 44　小麦各发育期接虫结果（1952 年，扬州）

麦种	五次重复接虫总数（头）	一麦穗平均数		备　注
		卵	幼虫	
南大 2419	996	1.0	0.60	红芒子的幼虫比卵数多，系取样关系
矮立多	1 093	6.2	2.29	
中农 28 号	801	16.0	8.80	
红芒子	295	18.2	41.36	

表 45　小麦分期接虫结果（1952 年，扬州）

麦　种	接放成虫数				查获幼虫数			
	抽穗期	扬花期	灌浆期	合计	抽穗期	扬花期	灌浆期	合计
南大 2419	86	237	155	478	0	2	0	2
矮立多	92	176	95	363	62	0	2	64
中农 28 号	233	191	159	583	218	6	2	226
红芒子	191	87	165	443	289	10	19	318
共计	602	691	574	1 867	569	18	23	610

表 46　小麦抽穗期内接虫结果（1953 年，扬州）

麦种	接虫数	产卵数		幼虫数		
		检查穗数	每穗平均虫数	检查穗数	每穗平均虫数	虫粒（%）
南大 2419	971	23	31.96	25	2.28	3.02
西北站 2 号	906	20	32.57	22	2.08	2.92
西农 6028	912	18	49.42	19	22.36	14.39
红芒子	954	16	69.80	19	57.84	49.92
白卷芒	628	13	45.68	20	39.75	37.63
河大 H4	624	25	22.77	26	14.42	14.04
躲黄霉	945	27	105.85	28	141.36	79.97
二维 80	73	24	0	30	0	0

1951—1952 年，在陕西武功亦做了小麦抗虫品种鉴定的试验，很快地证明了西农 6028、南大 2419、西北站 2 号等是很好的有抗吸浆虫性能的小麦良种（表 47）。为了明确品种与成虫产卵的关系，曾进行强制成虫在不同品种的麦穗上选择产卵的试验，以观察比较不同品种麦穗的着卵量与着卵部位，以及幼虫侵入情形。结果证明，一般产于护、外颖间，小穗口或两花之间的卵粒，幼虫孵化后都能寻找内外颖侧缝入侵，由幼虫侵入率的高低，来决定品种受害程度时，内外颖缝扣合的紧密程度是品种抗虫能力大小的重要关键。成虫绝大多数挑选未开花的麦穗产卵，在已扬花的麦穗上统计，有一半还

是产在未开花的小花上。成虫的这种选择性，与幼虫的侵入为害有很大关系（表48）。

表 47　1951—1952 年品种受害程度比较（陕西武功）

品种名称	1951 年损失率（%）	1952 年损失率（%）	备　　注
碧蚂 1 号	60.58	14.67	此项资料是在西北农学院农场
302	83.62	30.74	品种比较试验地检查的结果
西农 6028	8.94	2.70	
南大 2419	3.25	1.26	
西北站 2 号	2.30	0.93	
蚕麦	51.21	26.52	
红辣麦	31.74	33.08	

表 48　抗虫与不抗虫品种麦穗在不同发育时期的幼虫侵入率比较（1957，陕西武功）

品种名称	接卵时麦穗发育情况	接卵时期（日/月）	接卵数	卵孵化侵入期麦穗发育情况	接卵部位	致害虫数	致害率（%）
西农 6028	刚抽全	29/4	46	未开花	护外颖间	3	6.52
西农 6028	抽出二寸	29/4	49	未开花	护外颖间	0	0
西农 6028	正开花	30/4	45	已灌浆 1/4	护外颖间	0	0
302	刚抽全	28/4	48	未开花	护外颖间	15	31.48
302	抽出二寸	28/4	48	刚灌浆	护外颖间	3	6.25
302	正开花	29/4	90	已灌浆 1/3	护外颖间	5	5.55

注：①所用卵粒皆为产下第二日卵。

　　②卵期 5~6 日。

　　③6028 抽穗到开花期 8 日，302 抽穗到开花 6 日。

因为初孵化幼虫口器不发达，为害能力较低，只能为害组织幼嫩而且充满浆液的子房，若子房逐渐发育，表皮组织加厚则不利于幼虫为害，甚至不能取食而致死。

1956 年青海互助县曾进行不同小麦品种的着卵量与着卵部位比较试验，结果说明小麦品种抗麦黄吸浆虫性能的大小要看成虫能否在麦穗上产卵及麦穗上着卵多少来决定。

南大 2419 麦穗内幼虫对已经受精的子房侵入率达 35.1%，但死亡率相当高，灌浆后死亡达 100%，而不抗虫的须麦，虽在灌浆期仍能致害，证明品种抗虫性能与花器构造发育阶段，以及籽粒的表皮组织有密切关系。

推广已有抗虫品种和选育地方新抗虫品种，在根治小麦吸浆虫工作中是极其重要的。近几年来各地利用抗虫小麦品种来防治吸浆虫成绩显著，在我国农作物防治害虫工作中确是最突出的例子。根据湖北省天门县杨场乡的调查（蔡述宏，1958），从 1956年大面积推广南大 2419 以后，虫口密度显著下降（表49）。而且下降的程度与麦田更换品种年分的早晚有密切关系，即换种早的田虫口密度小，反之就大（表50）。陕西种植西农 6028 亦有同样的效果（陕西，1957）（表51）。不过有的地方因为对小麦选种注意不够，栽培管理差，抗虫品种渐形退化，丧失了抗虫性能，如西农 6028 在河南偃师，南大 2419 在天门都曾发现不抗虫现象。据在天门观察，初引种时南大 2419 穗形方正，芒长而强硬，向两旁伸展，成熟时穗色红褐，颖壳包附很紧，脱落不易。但近年来南大 2419 穗形变成扁平尖长，麦芒伸展较狭，穗色黄褐，颖壳松弛，脱落较易，就穗形来讲，已经近于本地须麦，这是值得警惕的。我国地区辽阔，环境条件悬殊，而栽培技术又各不同，各个地方应因地制宜地自行选育，大量繁殖抗吸浆虫小麦品种，以抑制其为害。西北农学院与中国农业科学院陕西分院已获得宝贵经验：凡是以抗虫品种作为亲本，就很容易获得抗虫的后代（朱象三，1960），可依此为准则，选择丰产，质优的亲本来杂交。至于抗虫性能构成和表现的内、外在因子，仍需进一步加以观察研究，这也是小麦抗虫育种工作中的重要理论性问题。地方小麦品种中也有不少品种似较抗虫，应经过广泛调查，单株选育，不断提高抗虫能力。有些品种如佛手麦（圆锥小麦）、晚麦等须经过高温或强日光的刺激才能抽穗，是避过吸浆虫盛发期的晚熟品种，但恐其延误了后作栽培或妨碍增加复种指数，则不宜提倡。

表 49　南大 2419 与本地小麦田内幼虫密度（湖北，天门）

年　份	本地小麦收割后，25 平方寸、6 寸深土中平均虫数	南大 2419 麦收割后，25 平方寸、6 寸深土中平均虫数
1956	121.5	15.2
1957	34.4	1.1
1958	43.0	1.1

表 50　不同年期换种南大 2419 的本地麦田内虫口密度调查

检查地点	田号	品种					1958 年收割后土壤检查	
		1953 年冬播	1954 年冬播	1955 年冬播	1956 年冬播	1957 年冬播	淘土方数	幼虫数平均
建军二社	1	本地小麦	南大 2419	南大 2419	南大 2419	南大 2419	5	1.8
	2		本地小麦	南大 2419	南大 2419	南大 2419	5	1.2
	3				本地小麦	南大 2419	5	0.2
	4					本地小麦	5	43.0

表 51　多年栽植西农 6028（抗虫）和 302（不抗虫）小麦结果的比较（前西北农业科学研究所）

年份	302 小麦（不抗虫）		西农 6028 小麦（抗虫）	
	损失率（%）	麦收后幼虫头数	损失率（%）	麦收后幼虫头数
1950	58.93	913.0	—	—
1951	58.52	342.9	—	—
1952	30.74	233.0	2.7	34
1953	25.70	628.0	—	28
1954	9.60	581.0	0.22	7
1955	0.68	81.3	极少	—
1956	3.97	170.0	—	—
1957	21.71	578.0	0.05	8.8

在西北高原地区抗吸浆虫的小麦和青稞的选育工作也是很重要的。如宁夏灌区曾初步选出磨坝兰、阿尔太、幼土顿小麦品种；青海曾选出受害率很低的白浪散（青稞）、藏青稞和钻麦、吊沟板麦，但必须进一步观察研究，肯定特性，大量繁殖，或利用杂交，培育优良品种，以防治上游地区的吸浆虫，免致增加下游虫群的来源。

附录（类似吸浆虫与瘿蚊科昆虫）、参考文献及编后记（略）

水稻病虫害及其防治

1936 年成都附近水稻螟害之观察[*]

曾省　陶家驹

　　西蜀古称天府之国，境内川流交错，灌溉便利，而气候土宜，又适于水稻之栽培，故产谷独丰，至今每年尚达 158，844，540 市担之谱，是我国重要产稻区域之一。我国水稻常罹三化螟、二化螟之害，江浙两省年有螟灾损失之调查与防治方法研究之报告，桂、粤、湘、赣诸省，近来亦相继而起，唯川省地处西陲，向少人注意，稽诸书籍杂志，亦鲜有关于此项研究之记载，此实研究我国螟虫分布与损失之一缺陷。且螟虫侵蚀稻株，发生白穗与窒碍水稻之发育，直接减少谷之产量，间接则影响于民食綦重。际此举国上下努力国民经济建设之时，粮食自给成为当前之最迫切问题，诚能扑灭螟害，增加产量，抵补进口洋米而有余，故在产稻主要区域之四川境内，先观察螟害之发生与损失之估计，然后进而谋防治之术，洵为要图。省等不敏，入蜀以来，辄留心此项工作，今幸略有所得，扼要报告，不敢期其完善，不过略供关心民食与研究螟灾者之参考耳。

一、诱蛾灯预察二三化螟蛾发生之时期

　　四川大学农学院曾装设诱蛾灯一座，用天光厂及德商泰来洋行造之汽油灯，灯悬于木柱上，高出水稻田约二市丈，灯之东南二面为稻田，中隔一列八市尺高之砖墙，但光仍能照耀广大之稻田，西北二面为院落，故螟蛾来集，仅东南两方，因成都乡间多窃盗，求管理方便，勉强择定此场所而设灯。自四月一日起至十月三十日止，每晚必燃灯，虽中间有数日因二盏汽灯均发生障碍，未曾燃点，然据此亦可知其一年发生日期之大概情形。所得结果不能认为十分满意，但逐日将诱杀之蛾数记载，亦可供参考，兹按月分旬，列表示之如次：

表 1　一年间用灯诱杀之二三化螟蛾数

旬期	4 月			5 月			6 月			7 月			8 月			9 月		
	上	中	下	上	中	下	上	中	下	上[①]	中	下	上	中	下	上	中	下
二化螟蛾	—	—	15	73	991	149	—	—	—	—	37	291	25	105	13	—	—	—
三化螟蛾♀	—	—	—	9	246	9	—	—	41	33	6	51	452	5 981	410	1	—	—
三化螟蛾♂	—	—	—	15	185	7	—	—	9	11	4	40	222	2 019	139	—	—	—
总数				24	431	16			50	44	10	91	674	8 000	549	1		

①此时期诱蛾灯发生障碍

* 《农报》，1937 年，4 卷，6 期。

由上表可知二三化螟蛾之发生时期：二化螟蛾一年发生二次，第一次为四月下旬起至五月下旬止，第二次为七月中旬起至八月下旬止；三化螟蛾第一次为五月上旬起至五月下旬止，第二次为六月下旬起至七月中旬止，第三次为七月下旬起至九月上旬止，而以八月中旬为最盛。

螟灾之轻重与水稻品种及成熟早晚亦有关系，兹将观察结果，列表于下（表2）。

表2　各种水稻成熟早晚与螟灾轻重之关系

品种名	白穗率（%）	抽穗期	成熟期
黄光头	30	8 月 26 日	10 月 2 日
浙场一号	40	8 月 23 日	9 月 26 日
浙场三号	20	8 月 26 日	10 月 1 日
陈家稻	15	8 月 11 日	9 月 22 日
III – 18 – 202	2	9 月 7 日	10 月 13 日
铁粳青	1	9 月 3 日	10 月 13 日
浙场十号	20	8 月 24 日	9 月 26 日
溪口晚青	0.1	9 月 8 日	10 月 20 日
金早十号	1	7 月 16 日	8 月 17 日
细管芦尖	50	8 月 24 日	9 月 23 日
白金 37 号	1	7 月 17 日	8 月 17 日
浙场 129 号	2	9 月 7 日	10 月 13 日
浙大 12 号	8	8 月 14 日	9 月 21 日
浙大 676 号	30	9 月 2 日	10 月 2 日
浙场 8 号	20	8 月 25 日	9 月 26 日
浙大 3 号	40	8 月 29 日	10 月 2 日
八月种	25	8 月 25 日	9 月 20 日
21 – 3	0.1	9 月 15 日	10 月 27 日
二等一时兴	20	8 月 14 日	9 月 20 日
头等一时兴	5	8 月 3 日	9 月 10 日
小南粘	1	8 月 2 日	9 月 7 日
标准种	0.5	8 月 11 日	9 月 12 日
敍府稻	15	8 月 14 日	9 月 22 日
宜宾稻	10	8 月 12 日	9 月 16 日
犍为稻	5	8 月 19 日	9 月 21 日

观上表于所列二十五水稻品种中，凡螟害重在20%以上者，其抽穗期（除浙大676号与二等一时兴二品种外）概在八月下旬，成熟期概在九月下旬或十月初旬，从此可知稻之受螟灾轻重，关键系于抽穗期早晚与三化螟蛾发生是否适相值也。

二、水稻受螟害之损失

1. 一般为害情形

成都附近水稻，仅有中早二系；早稻在八月中旬收获，中稻及糯稻在九月中旬收获。早稻受螟害损失，因作者离成都，适逢大水，交通阻碍，不能及时返蓉调查，故其实际损失不得而知，但在抽穗期间，凭目力观察，远不如中稻及糯稻受害之烈。早稻之抽穗期为七月中旬，成熟期为八月中旬。八月下旬检查已收获之早稻遗株稻藳；稻之遗株择田之东南西北及中央五处，各处掘取 25 丛，在田之稻遗株高度约二市寸，稻藳则任意采取检查，其结果如下（表3）。

表3 早稻藳及早稻遗株中螟虫留存数

	检查株数	二化螟数	三化螟数	大螟数	有虫数所占之百分比（%）
稻根	3 368	38	1	0	1. 16 –
稻藳	2 100	3	0	1	0. 19 +

于检查所得之螟虫，二化螟均为未达中龄期，而三化螟仅得已结茧准备之老熟幼虫一条，再观第一表螟蛾出现期，可知早稻能免三化螟第三代幼虫之侵害固无疑。而二化螟之第二代幼虫或不至于向早稻集中侵害而酿成巨灾。

当中稻收获时，于调查地点，择可代表该地螟害之稻田一处，再于该处择可代表该地螟害之稻株 10～30 丛，齐泥割起，就地分别健穗茎与白穗茎，复一一检查之，结果见表4。

表4 中粳及糯稻之白穗率

	检查日期	检查品种	检查丛数	检查株数	有穗茎数	有穗茎数所占百分比（%）	白穗茎数	白穗茎数所占百分比（%）
Ⅰ北门外昭觉寺	13/9	粳，中	10	243	243	100	0	0
Ⅱ北门外昭觉寺	13/9	粳，中	22	422	354	84	68	16
Ⅲ南门外武侯祠	14/9	粳，中	20	341	314	92	27	8
Ⅳ西门外青羊宫	14/9	粳，中	20	559	419	75	140	25
Ⅴ西门外	15/9	粳，中	20	369	351	95	18	5
Ⅵ西门外	15/9	粳，中	20	419	329	79	90	21
Ⅶ东门外牛市口	16/9	粳，中	20	428	389	91	39	9
Ⅷ东门外牛市口	16/9	粳，中	20	369	227	62	142	38
Ⅸ东门外狮子山	19/9	糯	10	243	169	70	74	30
Ⅹ东门外小土地庙	19/9	糯	10	170	117	69	53	31
Ⅺ东门外小湾子	20/9	糯	10	198	116	59	82	41
Ⅻ东门外老山土地庙	20/9	糯	20	636	523	82	113	18

观上表可知，中粳稻除特殊情形（Ⅳ，Ⅵ，Ⅷ三号）外，螟害白穗率为6.03%，糯稻为28.68%。

$$0（Ⅰ）+16（Ⅱ）+8（Ⅲ）+5（Ⅴ）+9（Ⅶ）=38$$

$$38÷5=7.6 \qquad 7.6×\frac{79.4^*}{100}=6.03\%$$

$$30（Ⅸ）+31（Ⅹ）+41（Ⅺ）+18（Ⅻ）=120$$

$$120÷4=30 \qquad 30×\frac{96.2^*}{100}=28.8\%$$

在同一气候下，而有如此之参差，盖有四因。

（1）糯稻生长期较任何中稻为长，并其组织较为松软，故其被害机会为多。

（2）西门外青羊宫（Ⅳ）之粳中稻田，前作为瓠子（瓜类植物），致不能按时插秧，同时秧苗已长，势亦不能长留秧田，故在未定植前，又行假植一次，因经二次苏生，致生长期延长，而增高其被害程度。

（3）西门外（Ⅵ）之粳中稻田，为早中稻田毗连，早稻八月下旬已行收获，原为害早稻之三化螟第二化蛾，因早稻被收割，多产卵于中稻上而增加其为害程度。

（4）东门外牛市口（Ⅷ）粳中稻田，因地势较高，引水不易，致不能按时插秧，故比普通稻田迟插二星期，且其生长期中，田水亦不易支配，以致生长期延长，增加其受害机会。

表4所示，为一般螟害之调查，但其中究以何种螟虫为害最烈，健全茎中与白穗茎中之螟虫数孰多，对于防除工作上亦颇有关系，爰剖验白穗茎察其有螟虫为害之现象及虫之存留者记入表5。

表5　白穗茎中螟害率及有虫率

	螟害白穗茎数（白穗茎数减去非螟害之白穗茎数）	白穗茎中螟害白穗茎数所占之百分比（%）	螟害白穗茎中有虫茎数	螟害白穗茎中有虫茎数所占之百分比（%）	二化螟害白穗茎数	白穗茎中二化螟害所占之百分比（%）	三化螟害白穗茎数	白穗茎中三化螟害所占之百分比（%）	大螟害白穗茎数	白穗茎中大螟害所占之百分比（%）
Ⅰ	0	0	0	0	0	0	0	0	0	0
Ⅱ	66	97	23	35	1	4	22	96	0	0
Ⅲ	27	100	9	33	1	11	8	89	0	0
Ⅳ	130	93	59	45	0	0	59	100	0	0
Ⅴ	18	100	3	25	3	60	2	40	0	0
Ⅵ	87	97	44	51	0	0	44	100	0	0
Ⅶ	39	100	4	10	0	0	4	100	0	0
Ⅷ	131	92	71	54	10	14	61	86	0	0

---

* 白穗茎中螟害白穗茎率见表5。

（续表）

	螟害白穗茎数（白穗茎数减去非螟害之白穗茎数）	白穗茎中螟害白穗茎数所占之百分比（％）	螟害白穗茎中有虫茎数	螟害白穗茎中有虫茎数所占之百分比（％）	二化螟害白穗茎数	白穗茎中二化螟害所占之百分比（％）	三化螟害白穗茎数	白穗茎中三化螟害所占之百分比（％）	大螟害白穗茎数	白穗茎中大螟害所占之百分比（％）
Ⅸ	74	100	20	27	0	0	20	100	0	0
Ⅹ	51	96	16	31	2	13	12	75	2	13
Ⅺ	82	100	24	29	0	0	24	100	0	0
Ⅻ	101	89	25	24	3	12	21	84	1	4
平均		粳 79.4 糯 96.2		30%		10%		88%		2%

2. 螟害白穗损失之估计

观表 5 中粳稻（特殊情形Ⅳ，Ⅵ，Ⅷ除外）螟害白穗茎占 0%～100%，平均为 79.4%；糯稻螟害白穗率 89%～100%，平均为 96.2%；有虫茎数占 10%～54%，平均为 30%；二化螟占 0%～16%，平均为 10%；三化螟占 40%～100%，平均为 88%；大螟占 0%～13%，平均为 2%。

今取适中情形之稻田稻之株丛十本，而行距 1.2 市尺，株距 8 寸计，则每亩可得 6 250 丛（$\frac{6\,000\ 平方尺}{1.2 \times 0.8} = 6\,250$）[①]

（1）以环境适中，株丛八本，而行距一尺，株距八寸计，则每亩可得

$$\frac{6\,000\ 平方尺}{1 \times 0.8} = 7\,500\ 丛。$$

（2）以环境适中，株丛十本，而行距一尺二寸，株距八寸计，则每亩可得

$$\frac{6\,000}{1.2 \times 0.8} = 6\,250\ 丛。$$

（3）以环境适中，株丛十二本，而行距一尺二寸，株距一尺计，则每亩可得

$$\frac{6\,000}{1.2 \times 1} = 5\,000\ 丛。$$

又每本苗秧发生有效分蘖，依水稻之生理，普通以二本半计，则

①第一栽培法可得

7 500（8×2.5）＝150 000 穗。

②第二栽培法可得

6 250（10×2.5）＝156 250 穗。

---

① 水稻每亩栽植丛数，以土地、气候、品种、株本之不同而有差异。

③第三栽培法可得

5 000（12×2.5）=150 000 穗。

又每本秧苗发生有效分蘖以 2 本计（普通以 2.5 本计，检诸成都水稻实际收获量是嫌过高）则得 125 000 穗数，[6 250×（10×2）=125 000穗]。按调查所得，有螟害之白穗茎占全茎数之平均百分率，中粳稻为 6.03%，糯稻为 28.86%，故中粳稻每亩之螟害白穗茎为 $125\,000\times\dfrac{6.03}{100}=7\,537$ 个；糯稻为 $125\,000\times\dfrac{28.86}{100}=36\,075$ 个。健全穗产谷量每穗为 0.064 两（依此次调查所得），故每市亩中粳稻因螟害白穗之损失为 30 市斤（7 530×0.064÷16=30 市斤）。糯稻因螟害白穗之损失为 144 市斤（36 075×0.064÷16=144 市斤）。

根据中央农业实验所农情报告第二年第九期所载：四川籼（籼稻受螟害当较轻，但粳稻田实数不得而知，故只好合并计算。）粳稻所占面积为 31 149 000 市亩，则全年四川籼粳稻产谷因螟害而生白穗之损失为 9 344 700 市担（31 149 000×30=934 470 000 市斤=9 344 700 市担）。若每市担谷平均价为 4 元计，则值 37 378 800 元。又糯稻所占面积为 3 457 000 市亩，每年因螟害白穗之损失为 4 978 080 市担（3 457 000×144=497 808 000 市斤=4 978 080 市担），若每市担谷价以 4 元计，当值 19 912 320 元。糯粳稻之损失共达 57 291 120 元之巨。

如每本苗秧发生有效分蘖以 2.5 本计，则每亩有穗 156 250 个，每穗产谷重 0.064 两（照此次调查之结果），每亩须收谷 625 市斤，似嫌太丰；若以工本计，则每亩出谷五百斤，四川大学农学院 1936 年所种之普通水白条种产量能至 510 斤，再减去螟害损失白穗每亩 30 市斤或 144 市斤，不充实谷粒损失 12 市斤或 29 市斤，尚收 337 市斤或 468 市斤，普通种产量亦不过如此，参考表 6。

表 6　1936 年度川大农院各种水稻之收量（以一市亩为单位）

品种名称	登记号	每亩产量（市斤）
犍为稻（二）	482	419.67
嘉定稻	484	401.78
嘉定竹根滩稻	486	348.21
纳溪绍坝稻	483	357.14
泸县稻	481	366.07
宜宾泥溪稻	459	342.17
江安留耕场稻	471	459.77
江安大庙场稻	461	426.31
敍永稻	465	424.11
纳溪岩稻	462	384.68
纳溪中兴场稻	474	425.14
南溪稻	475	424.34
宜宾稻	443	379.42
成都水白条	标准种	510.09

（续表）

品种名称	登记号	每亩产量（市斤）
纳溪绍坝糯	485	223.14
纳溪合面场糯	492	352.85
敍府稻	442	298.22
江安糯稻	460	309.02
犍为稻	473	346.40
纳溪糯	463	287.54
江安糯	464	342.85
江安糯稻	454	305.82
江安大渡口糯	456	289.37
泸县糯（二）	480	205.35

3. 健穗受螟害损失之估计

有穗茎有时亦受螟害，虽外观不甚显著，然受害烈时，能使谷粒发育不充实，将来发生青米、断米及碎米等，影响谷之收量与米之品质甚大，故估计螟害之损失时，是项损失，亦宜算入，方称完备，唯尚无标准，致调查者往往忽而不提，引为憾事。兹就此次调查所得之资料，申算之如下（表7）：

表7　有穗茎中螟害率与有虫率

	有穗茎数	健穗茎数（绝无螟害者）	健穗茎数所占百分比（%）	有穗螟害茎数	有穗螟害茎数所占百分比（%）	有穗螟害茎中有虫茎数	有穗螟害茎中有虫茎数所占百分比（%）	二化螟害有穗茎数	二化螟害有穗茎数所占百分比（%）	三化螟害有穗茎数	三化螟害有穗茎数所占百分比（%）	大螟害有穗茎数	大螟害有穗茎数所占百分比（%）
Ⅰ	243	221	91	22	9	13	59	11	85	2	15	0	0
Ⅱ	354	261	74	93	26	42	45	5	12	37	88	0	0
Ⅲ	314	267	85	45	14	14	31	6	43	8	57	0	0
Ⅳ	419	206	49	213	51*	128	60	0	0	128	100	0	0
Ⅴ	351	263	75	88	25	45	51	25	56	20	44	0	0
Ⅵ	329	217	66	112	34*	68	61	2	3	66	97	0	0
Ⅶ	389	325	84	64	16	24	38	1	4	23	96	0	0
Ⅷ	227	35	15	192	84*	96	50	17	18	76	79	3	3
Ⅸ	169	115	68	54	32	21	39	1	5	19	90	1	5
Ⅹ	117	40	34	77	66	32	42	2	6	27	84	3	9
Ⅺ	116	22	19	94	81	58	62	1	2	57	98	0	0
Ⅻ	523	323	62	200	38	61	30	12	19	49	81	0	0
平均			60		粳18 糯54		48		21		78		1

*为计算较确计将特殊情形除外。

观上表健穗茎 15% ~ 91%，平均为 60%；有穗螟害茎粳稻平均占 18%，糯稻占 54%；有穗螟害茎有虫茎数占 30% ~ 62%，平均为 48%；二化螟害占 0% ~ 85%，平均为 21%；三化螟害占 15% ~ 100%，平均为 78%；大螟害占 0% ~ 9%，平均为 1%。

表8　有穗螟害茎谷粒损失量

	健穗茎			有穗螟害茎			每穗损失量（市两）
	穗数	谷重（市两）	每穗谷重（市两）	穗数	谷重（市两）	每穗谷重（市两）	
Ⅰ	49	3.0	0.061	19	1.0	0.052	0.009
Ⅱ	50	3.5	0.071	60	3.5	0.058	0.013
Ⅲ	52	4.0	0.076	33	2.0	0.060	0.016
Ⅳ	50	3.0	0.060	177	9.0	0.050	0.010
Ⅴ	79	6.5	0.082	52	4.2	0.081	0.001
Ⅵ	51	2.5	0.049	98	4.5	0.045	0.004
Ⅶ	50	3.0	0.060	63	2.5	0.039	0.021
Ⅷ	20	1.5	0.075	188	12.0	0.063	0.012
Ⅸ	113	8.0	0.070	53	2.5	0.047	0.023
Ⅹ	35	2.5	0.071	73	5.0	0.068	0.003
Ⅺ	16	1.0	0.062	89	5.0	0.056	0.006
Ⅻ	303	12.5	0.041	189	5.5	0.029	0.012
平均			0.064			0.054	0.010

普通每市亩有穗 125 000 个，照表 4 粳稻有穗茎占 84.7% ［（100 + 84 + 92 + 75 + 95 + 79 + 91 + 62）÷ 8 = 84.7］，糯稻有穗茎占 70% ［（70 + 69 + 59 + 82）÷ 4 = 70］。又表 7 有穗螟害茎粳稻占 18%，糯稻占 54%。先取粳稻田估计，每亩应得 105 875 个有穗茎（$12\,500 \times \frac{84.7}{100} = 105\,875$），而其中有螟害茎占 18%，宜得 19 057 个，而表 8 所示，有穗螟害茎较健穗茎平均每穗轻 0.01 市两，则每亩少收谷 12 市斤。今四川有秈粳田面积占 31 149 000 市亩，共计损失 3 737 880 市担（31 149 000 × 12 ÷ 100 = 3 737 880），每担以 4 元估计，当值 14 951 520 元。又糯稻依法推算，计全川损失为 4 010 120 元（$125\,000 \times \frac{70}{100} = 87\,500$ 每市亩有穗茎，$87\,500 \times \frac{54}{100} = 47\,250$ 每市亩有穗螟害茎，47 250 × 0.01 ÷ 16 = 29 市斤，每市亩因有穗螟害茎谷之损失量。全川糯稻面积为 3 457 000 市亩，共计损失 3 457 000 市亩 × 29 ÷ 100 = 1 002 530 市担，每市担谷价以 4 元计，当值 4 010 120 元）。粳糯健穗螟害茎之损失共为 18 961 640 元，若将粳糯稻因受螟害而生白穗之损失数 57 291 120 元加上，则全川之损失数为 76 252 760 元，其数实足惊人！

三、收获时二三化螟幼虫在稻茎中之部位

二三化螟幼虫，当水稻收获时，位于稻茎中之节次，对于防除法有莫大之关系，湖南（长沙），浙江（嘉兴），广东均有人调查，在成都据此观察所得之结果，列表示之如次：

观表 9 则知，二化螟幼虫在稻茎中之位置以第四节为最多，第三节次之，第五节又次之，其余各节则甚少；而三化螟幼虫则以第三节为最多，第四节次之，第二节又次之，第五节则甚少，与二化螟虫较尚无显著之区别，或以气候未至甚冷之时欤？故刈割时若刀口过第四节以下，则大部分螟虫收入稻草内，将来以环境不适宜，死亡必多，即就除治而论，处理亦较易矣。又查二三化螟幼虫在稻茎中头之方向，大抵二化螟头向上或向下两者之数几相等，而三化螟虫头向下者则达 74% 以上。由此可知二化螟幼虫在稻遗株或稻草中越冬恐无多出入，而三化螟幼虫越冬处或以在稻遗株为多，因头皆向下也。

表 9　二三化螟幼虫在稻茎中所居之节次与头之方向

	二化螟幼虫								三化螟幼虫							
	一节	二节	三节	四节	五节	六节	头上向	头下向	一节	二节	三节	四节	五节	六节	头上向	头下向
健穗茎中虫数	2	16	49	16	1		40	44	25	128	167	147	30		120	377
所占之百分比（%）		2.31	19.05	58.3	19.05	1.19	47.62	52.38	5.03	25.75	33.60	29.58	6.04		24.14	75.86
白穗茎中虫数		4	15	1			12	8	7	62	103	64	20	1	75	182
所占之百分比（%）		20	75	5			60	40	2.72	24.12	40.08	24.90	7.78	0.39	29.18	70.82
总计	2	20	64	17	1		52	52	32	190	270	211	50	1	195	559
所占之百分比（%）		2.31	19.23	61.54	16.35	1.19	50.00	50.00	4.24	25.20	35.80	27.98	6.63	0.39	25.86	74.14

四、二三化螟在稻遗株中之越冬情形

螟虫幼虫越冬之情形与翌年螟害之轻重颇有关，如幼虫过冬之环境适宜，明春化蛾产卵必多，其害必重，否则必轻，故对于成都附近稻田中螟幼虫越冬情形曾加以考察，其结果列表示之：

观表 10 则知，稻根中越冬螟虫二化螟占 22.95%～95.91%，平均为 64.19%，三化螟占 3.30%～77.05%，平均为 34.98%，此与别地之记载，谓三化螟在稻遗株内越冬为多者，显有不同，其原因容再考究。大螟则不论在遗株或稻茎中，俱不多见。至于死亡率，在冬耕之田似较不冬耕之板田为高。长期浸水之田，杀虫之效，更为显著。

表10 二三化螟幼虫在稻遗株越冬之虫数

检查地点	检查日期	冬作种类	冬耕与否	检查株数	总螟虫数	所占百分比(%)	死亡数	死亡率(%)	活虫数	所占百分比(%)	二化螟数	所占百分比(%)	三化螟数	所占百分比(%)	大螟数	所占百分比(%)
东门外兵工厂	□/IV	蚕豆,麦,豌豆	冬耕	3 300	71	2.151	23	32.39	48	67.60	20	41.67	28	58.33	—	—
东门外兵工厂	8/IV	蚕豆,麦,豌豆	未冬耕	4 200	21	0.500	3	13.30	18	85.76	6	33.30	12	66.60	—	—
南门外华西坝	4/IV	麦,苜蓿,油菜	冬耕	2 900	60	2.069	4	6.66	56	93.30	48	85.71	8	14.28	—	—
南门外华西坝	5/IV	苜蓿	未冬耕	2 300	56	2.435	4	7.14	52	92.85	38	73.07	13	25.00	1	1.92
北门外昭觉寺	22/III	麦,油菜	冬耕	5 100	93	1.803	24	25.80	69	74.19	51	73.91	18	26.09	—	—
北门外昭觉寺	27/III	苜蓿	未冬耕	4 000	78	1.950	17	21.79	61	78.20	14	22.95	47	77.05	—	—
西门外青羊宫	21/III	蚕豆,麦,油菜	冬耕	5 400	64	1.185	4	6.25	60	93.75	57	95.91	2	3.30	1	1.66
西门外青羊宫	18/III	苜蓿	未冬耕	3 100	62	2.000	8	12.90	54	87.09	47	87.03	5	9.25	2	3.70
简阳	5/IV	水田中	未冬耕	1 400	5	0.350	5	100	—	—	—	—	—	—	—	—
											平均 64.19		平均 34.98			

五、寄生之天敌

成都附近已发见之螟虫寄生天敌，在卵期仅有二、三化螟卵之赤卵小蜂。幼虫在三化螟有黄色小茧蜂，姬蜂及线虫等寄生。考小茧蜂在浙江杭州及嘉兴仅寄生于二化螟幼虫，而在成都则寄虫于三化螟幼虫，此宜注意者也。此蜂多寄生于未达成熟之三化螟幼虫，老熟时由寄主体侧爬出，就近结薄而色白之小茧，通常在螟虫侵入孔附近结茧为多。每头幼虫常被五六头蜂所寄生。姬蜂之寄生，一幼虫仅有一头，能结较大之褐色茧。线虫亦以一幼虫一条为例。上述数种天敌，除赤卵小蜂寄生率较高外，余尚无利用之可言。

六、温度雨量与二化螟虫发生之关系

看图1知1936年4—9月气候与螟蛾之发生无显著之关系，唯第三代之三化螟发生与雨量似互为消长。第二代螟蛾特少，一部分原因是受诱蛾灯发生障碍之影响。要而言之，此种现象仅有一年记载，故不敢据以为断，嗣后年年继续观察与记载，庶可由比较而得其真相。至于来年螟灾轻重之预测，须调查越冬螟虫之死亡率，其结果容另报告。

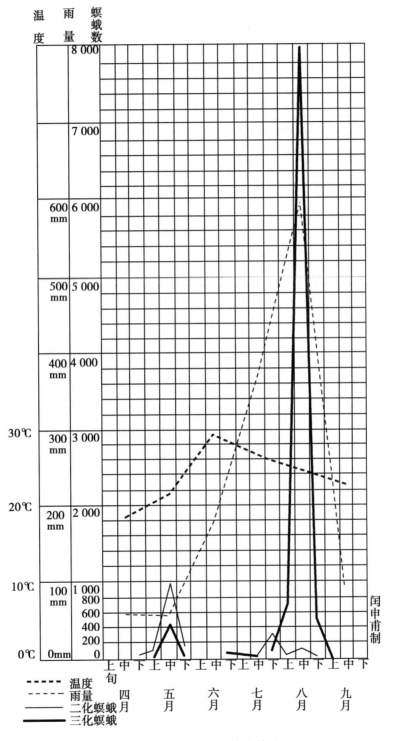

图1 气候与螟蛾之发生关系

七、结论

（1）在成都预测螟蛾之发生，三化螟蛾较二化螟蛾为多。三化螟蛾以第三化在八月中旬发生者为最盛。

（2）中粳稻因螟害生白穗之损失，每市亩 30 市斤，糯稻每市亩 144 市斤，推算全四川每年水稻因螟害白穗损失为 57 291 120 元。

（3）中粳稻因螟害致健穗谷粒不充分发育而损失，每市亩计 12 市斤，糯稻 29 市斤，推算全四川每年此项损失为 18 961 640 元。

（4）温度、雨量与二三化螟虫发生之关系，及幼虫越冬死亡率，尚待年年继续观察，始可得其真相。

水稻粒黑穗病调查报告***

曾省

（中南农业科学研究所）

水稻粒黑穗病，二十年来国内植病专家虽偶有零星片断的报道，然始终未引起大家的注意。自从苏联把此病列为植物检疫对象之一，凡带有此种病菌孢子的大米均不准进口，才引起重视。在我国这种病菌存在的普遍性，已经严重地影响稻米的外销，并已造成运输上很大的损失。中央农业部曾指示各级农业研究机关进行调查、检查、试验、研究工作。此次调查，事前在汉口曾数次到商品检验局和华中农学院植病室了解情况，抵长沙后，又与苏联专家及湖南农业科学院植病教授、助教等共同讨论，最后又亲往湘南收集材料，此外又与江西农业科学研究所植病专家通信讨论。回武昌后，又继续寻觅病稻。最后作此报告，以之介绍给各地担任水稻及植病防治的同志作参考；唯仓促写成，错讹之处，在所难免，敬请教正。

一、分布情况

国外如印度、菲律宾、日本、美国等国的水稻都有此病。在我国松花江及扬子江流域的水稻地区亦年有发生。据武汉商品检验局报告，由湘省方面报验大米的批数，统计在50%的米中，均发现有水稻粒黑穗病孢子。3月下旬在南昌检查吉水、吉安、上高、樟树、新建、丰城、宜丰、峡江、新淦、永丰、太和、万安、清江、南昌、赣县等地稻谷，统计江西的外销大米在70%米中皆发现厚垣孢子。湖北的大米有35%发现带有此种病菌孢子。最近湖南省人民政府粮食厅送粮样59包至湖南农学院植病室检验，发现有18个县的大米带有此菌的厚垣孢子，而以郴县的为最多。水稻粒黑穗病除随地方的不同而有轻重外，且与水稻不同的品种亦有关系。据衡南县茶垤水稻工作组梁灼华同志报告，每市斤以二万粒谷计算，每种谷取样一斤或半斤检查，各品种的感染率如下：茶黏0.015%～0.3%（三塘工作组俞松坚同志检查茶粘27斤得病谷9粒，每斤以18 000粒计算，应为0.05%），白壳冬黏0.02%，糯子黏0.06%，胜利籼0.015%，选黏0.12%，红毛须0.3%，马利粘0.5%，湖北籼及麻壳尚未发现。衡南一带茶黏占耕田面积50%～70%，这是值得注意的。最近又报告茶垤一带稻粒黑粉病发生在7月中旬，

* 当调查工作进行时，承梁灼华、俞松坚、邓祖耀、严绍良、韩铭勤、陈济、赵东海等同志代为收集或整理材料，深为感激，谨此申谢。

** 《农业学报》，1954年4卷，4期。

检查四垧早稻，南宁黏，感染株数占 3.92%～10%，病株感染粒数占 1.04%～2.44%，而病粒占总数为 0.05%～0.66%。

二、前人的研究

自从 1896 年日本高桥良直氏[1]发现此病菌后，学名定为 *Tilletia horrida* T. 初以为与小麦腥黑穗病菌相似，而隶于一属。1944 年经潘德微堪 Padwick[2]等改置于 *Neovossia* 属。据 Stevens[3]，Bessey[4]，Clements[5]，及 Dickson[6]诸氏对于 *Neovossia* 属特性的规定，有下列诸点：单独孢子，孢子丛，成熟时呈暗污色，孢子外面生有透明附属物。又小孢子数不在 12 以上者，归于腥黑穗菌属，而小孢子产生众多，则归于 *Neovossia* 属，故 *Neovossia horrida*（Takahashi）P. & A. 与 *Tilletia horrida* Takahashi 是同物异名。

水稻粒黑穗病的症状及传染的途径，简述如后：被害谷粒（图 1）大部破裂，从内部突出带黏质、圆锥形黑色物，此物后来干碎飞散。谷的附近被有黑粉，病谷内部全变成黑粉（厚垣孢子），谷粒空虚轻浮。有半截仍为米质，半截变成黑粉的，亦有颖壳青

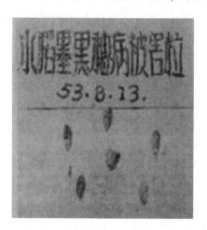

图 1　谷粒受病状态

（注）"墨黑穗病"原是日本名称，现据植病名词审查，已决定改为"粒黑穗病"。

绿饱满，外貌很似健谷（但稍呈黑灰色），剥开挤之则有黑粉。而青皮干瘪者，则非此物。孢子球形（18～24 微米），最初为无色，成熟时外皮成纲目状，带浓橄榄色，外生刺，刺尖向一方弯曲，其根茎为多角形，顶端圆形。播于水中，生前菌丝粗短或细长，其先端生丝状或针状小孢子数十个，形稍弯曲，长 38～58 微米［或（35～60）微米×2 微米[7]］。病原菌侵入途径目前尚未确定，有的以为从幼苗侵入，随其生长点进入花部；也有认为小孢子借气流侵入花部。经初步研讨结果，认为借气流侵入花部比较合理，因与病害发生时的自然条件颇相吻合，但实际情况尚待试验证明。

国内真菌学专家如邓叔群教授[7]曾做过此菌发芽试验。林传光教授[8]曾写《稻腥黑粉病菌厚垣孢子萌芽之要因》一文，其研究结果证明此菌厚垣孢子萌芽的要因为光

线与休眠期，休眠 5 个月方能萌芽，但经紫外光射击过的，其休眠期可以减短。孢子置于黑暗处不能发芽，其萌芽的迟速多寡与光线的强弱呈正比关系，在紫色、蓝色范围内的短光波最能促进孢子发芽。萌芽最适宜的温度为 24～32℃，然无充分的光线，则在任何温度下，亦不萌芽。

三、最近试验的收获

自从武汉商品检验局发现水稻粒黑穗病严重影响外销后，中南农业科学研究所联系各地植病研究室，实地进行了各种试验研究工作，已略有初步收获。

（一）检验方法

取 5～7 克米样，置于 1 000 毫升三角烧瓶，加蒸馏水 10～15 毫升，充分振荡后倾入离心管，以 1 000～2 000 转离心机旋摇 3～5 分钟，然后用铂金耳挑取底层沉积物少许，滴加蒸馏水，覆以盖玻片，以低倍镜寻找，以高倍镜仔细观察孢子，即可决定此病的有无。

（二）发芽试验

各处试验业经证实，室温在 27～30℃，放置光线充足的窗下（无直射的阳光），3～5 天后就可发芽 60%～70%。室温低（10℃左右）放置温箱内，温度虽保持 25℃，但不见阳光，历久不发芽。

兹将武汉商品检验局关于发芽与温湿度及培养基关系的初步试验结果录下（表 1）：

表 1　温湿度及培养基的关系

温度＼培养基	湿气	悬滴	柑橘汁	2%麦芽糖	湿薄棉花
25～30℃	第四日发芽率 60%	第四日发芽率 30%			
30～36℃	70%	60%	少数发芽	未发芽	未发芽
在 45℃日光晒一小时	20%	30%			
在 50℃温箱中四小时	15%～43%				
在 60℃温箱中半小时	未发芽				

又据中南农业科学研究所植病室严绍良同志观察：将此菌厚垣孢子置在玻片上的水滴中，随时加水，使水滴饱满，放在 30℃左右及有光的环境下，约 4 日即发芽。到 6 日、7 日发现在水滴中部的孢子多数长出很长的前菌丝（内含物集中菌丝前端，基部几呈透明状），不生小孢子。水滴四周，短的前菌丝，生有许多小孢子。呈普通长度的前菌丝，有时也多能在顶端簇生小孢子。又置于较暗环境下的孢子发芽，其前菌丝似有较多的呈分枝情形。

（三）接种试验

据日人原摄祐书中所载"传染行于发芽之际"，满德凯 Mundkur（1943）研究 *Neo-*

vossia indica（另一种寄生于小麦上）小孢子由风传到子实上，因而感染病菌发生黑粉。据 Chowdhury[9] 的报告稻粒黑穗病菌的侵染方法与此相似，但尚须以人工接种方法加以证实，此与防治关系极重要。兹介绍湖南农学院植病室接种方法，以供参考。把受病谷粒剥开，把孢子全部投入三角瓶沙滤开水中，瓶口塞以棉花，三四天后（室温约 30℃）可发芽生小孢子，然后用注射针吸瓶中浮悬液，插入正在灌浆的谷粒中，（先把颖壳剥开，后再注射）。据最近该院陈寘助教来信报告未成功，故接种工作尚待继续研究。

四、关于发病的环境条件的调查

关于水稻发生粒黑穗病的原因，自然不是单纯的问题，未经详细观察研究，不能遽下定论；不过就事实的证明，以及现场的观察材料，提供参考。这次我们往湖南调查，据长沙东郊涝湖乡农民反映："此病屡年发生的情况较少，遇有水淹的年份发病数多。1950 年的水灾过后，田中普遍发生。1952 年该乡个别田中发病率有达 20% 的"。湖南省农事试验场有 60 种水稻品种，经检查，全部带有病菌孢子。此病多发生在肥沃的田里，如富有有机质或施过绿肥的，发病均较多。此外在树荫底下的稻田，或植株在将届成熟时倒伏，发病亦较多。农民认为撒过石灰或种过油菜的田里发病较少。

据陈寘同志报道：在长沙附近调查，早稻发病轻微，中稻如胜利籼、万利籼、细粒谷、满江红等品种均受病远较早稻为多；而施氮肥多、倒伏早的发病特重。省农场有一坵田系秧田种稻，发病严重，稻穗几乎有十之六七俱受此病害。

在中南农业科学研究所土肥系水稻肥料配合量试验田中，因氮肥过多，引起倒伏，由倒伏引起粒黑穗病发生现象更为显著（图 2、图 3）。该试验田按四级氮量（20 斤、

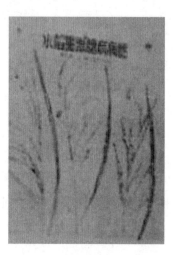

图 2　感染粒黑穗病的稻穗

16 斤、12 斤、8 斤）各分两种处理，即 N∶P∶K = 1∶1∶1 和 1∶0.5∶0.5，以当地一般施肥种类为对照。每小区 0.1 亩，每区取样 16 穴，在倒伏区内倒伏与未倒伏各半，即 8 穴。未倒伏的标本，系采自各该区的保护行，保护行在成熟时植株未倒。

图3 病稻穗上有许多病粒，显示受害的严重性

倒伏情形是这样的：①每亩氮肥8斤，12斤，倒伏最迟（在8月7日），风速为三级时，在开花之后倒伏，倒伏角度一般为20°；②在20斤氮肥配合处理中，以20—10—10区倒伏最严重，在未开花期就倒伏，角度在45°以上，20—20—20区次之，倒伏角度在45°，占全面积4/5，倒伏是在7月17日，风速为四级时；③16—16—16与16—8—8倒伏在开花后的乳熟初期，角度为20°以上。

见表2可知无论氮肥配合量多少，凡植株未倒伏的，10个病穗的病粒数占总数仅1.6%～2.4%，而倒伏的病粒占总数4.5%～7.2%。未倒伏的总穗数和总粒数俱增加，而在12—6—6配合量之下，粒数则都减少。其中氮肥多，倒伏厉害，病粒占总粒数百分率都高；同时磷钾配合量少（1∶0.5∶0.5），病穗与病粒俱增加，前者所占百分率为43%～75%，后者为5.4%～6.7%，换言之氮多磷钾少，则受病更严重。

在该所农场田内（面积3亩余）又出现了一个典型例子：这块田西边原是污沟填平，土质极肥，水稻倒伏特别严重，而粒黑穗病亦随之剧烈发生。东边的地力较瘦，全部曾施绿肥，故亦普遍发生此病，但较西边为轻。稻谷收获后，（用桶打）各取一定容积（8.5厘米×8.5厘米×9.5厘米）的谷粒，检查病粒数的结果，东边稻谷总粒与病粒的比例是7 244∶43，西边的是8 300∶221，（空壳谷粒不计），几多5倍。

表2 水稻不同肥料配合量及倒伏与否和粒黑穗病发病的关系

N、P、K 肥料配合	20 20 20 斤		20 10 10 斤		16 16 16 斤		16 8 8 斤		12 12 12 斤	12 6 6 斤	8 8 8 斤	8 4 4 斤
取样穴数	倒 8	未倒 8	倒 8	未倒 8	倒 8	未倒 8	倒 8	未倒 8	未倒 16	未倒 16	未倒 16	未倒 16
总穗数（穗）	125	234	133	229	141	177	128	157	274	288	261	274
总病穗数（穗）	60	27	91	99	45	49	96	76	65	33	27	11

（续表）

N、P、K 肥料配合	20 20 20 斤		20 10 10 斤		16 16 16 斤		16 8 8 斤		12 12 12 斤	12 6 6 斤	8 8 8 斤	8 4 4 斤
总病穗数占总穗数（%）	48	11.5	68.4	43.2	31.9	27.6	75	48.4	23.7	11.5	10.3	4.01
10 个病穗的病粒数（粒）	55	17	43	29	32	26	68	21	21	15	18	13
10 个病穗的总粒数（粒）	764	1 104	800	1 232	712	1 168	1 016	1 061	1 047	937	864	791
10 个病穗的病粒数占总数（%）	7.2	1.1	5.4	2.4	4.5	2.2	6.7	1.98	2.0	1.6	2.1	1.6

后在两边各割稻一分地，经打晒后，用风车扇 2 道、3 道，看其轻浮病谷，能被扇出多少，检查的结果如下：

表3　粒黑穗病谷经风车扇过的结果

处理＼谷类	健谷	病谷	空谷
西边田未扇谷	8 300	221	3 170
东边田未扇谷	7 244	43	1 794
扇一次（头口谷）*	13 958	318	236
扇三次（头口谷）	14 319	54	4

* 风车前面出口的谷称为“头口谷”。

参看表3，可以看出东边的田不肥，其谷未经风车扇过，病谷只有 43 粒，占总谷数 0.47%。西边过肥田里的谷，则有病谷 221 粒，占 1.9%。用风车扇过三次的谷，比扇过一次的（以“头口谷”为标准）病谷，由 318 粒减至 54 粒，这证明了用风车扇谷，可将大部分粒黑穗病谷去掉，但不能除得净尽。病谷经扇出后，一定要用火烧掉，以防止孢子流散传布。

五、今后努力的途径

考稻粒黑穗病的防治和抑止孢子的传播，增加外销，应有治标与治本的两种办法。治标适于外销，如检验采购不带粒黑穗病菌孢子的稻谷，分别加工，分装分运，选择无病大米出口。在目前田间防治未得解决之前，粮食部门和贸易部门必须做好此项工作，以利外销。至于根本防治，是属于农林部门的工作。兹就调查试验研究，草拟计划如次，以供参考。

1. 病情调查

（1）有关各省，由农林厅布置，每专县农场或重点农场，就近取农场与农家产谷不同品种各一斤，或半斤，每斤以 18 000 粒计，选出病谷多少粒，算出百分率。

（2）由农林厅向各专县农场，或农业技术指导站布置，调查稻田发生粒黑穗病密度。于稻谷成熟时作田边观察，将罹病稻株任取十兜，检查病株占总株数的百分比。同时把有病稻穗摘下，在室内检查病穗病粒的百分数（若有困难，能用其他办法求得百分率亦可）。

（3）访问老农的经验意见及防治方法，并询问此病的发生情形和历史。

2. 田间观察（从开花期至收割前）

（1）调查了解孢子越冬处所，除仓库谷粒外，尚在其他哪些地方生存？

（2）水稻穗上病菌发生情况与谷粒生长情形。

（3）注意大田中不同稻田发生轻重不同的病害的原因所在，是否与不同品种、播种期早迟、土壤种类、地势高低、肥料多少、耕作制度以及栽培方法等有关系？此项工作要缜密注意，尤其要注意抗病品种的选择。

3. 试验研究

（1）越冬孢子收集和检查。

（2）孢子拌种与小孢子稻花接种试验作传染途径的观察。

（3）室内防治试验。

（4）其他寄主植物的调查。

（5）了解空中、地上与土中孢子传播、生存及发芽的情况。

六、初步防治的意见

在病菌传染途径未研究清楚以前，暂提下列初步防治意见以供参考。

（1）经过调查检验，选定产量高、品质好的抗病品种。并在水稻收获前，到田间选择无病健全穗谷留种。

（2）如条件许可，用高温处理，确是简捷的办法。照发芽试验结果，孢子在60℃温箱内，用湿温处理半小时，则不发芽，就是把孢子用高温杀死。不妨用干热再试消毒则更便利。

（3）粮食与贸易部门，应择无病的区域无病的稻谷（在收购前先行检验），分别储藏运销，甚至分别加工包装。

（4）病谷内部充满黑粉，轻浮易扬，农民收获晒谷时，应用风车多扇几道，把病谷与空壳吹去，统行烧毁，以防病粒到处传播。在碾米时，病粒因受机械轧破，更会使孢子扩大面积流散，无法处理。

（5）在浸种前实行盐水或泥水洗种，把漂浮上面的病粒，统行取出烧毁。

（6）在病害发生严重的稻田，或在病害较轻而能取得农民愿意的稻田，实行拔掉病株，或剪去病穗。把病株病穗尽行烧毁。注意不可使病谷落地，或使孢子吹扬。

（7）据调查所得，过于肥沃的田地，容易引起倒伏和粒黑穗病的发生。今后应注意水稻栽培与合理施肥等问题，避免稻株倒伏，实为至要。

Investigation on the bunt of rice, *Neovossia horrida* (Takahashi) P. & A.

TSENG SHENG

(*The Chungnan Agricultural Research Institute*)

In China, it is known that the bunt of rice, *Neovossia horrida* occurs yearly in the rice fields along the Songhua（松花江）and Yang-tze（扬子江）valleys. This disease occasions so little loss that no special attention has been hitherto called to it. Recently, for the presence of spores in the hulled rice impeding export of such commodity, the research for eradiating the infected kernels is of prime importance. Before such a research project being carried out, a detailed investigation is quite necessary. Some results of the present investigation and several suggestions for further studies and control measures are herewith mentioned.

（1）Occurrence of disease: according to the report of the Wu-han Commodity Inspection Bureau, on inspection of rice from different parts of Hunan Province, the presence of spores of this fungus is estimated at 50%, of Kiangsi 70% and of Hupeh Province 35%. From the samples of rice from different hsien, it is shown that this disease is distributed in 18 hsien of Hunan Province and 15 hsien of Kiangsi. In Hupeh Province, in the vicinity of Wu-chang alone, the occurrence of this disease is not uncommon. At Hengnanhsien（衡南县）, Southern Hunan, on the inspection of grains from the granaries, it is revealed that the different varieties of rice infected with this disease are in various percentages: medianmaturing varieties, such as Cha-chan（茶黏）0. 015% ~ 0. 3%, Pai-ke-tung-chan（白壳冬黏）0. 02% lei-tze-chan（糯子黏）0. 06%, Sheng-li-shian（胜利籼）0. 015%, Hsuanchan（选黏）0. 12%, Hung-mao-shui（红毛须）0. 3%, Ma-li-chan（马利黏）0. 15%, no infection with Hupeh-chan（湖北黏）and Ma-ko（麻壳）; Nanning-chan（南宁黏）（early-maturing variety）0. 05% ~ 0. 66%（kernels inspected in field）. Generally speaking, median-maturing varieties of rice is very susceptible to this disease, but latematuring slightly so, and early-maturing the slightest.

（2）Mode of infection: with respect to the germination of spores of this sort, Chinese authors have made many experiments, especially Dr. C. K. Lin has got excellent results with well-devised treatments by using different quantity and quality of light. The infection of the sporidia, however, taking place within the flowers, is still ambiguous. Hence a careful study on the mode of infection that is in close relation to the control-measures is an urgent demand.

（3）Influence of soil and fertilizers; so far as it is known, rice-plants, cultivated in more fertile soil or fertilized with over-much nitrogenous matter, get heavy infection of this disease. An experiment with mixtures of N P K at different levels for cultivating rice conducted by the Department of Soil and Fertilizers of the Chungnan Agricultural Research Institute, reveals that the above-mentioned is a fact. In addition, the application of too much nitrogenous fertilizers, without a well-fitted ratio of phosphorous and potash, induces very heavy infection.

（4）Further studies needed: ①to inspect the infected kernels in fields or grains in granary in order to find some bunt-resistant varieties or types of rice; ②to find out the occurrence of overwintering spores in field and observe their development in soil by the next year; ③to make a survey of other plant hosts of this parasite and④to make sure the ways of infection by innoculation through the development of seeds or directly to the flowers.

（5）Control measures suggested: ①to select bunt-resistant rice varieties or non-infected plants for obtaining seeds; ②to use dry-heat at the temperature of 60℃ for killing spores; ③to inspect, store, hull, pack and transport rice carefully and in separate batches; ④to treat seeds with brine or soil-water in order ot pick off infected grains before sowing; ⑤to cultivate rice with justified combination of fertilizers to avoid lodging at anthesis and thus to keep away from heavy infection; ⑥if possible, to remove the diseased plants or cut off infected ears and burn them'and⑦to fan harvested rice several times with winnowing machine（风车）in order to gather the infected kernels and burn them immediately.

参考文献

［1］　Takahashi, Y. （高桥）, *Tok, Bot. Mag.* 1896, 10（16）.

［2］　Padwick, G. W, Azmatullak Khan. *Gr. Brit. Imp. Mycol. Inst. Mycol.* , 1944: 10.

［3］　Stevens. Fungi Which Cause Plant Disease, p. 314.

［4］　Bessey, Morphology & Taxonomy of Fungi, p. 411.

［5］　Clements & Shear, Genera of Fungi.

［6］　Dickson, Diseases of Field Crops, pp. 147 – 148, p. 226.

［7］　Teng, S. C. , *Biol. lab. Cont.* , *Sci. Soc. China*, *Bot. Ser.* , 1931, 6（9 – 10）: 111 – 114.

［8］　Lin, C. K. , *Col. Agri. & Fores.* , *Univ. Nank.* , *Bull.* 1936, 45, 1 – 10.

［9］　Chowdhury, S. , Mode of Transmission of the Bunt of Rice. *Curr. Sci.* 1946, 15: 111.

华中地区水稻螟虫专业会议总结[*]

曾 省

（华中农业科学研究所）

　　1956年华中地区螟虫专业会议于11月15日至19日在南昌莲塘江西农业科学研究所举行。到会代表包括各省厅、省站、省所、工作组以及地区试验站的专业和行政人员共计43人，并邀请农学院教授出席参加。

　　这次会议是在党中央公布全国农业发展纲要、提出在7~12年内消灭作物十大病虫害的规划，并根据本年9月底在武昌华中农业科学研究所举行的1957年华中地区农业科学试验研究计划会议的决定而召开的。会议进行中，在会上宣读有关论文，是这次会议的特点。

　　代表们对我们今年在湖北孝感和湖南醴陵采取大面积治螟，深入群众，深入农村，理论结合实际，用研究所得的结果来指导生产，已初步获得效果；并在工作中创造了深水灭螟、六六六药水灌田以及稻根收集耙（胡菊勋同志创制）等项办法，使防治螟虫带来了很大的方便，把消灭螟虫的工具和方法在原有的基础上提高了一步特别感到兴趣。但因各地具体情况不同，所得结果是否都能适用，所采取的方法是否尽善尽美，代表们都能本着"百家争鸣"的方针，尽量提出不同意见，展开自由争论；同时做到揭发缺点，纠正错误，以改进今后的工作，使今后7~12年内真能达到消灭螟害，并使我国螟虫科学研究工作很快地赶上国际科学水平。

　　会议进行中，由推定的中心小组9人主持，分预测预报、大面积防治、试验研究3个小组进行报告、讨论和总结。上述3个课题经过4天的报告和讨论后，由小组作了总结，在19日上午分别向大会提出报告，经代表们提出意见，再由小组整理修改，然后作出下列各项建议和决议。

一、对华中区1956年实行"水稻螟情预测预报试行办法"中存在的几个问题和几点建议

　　会议首先就各省1956年实行螟情试行办法，通过一年的实践以后，除肯定了一些经验以外，还提出预测预报工作中几个需要研究和解决的问题。

　　1. 关于越冬基数调查的时间方面

　　螟虫越冬基数的调查，应该从幼虫越冬开始时进行。越冬期间外界环境条件是决定它存活率的因素，其数量多寡，决定于春季3月、4月间的气候，故早春期间的死亡率

---

　　[*] 《华中农业科学》，1956年6期。

与土壤的水分、温湿度、水稻的品种和外界环境发生直接的关系。从外界环境因子对三化螟的影响来说，越冬期的调查是今后全年预测的基础。

根据讨论结果，认为越冬基数的调查可分为两次调查：第一次自晚稻收割后于11月进行较宜；第二次在越冬幼虫化蛹前检查。调查的目的，在于掌握当年螟虫越冬密度及基本数字，作为早春调查时分析资料的依据。

调查方法：在各个不同类型的田面，划分为：①冬耕冬作田；②绿肥田；③冬耕休闲田；④不冬耕的休闲田四种类型，每一类型选代表田5块，每块检查禾蔸50丛，然后计算每类型稻田的总虫数。

$$每亩虫数 = \frac{50\ 丛稻根内虫数}{50} \times 每亩田稻根总丛数$$

$$每类型代表田总虫数 = \frac{250\ 丛稻根内虫数}{250} \times 每类型代表田总丛数$$

当地某一类型螟虫总数 = 该类型1亩虫数 × 该类型稻田面积 = （$\frac{6\ 000}{行距 \times 株距} \div 250 \times$ 该类型250个稻丛活虫数）× 该类型稻田面积

然后将各类型的总和相加，即得当地越冬的总虫数。

早春期调查：在幼虫未化蛹前，举行越冬末期最后一次调查，然后根据调查结果，从存活率中去进行发蛾量的预测。

早春期的调查宜在二、三化螟现蛹以前，如过早会影响预测报的准确性（方法与试行办法同）。

2. 关于发蛾量的计算公式

在第一部分第三小节螟虫发生预测中原式指出：

当地发蛾量 = 化蛹前幼虫密度 ×（1 - 越冬死亡率）的公式有缺点，它的出入有两方面。

（1）在试行办法中，由于没有越冬基数的调查，化蛹前幼虫总数不足以说明越冬总幼虫数。

（2）三化螟经过严冬以后，一般死亡率在50% ~ 60%；如以化蛹前幼虫密度 ×（1 - 越冬死亡率），可以使人造成错觉，即死亡率小，发蛾量大；同时公式中所指出的"密度"往往会使人认为是单位面积的虫数，故应改为"总虫数"或"总数"。根据湖南醴陵等县的计算结果，应用上述公式可使计算数字增大，与实际的发蛾量不相符合。故计算当地的发蛾量公式应更为：

当地的发蛾量 = 当地越冬幼虫的总数 - 越冬死亡数。或：

每类型每亩稻田的发蛾量 = 每亩越冬基数 ×（1 - 越冬死亡率）（上述死亡百分率应包括当年蛹的死亡率在内）。

3. 关于第二节近期预测中检查幼虫发育速度在螟害较重的稻田内拔取枯心苗的问题

在近期预测中的做法是对的，但规定尚不够全面。由于一个地区栽培制度的不同，品种亦不同，各个品种的生育亦不整齐，因此三化螟的发育速度常随这些情况而有差异。根据一年来各地的实际情况，取样的面要大。在栽培制度复杂的地区，应先求出各种栽培制度（包括品种）的面积，再根据面积大小和水稻生长发育的快慢作为取样的标准。否则，只在为害较重的稻田取样，往往发出预报不是落后于客观诱蛾灯下的发蛾情况，就是提前报错盛发期。根据江西的经验，在系统观察中，选拔枯心时，应将新枯心和老枯心各拔一半，然后根据不同类型划分取样，代表性才比较正确；否则，从蛹期刚一开始预测，诱蛾灯下即已大量见蛾。如湖南衡阳 7 月 15 日检查发育进度，在南特号品种中化蛹率有 42.8% 的；另一品种亦为南特号，由于晚插，生长要迟上十多天，检查 80 个幼虫，只有一个蛹。说明取样不同，对预报影响很大。

4. 关于螟虫密度调查划分轻、中、重的等级与方法问题

在第二节第二段螟虫密度调查划分轻、中、重的等级问题，尚不够具体。根据各地一年的实践，应该根据水稻的不同栽培情况和不同品种去划分，然后根据每一品种的面积多寡确定代表田类型，按试行办法中规定的原来方法进行，否则计算螟虫总虫数就会出入很大。

5. 关于螟害发生程度的预测应包括哪些范围

螟害程度的预测中所包括的几个因子，我们认为尚有在原基础上增加的必要，例如，气候条件、天敌因子、人为因子、品种关系等。根据江西观察的结果，温、湿度的高低，即能直接影响孵化率；室内平均温度 15.2℃ 时，卵的孵化率为 21.81%，30.8℃时孵化率为 106.35%，33.3℃ 时为 55.94%，29.6℃ 时孵化化率为 79.2%。湖南 1955年三化螟第三、第四代卵的寄生率一般为 30%~50%，最多的达 80%。在人为因子中，如湖北孝感大面积防治后，除降低了为害程度外，并使幼虫的发育进度延迟。

6. 预测中的几点经验

（1）物候观测。

4 月中旬油桐花开，为二化螟第一代螟蛾初见期（湖南）。

柑橘抽芽初期，茭白出二化螟化蛹率达 50%；抽芽盛期（4 月 5 日），茭白田第一代二化螟开始羽化（湖南）。

在物候观测中主要应以野生草本或木本植物为标志。

（2）预测预报。

①预测二化螟第一次螟蛾，检查化蛹率达 40% 时，推算第一代盛发期比较正确（湖南）。

②三化螟系统观察中化蛹率达 10% 时，即可提出发蛾盛期（在第三代以前可用）（江西）。

③湖南利用二化螟蛹的积温，自初蛹起推算初见期与盛发期，比较准确。

7. 今后需要解决的几个问题

（1）冬耕冬种田，泥底下的稻根应否检查？怎样利用环境因子来判断和分析在某一地区或某一时期泥底下稻根中幼虫死亡情况，以及是否列为当地检查对象？

（2）湖南、湖北今年第一代与第二代三化螟虫发蛾少，第三代发蛾量突然增加，根据什么方法来进行预测？

（3）在近期预测中，怎样进行发蛾量的预测及预报（天敌、食料、人为等因子）？

（4）关于食料与幼虫发育进度的问题。这个问题为分两个方面，目前尚不了解。第一，各种不同稻种对三化螟或二化螟的取食及其发育进度是否有差异；第二，每个品种的各个发育阶段，对二、三化螟发育进度有无影响。

（5）关于停育问题。今年江西5月、6月、7月气候显得较1953年、1954年、1955年等几年的平均气温要高，照理温度越高，二化螟的生长发育越快，例如，过去一般在早稻收割时二化螟以四五龄占多数；但今年则以二、三龄占多数，温度高反而使发育进度缓慢。已知二化螟在30℃时开始停育，但在停育过程中怎样减去停育系数来正确的预报盛期？

（6）诱蛾灯装置的改装问题。①上面小雨盖不要；②大雨盖离漏斗要1尺左右；③漏斗斜度太平。此外诱蛾灯装置高度和光的强弱亦须加以研究。

二、对湘、鄂、赣三省大面积防治螟虫的评价和意见

湘、鄂、赣三省根据试验研究与生产实践相结合这一精神，今年都已进行了大面积防治螟虫示范工作。华中农业科学研究所结合湖北省农业厅、省综合农业试验站、孝感专区农业局和孝感县农林局，选择了历年螟虫发生最严重的水稻混种区的孝感朋兴乡，根据当地具体情况，采取各种不同的治螟技术措施，结果取得了显著的成绩；由1954年平均螟害率21.6%，1955年18.5%的基础上，压低到1956年全乡平均螟害率为1.43%。另外，又配合湖南省农业厅、醴陵县农业局在该县白兔潭双季稻区组织了治螟工作组，同样根据双季稻区的特点，进行了大面积防治示范工作，也取得了一定的成绩；由1955年平均晚稻白穗率4.22%，压低到今年的白穗率1.49%，使防治示范区挽回了因螟害而损失的稻谷，为127万余斤（包括早稻和连作晚稻）。

湖南省综合农业试验站历年以来（从1954年起）在该站大面积生产田采用综合系统治螟措施，其一季晚稻及连作晚稻由1953年平均白穗率15%压低到1954年的1.48%，至1956年螟害率则为1.43%。江西省今年根据中央农业部指示，结合本省具体情况，在南昌县属的佛塔、小兰、南溪和新林四乡重点进行飞机治螟示范工作；又在丰城县大面积使用六六六粉防治晚稻螟虫，均收到良好的效果，奠定了农民对于消灭螟虫的信心。

代表们在听取了湘、鄂、赣三省大面积治螟报告之后，进一步明确了大面积治螟示范是一项艰巨复杂和细致的工作，如果只是停留在口头上作一般性的号召，那就势必导致一事无成。因此，必须坚决依靠当地党政与广大群众，深入生产过程，深入调查研究，分析具体情况，采取不同措施，针对螟虫发生的有利时机，给予及时的打击，才会收到事半功倍的效果，同时，一致认为：大面积防治螟虫的技术措施，必须在彻底消灭越冬螟虫的基础上，配合农业栽培技术，重点使用化学药剂和其他行之有效的治螟辅助办法，才是根本消灭螟害唯一的途径，否则舍本逐末，效果是不大的。

此外，对于绿肥田中遗留的稻蔸问题，会议一致指出：今后无须拔毁，完全可以应用春耕沤田的办法来解决。利用这一技术措施，不但可以消灭越冬三化螟，而且对消灭二化螟亦有同样的功效；但在水源缺乏或畜力不足的地区，对于这一办法，就要慎重加

以考虑。

关于使用化学药剂防治螟虫方面，认为不管利用人力或使用飞机喷药，虽可起起一定的作用，但药效维持日期太短，有防不胜防之感，从而增加了农民对于使用化学药剂的困难。因此，希望化学药剂研究部门，设法予以解决，以期延长药效日期，减少施药次数。

总之，三省今年进行大面积防治螟虫的示范工作，生动地说明了对今后开展大面积治螟是一个良好的开端。只要今后各地根据当地具体情况，采取当地可以适用的技术措施，切实贯彻，俟取得成效以后，逐渐扩大推广，由乡到县，由县到省，相信在7年之内是可以把螟害彻底消灭的。因此，大会一致向三省提出下列几点意见。

（1）建议湘、鄂、赣三省农业厅1957年各选择有代表性和螟害严重的地区建立大面积治螟重点区，根据自然条件，划定稻田面积至少在5 000亩以上。

湖南除醴陵治螟重点区，在1957年应加强付点的工作外，并在邵东新建一个重点区，同时其他各专区也选择一个螟害较重和有代表性的地区进行大面积治螟重点工作。

湖北除继续扩大孝感重点区的范围外，建议在鄂城（双季稻为主）和汉口汉桥区（一季晚粳面积大、且三化螟占主要）另建1~2个治螟重点区。

江西除在南昌或丰城新建一个治螟重点区外，建议各地区农业试验站选择一个螟害严重有代表性的地区，进行大面积治螟重点工作。

（2）建议湘、鄂、赣三省拟出1957—1962年消灭螟害的规划，并按照"重点示范，多点示范，全面推广"的办法，根据各省的具体情况，由点到面的规划全省消灭螟害的进度。

（3）建议大面积治螟重点区，应考虑下列条件。

①选择历年螟害发生严重地区作重点。

②重点区要有代表性，包括地形（平原、丘陵，山区），栽培制度（双季稻、混栽、一季早中稻)，螟种分布（如二化螟占主要或三化螟占主要或三种螟虫混合区）等情况。

③当地党政重视、群众基础好。

④要具有一定技术水平的专业干部固定工作。

三、对湘、鄂、赣三省1957年大面积治螟重点区技术措施意见

华中区的水稻螟虫有二化螟、三化螟、大螟和褐边螟4种。二化螟的分布较三化螟广泛，但不同的地区，三化螟的发生数量也相当的多。二化螟一年一般发生三代，不同地区间有第四代的发生；三化螟、大螟等一年发生四代。每年为害情况；一般双季连作晚稻主要是由于三化螟所引起的枯心与白穗；早、中稻、一季晚稻和再生稻等主要是由于二化螟为害所形成的枯心；晚熟中稻的虫伤株亦是二化螟为害。其次，双季连作晚稻秧田和分蘖初期是由褐边螟为害而成枯心；而早、中稻晚抽穗所发生少量的白穗，是三化螟和大螟为害的结果。

治螟的方法很多，但因稻区辽阔，耕作制度复杂，水稻品种繁多，而螟虫的分布也

不一致，所以防治方法要因地制宜，善于运用。会议认为：大面积防治螟虫的技术措施，必须在彻底消灭越冬螟虫的基础上，配合农业耕作制度和栽培技术，重点使用化学药剂和其他行之有效的治螟辅助方法，根据地区不同条件，螟害特点等，抓住几个主要环节，展开大面积的治螟工作，给予螟虫全面性的打击，就可达到事半功倍的效果。兹将大面积治螟重点区的技术措施意见，提出来供各省参考。

1. 消灭越冬螟虫

消灭越冬螟虫，是消灭螟害的重要环节。要做到彻底消灭，必须考虑当地水稻栽培制度和螟虫发生为害情形，按照不同情况分别对待，设法堵塞漏洞，做好消灭越冬螟虫的工作。

（1）水稻收割后积极进行冬耕，扩大冬种面积，可以增加螟虫的死亡率；不冬种的板田，应全部灌水翻耕，把稻根淹没 30 天以上。这样可以消灭连作晚稻田里的三化螟，并打乱二化螟的越冬场所，使它处于不利的环境。因缺水不能冬耕的稻田，必须挖掘或锄劈稻根。

（2）拔毁红花草留种田里的稻根。在年内先行确定准备红花草的留种田，于冬至前后把留种田的稻根彻底拔毁干净。因为红花草留种田要到第二年 5 月中旬才能收获，那时越冬螟虫会羽化外飞为害，带来严重的损失。

（3）拾毁冬种田里的稻根。冬耕冬种后即应把土面外露的稻根全部收集烧毁或沤制肥料；因冬耕冬种田的作物一般也要到第二年 5 月上、中旬才陆续翻耕，而越冬螟虫也会全部羽化出来为害。

（4）红花绿肥田能在 4 月上、中旬全部翻耕灌水时，在冬季可以不拔，这种田的稻根，进行灌水 10 天以上会把螟虫淹死。但在 4 月上、中旬不能及时灌水翻耕的，仍须在冬至前后把绿肥田的稻根彻底拔毁干净。

（5）田里拔起来、拾起来的稻根，不要随便抛弃，乱堆乱放，或作复盖物，或拾而不毁，毁而不尽，都会影响治螟的作用。

（6）深泥田里的稻根，最好在年内把它挖翻压入泥内灌水淹没。

（7）在冬季至早春间，结合积肥，铲除田埂杂草，并齐泥割除茭白遗株，烧毁或沤肥。

（8）处理稻草。在二化螟严重的地区，稻草是第二年螟害的重要来源，必须彻底消灭稻草里越冬的螟虫。如一季中稻（晚熟种）、一季晚稻和糯稻等螟虫较多的稻草，尽量提前用作燃料或饲料，争取在第二年清明前（越冬螟虫化蛾以前）用完；不要把虫多的稻草盖房屋或搭栅栏等用。

2. 水稻生育期防治螟虫的办法

（1）秧田期：无论早、中稻或连作晚稻的秧田，如碰上螟蛾或其他稻虫盛发而数量又多集中在秧田里时，可使用 0.5% 六六六粉，每次每亩撒布 3~4 斤，或喷射 6% 可湿性六六六、200 倍液 80~100 斤；有稻浮尘子为害严重的地区，可使用可湿性六六六与滴滴涕乳剂的混合液防治。

（2）早、中稻螟害一向严重而消灭越冬螟虫工作又做得不彻底的地区，根据预测当年发蛾量多，而为害程度较重时，在栽插早、生长茂盛葱绿的早稻和一部分中稻，当螟卵盛孵时期，使用可湿性六六六进行重点挑治，防止第一代二化螟为害成枯心苗。

（3）夏秋灭茬：在双季稻区的早稻或一季稻区的早稻和中稻，在收割时，稻根和稻草里有很多的二化螟和三化螟。此时若适当高割留椿 5～6 寸高，即行灌水翻耕或打蒲滚，或用人工踩踏，把稻根踩入泥内，灌水淹没 5～6 天，可以杀死大量螟虫、抑制连作晚稻的螟害，也能防治稻浮尘子和其他稻虫。如农民有用石滚脱粒习惯的地区，也可提倡齐泥割稻，随割随挑。用石滚把稻草里的螟虫碾死，如此可以减少冬季拾毁稻根的面积。

（4）灌水灭蛹：于中稻螟害虫伤株率严重的地区，水源方便或利用降雨时机，可以掌握水稻分蘖末期，在第一代二化螟化蛹初期，进行灌水灭蛹；灌水 4～5 寸，保持 5～7 天，可使二化螟蛹和幼虫窒息死亡 70%～80%，如此能减少螟虫的发生数量，降低中稻的虫伤株率，以补救药治之不足。灌水时除注意不灌已倒伏稻田及淹没孕穗苞和分蘖叉外，在分蘖末期浸水有抑制无效分蘖作用，对水稻生长发育无妨害。

（5）灯火诱杀：有条件的地区，在第二、三代（双季稻区考虑第四代）螟蛾最盛发时，推行灯火诱杀 5～6 天，可以消灭一部分螟蛾，减少螟害程度，以补药剂或不能灌水灭蛹的不足；但须全面进行，效果才会显著。

（6）一季晚稻的枯心苗，一般受第二代二化螟为害较重，且栽插期越早的越重。双季连作晚稻的枯心苗一般受第三代的三化螟和大螟、二化螟为害，也是栽插期越早的越重，必须掌握螟蛾盛发期、螟卵盛孵期和水稻分蘖初期等环节，进行重点使用药剂挑治其受害严重的稻田，以防止枯心苗。

（7）双季连作晚稻的白穗，一般受第四代三化螟为害较重，而栽插期越迟的越重，也必须掌握螟蛾盛发期、螟卵盛孵期和水稻孕穗末期前后，进行重点使用药剂挑治：受害严重的稻田，注意 9 月上旬后抽穗的稻种，以抑制白穗，是全年药治的关键。故一季晚稻和连作晚稻分蘖和抽穗期，是利用化学药治保护的重点时期。

各地要根据预测发蛾数量为害程度，确定使用 6% 可湿性六六六 200 倍液，每次每亩 100～150 斤，重点挑治二次（对黄禾子稻种，据江西反映，该稻种叶片茸毛较多以及其他原因，曾发生药害，可改用滴滴涕防治）。在缺乏农械地区，可以采用六六六点蔸或 6% 可湿性六六六、1.5～2 斤拌和细干土 60～100 斤的混合粉，撒点在稻丛中心。药水灌田每亩可用 6% 可湿性六六六、1.5 斤，调成浆糊状，加水 100 余斤稀释，在螟卵盛孵期，排出田水，然后开缺口把六六六液随流水灌入，直到跑满全田约寸许深为止，即行封闭缺口，可以解决有药无械地区的药治困难问题。

3. 说服群众保护青蛙，由当地布告禁止捕食。

四、对华中区 1957 年水稻螟虫研究的意见

（一）消灭越冬螟虫的研究

1. 处理稻根的试验

红花种田拔起来的稻根和冬耕冬种田遗留田面的稻根，收集后，采用沤肥、堆肥、烧灰，对防治稻螟的效果进行比较试验（由孝感、醴陵工作组进行）。

2. 春耕沤田对防治二化螟效果的研究

在清明前后，青蛙出土时期，分别进行清除田畔杂草与否的晚稻田耕沤灌水对比试验。在耕沤前，各检查 1 000 丛中的虫数作对照，耕沤后对水田稻根，分水上、水下，于第 1 天、2 天、3 天、4 天、5 天、6 天、7 天、8 天、9 天、10 天各检查一次，每次检查 200 丛中的螟虫死亡率；并对水面浮游虫数，田畔逃亡虫数，天敌种类数量，每种天敌取食螟虫数量，分别进行现察（醴陵工作组进行）。

3. 冬耕冬种田稻根中螟虫死亡率的现察

翻耕前检查一次，自晚稻田冬种后分四期（即 12 月、2 月、3 月、4 月各一次）检查土面和土内稻根各 200 丛或 3 000 根，观察幼虫死亡化蛹羽化情况，至羽化或全部死亡时为止。另外，尚须进行辅助试验，将稻根收集分别埋于不同深度的冬种田观察死亡情况（孝感工作组及三省均进行）。

4. 红花留种田的研究

分别采用旱地和一季早、中稻田耕耙后播种红花，同一处理，观察在不同地面的生长发育和产量情况，借以求出更好的留种田来代替晚稻田留蓄红花种。注意在播种前先将种子浸一天，然后用草木灰和人粪尿拌种，采用点播方式。播种后注意保持田面潮湿，使发芽快。（江西农学院、醴陵工作组 1957 年下半年做，湖南省站总结调查）。

（二）预测预报的研究

1. 螟虫繁殖力的研究

（1）成虫产卵力的观察：每代现察 50～100 对成虫的产卵数。

（2）螟卵孵化力的观察：每代观察 50～100 对成虫产卵的孵化蚁螟数。

（3）幼虫化蛹力的现察：每次观察 100 条幼虫的化蛹率。

（4）每代成活力的观察：每次观察 10 对螟蛾的卵，分为 10 笼，每笼栽 50 丛禾，每笼放 1 对蛾所产的螟卵，每天 3 次观察，至羽化完毕为止。

（5）营养与繁殖力的观察：采用籼、粳稻品种，分别施肥与不施肥的 4 种处理；或在不同寄主上进行饲养，观察在不同营养下的发育速度和繁殖力。以上均须注意温、湿度的记载［由华中农科所、湖南省综合农业试验站（二化螟）；江西农科所、江西农学院（三化螟）进行］。

2. 稻螟积温的研究

采用本田（笼罩）不同寄主下进行稻螟积温研究（江西三化螟，湖南二化螟）。

3. 二三化螟各龄期的鉴别

二化螟各龄期的鉴别（湖南农学院）；三化螟各龄期的鉴别（江西农科所）。

4. 测报稻螟羽化盛期的研究

根据各代在不同的温度情况下，观察化蛹百分率与羽化盛期的关系（三省进行）。

5. 褐边螟的研究

继续进行生活规律的研究（湖南省综合农业试验站）。

6. 大螟的研究

继续进行生活习性的观察。主要找出滨湖地区猖獗的原因。建议湖南省继续进行。

（三）防治试验

1. 药剂防治试验

采用六六六、E605、1059不同浓度，不同使用方法，不同次数和用量，分别在水稻品种和生长的不同阶段和温度不同的情况下，试验药剂有效浓度和时间，以及有无药害影响（三省均进行）。

2. 栽培防治

先进行调查了解，根据各地的自然条件和原有的习惯基础上，进一步提高有效栽培管理措施，如选择当地早熟丰产品种，采用适期栽插，适期施肥，避免或减轻螟害关键，为开展大规模栽培防治做好准备（江西所、湖南站）。

以上这些决议，于取得领导同意，并向其他干部传达后，必须有组织、有计划地在当地党政领导下积极进行。做到边推广、边研究、互相学习、取长补短，尽力克服工作中的主观主义，不要认为自己的方法一切都是好的、对的；同时要加强宣传教育，把技术交给群众，使其自觉自愿起来治虫，避免强迫命令，以期明年再次召开会议时（在庐山或在衡山），各地都有更辉煌的成就，进一步达到3年无虫乡，5年无虫县，7年无虫省。这是一个艰巨的任务，我们农业科学工作者必须满怀信心地把它担负起来。（汪子和、王涤群、陈常铭、黄问农、夏温澍整理）

湖南省郴县专区稻飞虱
大面积防治工作考察报告[*]

曾 省[1] 雷惠质[2] 朱 鑫[3]

(1. 华中农科所；2. 湖南农科所；3. 湖南农业厅)

郴县专区7月上、中旬，稻飞虱大发生为害早、中稻，湖南省农业厅、农科所获悉情报后，派员陪同华中农科所曾省副所长，前往郴县专区，会同郴县专署农业局、宜章县农业局，在中共郴县地委的指导帮助下，对稻飞虱的发生为害和防治情况，进行了短期的考察。现将有关资料初步整理如下，以供各方参考。

（一）稻飞虱发生为害与防治情况

今年全区早、中稻普遍生长良好。可是正当6月底、7月初早稻灌浆乳熟，丰收在望的时候，稻飞虱（主要是稻褐飞虱）突然大发生，其发生量之多，繁殖蔓延之迅速，为害之猛烈为近百年所未有。

7月1日开始在宜章个别地区发现，到7月7日临武、资兴、郴县、汝城等地区相继发生。7月10日以后，全区14个县都不同程度的发生为害。据7月19日统计，全区发生虫害面积达563 958亩（主要是为害早稻和早熟中稻，在虫害发生地区绝大部分早稻都遭受了为害）；其中发生最早、最普遍、为害最严重的宜章县，7月10日即蔓延到全县的25个乡399个农业社（占全县406个社的98%），发生面积达165 724亩，占总稻田面积的54%，虫口密度很大，少的每蔸禾有虫30～40个，多的达几千个。城西乡法堂农业社200多人在500亩田内，拨水捞获稻飞虱达964斤（还只捞获其中60%左右）。

虫害发生以后，各级党政领导机关随即采取紧急措施，动员了大批干部和广大农民群众采取化学农药与土药土法相结合的办法，向虫害开展全面、坚决的斗争，取得了很大成绩。据7月19日统计，共动员201 076人参加治虫，防治面积达470 128亩，占虫害发生面积65.8%，大大减轻了虫害损失。如宜章县药剂防治面积达17万多亩（有1万多亩虫害轻微的，因怕连片蔓延，也洒了药）；发生较迟的20个乡，由于吸收了发生较早地区的经验教训，及时进行了防治，一般减产都较轻，有62 585亩基本上不致减产。群众反映："要不是党和政府的领导，要不是合作化的集体力量，像今年这样大的灾害，我们便会吃不上饭。"但是，由于虫害发生蔓延迅速，为害猛烈，加以发现较迟，部分地区防治不够及时，因而虽经大力抢救，为害损失还是很大的。据统计，全区

* 参加工作者有：覃世桢、张德秀（湖南省农业厅），龙能令（郴县专署农业局），魏子述（宜章农技站）等。《华中农业科学》，1957年第5期。

减产 20% 以下的达 130 487 亩，减产 20%～50% 的有 27 538 亩，减产 50%～80% 的有 17 787 亩，减产 80% 以上的有 10 104 亩。为害最严重的宜章，一县减产 20% 以上的仍达 51 629 亩，估计因虫害减产稻谷达 1 300 多万斤，占去年稻田总产量的 9.7%，比去年旱灾损失（7.1 万亩早、中稻受旱灾减产稻谷 500 多万斤）还大 1 倍多。

郴县专区在开展此次稻飞虱大面积防治工作中所采取的措施和主要的经验如下。

1. 全党动员，有关部门大力支援配合，把治虫与抗旱作为当前最突出的中心任务

旱灾、虫害发现后，地委即发出了紧急指示，从县委到乡党总支召开了各种会议，贯彻"有旱抗旱，无旱防旱；有虫治虫，无虫防虫"的方针，县、乡和社成立了专门机构进行领导；同时全区抽调了地委级以下干部 1 896 个下乡领导抗旱治虫。所有下乡干部情绪非常高涨，行动迅速积极，一到乡即深入田间，投入战斗。宜章县委也成立了治虫指挥部，曾连续发出了三次紧急指示，指导治虫运动的开展，先后召开四次电话会议，发出了三次通报，交流了一些治虫的有效办法和经验，并从县直属机关抽调了 170 多个干部下乡领导治虫。在运动中，表扬批评了干部在领导治虫运动中的成绩和缺点，并制定了工作纪律以约束自己，对加强运动的深入领导起了很大的鼓舞作用。

此外，专区各个部门，如地委工业交通部、专区和宜章县供销合作社，专区粮食局以及银行、信用社等通力合作，及时采购供应药剂和贷款，使运动开展得轰轰烈烈，有声有色。

2. 广泛开展宣传教育，解除群众思想顾虑，掀起了群众性的治虫运动

虫害发生后，群众中主要的思想倾向是悲观失望，看到虫害发展这样凶猛，感到措手不及，人心惶惶，混乱思想抬头，怕治不了虫，花多了工，得不偿失；特别是社干顾虑买农药农械成本过多，缩手缩脚，不敢从速做主。根据这些思想情况，一般均先后召开了党团员会、社干会、老农会、群众会进行层层动员，说明虫害大发生的原因和防治的办法；并用具体算账办法将买农药所花的成本数和不买药防治的损失数进行对比，来打通群众顾虑；同时用虫害发生较早的某些地区未及早防治而造成严重损失的情况，来激起虫害还在开始发生地区的农民的高度警惕性。有的"三包"社并规定了治虫所花的成本和工数由社统一负责，在边动员边干部带头的行动下，治虫运动就很快的开展起来了。半个月全区参加治虫工作的人数共有 201 076 人，如宜章县有 60% 以上的劳动力参加了治虫工作。在治虫紧张阶段，参加治虫的劳动力有 80% 以上，该县半月来治虫出工 30 来万个。据群众反映：要不是合作社的集体力量就战胜不了这样严重的自然灾害。

3. 贯彻"普遍治、连续治、彻底治"的方针

采用化学农药、土药、土法等多种防治办法，全面进行防治。如宜章县在虫害发生地区，对早、中稻和晚稻秧苗一般都进行了不间丘、不间块、不间行、不间蔸的逐片逐垄进行喷药 1～2 次（少数进行了 3 次）。总共药剂防治面积达 17 万多亩，共使用可湿性六六六粉 16 万多斤，25% 滴滴涕 500 多斤，煤油 7 000 多斤，桐油 5 000 多斤，还用石灰 30 000 多担及茶枯和大量其他土药（仅浆水、城西两乡就用了土药 43 000 斤）进行防治。在治虫运动中，各地群众和干部还想出很多办法，以充分利用劳动力和解决农药农械不足的困难。除喷洒 6% 可湿性"六六六"200 倍液和 25% 滴滴涕乳剂 300～400

倍液外，一般采用效果较好的有下面几种方法。

（1）"六六六"拌石灰点蔸：每亩田用6%可湿性"六六六"1斤拌熟石灰50斤，用手一撮一撮点在禾丛中，对稻飞虱杀虫率达97%以上。但要注意随拌随用，点蔸时田中要留浅水，才能发挥药效。

（2）"六六六"拌黄土或细沙点蔸：每亩田用6%可湿性"六六六"1斤拌干细黄土或细沙40~50斤点在禾蔸上，杀虫率可达90%以上。

（3）滴油触杀：每亩田用洋油1斤，将洋油在进水口处慢慢地洒，使油随水流遍全田，再将禾苗分成小厢，用双手拨水冲洗禾蔸，若虫受惊落于水面，就可触油闷死，杀虫率亦达90%。

（4）用老虎花和黄藤根、称秆子等煮水喷杀：将老虎花、称秆子的根、枝、叶或黄藤根的根，切碎煮成黄褐色的药液，冷却后，用土制竹筒喷雾器喷射，每亩用药液400~500斤，有50%~60%的杀虫效力。此外，还有用桐油尿剂或茶枯水，以及用人工拨水赶落若虫，集中毒杀；在水源足的地方，落水洒田；在无风的傍晚，举火诱杀等多种多样的防治办法，效果亦好。

凡是及时采取了以上措施进行防治的，都收到了显著的效果，大大减轻了虫害的损失，否则就造成严重的减产。如宜章的梅田、新田两个农业社就是一个显明的对比。梅田社受虫害的早、中稻3100亩，在虫害发生后，立即使用6%可湿性"六六六"4740斤，25%滴滴涕乳剂420斤，全面防治1~2次，基本上扑灭了虫害，早、中稻仍可保持去年的丰产水平，每亩可收460多斤；而新田社受虫害的1670亩，只用"六六六"100多斤，滴滴涕230多斤，防治了一小部分田，结果早稻估计要比去年减收30.6万斤，每亩减产180多斤。按全社813人计算，每人损失粮食376斤。

今年在稻飞虱大面积防治工作中存在的主要问题和教训如下。

一是病虫害预测预报工作没有充分发挥作用：由于缺乏经常性的田间检查，没有掌握住稻飞虱早期发生活动的情况，及时发出预报和情报，以致大部分地区因发现较迟，防治不及时，因而造成严重的减产成灾。

二是部分地区群众和干部对虫害的严重性认识不足，思想上麻痹大意，有的甚至在虫害开始发生时，还抱着侥幸、等待、观望的态度。由于缺乏思想上、物质上、技术上和组织上等各方面的准备，如很多农业社在三包的时候，没有计划治虫药械的成本和工分，部分地区供销社药械储备不够等，因而在虫害大发生时，就措手不及，行动迟缓，不能及时加以扑灭。

三是植保干部力量比较薄弱，病虫防治技术工作没有跟上。部分地区在开展大面积防治工作中，在防治技术上，显得有些混乱；而对群众中采用的各种防治办法，也未能加以总结推广。

（二）稻飞虱生活史、习性及其猖獗原因

稻飞虱在本省发生的种类有褐飞虱、白背飞虱、粉白飞虱、绿飞虱、黑头菱飞虱、黄背飞虱六种；其中以褐飞虱发生最普遍最严重。今年郴县专区酿成这次空前未有的大灾害，也是属于这种褐飞虱。

褐飞虱（*Nilaparvata oryzae* Matsnmura）一年发生六代，第一代成虫盛发于5月中、下旬，第二代 6 月中、下旬，第三代 7 月上、中旬，第四代 7 月下旬至 8 月下旬，第五代 8 月下旬至 9 月上旬，第六代 10 月中、下旬至 11 月。第五、六代在中、晚稻收割后，即迁向水沟塘圳边游草（主要为李氏游草 Leersia Hexandra Sw.）中生活。严寒后，以成虫产卵于游草及其他禾本科杂草的茎秆上越冬。越冬卵于次年 4 月上、中旬孵化为幼虫（或称若虫）后，仍继续在游草上生活繁殖第一代（有极少数迁入稻田繁殖），到第二代正值早稻圆秆孕穗，其成虫即陆续迁飞稻田产卵，开始大量繁殖第三代及第四代。7 月中、下旬早稻黄熟收割后，褐飞虱即纷纷迁向中稻田及一季晚稻田集中为害。立秋后，由于气温日渐降低，不利其大量繁殖，故对双季连作晚稻为害不大。但连作晚稻（二季稻）在回青分蘖时，易遭受稻黑尾浮尘子及白翅浮尘子的为害（浮尘子与稻飞虱差不多大小，一般常与稻飞虱混合发生，农民总称蟓子），常造成大量死禾，须引起高度的注意。

稻飞虱加害水稻是以成虫、幼虫群栖禾丛下部用刺吸（针状）口器刺进水稻叶鞘及茎秆的组织内，吸取里面的养液。苗期（分蘖阶段）被害植株初期茎秆上呈现许多不规则而稍带长形的棕褐色斑点，发生严重时，整兜禾苗枯黄萎缩。至孕穗与抽穗虫口密集加害时，则水稻植株组织破碎软弱，易被风吹折断倒伏，甚至全部茎秆烂掉，减少抽穗或形成半枯穗与白穗，使产量大减。同时，受褐飞虱为害后的稻草，牛不爱吃。

褐飞虱的成虫，分长翅型及短翅型两种。长翅型的翅，超过身体的腹部，晚上趋光性很强；短翅型的翅仅达腹部 1/3。短翅型的生殖力较长翅型强。根据日本文献记载，夏季高温多湿，食料丰富时，短翅型即出现多，也可作为预测褐飞虱即将大发生的象征。其成虫寿命长达 20～40 天，也有 3～4 天即行死亡的。在成虫生活期间，雌雄虫一直可以继续交配产卵。产卵时，雌虫伸出尖锐的产卵管刺破水稻茎管组织，再插入其中将卵成排产下，一对雌雄虫可产 300～400 粒卵。当雌虫初期产的卵，孵化变为新的成虫，而新成虫又将产卵繁殖新的下一代时，原母体仍在继续产卵，使成虫、幼虫成为叠置发生现象。一般在温度 26～30℃，湿度 70%～85% 时，卵期仅为 5 天，即孵化为幼虫，幼虫期为 12～15 天即羽化为成虫，故我们在大田检查时，不易分出明显的世代数。此虫在稻田的发生，往往是从田中间小块地区或青风阴湿的凼禾（原沤制凼肥的地区）开始发生，外面很难使人察觉，然后由点片渐次扩大，遂引起禾苗整片倒伏枯死，并迅速地蔓延到四周的禾苗。一般以禾苗密茂、阴湿的禾丛中虫口密度最大，繁殖亦最快。

稻飞虱发生的盛衰与气候因子及营养条件有密切关系。如在前期高温多湿，随后气候突然干旱的环境下，又遇上水稻生育最旺盛的时期（孕穗至灌浆期），能提供稻飞虱足够的食料，最易猖獗成灾。就本省近三年来稻飞虱的发展情况来看，如 1954 年 4 月至 7 月每月降雨量在 271.4～341.9 毫米，自 7 月下旬到 8 月发生干旱，平均温度为 27.8～28.3℃，8 月中旬各地中稻即发生稻飞虱，且严重成灾（以湘潭专区及湘西灾情最大）。1955 年大气湿度较为正常，逐月均保持了一定的降水量，该年稻飞虱发生较微；1956 年春季 4～6 月每月降雨量达 142.5～375.9 毫米，7 月后气候干旱，6、7 月平均温度高达 27.9～30℃，7 月上、中旬各地早稻严重发生了稻飞虱（以上气象资料系长沙站记载）。

今年郴县专区稻飞虱猖獗的主要原因，也是由于前期雨水多，如 4 月降水量是 192.2 毫米，5 月 351.3 毫米，6 月上、中旬 106.1 毫米；4 月至 6 月上、中旬共降水 649.6 毫米，比 1955 年 4 月、5 月、6 月三个月的总降水量多 116.6 毫米，比 1956 年同时期多 22.1 毫米。但自 6 月下旬至 7 月高温干旱，平均温度达 30℃，此时又正值早稻孕穗至灌浆期，最利于稻飞虱的大量繁殖。同时由于其成虫产卵期长，遇上了适宜环境，孵化率增高，故 7 月上、中旬稻褐飞虱的发生有如排山倒海之势，不到半月，竟蔓延到全专区，造成空前未有巨灾。

（三）对今后工作的几点意见

（1）当早稻正在大量收割，早熟中稻已近黄熟，稻飞虱大量迁向迟熟中稻田为害，因此在迟熟中稻扬花到灌浆这个时期，仍须注意经常进行田间检查（特别要注意屋旁树边隐蔽田、低洼潮湿田和肥料足禾苗生长密茂的田），凡谷子尚未黄熟而每蔸禾有稻飞虱达 10 个以上者，就应立即喷洒 6% 可湿性六六六 200 倍液，或 1 斤 6% 可湿性六六六拌石灰 50 斤点蔸（随拌随用）。同时，立秋以后抽穗的迟熟中稻，正碰上二化螟和三化螟的第三代为害，往往造成大量白穗，应抓紧在孕穗末期到抽穗初期喷洒 6% 可湿性六六六 200 倍液 1~2 次，可兼治稻飞虱。

本专区双季晚稻面积少，易受稻浮尘子和第三代二化螟、三化螟及第四代三化螟的集中为害，为保证双季晚稻的增产，必须高度注意晚稻治虫工作。在晚稻回青分蘖期，稻浮尘子为害严重时，应即喷射 25% 滴滴涕乳剂 300~400 倍液一次（可兼治螟虫）。以后在田间发现少量螟害枯心时，再用 6% 可湿性"六六六" 1~1.5 斤拌细黄泥土 70~80 斤点蔸一次，或插烟茎一次（每亩烟茎 20~30 斤），以抑制枯心苗的发生。孕穗末期到抽穗初期，再喷洒 6% 可湿性"六六六" 200 倍液 1~2 次，防止白穗的发生。

（2）根据今年稻飞虱大面积防治的情况来看，防治稻飞虱的关键在于开展预测预报，切实掌握虫情，及时采取措施，全面进行防治。今年由于没有掌握住虫情，一般防治不及时以致造成严重的减产成灾，这是一个沉重的教训。今年年终应该把病虫预测预报站和情报点工作，认真加以总结、研究，使今后预测预报工作能够有所改进和提高。根据近年来的经验，今后凡遇前期（4 月至 6 月上、中旬）雨水多，后期（6 月中、下旬以后）高温干旱，就应特别注意稻飞虱的大发生。从 6 月中、下旬早稻早熟和中稻园秆到黄熟这一时期，须经常进行田间检查（特别注意禾苗生长茂密的田，检查田中间的禾苗），切实掌握虫情，及时、准确的发出预报和情报。而今后各级领导机关在获得预报和情报后，应及时加以研究和利用，充分发挥预测预报在生产上的作用。

（3）今年稻飞虱及其他稻虫的大发生，与去冬今春各季除虫工作没有普遍开展，越冬虫口密度大也有很大的关系。故在今冬明春必须全面开展一次冬季"三光"除虫运动（板田犁光，禾蔸检光，杂草铲光）：①积极扩大秋耕秋种和冬耕冬种，检光田内禾蔸，及时烧毁或沤肥。在一切有水源的地方不留板田过冬；不冬种的田，冬耕灌水淹没禾蔸；缺水休闲板田，要在冬季挖毁或拔毁禾蔸，以消灭禾蔸内越冬螟虫。②铲除田埂、田边、沟边杂草，对不便铲除的高坎上的杂草，齐泥割光，集中烧毁或沤肥，以消灭杂草内过冬的二化螟、稻飞虱、浮尘子、纵卷叶虫等害虫。③提早春耕灌水：浸冬田和有水源的休闲板田，尽量提早春耕灌水；绿肥田在 4 月上、中旬及时耕沤，消灭禾蔸内过冬螟虫于化蛹以前。冬季除虫工作需要在大面积的范围内普遍、全面彻底开展，才能受到显著效果。因此，应该大力开展宣传教育和思想发动，同时应该制定合理的劳动定额和报酬标准，以充分发挥社员对冬季除虫的积极性，保证运动的顺利开展。

（4）病虫害防治工作是目前农业生产中的薄弱环节，同时它又是一个技术性较强的工作，因此需要有一批得力的植保技术干部作为领导机关在防治技术上的参谋和助手，作为群众治虫运动的技术指导。本专区各县植保干部的力量是比较薄弱的。今年冬季应该开办短期训练班，训练植保技术干部，达到各县局（科）有1~2个，各站有一个植保干部，并长期固定下来，专职专用，让其从事植保业务工作，使在实际工作锻炼中逐步提高；同时，防治病虫害是一个群众性的工作，还需要有基层的农民技术骨干。建议逐步在每个农业社设置一个植保技术员，每个生产队设立虫情联络员，分期训练，逐步培养提高，使之能够担负社内虫情检查和防治技术指导工作。

（5）消灭病虫害是一个长期的艰巨的任务，而现有防治办法也还不甚完善，或者还不大适合本地区特点，有待进一步改进、提高。为此，建议各县选择一个病虫害严重、防治基础较好的乡或片，作为大面积病虫害彻底防治示范区；同时配备较强的干部长期深入示范区农业社，在示范区内全面系统贯彻现有防治措施，通过生产实践考验，加以修正、补充、总结提高；并逐步摸索出一套适合本地区特点的、行之有效的大面积病虫害防治办法，以丰富领导经验，借以推动全面病虫害防治的工作。

（四）附记

此次到郴县专区宜章县考察稻飞虱发生防治情况，发现群众为解决喷雾器器械不足的困难，普遍采用"六六六"拌石灰点蔸，随拌随用，效果良好。我们于7月22日至24日在郴县白鹿洞农业社谢家塘坎下几丘中稻田内做了处理试验（见表1），结果证明：每亩用熟石灰50斤拌6%可湿性"六六六"1斤点蔸，效果特著，杀虫率达97.16%。用6%可湿性"六六六"拌石灰手撒与200倍药液喷洒，杀虫效果相近，前者91.49%，后者90.55%。用0.5%"六六六"粉剂6斤拌石灰点蔸亦可，杀虫率72.9%；手撒者效果较差，杀虫率40.43%。不用石灰而用黄泥土（磨碎过筛）拌"六六六"点蔸，效果也好，杀虫率为89.6%，单撒石灰看不出杀虫效果。

表1 "六六六"不同施用方法防治稻飞虱药效比较试验

（地点：郴县白鹿洞农业合作社 1957. 7. 22—24）

田号	处理方法					施药后24小时			与对照比较虫口降低百分比（%）	备注
	用药	浓度	处理面积（亩）	用量（斤）	方法	检查蔸数	虫数	平均（个/蔸）		
I	0.5%六六六拌石灰	6：50	0.2	10	点蔸	26	30	1.15	-72.90	田干快裂
I	6%可湿性六六六拌石灰	1：50	0.2	10	点蔸	25	3	0.12	-97.16	同上
I	6%可湿性"六六六"对水	1：200	0.2	24	喷液	25	10	0.40	-90.55	同上
I	对照（不施药）					26	110	4.23	—	同上

（续表）

田号	处理方法					施药后 24 小时			与对照比较虫口降低百分比（%）	备注
	用药	浓度	处理面积（亩）	用量（斤）	方法	检查蔸数	虫数	平均（个/蔸）		
Ⅱ	0.5%"六六六"拌石灰	6∶50	0.2	10	手撒	25	63	2.52	−40.43	灌水深2.5寸
Ⅱ	6%可湿性"六六六"拌石灰	1∶50	0.2	10	同上	25	9	0.36	−91.49	同上
Ⅱ	对照（不施药）					26	110	4.23	—	同上
Ⅲ	6%六六六拌细黄土	1∶50	0.2	10	点蔸	25	7	0.28	−89.06	灌水深1寸
Ⅲ	石灰	—	0.2	10	手撒	25	81	3.24	+25.56	同上
Ⅲ	对照（不施药）					25	64	2.56	—	同上

华中地区稻虫专业会议总结报告[*]
（1958 年）

曾　省

（华中农业科学研究所）

在党的正确领导和农业发展纲要四十条的鼓舞下，华中地区的稻虫大面积防治和示范工作，在 1956 年的基础上，1957 年进一步取得了显著的成绩。为了针对不同地区虫害情况，研究稻虫发生的规律，并找出关键问题，采取系统的综合防治措施，1957 年先后在湖北孝感、湖南醴陵、邵东、江西南昌等 12 处进行了稻虫大面积防治示范工作，防治面积达 120 多万亩，螟害损失显著减轻，因而挽回稻谷损失 2 539 万余斤。但过去这方面的工作，一般主要是螟虫方面，对其他虫害偏于忽视，即治螟技术亦尚有待于深入研究和提高，且各地在开展大面积防治工作中，关于组织领导方面也表现不平衡，因此，这次湘、鄂、赣 3 省稻虫专业会议，总结了几年来各地区所取得的成绩和经验，对进一步开展 1958 年稻虫大面积彻底防治工作有极其重要的意义。

一、稻虫发生概况

华中地区水稻害虫以螟虫（包括二化螟、三化螟、大螟和褐边螟 4 种）为主，分布最广，为害较重。其次为稻飞虱、浮尘子、稻苞虫、稻蝗、褐椿象、象鼻虫、纵卷叶虫、负泥虫、稻螟蛉、稻双蝇、稻蓟马和铁甲虫等，几年来在不同地区，有不同程度的发生和为害。

（一）水稻螟虫

以二化螟分布较广。但在连作稻区和混栽稻区，三化螟发生数量较多，往往造成灾害。改制以后，有些地区三化螟呈上升趋势。滨湖地区大螟发生数量也有增加。

二化螟在一般地区，每年发生 3 代，有些地区发生 2 代或 4 代。三化螟在一般地区发生 4 代，个别地区发生 5 代。大螟发生 4 代。一般双季连作晚稻的枯心和白穗，主要是由三化螟为害所引起；个别地区大螟也能造成连作晚稻发生枯心。早、中稻一季晚稻和再生稻等主要由于二化螟为害形成枯心。至于晚熟种稻的虫伤株和死孕穗，亦是二化螟为害所造成。其次，双季连作晚稻秧田和本田分蘖初期，也有由褐边螟为害而造成枯心的，晚抽穗的早稻和迟熟中稻所发生的白穗，多是三化螟和大螟为害的结果。

＊《华中农业科学》，1958 年 2 期。

（二）稻飞虱、浮尘子（火蟆子）

每年发生 6~7 代。在双季稻区，于 6 月中下旬至 7 月上中旬，稻飞虱猖獗，群集早稻禾丛下部为害；部分地区为害早、中稻，严重的导致"倒伏烂秆"，甚至颗粒无收。7 月下旬至 8 月上旬，浮尘子严重发生，以连作晚稻秧田和秧苗移栽本田后至返青期间为害最烈，个别严重的造成大量枯苗和花禾现象。这两种害虫繁殖迅速，在适宜的条件下，短期内能酿成巨大灾害。

（三）稻苞虫

每年发生 5~6 代，呈间歇性大发生。一般地区在 7—8 月，以第三代或第四代发生数量较多。单季稻区以中熟中稻或晚熟中稻受害较重；在混栽地区以一季晚稻受害较烈；双季稻区于 8—9 月以第四代发生数量较多，为害晚稻较重。

（四）稻蝗

每年发生 1 代，个别地区 2 代，以滨湖地区和山区发生较多。越冬卵块自 4 月中旬至 5 月中旬先后卵化，为害秧苗和稻叶。8 月初变为成虫，除食害稻叶外，还弹落小穗，或咬断穗颈，引起严重损失。

（五）褐椿象

每年发生 2 代，主要在抽穗灌浆时期为害。以越冬成虫在第二年 6 月上、中旬迁至本田为害早稻；个别地区中稻也有受害情况。

（六）象鼻虫

每年发生 1~2 代，以越冬成虫于 4 月间转入秧田为害。在秧田四周受害较重；本田于 5 月上中旬、禾苗返青分蘖时期，也往往遭受为害。幼虫在稻丛下 1 寸左右集中为害稻根，致稻叶变黄，抽穗后秕谷增多，产量减低。

（七）纵卷叶虫

每年发生 4~6 代，有呈间歇性大发生现象。一般地区以第一、第二代为害较烈。第一代幼虫盛发于 5 月中旬发生，为害早稻；第二代幼虫盛发于 6 月下旬至 7 月上旬，为害中稻。

（八）负泥虫

每年发生 1~2 代，以越冬代成虫于秧苗返青后转入秧田产卵为害。改制后，早插的本田或中稻田发生较多，受害严重的秧苗有倒伏、枯萎死亡现象，影响插秧时期。

二、开展综合防治稻虫工作

根据不同地区条件和稻虫发生为害特点，采用农业技术与药剂结合的综合措施，积极开展消灭越冬稻虫工作，扩大药剂防治面积，因地制宜抓住关键，进行"全面防治，重点消灭"的办法。

（一）消灭越冬稻虫

消灭越冬稻虫，各地应根据具体情况，针对不同稻虫越冬特点及其主要来源，采取不同办法，分别对待。

1. 处理稻根

早稻和部分地区的早熟中稻的稻根，无论冬种与否，均可不作处理。

凡越冬螟虫羽化前的中稻、一季和双季晚稻田、不能翻耕灌水的冬作田（如麦田），根据越冬害虫数量决定，在播种后至春节前，或在碎土整地的同时，彻底拾毁外露的稻根；劳动力比较充裕而越冬螟虫密度较大的地区，最好能做到先拔或挖毁稻根然后耕种。

草子留种田，尽可能利用旱地，或于早稻和早熟中稻田翻耕后播种，或在豆田、荞麦田、棉花田内留种。若在虫多的中熟稻、一季或双季晚稻田内留种时，必须在草子未铺满田以前，拔毁或挖毁稻根。

水源不便地区，对不能及时翻耕的中、晚稻板田，且越冬幼虫较多，死亡率很低的地方，应在冬季或早春，当越冬螟虫羽化前，将稻根拔毁或挖毁。挖起或拔起的稻根，一定要进行处理，可因地制宜，结合积肥，采用烧毁、沤肥等方法，及时处理干净，并可将稻根撒布于早期能春耕灌水的田内，随即翻沤。

翻耕灌水的冬浸田，不必处理稻根，能灌水但不能翻耕的烂泥田，可将稻根踩入或锄入泥内。

2. 及时春耕灌水

冬季未处理稻根的板田、冬作田（如大麦，早熟油茶，蚕豆）和翻耕未灌水的休闲田，以及一般绿肥田，可根据情况在越冬螟虫羽化前，春耕灌水，淹没稻根。在稻蝗、稻象鼻虫等严重地区，春耕灌水后，应注意收集毁灭浪渣中的稻蝗卵块和其他越冬稻虫。

3. 清除杂草、茭白及其他越冬寄主

秋冬或早春，结合积肥、清除田边、塘边、沟边等地越冬稻虫的主要场所内的杂草。水边游草是稻苞虫、稻飞虱主要越冬寄主，采用齐泥割除或以锄铲除杂草是防虫必要的措施。冬季应齐泥割除，烧毁茭白残株。

田埂有种植高粱，玉米等作物的地区，在收获后，其藁秆亦应搜集处理，不要任意弃置田间。

稻蝗严重的湖区，低洼草地，若卵块密度大，在冬季或早春，筑堤积雪蓄水，以阻止卵块卵化，至水稻成熟后，开缺放水，使水退后蝗卵孵化，不能获得食物而死。

4. 处理稻草

二化螟严重地区，可视含虫数量多少，分别堆放。应尽先将二化螟较多的稻草提前在越冬螟虫羽化前用完，将二化螟较少的稻草留作后用。提倡不用二化螟较多的稻草盖房屋或搭棚栏。

（二）水稻生育期的防治

1. 药剂防治

秧田时期，有的地方，可用药剂消灭集中在秧田内的稻虫；本田时期可根据各地主要稻虫发生情况，重点地进行药剂防治，并结合农业技术，以达到保苗保产的目的。

用药种类：以"六六六"为主，但防治浮尘子，可配合25%滴滴涕乳剂施用。必要时，也可采用当地行之有效的土药土方。

施药时期，防治稻螟，应掌握螟卵盛期消灭稻螟，或于螟蛾盛发期，消灭成虫。抑制枯心，二化螟或大螟发生地区，宜在初见枯梢时，三化螟发生地区，则在初见枯心时开始施药。抑制白穗，应掌握水稻孕穗期（或抽穗始期）在螟卵盛孵期或螟蛾盛发期开始施药。

防治其他稻虫，都应在盛发初期开始施药。掌握稻包虫，稻蝗，纵卷叶虫等稻虫的发育情况，抓住三龄以前进行扑灭。

施药次数：根据水稻生长和害虫发生为害情况，一般施药 1 ~ 2 次，前后相隔 5 ~ 6 天（防治晚稻秧田的稻飞虱，浮尘子，可相隔 10 ~ 15 天）。

施药方法：施药量及方法可根据密植程度和不同稻虫来决定。

（1）点兜。每亩用 6% 可湿性六六六粉 1 ~ 2 斤拌和干细土 50 ~ 80 斤，或 0.5% 六六六粉 8 ~ 12 斤拌和细土 40 ~ 80 斤，直接点入稻丛中心。

（2）撒施。每亩用 6% 可湿性六六六粉 1.5 ~ 2 斤（江西也有用 1 斤的，效果亦好），或 0.5% 六六六粉 10 ~ 12 斤拌和干细土 50 ~ 80 斤均匀撒施。

（3）泼浇。每亩用 6% 可湿性六六六粉 1.5 ~ 2 斤，对水 400 ~ 800 斤均匀浇施。

以上施药方法在施药时最好保持浅水，但不可缺水。

（4）喷雾。每亩喷 6% 可湿性六六六粉 1∶（150 ~ 200）倍液，每亩用药剂 100 ~ 150 斤。

（5）喷粉。主要在秧田期使用，每亩喷 0.5% 六六六粉 4 ~ 5 斤。

（6）塞兜。塞安兜肥有习惯而塞药兜又有经验的地区，每亩用 6% 可湿性六六六粉 2 ~ 3 斤拌和所需的厩肥或灰肥，于第一次糯禾时塞入稻根内，以抑制枯心苗。

（7）喷射 25% 滴滴涕乳剂 1∶（300 ~ 400）倍液，每亩稻田用 120 ~ 150 斤，秧田每亩用 80 ~ 100 斤，并可用药 1 斤对水 500 斤，本田泼浇 400 ~ 500 斤，秧田浇施 400 斤左右。

2. 秧田施药

秧田中每 100 平方尺发现螟蛾 3 ~ 5 只，即应喷撒 0.5% 六六六粉或喷泼 6% 可湿性六六六液剂，同时可兼治集中在秧田内发生的稻飞虱、稻蝗、稻椿象、象鼻虫和负泥虫等稻虫。但在晚秧田浮尘子和稻飞虱同时发生的地方，可采用 6% 可湿性六六六与 25% 滴滴涕 1 斤，对水 600 ~ 700 斤配成混合液，每亩用 120 ~ 150 斤。

在稻蝗在秧本田严重发生地区采用：

封锁：大面积荒山、草地、或芦林里，稻蝗较多，在与稻田交界的地方，根据需要，把杂草、芦草砍除一丈宽以上，并喷撒 0.5% 六六六粉，使跳蛹被封锁在里面。

喷撒：对秧田或稻田间的坟地，荒坪里发生稻蝗，每亩用 0.5% 六六六粉 3 斤左右防治。

3. 本田施药

（1）早、中稻。二化螟严重的地方，在栽插早、生长葱绿茂盛的早稻或部分中稻，可使用六六六药剂中稻挑治，抑制枯心苗，并可兼治稻蝗，象鼻虫，纵卷叶虫等多种稻虫。

部分地区稻椿象严重发生为害，抽穗较早的早稻，宜及时用六六六防治。

早、中稻扬花灌浆期，稻飞虱，浮尘子大发生时，用六六六与滴滴涕混合液防治。在迟熟中稻分蘖至孕穗期，遭受稻苞虫严重为害时，可用六六六防治。

部分地区，迟熟中稻孕穗抽穗期碰上三化螟第三代为害造成白穗时，应抓紧药治。

（2）一季晚稻。混栽地区的一季晚稻，常易遭受稻苞虫和二化螟或三化螟为害，宜根据情况及时药治。

（3）连作晚稻。以防治三化螟或大螟为害造成的枯心白穗为主，部分间作晚稻，在稻苞虫大发生年和稻飞虱发生时期，亦应注意药治。

（三）农业防治

结合改变耕作制度，采取农业技术措施，造成不利于稻虫为害的生活环境，也可达到防治害虫的目的。

根据当地自然条件和稻虫发生规律，选用适当品种，合理搭配，以抑制其为害，例如，江西南昌一带，早稻换用"莲塘早"，晚稻采用"柳絮"，避过了三化螟第二代和第四代的为害。一季中稻地区，选择早熟丰产品种，适当早播早插，合理早施追肥，使水稻生长健壮，提早成熟，能在7月底前齐穗，可避免第三代三化螟和稻苞虫为害。

双季间作早稻的稻草，应尽可能做到随割随挑，移至较远的地方（至少2丈以外）晒干，以减少二化螟幼虫迁移为害的机会，并将虫多的稻根及时踩踏入泥内。

双季连作早稻收获后，采取翻耕灌水或打蒲滚的办法，将稻根压入泥内，可消灭螟虫、稻飞虱和纵卷叶虫等多种害虫。

浸水灭螟：二化螟严重地区，如水源方便，或利用降水时期，掌握二化螟老熟幼虫和初蛹期，于早、中稻分蘖末期，浸水4~5寸，5~7天，可以杀死大部门幼虫和蛹。

二化螟严重的中稻区，可提倡稻秆回田，高割稻秆，留桩5~6寸，即行打蒲滚或翻耕灌水，淹没稻根5~6天。有石滚脱粒习惯的地区，可提倡齐泥刈割，压死更多的稻螟幼虫。

稻浮尘子，稻飞虱等严重发生地区，于早稻收获前一周内，清除田埂杂草，或在收割时，田埂喷药彻底防治，阻止其转移中稻田为害。

水源不便地区，二化螟或象鼻虫严重的地方，早、中稻收割后及时消灭板田，进行翻耕暴晒，可使大部分害虫干瘪死亡。

（四）其他

（1）保护有益动物：建议禁止捕食青蛙，保护寄生天敌。

（2）放鸭啄食：有条件地区，稻蝗、稻苞虫、稻飞虱等发生多时，放鸭啄食，可消灭部分稻虫（注意：鸭子吃稻蝗，不可过饱）。

（3）灯火诱杀：有条件有习惯地区，选择无月光而闷热的夜晚烧火，可诱杀稻蝗成虫，螟蛾密度大的地区，灯火可诱杀一部分螟蛾，密度小的地方不宜推广。

三、组织领导

几年来各地开展大面积防治工作，对组织领导群众方面，取得了很多经验，这是推动防治害虫工作中最重要的一个环节。兹提出下列意见，供各地开展大面积防治工作时参考。

(一) 加强和建立防治虫害的组织领导

各防治区应在当地党政统一领导下，建立治虫组织，跨县的示范区，由联防县联合组成，专署统一领导。在一县范围内，从县到社都要成立治虫组织，县（区）成立治虫指挥部或委员会，乡成立治虫指挥所，社成立治虫队，生产队成立治虫组。由党政负责担任领导工作，并吸收供销、银行、农业、文教、科普、卫生、青年团、妇联等有关部门负责人参加，定期召开会议，研究部署工作，并在党委办公室内指派专人负责掌握虫情与治虫的日常工作，各农业社亦须指派专人管理。

为了加强具体领导，各级党委应将治虫工作列入长年生产规划和年度计划。对1958年的治虫工作分阶段作出安排，结合各阶段中心工作的开展，层层布置到社，同时并建立各种汇报和检查制度等，分期开展评比检查运动，表扬先进，交流经验，在各阶段的工作结束后，及时作出总结。为了便于检查效果，总结经验，扩大影响，除各防治重点周密计划做好各项对比试验外，并号召区，乡干部进行简单对比试验，及时组织群众参观，通过典型示范，推动全面。

(二) 深入广泛地宣传防治工作，把技术交给群众

防治虫害是一项群众性工作，也是一项具有技术性的工作。因此，各地应根据本地区干群思想情况，不断地加强政治思想教育和防治病虫害科学知识的宣传教育。根据各地具体情况及时提出防治的技术的要求，开展群众性治虫运动，把技术交给群众，以保证技术的正确执行。在宣传教育的方式方法上，应该多种多样，如召开训练班，组织宣传队或报告团，黑板报、大字报、广播、展览，以及编印通俗宣传资料，及时搞好示范田，组织实地参观等。宣传内容应提高思想性，并力求通俗易懂。此外，各乡应根据自然条件，耕作技术及虫害发生特点，选择有代表性地区设立一个或若干个重点，组织一定技术力量深入重点，负责虫情预测预报及传授测报技术等工作。各农业社至少设虫情情报员一个，经常检查虫情，汇报、联系，构成一个群众性的情报网，深入广泛地开展防治工作。

(三) 做好药械准备，合理制定劳动定额

为了保证防治工作能及时主动开展，各级干部和农业社要正确理解勤俭办社的精神，将治虫所需的人力物力等列入三包计划之内，并根据除虫难易，施药方法，施药工具，时期等不同情况，合理制定劳动定额，由社委会分配到队。实行五定（定人、定时、定田、定质、定报酬）以加强责任，对治虫所需的药械，防治面积，防治次数事先做好计划，由农业社统一与供销部门订立购销合同，以保证及时供应。农业社资金困难的，当地政府应采用贷款，赊销等办法及早予以解决。

四、大面积防治稻虫示范区和预测预报的配合问题

对于这个问题，这次会议进行了讨论，认为预测预报工作是指导防治示范区工作的依据；而预测预报工作的准确与否及其实际效果怎样，也必须通过大面积防治来确定。

因此，预测站如设立在防治示范区的范围内或其附近，预测站必须参与示范区的工作，但不能减轻或削弱其原有发布虫情预报、情报和指导情报点的工作任务。如预测站与示范区相距很远，在这种情况下，有条件的预测站可以考虑负责技术指导，在站的附近设立一个防治示范区。在山多的特殊情况下，原有预测站不能代表全区情况时，示范区内的情报点，可以适当配备力量，发展成为预测站，担任预测预报的工作任务。凡设置有大面积防治示范区的县，在示范区内，必须设立虫情测报组织，负责掌握虫情，以配合防治工作。

为了顺利推动防治工作，示范区的选择，应选择虫害最严重的地区及结合当地领导部门的丰产地，以期在较短的时期，体现出防治示范的典型效果，便利开展全面防治工作。

关于发布预报和情报的问题，目前还不够明确，建议各县情报点，一般只发情报不发预报。各预测站除按照中央农业部统一制定的办法发布预报外（预报由预测站直接发送，不必经由农业行政部门转发），并应发布情报。必要时可用电话、电报发布紧急情报。至于情报发送（汇报）单位问题，建议各省可根据具体情况，重新研究予以规定。对于整理预测预报的资料问题，由于目前存在工作重复，有浪费人力物力现象，同一资料，往往专署农业局、预测站、省农业厅、省农科所都进行整理工作，建议将有关技术性的测报资料，送由预测站和省农科所整理，分阶段作出技术小结，年终作出总结，汇印成册，分报有关单位。除技术性的资料外，其他各种资料建议报送专署农业局、省农业厅进行整理，以便指导和加强防治工作。

蚜虫分类及其防治

棉　蚜[*]

曾省　陶家驹

　　华北棉作害虫，向未经人研究及设法防治，每年棉花损失之数，实足惊人。全国经济委员会棉业统制会有鉴于此，特资助国立山东大学农学院经费，就地研究棉虫。自去年6月起至11月底止，将棉虫中为害最烈之蚜虫（*Aphis gossypii* Glover）悉心观察其生活史、习性及天敌等，且作药剂防治之试验及棉花受害后损失之估计。工毕，爰书报告，以备今年继续研究之资，且可供植棉者之参考。然后共同研究防治最有效之办法，使棉蚜减少，棉产增加，有裨盛于国计民生，庶不负经济会诸公之所望也。棉虫研究事业之计划，承中央棉产改进所所长孙玉书先生及副所长冯馥堂先生之指导，及报告完成后，蒙实业部中央农业实验所吴福桢先生校阅，诚深感激，谨志以表谢忱。

一、为害情形

　　去年夏秋间以天气亢旱，全国各产棉区域，棉蚜发生甚烈；六、七月间棉株遭蚜虫之害，叶尽卷缩、呈枯萎状、远望似若火焚（图1，图2）；待至八月，棉蚜虽日见减少，然被害重者不结一桃，或致死亡，被害轻者，棉株幸能恢复健康，但花开不盛、结桃寥寥，且为时已晚，不能按时吐絮，终受早霜所摧残，因此收量减少、品质变劣，比比皆是！

　　六、七月间各地棉花受蚜虫之害，情形甚严重，报端时有记载，兹节录数条，证明棉蚜分布之广，为害之烈，非常人所能思及也。

　　山西：武乡洪水镇，近年发生棉蚜（《昆虫与植病》，二卷，十八期，六月二十一日）。

　　寿阳，入夏以来，两月无雨，继有一度大雨，而以无地蓄水，不日尽涸，天气闷热，瓜豆等作物，遍生蚜虫，将来收成，当受极大影响云（八月三十日《农报》）。此外，汾县、洪洞、孝义、定襄等县，亦发生棉蚜。

　　河北：蠡县潴龙河北岸一带，向为产棉之区，近几年来，谷价惨落，而棉花价格尚能维持，由是农民种棉者益众，该地三分之二农田悉成棉田。近因天气失调，棉苗饱受亢旱，叶部突生蚜虫，咸呈卷缩枯萎之状，当地农民，均感极度恐慌云（七月十日，《农报》）。

　　蠡县，春季雨水不足，入夏又亢旱酷热，禾苗枯黄，棉田并发现大批蚜虫与蜘蛛

　　* 原文共分三部份，刊于《山东大学农学院丛刊》，1935 第六号 1~12 页；第七号 1~23 页；第八号 2~21 页。

（俗名火蛛子），棉叶顿呈萎缩，预料本年收成已无多大希望（九月十日，《农报》）。

玉田县中部棉区，以天气惨热，发生蚜虫甚多，致棉叶枯萎（八月二十四日，《大公报》）。

滦县，蚜虫、稻蝗为灾。该县三月以来，高粱、棉花等忽满生蚜虫，因之高粱至今尚未吐穗，且多枯死，棉花亦死亡八、九，留存者高仅尺余，并未结实，秋收已无望（下略）（九月十日，《大公报》）。

固安县，七月中旬，南部曾得微雨沾润，月终后连日阴雨，禾苗葱茏兴茂，乃近日田间禾苗忽生一种黑色腻虫（即蚜虫），大如谷粒，尤以棉花、豆类发生为最多。现大田禾均已发育成熟，无甚大害。只棉花、豆类、各种晚禾，正在开花结实、枝叶细弱、不耐虫食、将大减收成云（八月七日，《大公报》）。

香河县，长夏少雨，高粱、棉花多生蚜虫，高粱仅收四、五斗，棉花每株结铃三、五个，产量将惨减（下略）（十月十日，《农报》）。

山东：七月二十三至二十八日，作者赴邹平、齐东二县观察棉虫情形，所得结果：棉蚜为害面积达十余万亩，被害棉株多无棉桃，二县美棉（中棉不成灾）受蚜害损失，为数不赀。据省立第二棉业试验场主任胡平初先生及当地棉农云：棉蚜以今年为最多，尤以美棉连作者为甚。

江苏：南通、海门、阜宁、盐城、如皋、南汇、川沙、铜山等县皆有。南京附近，亦发生棉蚜，势甚猖獗。

浙江：杭县、萧山、余姚、绍兴、慈谿、平湖、上虞、温岭、玉环、永嘉等县皆有。

湖北：武昌、云梦、襄阳等县。

湖南：华容、澧县、南县、汉寿、长沙等县。

河南：开封一带，棉蚜为害亦烈。

陕西：武功一带，棉花亦受蚜害。

甘肃：天水、陇南一带亦有棉蚜。

四川：溶江、沱江流域棉蚜亦盛。

广西：柳州等处亦有棉蚜侵害棉株。

云南：据李凤荪最近报告：云南西北及中部棉株，曾因蚜虫猖獗，难有三成收获，农民遂弃棉作，次第改植他种作物。

按以上所举之事实，足证棉蚜分布之广，且因旱热而更施其虐也。

二、为害损失

棉蚜为害之烈，既如上述，然棉株所受之影响及损失之程度如何？须有精确之统计，方能引起各方之注意。棉株受蚜害甚者，能将幼苗养液吸尽，致其枯死；较轻者当时棉叶卷缩、株枯萎，然雨后仍能生长，有时可与未受害棉株等齐，但查其结桃个数、棉花收获量、成熟时期、品质之改变，与健株比较，其损失之程度甚显著。兹分述如下：

1. 桃数减少

今年山大农场棉田所植棉花，虽以八月霉雨期久结桃减少，然健株桃数平均总在十个以上。今观（表1）受害株所结桃数大减，甚至全无，而平均数仅有三个强，则可知其损失之大矣。

表1　受蚜害棉株所结之桃数

行数＼株数	Ⅰ/1	Ⅰ/2	Ⅰ/3	Ⅰ/4	Ⅰ/5	Ⅰ/6	Ⅰ/7	Ⅰ/8	Ⅰ/9	Ⅰ/10
棉桃数	14	0	11	0	13	0	22	1	5	13

行数＼株数	Ⅰ/11	Ⅰ/12	缺	Ⅰ/14	Ⅰ/15	Ⅰ/16	Ⅱ/17	Ⅱ/18	Ⅱ/19	Ⅱ/20
棉光数	12	0		13	6	11	9	19	4	5

行数＼株数	Ⅱ/21	Ⅱ/22	Ⅱ/23	Ⅱ/24	Ⅱ/25	Ⅱ/26	Ⅱ/27	Ⅱ/28	Ⅱ/29	Ⅱ/30
棉桃数	16	7	1	5	15	1	11	7	0	1

行数＼株数	Ⅱ/31	Ⅱ/32	Ⅲ/33	Ⅲ/34	Ⅲ/35	Ⅲ/36	Ⅲ/37	Ⅲ/38	Ⅲ/39	Ⅲ/40
棉桃数	1	10	1	6	3	0	2	1	0	4

行数＼株数	Ⅲ/41	Ⅲ/42	Ⅲ/43	Ⅲ/44	Ⅲ/45	Ⅲ/46	Ⅲ/47	Ⅲ/48	Ⅲ/49	缺
棉桃数	11	0	0	12	5	3	11	3	3	

行数＼株数	Ⅳ/51	Ⅳ/52	Ⅳ/53	Ⅳ/54	Ⅳ/55	Ⅳ/56	Ⅳ/57	Ⅳ/58	Ⅳ/59	Ⅳ/60
棉桃数	6	14	7	11	11	4	5	2	4	1

行数＼株数	Ⅳ/61	Ⅳ/62	Ⅳ/63	Ⅳ/64	Ⅳ/65	Ⅳ/66	Ⅳ/67	Ⅳ/68	Ⅳ/69	Ⅳ/70
棉桃数	1	0	3	0	0	0	4	3	3	0

行数＼株数	Ⅳ/71	Ⅳ/72	Ⅳ/73	Ⅴ/74	Ⅴ/75	Ⅴ/76	Ⅴ/77	Ⅴ/78	Ⅴ/79	Ⅴ/80
棉桃数	18	0	5	5	1	5	1	0	0	0

行数＼株数	Ⅴ/81	Ⅴ/82	Ⅴ/83	Ⅴ/84	Ⅴ/85	Ⅴ/86	Ⅴ/87	Ⅴ/88	Ⅴ/89	Ⅴ/90
棉桃数	1	4	0	0	0	0	0	0	9	0

行数＼株数	Ⅴ/91	Ⅴ/92	Ⅴ/93	Ⅴ/94	Ⅴ/95	Ⅵ/96	Ⅵ/97	Ⅵ/98	Ⅵ/99	Ⅵ/100
棉桃数	6	15	12	3	9	4	7	17	0	4

注：1. 于幼苗时期，在同一棉田内，同品种之棉株间逐行视察，选受蚜害棉株100棵，插木牌编号而识之；待检查时，缺二个木牌，故留98株。

2. 检查桃数在八月下旬。

3. 受害棉株，平均结桃数为三个强。

4. 无收成株有二十六株，占26.53%

2. 收获量减少

照表2所载五十棵*健株所收籽棉之量与受害株比较，损失甚明显。如健株收量最高有193克，最少有56克，平均107.06克；受害株产量最多只有99克，少者至零，平均为28.20克。故与健株平均产量比较，短78.86克，占73.65%强，减少产量之强半，损失可谓大矣！

---

* 于单株选种时，任选五十棵同品种同一棉田内优良棉株。

图 1　未受蚜害之棉田

图 2　受蚜害之棉田

表 2　棉株受蚜害后收量之减少（以健株为对照）

株别 号数	健株籽花总收量 （克）	被害株籽花总收量 （克）	被害株收量之损失 （克）	被害株收量损失 之百分率（%）
1	102	24	78	76.47
2	135	0 ***	135	100.00
3	124	70	54	43.54
4	118	0 **	118	100.00
5	107	61	46	42.99
6	89	0 **	89	100.00
7	129	71	58	44.96
8	105	5	100	95.23
9	86	38	48	55.81
10	81	72	9	11.11
11	115	44	71	61.73
12	70	1	69	98.57
13	89	28	61	68.53
14	75	62	13	17.33
15	133	0?	133	100.00
16	105	22	83	79.04
17	126	32	94	74.60
18	82	99	– 17 *	– 2.73
19	82	22	60	73.17
20	73	24	49	67.12
21	142	78	64	45.07
22	165	27	138	83.63
23	78	0?	78	100.00
24	144	23	121	84.02
25	193	62	131	67.87
26	133	3	130	97.74
27	84	57	27	32.14
28	173	18	155	89.59
29	85	5	80	94.11
30	58	9	49	84.48
31	107	18	89	83.17
32	133	68	65	48.87
33	83	7	76	91.56
34	117	45	72	61.53
35	118	23	95	85.50
36	87	0 ****	87	100.00
37	123	8	115	93.49
38	90	4	86	95.55
39	56	7	49	87.50
40	102	13	89	87.25
41	94	53	41	43.61
42	80	0 ****	80	100.00
43	125	0 **	125	100.00
44	124	74	50	40.32
45	132	21	111	84.00
46	89	26	63	70.78
47	142	53	89	62.67
48	81	28	53	65.43
49	105	5	100	95.23
50	84	0?	84	100.00
最大数	193	99	155	100.00
最小数	56	0	9	11.11
平均数	107.06	28.20	78.86	73.65

*	反较健株增加 17 克，此为例外，但亦计入。
**	被害株未结棉桃。
***	棉株死亡。
****	被害株结桃而不能吐絮。
?	收量不明。

3. 成熟期晚

棉株受蚜害轻者，尚能开花结桃，但因吐絮期较健株为迟。霜前健株产棉能占全株产量之 54.20%，而被害株仅收 30.35%，每株霜前所占收量百分数，健株似较受蚜害株多 23.85%；又观表 3，健株霜前，霜后产量之比几相等，而受害株霜后收量比霜前多一倍强。

表 3　棉株受蚜害后棉花晚熟之百分数（以健株为对照）

株别	健株数量				被害株数量			
收量（克）	霜前	霜后	总量	霜前所占百分比（%）	霜前	霜后	总量	霜前所占百分比（%）
号数								
1	87	15	102	85.29	24	0	24	100.00
2	85	50	135	62.96	*			
3	94	30	124	75.80	4	66	70	5.71
4	78	40	118	66.10	**			
5	63	44	107	58.87	22	39	61	36.06
6	39	50	89	43.82	**			
7	87	42	129	67.44	31	40	71	43.66
8	50	55	105	47.61	0	5	5	0
9	86	0	86	100.00	0	38	38	
10	19	62	81	23.45	40	32	72	55.55
11	78	37	115	67.82	19	25	44	43.18
12	39	31	70	55.71	0	1	1	0
13	24	65	89	26.96	16	12	28	57.14
14	44	31	75	58.66	13	49	62	20.96
15	96	37	133	72.18	?			
16	75	30	105	71.42	0	22	22	
17	42	84	126	33.33	14	18	32	43.75
18	48	34	82	58.53	52	47	99	52.52
19	45	37	82	54.87	0	22	22	0
20	37	36	73	50.68	0	24	24	0
21	92	50	142	64.78	47	31	78	60.25
22	95	70	165	57.57	12	15	27	44.44
23	65	13	78	83.33	?			
24	39	105	144	27.08	10	13	23	43.47
25	137	58	195	70.98	15	47	62	24.19
26	70	63	133	52.62	0	3	3	
27	16	68	84	19.04	14	43	57	24.56
28	71	102	173	41.04	5	13	18	27.77
29	47	38	85	55.29	0	5	5	0
30	24	34	58	41.37	9		9	100.00
31	60	47	107	56.07	0	18	18	0
32	93	40	133	69.92	21	47	68	30.88
33	39	44	83	46.98	0	7	7	0
34	39	78	117	33.33	6	39	45	13.33
35	51	67	118	43.22	0	23	23	0
36	30	57	87	34.48	***			
37	69	54	123	56.09	0	8	8	0
38	47	43	90	52.22	0	4	4	0
39	30	26	56	53.57	0	7	7	0
40	46	56	102	45.09	0	13	13	0
41	46	48	94	48.93	4	49	53	7.64
42	40	40	80	50.00	***			
43	50	75	125	40.00	**			
44	51	73	124	41.12	27	47	74	36.48

（续表）

株别	健株数量				被害株数量			
收量（克）	霜前	霜后	总量	霜前所占百分比（％）	霜前	霜后	总量	霜前所占百分比（％）
号数								
45	66	66	132	50.00	5	16	21	23.80
46	41	48	89	46.06	9	17	26	34.61
47	67	75	142	47.18	0	53	53	
48	74	7	81	91.35	9	19	28	32.14
49	35	70	105	33.33	0	5	5	0
50	57	27	84	67.85	?			
总量	2 903	2 452	5 335		428	982	1410	
每株平均	53	50	107	54.20	8.56	19.64	28.20	30.35
最大数	173	105	195	100.00	52	66	97	100.00
最小数	16	0	56	19.04	0	0	0	0

* 棉株死亡。

** 棉株不结棉铃。

*** 结棉铃而不吐絮。

? 收量不明。

4. 品质改变

取霜前（霜后棉花本不足取、故舍而不检验）受蚜害棉花二十三株（原有五十株，除二十七株尚未吐絮外，仅有二十三株），寄上海商品检验局，请其检验棉花纤维长度，长度整齐率，纤维量，强力及捻曲数，以断定被蚜害棉花品质改变之程度。并以五十棵健全棉株所产棉花（霜前）作比较。商品检验局以手续麻烦任选受蚜害株中第一，十一、二十一、三十二（缺三十一号）、四十一共五号，详细考察之，健全棉花测验号数同，今记其各项重要品质测验结果如次（表4）：

表4　测验结果

被害株	长度	长度整齐率（％）	纤维量（mg/cm）	强力（g）	捻曲数（转/吋）
No. 1	31/32″	93.63	0.002 250	4.57	68.80
11	15/32″	89.93	0.002 225	4.84	77.46
21	1″	91.85	0.002 275	4.57	79.93
32	31/32″	95.12	0.002 450	5.43	85.61
41	31/32″	97.68	0.002 300	5.12	92.45
平均	12/32″	93.64	0.002 300	4.91	80.85
健株	长度	长度整齐率（％）	纤维量（mg/cm）	强力（g）	捻曲数（转/吋）
No. 1	31/32″	91.75	0.002 225	5.49	96.18
11	30/32″	95.60	0.002 100	5.05	76.06
21	11/32″	92.56	0.002 250	5.60	99.56
32	28/32″	94.30	0.002 425	5.78	102.96
41	31/32″	89.65	0.002 250	5.52	104.01
平均	30/32″	92.77	0.002250	5.49	95.75

（1）由上表数字上观之，蚜害株棉花纤维之长度及其整齐率，略有超过健全棉花之势，此种结果，证明蚜害株棉花纤维长度之未受影响，较为可靠。

（2）受蚜害株棉花纤维之粗细，由重量上考察之，与健全棉花无多差别。

（3）受蚜害棉株之成熟程度，似较健全棉花为次，其未熟纤维之数量，约多于健全棉花之四分之一以上，故其平均之强度及捻曲数，均较健全棉花为差。

于是我人可得知，此项受蚜害之棉花，其纤维之长度及粗细，均未有影响；而强力及捻曲数，则因未熟纤维之增加，而较健全株棉花为逊，则甚明显。

三、在昆虫学上之地位

Homoptera 同翅目

 Aphididae（Aphidae）蚜虫科

  Aphidinae（Aphinae）多眼区蚜虫亚科

   Aphidini 平额蚜虫族

    Aphis 管状腹角属

     A. gossypii Glover 棉蚜

今将关于棉蚜已有之文献胪述于下：

A. gossypii

1854 Glover, Pat. Office Rept. Agric. Amer., p. 62.

1877 Glover, Rept. Comm. Agric. U. S. A. （1876）, p. 36.

1894 Pergande, Ins. Life, VII, p. 309.

1908 Gillette, Jl. Econ. Ent., I, p. 177.

1910 Fullaway, Ann. Rept. Hawaii. Agric. Expt. St., p. 39.

1911 Essig, Pomona Jl. Ent., III, p. 590.

1914 Thcobald, Bull. Ent. Res., IV, p. 321.

1916 Maki, Agr. Expt. St. Formosa, Bull. 108, p. 33.

1917 van der Goot, Contr. Fauna Iudes Neerl., I, 3, p. 93.

1918 Das, Mem. Ind. Mus., VI, p. 219.

1918 Essig and Kuwana, Prce. Calif. Acad. Sc. 4th ser., VIII, p. 68.

1919 Swain, Univ. Calif. Pub., Tech. Bull., Ent. III, p. 105.

1919 Paddock, Texas Agr. Expt. St., Bull. p. 257.

1921 Takahashi, Aphididae of Formosa, pt. I, p. 45.

1922 Mason, Fiorida Ent., V, p. 58.

1923 Takahashi, Aphididae of Formosa, pt. 2, p. 97.

1923 Blanchard, Physis, VII, p. 31.

1923 Baker, Hemiptera of Connecticut：Aphididae, p. 294.

1923 Patch, Maine Agr. Expt St., Bull. 313, p. 46.

1923 Theobald, Bull. Soc. Roy. Ent. Egypt, （1922）, p. 50.

1924 Timberlake, Proc. Hawaii. Ent. Soc., V, p. 452.

1925 Davidson. List of Brit. Aphids.

1925 Takahashi, Aphididae of Formosa, pt. 4, p. 28.

1925 Moreira, Inst. Biol. Defesa Agr. , Bull. 2, p. 14.

1925 Patch, Maine Agr. Expt. St. , Bull. 326, p. 185.

1925 Takahashi, Deli Expt. St. , Medan, Rept. , No. 24, Reprint p. 4.

1926 Hall, Minist. Agr. Egypt, Tech. Sc. Serv. , Bull. 68, p. 18.

1927 Okamoto & Takahashi Ins. Mats. , I, p. 137.

1927 Theobald, Plant lice Brit. , II, p. 141.

1927 Batchelder, Ann. Ent. Soc. Amer. , XX, p. 263.

1929 Hori, Hokkaido, Agric. Expt. St. , Rept. , 23, p. 109.

1929 Nevsky, Mon. Aphid. Middle Asia, p. 168.

1929 Monzen, Saito Ho. on Kai Monog. , I, p. 52.

1930 Takahashi, Trans. Nat. Hist. Soc. Formosa, XX, p. 274.

1931 Takahashi, Aphididae of Formosa, pt. 6, pp. 44-45.

1931 Frederick & Theodore, The plant lice or Aphiidae of Illinois, pp. 195-196.

1932 Goff & Tissot, The melon aphis, Univ. Florida, Agr. Expt. St. , Bull. 252.

又将棉蚜之异名已有记载者述之如次：

A. cucurbitae Buckt

A. cucumeris Forbes

A. malvae Koch

　　1857 Koch. Die Pflanz. , p. 125.

　　1918 Das, Mem, Ind. Mus. , VI, p. 213.

　　1921 Takabashi, Aphididae of Formosa, pt. 1, p. 46.

　　1923 Takahashi, Aphididae of Formosa, pt. 2. p. 99.

A. tectonae

　　1917 van der Goot. Contr. Fauna Indes Neerl. , I, 3, p. 111

A. shirakii Takahashi

　　1921 Takahashi, Aphididae of Formosa, pt. 1, p. 58.

　　1922 Takahashi, Philippine Jl. Sc. , XXI, p. 421.

　　1923 Takahashi, Aphididae of Formosa, pt. 2, p. 109.

A. clerodendri Matsumura

　　1917 Matsumura, Jl. Coll. Sapporo, VII, p. 385.

A. gossypii Glov. var. *callicarpae* Takahashi

　　1921 Takahashi, Aphididae of Formosa, pt. 1, p. 46.

　　1923 Takahashi, Aphididae of Formosa, pt. 2. p. 99.

Toxoptera leonuri Takahashi

　　1921 Takahashi, Aphididae of Formosa, pt. 1, p. 41.

四、形态*

棉蚜之生活史较为复杂，且因胎生与卵生而异其形态，兹分之如下。

（1）干母（fundatrix or stem-mother）。由越冬之受精卵孵化而成之无翅能胎生之成虫，生于原寄主（primary host）上。

（2）无翅胎生成虫（spuriae apterae of wingless agamic form or fundatrigeniae）。由干母所生之无翅能胎生之成虫，仍栖食于原寄主上。

（3）有翅胎生成虫（spuriae alatae or winged agamic form or migrants or migrantes）。由无翅能胎生之成虫，胎生数代后，觉原寄主上蚜虫过量时，则产一代有翅能胎生之成虫，飞至第二寄主（secondary host）上。此种蚜虫仍为孤雌胎生（parthenogenetic viviparous）。

（4）产性成虫（sexuparae）。由有翅能胎生之成虫，胎生繁殖若干代之无翅之蚜虫（alienicolae），最后一代，复生有翅成虫（产性成虫），能胎生，飞回原寄主，再产生有性成虫。

（5）有性成虫（sexuales of males and oviparous females）。由产性成虫胎生有翅雄虫，及无翅卵生雌虫，交尾后能产一或一以上之卵而越冬。

（6）卵。由有性成虫，交尾后而产生之卵，普通名"配生卵"（gamogenetic），以之区别未受精之假卵（pseu lova），在孤雌虫体内发育而胎生者。

上述数种蚜虫（除第一种）因去年着手观察太晚，标本不能完全采到，仅将已有各型蚜虫之形态，分述如下。

（1）无翅胎生成虫（属 alienicolae 型）。前额突起（frontal tubercle）不甚突出。触角六节，感觉孔（sensoria）近第五节先端一个，及第六节之膨大部三、四个，感觉毛各节均有二、三本，第六节先端三、四根。复眼红黑色，腹角呈管状，尾片（cauda）呈乳头状，有丛毛，两侧各有弯曲之长毛二、三根，尾板（anal plate）后缘有长毛数十根。足之胫节先端、跗节及爪灰褐色。夏季全体淡绿色，秋季蓝黑色（图9：la～le）。

（2）有翅胎生成虫（属 alienicoliae 及 sexuparae 型）。触角、头胸部腹角、足之胫节先端、跗节、爪、后足腿节灰黑色。触角六节，感觉孔第三节有5～6个至8～9个，近第五节先端一个，第六节膨大部2～3个，5～6个。翅白色、透明、脉黑褐色，中脉（media）分作三枝；翅斑（pterostigma）淡褐色；前翅较后翅为大；左右之后翅，各有小钩（hamuli），搭于前翅。腹角、尾片、尾板形状与无翅胎生同。夏季腹部淡黄绿色，秋季蓝绿色（图10：3a～3c）。

（3）无翅雌蚜（ovipara）。全体灰褐色，头部及前胸灰黑色，复眼红褐色。触角五节，第一二节灰黑色，感觉孔近第四节先端一个，第五节膨大部三四个。足淡黑色，基节、胫节先端、跗节、爪及后胫节全部黑褐色，后胫节特别发达，并有排列不规则圆点数十个。尾片、尾板与无翅胎生同，腹角较短小而色黑（图9：2a～2d）。

（4）有翅雄蚜（males）。头胸部灰黑色，复眼红褐色。触角六节，第一、二节灰黑色。感觉孔第三节二十个，第四节二十至三十个，第五节十二个，第六节膨大部三、

---

* 棉蚜学名据高桥良一博士鉴定；棉蚜及天敌等图表承屠世涛先生绘制，特此致谢！

四个。足之基节、胫节先端、跗节、爪、中后腿节中部皆为灰黑色。翅、尾片及尾板与有翅胎生同。腹角灰黑色，较有翅胎生为短小（图11：4a～4c）。

今将四种重要形态列表（表5），以便识别。

表5　四种重要形态

| | 大小（毫米） | | 触角 | | | 腹角（毫米） | | 后胫节 |
	体长	体阔	节数	长度（毫米）	具感觉孔之节次	长度	阔度	
无翅胎生成虫	1.811	1.022	6	0.960	第五、六节	0.197	0.089	平常
有翅胎生成虫	1.737	0.756	6	1.389	第三、五、六节	0.191	0.061	平常
无翅雌蚜	1.471	0.858	5	0.613	第四、五节	0.061	0.041	特别发达、有不规则斑点
有翅雄蚜	1.396	0.470	6	1.382	第三、四、五、六节	0.123	0.034	平常

（5）卵。黑色、椭圆形、长0.490～0.558毫米、阔0.306～0.367毫米（图12：5）。

（6）无翅幼蚜。复眼红色，尾片缺如，触角之节数、腹角之形状等，因龄期而不同，夏季黄白色至黄绿色，秋季蓝灰色至蓝绿色。今将各龄身体主要各部之量数，列表（表6）于下（图12：6a～6e）：*

表6　各龄身体主要各部之量数

| | 大小（毫米） | | 触角（毫米） | | | 腹角（毫米） | | |
	体长	体阔	节数	长	距离	长	阔	距离
第一龄	0.511	0.232	4	0.269	0.124	0.037	0.034	0.068
第二龄	0.797	0.375	5	0.422	0.143	0.075	0.040	0.163
第三龄	0.858	0.409	5	0.470	0.157	0.102	0.048	0.197
第四龄	1.185	0.579	5	0.586	0.184	0.143	0.061	0.252

（7）有翅幼蚜。触角六节，第一、二、四、五、六节、复眼、翅芽之后半部、足之胫节先端、跗节、爪、腹角、尾端灰黑色。全体夏季淡红色，秋季灰黄色。腹背第一、六节中侧，第二、三、四、五节中侧及两侧，各有圆形白霜斑一个。体长1.628毫米，阔0.899毫米，触角长0.851毫米，触角距离0.177毫米。腹角长0.163毫米，阔0.061毫米，腹角距离0.395毫米（图12：7a～7c）。

五、习性

（一）胎生**

棉蚜之生殖法有二：一为卵生；二为胎生。胎生雌虫，不须经交尾而即产生幼蚜，

---

　　* 据李文海先生饲养白菜蚜虫 *Rhopurlosiphum pseudobrassicae* Davis 有翅胎生，经脱皮五次，始变成成虫。但棉蚜有翅胎生，在室内饲养不易得到，故以前各龄无记载。此项标本采自野外，为成虫前最后之龄，因再脱皮一次，变为成虫，然究为第四龄或第五龄，容再研究决定。

　　** 有翅胎生情形，是在六月二十九日至七月七日期内所观察；无翅胎生者，在七月十九日至八月十七日期内所观察。

其型有二：一为有翅胎生、二为无翅胎生，两者在六、七、八三个月，为害棉株时，均能见及。

（1）胎生数。每头胎生数，有翅者最多26头，最少2头（图3）；无翅者最多45头，最少8头（图4）。

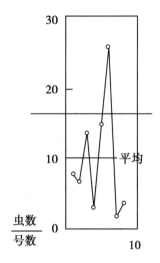

图3　每头有翅胎生成虫胎生幼蚜数

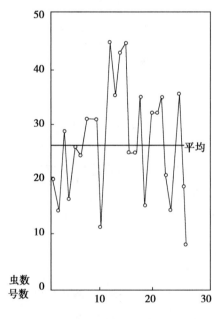

图4　每头无翅胎生成虫胎生幼蚜数

一日所胎生幼蚜数，有翅者最多8头，最少1头（表7）；无翅者最多10头，最少1头（表8）。一生之胎生日数，有翅者最长7日，最短1日，平均2.75日（图5）；无翅者最长18日，最短2日，平均10.6＋日（图6）。

表 7　有翅胎生成虫每日胎生幼蚜数

日次\号数	1	2	3	4	5	6	7	8	总计
1	5	2							7
2	3	1	7	3	0	5	3	4	26
3	4								4
4	7	1							8
5	8	2	1	3					14
6	3								3
7	5	1	3	3					12
8	2								2

表 8　无翅胎生成虫每日胎生幼蚜数

日次\号数	1	2	3	4	5	6	7	8	9	10	11	12	13	14	15	16	17	18	总计
1	10	7	1	1	0	1													20
2	4	3	4	2	1														14
3	2	6	7	2	5	3	4												29
4	6	2	2	0	2	4													16
5	1	2	1	3	2	4	4	3	2	4	3	3	3						35
6	1	2	2	2	1	3	2	1	1	1	1	4							21
7	1	1	2	1	3	2	3	1											14
8	1	4	3	2	4	3	4	3	2	3	4								36
9	2	2	2	1	3	1	1	1	1	1	3	0	1						19
10	3	2	3																8
11	1	2	1	3	6	1	2	1	3	2	1	2	1	0	3	2			31
12	2	3	2	5	2	4	1	4	4	1	2	1							31
13	3	3	1	4	6	3	4	2	5										31
14	1	2	3	4	4	2	3	0	2										24
15	1	2	3	3	1	0	5	1	2	0	2	0	0	1	0	2	1	1	25
16	3	3	2	3															11
17	2	2	2	4	7	6	3	5	3	4	2	5							45
18	4	4	2	5	9	3	4	1	4	5	2								43
19	3	2	2	6	3	3	4	5	3	3	1								35
20	1	4	4	7	6	3	5	5	5	3	2								45
21	2	2	2	4	1	1	1	2	3	3	0	1	3						25
22	2	4	3	5	1														15
23	1	2	3	1	3	3	4	3	2	2	3	2	3						32
24	2	3	4	6	2	3	2	3	3	1	3	3							35
25	1	2	3	2	2	2	1	3	1	3	2	1	2						25
26	2	3	1	3	3	4	4	4	1	3	4								32

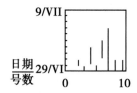

图5 有翅胎生成虫之胎生日数

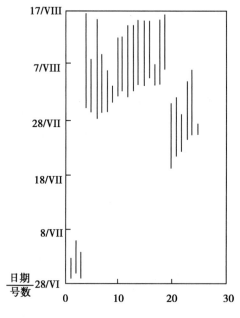

图6 无翅胎生成虫之胎生日数

（2）胎生日期与虫数。无翅胎生蚜虫胎生虫数，普通以初生七、八日内为最多，过此则减少。有翅胎生蚜虫，于一、二、三、四日间胎生蚜虫最多，后则减少，但递减率，不若前者之显著。无翅胎生日期与虫数列表（表9）。

表9 无翅胎生日期与虫数列表

日次　　　　　　虫数	最多数	最少数	平均数
第一日	10	1	2.4 –
二	7	1	3.1 +
三	7	1	2.5
四	7	0	3.2 –
五	9	0	3.2 +
六	6	0	2.6 –
七	7	1	3.2
八	5	1	2.7 +
九	5	0	2.6 –

（续表）

日次　　虫数	最多数	最少数	平均数
十	5	0	2.4 +
十一	4	0	2.1 +
十二	5	0	2.2 −
十三	3	0	1.9 −
十四	1	0	0.5
十五	3	0	1.5
十六	2	2	20
十七	1	0	0.5
十八	1	0	0.5
十九日	2	1	1.5

（3）胎生日数与虫数。按普通而论，胎生日数愈长，则胎生数随之增多。无翅胎生日数以 11 日、12 日为最多，在此期内能产生 45 头左右；有翅胎生日数以 8 日为最多，共产小蚜虫约 26 头。又胎生日数相同，而所产虫数往往不同，如无翅胎生三日者产 8 头，四日者产 11 头，五日者产 14 头或 15 头，六日者产 16 头或 20 头，七日者产 19 头，八日者产 14 头，九日者产 31 头，十日者产 24 头，十一日者产 12 头、15 头、43 头、45 头，十二日者产 21 头、31 头、32 头、35 头、36 头或 45 头，十三日者产 19 头、25 头、32 头或 35 头，十九日者产 26 头、31 头不等（图 8）。有翅胎生一日者 2 头、3 头、4 头，二日者，7 头、8 头，四日者 13 头、14 头不等（图 7）。

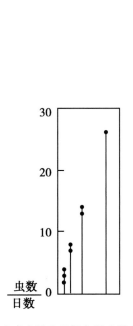

图 7　有翅胎生成虫胎生日数与胎生数之比较

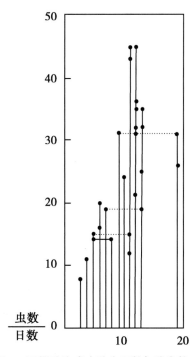

图 8　无翅胎生成虫胎生日数与胎生数之比较

（4）有翅与无翅胎生所产虫数之比较。无翅蚜虫胎生幼蚜数，在同一环境中比有翅为多，有翅胎生数平均比无翅胎生数减少 2.7 + 倍；但一日之胎生数反比无翅胎生增多 0.6 + 倍，胎生日数减少 3.8 − 倍。兹将无翅及有翅蚜虫每头之胎生数，每日之胎生数，每头之胎生日数列表（表 10）：

表 10　有翅及无翅蚜虫胎生数列表

	每头之胎生数			每日之胎生数			每头之胎生日数		
	最多	最少	平均	最多	最少	平均	最长	最短	平均
有翅胎生	26	2	9.9 −	8	1	3.9 −	8	1	2.8 −
无翅胎生	45	8	26.8 +	0	1	2.4 +	19	3	10.6 +
有翅胎生增加或减少倍数	减 2.7 + 倍			增 0.6 + 倍			减 3.8 − 倍		

（5）产生有翅蚜虫之原因。有翅与无翅蚜虫在同一被害棉叶上均得见之，有翅蚜虫之多少，似为有翅幼蚜数与无翅幼蚜数之和呈正比（表 11）[*]。

表 11　有翅与无翅蚜虫在同一棉叶上之总蚜虫数

号数	有翅蚜数	无翅蚜数	总数	有翅蚜所占百分比（%）
1	4	483	487	0.82 +
2	4	295	299	1.34 −
3	4	456	460	0.87 −
4	5	341	346	1.45 −
5	6	534	540	1.11 +
6	2	377	379	0.53 −
7	5	656	661	0.76 −
8	1	229	230	0.43 +
9	5	673	678	0.74 −
10	4	257	261	1.53
11	4	154	158	2.53 +
12	0	77	77	——
13	0	61	61	——
14	1	147	148	0.68 −
15	0	84	84	——
16	3	145	148	2.03 −
17	1	45	46	2.10 +
18	0	29	29	——
19	3	288	291	1.03 +
20	0	134	134	——
最大数	6	673	678	2.53 +
最小数	0	29	29	0.43 +
平均数	2.6	273.25	275.85	0.94 +

观上表可知一棉叶上有翅与无翅蚜虫之和在 100 头以上（17 号例外），方生有翅蚜虫，故棉蚜越密生之棉叶，有翅蚜虫亦越多。

在饲育室内有翅成虫，未曾育成，是与 C. C. Goff 及 A. N. Tissot 二氏之饲育结果相

---

[*] 七月十九日调查，有翅及无翅成虫亦计算在内。

同。待至七月后，棉株组织较老，棉蚜不喜继续吸食，多生有翅幼蚜，成长后飞往附近之杂草上，及棉株干部之叶上吸食，但因食料不适，多生有翅蚜虫。又于九月、十月、十一月、三个月中，见害菊花之蚜虫（同种）多生有翅蚜虫，由此可知有翅胎生蚜虫之发生：①因欲扩张其繁殖之区域，②因食料缺乏。此种观察之结果，与 H. J. Reinhard 氏所研究者正同。（H. J. Reinhard：The Influence of Parentage，Nutrition，Temperature and Crowding on Wing Production in *Aphis gossypii* Glover：Texas Agricultural Experiment Station Bull. 353，1927）

（6）蚜虫胎生后之形态变化。无翅胎生幼蚜，经第四次脱皮后，当日或隔日即行胎生 1~4 头幼蚜。胎生后第一、第二日间，复眼黑色，触角先端及其全长之 1/3 处灰黑色，足之胫节至全长 1/3 处及跗节先端均淡红灰黑色，爪黑色。体淡绿色、椭圆形，第三、四日间体淡黄绿色，腹部后数节扩大，呈倒卵形。第五日后，体呈黄绿色，腹部末端数节略收缩。胎生终后当日、第二日、或第三日后即死。

（7）胎生情形。无翅胎生成虫，当将胎生幼蚜时，触角高举，六足竖立，腹部向上，先脱出幼蚜腹部，顺次胸部及足，斯时幼蚜之足乱舞，母体并用后足跷触幼蚜、助其脱出，脱出后母体腹部平放休息。幼蚜下落于母体尾后之棉叶上，沿母体之侧匍匐至母体前，如母子之见面然。母体仍轻举触角及前中两足微微触着幼蚜，似嘱其后行至母体旁食息。幼蚜及母体除脱皮胎生外，口吻终日插入棉叶组织内，吸食液汁，故微雨不能打落地上，大雨仅能打落母体及其壮龄幼蚜。

（二）脱皮

（1）脱皮次数与龄期。无翅胎生幼蚜共脱皮四次。七、八月间，每日或隔日脱皮一次，故自胎生后最长经七日，最短四日，平均 4.9 日，即成胎生之成虫。幼蚜期有四龄：第一龄最长二日，最短一日，平均 1.4 日；第二龄最长二日，最短一日，平均 1.1 + 日；第三龄最长二日，最短一日，平均 1.3 – 日；第四龄最长二日，最短 1.2 – 日（表 12、表 13）。

表 12　无翅胎生蚜虫各龄经过

	第一龄			第二龄	
胎生月日	第一次脱皮月日	第一龄期	第一次脱皮月日	第二次脱皮月日	第二龄期
22/VII	24/VII	2	24/VII	25/VII	1
23/VII	24/VII	1	24/VII	26/VII	2
24/VII	26/VII	2	26/VII	27/VII	1
25/VII	26/VII	1	27/VII	28/VII	1
26/VII	27/VII	1	28/VII	29/VII	1
26/VII	28/VII	2	29/VII	30/VII	1
28/VII	29/VII	1	30/VII	31//VII	1
29/VII	30/VII	1	—	—	—
最长		2			2
最短		1			1
平均		1.4 –			1.1 +

（续表）

第三龄			第四龄		
第二次脱皮月日	第三次脱皮月日	第三龄期	第三次脱皮月日	第四次脱皮月日	第四龄期
25/VII	27/VII	2	27/VII	28/VII	1
26/VII	27/VII	1	27/VII	29/VII	2
27/VII	28/VII	1	28/VII	29/VII	1
28/VII	29/VII	1	29/VII	30/VII	1
29/VII	31/VII	2	31/VII	1/VIII	1
30/VII	31/VII	1	1//VIII	2/VIII	1
31/VII	1/VIII	1	—	—	—
最长		2			2
最短		1			1
平均		1.3 –			1.2 –

表 13 全幼蚜期

胎生月日	第四次脱皮月日	全幼蚜期
22/VII	28/VII	6
22/VII	29/VII	7
23/VII	28/VII	5
24/VII	29/VII	5
25/VII	29/VII	4
26/VII	30/VII	4
26/VII	1/VIII	6
28/VII	1/VIII	4
29/VII	2/VIII	4
最长		7
最短		4
平均		5.4 –

（2）脱皮情形。幼蚜当脱皮时，先于胸部背面中央纵裂，伸出头部及其触角，次乃脱出胸部及足，足乃抓住棉叶前行，脱出腹部。故所脱之壳，必在新脱皮蚜虫之后。脱皮壳白色、绉缩、不成蚜虫固有之形状。棉叶上因有蚜虫蜜液之分泌，故皮壳粘附其上，不为风雨所打落。有翅幼蚜最后一次脱毕后，触角、足、翅均白色，翅卷摺仍如翅芽状，渐渐伸展，一二分钟，完全开张竖立背上，再待数十分钟，翅脉变黑色。

(三) 卵生 *

棉蚜于十月、十一月之交，由有翅胎生蚜虫、胎生无翅雌蚜、有翅雄蚜，交尾产卵，是为卵生。

(1) 交尾情形。雄见雌后，先以触角探摸雌体，继以六足爬至雌背，前后左右往返于其上，斯时雌体不动，略撬起腹部，而雄乃以前足抓持雌背，中足抓持雌背之两侧，后足支持其体于叶上，曲其腹部，接近雌体尾端而开始交尾。交尾时，雌之中后足轮流撬动，后足与雄之后足似相摩擦，雄之触角，微微上下，左右交叩雌虫之背，如是约需 10 分钟完毕，而雄仍不离雌体，似欲再与雌交尾，但雌虫不愿，未几，飞及其他处，再与其他雌蚜交尾如前。

(2) 产卵情形。交尾后，当日或隔日产卵。产卵时触角微微上下左右颤动，左中足、右后足轮流撬动，体似向前伸，乃将卵产出。每产一卵，约需一时，每头每日最多能产四粒，最少不产；每头产卵日数，最长八日，最短一日；每头产卵数最多七粒，最少一粒，平均 3.07 粒，今将各数列表于下页（表 14）**。

(3) 产卵后母体之变化。产卵隔四日后，体不如前膨大，腹背四周有凹下之深陷，尾片收缩腹下，六足衰弱无力，后足收于体下；有时最末之卵，未产出而母体先死。

(4) 卵。初产下时橙黄色、日后转呈绿褐色、蓝褐色，六、七日后呈漆黑色。

(四) 越冬

棉蚜在野外，以卵越冬，在温室内则无此现象，仍行其无性生殖，照常胎生。作者于十二月及三月间，观察本院温室（室内温度在 65℉左右）所栽之黄瓜，见棉蚜寄生，但无翅胎生蚜虫，体色作蓝黑色，而有翅幼蚜，体作灰黄色，背上并具圆形白霜斑，此与 C. C. Goff 及 A. N. Tissot 二氏所饲育之结果（以幼虫越冬）相同。再观察十月间被棉蚜吸害之菊花，携入室内（温度在 55℉左右）后，至十二月底，才行有性生殖，交尾产卵于新生之嫩枝上，与野外产卵期相较，迟一月左右。由此观之，棉蚜之越冬，随温度高低而不一，温度高则不越冬，温度低以卵越冬。

六、其他寄主及棉蚜之迁移

棉蚜为杂食性昆虫，据昆虫学家 C. C. Goff 及 A. N. Tissot（1932）在美国 Florida 地方，调查瓜蚜 Melon Aphis = Cotton Aphis 寄主，达 64 种。R. Takahashi 氏（1931）在台湾调查此种蚜虫之寄主有 37 种。C. H. Frederick 及 H. F. Theodore 二氏（1931）在美国 Illinois 地方调查，有 20 种。Davidson 氏（1925）在英国调查，有六种。据作者在济南黄台附近调查棉蚜可寄生之植物，有十八科四十六种。兹录其名如下，见图 13、图 14。

---

* 作者检查南京棉产改进所取来之棉蚜标本，知在十一月十五日所采者，有有翅雄蚜及无翅雌蚜。

** 雌虫不与雄虫交尾，亦能产卵，卵形及初产下之卵色与受精卵同，但经数日后，不能转呈漆黑色，终至干瘪而死。

表 14　每头雌蚜之产卵数及产卵日数

号数	交尾月日	交尾至产卵日之经过日数	备注	第一日产卵数	第一日产卵月日	第二日	第三日	第四日	第五日	第六日	第七日	第八日	第九日	产卵总数	产卵日数
1	22/XI	4 日	21/XI 产未受精卵 1 粒	1	26/XI						1　2/XII	1　3/XII		4 粒（连未受精卵）	13 日（连产未受精卵）
2	22/XI	4 日		3	26/XI	1　27/XI	1　28/XI							5 粒	3 日
4	22/XI	当日	21/XI　1 粒	1	22/XI									2 粒（连未受精卵）	2 日（连产未受精卵）
6	23/XI	4 日		1	27/XI	1　28/XI						1　3/XII		3 粒	8 日
7	23/XI	1 日		1	24/XI	1　25/XI								2 粒	2 日
9	23/XI	9 日		2	2/XII									2 粒	1 日
11	22/XI	2 日	21/XI　1 粒	2	24/XI									3 粒（连未受精卵）	2 日（连产未受精卵）
12	23/XI	3 日		1	26/XI									1 粒	1 日
13	23/XI	2 日		1	25/XI		1　27/XI				1　2/XII	1　3/XII		4 粒	8 日
14	22/XI	5 日	21/XI　1 粒	1	27/XI									2 粒（连未受精卵）	2 日（连产未受精卵）
16	23/XI	3 日		1	26/XI									1 粒	1 日
17	23/XI	1 日		2	24/XI		1　26/XI	27/XI 死						3 粒	3 日
18	23/XI	4 日		1	27/XI	3　28/XI								4 粒	2 日
20	23/XI	1 日		3	24/XI		4　26/XI							7 粒	3 日
最大数		5 日												7 粒	8 日
最小数		当日												1 粒	1 日

济南附近棉蚜能寄生之植物（图 13，图 14）。

	采集日期	生境
I. Amaranthaceae 苋科		
1. *Amaranthus blitum* Linn. 野苋	30/X/'34	棉田
II. Asclepiadaceae 萝藦科		
2. *Cynanchum siblricum*（L.）R. Br.	27/X/'34	棉田
III. Compostltar 菊科		
3. *Artemisia* sp. 蒿	29/X/'34	棉田
4. *Artemisia* sp. 白蒿	29/X/'34	棉田
5. *Artemisia* sp. 蒿	22/X/'34	棉田
6. *Chrysanthemum sinense* Sabine 野菊（为棉蚜产卵之草）	24/X/'34	花园
7. *Cirsium segetum* Bge. *	24/X/'34	棉田
8. *Cirsium* sp. 蓟	29/X/'34	棉田
9. *Lactuca chineusis* Makino	22/X/'34	棉田
10. *Lactuca denticulata* Maxim. 苦菜	29/X/'34	棉田
11. *Lactuca* sp.	26/X/'34	田埂
12. *Sonchus oleraceus* Lian.	27/X/'34	棉田
13. *Taraxacum olficinale*（With.）Wigg. 蒲公英	29/X/'34	棉田
14. *Xanthiam strumarium* L. 苍耳	27/X/'34	棉田
15.	27/X/'34	棉田
16.	31/X/'34	棉田
17.	30/X/'34	棉田
18.	26/X/'34	花园
IV. Convolvulaceae 旋花科		
19. *Ipomoea*（*Pharbitis*）*nil* Roth. 牵牛	30/X/'34	棉田
V. Cruciferae 十字花科		
20. *Capsella bursa-pastoris* Moench. 荠菜	22/XI/'34	果园
VI. Cucurbitaceae 葫芦科		

---

* *Cirsium segetum* Bge. 同时亦有 *Capitophorus braggii* Gillette 刺体蚜虫寄生。

21. *Cucumis sativus* L. 黄瓜	3/I/'35	温室
22. *Cucurbita pepo* L. 南瓜	4/VIII/'34	菜园

VII. Euphorbiaceae 大戟科

23. *Acalypha australis* Linn.	22/X/'34	棉田
24. *Euphorbia heterophylla* L.	27/X/'34	田埂
25. *Euphorbia humifusa* Wild. 叶下珠	29/X/'34	田埂

VIII. Malcaceae 锦葵科

26. *Abemoschus manihot*（L）Medic.	26/X/'34	花园
27. *Gossypium* 棉	29/V-X/'34	棉田
28. *Hibiscas syriarus* L. 木槿	26/X/'34	花园
29. *Maira rotandijulia* Linn	26/X/'34	花园
30. *Malra* sp.	24/X/'34	田埂

IX. Moraceae 桑科

31. *Morus aloa* L. 桑	27/X/'34	棉田

X. Papilionaceae 豆科

32. *Glycine hispida* Maxim. 大豆	12/VIII/'34	豆田
33. *Gueldanstaedtia multiflora* Bge.	29/X/'34	棉田
34. *Lespedcza trichocarpa* Pers.	29/X/'34	棉田
35. *Robinja pseado-acacia* Linn. 洋槐	27/X/'34	

XI. Plantayinaeae 车前科

36. *Piantago majar* L. var. *asiatica* De（为棉蚜产卵之草）	29/X/'34	棉田

XII. Polygonaceae 蓼科

37. *Polyaonum amphibium* Lim. 酸蓼	29/X/'34	田埂

XIII. Portulacaceae 马齿苋科

38. *Portulaca oleracea* Linn. 马齿苋	26/X/'34	棉田

XIV. Rosaceae 蔷薇科

39. *Rosa multiflora* Thunb. 七姊妹	27/X/'34	花园

XV. Scrophulariaceae 元参科

40. *Rehmannia glutinosa* Libosch 地黄　　　　　　　　27/X/'34　　田埂

XVI. Solanaceae 茄科

41. *Physalis ciliatn* Sieb. *et* Zuce.　　　　　　　　30/X/'34　　棉田

XVII. Sterculiaceae 梧桐科

42. *Firmiana phatanifolia*（L.）R. Br. 梧桐　　　　　26/X/'34　　花园

XVIII. Violaceae 堇菜科

43. *Viola patrinii* D. 紫花地丁　　　　　　　　　　26/X/'34　　田埂

尚有 44 号（27/X/'34 田埂），46 号（4/I/'35，田梗）标本，为棉蚜产卵之草，学名待查。又 45 号（27/X/'34 棉田）标本，有有翅蚜虫寄生，学名未详。

棉蚜之更换寄主，作者因着手研究在六月间，开始观察太晚，未窥其全豹。但信棉花为第二寄主，而原寄主，乃为野菊 *Chvysanthemam sincese* Sabine、车前 *Plantago major* L. var. *asiatica* Dc. 及 44、46 号四种。在原寄主上之生活，由干母而无翅胎生，以及有翅胎生如何飞迁至棉花上，容后观察。然由第二寄主（棉花）飞迁至原寄主上之经过，则曾见之。九、十月间，天气渐寒，棉叶组织日老，棉蚜多迁食棉田杂草，及棉株干部新生嫩叶反面，均为有翅幼虫，待成虫后，飞迁至原寄主上，胎生有翅之雄及无翅之雌，交尾产卵以越冬。按作者推测：①生性成虫、②有性成虫、③卵、④干母、⑤无翅胎生、⑥有翅胎生，均在原寄主上；而棉花上者，仅为无翅胎生与有翅胎生蚜虫（alicnicolae）耳。

此项标本承北平静生生物调查所及南京中央研究院动植物研究所为之鉴定学名，特此鸣谢。

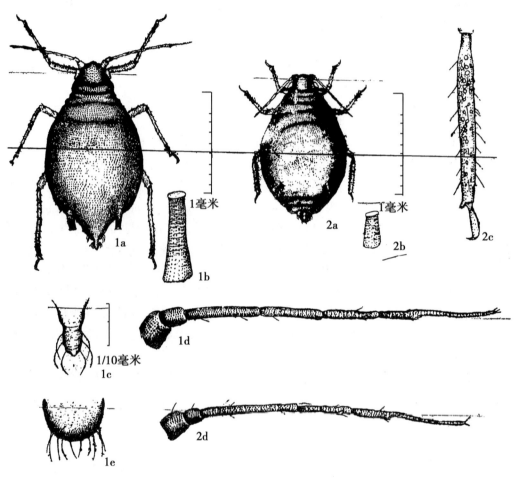

1a 无翅胎生成虫（背面）; 　　2a 无翅雌蚜（背面）;

1b 无翅胎生成虫之腹角; 　　2b 无翅雌蚜之腹角;

1c 无翅胎生成虫之尾片; 　　2c 无翅雌蚜之后胫节及跗节;

1d 无翅胎生成虫之触角; 　　2d 无翅雌蚜之触角;

1e 无翅胎生成虫之尾版;

图 9　无翅胎生成虫

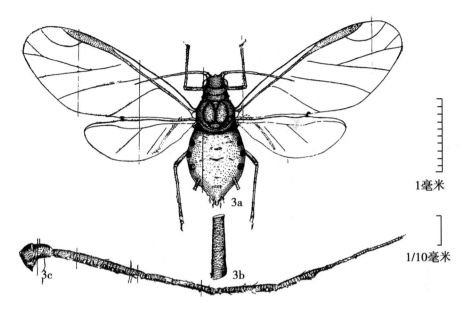

1毫米

1/10毫米

3a 有翅胎生成虫（背面）；3b 有翅胎生成虫之腹角；3c 有翅胎生成虫之触角

图10　有翅胎生成虫

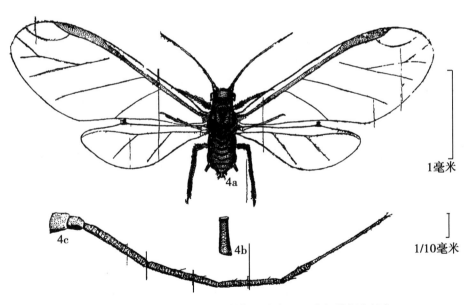

1毫米

1/10毫米

4a 有翅雄蚜（背面）；4b 有翅雄蚜之腹角；4c 有翅雄蚜之触角

图11　有翅雄蚜

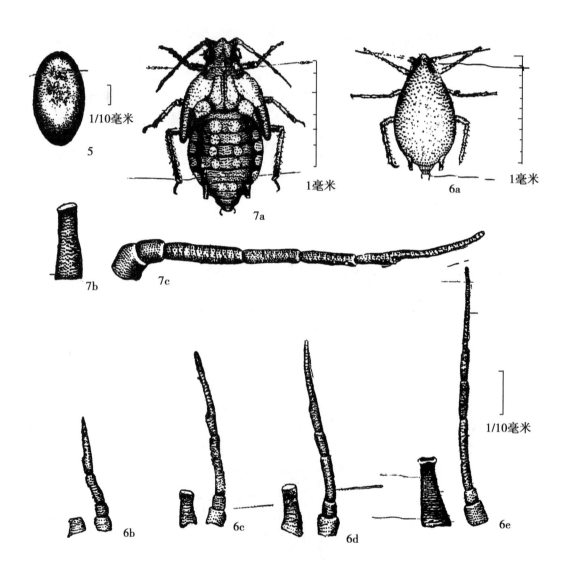

5 卵；

6a 无翅胎生棉蚜第四龄（背面）；

6b 无翅胎生棉蚜第一龄之腹角及触角；

6c 无翅胎生棉蚜第二龄之腹角及触角；

6d 无翅胎生棉蚜第三龄之腹角及触角；

6e 无翅胎生棉蚜第四龄之腹角及触角；

7a 有翅胎生棉蚜最后一龄（背面）；

7b 有翅胎生棉蚜最后一龄之腹角；

7c 有翅胎生棉蚜最后一龄之触角

图 12 棉蚜

I

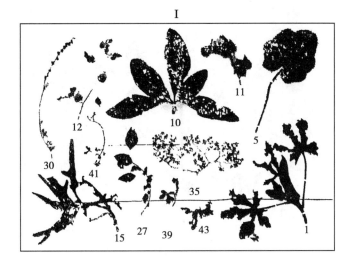

1. *Abelmoschus manihot*（L.）Medic.（Malvaceac 锦葵科）；5. *Malva rotundifolia* Linn（Malraceae 锦葵科）；10.（尚未定名）；11. 牵牛 *Ipomoea*（*Pharbitis*）*nil* Roth.（Conrolrulaceae 旋花科）；12. *Physalis ciliata* Sieb. *et* Zuce.（Solanaceae 茄科）；15. *Sonchus oleraceus* Linn.（Compositae 菊科）；27. *Acalupha australis* Linn.（Euphorbiaceae 大戟科）；30. *Lespcdeza trichocarpa* Pers.（Papilionaceae 豆科）；35. 叶下珠 *Euphorbia humifusa* Wild.（Eupharbiaceae 大戟科）；39.（尚未定名）；41. 马齿苋 *Portulaca oleracea* Linn.（Portulacaceae 马齿苋科）；43. 荠菜 *Capsella bursa-pastoris* Moench.（Cruciferae 十字花科）

II

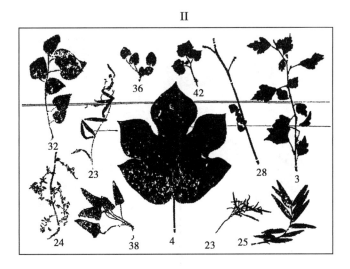

3. 木槿 *Hibiscus syriacus* L.（Malvaceae 锦葵科）；4. 梧桐 *Firmiana platanifolia*（L.）R. Br.（Sterculiaceae 梧桐科）；23. *Cynanchum sibiricum*（L.）R. Br.（Asclepiadaceae 萝藦科）；24. 野苋 *Amaranthus blitum* Linn.（Amaranthaceae 苋科）；25. 酸蓼 *Polygonum amphibium* Linn.（Polygonaceae 蓼科）；28. 苍耳 *Xanthium strumarium* L.（Compositae 菊科）；32. 桑 *Morus alba* L.（Moraceae 桑科）；36. *Malva* sp.（Malvaceae 锦葵科）；38. 紫花地丁 *Viola patrinii* Dc.（Violaceae 堇菜科）；42. 黄瓜 *Cucurbita pepo* L.（Cucurbitaceae 葫芦科）

图 13　棉蚜能寄生之植物 A

III

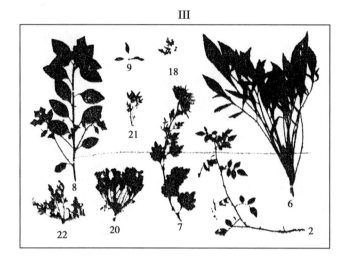

2. 七姊妹 *Rosa multiflora* Thunb.（Rosaceae 蔷薇科）；6.（Compositae 菊科）；7. 野菊 *Chrysan-themum sinense* Sabine（Compositae 菊科）；8. *Euphorbia heteronhylla* L.（Euphorbiacea 大戟科）；9. *Lactuca chinensis* Makino（Compositae 菊科）；18. 蒿 *Artemisia* sp.（Compositae 菊科）；20. 白蒿 *Artemisia* sp.（Compositae 菊科）；21. *Cueldanstaedtia multiflora* Bge.（Papitlionaceae 豆科）；22. *Artemisia* sp.（Compositae 菊科）

IV

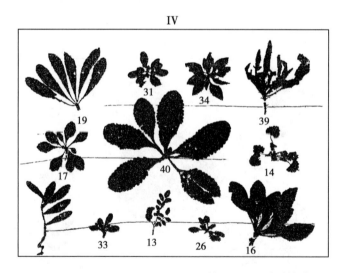

13. 洋槐 *Robinia pseudo-acacia* Linn.（Popilionceae 豆科）；14.（尚未定名）；16.（Compositae 菊科）；17. 苦菜 *Lactuca denticnlata* Maxim.（Compositae 菊科）；19. 蒲公英 *Taraxacum olficinale*（With.）Wigg.（Compositae 菊科）；26.（Compositae 菊科）；31.（尚未定名）；33. 蓟 *Cirsium* sp.（Compositae 菊科）；34. 车前 *Plantago major* L. var. *asiatica* Dc（Plantaginaceae 车前科）；37. *Cirsium segetum* Bge.（Compositae 菊科）；39. *Lactuca* sp.（Compositae 菊科）；40. 地黄 *Rehmannia glutionosa* Libosch（Scrophulariaceae 元参科）

图14 棉蚜能寄生之植物 B

七、天敌 *

棉蚜之天敌，据作者本年观察所及，有：

（Ⅰ）膜翅目 Hymenoptera 蚜虫寄生蜂科 Aphidiidae

（Ⅱ）双翅目 Diptera 食蚜虻科 Syrphidae

（1）蚜虫寄生蜂 *Aphidius sp.*

（2）四条食蚜虻 *Paragus quadrifasciatus* Meigen

（3）黑点食蚜虻 *Syrphus balteatus* de Geer

（4）孟氏食蚜虻 *Sphaerophoria menthastri* Linnaeus

（5）刺腿食蚜虻 *Ischiodon scutellaris* Fabrieius

黄潜蝇科 Oscinidae

（6）食蚜小蝇（学名未详）

（Ⅲ）鞘翅目 Coleoptera 瓢虫科 Coccinellidae

（7）七星瓢虫 *Coccinella septempunctata* Linnaeus

（8）异色瓢虫 *Ptychanatis axyridis* Pallas

（9）龟纹瓢虫 *Propylea japonica* Thunberg

（10）十三星瓢虫 *Hippodamia tredecimpunctata* Linnaeus

（11）小瓢虫？ *Hypcraspis repens' s* Herbst

（Ⅳ）脉翅目 Neuroptera 草蜻蛉科 Chrysopidae

（12）小草蜻蛉 *Chrysopa japana* Okamoto

（13）大草蜻蛉 *Chrysopa septempunctata cognata* MacLachlan

（Ⅴ）半翅目 Hemiptera 食虫椿象科 Reduviidae

（14）食虫椿象（学名未详）

兹更将各种天敌之形态及习性，述之如下。

（一）蚜虫寄生蜂 *Aphidius sp.*

1. 形态

成虫头部黑褐色，触角丝状，12、13、14 节不等，雄者之触角节毛，较雌者略长。胸部黑褐色、翅白色、透明、脉黄褐色，前翅前缘脉（Costa）接及痣（Stigma）上，痣呈三角形、黄褐色，痣之外方之前缘脉，称缘后脉（Metacarpus），此脉不及翅顶

---

* 参阅《山东大学农学院丛刊》1935 第二号 1～69 页，捕食棉蚜之瓢虫。

（Apex）而终止，痣之下方有弯曲之短脉为径脉（Radial vein），或缘脉（Marginal vein），痣之内下方之斜脉为上脉（Upper vein），上脉与肘脉（Cubital）连接之纵脉为中脉（Median vein），中脉不显明、淡灰黄色，与中脉并行之下方纵脉为后脉（Posterior vein），中后两脉伸过上脉外，便不显明，臀脉（Anal vein）亦不明显。足黄褐色，跗节五节，第一跗节最长，第五跗节次之，第二跗节又次之，第三、四跗节最短。腹部黄褐色，雌者腹部呈纺锤形，长大伸及翅端外，雄者腹较扁短，长不及翅端。体长雌1.75毫米，雄1.25毫米，翅展3毫米（图15：1）。卵、幼虫、蛹三代，均在棉蚜体内，观察颇难，姑从略。

2. 棉蚜被寄生状

棉蚜被蚜虫寄生蜂寄生后，体肿胀、多光泽、呈淡红褐色，寄生蜂幼虫老熟后，乃吐丝利用寄主之体壁，结薄茧，而为黄褐色有光泽近球形之茧（图15：2）（即棉蚜遗体）。不数日即于棉蚜遗体腹角附近处，凿圆形小孔羽化之（图15：3）。

3. 成虫习性

蚜虫寄生蜂羽化后，常栖息于有棉蚜之棉叶上，吮食棉蚜分泌之蜜液为生。产卵时，先以触角交叩棉蚜，六足竖立不动，弯曲腹部向前作侧V字形，伸出锐长之产卵管，而刺入棉蚜之胸腹部内产卵。被产卵之棉蚜，感痛不安，步行少顷，乃方休止。

4. 寄生率

当棉蚜出现为害时，此蜂亦出现寄生，故五、六月间，棉蚜被寄生率颇高。今将六月间摘取有棉蚜之棉叶九片，计算其寄生率如下（表15）。

表15　寄生率

编号	被寄生棉蚜				未被寄生棉蚜			寄生率（%）
	羽化茧	未羽化茧	变色棉蚜	总计	无翅棉蚜	有翅棉蚜	总计	
1	0	22	6	28	90	0	90	23.73 －
2	4	0	0	4	90	16	106	3.70 －
3	14	15	0	29	73	0	73	28.43 ＋
4	3	0	0	3	98	9	107	2.73 －
5	0	4	1	5	88	0	88	5.38 －
6	2	6	3	11	110	8	118	8.53 －
7	1	2	1	4	141	13	154	2.53 ＋
8	0	5	0	5	20	0	20	20.00
9	0	0	1	1	29	0	29	3.45 －
最高				29			154	28.43 ＋
最低				1			20	2.53 ＋
平均				10			87.2	10.95

观上表六月中旬棉蚜被寄生率，平均为10.95%。待至六月后，日见减少。七月至十一月间，已不多见。唯棉蚜贻害菊花者，于十一月间，仍有见其寄生。

5. 天敌

蚜虫寄生蜂之天敌，除捕食棉蚜之瓢虫，草蜻蛉等乘便捕食未成虫之蚜虫寄生蜂幼虫外，尚有四种小蜂，寄生于其幼虫或蛹体内，今将其形态，略述于下。

（1）黑眼小蜂（Ceraphrionidae）。体黑褐色，复眼黑色。触角雌、雄均11节，柄梗两节、黑褐色，鞭节九节、黄褐色，第七、八、九节膨大成棍棒状，节间不甚清晰，雄者鞭节之第七、八、九三节，合成一节，亦作棍棒状。各鞭节四周，雌者毛少而雄者毛多，并向左右伸出。胸部黑褐色，翅白色、透明、脉淡褐色。足黑褐色，转节、腿胫节间，前四跗节淡黄色。腹部黑褐色，节间黄褐色。体长雌1毫米（连产卵器），雄0.889毫米。

（2）红眼小蜂。体绿黑色，复眼红色。触角柄梗两节光黑色，鞭节黑褐色、九节，先端三节，不甚明显，形成棍棒状，雄者鞭节毛多而长。大腮黄褐色，翅白色、透明、脉淡褐色，足黑褐色，转节、腿胫节间及前四跗节淡黄色，余为黑褐色。腹部雌黑褐色，雄黑色，体长1.46毫米。

（3）花斑小蜂（Ceraphrionidae）。体淡黄色，复眼灰黑色。触角柄节白色、有灰黑色纹二条，梗鞭节淡灰色、鞭节四节，第一、二节作环状、第三、四节长大、形成棍棒状。足之腿胫节及翅白色，有灰黑色斑点。前翅前缘之内半方，有粗刺二列，翅斑部及其翅缘，有灰黑色短刺毛。跗节五节，末二节及其爪灰黑色、余为淡黄色，各跗节末端，有刺二枚，体长0.9毫米（连产卵器）。

（4）紫眼小蜂（Ceraphrionidae）。体黑褐色，复眼紫色。触角淡黄色，鞭节四节、第一、二两节作环状、第四节作棍棒状。翅白色透明、外脉（Posterior vein）缺如，枝脉（Stigmal vein）不显，前缘脉之长占翅长之2/3。先端斜至后缘之1/4处，有粗毛列成三角形，粗毛内方无毛，外方散生短毛、后翅前缘脉明显，翅面均有短毛，前后翅缘，均有列毛。足淡黄色，腹部中央数节淡褐色、前后腹节黄褐色，体长0.97毫米（连产卵器）。

（二）食蚜虻及食蚜小蝇

捕食棉蚜之食蚜虻有四种及食蚜小蝇一种共五种，今列其名如下。

①四条食蚜虻 *Paragus quadrifasciatus* Meigen

②黑点食蚜虻 *Syrphus balteatus* de Geer

③孟氏食蚜虻 *Sphaerophoria menthastri* Linnacus

④刺腿食蚜虻 *Ischiodon scutellaris* Fabricius

⑤食蚜小蝇（Oscinidae）

1. 形态

（1）成虫。

①四条食蚜虻：头大、半球形，复眼间阔，约为头阔之1/7。雌虫头上方（Vertex）略大，被有白粉之近三角形纹一对，雄者为长三角形、前方被灰黄色粉。颜面细小，下方更狭，中央稍隆起，雄者有棕褐色纵纹一条。触角黑褐色、三节，第三节之长，约为第一、第二两节之和之一倍半。先端略尖，刺毛黑褐色而短，复眼上有疏短而清之白毛带二条。胸背铜黑色，前缘中侧有灰绿色纹二条，形粗短而色隐约难辨。棱状部（Scutellum）半圆形、后半部黄褐色。翅透明、脉暗色，足黄色、后腿节与后胫节各有褐色轮环一枚，各胫节末端及爪黄褐色。腹部长大，各节前半部（第一节黑色除外）淡黄色，尾节黄赤色、第二、第三、第四三节之后半部，雌黑褐色，雄黄赤色，第五节两侧，由白色短毛造成之白斑一对。体长雌6.5毫米，雄5.5毫米（图16：1a～1b）。

②黑点食蚜虻：头半球形，雌者复眼间阔较狭，前方扩大，被灰黄色短毛，雄者呈锐长之三角形，被黄褐色疏毛。复眼接合线，约为头长之1/3。前额（Frons）突起大、

显著、有光泽、黄褐色。两触角基部,有黑色小圆点各一个。颜面下方稍狭、黄蜡色,中隆起显著、黄褐色。触角橙黄色、或黄褐色,第三节之长,约等于第一、二两节之和,末端略呈圆形。胸背长方形、铜黑色、富光泽,中线两侧及两外缘,各有蓝灰白色之纵条。棱状部大、半圆形、黄蜡色。翅透明、脉暗色。足淡黄褐色、后足色较深。腹部长大、光亮、黄色,第一节铜黑色,第二至第四各节后缘,有黑色粗横纹,前缘有同色细横纹,细横纹中,第一细横纹,有缺如者、有细而不显者、有显而中央复有一大纹者,余二纹近中央处,向前方稍曲、左右有相连者、有中断者。体长 11 毫米(图 16:2a~2b)。

③孟氏食蚜虻:体细小、头大、复眼间阔,约为头阔之1/5。前头黄色,前额突起不显明。雌者前头中央,有黑褐色纵带,雄者复眼接合线,约为头长之1/3。前头光黄白色、颜面黄白色、中隆起显著。触角橙黄色,第三节之长,比第一、二两节之和较短,刺毛暗黄色。胸背铜黑色、两侧黄色,棱状部黄色。翅透明、脉暗色,足黄色,跗节黄褐色,腹部细长。雌者各节(第一节除外)有黄色或橙黄色横带、第五、六节横带之中央,有黑色纵带,各节前后两缘漆黑色。雄者第三节以后各节全黄赤色,仅能辨其横带之痕迹。体长 6~7 毫米(图 17:1a~1b)。

④刺腿食蚜虻:复眼间阔,约为头阔之1/6。雌者前头黄白色,中央有黑褐色纵带,达及前额突起之末端。雄者复眼接合线短,前额突起大、黄白色,颜面黄白色,中隆起大而且显。触角赤褐色、或黑褐色,第三节之长,为前二节之和之二倍以上。胸背蓝黑色、或铜黑色,两侧有黄白色纵带。棱状部黄白色、中央黑褐色。翅透明、脉暗色。足黄色,基节黑色、后腿节末端及胫节之中央黑褐色,雄之后转节有大刺一枚,雌者无之。雌虫腹部长大,雄较细小,雌第二节中线两侧,第三、四节中央,第五、六节四周黄色、余为黑色,雄者黑色部较淡,而第五、六节呈黄褐色。体长 9 毫米(图 17:2a~2b)。

⑤食蚜小蝇(Oscinidae):复眼红黑色、复眼间阔,约为头阔之1/3。前颜面(Front)下方较阔、前颜面纵带(Frontal vitta)突起、额线(Frontal suture)显著。触角三节、第一节最小、黄褐色,第二节较大、银灰色,第三节黑色、最大,呈球状。刺(Arista)黑褐色、三节,周生刚毛,近生于第三触角节之基部。第一节最短,约等于第一触角节之长,第二、第三两节等长,其和约等于前颜面之阔,第三节细尖,而刚毛亦较粗强。头顶刺毛(Vertical bristles)存在,单眼三枚、光黄褐色、鼎立于头顶上。胸背银灰色,两侧有黄色纵纹,刺黑色,小楯板三角形。翅透明、脉淡黑褐色,前副缘脉 Sc 不显明,与径脉 R 相接近、径脉长及翅之中央。鳞状片(Squame)小,不能遮蔽平均棍,平均棍白色、球形。足银灰色,各足腿胫节间及中后两跗节光亮、黄褐色,刺黑色。腹部银灰色,刺黑色,体长 1.5 毫米(图 19:1)。

(2)幼虫。

①四条食蚜虻:体长圆锥形,腹面平坦,背面隆起,第一节略细尖。前气管位于第一节近后缘两侧、黄褐色、圆筒形、气孔圆形。后气管并列于末节背面中侧、黄褐色,上面各有新月形气孔三个。各节背面有二、三条横绉纹。刺尖长、位于各节之中侧、亚中侧、边侧者各一枚,两侧者各三枚(前尾两节除外)。末节刺四枚,长大分位于后侧两方,前节刺短小,位于前气管附近,体长 7 毫米(图 18:1)。

②黑点食蚜虻：体扁阔、腹面平坦、白色、透明、多横皱纹。前后气管之形状与位置，与前种相似。刺短小、不显明，体长13毫米（图18：2a～2b）。

③孟氏食蚜虻：体圆锥形、淡绿色、背线暗色，两侧得见黄绿色之内脏。前后两气管之位置与前种相似，淡褐色、形较长大，刺极短，体长9毫米（图18：3）。

④刺腿食蚜虻：体圆锥形、鲜绿色、背线鲜黄色。前后气管之形状与位置，与前种同，尾气孔长圆形，刺之位置及数目，与四条食蚜虻幼虫同，惟较短而色褐。背线侧刺之位置，较亚中侧及边侧刺为前，更短小，尾节有刺二枚，分位于左右两侧，体长11毫米（图18：4）。

⑤食蚜小蝇：体圆锥形、黄白色、遍生肉瘤。前气管与前种相似，尾气管长大、黄褐色，突出于尾节之两侧，长约0.5毫米，先端各有花瓣状展开之气门三个，体长3.5毫米（图18：5）。

（3）蛹壳。

①四条食蚜虻：黄褐色、圆筒形、尾端较细。刺之排列法，一如其幼虫，前1～2，2～3，3～4三列刺间，各有黑褐色横纹一条。尾气管黄褐色二个，并列于尾端。体长4毫米，前阔2毫米，后阔0.5毫米（图19：2）。

②黑点食蚜虻：蝌蚪形、近末端处细小、尾端圆形、亦细小、全体间杂灰黑及暗白之云纹。尾气管竖立尾端上，体长7毫米，前阔3毫米，后阔1毫米（图19：3）。

③孟氏食蚜虻：体形似黑点食蚜虻之蛹壳、绿色。尾气管斜于尾端上、淡褐色。体长6毫米，前阔2毫米，后阔0.5毫米。（图19：4）。

④刺腿食蚜虻：体绿色，形似四条食蚜虻之蛹壳。刺之排列一如其幼虫，尾气管一对、深褐色，位于体之尾端。体长5.5毫米，阔2.5毫米（图19：5）。

⑤食蚜小蝇：体圆筒形、红褐色，有横绉纹数十条，前端有头状物突出前方。尾气管之形状与位置，仍似其幼虫，体长2毫米，阔0.75毫米（图19：6）。

2. 习性

四种食蚜虻及食蚜小蝇成虫，飞至有棉蚜为害之棉叶上，在棉蚜间产卵。卵灰白色、长椭圆形、粒粒分产。孵化后，即于附近捕食棉蚜。当捕食前，幼虫体之前半部，伸缩自如，左右摆动，摸及棉蚜后，以口钳持其腹而上举，吸收棉蚜体液至尽乃止，上下左右其前端，舍弃被食棉蚜之外皮，再如前捕食。又步行时，体之前半部前伸，后半部前缩，顺次前行。不论捕食或步行时，腹面常分泌黏液，且腹面平坦，故终日固着棉叶上，不易脱落。幼虫老熟后，化蛹于棉叶上。食蚜小蝇，当化蛹前，排泄黑色黏液于棉叶反面之脉侧而化蛹。蛹壳均为幼虫之外皮，不如其他昆虫化蛹时而脱去，此种蛹名围蛹（Coarctate pupa）。

羽化后交尾产卵，共经2～3日即死。成虫白日飞集于野生及栽培植物花上，吸食蜜液，故有花蝇（Flower fly）之称。当在空中时，常鼓动其翅，而体不动，故亦有（Hover fly）之名。食蚜小蝇则大都食息于棉叶上。

3. 天敌

食棉蚜之瓢虫，如遇棉蚜不足时，亦能捕食四种食蚜虻及食蚜小蝇幼虫。且孟氏食蚜虻及刺腿食蚜虻之蛹，有金绿小蜂寄生。食蚜小蝇之蛹，有黑跳小蜂寄生，今将其形态，分述于下：

（1）金绿小蜂。体金绿色，复眼赤色，触角深黄褐色，鞭节十节。翅白色透明、脉甚退化、黄褐色。足之基节之前半部黑褐色、余为淡黄褐色，转节一节、跗节五节、第五节及爪黑褐色，体长1.75毫米。羽化孔开口于孟氏食蚜虻及刺腿食蚜虻蛹壳之钝端侧方，一蛹壳内最多者能寄生35头。

（2）黑跳小蜂。体铜黑色，复眼紫色。触角柄梗二节黑褐节，鞭节黄色、七节，第五、六、七节形成棍棒状。翅透明、白色、脉黑褐色，前翅外半部及后翅全部有疏毛，前翅内半部、前缘脉下方之中央处有长刺四枚，前缘脉上有刺数十本。足黑色，后足腿节特别发达，能跳跃。跗节五节，第一节最长，约等于其余各跗节之和。腹部背面有刺毛，体长1.5毫米。

4. 经济价值

四种食蚜虻及食蚜小蝇，捕食棉蚜能力，不如瓢虫及草蜻蛉之大，盖有数故：

①成虫不捕食棉蚜；

②蛹期太长；

③蛹有寄生蜂；

④幼虫食蚜力不大。

（三）草蜻蛉（蚜狮）

捕食棉蚜之草蜻蛉有二种：

①小草蜻蛉 *Chrpsopa japana* Okamoto；

②大草蜻蛉 *Chrysopa septempunctata cognata* MacLachlan。

1. 形态

（1）卵。

①小草蜻蛉：长椭圆形、鲜绿色，孵化前紫灰色，长1.027毫米，阔0.520毫米，卵柄白色，长7毫米，粗0.013毫米（图20：1）。

②大草蜻蛉：与小草蜻蛉相似。

（2）幼虫。

①小草蜻蛉。

第一龄：体扁阔、纺缍形（Thysanuriform），后胸最阔、两端细小、尾节尤著。头顶斑纹黑褐色，单眼十枚分为二组，每组五个，位于两侧之黑色处。大腮镰刀状、突出前方、先端细小、向内弯曲。下唇须三节、第三节先端圆形。触角三节，第二、第三两节上有数十小环纹，第三节先端细尖，作刺毛状（Setae）。胸部三节、每节分前后两亚节，前胸前亚节较后亚节为狭小，前者与头连接，形若颈部，后者两侧有毛瘤一对，上生刺毛二本。中后胸之后亚节两侧亦有毛瘤各一对，上生刺毛三本。第一腹节背线两侧，第二至第七腹节背线侧及两侧，各有毛瘤一对，上生刺毛二本，各毛瘤间及第八、九腹节，有小突起数对，上生刺毛一本。中胸前亚节及第一至第八腹节两侧毛瘤之前方，各有气孔一对，气孔圆形、黑褐色。爪钩状，肉垫喇叭状突出爪下，灰白色。全体褐色，体长3毫米，头顶阔0.381毫米、后胸后亚节阔0.679毫米，触角长0.526毫米，大腮长0.346毫米（图20：2）。

第二龄：体形、色泽与第一龄同，前胸毛瘤之后方有黑褐色斑一枚。背线蓝黑色，由中胸达及第五腹节为止。各节背线两侧，有蓝黑色及乳黄色斑纹相夹杂。各胸侧之毛瘤，簇生刺毛十二、三本。第二至第七节腹侧之毛瘤，簇生刺毛八、九本。各毛瘤间及第八、九、十腹节上，有小突起，上生刺毛一、二本。体长 5 毫米，头顶阔 0.582 毫米，后胸后亚节阔 1.102 毫米，触角长 0.852 毫米，大腮长 0.531 毫米。

第三龄：头顶之斑纹黑褐色，二条平行于头顶之前方中央，二条作倒八字形，位于头顶基部，离中线分向左右，余二条不甚整齐，沿头顶后缘及两侧而行。胸腹两侧，有紫黑色斑点、全体黄褐色，体长 10 毫米，后胸后亚节阔 2.1 毫米。

②大草蜻蛉。

第三龄：幼虫第一龄、第二龄未觅到。第三龄紫色，头顶有黑褐色斑点三枚，长方形、排列如品字形、二大者居后两侧、一小者居前中央。前胸二结节之后方有紫黑色斑点各一枚，后胸毛瘤紫黑色，腹部第八、九、十三节黄白色。胸腹之毛瘤突起，较小草蜻蛉为高，刺毛亦长，而数亦多。背线紫色、腹面淡蓝灰白色，体长 12 毫米，后胸后亚节阔 3.5 毫米（图21：1）。

（3）茧。

①小草蜻蛉：白色、球形，长 3.5 毫米，阔 2.5 毫米，羽化孔圆形，直径 2.5 毫米（图20：3）。

②大草蜻蛉：色泽形状一如小草蜻蛉。长 4 毫米，阔 3.5 毫米，羽化孔直径 3 毫米（图21：2）。

（4）成虫。

①小草蜻蛉：体绿色，头部有黑斑纹九条，二条新月形，位于两触角基部之下方，一条位于两触角间，二条位于两颧（Gena）上，两条位于上唇基片两侧，余二条位于头顶上。小腮须、下唇须黑褐色，触角黄褐色。前胸背中央，有一横沟，横沟之前后两侧，各有黑褐色一条。中后两胸背侧，各有黑点一枚。足绿色，胫节先端及跗节黄褐色。翅透明、脉绿色，前后翅之前缘横脉、径脉、径分脉间之近内方之横脉、前翅上其余内方之横脉，黑色。体长 11 毫米左右，翅展 28 毫米左右（图20：4～5）。

②大草蜻蛉：体绿色；或黄绿色。胸背有黄色纵纹一枚，触角黄褐色。颜面有四条黑纹，二条长方形，位于触角基部之下方，余二条位于上唇基片之两侧，呈直线状。小腮须及下唇须黄褐色，前胸前缘两侧各有黑纹一枚。足黄绿色，跗节黄褐色。翅透明、脉绿色，前后翅之前缘横脉、前翅近内方下半部之横脉、后翅胫横脉皆黑色。体长 15 毫米，翅展 36 毫米（图21：3～4）。

2. 习性

成虫于六月底，开始飞至有棉蚜之棉株上，产卵于有棉蚜之棉叶反面、正面、叶柄、枝干等处，每处四五粒不等。成虫休止时，四翅覆叠背上，呈屋脊状，触角向前伸，微微举动，人手扰之，则振翅飞至邻近棉株上，停息如前。

卵产后，经四日左右，转呈紫灰色，乃开始孵化。将孵化之幼虫，从卵壳先端中央之纵裂处爬出。方爬出之幼虫，六足抓持卵壳，头部靠正卵柄上，休息不动。少顷，沿卵柄行至有棉蚜之棉叶上，捕食棉蚜。当捕食棉蚜时，先用触角，探知棉蚜后，乃用大腮，于棉蚜腹部，左右相夹，吸食体液，体液吸尽后，左右摇动大腮，擦去被食棉蚜之外皮，再前行如前捕食之。幼虫孵化后，经三日左右，行第一次脱皮。脱皮前，体略肿胀，稍具光泽。尾节（第十腹节）分泌黏液，附着棉叶上，于胸部背面中央裂开，前方脱去头部外皮，后方脱去胸腹外皮。脱好后，爬至近处休息，待色泽转浓，外皮坚硬后，再行捕食棉蚜。当幼虫步行时，屈其中央数腹节助之，幼虫经二次脱皮为8～10日。大草蜻蛉幼虫，于棉蚜被害棉叶反面，绉缩之叶缘间吐丝结茧。小草蜻蛉幼虫，于捕食棉蚜所在之株旁土表4～8毫米深处，结茧化蛹。

蛹化后，经二星期左右，开始羽化。羽化时，蛹在茧内，于茧之顶端四周咬破，爬出于茧外，抓持邻近之棉叶或土粒，于胸背中央纵裂处，脱去蛹壳，而为有翅之草蜻蛉，蛹壳银白色。

3. 经过

小草蜻蛉于八月间，一代之经过：卵期最长四日，最短三日。幼虫期：第一龄最长四日，最短二日；第二龄最长三日，最短二日；第三龄最长四日，最短二日；全幼虫期：最长十日，最短八日。蛹期最长十五日，最短十二日。成虫期最长十四日，最短四日。一代之经过：最长四十一日（1/Ⅷ～11/Ⅸ），最短二十八日（2/Ⅷ～30/Ⅷ）。今将各时代之经过，列表于下（表16）。

表16　小草蜻蛉各时代之经过

卵期			幼虫第一龄期			幼虫第二龄期		
产卵月日	孵化月日	卵期（日）	孵化月日	每一次脱皮月日	第一龄期（日）	第一次脱皮月日	第二次脱皮月日	第二龄期（日）
1/Ⅷ	4/Ⅷ	3	4/Ⅷ	7/Ⅷ	3	7/Ⅷ	10/Ⅷ	3
2/Ⅷ	5/Ⅷ	3	4/Ⅷ	8/Ⅷ	4	8/Ⅷ	10/Ⅷ	2
3/Ⅷ	6/Ⅷ	3	5/Ⅷ	8/Ⅷ	3	9/Ⅷ	12/Ⅷ	3
3/Ⅷ	7/Ⅷ	4	7/Ⅷ	9/Ⅷ	2			

幼虫第三龄期			全幼虫期		
第二次脱皮月日	成茧化蛹月日	第三龄期（日）	孵化月日	成茧化蛹月日	幼虫期（日）
10/Ⅷ	12/Ⅷ	2	4/Ⅷ	13/Ⅷ	9
10/Ⅷ	13/Ⅷ	3	4/Ⅷ	14/Ⅷ	10
10/Ⅷ	14/Ⅷ	4	4/Ⅷ	12/Ⅷ	8
12/Ⅷ	15/Ⅷ	3	5/Ⅷ	13/Ⅷ	8
12/Ⅷ	16/Ⅷ	4	7/Ⅷ	15/Ⅷ	8
			7/Ⅷ	16/Ⅷ	9

蛹期			成虫期		
成茧化蛹月日	羽化月日	蛹期（日）	羽化月日	死亡月日	成虫期（日）
13/Ⅷ	25/Ⅷ	12	26/Ⅷ	30/Ⅷ	4
13/Ⅷ	26/Ⅷ	13	27/Ⅷ	7/Ⅸ	11
14/Ⅷ	27/Ⅷ	13	28/Ⅷ	11/Ⅸ	14
14/Ⅷ	28/Ⅷ	14			
12/Ⅷ	27/Ⅷ	15			

一代经过日期						
卵期	第一龄	第二龄	第三龄	幼虫全期	蛹期	成虫期
3～4（日）	2～4（日）	2～4（日）	2～4（日）	8～10（日）	12～15（日）	4～14（日）

4. 经济价值

草蜻蛉食棉蚜能力，根据作者饲育所得之结果，知其不如瓢虫，其缺点在于：

①蛹期太长；

②成虫期不捕食棉蚜；

③出现捕食棉蚜期太迟。

（四）食虫椿象*（Reduviidae）

形态：复眼红褐色突出于头之两旁，单眼光黄褐色、二个，位于复眼之后内方，复眼之前后及头之后缘有黑褐色纵条。上唇基片，除黑褐色处外，均黄褐色。触角深黄褐色、四节，第三、四节较细，而色亦浓。口吻三节曲作弧状，先端伸及前足基节间，第一及第三节之先端黑褐色，余为黄褐色。头之腹面淡黄褐色，前胸背及棱状部黄褐色，中央有黑色纵条。前翅角质部淡黄白色，径脉近径中横脉 r-m 处及其前端与膜质部第五脉之基部黑褐色，膜质部灰白色，脉黑色、后翅白色。足黄褐色，前足腿胫节，较中后足为发达，后足细长，跗节三节、锐尖、黑褐色，腹面各足基节处黑色。胸侧板有黑色纵条，余为黄褐色。腹部背面各节灰褐色，腹面中侧两线黑褐色，体长 8.5 毫米。

捕食法：成虫步至有棉蚜之棉叶上，前足抱住棉蚜腹部，口吻插入体内，抬起头部，行至叶柄上，吸食体液，不数秒钟，即可食完。被食之棉蚜外皮用前足舍去之。一棉蚜食尽后，不继续捕食，而行走于其它棉叶上，如前捕食之，除食棉蚜外，尚食其他柔软体小之昆虫。人如不慎，往往亦被刺入肌肤，颇痛。

八、助虐的蚂蚁（*Lasius niger* **Linnaeus.**）

蚜虫分泌蜜汁，蚁喜食之。蚜虫攀栖之处，必有蚁集其间，故蚜虫有"蚁牛"之名。又因蚜虫体柔嫩，行动缓慢，易受外界侵害，借蚁之保护，得安全生存。如食料缺乏；或不适时；或临强敌时，蚁能负而它迁，寻觅适所，得免敌害，任其繁殖，且广为散布。由此观之，蚂蚁与蚜虫之关系颇密切，今将蚂蚁之形态，及保护棉蚜法，述之如下。

1. 职蚁之形态

全体灰褐色，头部色较深，大腮触角黄褐色、小腮须下唇须黄白色。单眼小、淡褐色、不甚显明。足之跗节黄褐色，腹柄（Petiole）方形。全体疏生黄褐色毛，体长 3 ~ 4 毫米。

2. 保护法

（1）移植。棉蚜多为无翅胎生，在一棉叶上，无翅胎生棉蚜，当拥挤时，始生有翅幼蚜（理由见"五、习性"中所述），待其形成翅后，便飞至其他棉叶上，充分繁殖。但欲一棉叶上之棉蚜，呈拥挤之状，非待数日之久不可，故其扩张被害面积之机会甚少。然于环境适宜时，短期内全田棉叶，悉遭棉蚜蹂躏，在事实及理想上，无如是之

---

　* 捕食棉蚜之食虫椿象，在济亦有发现，唯作者未加注意。此处所述捕食棉蚜情形，系根据何均先生在高密研究所得之口头报告。

速，其中实有蚂蚁作祟，终日驰骋田间，往来棉叶上，口衔棉蚜，移植于其他棉叶上，使其安适而生长。

（2）保卫。棉蚜体小柔软，行动缓慢，其口吻，终日插入棉叶组织间不动，一旦外敌侵害，既无抵抗之能，又乏隐蔽之技，惟受天敌之任意戕害，而蚂蚁遇此机会，便尽力与外敌对抗。体大坚硬之天敌，则行驱逐（瓢虫之成虫），体柔力薄者，则将其戕杀（瓢虫之幼虫）。

（3）抢险。棉蚜繁殖正盛时，如遇大雨，大部被雨水冲落地上，或被漂至低处，或被泥水埋没，而蚂蚁每当雨初下时，便口衔棉蚜，负至土穴中，妥为保护，雨后复负出移植之。

以上所述，北方棉蚜之所以能成灾者，气候燥热，固为重要，而蚂蚁扶助棉蚜繁殖，使其蔓延，实关重要。

九、防治方法

棉蚜之防治，尚未有相当方法，据去年观察之结果，今年宜分六项进行，而观其效果，再定推广驱除之实施方法。

1. 保护天敌作天然之制裁

棉蚜天敌，据去年初步之观察，计寄生者一种、掠食者十三种。各虫之学名，形态与习性，已如上述。此十四种之中，除蚜虫寄生蜂寄生率仅有 10.95% 而复有重复寄生，利用之机会较少外；余皆可保护繁殖。以幼虫或成虫捕食棉蚜，尤以其中五种瓢虫之捕食能力大、繁殖速、一年发生代数多、且出现期早、饲育容易、宜讲究保护繁殖之道，使其为我人任天然防治之责。此外蚂蚁残害天敌，保护棉蚜甚周，为天然防治之一障碍，故驱除蚂蚁，亦防治蚜害之一连带问题也。

2. 清除田园间杂草

棉蚜之寄主植物，据 1934 年下半年之观察，有四十六种之外，而其中野菊（*Chrysanthemum sinense* Sabine）、车前草（*Plantago major* L. var. *asiatica* Dc.）等四种（尚有二种学名未详），为棉蚜产卵越冬之草（原寄主 Primary host）。在棉蚜生活史中，关系甚重要，宜随时铲除，收拾草株，纵火焚之（最好在未产卵前举行），俾绝后患。

3. 选留抗虫力较强之棉株与拣选良籽以繁殖

棉株因品种不同，而抵抗蚜害之程度亦异，故讲究棉蚜防治者，应注意品种之选择。不但此也，每当棉蚜发现之时，到田间观察，于同一棉田之内、同一环境之下、品种同而耕作手续又同，但棉株有受棉蚜侵扰甚烈，致叶片挛曲、株干低小、毫无健康景象者；然亦有棉株生长旺盛、似棉蚜无法侵扰、即侵扰无碍其发育者；故乡人尝谓："棉株长得好，不怕蜜虫咬；白菜和萝葡也是如此"。果尔，则蚜虫之侵害，每选瘦弱发育不健全之棉株，而施其虐，盖瘦弱之棉株，枝叶组织娇嫩，吮液较易，非无因也。欲发育好、棉株强健，在同一环境及栽培方法之下，当注意棉株之选留，与棉籽之拣选，自无疑义。故作者有选留抗虫力较强之棉株，与拣选发育力强之棉籽，以资繁殖之主张。且按今年棉蚜为害损失之考察，受害重者，不仅影响收获量及成熟期，且品质从而变劣、籽实不饱满、发芽能力减低（拟作试验证明之）。棉株发育不健全，而棉蚜易来侵扰，互相因果，非无故也。或曰：受蚜害棉株，发育不良，全由棉蚜侵扰所致，无关于种子之强弱，与发育之快慢，此则待来年试验，有以决定之。

4. 促短生长避免蚜害

在鲁省境内，播种棉花，约在谷雨节至立夏节间，即阳历四月下旬至五月上旬，此时少雨，棉种播后，不易茁芽，待五月底六月初，雨量渐增，棉苗出土，甫有三、四叶时，蚜虫乘势侵害，故多夭伤。若能利用促短生长（Jarowisation），提早或移后播种，皆可避免蚜害。盖早播如遇天气不甚寒冷，而雨水又调匀，至棉蚜来侵，棉株已强健，叶数增多，想亦无能为力；否则，播种期移后，此时田间作物增多，棉蚜亦不致全力来侵棉株，势必减杀，亦计之得也。且美棉生长时期过长，在我国北方种棉区域，棉蒴开展时，气候已转冷，因之受早霜摧残、品质变劣、收量减少；若短促生长，试验成功，亦有助于棉花之栽培，非仅限于防虫而已，故作者今春已作此项试验，视其结果如何，再定推行步骤。

5. 注意栽培

据调查所得，棉蚜发生以连作之棉田为盛；但农民求棉株多果枝、絮早熟、往往不喜轮栽及多施肥料。以是地力瘠薄生长不旺，是否利棉蚜之滋生，须经栽培试验始能证明之。

6. 喷射棉油石碱合剂

当棉虫研究工作进行之初，山大农院，即派定助教李文海先生专致力于药剂驱蚜之试验。喷射各种药剂，历数月之久，认定棉油石碱*杀蚜能力甚著，但觉大规模喷药，按我国农民经验、经济状况及四五月间农忙之时，人工缺乏，能否易于推行，尚成问题。且棉叶受蚜害后，叶片弯曲，药剂不易喷入，亦为施行困难之点。

参考文献

Baker, A. C.: Hemiptera of Connection: Aphididae. State Geol. and N. H. Survey, Bull. No. 34, pt 1V, 1923: 250 – 335.

Comstock, J. H.: Family Aphididae (The typical aphids). An Introduction to Eutomology, 1924: 415 – 428.

Davidson, J.: A. List of British Aphids. Rothamsted Mon. Agr. Sc. , 1925.

Goff, C. C. and Tissot. A. N.: The Melon Aphis, *Aphis gossypii* Glover. Agr. Expt. S. , Univ. Florida, Bull. 252, 1932: 1 – 23.

Hottes, F. C. and Frison, T. H.: The Plant Lice or Aphiidae of Illinois. Drpt. Reg. & Educ. , Div. N. H. Survey, Vol. XIX, Art. III. 1931.

Imms, A. D.: A General Textbook of Entomology. 1929: 361 – 367, 559 – 561, 617.

Kambe, T.: On Life-history of *Propylea japonica* Thunberg. A Natural Enemy of Aphis. Injurious to Cotton-plants. Ann. Agr. Expt. St. Chosen. Vol. VI, 1931, Nos, 1 – 2.

＊ 喷射棉油石碱合剂详见《山东大学农学院丛刊》1935 第四号，国产杀虫药剂初步试验报告。

Kuwayama, S.: Neuroptera, Chrysopidae. Icon. Insect. Jap., 1932, 1539, fig. 3040; 1541, fig. 3043.

Liu Chi-ying: Notes on the Biology of Two Giant Coeeinellids in Kwangsi (*Caria dilatata* Fabr. and *Synonycha grandis* Thunbg.) With Special Reference to the Morphology of *Caria dilatata*. The Bur. Ent. Hangchow, China, Y. B. No. 2. 1933: 205 – 250, pls, XXXI-XXII.

Oestlund, O. W.: Tribes of Aphididae. The 7th Rept. State Entomologist of Minnesota, 1918.

Reinhard, H. J.: The Influence of Parentage, Natrition, Temperature, and Crowding on Wing Production in *Aphis gossypii* Glover. Texas Agric. Expt, St., Bull. No. 1927: 353.

Shiraki, T.: Diptera, Syrphidae. Icon. Insect. Jap., 1932: 88, fig. 168; 104, fig. 199; 105. fig, 202; 106, fig. 203.

Smith, R. C.: A Study of the Biology of the Chrysopidae. Ann. Ent. Soc. Am., Vol. XIV. 1921: 27 – 35.

The Life-histories and Stages of Some Hemerodiids and Allied Species (Neuroptera). Ann. Ent. Soc. Am., 1923, Vol. XVI, 129 – 148, pls. V – VII.

Takahashi, R.: Aphididae of Formosa, pt. 6. Dept. Agr. Govern. Res. Inst. Formosa Rept. 1931. No. 53.

Tan, Chia-chen: Notes on the Biology of the Lady-bird Beetle *Ptychanatis axyridis* Pallas. Peking Nat. Hist. Bull., Vol. 8, pt. I. 1933: 8 – 18.

Tan, C. C. and L, J. C.: Variations in the Color Patterns in the Lady-bird Beelte. *Ptychanatis axyrldis* Pallas. Peking Nat. Hist. Bull., Vol. 7, pt. 2, 1932: 175 – 195.

Tao, Hsin-chih: The Coccinellidae of Soochow. Lingnaam Agr. Rev., Vol. 4, No. 2, 1927: 137 – 172, pls. VIII – XV, fig. 1 – 70.

Tseng, S. and Tao, Chia-chü: Note on a Hymenopterous parasite on Aphids (in publication).

Wilderma'h, V. L. and Walter, E. V.: Biology and Control of the Corn Leaf Aphid With Speeial Reference to the Southwestern State. U. S. D. A. Technidal Bull., No. 306, 1932: 1 – 15.

Yano, M.: Hymenoptera, Formicidae. Ico. Insect. Jap., 1932, 332, fig. 647.

致　　谢

报告正在整理中，承杭州浙江省昆虫局技师王启虞先生，苏州东吴大学生物系主任兼教授徐荫琪先生，南京金陵大学农学院昆虫组讲师程淦藩先生，中央棉产改进所徐国栋先生，棉虫研究所技士吴振锺先生，及济南齐鲁大学生物系讲师张奎先生，借阅参考书籍，特此致谢！

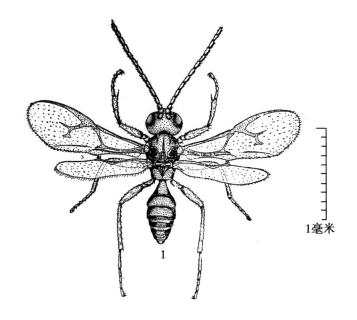

1毫米

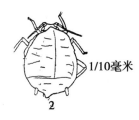

1/10毫米

3

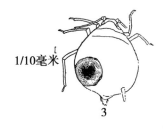

1/10毫米

2

1. 蚜虫寄生蜂（背面）雌
2. 棉蚜被蚜虫寄生蜂寄生后之遗体
3. 棉蚜遗体上之蚜虫寄生蜂羽化孔

图15　棉蚜

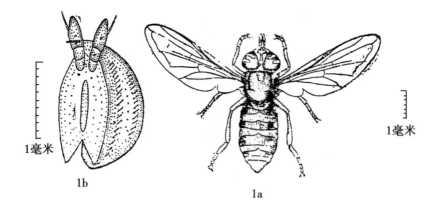

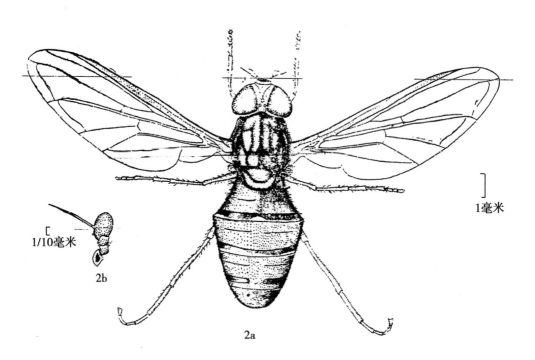

1a. 四条食蚜虻成虫（背面）雌
1b. 四条食蚜虻成虫头部之前面　雌
2a. 黑点食蚜虻成虫（背面）雌
2b. 黑点食蚜虻成虫之触角及其基部之黑点　雌

图16　食蚜虻成虫

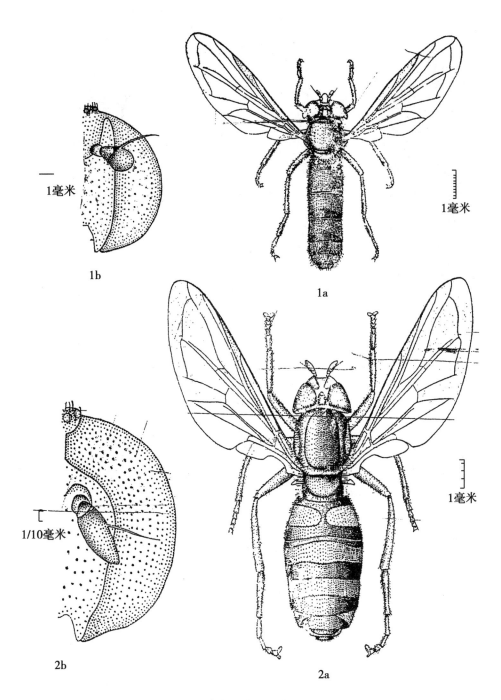

1毫米

1b

1毫米

1a

1/10毫米

2b

1毫米

2a

1a. 孟氏食蚜虻成虫（背面）雌
1b. 孟氏食蚜虻成虫头部之前面　雌
2a. 刺腿食蚜虻成虫（背面）雌
2b. 刺腿食蚜虻成虫头部之前面　雄

图 17　食蚜虻成虫

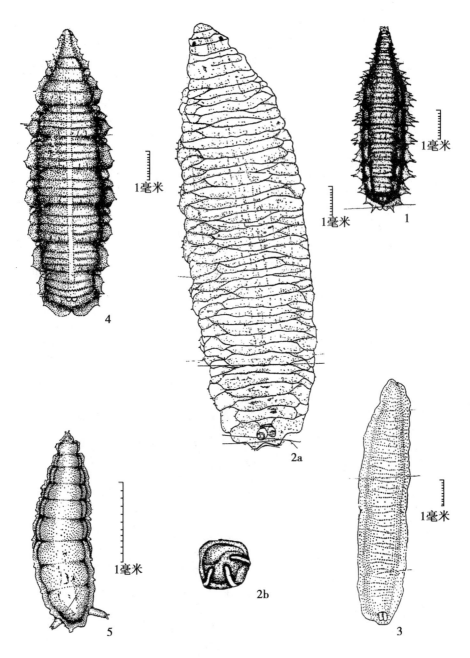

1. 四条食蚜虻之幼虫（背面）
2a. 黑点食蚜虻之幼虫（背面）
2b. 黑点食蚜虻之幼虫之尾气管孔
3. 孟氏食蚜虻之幼虫（背面）
4. 刺腿食蚜虻之幼虫（背面）
5. 食蚜小蝇之幼虫（背面）

图18　食蚜虻之幼虫

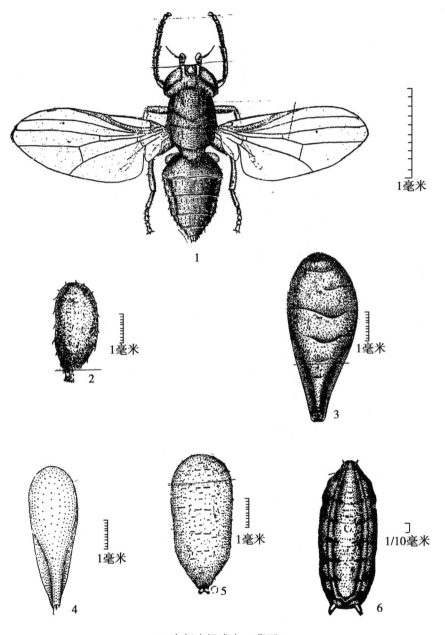

1. 食蚜小蝇成虫（背面）
2. 四条食蚜虻之蛹壳
3. 黑点食蚜虻之蛹壳
4. 孟氏食蚜虻之蛹壳
5. 刺腿食蚜虻之蛹壳
6. 食蚜小蝇之蛹壳

图 19　食蚜虻之蛹壳

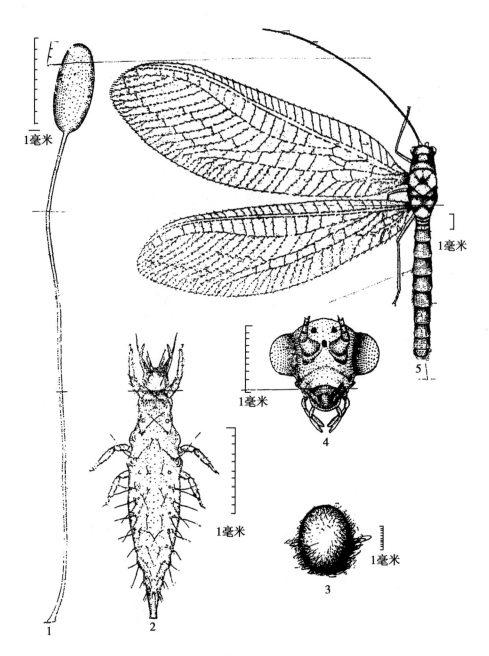

1毫米

1毫米

1毫米

5

1毫米

4

1毫米

1毫米

3

1　　　　2

1. 小草蜻蛉卵
2. 小草蜻蛉幼虫（第一龄）
3. 小草蜻蛉茧
4. 小草蜻蛉成虫头部之前面
5. 小草蜻蛉成虫（背面）雌

图20　小草蜻蛉

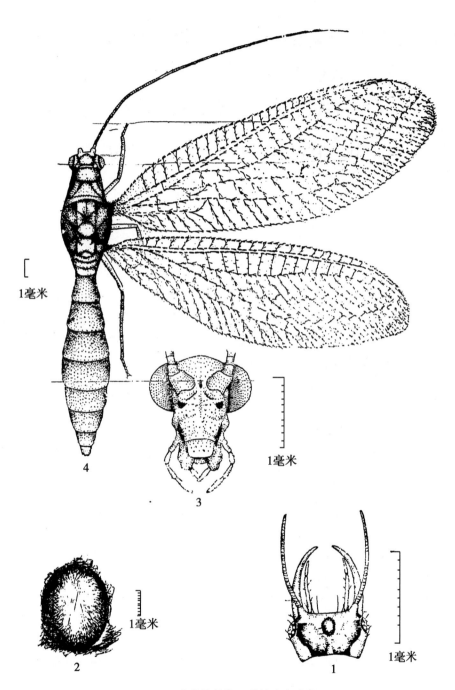

1毫米

1. 大草蜻蛉第三龄幼虫之头部
2. 大草蜻蛉茧
3. 大草蜻蛉成虫头部之前面
4. 大草蜻蛉成虫（背面）雌

图 21　大草蜻蛉

Observations on Cotton-Aphids, *Aphis Gossypii* Glover, In the Vicinity of Tsinan (济南地区棉蚜的观察) [***]

SHEN TSENG AND CHIA-CHU TAO

(*College of Agriculture, National University of Shandong, Tsinan*)

INTRODUCTION

Since the introduction of Trice cotton planting has been attended with good success in Shantung Province for the last several years, the cotton cultivation areas have been greatly extended to over seven million (7 813 440) mou. According to the second estimate of 1934 of the Chinese Cotton Statistics Association, the ginned cotton output of the whole province amounted to 1 324 026 piculs. In fact, cotton cultivation has evidently become an important argicultural enterprise in Shantung Province. Fortunately there is not so much damage done in this province by insects as in Central China. For instance, the cotton boll worm (*Heliothis obsolela* Fabr.), diamond borer (*Earias cupteoviridis* Wlk.), cotton leaf roller (*Syiepla derogala*, Fabr.) and so on, prevailing in Kiangsu, Chekiang and other provinces have not hitherto done any severe damage here. The only injurious insects are cotton-aphids which multiply very rapidly during June and July, if the weather is dry and the temperature becomes high.

The young cotton plants severely attacked by aphids, which take away too much of their juice, appeared to be wilted and eventually dried up. The slightly infested ones, however, recovered after rain, but their yield was much reduced due to the following four facts:

1. Reduction of bolls. —In June of 1934, 100 aphid-injured cotton plants were marked at random in the cotton fields of the College and the number of bolls of 98 plants counted at the end of August. Referring to Table I, it will be noted that the infested cotton plants gave only three bolls on an average, while the non-infested ones each had more than ten. In addition, among them there were 26 plants which gave absolutely no yield. This means that as a result of aphid-injury 26.53 percent. of the plants were barren.

---

* This work was supported by a grant from the Central Cotton Improvement Institute of the National Economic Council of China.

** 《北京自然历史通报》，1935—1936，10 卷，Part 3。

266

2. Reduction of yield. —As shown in Table II, the loss of lint and seeds of 50 infested cotton plants was very appreciable, as compared with that of non-infested ones which were selected at random in the field. The maximum yield of the non-infested cotton plants was 193g, minimum 56g and 107. 60g on an average; while the infested plants had 99g as maximum yield, 0 as minimum, and 30. 00g on the average. The yield of the aphid-infested plants lessens 77. 25g It shows a loss of 71. 86 percent due to aphids.

3. Ripeness delayed. —In general the slightly infested cotton plants culd bloom and bear fruit but the time of boll-opening was delayed. Referring to Table III the average before-frost harvest of the non-infested plants was 54. 13 percent of the whole yield, but that of the infested cotton-plants only 24. 46 percent. Moreover, the yield of the before-frost cotton and after-frost cotton of the non-infested plants was nearly equal, but of the infested plants the latter was more than half the former. After-frost cotton is of little value in markets.

4. Deterioration of quality. —In order to determine whether the aphid injury can effect the quality of staple or not, some cotton collected before frost from both infested and noninfested plants was sent to the Shanghai Bureau of Inspection and Testing of Commercial Commodities, Ministry of Industries, for examining. Out of 23 lots, only No. I, II, 21, 32, 41 of infested plants were picked out by the Bureau as samples in comparison with cotton from noninfested plants of corresponding numbers. The result of this test shown in Table IV indicates that insect injury does not influence the other qualities of fibers except that the strength and twist become lower. It deteriorates the spinning quality of cotton to some extent.

MORPHOLOGY

In one year's observation, from June 1934 to May 1935, the life-history of the different forms of aphids has been completely worked out and their external structure is briefly given as follows:

1. Fundatrices. —Apterous, viviparous, parthenogenetic females emerging in spring from overwintered eggs on wildgrasses (primary hosts) in field; body bluish green, antennae five-segmented with primary sensoria near distal end of 4th segment and at swollen portion of 5th segment; 1st, 2nd, 4th and 5th segments brown, 3rd segment brownish; legs brownish except tarsi and distal ends of bibiae brown; cornieles tubular, grayish black; body length 2mm, width 0. 919mm, antennae 0. 804mm long; distance between two compound eyes 0. 415mm; cornicles 0. 259mm long and 0. 061mm wide at base; anal plate and cauda similar to those of alienicolae (Figs. 1 a, b).

2. Fundatrigeniae. —Apterous, parthenogenetic, viviparous females, being progeny of fundatrices and living on primary hosts; body bluish-green; antennae 6-segmented, with primary sensoria near distal end of 5th segment and at swollen portion of 6th segment. 1st, 2nd, 6th and distal end of 5th segments dark brown, the rest deep yellow; legs deep yellow except distal end of tibiae, tarsi and claws blackish brown; cornicles tubular, grayish brown; body length 1.975mm, width 1.185mm; antennae 1.178mm long; distance between two compound eyes 0.415mm; cornicle 0.254mm long, 0.054mm wide at base; anal plate and cauda similar to those of alienicolae.

3. Migrantes. —Alate, viviparous, parthenogenetic females developed in second, third or later generations of fundatrigenae on primary hosts and subsequently migrating to secondary hosts; body elongated, head and thorax blackish-brown, abdomen bluish-green; antennae 6-segmented, 6—7 circular secondary sensoria on 3rd segment; media sometimes once branched on either fore wing; body length 1.478mm, width 0.640mm; antennae 1.035mm long; distance between two compound eyes 0.346mm; cornicles 0.198mm long, 0.040mm wide at base, cauda and anal plate as those of alienicolae.

4. Alienicolae. —Parthenogenetic, viviparous females developing for most part on the second host comprising both apterous and alate forms (body structure similar to sexuparae); frontal tubercle not prominent; antennae 6-segmented, primary sensoria near distal end of fifth and at swollen part of 6th segment; cornicle tubular; cauda constricted near middle, covered with setae and bearing 3 or 2 curved setae on its lateral sides; anal plate with apex rounded bearing many long setage; end of tibiae, tarsi and claws grayish brown; body-color deep green in summer, bluish-black in autumn; body length 1.593mm, body-width 9.859mm, antennae 0.967mm long, distance between two compound eyes 0.325mm; cornicle 0.346mm long, 0.069mm wide at base (Figs. 2 a, b, c, d, e).

5. Sexuparae. —Alate, parthenogenetic, viviparous form terminationg generations of alienicolae by giving rise to sexuales, oviparae and males; antennae, head and thorax, comicles, distal end of tibiae, tarsi, claws and hind femora grayish black; antennae 6-segmented, 5—6 or 8—9 secondary sensoria on 3rd segment; wings white, transparent, vein blackish brown, media twice branehed; cornicle, cauda and anal plate similar to those of alienicolae; body yellowish green in summer, bluish green in fall; body-length 1.801mm, body-width 0.866mm; antennae 1.108mm; distance between two compound eyes 0.297mm; cornicles 0.138mm, long, 0.036mm wide at base (Figs, 3a, b, c).

TABLE I : NUMBER OF BOLLS OF INFESTED COTTON-PLANTS

Number of bolls	I/1	I/2	I/3	I/4	I/5	I/6	I/7	I/8	I/9	I/10
	14	0	0	0	13	0	22	1	5	13
Number of bolls	I/11	I/12		I/14	I/15	I/16	II/17	II/18	II/19	II/20
	21	0		13	6	11	9	19	4	5
Number of bolls	II/21	II/22	II/23	II/24	II/25	II/26	II/27	II/28	II/29	II/30
	16	7	1	5	15	1	11	7	0	1
Number of bolls	II/31	II/32	II/33	III/34	III/35	III/36	III/37	III/38	III/39	III/40
	1	10	1	6	3	0	2	1	0	4

（续表）

Number of bolls	Ⅲ/41	Ⅲ/42	Ⅲ/43	Ⅲ/44	Ⅲ/45	Ⅲ/46	Ⅲ/47	Ⅲ/48	Ⅲ/49	
	11	0	0	12	5	3	11	3	3	
Number of bolls	Ⅳ/51	Ⅳ/52	Ⅳ/53	Ⅳ/541	Ⅳ/55	Ⅳ/56	Ⅳ/57	Ⅳ/58	Ⅳ/59	Ⅳ/60
	6	14	7	1	11	4	5	2	4	1
Number of bolls	Ⅳ/61	Ⅳ/62	Ⅳ/63	Ⅳ/64	Ⅳ/65	Ⅳ/66	Ⅳ/67	Ⅳ/68	Ⅳ/69	Ⅳ/70
	1	0	3	0	0	0	4	3	3	0
Number of bolls	Ⅳ/71	Ⅳ/72	Ⅳ/73	Ⅴ/74	Ⅴ/75	Ⅴ/76	Ⅴ/77	Ⅴ/78	Ⅴ/79	Ⅴ/80
	18	0	5	5	1	5	1	0	0	0
Number of bolls	Ⅴ/81	Ⅴ/82	Ⅴ/83	Ⅴ/84	Ⅴ/85	Ⅴ/86	Ⅴ/87	Ⅴ/88	Ⅴ/89	Ⅴ/90
	1	4	0	0	0	0	0	0	9	0
Number of bolls	Ⅴ/91	Ⅴ/92	Ⅴ/93	Ⅴ/94	Ⅴ/95	Ⅵ/96	Ⅵ/97	Ⅵ/98	Ⅵ/99	Ⅵ/100
	6	15	12	3	9	4	7	17	0	4

TABLE Ⅱ: LOSS IN COTTON HARVEST AFTER APHID INFESTATION
(USING NON-INFESTED PLANTS FOR CHECKING)

Plant No.	Total amount of lint and seeds of non-infested cotton-plants (g)	Total amount of lint and seeds of infested cotton-plants (g)	Damage due to aphid infestation (g)	Percentage of loss of infested plants (%)
1	102	24	78	76.47
2	135	0 ***	135	100.00
3	124	70	54	43.54
4	118	0 **	118	100.00
5	107	61	46	42.99
6	89	0 **	89	100.00
7	129	71	58	44.96
8	105	5	100	95.23
9	86	38	48	55.81
10	81	72	9	11.11
11	115	44	71	61.73
12	70	1	69	98.57
13	89	28	61	68.53
14	75	62	13	17.33
15	133	0?	133	100.00
16	105	22	83	79.04
17	126	32	94	74.60
18	82	99	17 *	− 2.73
19	82	22	60	73.17
20	73	24	49	67.12
21	142	78	64	45.07
22	165	27	138	83.63
23	78	0?	78	100.00

(Continued)

Plant No.	Total amount of lint and seeds of non-infested cotton-plants (g)	Total amount of lint and seeds of infested cotton-plants (g)	Damage due to aphid infestation (g)	Percentage of loss of infested plants (%)
24	144	23	121	84. 02
25	193	62	131	67. 87
26	133	3	130	97. 74
27	84	57	27	32. 14
28	173	18	155	89. 59
29	85	5	80	94. 11
30	58	9	49	84. 48
31	107	18	89	83. 17
32	133	68	65	48. 87
33	83	7	76	91. 56
34	117	45	72	61. 53
35	118	23	95	80. 50
36	87	0 ****	87	100. 00
37	123	8	115	93. 49
38	90	4	86	95. 55
39	56	7	49	87. 50
40	102	13	89	87. 25
41	94	53	41	43. 61
42	80	0 ****	80	100. 00
43	125	0 **	125	100. 00
44	124	74	50	40. 32
45	132	21	111	84. 09
46	89	26	63	70. 78
47	142	53	89	62. 67
48	81	28	53	65. 44
49	105	5	100	95. 23
50	84	0?	84	100. 00
Maximum	193	99	155	100. 00
Minimum	56	0	9	11. 11
Mean	107. 60	30. 00	77. 25	71. 86

* The yield was 17 grams more than that of non-infested plants, It was an exception, but the amount was also counted in.

** Infested plants gave no boll.

*** Plants died.

**** Infested plants with bolls not open.

? Harvest amount is not correct and it is not counted.

TABLE Ⅲ: PERCENTAGE OF BEFORE-FROST COTTON OF INFESTED COTTON PLANTS（USINE NON-INFESTED COTTON PLANTS FOR CHECKING）

Plant No.	Non-infested plants				Infested plants			
	Before-frost cotton (g)	After-frost cotton (g)	Total yield (g)	Percentage of before-frost cotton (%)	Before-frost cotton (g)	After-frost cotton (g)	Total yield (g)	Percentage of before-frost cotton (%)
1	87	15	102	85.29	24	0	24	100.00
2	85	50	135	62.96	*			
3	94	30	124	75.80	4	66	70	5.71
4	78	40	118	66.10	**			
5	63	44	107	58.87	22	39	61	36.06
6	39	50	89	43.82	**			
7	87	42	129	67.44	31	40	71	43.66
8	50	55	105	47.61	0	5	5	0
9	86	0	86	100.00	0	38	38	0
10	19	62	81	23.45	40	32	72	55.55
11	78	37	115	67.82	19	25	44	43.18
12	39	31	70	55.71	0	1	1	0
13	24	65	89	26.96	16	12	28	57.14
14	44	31	75	58.66	13	49	62	20.96
15	96	37	133	72.18	?			
16	75	30	105	71.42	0	22	22	0
17	42	84	126	33.33	14	18	32	43.75
18	48	34	82	58.53	52	47	99	52.52
19	45	37	82	54.87	0	22	22	0
20	37	36	73	50.68	0	24	24	0
21	92	50	142	64.78	47	31	78	60.25
22	95	70	165	57.57	12	15	27	44.44
23	65	13	78	83.33	?			
24	39	105	144	27.08	10	13	23	43.47
25	137	58	195	70.25	15	47	62	24.19
26	70	63	133	52.63	0	3	3	0
27	16	68	84	19.04	14	43	57	24.56

(Continued)

Plant No.	Non-infested plants				Infested plants			
	Before-frost cotton (g)	After-frost cotton (g)	Total yield (g)	Percentage of before-frost cotton (%)	Before-frost cotton (g)	After-frost cotton (g)	Total yield (g)	Percentage of before-frost cotton (%)
28	71	102	173	41.04	5	13	18	27.77
29	47	38	85	55.29	0	5	5	0
30	24	34	58	41.37	9	0	9	100.00
31	60	47	107	56.07	0	18	18	0
32	93	40	133	69.92	21	47	68	30.88
33	39	44	83	46.98	0	7	7	0
34	39	78	117	33.33	6	39	45	13.33
35	51	67	118	43.22	0	23	23	0
36	30	57	87	34.48	***			
37	69	54	123	56.09	0	8	8	0
38	47	43	90	52.22	0	4	4	0
39	30	26	56	53.57	0	7	7	0
40	46	56	102	45.09	0	13	13	0
41	46	48	94	48.93	4	49	53	7.54
42	40	40	80	50.00	**			
43	50	75	125	40.00	***			
44	51	73	124	41.12	27	47	74	36.48
45	66	66	132	50.00	5	16	21	23.80
46	41	48	89	46.06	9	17	26	34.61
47	67	75	142	47.18	0	53	53	0
48	74	7	81	91.35	9	19	28	32.14
49	35	70	105	33.33	0	5	5	0
50	57	27	84	67.85?	?			
Total	2 903	2 452	5 355		128	982	1 410	
Mean Yield	58	49	107	54.13	10.43	23.95	34.39	23.46
Maximnm	173	105	195	100.00	52	66	97	100.00
Minimum	16	0	56	19.04	0	0	0	0

* Plants died.

** Plants gave no boll.

*** Plants with boll not open.

? Harvest amount not correct.

TABLE Ⅳ: QUALITY-TEST OF APHID-INFESTED & NON-INFESTED COTTON

Aphid-infested Cotton					
Sample No.	Fiber Length	Uniformity of Fiber Length	Fibe Weight (1cm. long)	Strength of Fibers	Twist of Fibérs (within1")
Ⅰ	31/32" inches	93.63%	0.002250mg	4.57	68.80
Ⅱ	15/32" inches	89.93%	0.002225mg	4.84	77.46
21	1" inches	91.83%	0.002275mg	4.57	79.93
32	31/32" inches	95.12%	0.002450mg	5.43	85.61
41	31/32" inches	97.68%	0.002300mg	5.12	92.45
Average	1" inches	93.64%	0.002300mg	4.71	80.85
Non-infested Cotton					
Sample No.	Fiber Length	Uniformity of Fiber Length	Fibe Weight (1cm. long)	Strength of Fibers	Twist of Fibérs (within1")
Ⅰ	31/32" inches	91.75%	0.002225mg	5.49	96.18
Ⅱ	30/32" inches	95.60%	0.002100mg	5.05	76.06
21	11/32" inches	92.56%	0.002250mg	5.60	99.56
32	28/32" inches	94.30%	0.002425mg	5.78	102.96
41	31/32" inches	89.65%	0.002250mg	5.52	104.01
Average	30/32" inches	92.77%	0.002250mg	5.49	95.75

6. Oviparae. —Body color grayiah brown, head and prothorax grayish black; antennae five-segmented, 1st and 2nd segment grayish black, primary sensoria near distal end of fourth segment and at swollen part of fifth; legs blackish but coxa, distal ends of femora, tarsi, claws and hind tibiae dark brown; hind tibia well developed with a number of sensoria irregularly arranged; cauda, anal plate similar to those of alienicolae; cornicles black; body-length 1.406mm, width 0.892mm; antennae 0.706mm, distance between two compound eyes 0.360mm; cornicles 0.172mm long; 0.057mm wide at base (Figs. 4a, b, c, d).

7. Males. —Head and thorax grayish black; antennae 6-segmented, 1st and 2nd segment grayish--black, 3rd segment bearing more than 20 sensoria, 4th 10—30, fifth 10—26, and several sensoria at swollen portion of 6th segment; coxa, distal ends of tibiae, tarsi, claws and middle protion of middle and hind tibiae grayish black; cornicles grayish black; cauda and anal plate similar to those of alienicolae; body-length 1.515mm, width 0.450mm; antennae 1.407mm long; distance between two compound eyes 0.360mm; cornicles 1.131mm long, 0.034mm wide at base (Figs. 5 a, b, c).

8. Eggs. Ellipsoid, black, 0.499—0.658mm long, 0.306—0.367mm wide (Fig. 6).

9. Nymph of wingless form. —Compound eyes red, without cauda, number of antennal segments, shape of cornicles vary in accordance with different instars; body color whitish yellow or yellowish green in summer and bluish gray or bluish green in fall.

Table Ⅴ comprises the measurements of principal organs of the body of different instars showing the process of development.

TABLE Ⅴ   MEASUREMENTS OF PRINCIPAL ORGANS OF NYMPHS AT DIFFERENT INSTARS

	Body-size			Antennae				Cornicles
	Body-length	Body-weight	Seg-ments	Length	Distance between two antennae	Length	Width	Distance between cornicles
1st, Instar	0.511mm	0.232mm	4	0.269mm	0.124mm	0.037mm	0.034mm	0.068mm
2nd, Instar	0.797mm	0.375mm	5	0.422mm	0.143mm	0.075mm	0.040mm	0.163mm
3rd, Instar	0.858mm	0.409mm	5	0.470mm	0.157mm	0.102mm	0.048mm	0.197mm
4th, Instar	1.183mm	0.579mm	5	0.586mm	0.180mm	0.143mm	0.061mm	0.252mm

10. Nymph of winged form [*]. —Antennae 6-segrnented, 1st, 2nd, 4th, 5th and 6th segments grayish black; compound eyes, posterior half of wing pads, distal end of tibiae, tarsi, claws, cornicles, cauda, grayish black; body color reddish in summer, grayish yellow in autumn; dorsum of 1st and 6th abdomenal segments bearing one frosty spot on either side of middle line; 2nd, 3rd, 4th, 5th segment with another spot on lateral sides of each segment in addition to the middle pairs; body length 1.628mm, width 0.899mm; antennae 0.851mm long, distance between two antennae 0.177mm, cornicle 0.163mm long, 0.061mm wide at base

HABITS

1. Viviparous reproduction. —The viviparous aphids are superficially divided into two groups, namely winged viviparous aphids and wingless viviparous aphids. Both attack cotton plants. As to their fecundity, the winged form can produce 2 to 26 young, while the wingless 6 to 45. In one day the wingless can give birth to 1 to 10 young but the winged only 1 to 8. The duration of viviparity of winged aphids is 1 to 10 days, 2.75 on an average; while the wingless is 2 to 18 days, averaging 10.6 days. The fecundity of wingless viviparous aphids is greater for the first 7 or 8 days and later it diminishes appreciably, while the reproduction of the winged form is confined to the first four days and the degree of diminution is not so marked. As a matter of fact, the fecundity of wingless viviparous aphids is far greater than that of winged ones under the same conditions.

---

* This description is based on nymphs, collected in the field, which became adult after only one moulting. in the insectary the winged nymphs issued so rarely that their whole development could hardly be traced and the stadium of the nymph described herewith was by no means ascertained.

Under what conditions are winged viviparous aphids born by wingless mothers? It is not only an interesting question of bionomics, but also one which plays an important role in their distribution and in the injury to cotton-plants. We found substantial phenomena which confirm Reinhard's observation on cotton-aphids in Texas.

In Table Ⅵ, it should be noticed that on a cotton leaf frequented by up to one hundred wingless aphids (with exception of Nos. 17 to 20) unexpectedly one or more winged aphids were found. Due to the crowded condition the surplus one is sent out to find a new and more suitable place for existence as well as for continuing the species. We can then draw the conclusion that the winged aphids developed in direct proportion to the sum of wingless and winged aphids. Moreover, when aphids feel their host-plants unsuitable or lacking nutriments, they begin to produce winged ones. Tberefore, after July the wingless aphids on cotton leaves gave rise to winged ones which flew to wild grasses in the neighbourhood and some tender leaves newly developed at the lower part of the main stem of cotton-plants. This was the same case for the aphids (of the same species) on the chrysanthemum that gave birth to plenty of winged aphids in October and November.

TABLE Ⅵ   WINGED AND WINGLESS APHIDS ON COTTON-LEAVES

Leaf No.	Winged Aphids	Wingless Aphids	Total number of Aphids	Percentage of Winged Aphids (%)
1	4	483	487	0. 82 +
2	4	295	299	1. 34 –
3	4	456	460	0. 87 –
4	5	341	346	1. 45 –
5	6	534	540	1. 11 +
6	2	377	379	0. 53 –
7	5	656	661	0. 76 –
8	1	229	230	0. 43 +
9	5	673	678	0. 74 –
10	4	257	261	1. 53 +
11	4	154	158	2. 53 +
12	0	77	77	—
13	0	61	61	—
14	1	147	148	0. 68 –
15	0	84	84	—
16	3	145	148	2. 03
17	1	45	46	2. 10 +

（Continued）

Leaf No.	Winged Aphids	Wingless Aphids	Total number of Aphids	Percentage of Winged Aphids（%）
18	0	29	29	—
19	3	288	291	1. 03 +
20	0	134	134	—
Minimum	0	29	29	0. 43 +
Maximum	6	673	678	2. 53 +
Mean	2. 6	273. 25	275. 85	0. 94 +

After moulting four times, the young aphid becomes mature, Just after its final moulting it yields 1 to 4 nymphs on that or the next day. After all her young have been produced, the mother aphid will die from exhaustion in one to three days.

At the beginning of production, the aphid raises its antennae, stands upon its legs and finally lifts its abdomen. Then the nymph puts out firstly its abdomen, then its thorax and legs. At that time the young aphid moves its legs actively and its mother uses its hind legs to help it in getting out. After that, the mother places her abdoment down and takes a rest. The young aphid is deposited on the cotton leaf behind its mother and creeps forwards along its mother's body and faces its mother who then raises her antennae and fore and middle legs joyfully touching her newly-born seeming to direct it to return and rest behind its mother. Both mother and daughter aphids, except when they are moulting and reproducing, have their mouths in the cotton leaf sucking the juice from it. Therefore, rain-drops cannot wash them down but a heavy shower may beat them to the ground.

2. Moulting. —A wingless viviparous aphid needs to moult 4 times. In July or August, it moults every one or two days. It takes 4 to 7 days, on an average 5, from birth to maturity. The first instar requires 1 to 2 days, on the average 1. 4 days; the second 1 to 2, average 1. 1 day; the third 1 to 2, average 1. 3 day; the fourth 1 to 2, average 1. 2 day.

During moulting, the aphid-body splits longitudinally on the dorsum of the thorax. Then its head, antennae, legs and thorax are pushed out and finally its legs grasp the cotton leaf drawing out its abdomen. The skin is always attached to the posterior end of the newly-moulted aphid. It later becomes whitish, shrinks up losing its previous shape and sticks on the leaf surface by honey secreted by the aphids. Of winged aphids the antennae and wings are whitish after final moulting. The wing folds look like wing-pads but after 1 or 2 minutes they extend and stand vertically on the dorsum. Their veins appear blackish after 10 minutes.

3. Oviparoue reproduction. —During October and November the last generation of alienicolae（sexuparae）on cotton or other plants give rise to wingless ovipara and winged males. After mating, the wingless females produce overwintering eggs. Eggs are orange yellow

in color just after being laid; they become greenish brown, then bluish-brown; by 6 or 7 days later, shiny black.

With the advent of mating, the male first touches the body of the female, then creeps onto and walks round on the back of it. At that time the female becomes motionless and slightly lifts up her abdomen, while the male, grasping the back of the female with his fore legs and her body-skles with his middle legs, supports his body on the leaf surface with his hind legs. Finally, bending his abdomen in contact with the female, the mating begins, During mating, the middle and hind legs of the female move alternately, and the male beats sligbtly the back of the female with its antennae, After the action has lasted about 10 minutes, they separate and the male flies a way, mating with other females as before.

The female deposits eggs on the day of mating or on the next. While laying eggs the female vibrates her antennae slightly, moves alternately left middle and right hind legs and stretches her body forward. Laying one egg takes about one hour. Oviposition of a female lasts 1 to 8 days, laying each day none to 4 eggs. One female deposits 1 to 7 eggs, 3.07 on an average.

4. Overwintering. —In the field, aphids pass the winter in egg form but in a green house, where the temperature is kept about 65°F., they do not need to lay eggs and continue their parthenogenetic reproduction, passing the winter still in wingless agamic and winged agamic form. This fact was brought out by aphids (of the same species) living on curcumber leaves in the green house of the College, at a temperature of about 65°F., from December 1934 to March 1935. Besides, aphids of the same species attacking chrysanthemum reproduced sexuales for pairing and oviposition took place until the end of December. This is one month later than on cotton plants in the field. Judging from the two above cases, the oviposition of aphids would probably correspond to the temperature of their surroundings. That is to say: in low temperature the aphids require overwintering eggs, otherwise not.

OTHER HOSTS AND MIGRATION

As cotton-aphids are polyphagous, the hosts, beside cotton-plants, found in the vicinity of Tsinan, comprise 23 families and 43 species. They are listed as follows;[1]

Name of Hosts

1. *Ablemoschus manihot* (L.) Medic. (Malvaceae)

2. *Malva rotundifolia* Linn. (Malvaceae)

3. *Hibiscus syriacus* L. (Malvaceae)

4. *Malva* sp. (Malvaceae)

5. *Sonchus oleraceus* Linn. (Compositae)

---

[1] The writers are much in debed to the Fan Memorial Institute of Biology, Peiping, as well as to the Biological Laboratory, Science Society of China, Nanking, for their valuable assistance in determining the host sepcimens

6. *Xanthium strumarium* L. （Compositae）

7. *Chrysanthemum* sinense Sabiae （Compositae）

8. *Lactuca chinensis* Makino （Compositae）

9. *Artemisia* sp. （Compositae）

10. *Artemisia* sp. （Compositae）

11. *Artemisia* sp. （Compositae）

12. *Lactuca denticulata* Maxim （Compositae）

13. *Taraxacum officinale* （With. ） Wigg. （Compositae）

14. *Cirsium* sp. （Compositae）

15. *Cirsium segtum* Bge. （Compositae）

16. *Lactuca* sp. （Compositae）

17. *Acalypha australis* Linn. （Euphorbiaceae）

18. *Euphorbia humifusa* Wild. （Euphorbiaceae）

19. *Euphorbia heterophylla* L. （Euphorbiaceae）

20. *Euphorbia* sp. （Euphorbiaceae）

21. *Lespedeza trichocarpa* Pers. （Papilionaceae）

22. *Cueldanstaedtia multiflora* Bge. （Papilionaceae）

23. *Robinia pseudo-acacia* Linn. （Papilionaceae）

24. *Medicago sativa* L. （Leguminosae）

25. *Caragara leveillei* Kom （Leguminosae）

26. *Ipomoea* （*Pharbitis*）*nil* Roth. （Convolvulaceae）

27. *Physalis ciliata* Sieb. et Zuec. （Solanaceae）

28. *Portulaca oleracea* Linn. （Portulacaceae）

29. *Capsella bursa-pastoris* Moench. （Cruciferae）

30. *Firmiana platanifolia* （L. ） R. Br. （Sterculiaceae）

31. *Cynanchum sibiricum* （L. ） R. Br. （Asclepiadaceae）

32. *Amaranthus blitum* Linn. （Amaranthaceae）

33. *Polygonum amphibium* Linn. （Polygonaceae）

34. *Morus alba* L. （Moraceae）

35. *Viola patrinii* Dc. （Vilolaceae）

36. *Cucurbita pepo* L. （Cucurbitaceae）

37. *Rosa multiflora* Thunb. （Rosaceae）

38. *Plantago major* L. var. *asiatica* Dc. （Plantaginaceae）

39. *Rehmannia glutionosa* Libosch. （Serophulariceae）

40. *Marubium supinum* （Steph. ） Hu （Labiatae）

41. *Rubia cordifolia* L. （Rubiaceae）

42. *Vitex cannabiformis* S. et Z. （Verbenaceae）

43. *Xanthoxylum simulans* Hauce （Rutaceae）

On March fundatrices emerging from eggs were found on their primary hosts, such as, *Marubium supinum* (Steph.) Hu and *Chrysanthemum sinense* Sabine. Later on the fundatrigenae developed and migrantes were continually produced by them. At the end of May, when the young cotton plants have five or six leaves, the migrantes came to produce alienicolae thereon. The alienicolae reproduced very rapidly in high temperature and dry air with the result that leaves were curled up and the whole plant became weak even to death. During September and October, the air temperature became cooler and cooler, and the tissue of cotton plants appeared to be tough or hard. The aphids felt these hosts not fit for existence and removed to the wild grasses in the neighbourhood and the tender leaves on the cotton stems near the ground. After the winged nymphs produced by the alienicolae had become mature, they flew to *Chrysanthemum sinense* Sabine (wild chrysanthemum) and *Planlage major* L. var. *asiatica* Dc. to give birth to winged males and wingless females. After pairing, the females began to lay their overwintering eggs. Based upon this obsevation carried on throughout one year, there is no doubt that sexuparae, sexuales, eggs, fundatrices, fundatrigenae and migrantes are on the primary hosts, while cotton, as well as other plants, should be regarded as their secondary hosts on which the winged and wingless alienicolae sojourn.

NATURAL ENEMIES

According to the observation of last year, the natural rivals of cotton-aphids consist of 1. *Aphidius* sp., 2. *Paragus quadrifasciatus* Meigen, *Syrphus balteatus* de Geer, 4. *Sphaerophoria meulastri* Linnaeus, 5. *Ischiodon smdellaris* Fabricus, 6. Oscinid fly (specific name unknown), 7. *Coccinella septempumctala* Linnaeus, 8. *Ptychanatis* (*Coccinella*, *Harmonia*) *axyridis* Pallas, 9. *Propylea japouica* Thunberg, 10. *Hippodania tredecimpunctata* Linnaeus, 11. ? *Hyperaspis repensis* Herbst., 12. *Chrysopa japana* Okamoto, 13. *Chrysopa seplempunctata cognata* MacLachlan, 14. an unknown species of Reduviidae. The habits and life-history of the above mentioned insects are recorded below.

1. *Aphidius* sp. —When cotton-aphids are parasitized by *Aphidius*, their bodies become swollen, shiny and reddish brown in color. After maturity, the parasite spins a thin cocoon in the body-cavity of the host. Then the aphid-body becomes globular and looks shiny brown. In a few days, through a hole made near the left cornicle, the adult parasite emerges from the aphid body.

After its emergence, the parasite often frequents cotton leaves and sucks honey secreted by the host. During oviposition, the parasite alternately beats the aphids with its antennae, stands on its six legs, bending its abdomen forward in V-shape and sends its long and sharp ovipositor into the thorax and abdomen of aphids to lay eggs therein.

The parasites attack the aphids as soon as the latter appear on the cotton leaves. During May and June, the percentage of parasitism is 10.95 on an average, but in late months it de-

279

creases. In November, they are rarely found in the field but sometimes may be met within the aphids on the leaves of chrysanthemums.

Besides Coocinellids and Chrysopids occasionally preying upon aphids enclosing *Aphidius*, the parasites are in turn hyperparasitized by Ceraphrionids and Encyrtids (*Aphidencyrtus* sp.) the structures of which will be described later, as time permits.

2. Syrphids and Oscinids. —The adults of Syrphids or Oscinids fly to cotton-leaves and lay thereon eggs amongst the aphids. The eggs are elongated and ellipsoidal in shape, white in color and distributed singly. The larva preys upon aphids in its neighbourhood. Its anterior part loops actively, moving left and right in search of them. With its pointed jaws the Syrphid larva grasps one to raise it in the air and slowly picks and sucks out all the body contents, finally discarding the empty skin. During creeping, the anterior half of the body extends forward and the posterior part contracts. Its abdominal surface secrets some liquid which sticks its body to the cotton leaves thereby avoiding falling to the ground.

When mature, the syrphid larvae pupate on leaves, but the oscinid larvae secret viscous substance on the undersurface along veins for fastening their body and their last larval skins are retained as coverings to the pupae, forming puparia which enclose coarctate pupae in them.

After emergence they pair and deposite eggs. This takes 2 or 3 days. The adult syrphids fly with extreme swiftness or hover in the air with their wings fanning like a haze but without any visible movement of the body. Most oscinid adults frequent cotton leaves.

The syrphid larvae are occasionally preyed upon by the Coccinellids, if aphids are lacking. The pupae of *Sphaerophoria mentastri* and *Ischiodon scutellaris* are parasitized by *Pachyneuron* sp. (Pteromolidae) and oscinid flies by *Euryischia* sp. (Elasmidae).

With regard to economic value, these insects are inferior to the Coccinellids or the Chrysopids. This is due to the fact that (1) no adult preys on aphids, (2) pupation-period too long, (3) pupae destroyed by parasites, (4) predatory power not great.

3. Chrysopids (Aphis-lions). —In late June, the adults fly to aphid-infested cotton-plants and lay eggs on both surfaces and the petioles of leaves, as well as the branches and the main stems. Their white eggs are curious objects on long slender stalks (7mm long; 0.013mm in diameter) high above the surface to which they are attached. Four or five eggs are put together. Some four days after oviposition, the egg becomes purplish-gray in color and then the larva hatches out from an anterier longitudinal slit. The larva grasps the egg shell resting motionlessly on the egg stalk for a moment. Then it creeps down to the leaf-surface in search of aphids, It touches them first with its antennae and then uses its very long, sharp-pointed mandibles to grasp them and panctures their bodies sucking their fluid. About three days after hatching the larva does its first moulting. With the advent of moulting, its body swells slightly and becomes shiny. Near the 10th segment some liquid is secreted in order to stick its body to the leaf-surface. Through a longitudinal slit on the dorsum of the thorax, it draws its head out anteriorly and its thorax and abdomen posteriorly. After moulting, it creeps to some adjacent

place for resting. When the body color becomes dark and the skin hardened, it begins to eat a-phids as before. After moulting twice, in about 8 ~ 10 days, the larvae of *C. seplempuctata* spins a cocoon on the undersurface amongst the wrinkles of leaf-edges, while those of *C. japana* go 4 ~ 8mm go into the ground and pupate there in cocoons. About two weeks after pupation, they emerge, During emergence, the pupa cuts a circular hole in the cocoon through which it makes its escape. Then it grasps cotton-leaves or other things, slits longitudinally on the dorsum of the thorax and finally discards its puparium, becoming a lace-winged fly.

As *C. japana* was reared in the insectary during last August, the time length of different stages was recorded as follows; egg-stage 3 ~ 4 days; 1st instar 2 ~ 4 days; 2nd instar, 2 ~ 3 days; 3rd instar 2 ~ 4 days; pupa stage 12 ~ 15 days; adult stage 4 ~ 14 days.

In regard to utility for natural control, this parasite has some defects: (1) pupa stage too long, (2) no adult catches aphids, (3) larvae appear too late.

4. Coccinellids (Lady-beetles). —There are five species met with in cotton-fields namely, 1. *Coccinella septempunctata*, 2. *Plychanatis axyridis*, 3. *Propylea japonica*, 4. *Hippodamia tredecimpunctata*, 5. ? *Hyperaspis reppensis*. Amongst these the first three species are very common in Tsinan, Chitung, Chowping and Kaomi districts. *Hippodamia tredecimpunctata* is also commonly found at Kaomi, though not abundant in other districts. *Hyperaspisreppensis* is rare everywhere.

The following statement concerning the habits of lady-beetles is based upon observations on the first two species only.

Several hours or one day after emergence, the adults begin to capture aphids. They eat most greedily at three periods, namely, both sexes two or three days after emergence, females during oviposition and males two days after pairing. Cannibalism sometimes occurs amongst the beetles. In case aphids are lacking, they eat even their own eggs, larvae and pupae. They would die from starvation, if no food is supplied.

The adults become very active and begin to pair, seven or eight days after emergence. After pairing, the female deposits eggs on the same day. Eggs are regularly placed in a mass, standing on end in contact with each other. Every mass contains one to ninety eggs, Those of *C. septempunctata* contain 5 to 72 eggs, 23 on an average; *Ptychanatis axyridis* 1 to 50, 22 on an average; *Propylea japonica* 7 to 90, 12 on an average, *C. septempuntala* produce 224 eggs in eight days (31/ Ⅶ − 7/Ⅷ). In 24 hours, each deposits from 17 to 25, 28 eggs on an average. There was another case in which the beetle seemed more fertile than this. On June 4th, one beetle was collected in the Held and reared in the insectary. 418 eggs were produced in eight days. In one day, it told 16 to 114 eggs, 59.7 on an average. *Plychanatis axyridis* produces 444 eggs in 40 day. 6 to 64 eggs, 23 on an average, are produced in one day.

If sufficient food is supplied, the female can produce eggs without pairing. Although they have the same appearance as fertilized eggs, they cannot hatch out, becoming yellowish

281

brown, finally shrinking and collapsing.

In late-autumn the beetles begin to hibernate under the bark and in the cracks of walls. When it is warm, they come out and sun themselves.

The longevity of beetles varies with species, individuals and environment. *C. septem punclata* lives for 28 days (19/VII – 15 VIII) apart from hibernation, *Ptychanalis axyridis* 37 days (male) (13/VII – 19 VIII) and 41 days (female) (13/VII – 23 VIII) and *Propylea japonica* 20 days without pairing (19/VIII – 7/IX). The egg-stage of *C. septempunctata* is 2 ~ 4 days, *Ptychanalis axyridis* 2 ~ 3 days, *Propylea japonica* 2 ~ 4 days.

Eggs hatch in 2 ~ 4 days. Just before hatching, the larva can be seen through the egg-shell marked with grayish setae. During hatching, it cuts the top of the shell and pushes out its head, legs and body which are yellowish white with grayish black setae. The newly-hatched larva rests on the shell for a few minutes and then becomes blackish. The eating power of a larva increases with the stadium. During the first instar, it eats a total of 5 ~ 10 aphids, during second instar 20, during 3rd and 4th instar 100 aphids, each day.

The time – lengths of the larval stage differ with the species. For comparison, they are tabulated as follows:

TABLE VII TIME-LENGTHS OF LARVAL STAGES OF DIFFERENT SPECIES OF LADY-BEETLES

	1st Instar	2nd Instar	3rd Instar	4th Instar	Larval stage
C. septempunctata	2 ~ 3 days	1 ~ 2 days	1 ~ 2 days	2 days	7 ~ 8 days
P. axyridis	1 ~ 4 days	1 ~ 2 days	2 ~ 3 days	2 ~ 5 days	8 ~ 11 days
P. japonica	2 days	1 ~ 2 days	1 ~ 2 days	2 ~ 3 days	7 ~ 8 days

After moulting three times, the larva has reached maturity, its body bends in the form of an arc and its head is contracted under its prothorax. Its six legs extend backward and the caudal segments secret fluid to stick the body to the lear-surface. In one or two days, it slits longitudinally on the dorsum of the thorax and discards its skin, becoming a motionless pupa taking no nourishment. It pupates for 2 ~ 5 days and finally the adult emerges.

The time-length of one generation differs with the species and is noted below.

TABLE VIII TIME-LENGTHS OF ONE GENERATION OF DIFFERENT SPECIES OF LADY-BEETLES

	Egg Stage	Larval Stage	Pupa Stage	Adult Stage
C. septempunctata	2 ~ 4 days	7 ~ 8 days	3 ~ 4 days	14 ~ 16 days
P. axyridis	2 ~ 3 days	8 ~ 11 days	3 ~ 5 days	13 ~ 19 days
P. japonica	2 ~ 4 days	7 ~ 8 days	2 ~ 4 days	11 ~ 16 days

In one year the beetles can develop three or four generations. In one generation, the adult and larval stages of the beetles are longer than those of other parasites. Both the larva and adult consume a great number of aphids. The junior writer once saw a larva of *Plychanalis axyridis* at the fourth instar devour clustered aphids on two or three cotton-leaves in one day. On each leaf there were five or six hundred aphids and therefore one larva can eat over one thousand aphids in one day. The adult has longer life and greater devouring power so that lady beetles should be considered as more powerful rivals to aphids than other parasites.

In respect to utility for checking aphids, the lady-beetles have some advantages but also certain disadvantages. The advantage consist in: (1) Larva and adult each has longer life with greater capacity for consuming aphids; (2) greater fecundity, 224 ~ 444 eggs produced by one beetle; (3) three or four generations in one year; (4) early appearance in late April; (5) easily multiply by artificial feeding. But the disadvantages are inevitable, such as, cannibalism amongst themselves, polyphagous to food plants and eggs and larvae destroyed by ants.

5. Reduviids[1]. —In addition to the above enemies, the cotton aphids are often attacked by certain reduviids. They pierce the aphid body with their sucking mouth. Then they carry the victim to the petiole of the leaf and thereon suck up its fluid in a few minutes. They also catch small and delicate insects and occasionally inflict painful bites on man when handled.

PROTECTION BY ANTS

The interrelationship between ants and aphids has long been known. *Aphis gossypii* Glover in cotton fields is at the same time attended by several species of ants, such as, *Lasium niger* Linnaeus, *Monomoriung nipponense* Wheeler and *Formica fusca* var. *japonica* Motschulsky. Honeydew secreted by aphids constitutes a great part of their food. As the ants intend to obtain a considerable amount of food from aphids, they protect them very carefully in several ways. Most aphids on cotton leaves are wingless and cannot be widely distributed until alate forms develop among them under the infulence of crowdedness. With the purpose of getting more food, ants run about indefatigably, carrying aphids from plant to plant and from leaf to leaf. They disseminate aphids very rapidly and are responsible for great damage done to cotton plants. When aphids are attacked by certain insects, ants drive them away and even eat up the larvae and eggs of the enemies. Finally, before rain, ants carry aphids into their own nests in order to prevent their drowning. From the above facts, ants have been given much attention in the campaign against the cotton aphids.

---

[1] This is a verbal report of Mr. Ho Chun, who made the observation in the cotton fields at Tsinchwang, Kaomi, Shantung.

CONTROL BY INSECTICIDES *

Aphids are best controlled by the use of contact insecticides. Most of the materials now in use for combating aphids are soap solutions, nicotine, pyrethrum, and oils. Two contact insecticides, cotton-seed oil soap emulsion and tobacco pyrethrum soap solution were used by us in controlling cotton-aphids. They have been proved to be very effective, killing 98% of the aphids.

These two insecticides are described below:

1. Tobacco-pyrethrum soap solution

（a）Formula:

Tobacco	2 000g
Pyrethrum powder	200g
Soap	400g
Water	200 liters

（b）Preparation:

Boil the tobacco in 20 liters of water for one and half hours. Allow this to cool and filter to get tobacco solution. In the meantime shave the soap fine and dissolve in 10 liters of hot water and then heat the soap solution to boiling point. Pour pyrethrum powder showly into the boiled soap solution and continue to boil for five minutes.

Mix the pyrethrum soap solution and tobacco solution together, stir well, dilute to just 200 liters of spray.

After the mixing has been completed it should be stored in a tight container before being used.

2. Cotton-seed oil soap emulsion

（a）Formula:

Cotton-seed oil	90g
Soda（Na_2Co_3&NaOH）	23 ~ 34g
Water	45 ~ 50ml

（b）Preparation:

Dissolve soda in hot water and heat to boiling point, then add the cotton-seed oil slowly to it and stir well. After each addition of oil, stir thoroughly before adding more. The mixture becomes as concentrated as paste with a fine brown color. Finally this paste is diluted for spraying at the rate of 1 part paste to 15 ~ 20 parts of water. First dilute with a little hot water until it dissolves completely and then add all the water. The cost of this solution is less than that of the former.

---

* These two formulae were worked out by Mr. Lee Wen-hai, assistant in charge of preparing insecticides.

EXPLANATION OF FIGURES

Fig. 1a. —Antenna of Fundatrix of *A. gossypii*.

Fig. 1b. —Cornicle of same.

Fig. 2a. —*Aphis gossypii*, apterous agamic form.

Fig. 2b. —Cornicle of same.

Fig. 2c. —Cauda of same.

Fig. 2d. —Antenna of same.

Fig. 2e. —Anal plate of same.

Fig. 3a. —*Aphis gossypii*, alate agamic form.

Fig. 3b. —Cornicle of same.

Fig. 3c. —Antenna of same.

Fig. 4a. —*Aphis gossypii*, ovipara.

Fig. 4b. —Cornicle of same

Fig. 4c. —Hind tibia and tarsus, showing sensoria on the former.

Fig. 4d. —Antenna of same.

Fig. 5a. —*Aphis gossypii*, alate male.

Fig. 5b. —Cornicle of same.

Fig. 5c. —Antenna of same.

Fig. 6. —Overwintering egg of *A. gossypii*.

REFERENCES

Baker, A. C. Generic Classification of the Hemiptera, Fam. Aphididae. U. S. D. A. , Bull. 1920: 826.

Baker, A. C. Hemiptera of Connecticut: Aphididae. State Geol. and N, H. Survey, Bull. 34, pt. IV, 1923: 250 – 335.

Das, B. The Aphididae of Lahore. Mem. Ind. Mus. , VI, 1918: 219 – 225.

Goff, C. C. and Tissot, A. N. The Meion Aphis: *Aphis gossypii* Glover. Agr. Exp. St. , Univ, Florida, Bull. 252, 1932: 1 – 23.

Hottes, F. C. and Frison, T. H. , The Plant Lice or Aphididae of Illinois. Dept. Reg. & Educ. , Div. N. H. Survey, Vol. XIX, Art. III, 1931.

Kambe, T. On Life-history of *Propvlea japonica* Thunberg, A Natural Enemy of Aphis Injurous to Cotton-plants. Ann. Agr. Expt. St. Chosen, Vol. VI, 1931: 1 – 2.

Kuwayama, S. Neuroptera, Chrysopidae. Icon. Insect, Jap. , 1932: 1539 – 1541, figs. 3040 – 3044.

Liu, Chi-ying. Notes on the Biology of Two Giant Coccinellids in Kwangsi (*Caria dilalata*

Fabr. and *Synonycha grandis* Thunberg.) With Special Reference to the Morphology of *C. dilatata*. Bul. Ent. Hangchow, China, Y. B. No. 2, 1933: 205 – 250, pls. 31 – 32.

Oestlund, O. W. Tribes of Aphididae. The 7th Rept. Sta. Entom. Minnesota, 1918.

Patch, E. D. The Melon Aphid. Maine Agri. Exp. Sta. , Bull. 1925: 326.

Reinhard, H. J. The influence of Parentage, Nutrition, Temperature, and Crowding on Wing Production in *Aplus gossypii* G. Texas Agri. Exp. St. , Bull. 1927: 353.

Shiraki, T. Diptera, Syrphidae. Icon. Insect. Jap. , 1932: 101 – 106, figs. 193 – 203.

Smith, R. C. A Study of the Biology of the Chrysopidae. Ann, Ent. Soc. Am. , Vol. XIV, 1921: 27 – 35.

Smith, R. C. The Life histories and Stages of Some Hemerobiids and Allied Species (Neuroptera). Ann. Ent. Soc. Am. , Vol. XVI, 1923: 129 – 148, pls. 5 – 7.

Takahashi, R. Aphididae of Formosa, pt. 6. Dept. Agr, Govern. Res. Inst. Formosa Rept 1931: 53.

Tan, Chia-Chen. Notes on the Biology of the Lady-bird Bettle, *Plychanatis axyridis* Pallas. Peking Nat. Hist. Bull. , Vol. 8, pt. I, 1933: 8 – 18.

Tan, C. C" and Li, J. C. Variations in the Color Patterns in the Lady-bird Beetle, *Plychanatis axyridis* Pallas. Peking Nat. Hist. Bull. , Vol. 7, pt. 2, 1932: 175 – 195.

Tao, Hsin-chih. The Coccinellidae of Soochow. Lingnaan Agr. Rev. , Vol. 4, No. 2, 1927: 137 – 172, pls. VIII – XV, figs, 1 – 70.

Theobald, F. V. The Plant Lice or Aphididae of Great Britain, Vol. II, 1927: 141 – 145.

Wildermuch, V. L. and Walter, E. V. Biology and Control of the Corn Leaf Aphid With Special Reference to the Southwestern States. U. S. D. A. , Technical Bull. , 306, 1932: 1 – 15.

Wilson, H. F. and Vickery, R. A. , A Species List of the Aphididae of the World and Their Recorded Food Flants. Trans. Wisc. Acd. S. A. & L. , Vol, XIX, pt. I, 1918: 84.

Yano, M. Hymenoptera, Formicidae. Icon. Insect, Jap. , 330 – 340, tigs, 642 – 663.

PLATE

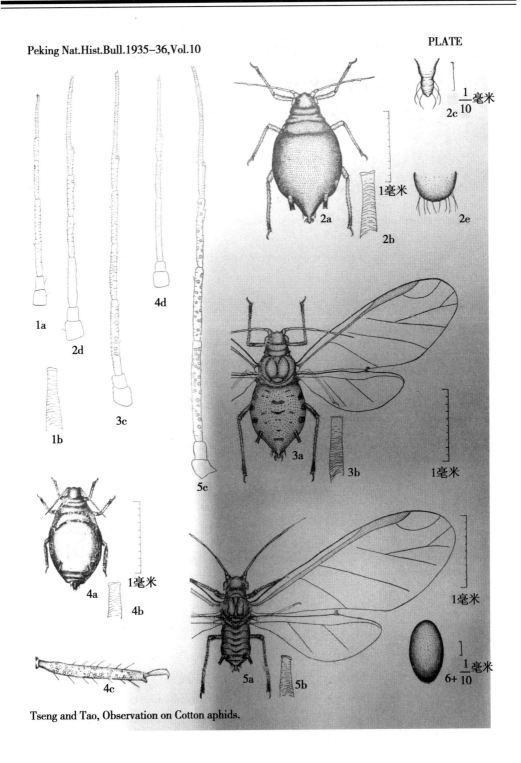

$\frac{1}{10}$毫米

2c

1毫米

2b

2e

1毫米

3b

1毫米

5c

1毫米

4b

1毫米

4a

4c

5a

5b

$\frac{1}{10}$毫米

6+

1a

1b

2d

3c

4d

3a

Tseng and Tao, Observation on Cotton aphids.

A List of the Aphididae of China with Descriptions of Four New Species
(中国蚜虫名录附四新品种) *

国立四川大学农学院　曾省　陶家驹

By SHEN TSENG AND CHIA-CHU TAO

(*Colloge of Agriculture, National University of Szechwan, Chengtu, China.*)

The plant lice or aphids include many small and interesting but often very destructive insects which may annually do an immense damage to the various crops. In China not much attention has been given to the biology, classification and economy of this important family. Doctors R. Takahashi, A. Mordvilko, P. van der' Goot and many others have occasionally received specimens from different parts of the country for identification but none of them has had the opportunity for an extensive collection, thus about 80 species are so far recorded. The attempt of the writers is to furnish as complete as possible a list of all the species heretofore known to occur in China including their food plants, distribution and references for original description and for Chinese records. Totally 108 species are listed, of which 4 are new species and 24 are new to the fauna of China. *Aphis cardui* L. , *Aphis maidi-radicis* Forbes, Yamataphis oryzre Mats. , *Capitophorus fragae-folii* Cockll. , *Geoica* sp. and a few others are recorded from China by certain writers but their identification are rather doubtful, as they are apparently exotic species so are not included in this paper.

The writers wish to express their hearty thanks to Dr. R. Takahashi of the Department of Agriculture, Government Research Institute, Formosa, Japan for his kindness in allowing the junior writer to use his valuable collection of Chinese aphids and for his wise advice and help in various ways during the course of this study. Thanks are also due to Dr. K. Shibuya and Prof. T. Shiraki of the same Institute for their hospitality and courtesy given to the junior writer, and also to Messrs. kia-ziang Chen（陈家祥）, Fong-ge Chen（陈方洁）, Tsing-chao Ma（马骏超）, Yuen-tsing Chang（张允晋）, N. Hwang（黄能）, Tin-tao Yao（姚听涛）, Chuen Ho（何均）, Chao Kuan（管超）, Chen-tong Yuan（袁振堂）, and Tai-ping Li（李太平）, for their valuable specimens. The writers are also deeply indebted to Prof. S. S. Chien（钱崇澍）, for the determination of the food plants collected in Tsinan by the junior writer and to Prof. H. T. Feng（冯敩棠）for the supply of many literatures.

---

* 《昆虫与植病》, 1936 年 3 月, 4 卷, 7—9 期。

Family **APHIDIDAE.**

Subfamily **LACHNINAE.**

Tribe **Lachnini.**

Genus **Tuberolachnus** Mordvilko.

Tuberolachnus saligna Gmeliu.

Aphis saligna Gmelin, Syst. Nat. , 62, p. 2209 (1788).

Tuberolachnus riminalis Takahashi, Trans. Nat. Hist. Soc. Formosa, XV, p. 104 (1925), (List).

Pterochlorus riminalis Takahashi, Proc. Nat. Hist, Soc. Fukien Christ. Univ. , I, p. 28 (1928), (List).

Tuberolachnus saligna Takahashi, Dept. Agr. , Gov't. Res. Inst. Formosa, Rept. 53, p. 21 (1931) (List).

Host—*Salix* sp.

Dists—China: Fukien (Foochow). Kiangsu (Soochow), Shantung (Tsingtao).

India, Central Asia, Europe, Africa. Korea, Formosa, Japan, Java. America, etc.

Genus Lachnus Burmeister.

Lachnus tropicalis van der Goot.

Pterochlorus tropicalis van der Goot, Rec. Ind. Mus. , XII, 1, p. 3 (1916); Takahashi, Trans. Nat. Hist. Soc. Formosa, XIV, p. 56 (1924), (List); Proc. Nat. Hist, Soc. Fukien Christ. Univ. , I, p, 28 (1928), (List); Yen, Pek. Nat. Hist. Bull. , VI, 2, p. 61 (1931), (List (; Cheo, Pek. Nat. Hist, Bull. , X, p. 35 (1935), (List).

Host-*Quercus* sp.

Distr-China: Chekiang (Hangchow, Kiangshan), Kiangsu (Nanking).

India, Japan.

Tribe **Stomaphidini.**

Genus **Stomaphis** Walker.

Stomaphis yanonis Takahashi.

Dobutsugaku Zasshi （动物学杂志）, XXX, p. 369 (1918); Lingnan Sc. Jl. IX, 1 & 2, p. 11 (1930), (List).

Host—*Celtis sinensis*.

Distr. —China: Kiangsu (Kiangying).

Japan.

Tribe **Cinarini.**

Genus **Schizolachnus** Mordvilko.

Schizolachnus tomentosus DeGeer.

Aphis tomcntosus DeGeer, Mem p. Serv. a l'hist, Ins. , III. p. 39 (1780).

Lachnus tomcntosus van der Goot, Tijds. Ent. , LXI, p. 114 (1918), (List).

Schizolachus tomcntosus Takahashi, Proc. Nat. Hist. Soc. Fukien Christ. Univ. , I, p. 28 (1928). (List).

Host—*Pinus* sp.

Distr. —China：Kwantung (Hongkoug) (vide van der Goot).

Europe.

The writers have not seen any specimen of this species fron. China.

Genus **Eulachnus** Del Guercio.

Eulachnus agilis Kaltenbach.

Lachnus agilis Kaltenbach, Die Pflanz. , I, p. 161 (1843)；van der Goot, Tijds. Ent. , LXI, p. 114 (1918), (List).

Eulachnus agilis Takahashi, Proc Nat Hist. Soc. Fukien Christ. Univ. , I, p. 28 (1928), (List).

Host—*Pinus* sp.

Distr. —China：Kwantung (Hongkong) (vide van der Goot).

The writers have not yet collected the specimens of this species in China.

Genus **Unilachnus** Wilson.

Unilachnus orientalis Takahashi.

Dept. Agr. , Gov't. Res. Inst. Formosa, Rept. 10, p. 74 (1924)；Boll. Lab. Zool. Portici, XX, P 147 (1927), (List)；Proc. Nat. Hist. Soc. Fukien Christ. Univ. , I, p. 28 (1928), (List)；Dept. Agr. , Gov't. Res. Inst. Formosa, Rept. 53, p. 24 (1931), (List).

Host-*Pinus* sp.

Distr. —China：Fukien (Kushang).

Formosa, Loochoo, Japan.

Genus Cinara Curtis.
Cinara formosana Takahashi.

Dilachnus formosana Takahashi, Dept. Agr., Gov't. Res. Inst. Formosa, Rept, 10. p. 73 (1924).

Panimcrus piniformosanu Takahashi, Proc. Nat. Hist. Soc. Fukien Christ. Univ., I, p. 28 (1928), (List).

Cinara formosana Takahashi, Dept. Agr., Gov't. Res. Inst. Formosa, Rept. 53, p. 23 (1931), (List).

Host—*Pinus massoniana.*

Distr. —China：Chekiang (Weuchow), Kiangsu (Nanking), Fukien (Foochow).

Formosa, Loochoo.

Cinara pineti Koch.

Lachnus pineti Koch, Die Pflanz., p. 230 (1857).

Host—*Pinus* sp.

Distr. —China：Shantung (Tsingtao).

Korea, Formosa, Loochoo, Japan, Europe, South America.

This species is new to China. Some wingless viviparous females were collected by the junior writer on May 20, 1934 and Mr. Chuen Ho on April 23, 1935.

Cinara pinidensiflorae Essig et Kuwana.

Lachnuo pinidcnsiflorac Essig and Kuwana, Proc. Calif. Acad. Sc. 4 ser., VIII, 3. p. 99 (1918).

Hosts—*Pinus tabulaeformis*, *P. thunbergii.*

Distr. —China：Shantung (Tsinan).

Korea, Formosa, Japan.

Previously this species is known to occur in the Japanese Islands but not in China. Many winged and wingless viviparous females were collected by the junior writer in Tsinan, April 1935.

Cinara thujafoliae Theobald.

Lachniclla thujafoliac Theobald, Bull. Ent. Res., IV, p. 335 (1914).

Ncochmosis thujafoliac Cheo, Pek, Nat. Hist. Bull., X, I, p. 35 (1935), (List).

Host—*Thuja orientalis?*

Distr. —China: chekiang (Shuian), Hopei (Peiping). Kiangsu (Shanghai), Shantung (Tsinan).

Korea, Formosa, Japan, Java, Africa, Australia.

Tribe **Anoecini.**
Genus **Anoecia** Koch,
Anoecia corni Fabricius.

Aphis corni Fabricius, Ent. Syst., IV, p. 214 (1774).

Host—*Cornus walteri.*

Distr. —China: Shantung (Tsinan).

Cosmopolitan.

This species is hitherto unrecorded from China. Some winged viviparous females were collected by the junior writer in May, 1935.

Subfamily **GREENIDEINAE.**
Tribe **Greenideini.**
Genus **Greenidea** Schouteden.
Greenidea artocarpi Westwood.

Siphonophora artocarpi Westwood, Trans. Ent. Soc. London, p. 649 (1890).

Greenidea artocarpi van der Goot, Tijds. Ent. LXI. p. 114, (1918), (List); Takahashi, Proc. Nat. Rist. Soc. Fukien Christ. Univ., I, p. 28 (1928), (List).

Host—*Ficus* sp.

Distr. —China: Kwantung (Hongkong). (vide van der Goot).

India, Ceylon, Java.

The writers have not seen any specimeus of this species from China.

Genus **Eutrichosiphum** Essig et Kuwana.
Eutrichosiphum pasaniae Okajima.

Trichosiphum pasaniae Okajima, Bull. Coll. Agr. Tokyo Imp. Univ., VIII. 1, p. 5 (1908).

Eutrichosiphum pasaniae Essig and Kuwana, Proc. Calif. Aead. Se.., 4th ser., VIII. 3, p. 97 (1918), (Apterous form described).

Host—*Quercus* sp.

Distr. —China: Chekiang (Kiangshan).

This species is previously only known from Japan, Formosa and Loochoo. Some winged females, many nymphs and one wingless female were collected by Mr. Tsing-chao Ma, on June 24, 1935.

Tribe **Cervaphidini.**
Genus **Setaphis** van der Goot.
Setaphis viridis van der Goot.

Contr. Faun. Ind. Neerl. , I, 3, p. 158 (1917); Takahashi, Trans. Nat, Hist. Soc. Formosa, XVII, p. 230, 1927, (List); Proc. Nat. Hist. Soc. Fukien Christ. Univ. , I, p. 27 (1928), (List).

Host—*Phyllanthus* sp.

Distr. ——China: Fukien (Kuliang).

Java.

Subfamily **APHIDINAE.**
Tribe **Aphidini.**
Genus **Cryptosiphum** Buckton.
Gryptosiphum gallarum Kaltenbach.

Aphis gallarum Kaltenbach, Verb. Nat. V. Preuss. Rhein. West, p. 206 (1856).

Cryptosiphum artemisiae Takahashi, Proc. Nat. Hist. Soc. Fukien Christ. Univ. , I, p. 27 (1928), (List).

Cryptosiphum gallarum Takahashi. Dept. Agr. , Gov't, Res. Inst. Formosa, Rept. 53, p. 37 (1931), (List).

Host—*Artemisia vulgaris*.

Distr. —China: Fukien (Foochow), Shantung (Tsinan).

Korea, Formosa, Japan, Europe.

Genus **Brachycolus** Bucktod.
Brachycolus heraclei Takahashi.

Agr. Expt. Sta. Formosa. Spec. Rept. 20. p. 60 (1921); Trans. Nat. Hist. Soc. Formosa, XVII, p. 239 (1927), (List); Proc. Nat. Hist, Soc. Fukien Christ. Univ. , I. p, 27 (1928), (List); Dept. Agr. , Govt. Res. Inst. Formosa, Rept. 53, p. 37 (1931), (List).

Hosts—*Apium petroselinum*, *Coriandrum sativum*, *Illicium anisatum*, *Lonicera japonica*.

Distr. —China: Chekiang (Hwangyen), Fukien (Foochow), Hopei (Peiping). Shantung (Tsinan).

Korea, Formosa, Loochoo, Botel Tobago, Japan, Sumatra.

Genus **Brevicoryne** van der Goot.
Brevicoryne brassicae Linnaeus.

Aphis brassicae Linnaeus, Syst. Nat. , II. 734, 12 (1758).

Brcvicorync brassicae Cheo, Pek. Nat. Hist. Bull. , X, 1, p. 33 (1935), (List).

Hosts—Oruciferous vegetables.

Distr. —China: Chekiang (Hangchow), Fukien (Amoy).

India, Formosa, Japan, Africa, Europe, Hawaii, Australia, America.

This species is listed by Prof. Cheo, but no data is given. A winged and many wingless viviparous females, collected by Mr T. Nakajima at Amoy, on June 26, 1923, have been received throngh the kiudness of Dr. R. Takahashi.

Genus **Hyalopterus** Koch.
Hyalopterus arundinis Fabricius.

Aphis arundinis Fabricius, Ent. Syst. , IV, p. 212 (1794).

Hyalopterus pruni Takahashi, Trans. Nat. Hist. Soc. Formosa, XIV, p. 56 (1924). (List).

Hyalopterus arundinis Takahashi, Proc. Nat. Hiat. Sot. Fukien Christ. Univ. , I, p, 27 (1928), (List); Dept. Agr. , Gov't. Res. Inst. Formosa, Rept, 53, p. 38 (1931), (List); Yen, Pek. Nat. Hist. Bull. , VI, 2, p. 67 (1931), (List); Bur. Ent. Chekiang, Ent. and Phyt. , III, p. 119 (1935), (List); Cheo, Pek. Nat Hist. Bull. , X, I, p, 34 (1935). (List).

Hosts—*Phragmites communis*, *Prunis armeniaca*, *P. mume*, *P. persica*, *P. salicina*.

Distr. —China: Chekiang (Hangchow. Hwangyen, Kashing, Shuian), Fukien (Foochow), Hopei (Peiping, Tientsin), Kiangsu (Nanking, Shanghai, Soochow), Shantung (Tsinan, Tsingtao), Cosmopolitan,

Genus **Pergandeidea** Schouteden.
Pergandeidea trirhodus Walker.

Aphis trirhodus Walker. Ann. Mag. Nat. Hist. , ser. 2, IV, p. 45, 69 (1849).

Pergandeidea trirhodus Takahashi, Trans. Nat. Hiat. Soc. Formosa, XX, p. 274 (1930), (List); Yen, Pek. Nat. Hist. Bull. , VI, 2. p. 67 (1931), (List); Cheo. Pek, Nat. Hist. Bull, X, 1, p. 35 (1935), (List).

Host—*Rosa* sp.

294

Distr. —China: Kiangsu (Nanking), Shantung (Tsingtao).

Genus **Anuraphis** Del Guercio.
Anuraphis helichrysi Kallenbach.

Aphis helichrysi Kaltenbaeh, Mon. Pflanz. p. 102 (1843).

Anuraphis hclichrysi Takahashi. Dept. Agr. , Gov't, Res. Inst. Formosa, Rept. 53, p. 40 (1931), (List).

Host—*Prunus salicina*

Distr. —China: Hopei (Peiping).

Cosmopolitan.

Anuraphis piricola Okamoto et Takahashi.

Ins Mats. I, p. 139 (1927); Takahashi Proc. Nat. Hist, Soc. Fukien Christ. Univ. , I, p. 27 (1928), (List).

Anuraphis piri Takahashi. Trans. Nat. Hist. Soc. Formosa, XIV, p. 50 (1924), (List).

Host—*Pirus serotina*.

Distr. —China: Kiangsu (Chuchow).

Korea, Japan.

Genus *Aphis* Linnaeus.
Aphis bambusae Fullaway.

Ann. Rept. Hawaii Agr. Expt. St. , 1909. p. 35 (1910); Takahashi, Proc, Nat. Hist, Soc. Fukien Christ. Univ. , I, p. 27 (1928), (List); Dept. Agr. , Gov't. Res. Inst. Formosa, Rept. 53, p. 42 (1931), (List); Yen, Pek. Nat. Hist. Bull VI, 2, p. 63 (1931), (List); Cheo, Pek. Nat. Hist. Bull. , X. 1. p. 33 (1935), (List).

Melanaphis bambusae van der Goot, Tijds. Ent. , LXI, p. 114 (1918), (List).

Host—*Bambusa* sp.

Distr. —China: Chekiang (Kiangshan), Kiangsu (Nanking, Soochow), Kwantung (Hongkong).

Formosa, Loochoo, Japan, Singapore, Java, Hawaii.

Aphis citricidus Kirkaldy.

Myzus citricidus Kirkaldy, Proc. Ent. Soc. Hawaii, I, p. 100 (1907).

Aphis tavaresi Takahashi, Trans. Nat. Hist, Soc. Formosa, XVII, p. 239 (1927).

（List）； proc. Nat. Hist. Soc. Fukien Christ. Univ. , 1. p. 26 （1928），. （List）.

Aphis citricidus Takahashi, Dept. Agr. , Gov't. Res. Inst. Formosa, Rept. 53. p. 47 （1931）, （List）； Yen, Pek. Nat. Hist. Bull. , VI. 2, p. 65 （1931）, （List）； Cheo, Pek. Nat. Hist. Bull. , X, I, p. 33 （1935）, （List）.

Hosts—*Citrus* sp. , *Poncirus trifoliata*.

Distr. —China：Chekiang （Hangchow, Hwangyen, Kaizan）, Fukien （Foochow）, Kiangsu （Nanking, Soochow）.

India, Formosa, Loochoo, Japan, Ceylon, Sumatra, Java, Africa, Hawaii, South America.

Aphis gossypii Glover.

Rept. Conrm. Agr U. S. A. , 1876, p. 36 （1877）； Takahashi, Philippine Jl. Sc. , XX-IV. p. 712 （1924）, （List）； Proc. Nat. Hist. Soc. Fukien Christ. Univ. , I, p. 26 （1928）, （List）； Trans. Nat. Hiat. Soc. Formosa, XX, p. 274, （1930）, （List）； Dept Agr, Gov't; Res. Inst. Formosa, Rept. 53, p. 44 （1931）, （List）； Yen, Pek. Nat. Hist. Bull. , VI, 2, p. 64 （1931）, （List）； Tseng and Tao, Coll. Agr. , Nat. Univ. Shantung, Bull. 6, 7, 8 （1935）； Cheo. Pek. Nat. Hist. . Bull, X, I. p. 33 （1935）, （List）.

Hosts—*Capsella bursapastoris*, *Chaenomeles lagenaria*, *Chrysanthemum sinense*, *Cirsium. segtum*, *Colocasia antiquorum*, *Cucumis sativus*, *Cucurbita pepo*, *Euphorbia* sp. , *Glycine hispida*, *Gossypium* spp. , *Hibiscus Syriacus*, *Lyeoperscion esculentum*, *Magnolia dennddata*, *Marubium supinum* （primary host）, *Medicago sativa*, *Rubia cordifolia*, *Solanum tuberosum*, *Speranskia* spp. aff. *pekinensis*, *Valeriana valerianifolia*, *Vitex cannabiformis*, *Wisteria* sp. , *Xanthoxylum simulans*, *Zanthoxylem bungei*.

Distr. —China：Chekiang （ Hangchow, Kaizan, Kiangshan, Sincheng ）, Fukien （Amoy, Foochow）, Hopei （Peiping. Tientsin）, Kiangsu （Nanking, Nantung, Shanghai, Soochow）, Shantung （Kaomi, Tsinan, Tsingtao）.

Cosmopolitan.

Aphis laburni Kaltenbach.

Mon. Pflanz. , p. 85 （1843）； Yen, Pek. Nat. Hist. Bull. , VI, 2, p. 64： （1931）, （List）； Bur. Ent. Chekiang, Ent. and Phyt. , III, p. 119 （1935）, （List）； Cheo, Pek. Nat. Hist. Bull. , X, 1, p. 33 （1935）, （List）.

Aphis mcdicaginis Takahashi. Trans. Nat. Hist. Soc. Formosa, XIV, p. 55 （1924）, （List）； Proc. Nat. Hist. Soc. Fukien Christ. Univ. , I, p. 26 （1928）, （List）.

Hosts—*Dolichos lablab*, *Maackia amurensis buergeri*, *Phaseolus mungo*, *P. vulgaris*, *Robinia pscudoacacia*, *Sophora japonica*, *Soja max*, *Vicia faba*, *Vigna sincnsis*.

Distr. —China：Chekiang （Hangchow, Kaizan, Kashing）, Hopei （Peiping, Tien-

tsin）, Kiangsu（Nanking）, Shantung（Kaomi, Tsinan, Tsingtao）.
Cosmopolitan.

Aphis maidis Fitch.

Insectes N. Y. , I. p. 318（1855）; Takahashi, Trans. Nat. Hist, Soc. Formosa. XV, p. 103（1925）,（List）; Proc. Nat, Hist. Soc. Fukien Christ. Univ. , 1, p. 27（1928）,（List）; Dept. Agr. , Gov't. Res. Inst. Formosa, Rept. 53, p. 48（1931）,（List）; Yen, Pek, Nat. Hist. Bull. , VI, 2, p. 65（1931）,（List）; Cheo, Pek. Nat. Hist. Bull. , X, I, p. 33（1935）,（List）.

Hosts—*Andropogon sorghum. Hordeum vulgare*, *Setaria italica*, *Zca mays*.

Distr. —China: Hopei（Peiping, Tientsin）, Kiangsu（Soochow）, Shantung（Kaomi, Tsinan, Tsingtao）.

India, Korea, Formosa, Japan, Sumatra, Java, Palau Island, Hawaii. Africa. etc.

Aphis malvoides van der Goot.

Contr. Faun. Ind. Neerl. , I, 3, p. 96（1917）; Takahashi, Philippine Jl. Sc. , XXIV. p. 713（1924）,（List）; Proc. Nat. Hist, Soc. Fukien Christ. Univ. , I, p. 27（1928）,（List）; Dept, Agr. , Gov't. Res. Inst. Formosa, Rept. 53. p. 44（1931）.（List）.

Host—*Bidens pilosa*.

Distr. —China: Fukien（Amoy, Foochow）.

Formosa. Singapore. Sumatra, Java.

Aphis nerii Boyer.

Ann. Soc. Ent. Fr. , X, p. 179（1841）.

Host—*Cynanchum* sp.

Distr. —China: Shantung（Tsinan）.

India, Korea, Formosa, Loochoo, Sumatra, Java, Europe, Africa, America, etc.

Hitherto unrecorded from China Many winged and wingless viviparous females were collected by the junior writer at Tsinan in July. 1935.

Aphis odinae van der Goot.

Longiunguis odinae van der Goot, Contr. Faun. Ind. Neerl. , I, 3, p. 133（1917）.
Aphis odinac Takahashi, Philippine Jl. Se. , XXIV, p. 712（1924）,（List）; Proc.

Nat. Hist. Soc. Fukien Christ. Univ. , I, p. 27 (1928), (List); Dept. Agr. , Gov't. Res. Inst. Formosa, Rept. 53, p. 48 (1931), (List).

Host—*Sapium sebiferum*

Distr. —China: Chekiang (Kiangshan), Fukien (Amoy), Kiangsu (Shanghai).

India, Korea, Formosa, Loochoo, Japan, Sumatra, Java.

Aphis pomi DeGeer.

Mem des. Ins. , III, p. 53 (1773).

Hosts—*Chaenomeles lagenaria*, *Malus baccata*, *Pyrus bretschneideri*.

Distr. —China: Chekiang (Kiangshan), Shantung (Tsinan).

Cosmopolitan.

This species is new to China. Many specimens were collected by the junior writer at Tsinan on April. and Mr. Tsingchao Ma at Kiangshan on June 12, 1935.

Aphis rumlcis Linnaeus.

Syst. Nat, Ed. 10. 1, p. 451 (1758).

Hosts—*Rhammus erenatus*, *R japonicus*, *Spiraea cantoniensis*.

Distr. —China: Chekiang (Hangchow), Kiangsu (Nanking).

Cosmopolitan.

This species in hitherto unrecorded from China Many winged viviparous females and 2 winged males were collected by Prof. Pang-hwa Tsai on October and November, 1929 and sent to Dr. R. Takahashi for identification. The junior writer has examined the specimens, which differ from the European ones by the number of sensoria on the 3rd antennal joint (7 – 13 only) and usually lacking of them on the 4th, resembling A, *laburni* Kaltenbach.

Aphis sacchari Zehntner.

Arch. Java Suiker-Industrie, I K, p. 674 (1901).

Hosts—*Andropogon sorghum*, an unknown species of the *Gramineae*.

Distr. —China: Chekiang (Tsingtien), Shantung (Kaomi, Tsinan).

India, Formosa, Loochoo, Botel Tobago, Japan, Philippine, Sumatra, Java, Hawaii, Africa, South America.

The species is previously unknown from China. Many wingless and some winged viviparous females were collected by Mr. Chao Kuan on August 11, 1934, and Mr. Tsing-chao Ma on June 5, 1935.

Aphis saliceti Kaltenbach.

Mon. Pflanz. , p. 103（1843）.

Host—*Salix* sp.

Distr. —China：Kiangsi（Yueshan）, Shantung（Kaomi, Tsingtao）.

Formosa, Japan, Sumatra, Europe, North America, etc.

It is new to China. Some winged and many wingless viviparous females were collected by the junior writer on May 22, 1934, Mr. Chuen Ho in May, 1935, Mr. Yun-tsing Chang on April 23, 1935, and Mr. Tsing-chao Ma on June 15, 1935.

Aphis sinensis Del Guercio

Nuov. Rel. R. Stnz, Ent. Agr. Fir. , II, p. 137（1900）.

Host—*Lilium* sp.

Distr. — "China"

The writers have not seen the specimens of this species from China recorded by Dr. Del Guercio only.

Aphis smilacifoliae Takahashi

Agr. Expt. St. Formosa, Spec. Rept, 20, p. 49（1921）; Trans. Nat. Hist. Soc. Formosa. XVlT, p. 390（1927）, （List）; Proc. Nat. Hist. Soc. Fukien Christ, Univ. I, p. 27（1928）, （List）; Dept. Agr. , Gov't; Res. Inst. Formosa, Rept, 53, p. 47（1931）, （List）.

Host—Unknown in China（*Smilax* in Formosa and Japan）.

Distr. —China：Fukien（Foochow）.

Formosa, Japan.

Genus **Toxoptera** Koch.
Toxoptera auranrtii Boyer.

Aphis aurantii Boyer, Ann. Soc. Ent, Fr. , X, p. 178（1841）.

Toxoptera aurantii Takahashi, Trans. Nat. Htst. Soc. Formosa, XVII. p. 238（1927）. （List）; Proc. Nat. Hist. Soc. Fukien Christ. Univ. , I, p. 27（1928）. （List）; Yen. Pek. Nat. Hist. Bull. , VI, 2, p. 66（1931）, （List）; Cheo, Pek. Nat. Hist, Bull. , X, 1, p. 36（1935）, （List）.

Hosts—*Citrus* sp. , *Thea sinensis*.

299

Distr. —China: Chekiang (Hangchow, Kaizan, Yentongshan), Fukien (Foochow). Tropical and subtropical countries of the world.

Toxoptera graminum Rondani.

Aphis graminum Rondani, Nouvi. Ann. Nat. Eologna, Ser. 2, VIII, ix (1847).

Toxoptera graminum Takahashi, Trans. Nat. Hist. Soc. Formosa, XVII, P. 238 (1927), (List); Proc. Nat. Hist. Soc. Fukien Christ. Univ., I, p. 27 (1928), (List).

Host—Wheat.

Distr. —China: Fukien (Foochow).

Europe, America.

Toxoptera piricola Matsumura.

Jl. Coll. Agr, Sapporo, VII, 6, p. 414 (1917).

Host—*Pyrus bretschneideri.*

Distr. —China: Shantung (Tsinan, Tsingtao).

Korea, Formosa, Japan.

This species is previously known to occur in Japan but not in China. Many wingless and some winged viviparous females were collected by the junior writer in April 1934, and by the senior writer in April 1935. The specimens differ from the Japanese ones by the short flagella of viviparous females, which is nearly as long as or shorter than the 3rd antennal segment.

Genus Rhopalosiphum Koch.
Rhopalosiphum nymphaeae Linnaeus.

Aphis nymphaeae Linnaeua, Syst, Nat., II, p. 714 (1767).

Rhopalosiphum nymphaeae Takahashi, Trans. Nat. Hist. Soc. Formosa, XIV, p. 55 (1924), (List): Proc. Nat. Hist; Soc. Fukien Christ. Univ., I, p. 26 (1928), (List); Dept. Agr., Gov't. Res. Inst. Formosa, Rept. 53, p. 51 (1931), (List): Yen, Pek. Nat. Hist. Bull., VI, 2, p. 68 (1931), (List); Bur. Ent. Chekiang, Ent. and Phyt., III, p. 118 (1935), (List); Cheo. Pek. Nat. Hist. Bull, X, I, p. 35 (1935), (List).

Hosts—*Nelumbium speciosum*, *Nelumbo nucifera*, *Nuphar pumilum*, *Nymphaea tetragona*, *Prunus mume*, *P. persica*, *Pirus scrotiva*, *Rehmannia glutionosa*, *Sagittaria sagittifolia* f. *sinensis*, *Salix* sp.

Distr. —China: Chekiang (Hangchow, Kashing), Fukien (Foochow), Hopei (Peiping), Kiangsu (Nanking, Soochow), Kwantung (Canton), Shantung (Tsinan).

India, WKorea. Formosa, Japan, Java, Europe, Africa, New Zealand, America, etc.

Rhopalosiphum prunifoliae Fitch.

Aphis prunifoliac Fitch, 1st Rept. Nox. and Ben. Ins. N. Y. , p. 122 （1855）. *Rhopalosiphum avenae* Takahashi, Trans. Nat. Hist. Soc. Formosa, XV, p. 103 （1925）, （List）; Proc. Nat. Hist. Soc. Fukien Christ. Univ. , I, p. 26 （1928）, （List）; Cheo, Pek. Nat. Hist. Bull. , X, 1, p. 35 （1935）, （List）.

Rhopalosiphum prunifoliac Takahashi, Dept. Agr. , Gov't. Res. Inst. Formosa, Rept. 53, p. 51 （1931）, （List）.

Aphis avenae Bur. Ent. Chekiang, Ent. and Phyt. , III, p. 118 （1935）, （List）.

Hosts—*Prunus persica*, an unknown species of the *Gramineae*.

Distr. —China: Chekiang （Hangchow, Kashing）, Fukien （Foochow）, Kiangsu （Soochow）, Shantung （Tsingtao）.

India, Korea, Formosa, Japan, Java, New Zealand, Europe, Africa, America.

Rhopalosiphum pseudobrassicae Davis.

Aphis pseudobrassicae Davis, Can. Ent. , XLVI, p. 231 （1914）; Chen, China Jl. Sc. Arts, VII, p. 91 （1927）, （Body measurements）.

Rhopalosiphum pseudobrassicac Takahashi, Philippine Jl. se. , XXIV, p. 712 （1924）, （List）; Proc, Nat. Hist. Soc. Fukien Christ. Univ. , I, p, 26 （1928）, （List）; Dept. Agr. , Gov't, Res. Inst. Formosa, Rept, 53, p. 52. （1931）, （List）; Yen, Pek. Nat. Hist. Bull. , VI, 2, p. 67 （1931）, （List）: Bur. Ent. Chekiang. Ent. and Phyt. , III, p. 118 （1935）, （List）: Cheo, Pek. Nat. Hist. Bull. , X, 1, p. 35 （1935）. （List）.

Hosts—*Brassica campestris. B. Chinensis*, *B. napo brassica*, *B. napus*, *B. oleracea capitata*, *Capsella bursapastoris*, *Raphanus sativus*.

Distr. —China: Chekiang （Hangchow, Kashing）, Hopei （Peiping, Tientsin）, Kiangsu （Nanking, Shanghai）, Shantung （Tsinan）.

India, WKorea, Formosa, Japan, Loochoo, Sumatra, Java, Africa, America.

Genus Cavariella Del Guercio.

Cavariella araliae Takahashi.

Agr. Expt. St. Formosa, Spec. Rept, 20, p, 37 （1921）; Dept. Agr. , Gov't, Res. Inst. Formosa, Rept. 4, p. 35 （1923）, （Wingedform described）; Proc. Nat. Hist, Soc. Fukien Christ. Univ. , III. p. 38 （1930）, （List）: Dept. Agr. , Gov't, Res. Inst, Formosa, Rvpt. 53, p, 54 （1931）, （List）.

Host—*Aralia spinosa*.

Distr. —China: Chekiang (Hangchow).

Korea, Formosa, Japan.

Cavariella bicaudata Essig et Kuwana.

Siphocoryne bicaudata Essig and Ruwana, Proc. Calif. Acnd. Se. , 4 scr. , VIII 3, p, 64 (1918).

Carariolla bicaudala Yen, Pek. Nat. Hist. Bull. , VI, 2, p. 66 (1931), (List): Cheo. Pek. Nat. Hist. Bull. , X, 1, p, 33 (1935), (List).

Hosts—*Salix babylonia*, *S. matsudana*, *Rosa* sp.

Distr. —China: Hopei (Peiping, Tientsin), Kiangsu (Nanking), Shantung (Kaomi, Tsinan).

Korea, Formosa, Japan.

Genus Micraphis Takahashi.
Micraphis takahashii n. sp.

(**Wingless viviparous females**) When alive, body green, eyes red. After mounted in balsam (without treated in potash), body yellowish white, eyes reddish black, distal part of the 4th antennal joint, whole length of the last joint, distal joint of the rostrum, and tarsi blackish brown; distal parts of the tibiae darker than the body, but not quite brown; cornicles very slightly darker at the apex; body setae white.

Body oval, eminently corrugated over the whole dorsum. Antennal tubercles scarcely developed; front broadly rounded, with a pair of short flattened capitate setae. Antennae short, slender, five-jointed, imbricated, without setae; 1st and 2nd joints subequal in length, but the basal one much wider; 3rd nearly as long as the last joint; 4th nearly as long as the base of the 5th, with a normal primary sensorium near the distal end; 5th with some small sensoria surrounding the primary one; flagellum short, about 1. 5 times as long as the base; relative length of the joints as follows: 3rd—41, 4th—21, 5th—43 (17 + 26). Eyes protruding, but ocular tubercles very short and indistinct. Rostrum extending beyond the middle coxae.

Pro-and mesothoracic segments defined, metathoracic segment fused with the abdomen. Thorax and abdomen with a few short flattened setae on the dorsum and lateral sides; those on the posterior abdominal segments a little larger; the setae widened toward the apex, little curved. Legs moderately long; tibiae stouter than the antennae, with many short setae, some of which are somewhat capitate; fore and middle tibiae as long as the 3rd and 4th antennal joints together; hind ones longer; tarsi imbricated.

Abdomen broadest at the middle part. Cornicles long, slender, twice as long as the cauda, or as long as the 3rd antennal joint, subcylindrical, imbricated, especially on the lateral sides, somewhat expanded on the distal small part, with a flange at the tip. Cauda conical, distinctly longer than wide, spinose, broadened at the base, nearly pointed at the tip, a little constricted about the middle, with two moderately long lateral bristles. Anal plate broadly rounded, with about 4 bristles at the hind margin.

Length of body (from front to the tip of cauda) —1.000mm, head—0.152mm, antenna—0.563mm, hind tibia—0.346mm, hind tarsus (claws not included) —0.078mm, coruicle—0.208mm, cauda—0.097mm, body seta (longest one) —0.014mm; width of head (including eyes) —0.291mm, body—0.485mm, base of cauda—0.069mm; diameter of cornicle at middle part—0.028mm, at swollen part—0.032mm.

(**Winged viviparous female**) When alive, body green, eyes red. After mounted (without treated in potash) in balsam, head, antennae excepting the basal 2 joints and the base of the 3rd, thorax, apices of the tibiae, tarsi, and apices of the cornicles blackish brown, remaining parts of the legs yellowish brown; cornicles and abdomen yellowish white; eyes reddish black; wings hyaline, somewhat infuscated along the veins and stigma pale greyish brown.

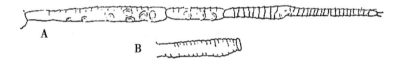

Fig. 1   Micraphis takahashii n. sp. ; winged viviparous female; A. 3rd, 4th and 5th antennal joints; B. cormele.

Antennal tubercles scarcely developed; front with a pair of very small flattened setae; head with about 12 similar setae on the dorsum. Proportion of antennal joints and primary sensoria nearly as in the apterous form; 3rd joint with 8 – 15 rather large or moderate circular sensoria scattered on the distal two-thirds; 4th with 2 – 4; approximate relative length of the joints as follows: 3rd—60, 4th—25, 5th—56 (23 + 33). Ocular tubercles small; frontal ocellus visible from above. Rostrum not reaching the middle coxae. Wings imbricated, venation normal, veins stout, fore wings with 3 – 6 small sensoria on the subcosta; hooklets usually 2. Legs, cornicles, cauda and anal plate nearly the same as in the apterous form.

Length of body (from front to the tip of cauda) —0.970mm, head (inclnding the frontal ocellus) —0.134mm, antenna —0.738mm, hind tibia—0.462mm, hind tarsus (claws not included) —0.088mm, cornicle—0.157mm, cauda-0.097mm; width of body—0.406mm, head (including eyes) —0.310mm, base of cauda—0.070mm; diameter of cornicle at middle and swollen parts nearly as long as that of the apterous form.

Host—*Artemisia anuna.*

Hab. —Shantung (Tsinan), China. Many wingless and winged viviparous females were collected by the junior writer on June 6, 1935, on the lower sides of the leaves in association with *Macrosiphoniella pseudoartemisiae* Shinji.

Differs from *M. artemisiae* Takahashi in narrower cauda, the shape of the cornicles, the presence of flattened dorsal setae, the shorter antennae of alate form, with fewer sensoria, the pale cornicles of alate form, the absence of dusky markings on the dorsum of abdomen in the alate form, etc. Easily distinguished from *Rhopalosiphum lahorensis* Das by the corrugated dorsum in the apterous form. This species is dedicated to Dr. R. Takahashi. The cotype slides are preserved in the collections of the junior writer and those of Dr. R. Takahashi.

Tribe **Macrosiphini.**

Genus **Macrosiphum** Passerini.

Macrosiphum formosanum Takahashi.

Agr. Expt; St. Formosa, Spec. Rept 20, p. 6 (1921): Trans. Nat. Hisr. Soc. Formosa, XVII, p. 238 (1927), (List); Proc. Nat. Hist. Soc. Fukien Christ. Univ., I, p, 25 (1928), (List); Dept. Agr., Gov't. Res. Inst. Formosa, Rept. 53, p. 57 (1931), (List): Yen, Pek. Nat. Hist. Bull., VI, 2, p. 69 (1931), (List).

Hosts—*Lactuca squarosa*, *Sonchus lactocoides*, *Senecio* sp.

Distr. —China: Fukien (Foochow), Hopei (Peiping, Tientsin), Kiangsu (Nanking, Soochow), Shantung (Tsinan)

Korea, Formosa, Botel Tobago, Loochoo, Japan.

Macrosiphum gobonis Matsumura.

Jl. Coll. Agr, Sapporo, VII. 6, p. 395 (1917); Takahashi, Trans, Nat. Hist, Soc. Formosa, XV, p. 103 (1925), (List): Proc. Nat. Htst, Soc. Fukcien Christ. Univ., I, p. 25 (1928:, (List); Der t, Agr., Gov't; Res. Inst. Formosa, Rept, 53, p. 57 (1931), (List); Mushi (虫), VI, 2, p. 51 (1933). (List).

Hosts—*Artium lappa*, *Cirsium* sp., *Gaillardia aristata*, *Saussurea affinis*, *Valeriana valerianifolia*.

Distr. —China: Chekiang (Wenchow), Fukien (Foochow), Hopei (Peiping), Kiangsu (Soochow), Shantung (Tsinan, Tsingtao).

Korea, Formosa, Botel Tobago, Loochoo, Japan.

Macrosiphum granarium Kirby.

Aphis granaria Kirby, Trans. Linn. Soc., lV. p. 238 (1798).

Macrosiphum granarium Takahashi, Trans. Nat. Hiat, Soc. Formosa, XV, p. 103 (1925), (List); Proc. Nat. Hist. Soc. Fukien Christ. Univ., I, p, 25 (1928), (List);

Bur. Ent; Chekiang, Ent; and Phyt. , III, p. 118 (1935), (List).

Host—*Triticum vulgare*.

Distr. —China: Chekiang (Hangchow, Kashing), Hopei (Peiping, Tientsin), Kiangsu (Nanking, Soochow), Shantung (Kaomi, Tsinan, Tsingtao).

Cosmopolitan

Macrosiphum rosae ibarae Matsumura.

Macrosiphum ibarae Matsumura, Jl. Coll. Agr, Sapporo, VII, 6, p. 397 (1917).

Macrosiphum rosae Takahashi, Philippine Jl. Sc. , XXIV, p. 712 (1924), (List): Proc. Nat. Hist, Soc. Fukien Christ. Univ. , I, p. 25 (1928), (List).

Host—*Rosa* sp.

Distr. —China: Fukien (Amoy, Foochow), Kiangsu (Soochow), Shantung (Tsingtao).

Korca, Formosa, Loochoo, Japan, Sumatra.

Macrosiphum rosae vasiljevi Mordvilko.

Faune de Ia Ruasie, Insectes Hemipteres, I, 2, p. 453 (1919); Takahashi, Proc. Nat. Hist. Soc. Fukien Christ. Univ. , I, p. 25 (1928), (List).

Host—*Rosa* sp.

Distr. —China: Hopei (Tientsin) (vide A. Mordvilko).

The writer have not seen the specimens of this species from China.

Macrosiphum rosaeiformis Das.

Mem. Ind. Mus. , VI, p. 158 (1918): Takahashi, Trans. Nat. Hist. Soc. Formosa, XX. p. 273 (1930), (List); Yen, Pek. Nat. Hist. Bull. , VI, 2, p. 68 (1931), (List); Cheo, Pek. Nat. Hist; Bull. , X, 1, p. 34 (1935), (List).

Host—*Rosa* sp.

Distr. —China: Kiangsu (Nanking, Soochow).

India.

Macrosiphum solidaginis Fabricius.

Aphis solidaginis Fabricius, Ent. Syst, IV, 211, 5 (1794).

Macrosiphum solidaginis Takahashi, Proc. Nat. Hiat, Soc. Fukien Christ. Univ. , I, p. 25 (1928), (List).

Host—Unknown in China (*Blumea* and other Compositae in other countries).

Distr. —China: Fukien (Foochow).

India, Formosa, Sumatra, Java, New Mexico, Europe.

Genus **Macrosiphoniella** Del Guercio.
Macrosiphoniella artemisiae Boyer.

Aphis arlemisiae Boyer, Ann. Soc. Ent. Fr. , X, p. 162 (1841).

Host—An unknown species of the Compositae.

Distr. —China: Shantung (Tsinan).

The species is previously unknown in China. A winged and many wingless viviparous females were collected by the junior writer on April 18, 1935. The Chinese specimens differ from Theobald's redescription in that the 3rd antennal segment is not pale basally. Very closely allied to *M. tanacctaria* Kaltenbach, var. *bonariensis* Blanchard described from Argentine, but differs in the tibiae of the apterous form not entirely black.

Macrosiphoniella cayratiae sp. n.

(**Wingless viviparous female**) Yellowish brown; apices of the antennal joints slightly dusky; apices of the femora dusky, apices of the tibiae, tarsi, and corniclos blackish brown; bristles light yellow; eyes reddish black; cauda dusky (colour notes based upon specimens not treated with potash, and mounted in balsam).

Bristles of body capitate, each arising from a very small tubercle. Head not granular, with 4 pairs of dorsal setae, which are stiff and shorter than the 2nd antennal joint and with 2 similar ones on the front. Antennal tubercles prominent, diverging, not convex mesally, with 2 similar bristles on the mesal side. Antennae about as long as the body, with short capitale setae, which are straight or slightly curved and shorter than those on the head; 1st joint slightly convex mesally, large, about twice as long as the 2nd; 3rd slightly imbricated, with 5 – 6 small circular or oval sensoria arranged nearly in a single row on the basal half except on the basal part, with about 15 setae; 4th without sensoria, a little longer than the 5th, with about 10 setae; 5th with about 8 setae; base of the 6th about one-third the length of the 5th; flagellum a little shorter than the 3rd, about 4 times as long as the basal part; the relative length of the joints about as follows: 3rd—138, 4th—102, 5th—88, 6th—153 (33 + 120). Eyes normal. Rostrum extending beyond the middle coxae.

Legs long; tibial bristles stout, slightly curved or stiff, mostly capitate; tarsi imbricated, the basal joint slightly shorter than the claws, with 3 setae.

Abdomen broadest at middle. Cornicles cylindrical, rather stout, gradually narrowed towards the apex, a little shorter than the 3rd antennal joint, a little longer than the cauda, re-

306

Fig. 2.

Macrosiphoniella cayratiac n. sp. ;

wingless viviparous female; cauda.

ticulated on the distal half, imbricated on the basal half. Cauda long, with a distinct constriction and about 4 long bristles on each side and 2 median short ones. Anal plate rounded, with some long bristles.

Length of body (from front to the tip of cauda) 2. 400mm, hend— 0. 272mm, antennal—2. 386 mm, cornicle— 0. 501mm, cauda— 0. 431mm, hind tibia—1. 477mm, hind tarsus (claws not included) —0. 208mm, dorsal seta—0. 028mm, antennal seta— 0. 023mm; width of head (including eyes) — 0. 440mm, abdomen —1. 150mm, base of cornicle— 0. 106mm, apex of cornicle— 0. 051 mm, base of cauda—0. 185mm, constricted part of cauda—0. 051mm.

(**Winged viviparous female**) Yellowish brown; eyes reddish black; antennae black except on the base of the 3rd joint; femora black except on tbe basal part, both ends of tibiae, tarsi, claws and cornicles black, thorax dark brown; cauda and anal plate dusky yellow; wings hyaline, very slightly infuscated along the veins, veins and stigma pale brown (colour notes based upon specimens not treated with potash and mounted in balsam).

Antennal bristles nearly as in the apterous form, 3rd antenual joint with about 16 small or moderate circular sensoria arranged in a single row along the whole length except on the basal small part; 4th a little imbricated, without sensoria; the relative length of the joints about as follows: 3rd—132, 4th—127, 5th—108, 6th (Base) —44.

Wings slighlly imbricated, veuation normal; hooklets 4. Cornicles shorter than the cauda, about 4. 5 times as long as wide, constricted at the base and shallowly so on the distal part, reticulated on the distal two thirds, imbricated on the base. Cauda stout, with 9 long bristles. Anal plate as in the apterous form.

Length of body (from front to the tip of cauda) —2. 000mm, head—0. 180mm, antennal (flagellum not included) —2. 077mm, fore wing about 2. 700mm, hind tibia—1. 661 mm, hind tarsus (claws not included) —0. 142mm, cornicle—0. 263mm, cauda—0. 323 mm; width of head about 0. 418mm, fore winrg—0. 900mm, abdomen—0. 888mm, expanded part. of cornicle— 0. 055mm, constricted part of cornicle— 0. 040mm, base of cauda— 0. 125mm, constricted part of cauda—0. 059mm.

Host—*Cayratia japonica*.

Distr. —Shantung (Tsinan), China.

Described from a winged and 2 wingless viviparous females, which were collected by Mr. Tai-pin Li on May 10, 1935 on the above mentioned host, The antennal of the winged form are broken, thus the distal part of the last joint can be by no means described.

This species is very closely allied to *M. asteris* Walker, but differs in the absence of ab-

307

dominal markings and in the longer cornicles, as well as in the shape of Cauda. Cotype are preserved in the junior writer's collection.

Macrosiphoniella formosartemisiae Takahashi.

Agr Expt. St. Formoia, Spec. Rept. 20, P. 15 (1921); Trans, Nat. Hist, Soc. Formosa, XVII, p. p. 238 (1927). (List): Proc. Nat. Hist. Soc. Fukien Christ. Univ. , I, p. 26 (1928), (List); Dept. Agr. , Gov't Res. Ins't. Formosa, Rept. 53, p. 62 (1931), (List).

Host—*Artemisia* sp.

Ditr. —China: Fukien (Kuliang).

Korea, Formosa, Japan.

Macrosiphoniella pseudoartemisiae Shinji.

Konryû (昆虫), VII, 5 –6, p. 216 (1933).

Host—*Artemisia anuna.*

Distr. —China: Shantung (Tsinan).

It is previously known to occur in Japan only, Many winged and wingless viviparous females were collected by the junior writer on June 6, 1935.

Macrosiphoniella sanborni Gillette.

Macrosiphum sanborni Gillette, Can. Ent. , XL, p. 65 (1908).

Macrosiphum nishigaharac Takahashi, Trans. Nat. Hist. Soc. Formosa, XIV, p. 55 (1924), (List).

Macrosiphoniella sanborni Takahashi, Proc, Nat. Hiat. Soc: Fukien Christ. Univ. , I, p, 26 (1928), (List); Dept. Agr. , Cov't, Res, Inst; Formosa, Rept. 53, p. 61 (1931), (List); Bur. Ent. Chekiang, Ent. and Phyt. , III, p. 119 (1935). (List).

Macrosiphoniella chrysanlhemi Cheo, Pek. Nat. Hist, Bull. , X, 1. p. 34 (1935), (List).

Host—*Chrysanthemum sinense.*

Distr. —China: Chekiang (Hangchow, Kashing. Yentongshan), Hopei (Tientsin), Kiangsu (Nanking, Soochow), Kwantung (Cauton), Shantung (Tsinan, Tsingtao).

Cosmopolitan.

Macrosiphoniella yomogifoliae Shinji.

Macrosiphum yomogifoliae Shinji, Dobuts. Zasshi （动物学杂志）, XXXIV, p. 788 (1920).

Macrosiphum tanacelariun Takahashi (nee Kalt.). Trans. Nat. Hist; Soc. Formosa, XV, p. 103 (1925), (List).

Macrosiphoniella tanccelahun Takahashi, Proc. Nat. Hist. Soc. Fukien Christ. Univ. , I, p. 26 (1928), (List).

Macrosiphoniella yomogijoliae Takahashi, Dept. Agr. , Gov't. Res. Inst. Formosa, Rept 53, p. 61 (1931), (Redesoripion).

Host—*Artemisia vulgaris.*

Distr. —China: Fukien (Foochow), Kiangsu (Nanking, Soochow).

Formosa, Japan.

Genus **Acyrthosiphon** Mordvilko.
Acyrthosiphon paederiae Takahashi.

Macrosiphum paederiae Takahashi, Agr. Expt. St. Formosa, Spec. Rept, 20, p. 11 (1921): Trans. Nat. Hist. Soc. Formosa, XVII, p. 238 (1927), (List); Proe. Nat. Hist. Soc. Fukien Christ. Univ. , I, P. 25 (1928), (List).

Acyrthosiphon paederiae Takahashi, Dept. Agr. Gov'c. Res. Inst, Formosa, Rcpt. 53, p. 64 (List).

Host—Unknown in China: (*Paederia* in Formosa and Japan).

Distr. —China: Fukien (Foochow).

Formosa, Loochoo, Japan.

Acyrthosiphon pisi Kaltenbach.

Aphis pisi Kaltenbach, Mon. Pflanz. , p 23 (1843).

Macrosiphum pisi Yu, Coll. Agr. , Nat, Centx. Untv. Nanking, Bull. 11, p. 8, (1929), (List).

Hosts—*Pisum sativum*, *Vicia fava.*

Distr. —China: Sbantung (Tsinan).

Cosmopolitan.

Acyrthosiphon rosaefolii Theobuld.

Macrosiphum resacfolium Theobold, Bull, Eut. Res,. VI. p. 109. (1915).

Host—*Rosa chinensis.*

Distr. —China：Hopei（Peiping）.

India, Formosa, Java, Africa.

The species is new to China. 3 Wingless viviparous females were collected by Dr. O. L. Liu on July 24, 1935 and sent by Mr. Y. T. Mao to Dr. R. Takahashi for identification. Sensoria of the 3rd antenual joint of the wingless form 9. 13, fewer in number than those in the original description; cauda without the third pair of hairs.

Geuus Myzus Passerini.

Myzus malisuctus Matsumura.

Trans. Sapporo Nat. Hist; Soc. , VII, 1, p. 16（1918）; Takahashi, Trans, Nat. Hist. Soc. Formosa, XVII, p. 390（1927）, （List）; Prac. Nat. Hist. Soc. Fukien Christ. Univ. , I, p 26（1928）, （List）; Dept, Agr. , Gov't. Res. Inst, Formosa, Rept. 53, p. 68（1931）, （List）.

Host—Not determined in China（*Malus* in Japan and Formosa）.

Distr. —China：Kiangsu（soochow）.

Formosa, Japan.

Myzus momonis Matsumura.

Jl. Coll, Agr. Sapporo, VII, 6, p. 402（1917）; Takahashi, Proc. Nat. Hist. Soc. Fukien Christ. Univ. , I, p. 26（1929）, （List）; Dept. Agr. , Gov't; Res. Inst. Formosa, Rept. 53, p. 67（1931）, （List）; Yen, Pek. Nat. Hist, Bull. , VI, 2, p. 70（1931）, （List）; Cheo, Pek. Nat. Hist, Bull. , x. 1, P. 34（1935）, （List）.

Hosts—*Prunus cerasus*, *P. mume*, *P. persica*, *P. pseudocerasus.*

Distr. —China：Chekiang（Kiangshan）, Fukien（Foochow）, Kiangsu（Nanking）, Shantung（Tsinan, Tsingtao）.

Formosa, Japan.

Myzus persicae Sulzer.

Aphis persica Sulzer, Abgek. Gesch. Ins. , p. 105（1776）.

Myzas persicae Takahashi, Trans. Nat. Hist; Soc. Formosa, XVII, p. 238.

（1927）；（List）；Proc. Nat. Hist. Soc. Fukien Christ. Univ. , I, p. 26 （1928）, （List）: Dept. Agr. Gov't. Res. Inst. Formosa, Rept. 53, p. 68 （1931）. （List）; Yen, Pek. Nat. Hist. Bull. VI, 2, p. 69 （1931）, （List）; Bar. Ent. Chekiang, Ent. and Phyt. III, p. 118 （1935）, （List）; Cheo, pek. Nat. Hist. Bull. , X, 1, p34 （1935）, （List）.

Hosts—*Bothriospermum chinense*, *Brassica campestris*, *B. chinensis*, *B. napus*, *Lactuca sativa*, *Nicotiana tabacum*, *Prunus persica*, *Raphanus sativus*, *Senecio cineraria*, *Solanum tuberosum*, *Tricidum* sp.

Distr. —China: Chekiang （Hangchow, Kashing, Shuian）, Fukien （Foochow）, Hopei （Peiping, Tientsin）, Kiangsu （Nanking）, Shantung （Tsinan, Tsingtao）.

Cosmopolitan.

Myzus varians Davidson.

Jl. Econ. Ent. , V, p. 409 （1912）.

Host—*Prunus persica.*

Distr. —China: Chekiang （Lishui）.

Formosa, Bolel Tobago, Loochoo, Japan, North America.

It is new to China. 4 wingless viviparous females were collected by Mr. Tsiug-chao Ma at Lishui on June 6, 1935.

Genus Phorodon Passerini.
Phorodon humuli Schrank.

Aphis humuli Schrank, Fn. Boiea, II, 110, 1199 （1801）.

Host—*Prunus persica.*

Distr. —China: Hopei （Peiping）.

India, Korea, Formosa, Japan, Europe, North America.

The species is hitherto unknown in China. Some wingless viviparous females and nympbs were collected by Dr. C. L. Liu at Peiping on May 20, 1935 and sent by Mr. Y. T. Mao to Dr. R. Takahashi for identification.

Genus Trichosiphonaphis Takahashi.
Trichosiphonaphis polygoni van der Goot.

Phorodon polygoni van der Goot, Contr. Faun. Ind. Neerl. , I, 3, p, 44 （1917）.

Trichosiphonaphis polygoni Takahashi, Proc. Nat. Hist. Soc. Fukien Christ. Univ. , III, p. 38 （1930）, （List）.

Host—*Polygonum perfoliatum.*

311

Distr. —China：Chekiang（Hangchow）.

India, Java.

Genus **Amphorophora** Buckton.
Amphorophora cosmopolitana Mason.

Proc. U. S. Nat. Mus. , 67, p. 16（1925）.

Host—*Crepis* sp.

Distr. —China：Shantung（Tsinan）.

Cosmopolitan.

It is previously unknown in China. Some winged viviparous females were collected by the junior writer in December, 1934.

Amphorophora formosana Takahashi.

Dept. Agr. , Gov't. Res. Inst. Formosa, Rept, 4, p, 30（1923）; Trans. Nat. Hist. Soc. Formosa, XIX, p. 525（1929）,（Deseription of the winged form）

Host—Unknown in China（*Millettia* in Formosa）.

Distr. —China：Chekiang（Hwangyen）.

Formosa.

This species is previously recorded from Formosa only 5 wingless viviparous females were collected by Mr. Tsing-chao Ma at Hwangyen on May 20, 1935. It has many spinules on the head, and Dr. R. Takahashi placed it in the genus Acyrthosiphon（Dept, Agr. , Gov't. Res. Inst. Formosa, Rept. 53, p. 65）, but the cornicles are much expanded, and thus it is retained in the genus Amphorophora.

Amphorophora lespedezae Essig et Kuwana.

Rhopalosiphum lespedezae Essig and Kuwana, Proc. Calif. Acad, Sc. , 4sor. , VIII, 3, p. 57（1918）.

Amphorophora lespedezae Takahashi, Trans, Nat. Hist, Soc. Formosa, XVII, p. 389 （1927）,（List）; Proc. Nat. Hist. Soc. Fukien Christ. Univ. , I, p. 26（1928）,（List）.

Host—Not known in China（*Lespedeza* in Japan）.

Distr. —China：Fukien（Foochow）.

Korea, Japan.

Amphorophora Ionicericola Takahashi.

Japanese Aphididae, I, p. 29 （1921）; Trans. Nat. Hist; Soc. Formosa, XX, p. 274 （1930）. （List）; Yen, Pek. Nat. Hist. Bull. , VI. 2, p. 69 （1931）, （List）; Cheo, Pek, Nat. Hist. Bull. , X, 1. p. 33 （1935）, （List）.

Host—*Lonicera maackii.*

Distr. —China：Kiangsu （Nanking）.

Japan.

Genus **Megoura** Buckton.
Megoura citricola van der Goot.

Macrosiphoniclla citricola van der Goot, Contr, Faun. Ind. Neerl. , I, 3, p. 34 （1917）; Takahashi, Trans. Nat. Hist; Soc. Formosa, XVII, p. 238 （1927）, （List）： Proc. Nat. Hist. Soc. Fukien Christ. Univ. , I, p. 25 （1928）, （List）.

Megoura citricola Takahashi, Dept. Agr. , Gov't. Res. Inst. Formosa, Rept. 53, p. 74 （1931）, （List）.

Host—*Trachycarpus excelsus.*

Distr. —China：Fukien （Kuliang）.

Formosa, Loochoo, Japan, Singapore, Sumatra, Java.

Genus **Capitophorus** van der Goot.
Capitophorus braggii Gillette.

Myzus braggii Gillette, Can. Ent. , XL, p. 17 （1908）.

Capilophorus braggii Tseng and Tao, Coll. Agr. , Nat. Univ, Shantung. Bull. VII, p. 21 （1935）, （List）.

Host—*Cirsium segetum.*

Distr. —China：Shantung （Tsinan）.

Formosa, Japan, Egypt, Europe, North America.

Capitophorus hippophaes Walker.

Aphis hippophaes Walker, List Homop. Brit. Mus. , IV, 302, 1036 （1852）.

Capitophorus hippophaes Takahashi, Prot. Nat. Hist, Soc. Fukien Christ.

Un'v. , III, p. 38 （1930）, （List）; Dept. Agr. , Gov't. Res. Inst; Formosa, Rept. 53, p, 76 （1931）; Yen, Pek. Nat. Hist. Bull. , VI, 2, p. 70 （1931）, （List）： Cheo,

Pek. Nat. Hist. Bull. , X, 1, p. 33 (1935), (List).

Hosts—*Elaeagnus pungens*, *E. umbellata*.

Distr. —China: Chekiang (Hangchow), Kiangsu (Nanking).

Formosa, Japan, Sumatra, Java, Europe.

Capitophorus glandulosus Kaltenbach.

Aphis glandulosa Kaltenbach, Stett, Ent. Zeit. , VII, p. 170 (1846).

Host—*Artemisia vulgaris.*

Distr. —China: Shantung (Tsinan).

Europe.

The species is new to China. Some wingless viviparous females were collected by Mr, Tai-ping Li, on May 11, 1935, and identified by Dr. R. Takahashi.

Capitophorus ribis Linnaeus.

Aphis rilis Linnaeus, Syst. Nat. , Ed. 10, 451 (1758).

Host—*Marubium supinum.*

Distr. —China: Shantung (Tsinan).

Europe, America.

It is new to China. Many wingless viviparous females were collected by Messrs. Chen-tong Yüan and Tai-ping Li during the early spring of 1935 and some winged viviparous females were obtained by rearing. This species is sometimes found in association with *Aphis gossypii* Glov.

Genus **Myzaphis** van der Goot.
Myzaphis rosarum Kaltenbach.

Aphis rosarum Kaltenbach, Mon. Pflanz. , 101 (1843).

Host—*Rosa xanthian.*

Distr. —China: Hopei (Peiping).

Europe.

It is previously unknown in China. Many Wingless vivipar. ous females were collected by Dr. C. L. Liu and seut by Mr. Y. T. Mao to Dr. R, Takahashi for identification. The 4th and 5th antennal joints are sometimes fused together.

Genus **Microtarsus** Shinji.

Microtarsus pteridifoliae Shinji.

Japanese Assoc. for Adv. Sc. , Rept, V, p. 188 （1930）.

Host—A fern.

Distr. —China: Chekiang （Kaizan）.

　　　Japan.

This aphid is very peculiar in shape, its tarsi being rudimentary and is hitherto known from Japan only. Many winged and wingless viviparous females were collected by Mr. Yun. tsing Chang on August 17, 1935. The specimens differ from the Japanese ones in lacking or possessing rudimentary cubitus on the hind wings and in the number of sensoria, which is fewer.

Subfamily **CALLIPTERINAE.**

Tribe **Neophyllaphidini.**

Genus **Neophyllaphis** Takahashi.

Neophyllaphis podocarpi Takahashi.

Can. Ent. , LII, p. 20 （1920）; Trans. Nat. Hist. Soc. Formosa, XVII, p. 239 （1927）, （List）: Proc. Nat, Hist. Soc. Fukien Christ. Univ. , I, p. 28 （1928）, （List）; Dept. Agr. , Gov't; Res. Inst. Formosa, Rept. 53, p. 79 （1931）, （List）.

Host—*Podocarpus* sp.

Distr. —China: Chekiang （Shuian, Yentongshan）, Fukien （Foochow）.

　　　Formosa, Botel Tobago, Loochoo, Japan, Australia, New Zealand.

Tribe **Phyllaphidini**

Genus. **Phyllaphoides** Takahashi.

Phyllaphoides bambusicola Takahashi.

Agr. Expt. St. Formosa, Spec. Rept. 20, p. 73 （1921）; Dept. Agr. , Cov't. Res. Inst. Formosa, Rept. 53, p. 80 （1931）, （List）: Yen, Pek. Nat. Hist. Bull. , VI, 2, p. 62 （1931）, （List）; Cheo, Pek. Nat. Htst. Bull. , X, 1. p, 35 （1935）, （List）.

Host—*Bambusa* sp.

Distr—China: Kiangsu （Nanking）.

　　　Formosa.

Genus **Shivaphis** Das.
Shivaphis celti Das.

Mem. Ind. Mus. , VI, p. 246 （1918）; Takahashi, Philippine Jl. Sc. , XXIV, p. 714 （1924）, （List）: Proc. Nat. Hist, Soc. Fukien Christ. Univ. , I, p. 28 （1928）, （List）; Dept. Agr. , Gov't, R s. Inst. Formosa, Rept. 53, p. 80 （1931）, （List）; Yen, Pek. Nat. Hist. Bull. , VI, 2, p. 62 （1931）, （List）; Cheo, Pek. Nat. Hist. Bull. , X, 1. p. 35 （1935）, （List）.

Host—*Celtis sinensis*.

Distr. —China: Chekiang （Kiangshan, Lishui, Shuian）, Fu kien （Amoy, Foochow）, Kiangsu （Nanking, Shanghai）.

India, Formosa, Loochoo, Japan, Ceylon.

Tribe **Chaitophorini.**
Genus **Chaitophorus** Koch.
Chaitophorus chinensis Takahashi.

Lingnan Sc. Jl. . IX, 1 & 2, p. 9 （1930）; Yen, Pek. Nat. Hist. Bull. , VI, 2, P. 62 （1931）, （List）; Takahashi, Mushi （虫）, VI, 2, p, 52 （1933）, （List）; Cheo, Pek. Nat. Hist. Bull. , X, I, p. 34 （1935）, （List）.

Chailophorus tremulae （nec Koch） Bur. Ent; Chekiang, Ent. and Phyt. , III, p. 118 （1935）, （List）.

Host—*Salix babylonia*.

Distr. —China: Chekiang （Kashing）, Fukien. Foochow）, Kiangsu （Nanking, Shanghai）, Shantung （Tsinan）.

Japan.

Chaitophorus clarus sp. n.

（Wingless viviparous females） When alive, nearly transparent, with green markings on the dorsum of abdomen, After mounted （without treated with potash） in balsam, yellowish white; eyes reddish black; the 6th antennal joint, tip of the 5th, and claws blackish brown; bristles transparent; cornicles pale.

Antennal tubercles absent; front very broadly rounded, with about 3 simple bristles near the base of each antenna, which are as long as the basal 2 antennal joints combined, and somewhat curved. Head with some 4 or 5 pairs of stiff dorsal bristles, which are shorter than the 1st antennal joint, a little widened and bifid at the tip. Eyes with normal ocular tubercles.

Antennae shorter than the body, imbricated, with a few short stiff bristles, which are shorter than the 2nd joint, and slightly divided at the tip; 1st larger than the 2nd, but not longer; 3rd a little shorter than the 4th and 5th together, with 0 – 5 circular sensoria arranged in a single row on the middle part; 4th longer than the 5th, with 0 – 1 sensorium; 5th with a primary sensorium on the distal darker part; base of the 6th slightly shorter than the 5th, with some small sensoria around the primary one; flagellum slightly longer than the 3rd; the relative length of the joints about as follows: 3rd—55, 4th—37, 5th—33, 6th—87（22 + 65）. Rostrum stout, reaching the middle coxae.

Thorax and abdomen with some very short flattened setae on the dorsum and some long pointed curved stout bristles on the side. Thoracic and basal and distal abdominal segments well defined. Bristles on the tibiae fine, shorter than those on the side of body; fore and middle tibiae nearly as long as the 4 th and 5th antennal joints taken together, hind tibiae longer than the 6th antennal joint; distal tarsal joint long, somewhat longer than the base of 6th antennal joint, slightly imbricated.

Abdomen broadest in front of the cornicles, narrowed behind them, the last abdominal segment with 6 long bristles. Cornicles truncate, not defined from the abdomen, reticulated, especially on the distal half. Cauda knobbed, the knobbed part as long as wide, with some long bristles. Anal plate very short, very slightly indented at the middle of the hind margin, with some long bristles.

Length of body（from front to the tip of anal plate）—1. 666mm, head—0. 217mm. , antenna—0. 614mm. , hind tibia— 0. 462mm. , hind tarsus（claws not included）— 0. 138mm, frontal seta—0. 092mm, dorsal seta—0. 028mm, antennal seta—0. 018mm; width of head（including eyes）—0. 413mm. , abdomen—1. 015mm.

（Winged viviparous female）Head and thorax blackish brown, basal 2 antennal joints, apices of the 5th, whole length of the 6th and tarsi dusky, cornicles pale dusky; eyes reddish black; remaining parts of the antennae, legs and abdomen yellowish white; wings hyaline, veins and stigma dusky; bristles transparent（colour notes from specimens not treated with potash, and mounted in balsam）.

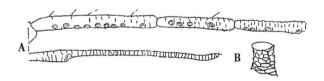

**Fig 3　Chaitophorus clarus sp. , n. winged viviparous female; A. 3rd, 4th. 5th
and 6th antennal joints. B. cornicle.**

Head without granules and spinules, with 18 dorsal setae, which are rather fine, pointed and those on the front are longer than the 1st antennal joint. Ocelli surrounded with a wide dark purplish part, front ocellus vivisible from above. Antennae: 3rd joint with 5 – 10 circular moderate or small sensoria arranged nearly in a single row; 4th with 2 – 4 and 5th with 1 – 3 similar ones; the relative length of the joints about as follows: 3rd— 49, 4th—36, 5th—27, 6th—83 (21 + 62). Rostrum short, shorter than the apterous form, not reaching the middle coxae.

Wings slightly imbricated; venation normal; veins stout; hooklets 3. Abdomen, cauda and anal plate as in the apterous form. Cornicles nearly as long as or slightly longer than Wide, a little expanded on the basal part, distinctly reticulated on the distal half, striated basally, not much constricted, shorter than the lateral setae on the abdomen.

Length of body (from frontal ocellus to the tip of cauda) —1. 744mm. , head (including frontal ocellus) — 0. 171mm. , antenna— 0. 978mm. , hind tibia— 0. 489mm. , hind tarsus— 0. 111mm, cornicle— 0. 086mm. , cauda— 0. 074mm: width of head (including eyes) —0. 399mm. , abdomen—0. 596mm. , base of cauda—0. 078mm; diameter of cornicle at apex—0. 046mm, knobbed part of cauda—0. 042mm.

Host—*Populus simonii*.

Distr. —Shantung (Tsinan), China. Some winged and wingless viviparous females were collected by the junior writer at Tsinan on May 12, 1935.

This species is closely related to *C. inconspicuus* Theobald described from Egypt, but differs from it in the fewer sensoria on the 3rd antennal joint, the presence of sensoria on the 5th, the absence of a dark patch and the longer cornicles in the alate form; and in the presence of secondary sensoria on the antennae in the apterous form.

The type specimens are preserved in the junior writer's and Takahashi's collections.

Chaitophorus coreanus Okamoto et Takahashi.

Ins. Mata. , I, p. 142 (1927); Takahashi, Trans. Nat. Hist. Soc. Formosa, XX, p. 275 (1930), (List); Yen, Pek. Nat. Hist, Bull. , VI, 2, p. 62 (1931), (List); Cheo, Pek. Nat. Hist; Bull. , X, 1, p. 34 (1935), (List).

Host—*Populus tomentosa*, *P. tremula*, *P.* sp.

Distr. —China: Kiangsu (Nanking), Shantung (Kaomi, Tsinan, Tsingtao).
　　　　Korea.

Chaitophorus shantungeusis sp. n.

(Wingless viviparous female) Dark brown, eyes reddish black, basal 2 antennal joints concolorous with the body, 3rd antennal joint and basal half of the 4th and bristles yellowish white, cauda pale brownish, cornicles dark brown, middle and hind femora except the basal parts, basal halves of hind tibiae, tarsi and claws blackish brown, remaining parts of legs yellowish brown (colour notes from specimens not treated with potash and mounted in balsam).

Body granulate over the dorsum, with many simple setae. Antennal tubercles absent, front very broad. Head and antennae with many long and short simple bristles. Ocular tubercles normal. Antennae imbricated, shorter than the body, the basal 2 joints subequal in length, but the basal one stouter, 3rd nearly as long as the 4th and 5th taken together, with 4 – 7 long and 2 – 4 short birstles; 4th and 5th subequal in length, with4 – 5 bristles; base of the 6th slightly shorter than the 4th or 5th, with 3 long and short bristles; flagellum nearly as long as the 3rd; secondary sensoria absent, primary sensoria normal; the relative length of the joints about as follows: 3rd—57, 4th—30, 5th—26, 6th—76 (22 + 54). Rostrum just reaching the middle coxae.

Thoracic segments defined, mesonotum a little longer than pronotum, metanotum short. Legs with many long simple setae; tarsi imbricated, the distal segment nearly as long as the base of 6th antennal joint.

Abdomen broadest at the middle, with many long setae; the basal 6 segments fused together, but the last 2 defined; the setae on the side longer, especially those on the posterior part. Cornicles short, truncate, imbricated at the base, reticulated on the distal half, wider than long, expanded at the base, not defined from the abdomen. Cauda knobbed, with some long bristles. Anal plate slightly indented on the hind margin, with some long bristles.

Length of body (from front to the tip of cauda) —1.537mm., head—0.208mm., antenna— 0.965mm., hind tibia— 0.458mm., hind tarsus (claws not included) — 0.134mm., cauda— 0.074mm., longest seta on head— 0.171mm., on antenna— 0.078mm., on body—0.178mm.; width of head (including eyes) —0.415mm., abdomen—0.902mm., base of cauda— 0.08emm; diameter of cornicle at tip— 0.046mm., knobbed part of cauda—0.060mm.

(**Winged viviparous female**) Head, antennae, thorax, tarsi, middle femora, whole parts of hind legs excepting the apices of tibiae and cornicles blackish brown; eyes reddish black; front legs, middle tibiae, and bristles almost yellowish brown; wings hyaline; veins and stigma dusky, very slightly infuscated along the veins; cauda and anal plate pale; abdomen widely blackish brown on the median area of the dorsum, with 6 large blackish spots on the side and some small blackish spots; ocelli reddish black on the mesal side (colour notes from specimens not treated with potash and mounted in balsam).

Bristles on the head, antennae, legs and abdomen same as the apterous form. Ocular tubercles normal; frontal ocellus visible from above. Antennae: 3rd joint slightly imbricated, with 7 – 9 moderate or rather small sensoria arranged nearly in a single row, 4th with 0 – 3 similar ones, the relative length of the joints about as follows: 3rd—62, 4th—34, 5th—28, 6th—72 (21 +51). Rostrum short, not reaching the middle coxae.

Wings imbricated, venation normal, veins stout, subcosta with 6 small circular sensoria in a group near the base and 6 – 7 similar ones arranged in a single row at the middle; hooklets 3 or 4.

Abdomen broadest at middle, cornicles, cauda and anal plate some as the apterous form.

Length of body (from frontal ocellus to the tip of cauda) —1.510mm, head (including frontal ocellus) — 0.180mm, antenna— 0.988mm, hind tibia— 0.462mm, hind tarsus (claws not included) —0.120mm, fore wing—1.900mm, cornicle—0.069mm, cauda— 0.074mm; width of head (including eyes) — 0.439mm, abdomen— 0.738mm, hind wing— 0.581mm, base of cauda— 0.092mm; diameter of cornicle at tip— 0.046mm, knobbed part of cauda—0.06mm.

Host—*Populus simonii*.

Hab. —Shantung (Tsinan), China. Collected by the junior writer on May 9, 1935.

Closely allied to *C. chinensis* Takahashi (on *Salix*), but may be distinguished by the simple bristles of the apterous form, the longer head, and the hind tibiae without sensoria near the base both in the apterous and alate forms. It may be also separated from *C. tremulae* Koch (On *Populus tremula*) by the shorter rostrum, the fewer sensoria on the 3rd antennal joint, and the presence of sensoria on the 4th in some specimens of alate form, and by the pale cauda and anal plate of both the alate and apterous forms.

The type specimens are preserved in the junior writer's and Takahashi's collections.

Genus **Periphyllus** van der Hoeven.

Periphyllus acerifoliae Takahashi.

Chailophorinella acerifoliae Takahashi, Dobutsugaku Za shi (动物学杂志), XXXI, p. 273 (1919).

Periphyllus acerifoliae Takahashi, Trans. Nat. Hist, Soc. Formosa, XX, P, 275 (1930), (List); Yen, Pek. Nat. Hist. Bull., VI, 2, p.62 (1931), (List); Takahashi, Trans. Hist. Soc. Corea, XV, p. 2 (1933), (List); Trans. Nat. Nat. Hist. Soc. Formosa, XXIII, p.1 (1933). (List); Cheo, Pek. Nat. Hist. Bull., X, 1 p.35 (1935). (List).

Hosts—*Acer tricidum*, A. sp.

Distr. —China: Hopei (Tientsin), Kiangsu (Nanking), Shantung (Tsingtao).

Korea, Japan.

Periphyllus koelreuteriac Takahashi.

Chaitophorinella koelreuteriac Takahashi, Dobutsugaku Zasshi (动物学杂志), XXXI, p 277 (1919).

Periphyllus koelreuteriac Takahashi, Trans. Nat. Hist, Soc. Formosa, XIV, p. 56 (1924), (List); Prcc. Nat. Hist. Soc. Fukien Christ. Univ., I, p. 28 (1928), (List); Yen. Pek. Nat. Hist. Bull.. VI, 2, p. 62 (1931), (List); Takahashi, Trans. Nat. Hist. Soc. Formosa, XXIII, p.1 (1933), (List).

Host—*Koelreuteria paniculata.*

Distr. —China： Kiangsu （Chuchow）, Shantung （Tsinan）.

       Japan.

Tribe **Callipterini.**

Genus **Myzocallis** Passerini.

Myzocallis arundicolens Clarke.

Callipterus arundicolens Clarke, Can. Ent. , XXXV, p. 249 （1903）.

Myzocallis arundicolens Takahashi, Lingnan Sc, Jl. , IX, 1 & 2. p. 11 （1930）, （List）.

Host—*Bambusa* sp.

Distr. —China： Kiangsu （Kintan）.

       England, America.

Myzocallis kuricola Matsumura.

Nippocallis kuricola Matsumura, Jl. Coll, Agr. Sapporo, VII, 6, p. 365 （1917）.

Myzocallis kuricola Takahashi, Trans Nat. Hiat. Soc. Formosa, XX, p. 274 （1930）, （List）; Yen, Pek. Nat. Hist. Bull. , VI, 2, p. 63 （1931）, （List）; Cheo, Pek. Nat. Hist. Bull. , X, 1, p. 34 （1935）, （List）.

Host—*Quercus* sp.

Distr. —China： Kiangsu （Nanking）.

       Korea, Japan.

Myzocallis trifolii Monell.

Callipterus trifolii Monell, Can. Ent. , XVI, p. 14 （1882）.

Hosts—*Caragara leveillei*, *Medicago sativa*.

Distr. —China： Shantung （Tsinan）.

       Europe, Asia, Africa, America.

This species is new to China, and is collected by the junior writer and Mr. Tai-ping Li in May 1935.

Genus **Tuberculoides** van der Goot.

Tuberculoides macrotuberculata Essig et Kuwana.

Myzocallis macrotuberculata Essig and Kuwana, Proc. Calif. Acad. Sc. , 4th ser. , VIII.

3, p. 90（1918）; Takahashi, Trans. Nat. Hist. Soc. Formosa, XX, p. 275（1930）, （List）; Yen, Pek. Nat. Hist. Bull., VI, 2, p. 63（1931）, （List）; Cheo, Pek. Nat. Hist. Bull., X, 1, p. 34（1935）,（List）.

Host—*Quercus* sp.

Distr. —China: Kiangsu（Nanking）.

Japan.

Tuberculoides nigra Okamoto et Takahashi.

Myzocallis nigra Okamoto and Takahashi, Ins. Mats., I, p. 143（1927）.

Recticallis nigra Takahashi, Trans. Nat. Hiat. Soc. Formosa, XX, p. 275（1930）, （List）; Yen, Pek. Nat. Hist. Bull., VI, 2, p. 63（1931）,（List）; Cheo, Pek. Nat. Hist Bull., X, 1, p. 35（1935）,（List）.

Host—*Quercus* sp.

Distr. —China: Chekiang（Hangchow）, Kiangsu（Nanking）.

Korea, Japan.

Subfamily **THELAXINAE.**

Tribe Thelaxini.

Genus **Glyphina** Koch.

Glyphina juglandicola Takahashi.

Kurisakia juglandicola Takahashi, Philippine Jl. Sc.. XXIV, p. 715（1924）; Trans. Nat. Hist, Soc. Formosa, XX. p. 276（1939）, （List）; Yen, Pek. Nat. Hist. Bull., VI, 2, p. 61（1931）, （List）; Cheo, Pek. Nat. Hist. Bull., X. 1, p. 34（1935）, （List）.

Host —*Quercus acutissima*, *Q.* sp.

Distr. —China: Kiangsu（Nanking）, Shantung（Tainan, Tsingtao）.

Japan.

As the apterous form of this species has not baen described yet., a brief note is thus supplemented here.

(**Wingless viviparous female**) Light yellowish white, eyes reddish black, dusky on the apices of antennae and legs（colour notes based upon specimens mounted in balsam without treated with potash）.

Oblong, body and the appendages provided with many long fine setae, which are curved, nearly as long as the 1st antennal joint, each arising from a very small tubercle. Head fused with prothorax, with a thin median dorsal line, which is not so distinct as in the alate form, and with 12 dorsal setae. Antennal tubercles absent. Front broadly rounded, wide. Eyes small, with three facets. Antennae short, shorter than half the length of body, five-jointed, not imbricated, with fine minute spinules and bristles; basal 2 joints about equal in length, 3rd longest, narrower than the tibiae, much longer than the following two joints combined; 4th and 5th equal in length, each with a circular sensorium; 5th a little narrower towards the base, the distal part short; the relative length of the joints about as follows; 3rd—75, 4th—31, 5th—33. Rostrum extending to the middle coxae. Legs with spinules and bristles similar to those on the antennae. Trochanters entirely fused with the femora Cornicles on distinct cones, which are not striate, expanded towards the base, with about 7 long bristles. Cauda and anal plate rounded with some bristles.

Length of body (from front to the tip of cauda) —1. 601mm, antenna— 0. 581mm, hind tibia—0. 628mm, hind tarsus (claws not included) —0. 120mm; width of head across the eyes—0. 351mm, abdomen—0. 895mm; diameter of the cornicle at apex—0. 040mm.

Described from specimens taken on *Quercus acutissima* by the junior writer at Shantung (Tainan), May 10, 1935.

Tribe **Hormaphidini.**

Genus **Thoracaphis** van der Goot.

Thoracaphis fici Takahashi.

Astegopteryx fici Takahashi, Dept. Agr., Gov't. Res. Inst Formosa, Rept. 4, p. 55 (1923); Boll. Lab. Zool Portici, XX, p. 148 (1927), (List); Proc. Nat. Hist. soc. Fukien Christ. Univ., I, p. 29 (1928), (List).

Thoracaphis fici Takahashi, Dept. Agr., Gov't. Res. Inst. Formosa, Rept. 53, p. 92 (1931). (List); Lingnan Sc. Jl., XIV, 1, p. 137 (1935), (List).

Hosts—*Ficus benjamina*, *F*. sp.

Distr. —China: Kwantung (Hongkong, Macao).

Formosa, Botel Tobago, Loochoo.

Thoracaphis hongkongensis van der Goot.

Tijds. Ent., LXI, pp. 114 and 124 (1918); Takahashi, Lingnan Sc. Jl., XIV, 1, p. 137 (1935), (List).

Astegopteryx hongkongensis Takahashi, Proc. Nat. Hist. Soc. Fukien Christ. Univ, I, p. 29 (1928), (List).

Host—*Quercus* sp. ?

Distr. —China: Kwantung (Hongkong).

Thoracaphis silvestrii Takahashi.

Lingnan Sc. Jl. , XIV, 1, p. 137 (1935).

Astcgopteryx cuspidata Takahashi (nec Essig and Kuwana), Boll. Zool. Portici, XX, p. 148 (1927), (List); Proc. Nat. Hist. Soc. Fukien Christ. Univ. , I, p. 29 (1928), (List).

Host—?

Distr. —China: Hunan (Changsha).

Thoracaphis takahashii Strand.

Acta Univ. Latv. , XX, p. 22 (1929) (Name only); Takahashi, Lingnan Sc, Jl. , XIV, p. 139 (1935), (List).

Astcgopteryx sp, Takahashi, Dept. Agr. , Gov'b. Res. Inst. Formosa, Rept. 16 p, 51 (1925), (Original description).

Hosts—*Lithocarpus* sp. , *Quercus* sp.

Distr. —China: Fukien (Foochow).

Formosa, Japan.

Tribe **Cerataphidini.**

Genus **Ceratovacuna** Zehntner.

Ceratovacuna lanigera Zehntner.

Arch. Java Suikerfndustrie, p. 553 (1897).

Orcgma lanigera Takahashi, Trans. Nat. Hist. Soc. Formosa, XVII, p. 239 (1927), (List); Proc. Nut. Hist. Soc. Fukien Christ. Univ. , I, p. 28 (1928), (List).

Hosts—*Miscanthus sinensis.*

Distr. —China: Fukien (Foochow).

Formosa, Botel Tobago, Hokoto, Loochoo, Japan, Philippine. , Java, Ceylon, etc.

Genus **Oregma** Buckton.

Oregma bambusicola Takahashi.

Agr. Expt. St. Formosa, Spec. Rept. 20, p. 89 (1921); Dept. Agr. , Gov't. Res. Inst. Formosa, Rept. 4, p. 50 (1923), (Alate form described); Trans. Nat. Hist. Soc. Formosa, XVII, p. 239 (1927), (List); Proc. Nat. Hist. Soc. Fukien Christ. Univ. , I, p. 23 (1928), (List); Dept Agr. , Gov't, Res. Inst. Formosa, Rept, 53, p. 97 (1931),

（List）.

Host—*Bambusa* sp.

Distr. —China: Fukien （Foochow）.

　　　　Formosa, Japan.

Oregma silvestrii Takahashi.

Boll. Lab. Zool. Portici, XX, p. 148 （1927）; Proc. Nat. Hist. Soc. Fukien Christ. Univ. , I, p. 29 （1928）, （List）.

Host—?

Distr. —China: Yunan （Yunanfu）.

Genus Trichoregma Takahashi.
Trichoregma minuta van der Goot.

Oregma minuta van der Goot, Contr. Faun. Ind. Neerl. , I, 3, p. 201 （1917）; Tijds. Ent. , LXI, p. 114 （1918）, （List）; Takahashi, Proc. Nat. Hist. Soc. Fukien Christ. Univ. , I, p. 29 （1928）, （List）.

Host—*Bambusa* sp.

Distr. —China: Chekiang （Tsinyuan）, Kwantung （Hongkong）.

　　　　Sumatra, Java.

Genus Cerataphis Lichtenstein.
Cerataphis bambusifoliae Takahashi.

Dept. Agr. , Gov't. Res. Inst. Formosa, Rept. 16, p. 50 （1925）; Lingnan Sc. Jl. , IX, 1, p. 11 （1930）, （List）; Dept. Agr. , Gov't. Res. Inst. Formosa, Rept. 53, p. 100 （1931）. （List）.

Host—*Bambusa* sp.

Distr. —China: Fukien （Foochow）.

　　　　Formosa.

Genus Ceratoglyphina van der Goot.
Ceratoglyphina bambusa van der Goot.

Contr. Faun. Ind Neerl. , I, 3. p. 237 （1917）,

Host—*Bambusa* sp.

Distr. —China: Chekiang （Yentongshan）.

Formosa, Java.

This species is previously unknown to China. Some wingless viviparous females were collected by Mr. Tsing-chao Ma on May 21, 1935.

Subfamily **ERIOSOMATINAE.**
Tribe **Eriosomatini.**
Genus **Tetraneura** Hartig.
Tetraneura hirsuta Baker.

Dryopeia hirsuta Baker, Dept. Agr. Calif. Mth. Bull. , X, p. 159 (1921).

Tetrancura fusiformis Takahashi, Proc. Nat. Hist. Soc. Fukien Christ. Univ. , I, p, 29 (1928), (List).

Tetraneura chinensis Mordvilko, Compt. Rend. Acad. Sc. Russ. , p. 199 (1929).

Tetraneura hirsuta Takahashi, Dept. Agr. , Gov't, Res. Inst. Formosa, Rept. 53, p. 101 (1931), (List).

Host—*Ulmus* sp.

Distr. —China: Liaoning (Kungchuling).

India, Formosa, Japan, Philippine, Sumatra, Africa.

Tetraneura radicicola Strand.

Acta Univ. Latv. , XX, p. 22 (1929), (Name only); Takahashi. Trans. Nat. Hist. , Soc. Formosa, XIX, p. 529 (1929), (List); Dept. Agr. , Gov't. Res. Inst. Formosa, Rept. 53, p. 101 (1931), (List).

Tetraneura sp. ? Takahashi, Dept. Agr. , Gov't. Res. Inst, Formosa, Rept. 16, p. 54 (1925), (Original description).

Host—Unknown in China (*Miscanthus* sp. and *Saccharum officinarum* in Formosa).

Distr. —China: Fukien (Foochow).

Formosa.

Tetraneura ulmi Harlig.

Germar Ent Zeit. , III, p. 366 (1841).

Tetraneura ulmifoliae Yen, Pek. Nat. Hist. Bull. , VI, 2, p. 70 (1931), (List); Cheo, Pek. Nat. Hist Bull. , X, 1, p. 36 (1935), (List).

Host—*Ulmus pumicola*, *U.* sp.

Distr. —China: Hopei (Peiping, Tientsin), Kiangsu (Nanking), Shantung (Tsinan).

Tribe **Fordini.**

Genus **Melaphis** Walsh.

Melaphis chinensis Bell.

Aphis chinensis Bell, Pharm, Jl. , VII, p. 310 (1848).

Pemphigus? sincnsis Walker, List Hom. Ins. Brit. Mus. , IV. p. 1058 (1852).

Schlechtcndalia chincnsis L'chtenstein, Stett. Ent. Zeit. , XLIV, p. 240 (1883).

Mclaphis chinensis Baker, Ent. News, XXVIII. p. 385 (1917); Takahashi, Proc. Nat. Hist. Soc. Fukien Christ. Univ. , I, p. 29 (1928), (List); Dept. Agr. , Gov't. Res. Inst. Formosa, Rept. 53, p. 103 (1931), (List).

Host—*Rhus semialata.*

Distr. —"China. "

　　　　　Korea, Formosa, Japan.

The galls of this species, Known as "Wu-p'ei-tzee" （五倍子） or Chinense galls, contain much tannin and are used in manufacturing of gallic acid.

Geous **Geoica** Hartig.

Geoica lucifuga Zehntner.

Tetraneura lucifuga Zehntner, Arch. Java Sulker-Induatr. , V, p. 555 (1897).

Geoica lucifuga Takahashi, Boll. Lab. Zool. Portici, XX, p. 147 (1927). (List); Proc. Nat. Hist. Soc. Fukien Christ. Univ. , I, p. 29 (1928), (List); Dept. Agr. , Gov't. Res. Inst Formosa, Rept. 53, p. 104 (1931), (List).

Host—Unknown in China (*Cyperus* sp. and *Saccharum officinarum* in Formosa).

Distr. —China: Kwantung (Kowloon, Taipo).

　　　　　Formosa, Philippine, Java, Central Asia.

Tribe **Pemphigini.**

Genus **Pemphigus** Hartig.

Pemphigus napaeus Buckton.

Ind. Mus. Not. , IV, 2, p. 50 (1896).

Host—*Populus simonii.*

Distr. —China: Shantung (Tsinan).

　　　　　India.

It is hitherto known in India only, Many winged vivrparous females, nymphs and some stem-mothers were found in the galls by tbe junior writer and are identical entirely with the

327

Indian forms in Dr. Takahashi's collection, which were taken by Mr N A. Janjua at Quetta, Baluchistan. Since the original description of this species is very imcomplete, a redescription is, thus, given below:

(Winged viviparous female) (Found in gall) Abdomen yellowish brown, head and thorax brownish black, eyes black, antennae, legs, and stigma dusky, veins pale brown (colour notes based upon specimens not treated with potash, and mounted in balsam).

Head semi-circular, front rounded, without antennal tubercles. Eyes large, with distinct ocular tubercles; dorsal ocelli in front of the eyes. Antennae six-jointed, shorter than the head and thorax combined, arising from the under side of head, much stouter than the tibiae; 1st joint a little shorter than the 2nd; 3rd with 6 – 9 transverse sensoria; 4th and 5th about equal in length, narrowed on the basal part; 4th usually with 3 similar sensoria; 5th with a large, very wide, primary sensorium and 0 – 2 secondary ones, the primary sensorium with about 3 very small circular parts; 6th narrower than 5th, imbricated, widened on the distal part of the base, with the primary sensorium large, but smaller than that on 5th and nearly circular; flagellum short, with about 3 short apical setae; secondary sensoria rather wide, occupying over half the circumference of joints; the relative length of the joints about as follows: 1st-11, 2nd—14, 3rd— 44, 4th—23, 5th—25, 6th—34. Rostrum short, extending beyond the front coxae.

Fore wings near the middle part of subcosta with 3 small circular sensoria; radial sector stouter than the media, as stout as the cubitus, slightly curved; media simple, not branched; anal and cubitus not united; hind wings with media and cubitus present, hooklets 2. Legs slender, with many short setae; trochanters distinct; tarsi imbricated, the basal joint with 2 bristles. Cornicles small, ring-like. Abdomen with small oval wax plates on the dorsum. Cauda and anal plate rounded.

Length of body—1. 802mm, head—0. 212mm, antenna—0. 697mm, fore wing— about 2. 400mm, hind tibia—0. 646mm, hind tarsus (claws not included) – 0. 162mm; width of abdomen—1. 034mm, head (including eyes) —0. 413mm, fore wing—1. 015mm; diameter of cornicle—0. 023mm.

(Fundatrix) (found in gall) When alive, yellowish white; globular. Head small; eyes of 3 facets; antennae very short, arising from the under side of the head, 4-jointed, stout, 3rd widened on the distal part, with a very small circular sensorium; the relative length of joints about as follows: 1st—10, 2nd—15, 3rd—23, 4th—24. Rostrum short, extending beyond the front coxae. Legs short, stout, trochanters fused with femora; tarsi not imbricated, the basal tarsal joint with 2 bristles. Wax plates large, prominent. Cornicles wanting. Cauda and anal plate rounded, with some bristles.

Length of body—2. 900mm, antenna—0. 240mm, hind tibia—0. 448mm, hind tarsus— 0. 143mm; width of head across the eyes—0. 471mm, abdomen—2. 400mm.

INDEX TO CHINESE LOCALITIES CITED IN THIS PAPER WITH
THEIR ROMANIZED EQUIVALENTS.

Amoy·········厦门	Kiangsi·········江西	Shantung······山东
Canton ········广州	Kiangsu ······江苏	Shuian········瑞安
Changsha ··· 长沙	Kiangying··· 江阴	Sincheng······新吕
Chekiang······浙江	Kintan·········金壇	Soochow·······苏州
Chuchow······徐州	Kowloon······九龙	Taipo··········大埔
Foochow······福州	Kuliang······鼓岭	Tientsin ······天津
Fukien········福建	Kungchuling 公主岭	Tsinan·········济南
Hangchow···杭州	Kushang······鼓山	Tsingtao······青岛
Hongkong···香港	Kwantung···广东	Tsingtien······青田
Hopei········河北	Liaoning······辽宁	Tsinyuan······霜雯
Hunan········湖南	Lishui········衡水	Wenchow·····温州
Hwangyen···黄岩	Macao········澳门	Wenling······温岭
Kaizan········嘉善	Nanking······南京	Yentongshan 雁荡山
Kaomi········高密	Nantung······南通	Yueshan······玉山
Kashing······嘉兴	Peiping········北平	Yunan········云南
Kiangshan··· 江山	Shanghai······上海	Yunanfu······云南府（昆明）

LITERATURE.

Bell，J. 1848. The insects forming the Chinese gall. *Pharm. Jl*，VII. p. 311 （Not accessible）.

Baker. A. C. 1917. On the Chinese gall. *Ent*，*Nenes*，XXVIII，pp. 385 – 393.

Baker，A. C. 1920. Generic classification of the Hemipterous family Aphididae. *U. S. Dcpt. Agr.*，*Bull.* 826.

Blanchard，E. E. 1922. Aphid notes. *Physis*. V，pp. 184 – 214.

Borner，C，1930. Beitrage zu eincm neuen System der Blattause. *Arch. fucr klassif. u. phylog. Ent.*，I. 2，pp. 115 194.

Buckton，G. B. 1896. Notes on two new species of gall-aphids from the North-Western Himalayan region. *Ind. Mus. Notes*，IV，2，pp. 50 – 51.

Bureau of Entomology，Chekiang. 1933. A list of Aphids from Kashing （稻虫研究室收到昆虫名单）. *Ent. and Phyt.*，III，pp. 118 – 119 （In Chinese）.

Chen，S. C. 1927. Growth in body length，body width，distance between eyes and distance between cornicles of Aphis pseudobrassicae. *China Jl. Se. Arts*，Shanghai，VII，pp. 91 – 96.

Cheo，Ming-tsang，1935. Aphididae in "A preliminary list of the inseots and Ar chnid injurious to Economic plants." *Pck. Nat. Hist. Bull.*，X，1，pp. 33 – 36.

Clarke，W. T. 1903. A list of California Aphididae. *Can*，*Ent.*，XXXV，pp. 247 – 254.

Das，B. 1918. The Aphididae of Lahore，*Mcm. Ind. Mus.*，VI，pp. 135 – 274.

Davidson, W. M. 1912. Aphid notes from California. *J. Econ. Ent*, V, p. 404 – 411.

Davis, J. J. 1909. Biological studies on 3 species of Aphididae. *U. S. Dept. Agr. , Bur. Ent, Tech. Ser*. 12, pt. VIII.

Davis J. J. 1914. New and little-known species of Aphididae. *Can. Ent. *, XLVI, pp. 165 – 173.

Del Guercio. 1900, *Nuov. Rcl. R. Stay. , Ent. Agr. , Fir. *, II, p. 137 (Not aceessible).

Lambers, H. R. 1933. Notes on Theobald's "The plant-lice or Aphididae of Great Britain". *Stylops*, II, 8, pp. 169 – 175.

Lichtenstein, J. 1883. Schlechtendalia, ein neues Aphiden-Genus. *Stett. Eut. zcit. *, XLIV, pp, 240 – 243.

Essig, E. O. 1911. Aphididae of S. California, VII. *Pomona Jl, Eut. *, III, pp. 523 – 557.

Essig, E. O. and Kuwana, I. 1918. Some Japanese Aphididae. *Proc. Calif. Acad. Sc. *, 4th ser. , VIII, 3, pp. 35 – 112.

Fullaway, D. T. 1910. Synopsis of Hawaiian Aphididae. *Ann. Rcpt. Hawaiian Agr. Expt. Sta. *, 1909, pp. 20 – 46.

Gillette, C. P. 1908. New species of Colorado Aphididae, with notes upon their life-habits. *Can Ent. *, XV, pp. 17 – 20 and 61 – 68.

Gillette, C P. and Palmer, M. A. 1931 – 34. The Aphididae of Colorado. *Ann. Ent. Soc. Amer. *, XXIV, pp. 827 – 934. ; XXV, 369 – 496; XXVII, 133 – 255.

Hori, M. 1929. Studies on the noteworthy species of plant-lice in Hokkaido. *Hokkaido Agr. Expt. Sta. *, Rcpt. 23, pp. 1 – 163 (In Japanese).

Hottes, F. C. and Frison. T. H. 1931. The plant-lice or Aphiidae of Illinois. *Dir. Nat. Hist Sur. *, Dept. Rcg. Edu. Illinois, XIX. 3.

Laing, F. 1919. Two species of British aphides, *Ent, Monthly Mag. *, V, pp. 272 – 274.

Maki, M. 1918. On the Trichosiphum of Formosa and a new species of the genus (□). *Formosa Agr. Rev* (□). 138, pp. 337 – 345 (In Japanese).

Mason. P. W. 1925. A revision of the insects of the aphid genus Amphorophora. *Proc. U. S. Nat. Mus.* LXVII, Art. 20, pp. 1 – 92.

Matsumura, S. 1917. A list of the Aphididae of Japan, with descriptions of new species and genera. *Jl, Coll. Agr. Sapporo*, VII, 6, pp. 351 – 414.

Matsumura, S. 1918. New Aphididae of Japan, *Trans. Sapporo Nat. Hist. Soc. *, VII, pp. 1 – 22.

Matsumura, S. 1919. New species and genera of Callipterinae of Japan. *Trans. Sapporo Nat. Hist, Soc. *, VII, pp. 99 – 115.

Monell, J. T. 1882, Notes on Aphididae. *Can. Ent. *, XIV, pp. 13 – 16.

Mordvilko，A. 1919. Faune Russie Ins. Hem. ，I，2，p. 453.

Mordvilko，A，1929. Anolocyclic elm aphids Eriosoma and the distribution of the elms during the tertiary and glacial periods. *Compt，Rend. Acad. Sc. Russ.* ，pp. 119 – 200.

Okajima，G. 1908. Contributions to the study of the Japanese Aphididae，II. Three new species of Tricltosiphum in Japan *Bull. Coll. Agr.* ，*Tokyo Imp. Univ.*；VIII pp. 1 – 8.

Okamoto，H. and Takahashi，R. 1927. Some Aphididae from Corea. *Ins. Mats.* ，I，pp. 130 – 148.

Patch，E. M，1912. Aphid pests of Maine. *Maine Agr. Expt. St.* ，*Bull.* 202，pp. 159 – 178.

Patch，E. M. 1915. The pond-lily aphid as a plum pest. *Sciencc*，XLII，1074，pp. 164 – 165.

Patch，E. M. 1925. The melon aphid. *Mainc Agr. Expt. Sta.* ，*Bull.* 326，pp. 185 – 196.

Patch，E. M. 1927. The pea aphis in Maine. *Maine Agr. Expt. Sta.* ，*Bull.* 337，pp. 9 – 20.

Shinji，O. 1930. Notes on four new aphid-genera（蚜蟲科の新四属に就て）. *Jap，Assoc. f. Adv. Sc. Rcpt*，（日本学术协会报告），V，pp 187 – 191.（In Japanese）.

Shinji，O. 1933. A key for distinguishing the Japanese Macrosiphoniella（Aphids），with the descriptions of two new species. *Kontyu*（昆虫），VII，5. 6，pp. 212 – 218.（In Japanese）.

Strand，E. 1929. Zoologieal and Palaeontological nomenclatorical notes. *Acta Univ. Latvicnsis*，XX，pp. 1 – 29.

Suenaga，H. 1933. On the Japanese Unilachnus（Aphididae）. *Trans，Nat. Hist. Soc. Kagoshima*，*Imp. Coll. Agr*，& *Forcetry*，III，12，pp. 1 – 3.（In Japanese）.

Suenaga，H. 1934. Die Greenideinen-Blattlause Japans（Hemipt. ，Aphididae）. *Bull. Kagoshima I mp. Coll. Agr. & Forcstry*，*Dcdicnted* 25*th anniversary*（鹿儿岛高等农林学校开校廿五周年纪念论文集），I，pp. 789 – 504.

Takahashi，R. 1918. On three species of aphids（蚜蟲の三种に就□て）.
Dobutsugaku Zasshi（动物学杂志），XXX，pp. 368 – 376.（In Japanese）.

Takahashi，R. 1919）. Studies on the interesting aphid，Chaitophorinella（奇□□蚜蟲「カイトフヘリネ」の研究）. *Dobutsugaku Zasshi*（动物学杂志），XXXI，pp. 245 – 247，273 – 278，and；323 – 329.（In Japanese）.

Takahashi，R. 1920. A new genus and species of aphid from Japan. *Can. Ent.* ，LII，pp. 19 – 20.

Takahashi，R. 1921. Aphididae of Formosa，pt. I. *Agr. Expt. St. Formosa*，*spcc. Rcpt.* 20.

Takahashi，R. 1921. Japanese Aphididae，I. PP. 1 – 30.（In Japanese with descriptions in English）.

Takahashi，R. 1923. Aphididae of Formosa，pt. II. *Dept. Agr.* ，*Gov't. Res. Inst. Formosa*，*Rcpt.* 4.

Takahashi, R. 1924. Some aphids from Chinn. （支那产数种の蚜虫）*Trane. Nat. Hist. Soc. Formosa*, XIV, pp. 55 – 56. （In Japanese）.

Takahashi, R. 1924. Aphididae of Formosa, pt. HI. *Dept. Agr.*, *Gov't. Res. Inst. Formosa*, *Rept.* 10.

Takahashi, R. 1924. Some Aphididae from the Far East. *Philippine Jl.* Sc., XXIV, pp. 711 – 717.

Takahashi. R. 1925. Some Chinese Aphididae. （支那产蚜虫）*Trans. Nat. Hist, Soc. Formosa*, XV, pp. 103 – 104. （In Japanese）.

Takahashi, R. 1925. Aphididae of Formosa, pt. IV. *Dept. Agr.*, *Gov't. Res. Inst. Formosa*, *Rept.* 16.

Takahashi, R. 1927. Some Aphididae collected by Prof. F. Silvestri in China. *Boll. Lab. Zool. Portici*, XX, pp. 147 – 149.

Takahashi. R 1927. A new species of Aphididae from Formosa and three species new to China. *Trans. Nat. Hist. Soc. Formosa*, XVII, pp. 388-390.

Takahashi, R, 1927, 13 species of Aphididae collected by Prof. C. R. Kellogg in China. （支那产蚜虫13种）*Trans. Nat. Hist. Soc. Formosa*, XVII, pp. 238 – 239. （In Japanese）. （ = Aphids new to China. *China Jl. Sc.*, *Arts*, Shanghai. VIII, PP. 195 – 197, 1928）.

Takahashi, R. 1928. A list of the Aphididae of China. *Proc. Nat. Hist. Soc. Fukien Christ. Univ.*, pp. 25 – 30.

Takahashi, R. 1929. Notes on some Formosan Aphididae, II and III. *Trans. Nat. Hist, Soc. Formosa*. XIX, pp, 247 – 259 and 525 – 532.

Takahashi, R. 1930. List of the aphid genera proposed as new in recent years. *Proe. Ent. Soc. Wash.*, XXXII, pp. 1 – 24.

Takahashi, R. 1930. Some Aphididae from Nanking, China. *Trans. Nat. Hist. Soc. Formosa*, XX, pp. 273 – 276.

Takahashi, R. 1930. Some aphids from Hangchow, China. *Proc. Nat. Hist. Soc. Fukien. Christ. Univ.*, III, p. 38.

Takahashi, R. 1930. Notes on some Chinese Aphididae. *Lingnan Sc. Jl*, IX, 1 & 2, pp. 9 – 11.

Takahashi, R. 1930. Some Aphididae of Loochoo. *Trans, Nat. Hist. Soc. Formosa*, XX, pp. 317 – 327.

Takahashi, R. 1931. Aphididae of Formosa, pt. VI. *Dept. Agr. Gov't. Res. Lnst. Formosa*, *Rept.* 53.

Takahashi, R. 1933. Some Aphididae from Corea, *Trans, Nat. Hist, Soc. Corea*, XV, pp, 1 – 3. （In Japanese）.

Takahashi, R. 1933. Notes on the dimorph of *Pcriphyllus formosanus* Takahashi. *Trans, Nat, Hist. Soc. Formosa*, XXIII, pp. 1 – 3.

Takahashi, R. 1933. Aphididae of Tsushima. *Mushi* （蟲）, VI, 2, pp. 51 – 52.

Takahashi, R. 1935, On the Chinese species of Thoracaphis, with notes on some related form. *Lingncan Sc*, *Jl.*, XIV, 1, pp. 137-141.

Theobald, F. V. 1914, African Aphididae. *Bull. Ent. Res.*, IV, pp. 313 – 337.

Theobald, F. V. 1915. African Aphididae, II. *Bull. Ent. Res.*, VI, pp. 103 – 153.

Theobald, F. V. 1922. New Aphididae found in Egypt, *Bull. Soc. Roy. Ent. Egypte*, pp. 39 – 80.

Theobald, F. V. 1926 – 29. The plant-lice or Aphididae of Great Britain, I, 1926; II, 1927; III, 1929.

Theobald, F. V. 1928. Notes on Tetraneura hirsuta Baker. *Ent.*, LXI, pp. 221 – 223.

Tseng, S. and Tao, C. C. 1934 – 35. Cotton aphis （棉蚜）. *Coll. Agr. Nat. Univ. Shantung*, *Bull* （国立山东大学农学院业刊）. 2, 6, 7, 8. (In Chinese).

Van der Goot, P. 1915. Beitrage zur Kenntnis der Hollaendischen Blattlaeuse.

Van der Goot. P. 1916. On some undescribed aphids from the collection of the Indian Museum. *Rec. Ind Mus.*, XII. 1. pp. 1 – 4.

Van der Goot, P. 1917. Zur Kenntnis der Blattlaeuse Javas. *Contr. Faun. Ind. Ncerl.*, 1, 3, pp, 1 – 301.

Van der Goot, P. 1918. Notes on Oriental Aphididae. *Tijds. Ent.*, LXI, pp. 112 – 127.

Walker, F. 1852. List of Homopterous insects in British Museum, IV.

Wilson, H. F. and Vickery, R. A. 1918. A species list of the Aphididae of the world and their recorded food plant, *Trans. Wisconsion Acad*, *Sc. Arts*, *Letters*, XIX, 1.

Yen, Chia-hsien. 1931. A Preliminary list of East China Aphididae. *Pek. Nat. Hist Bull*, VI, 2, pp. 61 – 70.

Yu, Swett, T. 1929. The problems of insect pests in China and the suggestions for their control （中国虫害问题及其解决之我见）. *Agr. Coll.*, *Nat. Central Univ.*, *Nanking* （国立中央大学农学院）, *Bull.* 11 (In Chinese).

提　　要

本文所述，仅及中国产蚜虫科分类. 其标本大部采自沿海之福建、浙江、江苏、山东及河北各省，且以加害栽培植物者为多. 内容共 108 种，内新种 4 及新记载 24 种：

1. *Cinara pineti* Koch.

2. *Cinara pinidensiflorae* Essig et Kuwana.

3. *Anoccia corni* Fabricius.

4. *Eutrichosiphum pasaniac* Okajima.

5. *Aphis nerii* Boyer.

6. *Aphis pomi* De Geer.

7. *Aphis rumicis* Linnaeus.

8. *Aphis sachari* Zehntner.

9. *Aphis saliceti* Kaltenbach.

10. *Toxoptera piricola* Matsumura.

11. *Macrosiphonictt artemisiae* Tseng et Tao，sp. n.

12. *Micraphis takahashii* Boyer.

13. *Macrosiphoniclla cayratiac* Tseng et Tao. sp n.

14. *Maerosiphoniclla pscudoartemisiac* Shinji.

15. *Acyrtkosiphon posacjolii* Theobald.

16. *Myzus rarians* Davidson.

17. *Phorodon humuli* Schrank.

18. *Amphorophora cosmopolitana* Mason.

19. *Amphorophora formosana* Takahashi.

20. *Capitophorus glandulosus* Kaltenbach.

21. *Capitophorus ribis* Linnaeus.

22. *Myzaphis rosarum* Kaltenbach.

23. *Mierotarsus ptoridifoliac* Shinji.

24. *Chaitophorus clarus*. Tseng et Tao，sp. r

25. *Chaitophorus Shantungensis* Tseng et Tao，sp. n.

26. *Myzocallis trifolii* Monell.

27. *Ceratoglyphina bambusa* van der Goot.

28. *Pemphigus napacus* Buckton.

New and Unrecorded Aphids of China[*]

Sheng Tseng & Chia – Chu Tao　曾省，陶家驹

(*From the Laboratory of Entomology, College of Agriculture, National
University of Szechwan, Chengtu, China.*)

In 1936, the writers published "A List of the Aphididae of China with Descriptions of Four New Species." The present paper may be regarded as a supplement to our knowledge of the aphid fauna of this country. It contains thirty – six species of which ten are new to science and twenty – six are recorded from China for the first time. In addition, some winged and wingless viviparous females of well – known species which have not been noted previously are now described in detail. Most of the specimens were collected by the writers and by Messrs. C Ho and C. C. Fang in Szechwan Province, while some specimens from Hangchow (杭州) were sent by Messrs. H. C. Yao and C. W. Tao of the Bureau of Entomology, and from Tsingtao (青岛) by Mr. C. Ho before his coming to Chengtu.

All the cotype specimens are preserved in the Entomological Laboratory of the University and in our collection.

The writers wish to express their sincere thanks to Prof. S. S. Chine, formerly Head of the Department of Biology of the National Szechwan University for his identification of the host plants.

1.　Aiceona actinodaphnis Takahashi.

Agr. Expt. Stat., Gov't. Res. Inst. Formosa, Spec. Rept.
20, p.85 (1921)

Both alate and apterous viviparous females, collected by C. C. Fang at Sintu (新都) on April 26, 1936, infest *Cinnamomum comphora* Nees. They were also found by the junior writer under the foliage of *Litsea populifolia* Gamb., *L. pungens* Hemsl., *L. veitchiana* Gamb., and *L. wilsonii* Camb. at Omeishan (峨嵋山) on August, 9, 1936, as well as by Ke-Siang Wu from the same hosts at Kwanhsien (灌县) on June 5, 1936.

This species hitherto known only from Loochoo and Formosa is very common at Omeishan. The living insect is purplish black in color and its body is clothed with white powder.

In our opinion, *A. osugii* determined by Takahashi as a different species may be identical with this species, for variation of the number of the sensoriae on the third antennal joint is

---

* 《华西研究会刊》，1937。

great.

2. **Paratrichosiphum tattakanum** Takahashi.

Greenidea tattakana Takahashi, Dept Agr. Gov't. Res. Inst. Formosa, Rept. 16, p.30 (1925).

Many alate and apterous forms were obtained by the junior writer from the tender foliage of *Alnus cremastogyne* Burk. in Chengtu (成都) during May, 1936. It has been recorded previously only from Formosa.

3. **Paratrichosiphum nigrofasciatum** Maki.

Trichosiphum nigrofasciatum Maki, Col. Essays for Nawa, Gifu, p.16 1917); Formosan Agr. Rev. 台湾农事报 No. 138, p.342 (1918). *Paratrichosiph'um nigrofasciatum* Takahashi, Dept. Agr. Gov't. Res. Inst., Formosa, Rept.53, p.33 (1931).

Both alate and apterous forms were collected by the junior writer at Kwanhsien on July 9, 1936 and at Loshan 乐山 on August 4, 1936. They infest the leaves of *Quercus glauca* Thunb. This species was formerly unknown from China.

4. **Paratrichosiphum tenuicorpus** Okajima.

Trichosiphum tenuicorpus Okajima, Bull. Col. Agr., Tokyo Imp. Univ. VIII, p.4 (1908).

Only one alate and some apterous forms were collected by the junior writer from the tender leaves of an unknown plant at Omeishan on August 8, 1936. They were found associated with *Eutrichosiphum szechwanensis* n. sp. and hitherto were known only from Japan and Formosa.

5. **Eutrichosiphum szechuenensis** n. sp. (see Fig. 1)

Apterous viviparous female: abdomen black, dull at head and thorax, third antennal joints and all legs yellowish brown, cornicles darker than other parts of body.

Dorsal surface and lateral sides of body and whole cornicle provided with transversely arranged spinules, some stout forked setae (Fig. 1, A) present on dorsum of thorax and abdomen, but setae on antennae, legs, cornicles, cauda and anal plate simple, neither forked nor capitate at apices. Head (Fig. 1, B) entirely fused with prothorax; eyes large, protruding and with three faceted ocular tubercles; frons flat with border nearly straight, frontal tubercles not developed; frons and dorsum of head provided with about seventeen pairs of long

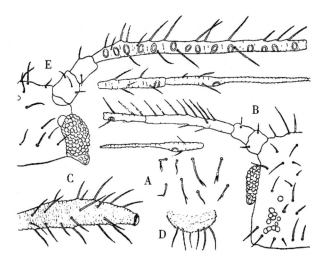

A. forked setae on dorsum of thorax and abdomen of apterous viviparous female; B. head and prothorax of same; C. cornicle of same; D. cauda of same; E. head of alate viviparous female.

Fig. 1 *Eutrichosiphum szechuenensis* n. sp.

and short setae; dorsum of head and prothorax also with many – faceted wax – porea beside middle line; antennae 5 – jointed, imbricated over its whole length, except basal two; I joint subequal to II but wider, each with some long and short hairs; III longest, with 7 – 9 long hairs on one side and 2 – 5 short ones on the other; IV subequal to length of base of V, with four long and one short hairs, having one large primary sensoria near its apical portion; base of V provided with 2 long and one short hairs and one large normal sensoria; flagellum about twice as long as base, with some short stout setae at distal end. Relative length of antennal joints recorded as follows: I – 11, II – 9, III – 56, IV – 21, V – 50 (23 + 27). Rostrum long, extending beyond third coxae.

Hind margin of prothorax well demarcated from meso – and metathorax. Legs stout, femora weakly imbricated, tibiae smooth, without transverse striae, second tarsal joint imbricated.

Abdomen broadened at middle, first segment well defined, following segments entirely fused together except caudal segment. Cornicles (Fig. 1, C) very strong, subequal to length of third antennal joint, swollen through mid – length and narrowed at both ends, clothed with many long pointed hairs being longer than those on body. Cauda (Fig. 1, D) rounded, spinose, much shorter than wide, provided with about six fine long hairs but without a process at apex. Anal plate rounded, broader than cauda, also spinose, bearing ten hairs similar to those of cauda.

Length of body: 1.010mm, head with pronotum: 0.276mm, antenna: 0.578mm, hind tibia: 0.331mm, hind tarsus: 0.07mm, cornicle: 0.029mm, cauda: 0.037mm, a-nal plate: 0.029mm, longest hair on head (including its tubercle): 0.059 – 0.070mm, those on cornicle: 0.099mm. Width of abdomen: 0.489mm, head (including ocular tubercles): 0.283mm cornicle at swollen part: 0.063mm, its narrowed part near apex: 0.029mm, cauda: 0.103mm, anal plate: 0.121mm.

Alate viviparous female: body yellowish brown, antennae, stigma of fore – wings and cornicles blackish brown, wings transparent with yellowish brown veins, basal two abdominal segments pale with dark markings.

Head (Fig. 1, E) wider than long, descriminate from prothorax; eyes large; ocular tubercles prominent; ocelli 3, situated in normal position. Dorsum provided with 6 long unforked hairs arranged nearly in a transverse row between eyes and four similar ones between lateral ocelli, and two in front. Frontal tubercles slightly developed; frons bearing two moderate tubercles, armed with four hairs on them. Antennae 5 – jointed, basal two joints subequal in length but first one slightly wider, each provided with 4 – 5 hairs; III longest, more or less imbricated, with about 18 hairs and 14 – 19 large elliptical sensoriae arranged in a single row extending over whole length; IV and V imbricated, IV a little longer than base of V, with some 5 hairs, devoid of secondary sensoriae but a primary one present; base of V with 3 hairs, flagellum long and its end provided with some stout and short setae. Relative length of joints recorded as follows: I – 13, II – 13, III – 142, IV – 48, V – 91 (35 + 56). Rostrum short, extending to base of second coxae.

Prothorax well defined, with one group of distinct waxpores; hairs unforked and similar to those on head. Meso – and metanotum with some similar hairs. Stigma of fore wings imbricated, long and narrow, provided with some minute setae each protruding from pale circular spot. Along subcosta some distinct small circular sensoriae present, radial sector slightly curved, media twice branched, first oblique straight, second oblique somewhat curved near distal two – third. Both media and cubitus of hind wings divergent, hooklets 2. Legs long, femora somewhat spinose, tibiae smooth, second tarsal joint imbricated.

Abdomen widest in front of cornicles, basal two segments defined, abdominal hairs fine, shorter than those on thorax and head, not forked at apices. Cornicles long, a little longer than third antennal joint, imbricated, swollen in front of middle, narrowed at both ends; and clothed with many long hairs. Cauda and anal plate spinose, rounded, more than 10 hairs present on the former and 8 on the latter.

Length of body: 1.420mm, head: 0.173mm, antenna: 1.130mm, fore wing: 1.894mm, hind tibia: 0.600mm, hind tarsus (excluding claws): 0.045mm, cornicle: 0.031mm. Width of abdomen: 0.584mm, head (including eyes): 0.347mm, forewing: 0.663mm, cornicle: 0.063mm, at swollen part, 0.033mm. at narrowed part.

Only four winged and many apterous females were found on the foliage of an unknown plant by the junior writer at Kwanhsien on July 12, 1936. They were also collected from the same host by the same collector at Omeishan, in August.

Up to the present, this genus contains only two described species, namely *E. pasaniae* Okajima and *E. minutum* Takahashi; the present species is undoubtedly a third. These three species can be distinguished according to the following key:

A. Third antennal joint of winged form provided with two sensoriae at its basal half, dorsal hairs of head, thorax and abdomen of apterous form simple... *E. minutum* Takah.

AA. Third antennal joint of winged form with more than 14 sensoriae arranged in a single row and extending over its whole length; dorsal hairs of apterous form simple or forked at their apices... B.

B. Secondary sensoriae narrow, more than twenty in number; dorsal hairs of apterous form simple, wax – pores absent... *E. pasaniae* Okajima.

BB. Secondary sensoriae elliptical, less than 20 in number; some dorsal hairs of apterous form forked at their apices, wax – pores present in both forms... *E. szechwanensis* n. sp.

6. **Cerosipha humuli** n. sp. (Fig. 2)

Apterous viviparous female: body yellowish green, eyes black, fifth antennal joint, apex of rostrum, distal half of cornicle and tarsi blackish brown, abdomen without any markings.

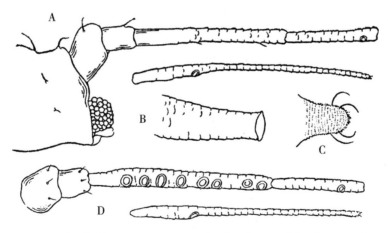

A. head of apterous viviparous female; B. cornicle of same; C. cauda of same; D. antenna of alate viviparous female.

Fig. 2 *Cerosipha humili* n. sp.

Head (Fig. 2, A) small, provided with two pairs of fine simple setae, without granules and spinules, Frontal tubercle slightly developed, bearing a curved seta on its mesal side.

Frons with a short wide protuberance at middle, having a pair of curved setae being nearly as long as second antennal segment. Eyes rather small, protrduding, a little separate from hind margin of head, with small ocular tubercles. Antennae 5 – jointed, about half length of body, slender, provided with some hairs which are shorter than diameter of third antennal joint; I segment as long as II but much wider, III devoid of sensoriae but provided with some setae; III to V imbricated, primary sensorae normal. Relative length of antennal joints being: I – 14, II – 10, III – 59, IV – 38, V – 85 (25 + 60). Rostrum 3 – jointed, just reaching middle coxae.

Body broadest about middle; abdomen with many rows of spinules on venter, and its dorsum provided with reticulation and a few rather long hairs. Marginal tubercles not discernible. Legs normal, hairs on coxae, trochanters and femora longer, but more slender than those on tibiae; tibiae stouter than third antennal joint, with rather long, stiff or a little curved hairs, basal tarsal segment without seta, distal segment imbricated. Cornicles (Fig. 2, B) cylindrical, rather stout and short, slightly curved, expanded at base, gradually narrowing to apex, faintly imbricated, without reticulation, a little longer than fourth antennal joint, about 1.5 times as long as cauda. Cauda (Fig. 2, C) shorter than cornicle, subconical, slightly constricted at middle, spinose, rounded at apex, provided with two pairs of long curved hairs. Anal plate rounded, short, spinose, provided with some long and short hairs.

Length of body: 1.186mm, head: 0.148mm, antenna: 0.688mm, hind tibia: 0.501mm, hind tarsus: 0.069mm, cornicle: 0.157mm, cauda: 0.092mm. Width of body: 0.778mm, head including eyes: 0.346mm, base of cauda: 0.069mm. Diameter of cornicles at base: 0.055mm, at apex: 0.040mm.

Alate viviparous female: body yellowish green, head, thorax, antennae, veins, tarsi, abdominal transverse bands, spots, cornicles, cauda and anal plate black; dusky at distal ends of femora and tibiae; wings transparent.

Dorsum and frons of head. each with two pairs of setae as in apterous form. Frontal tubercles a little developed and convex on mesal side; frontal ocellus from above; eyes large, ocular tubercles distinct. Antennae (Fig. 2, D) five – jointed, imbricated from third joint forward, III provided with 8 – 14 rather large or moderate circular sensoriae arranged mostly or not in a single row; IV a little longer than base of V; flangllum about three times as long as base, primary sensoriae normal. Relative length of joints being: I – 11, II – 11, III – 70, IV – 34, V – 83 (23 + 60). Rostrum short, not extending to middle coxae.

Wing – venation normal, similar to that of Aphis, faintly imbricated, hooklets 2 or 3. Legs with short hairs, especially on tibiae, distal tarsal joint imbricated. Cauda conical, not constricted near middle, rounded apically, with 2 pairs of setae on either side. Other characteristics being same as observed in apterous form.

Length of body: 1.247mm, head: 0.154mm, antenna: 0.743mm, fore – wing: 2.053mm, hind tibia: 0.468mm, hind tarsus: 0.059mm, cornicle: 0.128mm, cauda:

0. 062mm. Width of body: 0. 631mm, head including eyes: 0. 315mm, cornicle at base: 0. 051mm, at apex: 0. 033mm, cauda at base: 0. 070mm, at apex: 0. 037mm.

Some apterous and two winged viviparous females along with many nymphs were collected by Prof. C. Y. Liu from the leaves of *Humulus japonica* S. et Z. at Hangchow on Oct. 31, 1934 and many winged and some apterous forms were taken from the same host by the junior writer at Chengtu in Nov. and Dec, 1936. This species has some characteristics quite different from the known aphids of the genus in the following aspects: (1) it differs from *C. rubifolli* (Thomas) in the presence of more sensoriae on the third antennal segment of the alate form and in the smaller number of hairs of the cauda of both apterous and alate forms; (2) because of the different proprtion of its antennal segments, fewer sensoriae and shape of cornicles, it does not correspond with *C. angelicae* (Matsumura); (3) the short cauda and the normal cornicles are different from those of *C. cupressi* Swain; (4) by the short antennal hairs of the apterous form, it is distinguished from *C. shelkovnikovi* (Mordvilko); (5) by the absence of prominent lateral tubercles of the apterous form, it stands apart from *C. althaeae* (Nevsky), *C. roepkei* Lambers and *C. cirsiioleracei* Borner; (6) the shorter antennae of the apterous form differ from those of *C. flava* (Nevsky).

7. **Macrosiphum lactucicola** Strand.

Acta Univ. Latv. , XX, p. 22 (1929) (name only).
Macrosiphum sp. Takahashi, Dept. Agr. Gov't. Res. Inst. Formosa, Rept. 16, p. 11 (1925) (with a description of wingless viviparous female).

Some wingless viviparous females were collected by Mr. T. C. Ma from an unknown species of *Compositae* at Hwangyen 黄岩, Chekiang Province in May 1935, and at Lishui 丽水, Chekiang Province, on June 4, 1935, as well as by Mr. C. W. Tao at Hangchow on April 20, 1936. At Chengtu the apterous oviparous females and winged males were found in Nov, 1936. It was previously known from Formosa.

The Chinese form (apterous viviparous female) shows some discrepancies from the original description as noted below: (1) secondary sensoriae usually more than twenty on basal half of third antennal joint; (2) a longer rostrum, extending somewhat beyond the third coxae; (3) hairs on dorsal surface of abdomen arising from small tubercles situated on blackish brown markings; (4) hind tarsi longer than basal part of last antennal joint. Relative length of antennal joints imperfectly recorded in the original description should be remeasured as follows: I – 10, II – 7, III – 61, IV – 39, V – 29, VI – 60 (9 + 51).

Apterous oviparous female: the color and other specific characteristics are same as those recorded in wingless viviparous females except that the basal halves of hind tarsi are moderately swollen and provided with numerous (about 180) oval sensoriae.

Winged male: head, thorax, antennae, rostrum, legs except bases of femora, middle part of tibiae, yellowish brown, cornicles, cauda and penis blackish brown. Wings transparent, veins yellowish brown. Lateral and dorsal abdominal markings grayish black and transparent. All these color patterns noted from specimens previously treated with caustic potasn and mounted in balsam.

Frontal tubercle developed, a little longer than second antennal joint, its mesal side nearly straight. Dorsum and frons with some long, fine hairs. Eyes large, with distinct ocular tubercles. Antenna 6 – jointed, longer than body, imbricated, from fourth, I joint much longer and wider than II, III longest, furnished with 80 – 100 subcircular sensoriae scattered over whole length; IV with 10 – 20 similar sensoriae not arranged in a row, V with about 10 similar ones. Hairs on antennae a little shorter and stouter than those on head. Relative length of joints being: I – 8, II – 5, III – 55, IV – 35, V – 29, VI – 52 (9 + 43) (its flagella broken). Rostrum extending to third coxae.

Wings delicate, venation normal, faintly imbricated on stigma and distal part of fore – wing. Legs slender, with many moderately stout hairs. Basal three and cornicle – bearing abdominal segments each provided with two large lateral spots and some smaller ones between them, before caudal two segments each marked with a transverse minutely spinose band; spots and bands each armed with one or more fine hairs. Cornicles cylindrical, much smaller than those of wingless viviparous or oviparous female, little stouter than third antennal joint, not extending beyond apex of cauda, reticulated on distal noe – third, imbricated at base. Cauda small and short, spinose, little constricted near middle and armed with about fifteen long stout setae at distal half. Anal plate rounded, with a few stout long setae.

Length of body: 2.272mm, head: 0.221mm, antenna: 2.904mm, fore wing: about 3.750mm, hind tibia: 1.957mm, hind tarsi: 0.125mm, cornicle: 0.552mm, cauda: 0.255mm. Width of abdomen: 0.978mm, head: 0.473mm, fore wing: 1.341mm, cornicle at base: 0.085mm, at apex: 0.048mm, cauda at base: 0.136mm, at constricted point: 0.074mm.

8. *Acyrthosiphon perillae* Takahashi.

Dept. Agr. Gov't. Res. Inst. Formosa, Rept. 53, p. 64 (1931).
Macrosiphum perillae Takahashi, Dept. Agr. Gove't. Res. Inst.
Formosa, Rept. 10, p. 25 (1924) (original description).

This species is hitherto recorded only from Formosa. Three apterous viviparous females and two oviparae were collected from *Perilla frutescens* by C. C. Fang at Chengtu on Nov. 11, 1935. The apterous viviparous female has a pair of very small dorsal tubercles between two eyes, characteristic of the species.

As the ovipara, similar to the apterous viviparous female, has not been described, some characteristics should be herewith noted. Its antennae are pale, not so black as the cornicles, and the hind tibiae are slightly swollen, with many sensoriae scattered on the basal three – fourths except its base.

9. Macrosiphoniella fulvicola Shinji.
Kontyû (昆虫), VII, 5 –6, p. 215 (1933) (in Japanese).

These peculiar yellowish red aphids were found in a large colony on the foliage of unknown species of *Compositae* at Chengtu, Kwanhsien, Chingtang (金堂) and Kwanghan (广汉) in July, 1936. The Chinese form differs from the original description in the presence of a little longer cornicles, less sensoriae on the third antennal joint, shorter flagellum and less lateral hairs on the cauda of both alate and apterous females.

10. Macrosiphoniella moriokae Shinji.
Dobustu Gaku Zasshi (动物学杂志), 38, p. 362 (1924) (in Japanese).

Six apterae and two wingless nymphs infesting an unknown species of *Compositae* were collected at Chintang on July 20, 1936. This species is first recorded from China.

M. astericola Okamoto et Takahashi was considered as a synonym of this species by Dr. O. Shinji (Kontyû, VII, 5 – 6, p. 214 (1933). The original description of *M. moriokae* has not been seen by the writers but a reference made to the description of *M. astericola*.

11. Myzus plantgicola Takahashi.
Dept. Agr. Gov't Res. Inst. Formosa, Rept. 53, 6. 69 (1931).
M. plantagineus Pass?' Takahashi, Ibid. , Rept. 3, p. 30 (1924)
(alate and apterous females described).

Some alate and apterous viviparous females were collected from *Plantago major* L. at Chengtu in May, 1936. It is previously known from Formosa. The characteristics of the present specimens agree with the original description.

12. Myzus woodwardiae Takahashi.
Agr. Expt. Stat. Formosa, Spec. Rept. 20, p. 20 (1921).

It was previously recorded only from Formosa. Some wingless viviparous females infesting the tender foliage of an unknown fern were collected at Kwanhsien on July 6, 1936. It differs from the original description in the following points: (1) body distinctly reticulated and striated, with many large blackish brown transverse bands and spots; (2) hairs not capitate at apices; (3) rostrum longer and extending to the base of third coxae.

343

A large colony consisting of both alate and apterous females were also found under the leaves of the same host at Omeishan on Aug. 12, 1936. Of this lot, the apterous insects have their third antennal joint provided with 9 – 15 sensoriae arranged in a row extending to the whole length except the bassl part, while the alate form bears non – capitate hairs on its body, with sensoriae in same number as noted in its original description. But some specimens of this lot appear to be similar to *M. polygodicola* Takah.

13. **Amphorophora indicum** v. d. Goot.

Rhopalosiphum indicum v. d. Goot, Rec. Ind. Mus., XII, p. 2 (1916); Ibid, XIII, p. 176 (1917).

Many apterae were collected by C. Ho from *Memerocallis flava* L. at Tsingtao in July, 1935. This is its first record from China although known previously from India, Formosa, WKorea and Japan.

14. **Fullawayella formosana** Takahashi.

Agr. Expt. Stat. Formosa, Spec. Rept. 20, p. 20 (1921) (winged form described); Dept. Agr. Gov't. Res. Inst. Formosa, Rept. 4, p. 33, (1923) (both wiged and wingless viviparous females described). *Micromyzus formosanus* Takahashi, Trans. Nat. Hist. Soc, Formosa, XIX, p. 251 (1929) (generic position discussed). *Micromyzus allimucena* Essig, Pan – Pac. Ent., XI, 4, p. 157 (1935) (synonym).

The aphids of this species have been previously recorded from formosa, Japan and California. Many specimens were collected at Chengtu in Nov. and Dec., 1926. They infest the leaves of *Allium fistulosum* L. and *A. odorum* L. the latter being more heavily devastated by them than the former.

15. **Capitophorus gilletti** Theobald.

Aph. Gr. Brit., I, p. 238 (1926).

Up to the present, this common species had not yet been recorded from China. It has characteristics comformable to the original description. Some wingless and one winged vivipa-rous females were collected from the leaves of *Polygonum* sp. at Chengtu in June, Aug. and Nov., 1936.

16. Akkaia kagoshimana Suenaga.

Trans. Kagoshima Imp. Col. Agr. & For. , IV, 13, p. 11 (1934).

Many apterae were collected by the senior wrter from *Polygonum* sp. at Omeishan in May, 1936. this is its first record from China. All the characteristics agree with those of the original description.

17. Phorodon humulifoliae n. sp. (Fig. 3)

Apterous viviparous female: body pale, yellowish green or green; head, antennae, legs, cauda and anal plate dark; cornicle yellowish brown, especially its apical half.

Head well demarcated from pronotum, minutely spinose; eyes large, with distinct ocular tubercles; dorsum armed with eight hairs, each protruding from a small tubercle and never pointcd at apex, four arranged in a transverse row between eyes, two before them and the other two near frons. Frontal tubercles well-developed, each, on mesial side, protruding into a conical, imbricated process, nearly as long as second antennal joint, bearing about four stout hairs at its apical half. Antennae 6 – jointed, extending beyond middle part of body, imbricated throughout its whole length, provided with some short, strong hairs; I segment longer and wider than II; III a little shorter than VI; IV and V subequal in length; base of VI about half length of V or IV, but a little longer than II or I, flagellum about three times as long as base; primary sensoriae normal in form and position. Relative length of joints being: I – 20, II – 17, III – 90, IV – 49, V – 45, VI – 98 (29 + 69). Rostrum just beyond third coxae.

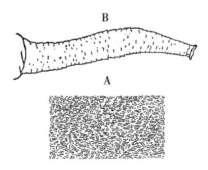

A. a part of abdominal segment showing its corrugation; B. cornicle of apterous viviparous female.

Fig. 3 *Phorodon humulofoliae* **n. sp.**

Thorax and abdomen wholly corrugated (Fig. 3 A) and, in addition, furnished with some short hairs on ventral side. Legs long and stout, with some short hairs, femora finely imbricated, tibia as large as third antennal joint, tarsal joints imbricated.

Abdomen widest at middle, cornicle (Fig. 3, B) imbricated, stout and large but narrowed at its distal end, a little longer than third antennal joint, extending beyond caudal end, curved on inner side. Cauda subconical, spinose, about twice as long as its width, its base bearing three long curved hairs on either side. Anal plate rounded, with some long, curved hairs along posterior border.

Body length (from frontal tubercles to tip of cauda): 1.830mm, head: 0.276mm, antennal tubercle: 0.077mm, antenna: 1.174mm, hind tibia: 0.947mm, hind tarsus: 0.092mm, cornicle: 0.552mm, cauda: 0.173mm, longest hairs on dorsum of head: 0.029mm. Width of abomen: 1.026mm, head including eyes: 0.395mm, frontal tubercle at base: 0.044mm, at apex: 0.018mm, cornicle at middle: 0.077mm, at apex: 0.037mm, cauda at anterior border: 0.110mm, posterior border: 0.037mm.

Only some apterae were collected by the junior writer from the leaves of *Humulus japonica* S. et Z. at Chengtu on Nov. 21, 1936. The present species differs from other known species of the same genus in corrugation over the whole body and the presence of the long and swollen cornicles.

Paraphorodon n. g.

Body clothed with small projections. Frontal tubercle well-developed, with a very prominent projection extending forward. Antennae 6-jointed, flagellum longer than base, first joint bearing a mesial projection. Cornicles cylindrical, imbricated throughout its whole length and narrowed backward from its middle part. Anal plate rounded. Legs normal. Winged form unknown.

Genotype: **Paraphorodon omeishanensis** n. sp.

This new genus is closely allied to *Phorodon* Passerini and *Neophorodon* Takahashi, but distinguished readily from the former in that the insect has its body clothed with small projections and from the latter in having forward projections on the frontal tubercles besides its dorsum bearing small projections instead of capitate hairs. It is somewhat like genera *Acanthaphis* Matsumura and *Tuberoaphis* n. g., but decidedly different, as compared with their characteristics.

18. Paraphorodon omeishanensis n. sp. (Fig. 4)

Apterous viviparous female: body pale green, antennae dusky except basal two joints.

Head (Fig. 4, A) wider than long, granulated, vertex provided with about three pairs of capitate hairs, a little longer than diameter of flagellum, each protruding from a small tubercle. Frontal tubercles prominent, longer than wide, subequal to length of first antennal joint, a little stouter than third antennal joint, with an uniform width from base to apex, strongly granulated, provided with a finger-like process, and bearing five or six capitate hairs, three of which are along its inner side and the other two or three on its apex. Antenna 6-jointed,

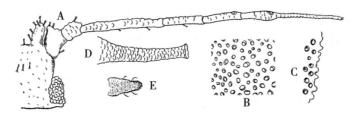

A. head of apterous viviparous female; B. dorsal view of a part of abdomen showing its projections; C. lateral view of same; D. cornicle of same; E. cauda of same.

Fig. 4 *Paraphorodon omeishanensis* **n. sp.**

more or less imbricated, about half length of body, prominently granulated along inner side from II to IV segment; antennal hairs capitate but shorter and smaller than those on head or frontal tubercles; I segment subequal to II but much wider, provided with projection at its inner side; III longest, longer than IV + V; IV subequal to V; base of VI a little shorter than V, flagellum as long as IV + V, but a little shorter than III. Relative length of six joints being: I - 3, II - 3, III - 16, IV - 6, VI - 17 (5 + 12). Eyes large, protruded, ocular tubercles developed. Rostrum short, just beyond second coxae.

Dorsum of thorax and abdomen provided with many small projections (Fig. 4, B, C) and a few capitate hairs; projections smooth, variable in size and shape, slightly expanded at base, rounded at apex, not much longer than wide, as long as capitate hairs on head. Vertex and apex of abdomen spinose and provided with a few non-capitate hairs. Legs slender, tibiae not stouter than antennae, second tarsal joint imbricated. Cornicles (Fig. 4, D) cylindrical, longer and stouter than third antennal joint, strongly imbricated, dilated at base and gradually narrowed towards apex. Cauda (Fig. 4, E) subconical, minutely spinose, rounded at apex, constricted at base, provided with two curved hairs on either lateral side. Anal plate rounded, granulated on its border, and bearing some hairs.

Length of body (from apex of frontal finger-like projection to extremity of cauda): 1.262mm, head: 0.142mm, antenna: 0.727mm, frontal finger-like projection: 0.063mm, body projection: 0.011mm, capitate hairs on vertex: 0.011mm, hind femur: 0.268mm, hind tibia: 0.552mm, cauda: 0.055mm, cornicle: 0.268mm. Width of body: 0.552mm, head including eyes: 0.268mm, frontal finger-like projection: 0.022mm, body projection: 0.090mm, cornicle at base: 0.044mm, at apex: 0.025mm, cauda at base: 0.040mm.

Some wingles viviparous females were collected by the junior writer at Omeishan on Aug. 12, 1936, from the undersurface of the leaves of *Rubus* sp.

19. **Acanthaphis zeni** n. sp. （Fig. 5）

Apterous viviparous female：body pale green, dusky at apex of rostrum, third, fourth, fifth, base of sixth antennal joints, tarsi and cornicles.

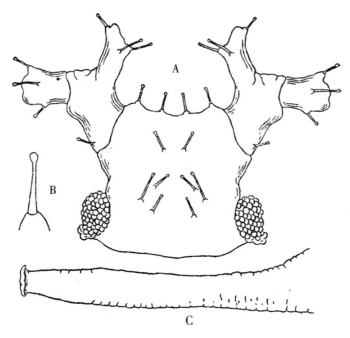

A. head of apterous viviparous female; B. tubercle and capitate hair of same; C. cornicle of same.

Fig. 5 *Acanthaphis zeni* **n. sp.**

Head （Fig. 5, A） wider than long, provided with four pairs of long capitate hairs on its dorsum. Frontal tubercles prominent, diverging, frons armed with four capitate hairs. Eyes normal, with distinct ocular tubercles. Antennae 6-jointed, I joint much wider and a little longer than II and its inner side protruding into a very long hornlike tubercles provided with three long capitate hairs, two on inner side and one at apex, III smooth, longer than IV or V, but shorter than VI, IV and V subequal in length, V and VI imbricated, base of VI about half length of IV or V, flagellum about three times as long as base; hairs on proximal four antennal joints long and capitate, but gradually becoming minute and non-capitate towards distal joints, one on I （excluding horn-like tubercle）, four on II, seven on III and three on IV. Relative length of antennal joints being：I – 20, II – 18, III – 88, IV – 63, V – 63, VI 138 （37 + 101）.

Body widest at middle, densely clothed with papillae on dorsum and spinules along with some fine hairs on its ventral surface. In addition, six tubercles situated in a row on each thoracic and basal seven abdominal segment; these tubercles broadened at base and pointed towards apex which is armed with one long capitate hair (Fig. 5, B). Eighth abdominal segment lacking such armature but provided with four capitate hairs only. Legs moderately long, tibiae a little stouter than antennae and armed with many stiff hairs, tarsi weakly imbricated. Cornicles (Fig. 5, C) sub-cylindrical, longer than third antennal joint, moderately swollen near apical one-third, broadened towards its base, weakly imbricated at basal half. Cauda subconical, longer than wide, spinose, provided with three long curved hairs along either lateral side. Anal plate rounded, spinose, with some long hairs.

Length of body: 1.941mm, head: 0.180mm, antenna: 1.435mm, antennal horn-like tubercle: 0.070mm, capitate hair on head: 0.048mm, hind tibia: 0.978mm, hind tarsus: 0.107mm, body tubercle: 0.033mm, cornicle: 0.300mm, cauda: 0.125mm. Width of body: 0.978mm, head including eyes: 0.347mm, antennal horn-like tubercle: 0.033mm, body tubercle at base: 0.044mm, cornicle at swollen part: 0.055mm, at narrowed part: 0.044mm, cauda: 0.063mm.

Of this genus only one species, A. rubi, from Japan, was described by Matsumura. The present species can be distinguished from it by the swollen cornicles, the dorsum of head provided with capitate hairs and the body having tubercles armed with capitate hairs at their apices.

Only apterous viviparous females were collected by the junior writer at Omeishan from the leaves of *Rosa* sp. on Aug. 14, 1936. This species is dedicated to Mr. Hung-Chuin Zen, formerly the President of the National Szechwan University, who is very zealous for the promotion of scientific researches in China and gave us much appreciable help in carrying on this investigation.

Tuberoaphis n. g.

Head with prominent frontal tubercles, slightly diverging; antennae 6-jointed; eyes without ocular tubercles. Dorsum of body corrugated, provided with prominent finger-like tubercles. Cornicles cylindrical, imbricated, expanded at base and much longer than cauda. Cauda small, subconical. Anal plate rounded. Winged form unknown.

Genotype: **Tuberoaphis hydranglae** n. sp.

This new genus is related to *Acanthaphis* Matsumura, but it can be distiguished from that by the basal antennal joint without horn-like tubercles, the dorsum devoid of capitate hairs, and the eyes lacking ocular tubercles.

20. **Tuberoaphis hydrangeae** n. sp. (Fig. 6)

Apterous viviparous female: body yellow, dark brown at apices of cornicles, tarsi, apices of third antennal joints and sometimes remaining length of antenna from third joint forward.

Head (Fig. 6, A) wider than long, vertex provided with two pairs of short hairs which

349

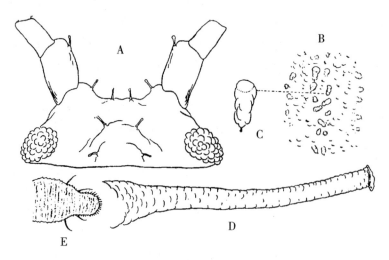

A. head of apterous viviparous female; B. abdomen of same showing
its dorsal tubercles and corrugation; C. tubercle enlarged; D. cornicle of
same; E. cauda of same.

Fig. 6 *Tuberoaphis bydranglae* **n. sp**

are slightly dilated at apices and set on small tubercles. Frons and inner side of frontal tuber-
cles each provided with one pair of similar hairs. Frontal tubercles prominent but not finger-
like, subequal to length of second antennal joint, slightly diverging. Antennae 6-jointed, a
little shorter than body; I joint much wider and longer than II; III longest, after basal half im-
brication starting and extending over whole length of remaining joints; IV a little shorter than
V; VI longer than IV + V, its base shorter than preceding joint and flagellum about twice
length of base; hairs on antennae not prominent and much shorter than diameter of flagellum.
Relative length of joints being: I – 13, II – 10, III – 62, IV – 28, V – 30, VI – 68 (21 +
47). Eyes protruded, without ocular tubercles. Rostrum long, extending beyond third cox-
ae.

Body widest in front of cornicles, corrugated over its whole dorsum of thorax and abdomen
which are provided with thirteen pairs of finger-like tubercles (Fig. 6, B) arranged in four
lines, eight pairs on middle line and five pairs beside them; tubercles (Fig. 6, C) longer
than wide, irregularly corrugated, each bearing near its apex one hair similar to those on
head. Legs slender, tibiae slightly stouter than antennae, second tarsal joint imbricated.
Cornicles (Fig. 6, D) cylindrical, dilated near its base, gradually tapering to its apex and
much longer than cauda. Cauda (Fig. 6, E) subconical, longer than wide, rounded at a-
pex, constricted at base and narrowed after its distal one-third length, minutely spinose, with
two long curved hairs on either lateral side of its distal half. Anal plate rounded, also spinose
and armed with similar hairs. Ventral surface of body armed with a few hairs, similar to those
on legs, but not so stout and never curved.

350

Length of body: 1.105mm, head: 0.110mm, antenna: 0.973mm, body tubercle (longest one): 0.051mm, hind tibia: 0.647mm, tarsus: 0.059mm, cornicle: 0.426mm, cauda: 0.107mm, head hair: 0.007mm. Width of body: 0.600mm, head including eyes: 0.252mm, body tubercle: 0.022mm, cornicle at base: 0.074mm, at apex: 0.066mm, cauda at middle: 0.048mm.

Many apterous viviparous females were collected from the leaves of *Hydrangea aspera* Don. by the junior writer at Omeishan on Aug. 10, 1936.

21. **Agrioaphis bambusicola** Takahashi.

Myzocallis bambusicola Takahashi, Agr. Expt. Stat., Formosa, Spec. Rept. 20, p. 70 (1921).
Agrioaphis bambusicola. Takahashi, Dept. Agr. Gov't. Res. Inst., Formosa, Rept. 53, p. 85 (1931).

It was previously known only from Formosa. At Chengtu, on June 2, 1936, some winged viviparous females, injurious to an undetermined species of bamboo, were collected by the junior writer.

22. **Agrioaphis bambusifoliae Takahashi.**

Myzocallis bambusifolia Takahashi, Agr. Expt. Stat., Formosa Spec. Rept. 20, p. 73 (1921).
Agrioaphis bambusifoliae Takahashi, Dept. Agr. Gov't. Res. Inst., Formosa, Rept. 53, p. 84 (1931).

This species occurs in Formosa, Loochoo and Japan. Some alate insects were found at Chengtu. Judging from their characteristics, they are identified as the same species.

23. **Agrioaphis hashibamii** Shinji.

Oyi-Dobutsugaku-Zasshi (应用动物学杂志) VII, 6, p. 248 (1935).

Many alate and apterous viviparous females were collected by the junior writer at Chengtu on May 27, 1936, from the young leaves of *Alnus cremastogyne*, Burkill. They always attack the leaves along the midrib.

The number of sensoriae of third antennal joint is less (5 – 8) than that (11 sensoriae) indicated in the original description. The apterous viviparous female has not hitherto been described, the following notes will fill up this gap.

Apterous viviparous female: body pale yellowish green, eyes red, dusky at body markings, tarsi, apices of fourth, fifth and whole length of sixth antennal joints.

Head without frontal tubercles, with a faint longitudinal line. Eyes protruded, with distinct ocular tubercles. Dorsal surface provided with four pairs of long capitate hairs of which two pairs situated between eyes and the other two beside base of antennae. In addition, a pair of small hairs on frons. Antennae 6-jointed, about half length of body, with a few minute hairs, faintly imbricated at V and VI, nearly smooth at proximal three joints; I and II joint subequal in length, but I much wider than II; III longer than IV or V, but as long as VI; IV and V nearly equal in length, V dilated near apex, VI dilated near middle, flagellum a little shorter than base; primary sensoriae on V and base of VI, normal in position, moderately large and distinct. Relative length of jonts being: I – 9, II – 9, III – 30, IV – 21, V – 22, VI – 32 (19 + 13). Rostrum short, dusky at apex, extending to base of second coxae.

Dorsum of thoracic and basal six abdominal segments each armed with four long capitate hairs arranged in a single row, seventh abdominal segment with three hairs and eighth abdominal segment two, in addition, on either thoracic or abdominal segments, some slender or short hairs present. Legs normal, tibiae a little stouter than antennae and armed with some moderate, fine hairs; tarsal joints faintly spinose, not imbricated, with some fine hairs. Cornicles truncate, faintly striated, longer than wide, slightly constricted at middle and expanded at base. Cauda knobbed, broadly expanded at base and much constricted near middle, its knobbed part nearly as long as wide, with two long and several moderate hairs. Anal plate bilobed, its lobes longer than wide, spinose, also armed with two long and some moderately long hairs.

Length of body: 1.010mm, antenna: 0.453mm, capitate hair: 0.063mm, hind tibia: 0.331mm, hind tarsus: 0.081mm, cornicle: 0.037mm, cauda: 0.074mm, lobe of anal plate: 0.048mm. Width of body: 0.395mm, head including eyes: 0.232mm, cornicle: 0.028mm. basal part of cauda: 0.074mm, constricted part of cauda: 0.022mm, Knobbed part of cauda: 0.044mm, lobe of anal plate: 0.037mm.

24. Agrioaphis taiwanus Takahashi.

Myzocallis taiwanus Takahashi, Proc. Ent. Soc. Washington, XXVIII, p. 160 (1926).

This species is first recorded from China. Some winged forms were collected by the junior writer on Dec. 4, 1936 on the campus of the College and by the senior writer at Omeishan on May 3, 1936. It injures an undetermined species of bamboo.

25. Tuberculoides capitata Essig et Kuwana.

Myzocallis capitatea Essig et Kuwana, Proc. Cal. Acad. Sci., 4 ser., VIII, 3, p. 89 (1918)

Only three winged viviparous females and two alate nymphs were collected by H. C. Yao on *Quercus glandulifera* Bl. at Hangchow in July, 1936. The species is new to the fauna of China. The insect has characteristics agreeing with those of the original description except that the base of first and second obliques of fore wings is dusky and the wings are slightly infuscated along their veins.

26. Tuberculoides fangi n. sp. (Fig. 7)

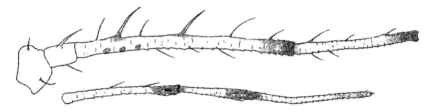

Antenna of alate viviparous female

Fig. 7   *Tuberculoides fangi* n. sp.

Alate viviparous female: body pale green, blackish brown at apices of third, fourth, fifth, middle part of sixth antennal joint: dusky at apex of rostrum, whole length of tibiae, tarsi and third abdominal tubercles; head, thorax, cornicles, cauda and anal plate somewhat darker than abdomen. Wings transparent, veins dusky, darker on first, second oblique and base of media, and slightly infuscated along darker veins.

Dorsum of head with four long pointed hairs each protruding from a small tubercle, arranged in a transverse row between eyes; and before them, near base of frontal tubercles, being the other four hairs, the anterior two of which much the stronger. Frontal tubercles distinct but not so developed, beside frontal ocellus, on either side, provided with one larger and one small conical tubercle, each apex of which bearing one long seta, and seta of large tubercle being the strongest of those on dorsum of head of the same length as basal two antennal joints. Antennae (Fig. 7) about three-fourth length of body, 6-jointed, I segment subequal in length of II, but much wider and each segment bearing one long stout seta on its inner margin and fine one on outer; III nearly as long as whole length of VI, provided with 2 – 4 subcircular sensoriae at basal half and long stout and fine setae on its inner margin, and sometimes a few minute hairs seen on its outer margin; from fourth joint forward all imbricated, IV a little longer than V, with 2 – 4 fine hairs on each joint, base of VI about half length of IV, flagellum

353

subequal to IV, primary sensoriae normal in position, with fine and minute fringes. Relative length of joints being: I – 4, II – 4, III – 35, IV – 22, V – 19, VI – 31 (11 + 20). Rostrum short, reaching anterior margin of mesothorax.

Pronotum provided with two pairs of finger-like tubercles, foreset pair smaller than hind, from both apices and bases of hind pair arising one stout seta. Meso-and metanotum armed with about twenty-four similar stout setae. Wingvenation normal, two obliques darker than media, radial sector curved, along subcosta being 5 – 7 small circular sensoriae, and stigmal vein bearing about seven moderate fine hairs; media and cubitus of hind wings somewhat parallel, three hooklets curved. Legs normal, femora and tibiae with many long, fine and curved hairs, tarsi spinose, base of claws provided with two dilated hairs as long as claws.

Abdomen having many rather fine hairs on its dorsum, basal three segments each provided with the pair of long finger-like tubercles faintly imbricated and having two or three hairs at apices, behind these tubercles presenting two or more pairs of small tubercles, each armed with one seta; either lateral side of first to sixth abdominal segment provided with a pair of lateral tubercles like mammary nipples bearing two or three hairs at their apices. Besides, its dorsal and ventral surfaces also provided with numerous minute hairs. Cornicles truncated, faintly imbricated, about twice as long as width of base, with base expanded and apex narrowed. Cauda as long as its width, knobbed, spinose, with many long stout hairs. Anal plate bilobed, spinose, lobed part longer than wide, its apical portion also provided with many long hairs.

Length of body: 2. 493mm, head: 0. 237mm, antenna: 1. 815mm, frontal tubercles: 0. 037mm, frontal seta: 0. 110mm, longest seta on third antennal joint: 0. 096mm, hind tubercle on pronotum: 0. 110mm, fore-wing: 2. 651mm, hind tibia: 1. 168mm, hind tarsus (claws excluded): 0. 140mm, dorsal tubercle on abdomen: 0. 158mm, largest lateral tubercle: 0. 052mm, cornicle: 0. 140mm, cauda: 0. 162mm, anal plate: 0. 147mm. Width of abdomen: 1. 010mm, head (including eyes): 0. 505mm, forewing: 0. 852mm, hind tubercle on pronotum: 0. 037mm, dorsal tubercle on abdomen: 0. 029mm, largest lateral tubercle on abdomen: 0. 037mm, cornicle at base: 0. 114mm, its narrowed part: 0. 048mm, cauda at base: 0. 158mm, at knobbed part: 0. 110mm, anal plate at base: 0. 239mm, at middle: 0. 221mm.

Nine alate viviparous females were collected under the foliage of *Quercus sp.* by Mr. Chung-Chich Fang at Chingtang on Oct. 28, 1936. This species differs distinctly from the other known species of the same genus by the presence of the long stout setae on dark markings or tubercles of third antennal joint, less sensoriae (usually three in number) at the basal half of the same joint and the absence of broad brown borders along the veins of both pairs of wings. It is named after the collector for his kindness in giving us a considerable collection of aphids for study.

27. Tuberculoides quercicola Matsumura.

Acanthocallis quercicolo Matsumura, Jour. Agr. Col. Sapporo, VII,
6, p. 368 (1917).
Tuberculatus quercicola Shinji, Bull. Morioka Imp. Col. Agr. &
For. , XI, p. 18 (1927).
Myzocallis quercicola Takahashi, Dept. Agr. Gov't Res. Inst. Formosa,
Rept. 4, p. 64 (1923).

Only three winged viviparous females and some winged nymphs were collected from the foliage of *Quercus acutissima* Carr. by the junior writer at Kwanhsien on July 12, 1936.

The Chinese form offers some differences from the original description as follws: (1) flagellum of sixth antennal joint longer than its base; (2) wings not clouded at apical ends of veins; (3) abdomen provided with three pairs of dorsal tubercles, of which the fore pair is smallest and separated from each other while the hind two pairs longer and each united together at the base; (4) in addition, on mesonotum being one pair of tubercles also separated at base, longer but narrower than abdominal ones. The present species dose not quite agree with Takahashi's redescrpition of *Myzocallis quercicola*.

28. Euceraphis betulifoliae Shinji.

Tokyo Zool. Mag. , 34, p. 730 (1922); Bull. Morioka Imp. Col. Agr.
& For. , XI, p. 23 (1927).

This species was previously known only from Japan but on August 9, 1936, at Omeishan, some winged viviparous females were collected from the underside of tender leaves of *Betula luminifera* Winkl.

The Chinese forms differ from the original description by the following characteristics: (1) either side of abdomen provided with four prominent finger-like tubercles of which the hindermost is the largest, minutely spinose, longer than wide, and its apex armed with long stout hairs; (2) first, second obliques and apical one-fourth of subcosta strongly infuscated and remaining veins as well as veins of hind wings without these ornaments; and (3) less subcircular sensoriae (13 – 17) on third antennal joint. But in some specimens from the same locality, the media and radial sector appear rather infuscated and the secondary sensoriae are narrower in form and numerous (24 – 30) in number. In addition, the flagellum is longer, anal plate somewhat indented and the abdominal segments are sometimes marked with four brownish transverse bands.

Sinocallis n. g.

Apterous form: body flattened, provided with spine-like hairs along whole body margin, dorsum corrugated, with or without finger-like tubercles. Head small, fused with pronotum; frontal tubercles absent; antennae short, 3-segmented, without secondary sensoria, flagellum very short; eyes small, protruding, without ocular tubercles. Cornicles present as mere rings; cauda conspicuously knobbed; anal plate deeply bilobed. Trochanters fused with femora. Eight abdominal segments definitely demarcated and pointed posteriorly. Winged form: antennae 5-segmented, provided with many oval sensoriae. Radial sector of fore wings absent, media twice branched; hind wings with both media and cubitus present. Male winged.

Genotype: Sinocallis mirabilis n. sp.

This genus is related to Genus *Crypturaphis* Silvestri, but can be distinguished from the latter by the shape of head, the knobbed cauda and the deeply bilobed anal plate. It also differs from Genus Tuberocorpus Shinji by the absence of ocular tubercles of the apterous form and tubercles on the dorsum of alate form.

29. **Sinocallis mirabilis** n. sp. (Fig. 8　Fig. 9)

Apterous viviparous female: body pale yellowish green, but of specimens treated with caustic potash and mounted in balsam, the eyes, apices of antennae and tarsi being blackish brown and femora and tibiae somewhat dusky. Dorsum of whole body (Fig. 8) flattened, much widened, slightly sclerotized and eminently corrugated, provided with about fifty-four setae arranged in a row along body margins except that of pronotum. Marginal setae (Fig. 9, Fig. 9B) arising from small tubercles, subequal in length or a little shorter than tarsi. Dorsum

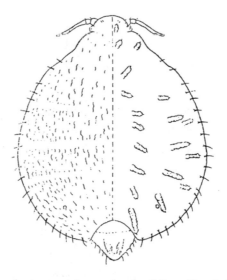

Dorsal view of apterous viviparous female of *Sinocallis mirabilis n. sp.*

Fig. 8

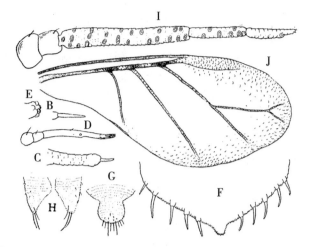

A. Dorsal view of apterous viviparous female of *Sinocallis mirabilis n. sp.* ; B. marginal state of same; C. finger-like tubercle of same; D. antenna of same; E. eye of same; F. eighth abdominal segment of same provided with ten marginal spines; G. cauda of same; H. two triangular lobes of anal plate of same; I. antenna of alate male; J. wing of same.

Fig. 9 *Sinocallis mirabilis* n. sp.

provided with finger-like tubercles (Fig. 9, Fig. 9, C) or not. When present, two between eyes, two on metanotum and 6th and 7th abdominal segment, four on mesonotum, 1st and 5th abdominal segments, six on 2nd, 3rd and 4th abdominal segments; tubercles imbricated, slightly expanded at both ends, narrowing through middle, rounded apically, arranged in a transverse row on each segment, armed with a short pointed spine at apex. Head small, fused with prothorax; frons broadly rounded, provided with three pairs of spine-like hairs; antennal tubercles absent; antennae (Fig. 9, D) 3-segmented, first segment larger and a little longer than second, both armed with one short simple mesial seta. Third joint slender, subequal in length to fore or middle tibia, nearly smooth, armed with two short hairs and two small primary sensoriae, distal part longer than wide, with a few short setae at its apex. Relative length of segments being: I − 6, II − 5, III − 40 (35 + 5). Eyes (Fig. 9, E) distinctly protruding, tubercle-like, rather small, with some facets, without ocular tubercles. Rostrum short stouter than femora, not reaching middle coxae. Pronotum a little wider than head, rounded on either lateral side, with its posterior margin not demarcated from remaining confluent thoracic and abdominal segments. Cornicles minute, nearly ring-like, smaller in diameter than finger-like tubercles. Eighth abdominal segment (Fig. 9, F) markedly separated from preceding segment with lateral margins rounded, pointed at apex, either lateral margin provided with five spines. Cauda and anal plate under eighth abdominal segment, cauda (Fig. 9, G) distinctly knobbed, its knobbed part globular, not wider than long, spinose, with some long hairs at its apex. Anal plate (Fig. 9, H) almost divided into two subtriangular lobes, much longer than wide, spinose, provided with about three very long hairs on its distal part, rounded apically,

357

its two lobes diverging, but lateral sides nearly parallel. Legs comparatively short, slender, its tibiae provided with some moderate and stiff setae, trochanters entirely fused with femora, basal tarsal segment of each leg provided with two setae and empodial hair capitate.

Length of body: 1.288mm., antenna: 0.235mm, longest finger-like tubercle (including hair): 0.138mm, shortest one (including hair): 0.070mm, hair of finger-like tubercle: 0.028mm, marginal hair (including basal tubercle): 0.070mm, hind tibia: 0.286mm., hind tarsus (claws excluded): 0.070mm., eighth abdominal segment: 0.162mm., cauda: 0.092mm., knobbed part of cauda: 0.051mm., lobe of anal plate: 0.078mm. Width of body: 1.063mm., head including eyes: 0.077mm., base of eighth abdominal segment: 0.245mm., base of cauda: 0.086mm., constricted part of cauda: 0.042mm., Knobbed part of cauda: 0.060mm., base of anal plate: 0.125mm., lobe of anal plate: 0.060mm, diameter of finger-like tubercle (longest one) at middle: 0.018mm., at apex: 0.028mm., cornicle: 0.018mm.

The apterous females comprise two forms: one armed with dorsal tubercles and the other not. They can be found in the same colony either in summer or in autumn.

Alate male: abdomen pale yellowish green, but of specimens treated with caustic potash and mounted in balsam, head and thorax blackish brown, antennae, legs except distal halves of tibiae and tarsi, dark brown, wings hyaline, slightly clouded along its veins, and stigma of forewing pale blackish brown, abdomen with some large and small dark markings on its dorsum.

Head without frontal tubercles, with several small setae on dorsum; frontal and lateral ocelli visible from above; eyes large with distinct ocular tubercles; antenna (Fig. 9, I) of five segments, I and II segments subequal in length, III longest, stout, slightly narrowing toward distal part, constricted at base, with 23 – 25 moderate or small transversely placed oval sensoriae scattered over whole length and provided with transverse rows of spinules; IV about half length of III and narrower, with 5 – 7 similar sensoriae and numerous spicules; V shorter and narrower than IV, primary sensorium small, situated at base of distal part, distal part much shorter than I or II segment, tapering forward, with some short hairs at end. Relative length of segments being: I – 10, II – 9, III – 59, IV – 29, V – 24 (17 + 7).

Wings (Fig. 9, J) faintly imbricated at its outer margin and subcosta, having two or three small circular sensoriae situated near bases of media and cubitus, radial sector wanting, media twice branched, media and cubitus of hind wings present, nearly parallel, hooklets two in number. Trochanters fused with femora, tibiae and distal tarsal segments faintly spinose, and armed with moderate hairs, basal tarsal segment of each leg provided with two setae, empodial capitate hairs also present. Abdomen without tubercles, armed with a few minute hairs, eighth segment triangular in shape, with five moderate hairs along either lateral side, its distal end prolonged. Cornicles similar to those of apterous form. Cauda knobbed, not much constricted at middle, mammary nipple in form. Anal plate comparatively short, deeply bilobed.

358

Length of body: 1.341mm, head (including frontal ocellus): 0.173mm, antenna: 0.584mm, fore-wing: 1.862mm, hind tibia: 0.363mm, hind tarsus: 0.077mm. Width of body: 0.710mm, head including eyes: 0.380mm, hind-wing: 0.742mm, diameter of cornicle: 0.018mm.

Winged viviparous female similar to winged male, but its cauda and anal plate much developed as compared with apterous form.

This new species was first collected by Mr. C. C. Fang at Kwanghan on Nov. 11, 1935. It attacks the undersurface of the leaves of *Pterocarya stenoptera* DeCandle. It was also found on the same host by the junior writer at Kwanhsien on July 9, 1936, at Omeishan on Aug. 8, 1936 and at Chengtu on Oct. 17, 1936.

30. **Astegopteryx loranthi** n. sp. (Fig. 10)

Apterous viviparous female: body grayish black, covered with white mealy powder, dark at head, prothorax, antennae, legs, cornicles, cauda and anal plate.

Body (Fig. 10, A) oval, slightly convex at dorsum, widest near middle and narrowed at both ends, armed with some hairs and wax-pores. Wax-pores (Fig. 10, B) not well-developed, of many facets, mostly elliptical in shape, situated in a group on lateral sides of each thoracic and abdominal segment and at middle part of either abdominal segment; 5 – 8 wax-pores on each thoracic segment, 1 – 3 wax-pores on each of first seven abdominal segments and more than ten on eighth abdominal segment.

Head fused with prothorax. Eyes with three facets, situated on circular, elevated, brownish and small tubercles; frontal tubercles absent, frons straight but flattened, frons and vertex armed with some stout pointed setae protruding from small tubercles. Antennae (Fig. 10, C) five-jointed, much shorter than half length of body, as stout as hind tibiae, I segment little shorter than II, after III all joints minutely spinose, both III and IV narrowed at base and dilated at apex, III longest, IV a little longer than II or I, with an apical small and circular sensoria, V longer than IV, enlarged at middle and narrowed at both ends, flagellum shortest, primary sensoria small and in normal position; hairs on antennae as those on vertex, two on I, II, III, IV, one on base of V and five on apical part of flagellum. Relative length of these joints being: I – 7, II – 11, III – 31, IV – 16, V – 26 (24 + 2). Rostrum extending between second and third coxae.

Thorax neither demarcated from head nor abdomen, legs short and stout, provided with some moderately long hairs, second tarsal joint not imbricated. Cornicles represented as mere rings, situated on distinct cones not striated but expanded towards base and with about four hairs. Cauda (Fig. 10, D) rounded, anal plate bilobed and its lobes wider than long, both cauda and lobes of anal plate minutedly spinose and armed with some hairs.

Length of body: 1.373mm, antenna: 0.333mm, hind tibia: 0.268mm, hind tarsus （excluding claws）0.095mm, frontal seta：0.007mm, cauda：0.007mm, anal lobe：0.007mm. Width of body：1.010mm, cauda：0.022mm, anal lobe：0.018mm. Diameter of cornicle：0.040mm, largest wax-pore：0.018mm, smallest one：0.011mm.

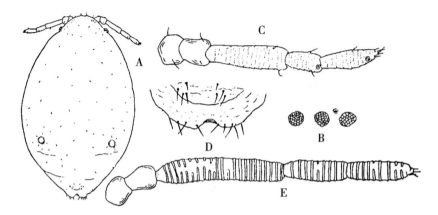

A. dorsal view of body of apterous viviparous female；B. thoracie and abdominal wax-pores of same；C. antenna of same；D. cauda of same and anal plate；E. antenna of alate viviparous female.

Fig. 10 *Astegopteryx loranthi* **n. sp.**

Alate viviparous female：body color similar to apterous form but black at head and thorax, wings transparent, veins dusky.

Head, thorax and abdomen well-defined, hairs on body similar to those of apterous form. Frontal tubercles sbsent, antennae protruding from underside of head. Eyes large with distinct ocular tubercles, three ocelli, one on vertex and the other two beside compound eyes. Antennae (Fig. 10, E) fivejointed, minutely spinose from third joint forward, secondary sensoriae prominent, band-like, completely encircling joints, 21 – 23 on III, 9 – 10 on IV and 9 on V. Relative length of joints being：I – 10, II – 14, III – 59, IV – 33（30 + 3）. Rostrum short, not reaching base of second coxae.

Wing smooth, veins somewhat stout, fore wings with about six circular and small sensoriae situated together at base of Subcosta and five similar ones scaltered on middle part ot the same, media once branched at distal one-third and obsolete at basal one-third, cubitus and anal vein somewhat united at base and divergent distally；hind wing with two divergent obliques, two hooklets long and curved at middle. Trochanter fused with femur and provided with three small and circular sensoriae, not arranged in a line. Wax-pores invisible. Coricles small, not so developed as those of apterous form. Cauda and anal plate similar to those of apterous form.

Length of body：about 1.389mm, antenna：0.526mm, forewing：2.020mm, hind tibia：0.363mm, hind tarsus（excluding claws）：0.094mm. Width of body：about

360

0.568mm, head including two compound eyes: 0.379mm, diameter of cornicle: 0.022mm.

Many apterous and two winged forms were collected by the junior writer at Chengtu on June 17, 1936, in some young folded leaves of *Loranthus sutelmenensis* Lec. which is a parasite on the twigs of *Robinia pseudoacacia* L. The winged form puts its wings horizontally upon the abdomen when at repose. It was also found at Kwanhsien from the same host.

Judging from its characteristics, it belongs to Genus *Astegopteryx* Karsch. All the known species of this genus are gall-makers, parasitic on the trees of *Styrax*, but the present species has no relationship with the latter and its morphological structures are quite different from them.

31. Glyphinaphis bambusae v. d. Goot.
Zur Kenntniss der Blattlause Java's, p. 332 (1916).

Many apterous viviparous females were collected from the under-surface of the leaves of a certain undetermind bamboo at Omeishan on Aug. 12, 1936. As the original description of this species was not available, only Baker's figures (U. S. D. A. Bull. 826, pl. XV, M-P, 1920) and Takahashi's notes (Philippine Jour, Sci. , 52, 3, p. 299, 1933) have been consulted. Some discrepancies were found namely, number of setae, position of setae on the dorsum and the dorsal surface weakly chitinized.

32. Aleurodaphis blumeae v. d. Goot.
Contr. Fauna Indes Neerl. , I, 3, p. 240 (1917).

It has been previously known from Java, Formosa and Japan. Some apterous viviparous females were collected by the senior writer at Omeishan on May 4, 1936 and many winged aphids along with wingless forms were found by the junior writer at Chengtu on June 5, 1936, and at Kwanhsien on July 5, 1936. They were crowded densely together upon the tender steam of an undetermined plant.

33. Oregma tatakana Takahashi.
Dept. Agr. Gov't. Res. Inst, Formosa, Rept. 16. p. 47 (1625).

Many apterae and two alate insects were found by the junior writer under the leaves of bamboo at Omeishan on Aug. 12, 1936. This species was previously unknown from China. It has the characteristics agreeing with the original description. The winged form, which has not yet been described, is herewith noted.

Alate viviparous female: head, antennae, thorax, legs and wingveins blackish brown wings transparent, abdomen grayish blue, covered with white powder.

Head wider than long, eyes large, with distinct ocular tubercle, frons nearly straight,

361

without frontal tubercles; frontal horns present, not united at their base, situated beside fron-tal ocellus, as large as nails of antennae, longer than wide, rounded apically, slightly ex-panded towards their base, armed with a few minute hairs. Hairs on dorsum and frons minute. Antennae 5-jointed, basal two nearly equal in length, but first segment a little wider, each provided with one or two minute hairs, from third joint forward minutely spinose and imbrica-ted, III longest, nearly as long as its following two joints combined, with 14 – 16 complete encircling lineal transverse sensoriae, appearing notched when viewed from side, IV with sim-ilar 6 – 9 sensoriae and as long as V, V with similar 5 – 9, sensoriae, nails very short, about twice as long as wide, spinose, its distal end with four stout setae. Relative length of joints being: III – 53, IV – 27, V – 28 (23 + 5). Rostrum short, reaching between first and sec-ond coxae.

Prothorax invisible, wings large, base of radius with two small circular sensoriae, stigma imbricated, radial sector long and curved at its basal half, media once forked, obsolete at base, first and second obliques straight, united at their base, media and cubitus of hind wings straight, nearly parallel, hooklets two. Legs with some fine hairs, trochanters obso-lete, tibiae not stouter than antennae, basal tarsal joints with two hairs, distal ones somewhat imbricated.

Abdomen widest at middle, with some rather fine hairs without wax-plates. Cornicles re-duced to pore-likeness, but distinct, without hairs at their base. Cauda small. constricted at base, about twice as wide as long, with about twelve hairs at end. Anal plate bifid, its lobes shorter than wide, with about nine hairs at end.

Length of body: 1. 499mm, head: 0. 184mm, antenna: 0. 475mm, horn: 0. 029mm, fore wing: 2. 204mm, hind tibia: 0. 521mm, hind tarsus: 0. 085mm, cauda: 0. 033mm. Width of abdomen: 0. 805mm, head including eyes: 0. 363mm, horn at base: 0. 018mm, at apex: 0. 011mm, fore wing: 0. 915mm, cauda: 0. 066mm, diameter of cornicle: 0. 022mm.

34. Ceratovacuna longifila Takahashi.

Dept. Agr. Gov't. Res. Inst. Formosa, Rept. 53, p. 95 (1931)
Oregma longifila Takahashi, Trans. Nat. Hist. Soc. Formosa, XIX, p. 102 (1929).

Five wingless viviparous females were taken from the underside of leaves of an undeter-mined bamboo at Chengtu on June 24, 1936. This species was hitherto unknown in China. The Chinese form differs from the original description by the absence of a pair of groups of wax-pores between the eyes and by a smaller number of groups of wax-pores on lateral sides from the prothorax to the fifth abdominal segment.

35. **Thecabius lingustrifoliae** n. sp. (Fig. 11)

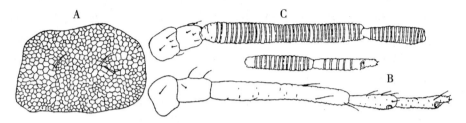

A. wax-plate on dorsum of prothorax of apterous viviparous female; B. antenna of same; C. antenna of alate viviparous female.

Fig. 11 *Thecabius lingustrifoliae* **n. sp.**

Apterous viviparous female (fundatrix, living in a gall): body yellowish white, covered with white cotton-like secretion, dusky or black at head, antennae, rostrum, legs, cauda and anal plate. Body globular, very convex on dorsum, widest at middle and narrowed at both ends. Head fused with prothorax, frons flat and straight, without frontal tubercles, dorsal surface provided with two pairs of wax-plates (Fig. 11, A) the facets of which are irregularly reticulated and surrounded with blackish brown markings, one pair between compound eyes and the other between base of antennae, from markings and wax-facets arising some short stout setae; under frons being blackish brown markings and some long hairs. Eyes rudimentary, of three facets, protruding out like ocular tubercles, blackish brown at its distal part. Antennae (Fig. 11, B) 5-jointed, smooth at basal two joints and basal half of III, remaining joints faintly spinose; I joint wider but shorter than II, III longest, longer than length of following two joints together, IV a little shorter than V, narrowed at base, nails of V very short, Its apex bearing stout and short setae; primary sensoriae small and in normal position, its border armed with fine fringes; antennal hairs long, some straight and others curved. Relative length of joints being: I – 6, II – 8, III – 32, IV – 11, V – 13 (11 + 2). Rostrum short, extending to space between base of first and second coxae.

Body covered with some fine hairs, wax-plates on thorax, abdomen irregular in shape and size, not surrounded with black markings, four pairs of wax-plates on pro-, six on meso- and metathorax, and two or three pairs on each abdominal segment. Legs short, stout, with some moderate hairs, trochanter distinct, not fused with femur, second tarsal joint spinose, not imbricated. Cornicles absent. Cauda rounded, black, with two long curved setae. Anal plate rounded, with some hairs.

Length of body: 4.250mm, antenna: 1.105mm, rostrum: 0.852mm, hind tibia: 0.884mm, hind tarsus (excluding claws): 0.221mm. Width of body: about 3.250mm, head including eyes: 0.821mm, diameter of wax-plate: 0.077 – 0.151mm.

Alate viviparous female (fundatrigenia, living in a gall): blackish brown at head, antennae, rostrum, thorax and legs; wings transparent, veins blackish brown but faintly clouded along those of fore pair; abdomen pale green.

Head wider than long, largely expanded at hind part and gradually narrowed toward frons, frons divided by a median line, dorsal surface bearing about 12 – 15 pairs of fine hairs, without frontal tubercles; eyes large, with distinct protruded ocular tubercles each bearing three facets at apex. Antennae (Fig. 11, C) 6-jointed, a little beyond base of abdomen, basal two joints smooth, with only some fine hairs, subequal in length and width, III longest, longer than whole length of preceding two jointts together, IV and VI subequal in length, nails of VI very short, its apex bearing about four stout short setae, from third joint forward provided with narrow annular secondary sensoriae, 32 – 36 on III, 13 – 16 on IV, 12 – 16 on V, and 3 – 7 on VI. Relative length of joints being: I – 5, II – 6, III – 42, IV – 16, V – 14, VI – 13 (11 + 2). Rostrum reaching befors base of second coxae. Meso-and metathorax each provided with one pair of wax-plates. Fore-wings large, faintly imbricated, stigma nearly straight, radial sector curved, media simple and straight, longitudinal vein of hind wing not straight, with radial sector media and cubitus distributed like a threepronged fork, hooklets five. Legs long, with many fine hairs, trochanter not fused with femur and provided with two or three distinct circular sensoriae, femora stout bearing many indistinct sensoriae, tibiae slender, not stouter than antennae, second tarsal joint long, not imbricated, subequal to length of sixth antennal joints including nails.

Abdomen without cornicles, armed with some rather fine minute hairs, basal seven segments each with two pairs of wax-plates and eighth segment one pair, wax-plates similar to those of apterous forms; middle part of seventh segment, cauda and anal plate dusky and provided with many fine moderate hairs, cauda and anal plate rounded.

Length of body: about 3.750mm, head: 0.237mm, antenna: 1.594mm, fore-wing: about 5.750mm, hind tibia: 1.420mm, hind tarsus including claws: 0.268mm. Width of abdomen: 0.783mm, head including ocular tubercles: 0.584mm, forewing: about 2mm, diameter of wax-plate: 0.055 – 0.110mm.

Both fundatrices and fundatrigeniae were found in the curled leaves of *Lingustrum japonicum* Thunb. by S. Tseng at Omeishan, C. C. Fang at Sintu and C. C. Tan at Chengtu in 1936. This species is closely allied to *T. affinis* (Kaltenbach) and *T. populi-condulifolius* (Cowen) but differs from them by the presence of the longer third antennal joint of both forms and more annular sensoriae on distal four joints.

36. Pemphigella aedificator Buckton.

Pemphigus aedificator Buckton, Ind. Mus. Notes, III, p. 72 (1832).

Only apterous viviparous females were collected by the junior writer from a certain undetermined species of Gramineae at Chengtu in May, 1936. It was also found at Kwanhsien. It was previously known only from India and Formosa. This species occurs very abundantly on the ridges between ricefields.

APPENDIX

The following species which were first recorded by R. Takahashi and H. C. Yao from China were also found in Szechwan. All the collection data concerning these species are noted below:

1. *Greenidea kuwanai* Pergande.

Yao, Ent. Phytop. , IV, 33, p. 653 (1936).

From *Quencus acutisima*, Carr. collected by S. Tseng at Omeishan, in April, 1936, by C. C. Tan at Chengtu in May 1936, and by K. S. Wu at Kwanhsien in July, 1936.

2. *Cervaphis quercus* Takahashi.

Yao, Ent. & Phytop. , IV, 33, p. 654 (1936).

From *Quercus acutissima*, Carr. collected by C. C. Tao at Chengtu in May, 1936.

3. *Brachysiphoniella graminis* Takahashi.

Takahashi, Ling. Sci. Jour. , XV, 4, p. 599 (1936).

From an unknown species of *Graminea*, collected by C. C. Tao at Chengtu in Nov. , 1936 and at Kwanhsien in July, 1936.

The number and position of antennal sensoriae of winged insect is variable.

4. *Aphis kurosawai* Takahashi.

Takahashi, Ling. Sci. Jour. , XVI, 1, p. 53 (1937).

From *Artemisia vulgaris*, L. collected by C. C. Fang, C. C. Tao, and C. Ho at Chengtu in Nov. , 1935 and in Nov. , 1936.

5. *Amphorophora oleraeceae* v. d. Goot.

Takahashi, Ling. Sci. Jour. , XVI, 2, p. 206 (1937).

From *Lactuca sp.* , collected by C. C. Tao at Kwanhsien in July, 1936 and at Chengtu in Dec. of the same year.

LITERATURE

Essig, E. O.

    1935   California Aphididae, new cloudy-veined species.

              Pan-Pac. Ent. , XI, 4, pp. 156 – 162.

Hoffmann, W. E.

    1937   Kwangtung Aphididae including host-plants and distribution.

              Ling. Sci. Jour. , XIV, 2, pp. 267 – 302.

Maki，M.

    1917   Tbree new species of Trichosiphum in Formosa.

            Col. of Essays for Nawa 名和靖氏还历纪念论文集 Gifu，pp. 9 – 22.

Shingji，O.

    1935   A key to the Japanese species of the genus Agrioaphis，with descriptions of three new species.

            Oyo-Dobutsugaku-Zasshi 应用动物学杂志 VII，6，pp. 281 – 287.

Suenaga，H.

    1934   A new Akkaia（Aphididae）from Japan.

            Trans Kagoshima Imp. Col. Agr. & For.，IV，13，pp. 11 – 13.

    1935   Notes on the wax-glands of Greenideini.

            Oyo-Dobutsugaku-Zasshi 应用动物学杂志 VII，I，pp. 59 – 60.

Takahashi，R.

    1926   The aphids of Myzocallis infesting bamboo.

            Proc. Ent. Soc. Washington，XXVIII，pp. 159 – 162.

    1929   Notes on some Formosan Aphididae，I.

            Trans. Nat. Hist. Soc. Formosa，XIX，pp. 92 – 103.

    1933   Additions to the aphid-fauna of Formosa，II.

            Philippine J. Sci.，LII，3，pp. 291 – 303.

    1936   Some Aphididae from South China and Hainan.

            Ling. Sci. Jour.，XV，4，pp. 595 – 606.

    1937   Some Aphididae from South China and Hainan（Homoptera）II.

            Ling. Sci. Jour.，XVI，2，pp. 199 – 208.

    1937   Aphids from Kikungshan，Honan，China，including two new species.

            Ling，Sci. Jour.，XVI，1，pp. 53 – 60.

Tseng，S. & Tao，C. C.

    1936   A list of the Aphididae of China with descriptions of four new species.

            Ent. & Phytop.，IV，7 – 9，pp. 120 – 176

Yao，H. C.

    1936   Two species of Aphididae new to China.

            Ent. & Phytop.，IV，33，pp. 653 – 656.

园艺害虫与烟草青虫及其防治

梨果挂袋试验报告[***]

曾 省 何 均

山东省境内，随处可以产梨，即青岛一隅，每年出梨价值 56 万元，罹病有赤星病、虫有梨狗子、臭斑虫、梨瘿蛾、梨蟋蟀等，损失不赀。关于赤星病，经市政府下令强迫农民砍伐桧树后，当即销声匿迹，唯虫害蔓滋，驱除乏术，深为惋惜。1934 年春，作者同任职山人农学院，得学校当局之许可，由胶海之协助，就青岛沙子江海关空屋辟果虫研究室，一方面研究害虫之生活史，以定防治有效之法，一方面作挂袋试验，冀减少因病虫害落果之损失。关于各害虫之生活史择其最烈者另为报告发表。此文之作，先述挂袋经过情形，次揭其结果，使当地主持农林之责者，知所采取，而作进一步之研究与推广，使梨农身受其利，是深企盼！此项工作之进行，承吴润苍教授贡献意见，协助进行，诚深感激，当志以谢。

一、目的

本试验之目的可分为三部：第一，用试验来证明，梨果经挂袋后收获量与落果之数目，较不挂袋者是否增加或减少；第二，欲知梨果挂袋后受病虫害损失之百分率，较不挂袋者是否增加或减少；第三，由试验决定挂袋所用各种纸质与果实生长之关系。

二、方法

因目的之不同，故其方法亦略异，然其初步手续均相同，兹根据三种不同之目的，而述其方法如次。

（一）果实挂袋与不挂袋之收获量及落果数之增减试验

1. 材料准备

（1）选择梨树生育健全，结梨在 200 颗以上之恩梨四株，编为 A，B，C，D 四号。

（2）纸标签 800 个。

---

* 试验工作在青岛进行，报告在成都四川大学农学院昆虫研究室整理发表。

** 《园艺》，1936 年，2 卷，7 期。

（3）洋报纸之纸袋，且曾用桐油涂过者 400 个。

（4）细铅丝一束。

2. 方法

候果实长成达拇指大时，行疏果一次，于每果枝上留一个，且疏果工作须在一日内做完。每树分为甲乙两组，以果实 100 个为一组，甲组于每果上挂标签且套袋，乙组不套袋，仅挂标签，但甲乙两组之试验在四株上之分配，应用不同之方向，如 A，B，C，D 四图，以期避免因方向不同，而引起收获量与落果数之差别。

3. 检查

挂袋与挂标签之后，在第一月内，每隔一星期检查其落果数而记载之，一月后则每隔两星期检查一次，直至收获前一星期止。

（二）果实挂袋与不挂袋受病虫害损失百分数之比较试验

1. 材料准备

（1）选择发育健全之恩梨，小凹凹梨，秋白梨树各一株，每株结果之数亦均在 200 颗以上。

（2）制玻璃纸之纸袋 300 个。

（3）标签 600 个。

（4）细铅丝一束。

2. 方法及检查同（一）项试验

（三）纸质与果实生长关系之试验

1. 材料准备

（1）选择生长健全而情形相似之梨树 10 株，品种为大凹凹及秋白梨。

（2）制洋报纸，大公报纸，青岛报纸，牛皮纸，透明纸及半透明纸之袋各 400 个；其余用品与（一）（二）二项同。

2. 检查

（1）挂袋后在第一月内每隔一星期检查落果一次，其后每隔两星期，或一月检查一次。

（2）每遇风雨检查一次，记其袋之破损率，并补挂袋一次。

（3）每组取梨 20 个，于二星期内量其直径与横径各一次，测定其发育之程度。

三、结果

以上各项试验，结果甚明显，兹述之如次。

（一）挂袋收获量试验

（1）挂袋四株树，收获之总果数为 249 个。

（2）挂标签四株树，收获之总果数为 101 个。

（3）挂袋四株树，落果之总数为 157 个，占 38.66%。

（4）挂标签四株树，落果之总数为 299 个占 74.75%。

（5）挂袋四株树收获之总果数为 249 个，其中有 194 个为健全果，占 77.91%，劣果为 22.09%。

（6）挂标签四株树，收获之总果数为 101 个，其中有 47 为健全果，占 46.53%，劣果占 53.47%。

（二）挂袋与不挂袋之梨，受病虫害损失百分数高低之试验，因所选梨树品种不同，故其收获量之多寡亦异，爰按株分别记之如次

（1）挂袋恩梨一株，收获之总果数为 64 个，其总重量为 10 815 克（gram），每果平均重量为 168.98 克。

（2）同株不挂袋恩梨，收获之总果数为 47 个，其总重量为 7 508 克，每果平均重量为 159.74 克。

（3）挂袋之秋白梨一株，收获之总数为 65 个，其总重量为 12 536 克，每果平均重量为 192.87 克。

（4）同株不挂袋秋白梨，收获之总果数为 28 个，其总重量为 5 730 克，每果平均重量为 204.64 克。

（5）挂袋小凹凹梨一株，收获之总果数为 75 个，其总重量为 11 392 克，每果平均重量为 151.89 克。

（6）同株不挂袋小凹凹梨，收获总果数为 49 个，其总重量为 4 952 克，每果平均重量为 101.06 克。

（7）恩梨一株落果之百分数，挂袋者为 36%，不挂袋者为 53%。

（8）秋白梨一株落果之百分数，挂袋者为 35%，不挂袋者为 72%。

（9）小凹凹梨一株落果之百分数，挂袋者为 25%，不挂袋者为 51%。

（10）挂袋恩梨一株收获之 64 个，其中有 43 个为健全果，占 67.18%，受病虫害果占 32.82%。

（11）同株不挂袋恩梨，其收获之果数为 47 个，中有 23 个为健全果占 48.93%，受病虫害果占 51.07%。

（12）挂袋秋白梨，收获果为 65 个，中有 38 个为健全果，占 58.46%，受病虫害果占 41.54%。

（13）同株不挂袋收获果为 28 个，其中有 20 个为健全果，占 71.42%，受病虫害果 28.58%。

（14）挂袋小凹凹梨（一株），可收获 75 个，中有 54 个为健全果，占 72.00%，受病虫害果 28.00%。

（15）同株不挂袋梨，其收获果为 49 个，中有 31 个为健全果，占 63.26%，受病虫害果占 36.34%。

由上结果而知，秋白梨及小凹凹梨之抵抗病虫害之力较恩梨为强。

（三）挂袋用纸质与果实生长之关系

1. 秋白梨共挂袋 1 582 个，各种纸袋数目之分配如次

洋报纸袋 231 个；

大公报纸袋 324 个；

青岛报纸袋 245 个；

牛皮纸袋 258 个；

透明纸袋 207 个；

半透明纸袋 317 个。

收获之结果：挂洋报纸袋 85 个，其中健全果数为 72 个，劣果数为 13 个；挂大公报纸袋 115 个，其中健全果数为 56 个，劣果数为 59 个；挂青岛报纸袋 120 个，其中健全果数为 26 个，劣果数为 94 个；挂牛皮纸袋 98 个，其中健全果数为 49 个，劣果数亦为 49 个；挂半透明纸袋 46 个，尽为劣果。六种纸袋收获之总果数为 563 个，其中健全果数为 250 个，劣果数为 313 个，健全果占 44.40%，劣果占 55.60%。

2. 大凹凹梨共挂纸袋 400 个，各种纸袋分配之数如次

中国报纸（大公报纸青岛报纸混合），洋报纸，牛皮纸，透明纸各为 100 个，总袋数为 400 个。查其收获之结果：中国报纸袋 24 个，其中健全果为 10 个，劣果为 14 个；牛皮纸袋 26 个，其中健全果为 17 个，劣果为 9 个；洋报纸袋 19 个，其中健全果为 16 个，劣果为 3 个；透明纸袋 24 个，其中健全果为 16 个，劣果为 8 个。四种纸袋收获之总果数为 93 个，其中健全果数为 59 个；健全果数占 63.44%，劣果占 36.55%。

3. 以各种不同之纸袋，套于秋白梨上，观其生长率之差异

以六种不同纸质之袋，分为六组，每组备袋 20 个，兹根据八次测量，将平均数述之如下：

第一次（五月三十日）

①洋报纸袋内果高平均为 28.64 毫米，直径平均为 24.40 毫米。

②大公报纸袋内，果高平均为 27.56 毫米，直径平均为 23.47 毫米。

③青岛报纸袋内，果高平均为 30.08 毫米，直径平均为 25.00 毫米。

④牛皮纸袋内，果高平均为 28.91 毫米，直径平均为 23.50 毫米。

⑤透明纸袋内，果高平均为 28.94 毫米，直径平均为 24.03 毫米。

⑥半透明纸袋内，果高平均为 28.37 毫米，直径平均为 23.52 毫米。

第二次（六月十四日）

①洋报纸袋内，果高平均为 34.66 毫米，直径平均为 29.55 毫米。

②大公报纸袋内，果高平均为 33.74 毫米，直径平均为 29.09 毫米。

③青岛报纸袋内，果高平均为 35.80 毫米，直径平均为 30.87 毫米。

④牛皮纸袋内，果高平均为 35.33 毫米，直径平均为 30.72 毫米。

⑤透明纸袋内，果高平均为 35.00 毫米，直径平均为 29.70 毫米。

⑥半透明纸袋内，果高平均为 35.30 毫米，直径平均为 29.75 毫米。

第三次（六月二十八日）

①洋报纸袋内，果高平均为 38.92 毫米，直径平均为 34.90 毫米。

②大公纸纸袋内，果高平均为 38.97 毫米，直径平均为 33.33 毫米。

③青岛报纸袋内，果高平均为 40.57 毫米，直径平均为 35.50 毫米。

④牛皮纸袋内，果高平均为 40.08 毫米，直径平均为 33.99 毫米。

⑤透明纸袋内，果高平均为 41.15 毫米，直径平均为 35.84 毫米。

⑥半透明纸袋内，果高平均为 39.98 毫米，直径平均为 35.45 毫米。

第四次（七月十二日）

①洋报纸袋内，果高平均为 46.58 毫米，直径平均为 43.62 毫米。

②大公报纸袋内，果高平均为 45.77 毫米，直径平均为 42.25 毫米。

③青岛报纸袋内，果高平均为 46.42 毫米，直径平均为 43.90 毫米。

④牛皮纸袋内，果高平均为 46.52 毫米，直径平均为 42.40 毫米。

⑤透明纸袋内，果高平均为 47.40 毫米，直径平均为 42.82 毫米。

⑥半透明纸袋内，果高平均为 46.72 毫米，直径平均为 42.23 毫米。

第五次（七月二十六日）

①洋报纸袋内，果高平均为 57.03 毫米，直径平均为 54.92 毫米。

②大公报纸袋内，果高平均为 52.51 毫米，直径平均为 50.42 毫米。

③青岛报纸袋内，果高平均为 55.58 毫米，直径平均为 52.65 毫米。

④牛皮纸袋内，果高平均为 55.78 毫米，直径平均为 51.74 毫米。

⑤透明纸袋内，果高平均为 56.77 毫米，直径平均为 52.94 毫米。

⑥半透明纸袋内，果高平均为 56.60 毫米，直径平均为 52.33 毫米。

第六次（八月十日）

①洋报纸袋内，果高平均为 59.50 毫米，直径平均为 57.54 毫米。

②大公报纸袋内，果高平均为 63.41 毫米，直径平均为 60.96 毫米。

③青岛报纸袋内，果高平均为 59.97 毫米，直径平均为 58.13 毫米。

④牛皮纸袋内，果高平均为 59.58 毫米，直径平均为 55.15 毫米。

⑤透明纸袋内，果高平均为 61.76 毫米，直径平均为 58.33 毫米。

⑥半透明纸袋内，果高平均为 61.12 毫米，直径平均为 58.60 毫米。

第七次（八月二十五日）

①洋报纸袋内，果高平均为 60.46 毫米，直径平均为 59.22 毫米。

②大公报纸袋内，果高平均为 71.18 毫米，直径平均为 68.18 毫米。

③青岛报纸袋内，果高平均为 63.12 毫米，直径平均为 61.13 毫米。

④牛皮纸袋内，果高平均为 62.37 毫米，直径平均为 58.93 毫米。

⑤透明纸袋内，果高平均为 68.51 毫米，直径平均为 63.54 毫米。

⑥半透明纸袋内，果高平均为 67.88 毫米，直径平均为 62.75 毫米。

第八次（九月十五日）

①洋报纸袋内，果高平均为 65.75 毫米，直径平均为 63.83 毫米。

②大公报纸袋内，果高平均为 81.15 毫米，直径平均为 78.57 毫米。

③青岛报纸袋内，果高平均为 67.55 毫米，直径平均为 65.72 毫米。

④牛皮纸袋内，果高平均为 67.39 毫米，直径平均为 63.67 毫米。

⑤透明纸袋内，果高平均为 71.90 毫米，直径平均为 69.20 毫米。

⑥半透明纸袋内，果高平均为 73.58 毫米，直径平均为 68.41 毫米。

4. 纸袋之耐久力

各种纸袋之耐久力，据 1935 年 5 月 20 日至 6 月 21 日一月间之观察，各在一月中，共检查八次，其中五次在风后检查，两次在无风之日检查，一次为在春季之狂风暴雨后检查，其检查之结果如下。

①洋报纸袋数为 200 个，损坏 38，占 19%。

②大公报纸袋数为 200 个，损坏 18 个，其损坏率为 9%。

③青岛报纸袋数为 200 个，损坏 23 个，其损坏率为 11.5%。

④牛皮纸袋数为 200 个，损坏 58 个，占 29%。

⑤透明纸袋数为 200 个，损坏 52 个，其损坏率则为 26%。

⑥半透明纸袋数为 200 个，损坏为 79 个，占 39%。

由上结果，得知凡纸质过于脆薄，其耐久力较厚韧之纸为差，如玻璃纸是也；反之，若纸质之过于坚厚而乏韧性，则其耐久力与脆薄者同，牛皮纸是其一例。

四、结论

（一）落果

1. 落果原因

凡梨树于开花受精后，所结之果实而未达成熟之时期，即自行脱落者，谓之落果。促成果树落果之原因，可概括于下列四种：①生理，——梨树于开花后所结之果，常因梨本身生理不良，营养不足，或他种关系，而致脱落，则观察较难，且在作梨挂袋试验时，事先亦曾行疏果一次，而落果仍多，其理不易言也。②气候，——梨果在生长期间，往往因遭急风暴雨，旱涝，均能引起果实之脱落，而又以春季开花后，及秋季采果前之影响为最大。③病虫害，——梨果罹病虫害后，亦足以引起落果之现象，落果之中，有被虫蛀入，蚀食入，及局部伤害等。据观察所知，属蛀入者，大半为梨瘿蝇（Diplosis sp.）；食入者为梨姬心食蛾（Laspeyresia molesta Busck），梨斑螟蛾（Nephopteryx pirivorella Mats.），梨象鼻虫（Rhynchites heros Roel），梨实蜂（Hoplo campa pyricola Rohw.）等；局部伤害而促其落果者，则有梨叶卷斑螟蛾（Militene biffidella Leech.），梨椿象（Urochela luteovaria Dist.）及黄粉虫（Cinacium iaksuinse kishi）等，④人力，园丁入园举动不慎，往往于无意中碰落健全之果实。上列四种原因，以气候及病虫害二者为最显著，他如生理及人力而促成落果者，则尚属次要耳。

2. 落果之统计

根据挂袋及不挂袋之试验，而得落果之数，兹述其梗概如次。

①恩梨四株，行挂袋试验，在四百个挂袋梨中，其落果之总数为 157 个，平均每百个挂袋中所落之果为 39.25 个；不挂袋之四百个中，其落果之数为 299 个，平均每百个梨中落果数为 74.75 个。

②恩梨，小凹凹，秋白三株梨树之挂袋 300 个中，其落果之总数为 96 个，平均每

百个挂袋梨中之落果数为 32 个，300 个不挂袋梨中，落果之总数 176 个，平均每百个中落果之数为 58.66 个。

由上列结果而知，梨之品种越好，则其落果率越高；换言之，品质越好之梨，则受虫害越大，而挂袋之梨，较不挂袋梨落果百分率为小。恩梨为青岛最上等品种，秋白及凹凹梨，认为平常品种，然其抵抗病虫之能力，较恩梨为高。

3. 落果之估计

据作者于七株梨树上不挂袋而系以标签之试验得知，于 700 个不挂袋之果实中，落果总数为 475 个（299 + 53 + 72 + 51），平均每百个果实中，落果 67.86 个；于 700 个挂袋果实中，落果之总数为 253（157 + 36 + 35 + 25）个，平均每百个挂袋果实中，落果之数为 36.14 个，二者相较差为 31.72 个。

据 1933 年吴耕民教授之调查；青岛梨树栽培之总株数为 90 000 株（概数）其中已衰老或未达旺果期者约 10 000 株，正达旺果期为 80 000 株。每株果实之产果平均为 400 斤（均指不挂袋之果实而言）。复据作者之收获量实验，所知青岛梨每个平均之重量为 168 克（恩梨，秋白，凹凹，三品种混合计算）以每四个为一斤计，而换算 400 斤之果数当为 1 600 个。

由 700（不挂袋梨）- 475（落果）= 225（收获果数）依反比例式：

$$225 : 700 = 1\ 600 : x \quad x = \frac{700 \times 1\ 600}{225} = 4\ 977.78 \text{ 个（即每株梨树应结之果数）}$$

$$700 : 4\ 977 = (700 - 253) : x \quad x = \frac{4\ 977 \times 447}{700} = 3\ 178 \text{ 个（即每株梨树于施行挂}$$

袋后，所增收之果数，亦即不挂袋损失之果数。）

3 178 - 1 600 = 1 578 个，以每 4 个为一斤计，则 1 578 ÷ 4 ≈ 394 斤。

由一株梨树于施行挂袋后增收之果数，推算 8 0000 株应增收之果为 394 × 80 000 = 31 520 000 斤（亦即 8 0000 株梨不挂袋而受落果损失之总数）。

以每百斤合一担计，则得 31 520 000 ÷ 100 = 315 200 担；若以每担平均市价 2 元计，其损失当在 630 400 元之谱。

4. 病虫害之百分率

落果之程度概如上述，而受病虫害落果之百分率究为若干，亦所欲知。兹根据挂袋与不挂袋之 1 400（700 + 700）个落果之数，推算受病虫害而落果之百分率如次：

465（不挂袋落果数）- 258（挂袋落果数）= 222（二者相较之差数）

4 977（每株梨树应结之果数）- 1 600（每株不挂袋梨树之收获梨数）= 3 377（每株梨树因不挂袋而损失之梨数）

依比例式：475 : 222 = 3 377 : x

x = 1 578 个（即每株未挂袋梨树受病虫害而落果之数目）

同法求得其百分率为 3 377 : 1 578 = 100 : x

x = 42.67%

（二）生长

梨果于挂袋后，是否与不挂袋者同样生长，且在各种不同之纸袋中，其生长率是否相同，均为本试验之重要点。根据在秋白梨上挂六种不同纸袋，末次测量结果之平均数，洋报纸袋内梨高为 65.75 毫米，直径为 63.55 毫米，大公报纸袋内梨高 81.15 毫米，直径为 78.57 毫米；青岛报纸袋内果高 67.55 毫米，直径为 65.72 毫米；牛皮纸袋内果高为 67.39 毫米，直径为 63.67 毫米；透明纸袋内果高为 71.90 毫米，直径为 69.20 毫米；半透明纸袋内果高为 73.58 毫米，直径为 68.41 毫米。其中除大公报纸袋挂于另一株梨树上，其余五种纸袋则悉在一处梨树上，所得结果，以大公报纸半透明及透明纸所套之梨，其生长率为最高，牛皮纸及青岛报纸次之，洋报纸最低。

又一问题即挂袋与不挂袋梨之生长与收获量是否相同？挂袋之百个梨与不挂袋三百个梨（恩梨，秋白，小凹凹各一株）相较，即恩梨不挂袋之收获总量为 7 508 克，每梨平均重量为 159.74 克，挂袋梨收获之总量为 10 315 克，每梨平均重量为 168.99 克；小凹凹梨不挂袋梨之收获总量为 4 952 克，每个梨平均重量为 101.06 克，挂袋梨之收获总量为 11 392 克，每梨平均重量为 151.89 克；秋白梨不挂袋之收获总量为 5 730 克，每梨平均重量为 204.64 克，挂袋梨之收获总量为 12 536 克，每梨平均重量为 192.87 克。由上数而知，梨果实生长率挂袋者似较不挂袋者为高（罹病虫害者除外），但就收获总量而言，则挂袋者确较不挂袋者为高，用数字表明则甚显著。

（三）色泽

梨果经挂袋后，收获时之色泽是否较不挂袋者为美丽；及其成熟之程度如何？亦为本试验欲注意之点。恩梨于成熟后为斜倒卵形，不挂袋梨面为淡黄绿色且有光泽，生粗大暗褐色斑点；挂袋梨面为金黄色，亦有光泽，果皮细嫩。秋白梨于成熟后，为歪倒卵形，不挂袋果面呈黄绿色，挂袋果面亦为青绿色而兼具有灰白色之果粉，果皮亦较不挂袋者为细嫩。小凹凹梨于成熟后为圆形，不挂袋果面为微黄绿色，而稍具有果粉；挂袋之梨面与不挂袋者相同，但果粉则较不挂袋者为多。由此而知施挂袋之果实外观较不挂袋者为美观，无斑疤，而质较脆嫩。

（四）纸袋

挂袋试验所所得初步结果，既如上述，但纸袋之价格及纸之耐久力是否适于农民之采用？亦为本试验当注意者也。纸袋之价格，据作者 1935 年 4 月在青岛瑞宝南纸店承做各种纸袋之价格述之如次，①透明纸袋每 1 000 个 1 元 2 角；②牛皮纸袋每 1 000 个 2 元 4 角③新闻纸袋每 1 000 个 1 元 6 角。以纸质而言，自以透明纸为上选，但以价格而言，则新闻纸为合算。各种纸袋之耐久力前文已曾述及，以洋报纸大公报纸及青岛报纸之耐久力为强，半透明纸及牛皮纸之耐久力为弱，由此而知，纸之选择以中国之新闻纸为最优，因其耐久力较强且价格低廉故也。

关于糊制纸袋所需劳力，作者于 1935 年 4 月间曾委托青岛登窑大河东小学代制糊袋而划算其所需之劳力，其时参加是项工作人数为 53 人（年龄均在十五岁前后），彼等于 3 小时内，共糊成纸袋 2 200 个，平均每分钟每人可糊纸袋一个。所用新闻纸为 10 斤，所费银为 6 角整，由此可推算每人每天以工作十小时计，则可糊制 600 个，若手续熟练者，每日糊制 1 000 个当无大问题，每人每日工资以 4 角计，则每千个纸袋之所需工资。在 4 ~ 7 角。

梨蟋蟀（俗名金钟）之研究***

曾 省 何 均

（国立四川大学农学院昆虫研究室）

青岛崂山一带，产梨独丰，作者自 1933 年起，即着手研究为害于梨树最烈之害虫，计四种，即梨蟋蟀，梨狗子，梨瘿蛾，梨臭斑虫是也。历时三载，将各虫之形态，生活史，习性及为害情形等详加观察记载；惟以人事靡常，迄今仅能将梨蟋蟀之研究结果，整理脱稿。乘中华农学会第十九届年会开会之时，交会宣读，供众参改，望斯学之同志有以指正之，则幸甚！幸甚！

一、昆虫学上之位置及其特征

梨蟋蟀属昆虫纲（Insecta）直翅目（Orthoptera）蟋蟀科（Gryllidae）. Podoscirtinae 亚科之（Calyptotrypus）属。其主要特征为：跗节之各小节间分离，第二小节呈心脏形，且一部分突出于第三小节之下面。后腿胫节具刺状突起两行，其间复具齿状物，端距六个，分每边各三个排列。雄者前翅具鼓膜，前腿径节具听觉器官，而位于内方，前中胸腿跗节之第一二小节不具褥盘，第一跗节较短，于第三跗节或与之等长。体青绿色，前翅后部尖锐。

二、在东亚区域分布之情形

梨蟋蟀之分布，据日人加滕正世（1932），平山修次郎（1933），松村松年（1931），等记载："此虫之原产地为南洋热带地方，在二十余年前由附着植物之越冬卵传至日本之本州（东京）附近，其后即蔓延他处。"我国方面早有此虫之发现，俗名金钟，然产地及受害之植物则无可稽考。此虫究何时传至青岛？且自何地传入？则不得而知，且平时殊少有人注意。在最近数年间，据作者之调查所知，此虫已滋生于青岛之果树区域，其中以崂山之九水，沙子口，登窑李村，侯家庄，张村，枯桃，沧口，丹山，

* 研究工作在青岛沙子口山东大学海滨生物研究所内进行，后携标本及记载至成都四川大学农学院昆虫研究室整理发表。

此虫学名蒙北平燕京大学生物学教授徐荫祺博士代为鉴定，谨此致谢。

** 《中华农学会报》，1936 年，153 期。

小水等村，其他果树区虽亦有之，然不若前列各区之普遍。各种果树以梨树为其最喜楼息之所，又以洋梨为最甚。复就果树之年龄而言，以 20～30 年者为最多，老年龄之树次之，幼小之树则甚少。各龄若虫与成虫平时除生活于果树上之外，其他作物及杂草间亦常有其足迹。

三、形态

（一）卵（图1之1）

1. 卵

卵为淡黄白色，长圆筒形，中部微弯曲，其弯曲之度数与形状，因常受卵群之拥挤关系而稍有变更，故有时视为长直或长扁圆形。卵壳光滑且微透明。卵体之长度，据测量二十个卵之结果，最长为 4.5 毫米，最短为 4.0 毫米，平均为 4.18 毫米；直径最大为 1.0 毫米，最小为 0.6 毫米，平均为 0.76 毫米。卵之两端悉呈钝圆形，顶端部分较粗大，尾端部分较细小。

2. 卵囊群（图1之2）

多位于枝条皮下，而少有位于土中者，通常多由四个卵囊合成，四个卵囊分两组排列，每组两个嵌于枝之两侧木质部内，左右囊各有一孔（图1之3），共通于一孔道，此孔道开口于卵囊群孔之下，而与另一组之孔道口相对，卵囊群孔与外界相通，而位于四囊之中间，略圆形，分两层，位于表皮及韧皮部者称外卵囊群孔，位于木质层者称内卵囊群孔（图1之4）。第一龄若虫初孵化后，即由此孔外出。有两个卵囊合组成一卵囊群者，亦有一个独立或三个卵囊组成者，然俱罕见。卵囊之造成，乃由雌虫于交尾后，先以其口器咬破表皮，再用产卵管穿凿而成。卵囊各部之长阔度，测量二十个标本之结果，述之如次：卵囊群外孔长度平均为 6.67 毫米，阔度平均为 4.27 毫米；卵囊群内孔长度平均为 3.65 毫米，阔度平均为 1.62 毫米；卵囊长度平均 10.04 毫米，阔度平均为 3.10 毫米；卵囊数平均每卵囊群为 3.35 个，卵数平均每囊为 5.59 个。（表1）

表1 卵囊之长阔度及卵数

号数	外孔长度（毫米）	外孔阔度（毫米）	内孔长度（毫米）	内孔阔度（毫米）	卵囊长度（毫米）	卵囊阔度（毫米）	卵囊数目	卵数
1	9.0	6.5	7.0	3.0	10.0	4.0	4	10
					9.0	4.5		8
					10.0	4.0		9
					9.5	3.5		8
2	7.0	5.0	3.5	2.0	11.0	1.8	3	1
					10.0	3.5		6
					10.5	3.5		8
3	7.5	4.5	4.0	2.0	8.5	2.5	4	0
					10.5	5.5		5
					9.5	4.0		5
					10.5	3.5		7
4	9.0	4.5	4.0	1.5	10.0	4.0	4	6

（续表）

号数	外孔长度（毫米）	外孔阔度（毫米）	内孔长度（毫米）	内孔阔度（毫米）	卵囊长度（毫米）	卵囊阔度（毫米）	卵囊数目	卵数
					9.0	3.0		8
					10.5	3.5		8
					10.5	3.5		8
5	10.0	5.0	5.5	2.0	10.5	4.0	4	10
					11.0	3.5		10
					11.0	3.5		5
					11.5	3.5		9
6	5.5	4.5	4.0	1.5	8.5	3.0	4	6
					9.0	2.5		6
					8.0	2.0		4
					10.0	3.0		6
7	5.5	4.0	2.5	1.5	8.5	2.0	2	5
					8.0	2.0		3
8	8.0	2.0	3.0	1.5	10.0	2.0	3	2
					11.0	3.5		3
					10.0	3.0		7
9	7.0	5.0	3.5	1.5	11.5	3.5	4	9
					10.5	3.5		6
					11.5	3.5		5
					11.0	3.5		4
10	10.0	3.0	8.5	2.0	11.5	3.0	2	4
					9.0	1.5		0
11	5.5	4.0	3.0	1.0	10.5	3.5	2	8
					8.0	1.5		1
12	5.5	4.0	2.5	1.0	10.0	2.0	4	3
					10.5	2.0		3
					11.0	2.5		4
					11.0	3.0		5
13	9.0	4.0	2.0	1.0	11.0	3.0	2	8
					11.5	3.5		8
14	5.5	4.0	2.5	1.0	10.5	3.0	4	4
					18.0	3.0		4
					10.0	3.5		7
					11.0	3.0		6

（续表）

号数	外孔长度（毫米）	外孔阔度（毫米）	内孔长度（毫米）	内孔阔度（毫米）	卵囊长度（毫米）	卵囊阔度（毫米）	卵囊数目	卵数
15	5.0	3.5	2.0	1.5	8.5	2.0	2	4
					10.0	3.0		5
16	6.5	4.5	3.5	2.0	10.0	2.5	4	3
					9.5	2.5		4
					11.0	3.0		7
					9.0	2.0		2
17	3.5	3.5	2.0	1.0	10.0	3.0	4	4
					9.0	2.5		3
					10.5	3.0		7
					11.0	3.5		5
18	5.5	5.5	3.5	2.0	10.0	3.5	3	6
					10.5	3.5		7
					11.0	4.5		8
19	5.0	5.0	3.0	1.5	11.0	4.0	4	9
					10.5	4.0		8
					10.5	4.0		9
					10.0	3.5		9
20	4.0	3.5	2.5	2.0	9.0	3.0	4	8
					10.0	3.5		8
					7.5	2.0		3
					8.5	2.0		4
总计	133.5	85.5	72.0	32.5	6 730.0	208.3	67	375
平均	6.67	4.27	3.65	1.62	10.04	3.10	3.35	5.59

（二）若虫

1. 第一龄

体背面为黑褐色，腹面为乳白色，而少带灰色。体为窄长形，头部肥大，前胸部略高起而头下垂，头部阔，前胸以次各节则渐向后变小。复眼黑褐色，为肾形（Reniform），微突单眼不显明。触角丝状，色泽与头部同，共由33小节合成，第一节称基节（Scape）为圆筒形，长与阔大约相等，第二节称柄节（Pedicel），基部较顶部为细，略小于基节，其余悉称鞭节（Flagellum），鞭节各节均为细长筒形，各小节间皆具有一白色环，为分界处。头部各骨板间线缝（Suture）颇明显，下唇须及小颚须特发达，其末端之一节深白色，略呈棒状。胸部背板三片呈盾状，而前胸背板较阔大，方形。胸足之跗节由三小节合成，其第三小节较长，末端具爪一对。各足全部多刺，后胸足因适于跳跃，故其腿节及胫节特发达。腹部分节明显，后背面观之为九节，末端具尾毛（Cerci）一对，长约腹部之半，不分节，生微毛，微毛数目及长短均不一致，大部为灰白色，末端则黑褐色。第一龄若虫身体之长阔度，测量十个标本之结果：体（不连尾毛及触角）最长为 3.0 毫米，最短为 2.5 毫米，平均为 2.76 毫米；头阔最大为 0.8 毫米，最小为 0.7 毫米，平均为 0.78 毫米；触角最长为 6.8 毫米，最短为 6.4 毫米，平均为 6.56 毫米。

2. 第二龄

体背面为棕褐色，腹面色泽与第一龄同，体各部颜色较第一龄为深。触角及后腿胫节渐呈黑色。胸部各节背板上之黑点数亦增多，列为二行，且见其由黑点上生出细刚毛者。身体各部之长度，测量标本十个之结果：体最长为 7.0 毫米，最短为 6.5 毫米，平均为 6.67 毫米，头阔最大为 1.4 毫米，最小为 1.2 毫米，平均为 1.3 毫米。触角节数增加，由 63 节合成，其全长最长为 11.0 毫米，最短 10.5 毫米，平均 10.8 毫米。

3. 第三龄

头胸部背面仍为棕褐色，仅前胸背板之两侧各有暗褐色之线纹一条，前胸背与头部及腹部背板同色，惟中后胸背板较淡。从头顶达腹部之背纵线至腹部第三节则渐不显明，腹背面全部为黑褐色，腹面为黄白色，各胸足及头之两侧之色泽际为棕黄色者外兼少带绿色。翅芽亦为棕黄色，而微露于中后胸背之两侧。雌雄可于此龄间认识，即雌虫之第八腹节腹片特延长而自其侧面基部生出小突起物，为产卵管之雏形。雄者于其第九腹节腹片上亦突出一瓦状片，与腹末端齐长，而不具突起物。身体各部之长阔度测十个标本之结果：体最长为 11.0 毫米，最短为 8.0 毫米，平均为 10.25 毫米；头阔最大为 2.0 毫米，最小为 1.8 毫米，平均为 1.89 毫米；触角最长为 21.5 毫米，最短为 19.0 毫米，平均为 20.3 毫米。触角约为 102 节，白圈之数较前消失。

4. 第四龄

头胸背部为黄绿色，腹部为暗褐色，或黄绿色，各环节间为紫黑色，头顶呈三角形，前胸背板作梯形，两侧有黑色线纹，前后缘黑色密生细毛，背面各处亦有之，唯稍稀，头部及前胸部背线已消失，唯腹部之一部分尚存。翅芽伸展至第一第二腹节，后翅从侧面叠盖前翅之一部。身体各部之长阔度，测量十个标本之结果：体最长为 14.5 毫米，最短为 11.5 毫米，平均为 12.91 毫米；头阔最大为 2.2 毫米，最小为 2.0 毫米，平均为 2.13 毫米；触角为 123 节，其全长最长为 28.0 毫米，最短为 20 毫米，平均为 24.4 毫米。

5. 第五龄

体背面为黄绿色，而少带白色，仅腹部各环节间尚有紫黑斑，腹面为乳白色，而少带灰色。翅芽与体色同，长达腹部之第一第二节，后翅芽恒从侧面遮盖前翅之一部，在初脱皮后之翅芽为薄片状，紧附体部，将羽化时其厚度增加两倍余，渐与身体脱离。雌雄亦得于此时之翅芽区别之，即雄者于其前翅之中央处，生一长钩形之棕色斑，雌者无之。雌虫腹端之产卵管，全长 5 毫米余，突出腹部者 2 毫米余，雄虫腹端瓦状片间形成之攫握器及交接器亦具雏形。触角为棕色，单眼两个，而位于触角基部之后上方，复眼棕灰色，触角及复眼，单眼等基部均具有紫色环，而将各部包围，前胸背两侧之黑褐线纹已中断，仅前后端残留一部分。身体各部之长阔度，测量十个标本之结果：体最长为20.0毫米，最短为13.5毫米，平均为16.65毫米；头阔最大为3.0毫米，最小为2.5毫米，平均为2.64毫米。触角约170节，全长：最长为35.0毫米，最短为24.0毫米，平均为29.4毫米。

（三）成虫

（图2之5、图3之6）雌雄体悉为窄长形，雌者于产卵时较略为肥大，头胸部为黄绿色，雌虫前翅为青绿色，雄虫前翅除发音器为透明之膜质外，其余与雌者同。头微向后下方斜垂，复眼灰褐色，肾形，单眼二个位于触角基部之后上方，略突出，为透明之黄绿色。触角丝状，第一二节之前方不具黑褐色之斑点，或线纹，除第一二节平时少有变化外，其余节数因龄期或雌雄之不同而异。雄成虫之触角由192节合成，约较体长一倍余；雌成虫之触角由124节合成，约较体长增二分之一余。触角每小节间具一白色环，与他节分界，此外于每隔三四小节处复具一色泽较深之环。口器与其他直翅目昆虫同，毋庸赘述。前胸背梯形，两侧边缘整齐，前缘微向后凹下，后缘则微向外突出，雌者后缘中央之突出较显著，两侧缘后方亦形成角状突起，背面具有若断若续之横纹三条，纵纹一条。中后胸背板为前后翅所盖蔽。前翅革质，雄虫因具有发音器官，除其翅脉（图1之7）已略有变化外，其形状则与雌虫同。翅脉除前缘脉退化外，其余悉显著。后翅呈截扇面形，膜质，各纵脉间复具极复杂之横脉甚多。前中胸足略等长，跗节（图4之8）由三小节合成，第三小节较长，其末端具爪两个，第二节较扩大，如心脏形。径节生密毛，末端后内方生两距，沿内缘向上复生距六个，较前二者为短，外方尚有微短刺七八根，形较小，甚至退化，不显著，距之末端统为黑褐色。前胸足胫节上复具听觉器（Auditory organ）（图4之8），一个乃位于胫节之内侧，偏近端处肿起，中凹下，形略似马蹄铁，上生膜有裂缝。后胸足因适于跳跃，故其腿节及胫节特别发达，胫节（图4之9）之后方具刺状突起两行，各刺状突起间复具小刺，此节末端具端距六个，位于内外两侧，外侧四个皆小，内侧两个，一大一小。跗节之第一节较长，末端底面生四刺，第二节下部变为片状肉垫，由此节下面生出第三节，上生微毛，末端具二钩。腹面白色，背面各节间为紫色，腹端之构造因雌雄而不同，兹分述之如次。

1. 雌虫

雌虫之腹部自背面视之，为十节，第九第十两节因生殖器关系而较狭小。雌性生殖孔（图4之10），即开口于第八第九两节间之膜上。第八腹节之腹片，伸展如舌片状。产卵管为细长形之管状物，自第八腹节腹片上之基部伸出，为棕褐色：其先端特坚硬，呈黑褐色，其边缘有锯齿突起，其功用为穿凿产卵穴，产卵管可分为上下两部，在上面者称背片（Dorsal valve），下面者称腹片（Ventral valve），在第九腹节之两侧有一对略似三角形之骨片，称基片（Podical plate），尾毛亦位于第九腹节之两侧。肛门开口于第十节之末端。

2. 雄虫

雄虫腹部节数与雌虫同，第九腹节（图4之11）之腹片亦为舌片状，阳具为棒状形，而位于第九腹片之上方，靠近阳具之基部有一对钩状物称阳具基片（Parameres），为棕褐色，其上方复有一对白色片状物，其功用不详。攫握器（Clasper）位于阳具之两侧，其顶端分叉，较阳具为短。第九腹节之背片，乃形成一对之钩状物，钩之顶端亦分叉，钩之顶端悉内方弯曲，尾毛及肛门之位置均与雌虫同。

成虫身体各部长阔度，测量廿个标本之结果：体长雄 18.93 毫米，雌 20.79 毫米；头长雄 2.30 毫米，雌 2.89 毫米；前胸背长雄 2.85 毫米，雌 3.58 毫米；前翅长雄 21.0 毫米，雌 22.25 毫米；后胸足腿节长雄 9.58 毫米，雌 10.02 毫米；尾毛长雄 8.08 毫米，雌 10.35 毫米；产卵管长 11.82 毫米。体阔（从腹背面量）雄 6.43 毫米，雌 5.67 毫米；头阔雄 3.30 毫米，雌 3.43 毫米；前胸背阔雄 4.64 毫米，雌 5.08 毫米；前翅阔雄 10.19 毫米，雌 10.30 毫米。（表2）

表2 成虫身体各部之长阔度

	雄虫										雌虫											
	B		H		P		T		F	C	B		H		P		T		F	C	OV
	L	W	L	W	L	W	L	W	L	L	L	W	L	W	L	W	L	W	L	L	L
1	20.5	6.5	2.5	3.3	2.8	4.7	21.0	10.2	9.5	8.0	22.0	5.7	2.5	3.2	4.0	5.0	22.5	10.5	10.2	○	12.0
2	18.5	6.5	2.3	3.4	2.8	4.6	21.0	10.0	9.6	8.5	20.5	6.0	3.0	3.5	3.8	5.2	22.0	10.5	10.4	11.0	12.0
3	18.3	6.3	2.2	3.2	2.7	4.7	21.0	10.3	10.3	8.0	20.2	5.8	2.8	3.5	4.0	5.1	22.3	10.0	10.0	10.0	12.2
4	18.0	6.5	2.3	3.2	2.7	4.5	20.5	10.2	9.6	7.8	18.0	5.7	2.5	3.4	4.0	5.1	22.3	10.5	10.0	11.2	12.0
5	18.5	6.3	2.4	3.4	2.8	4.6	20.5	10.5	9.4	8.4	20.5	5.5	3.0	3.3	3.9	5.0	22.5	10.5	10.5	10.0	12.0
6	18.5	6.5	2.4	3.3	3.0	4.6	21.5	10.0	9.5	8.0	21.0	5.5	3.0	3.5	3.5	5.0	22.0	10.0	10.0	10.0	10.0
7	18.0	6.4	2.2	3.3	2.8	4.7	21.5	10.0	9.5	8.0	21.2	5.5	3.0	3.5	3.5	5.0	22.5	10.0	10.0	10.0	11.5
8	20.5	6.5	2.3	3.3	2.9	4.7	21.0	9.8	9.5	7.8	21.0	5.5	2.8	3.2	3.3	5.0	21.0	10.0	9.6	10.0	12.0
9	19.5	6.4	2.3	3.4	2.8	4.6	21.0	10.5	9.4	8.0	22.0	5.5	3.0	3.2	3.2	5.2	22.5	10.5	○	10.0	12.5
10	19.0	6.4	2.2	3.3	2.9	4.6	21.5	10.5	9.4	7.8	21.5	5.5	3.0	3.5	3.2	5.0	23.0	10.0	10.0	10.5	12.0
总数	189.3	64.3	23.0	33.0	28.5	46.4	210.0	101.9	95.8	80.8	207.9	56.7	28.9	34.3	35.8	50.8	225.1	103.0	90.2	93.2	118.2
平均	18.93	6.43	2.30	3.30	2.85	4.64	21.0	10.19	9.58	8.08	20.79	5.67	2.89	3.43	3.58	5.08	22.51	10.3	10.02	10.35	11.82

注：1. L ＝ 长度，W ＝ 阔度，B ＝ 体全部（从头顶到腹部末端之腹片止，附属器除外），H ＝ 头部，P ＝ 前胸背，T ＝ 前翅，F ＝ 后腿节，C ＝ 尾毛，OV ＝ 产卵管；

2. 前胸背之阔度量其后缘；

3. 体之阔度在腹部背面中间量之。

四、习性

（一）若虫期

1. 脱皮

（1）脱皮次数。若虫在其一生期间，共脱皮五次，故有六龄，各龄期间，因其生长情形不同，故其脱皮之日数，亦略异。第一龄若虫自初孵化后至第一次脱皮，其间经过之日数；最长19日，最短6日，平均为15.2日；第二次脱皮若虫生活日数，最长24日，最短10日，平均为16.6日；第三次脱皮若虫生活日数：最长18日，最短11日，平均为14.2日；第四次脱皮若虫之生活日数；最长15日，最短10日，平均11.7日；第五次脱皮若虫之生活日数；最长14日，最短者为10日，平均11.7日。

（2）脱皮时之情形。脱皮之情形，系在饲养室中见到者。兹根据1935年7月7日下午一时观察之情形述之如次；在脱皮之先，若虫头部向下，六足直伸，而固着于一定之叶脉上，或叶边之小刺上，同时其口器亦固着于叶面上；次由其头部及胸部背中央开一纵口，头部在老皮内蠕动，胸部先脱出，头继之。次前中足，再次后足及腹部，尾毛及触角最后始脱出。自开始脱皮时起至脱完止，其间共需时为一时又卅分。脱皮后，休息约五分钟，即开始活动，先将已脱掉之皮壳食去，而少有不食者，故检查脱皮之次数，以遗皮为根据者，遂感困难。

（3）各龄若虫脱皮后体色之变化。各龄若虫于脱皮前后，除其腹面少有变化外，其背面之变化，各龄皆不同，颇难叙述，兹将以箭头式表示各龄若虫身体背面变化之大概情况：棕黄色（卵）→棕灰色（第一龄）→棕灰色＋棕褐色（第二龄）→棕褐色＋暗褐色（第三龄）→棕褐色＋暗褐色＋紫色（第四龄）→黄绿色＋暗褐色＋紫色（第五龄）→黄绿色或青绿色（成虫）。

2. 栖移

此虫自第一龄起至第六龄（成虫）止，各龄期间之栖息情形皆大致相同，即白昼喜潜居于卷叶中，晚间则出外活动，惟第一龄若虫亦喜栖于树干之粗皮下，无论其在何处栖息，其触角恒向前直伸，以作警备；倘有感触，或外敌侵袭时，其第一次举动，必先跳动一次，而后或爬行或继续跳跃则不一定；苟外敌自其后方侵袭时，则其于跳动一次后，将其头部倒转180°，以其触角探视后，始行逃避，或爬行它处，或由树上跳下。当其跳下时，六足直伸，触角不停舞动，以使其身体徐徐落地，此种习惯在三、四、五、六龄期间，最为显明，且易于见到。自傍晚起至深夜止各龄若虫均极为活泼，爬行，跳跃，或觅食均在此时行之。各龄若虫跳动之距离，因龄期而不等：第一龄约为11厘米；第二龄为15厘米左右，其余龄期较大，则其跳动之距离亦愈远，第六龄成虫可跳20厘米左右。

3. 食料

此虫为杂食性，凡植物之叶，花，芽，果实，种子等，均可为其食料。食叶则仅食表皮组织，其他部分则弃而不食；食果实者则将果实之表皮咬破而食其内部之果肉。各龄若虫所食之食料，据饲养及调查所得之结果，计喜食植物有十六种之多。且此虫能自食其皮壳及有同类相残之性，观其常捕食同类幼弱之若虫而知之。兹将各龄若虫所食之植物，及其所食之部分列表于下（表3）。

表3　各龄若虫所食植物之种类与部分

植物种类	学　　名	科名	嗜食部分	嗜食情形	若虫龄期	月份	备注
梨	*Ryrus usuriensis* Maxin.	蔷薇科	叶,嫩叶,果实	最喜食	1～6	6—9	
苹果	*Pyrus malus* L.	同	叶,果实	喜食果实	3～6	7—9	

（续表）

植物种类	学　　名	科名	嗜食部分	嗜食情形	若虫龄期	月份	备注
桃	*Prunus persica* Batsch.	同	果实	喜食	3～4	7—8	饲养
杏	*Prunus armeniaca* L.	同	果实	喜食	2～3	6	饲养
李	*Prunus domestica* L.	同	果实	喜食	3～4	7—8	饲养
花红	*Malus prunifolia* Borkh.	同	果实	喜食	3～4	7—8	饲养
山楂	*Crataegus pinnatifida* Runge.	同	果实	喜食	5～6	8	饲养
樱桃	*Prunus avium* L.	同	果实,叶	喜食	1～2	6	饲养
枣	*Zizyphus vulgaris* Lam.	鼠李科	果实	喜食	4～6	7—8	饲养
栗	*Castanea vulgaris* Lam.	壳斗科	果肉	喜食	6	8	炒熟饲
葡萄	*Vitis vinifera* L.	葡萄科	果实	喜食	4～6	7—8	饲养
稻	*Oryza sativa* L.	禾本科	种子	微食	2～6	7—8	用饭饲
粟(谷)	*Setaria italica* Kth.	同	种子	微食	2～6	7—8	用未成熟种子饲
大麦	*Hordeum vulgare* L.	同	种子	微食	1～2	6	用未成熟种子饲
小麦	*Triticum vulgare* Hack.	同	种子	微食	1～2	6	用未成熟种子饲
玉蜀黍	*Zea mays* L.	同	种子	微食	5～6	8	用未成熟种子饲
大豆	*Glycine senensis* Swen.	豆科	嫩芽,种子	微食	5～6	8	用未成熟种子饲
绿豆	*Phascolus aueus* Roxb.	同	种子	微食	5～6	8	用未成熟种子饲
菜豆	*Phaseolus vulgaris* L.	同	种子,荚,花	微食	6	8	用未熟种子及荚饲
豌豆	*Pisum sativum* L.	同	嫩种及荚	微食	1～2	6	饲养
刀豆(芸豆)	*Canavalia ensiformis* D. C.	同	嫩种及荚	食	5～6	8	饲养
藕豆	*Dolichos lablab* L.	同	嫩种及荚	食	5～6	8	饲养
洋槐	*Robinia pseudoacacia* L.	豆科	嫩叶	微食	1～6	6—8	饲养
落花生	*Arachis hypogaea* L.	同	花,种子	喜食	5～6	8	用未熟种子饲
豇豆	*Vigna sensis* Endl.	同	未熟种子	微食	5～6	8	饲养
甘薯	*Ipomaea batatas*	旋花科	叶,块根	喜食	3～6	7—8	饲养
芋	*Solanum tuberosum* L.	南天星科	块根	微食	5～6	8	饲养
萝卜(莱服)	*Raphanus sativum* L.	十字花科	根茎?	微食	4～6	7—8	饲养
白菜	*Brassica pekinensis* Rupr.	同	叶	微食	5～6	8	饲养
胡萝卜	*Daucus carota* L.	缴形花科	根茎?	微食	6	8	饲养
莴苣	*Lactuca sativa* L.	菊科	叶,茎	微食	5～6	8	饲养
菠菜	*Spinacea oleracea* Mill.	藜科	叶	微食	2～6	6—7	饲养

（续表）

植物种类	学　　　名	科名	嗜食部分	嗜食情形	若虫龄期	月份	备注
葱	*Allium fistulosum* L.	百合科	叶,茎	少食	3～4	7	饲养
韭	*Allium odorum* L.	同	叶,茎	少食	3～4	7	饲养
西瓜	*Citrullus vulgaris* Schrad.	葫芦科	肉,皮,种仁	喜食	4～5	7—8	饲养
甜瓜	*Cucumis melo* L.	同	肉,皮	喜食	3～5	7—8	饲养
黄瓜	*Cucumis sativus* L.	同	肉	喜食	2～4	6—8	饲养
南瓜	*Cucurbita moschata* Duch.	同	肉,种仁,花	微食	5～6	8	饲养
瓠子	*Lagenaria vulgaris* Ser.	同	肉	微食	5～6	8	饲养
柿	*Diospyros kaki* L.	柿科	果	微食	6	8	饲养
马齿苋	*Portulaca oleracea* L.	马齿苋科	叶,茎	微食	4～6	7—8	饲养

（二）成虫期

1. 羽化

自第五龄若虫于老熟后，行末次之脱皮而成乳白色之新成虫，是谓羽化，当初脱皮后之成虫，其翅已发育完成，但尚皱成一团，约一时后，始行硬化而折叠，由淡白色而变为青绿色，后翅之折叠如扇，前翅则不折叠，而盖于后翅之上，左翅在上，右翅在下。其羽化之时刻以下午三时以后及早晨五时以前为最盛。

2. 飞翔

成虫之翅虽甚发达，但不善飞翔，此种情形以以白昼为最显明。作者曾经多次试验，以羽化之成虫置于饲养箱外，令其作自由之飞翔，无论雌雄，所飞之距离均未能达五尺以外者，且多由上向下斜飞，甚少有向上直飞者。晚间之飞翔能力较白昼为强，雄虫于晚间之灯光下，可飞离果树两丈左右之高度，雌虫则不能，此种情形为1935年8月25至29日在诱蛾灯下观察所得而知。在灯下所采到者，大都皆为雄性成虫，面雌性成虫则占极少数。

3. 发音

雄性成虫因具有发音器，为招引雌性而达其交尾之目的，乃发出唧唧之音调，盖由两翅相摩擦而成，兹将发音器之构造（图1之7）略述如次：在前翅中央近基端处有一大弧形脉纹，其旁具一镳状器（file）（图1之12），由翅脉形成，其上刻列如锉纹，翅中央大部为透明之膜（Tympana）。于发音时两翅向上高举，约离体45°，而以两翅互相摩擦，使镳状器彼此相摩擦振动鼓膜而发音，所发音之节奏颇为一律，于每分钟间两翅计可摩擦32次，而发音达96音节之多。其发音最盛之时间当为傍晚至深夜12时左右，其时温度常在70℉左右。每夕发音之多寡，颇不一定，有时唧唧数次即停，有时连续不停为时甚久，亦有且行且鸣者，其鸣声停止之原因，由观察所得计有四种：①已达求雌之目的，②外界惊扰，③自动休息，④旭日东升。

4. 交尾

雌雄虫为达其卵能受精之目的，须行交尾，其交尾前后之情形，交尾之方法，及交尾所历之时间，兹根据1935年8月24日下午八时起观察之结果述之如次：在交尾前，雄虫鸣声甚烈，且爬行于各枝树叶间，甚为活泼，若与雌虫相遇于平置之梨叶上时，虽互相接受，而雄虫仍不停作鸣，乃以其触角与雌虫互相拨动，为时约三秒钟，雄虫仍鸣，且将其身体倒转180°，使尾部位于雌虫之前，同时将六足直伸固着不动，两前翅仍不停作鸣，雌虫于此时，即一跃而拥于雄虫之背上，前足紧握雄虫之胸部，中足握于雄虫腹部，后足临空，或踏于叶面，雄虫于此时停止作鸣，而将其前翅盖于雌虫之头上，将其腹部末端之攫握器高举，在雌虫之尾毛下之两侧，即背腹板之交界处，不停左右前后摩擦，待与雌虫之外生殖器紧握后，始将其外阴器向对方插入，同时其他附属器亦紧握雌虫之腹端，为时约两分钟之久，雌虫忽由雄虫之背上跳下，而将其身体倒转，与雄虫成相反方向，雄虫于此时始将交尾之初步动作完成。嗣后一切动作，雄虫完全处于被动地位，雌虫可偕雄虫向任何方面移动，其交尾所经过之全时间为25分钟。二者分离各去一方而不复顾。交尾之时间亦有达数小时或半日之久者。

5. 产卵

雌虫于交尾后之次日，即开始产卵，在产卵之先，以口器将果树枝条之表皮部及韧皮部咬破，使成一稍圆形之伤口，直达木质部，而后将其身体倒转，以产卵管之尖端向此伤口之左或右上侧方徐徐插入，待达相当之深度时，后向外拔出，如此重复二十次左右，在其最末次之插入后，即忽停不动，其腹部则自前向后挤，而微弹动，为时十余秒钟，而将产卵管向外徐徐拔出，即证明已产一卵，其后复靠近第一次产卵之处，仍如前法凿穴，继续产卵，如此产卵十粒左右，即改变方向而另开新产卵之穴。其产卵所历之时间，恒有三小时左右，或于一次产完；或于产数卵后即告停止，而向他处觅食，旋复返原处继续产卵；有时产卵历半日以上者。其所产卵之囊数，多由四个合成，两个，三个，或一个者则占少数。每一成虫多于一处一次将卵产尽，有时亦分数次数处产完者，其所产之卵数颇不一定，大都在50～100粒。兹检查九头梨蟋蟀之结果，述之如次：Ⅰ. 63个卵；Ⅱ. 71；Ⅲ. 82；Ⅳ. 74；Ⅴ. 115；Ⅵ. 54；Ⅶ. 118；Ⅷ. 95；Ⅸ. 77。

6. 寿命

此虫之寿命因饲育者多未达交尾产卵之时期即告死亡，其所留而未死者，则占极少数，故不详其寿命之确日数，仅就野外之观察，及诱蛾灯下采集所知，雄虫寿命为十五日左右，即自每年八月廿日前后起至九月五日前后止，雌虫约为廿日左右，即自每年八月廿日前后起至九月十日前后止，饲育者与野外生者略同。若不行交尾产卵之雄虫或雌虫，其寿命可延长五十日之久，此种情形乃根据饲养之结果而知，因在饲育各号中之Ⅰ与Ⅷ两成虫，其羽化之日期均在九月初旬，羽化后不令其行交尾产卵之作用，仍妥为饲育，按日换食，直至十月底尚能继续生活，不即死亡，故知成虫不经交尾，其寿命可延长一月以上之时间。

五、生活史

此虫每年发生一次，故其生活史每年亦只有一代，以由卵而越冬，自上年九月初旬起，至翌年六月初旬止，约二百七十日，若虫于每年六月下旬自越冬卵孵化而出，脱皮五次而成虫。卵，若虫，成虫，均棲息树上：兹将各龄期日数胪列如次。

（1）卵期——>270 日左右（上年九月中旬——>翌年六月中旬）。

（2）若虫期——>70 日左右（六月中旬——>八月下旬）。

第一龄——>15.2 日（六月中旬——>六月下旬或七月初旬）。

第二龄——>16.6 日（六月下旬——>七月中旬）。

第三龄——>14.2 日（七月中旬——>八月中旬）。

第四龄——>11.8 日（八月初旬——>八月中旬）。

第五龄——>17.7 日（八月中旬——>八月下旬）。

（3）成虫期——>20 日左右（八月下旬——>九月初旬）。

交尾期——>2 日左右（八月下旬或九月初旬）。

产卵期——>7 日左右（九月初旬）。

死亡期——>九月初旬。

六、为害情形

1. 受害之植物

成虫与若虫之食性大致相同，已如前述，唯成虫喜加害各种果树，除果树之嫩枝叶及果实外，在产卵时期，对果树之枝条亦能加害。在青岛田园观察此虫所加害植物之种类，大都为蔷薇科植物，兹述其中名及学名如下。

（1）凹凹梨（*Pyrus usuriensis*, *Maxim.* var. *ovoidea* Rehder. ）

（2）恩梨（*Pyrus* sp. ）

（3）秋白梨（*Pyrus usuriensis* Maxim. ）

（4）桃（*Prunus persica* Batsch）

（5）苹果（*Malus pumila* L. ）

（6）杏（*Prunus armeniaca* L. ）

（7）山楂（*Crataegus pinnatifida* Bunge. ）

（8）花红（*Malus prunifolia* Borkh. ）

以上所述之 8 种植物，皆属蔷薇科，平时除啮食叶及果实外，且能在其枝条上产卵，诚为主要之被害植物。据日人平山修次郎调查，此虫在日本加害之植物有樱桃（*Prunus pseudocerasus* Lindl. ），桃（*Prunus persica* Batsch），柿（*Diospyros kaki* L. ），紫荆（Cercis chinensis, Bge. ）等。

2. 植物受害之部分及被害之情形

各龄若虫多喜食果树之叶肉，成虫则喜加害果实，产卵时则凿伤果树枝条之表皮部，韧皮部及木质部等。叶受害甚时则影响于果树之生长。果实受害后不易销售于市场，且病菌乘间而入，在数日内果实全部腐烂而成废物。惟有山楂之果实虽受害，仍能继续生长，即采下时不腐烂，或系山楂果实之本身有抵抗腐烂病之能力欤？枝条被产卵后，受害处特肿涨，有影响于枝之发育及结果，且亦引起树皮之腐烂病，于数年后亦可致树于死。

七、防治方法

此虫之寄生蜂及其他天敌虽曾发现数种，但其寄生及捕食情形均尚未观察明白，故天敌之利用，尚难预言，兹将其他防治方法，曾经试验，认为有效，或为调查所得者述之如次。

1. 毁卵

此法即于果树落叶后，或翌年春间行之，持小刀入果园中，见树枝上有此虫之卵块者，从枝条之外皮部向内横切，将囊中之藏卵截断，可免来年之发生，此法较善，且应用亦较普通，成效亦显著。据青岛九水区之一段姓农民云：他"于 1935 年春季在其所植之百余株洋梨中，于两星期内，共除去卵块三千余块，每块中均有藏卵十余粒，合计共杀虫卵三万余粒，故其害乃大减。"惜此法于应用时足引起果树之腐烂病，其补救方法，即于毁卵后将伤口处涂以树胶之类，可免以上之流弊。

2. 剪枝

此法亦在落叶后或翌年春季发芽前行之最宜，持剪至果园中，见枝条上有此虫之卵块者，将其悉数剪去焚烧之，倘某一果枝为一短果枝而必须保留者，可以前法行之。此法在青岛乡间农民多采用之，且此法于施行后，有下列种种好处：①免除虫害，②节省树力，③稀疏果枝，使其各部均充分见阳光，易于生长，兼可免去密叶下隐藏此虫之各龄若虫及成虫，以减轻果树被害之程度。

3. 拂落若虫

此法即于七八月之交，当各龄若虫盛长时，树下张以布棚，以小杆搅动树叶，若虫于受惊后即纷纷自树上跳下，而落于棚中，乃聚集而歼灭之，可免其继续为害。此法作者亦曾经多次试验，于一小时间可拂落若虫，自数十头至百余头不等，较单人以手捕捉之成效为大。

4. 灯火诱杀

此法民间尚未有采用，其法即于果园中设置灯火以诱此成虫之来临，再捕杀之。作者曾一度作关于此种方法之试验。于果树园中装置二百烛光之煤气灯一盏，灯下置有两磅之毒瓶一个，瓶上有洋铁制成之漏斗，与瓶口紧接，昆虫来慕灯光时，即可自漏斗中落入瓶内。自六月初旬起至八月二十四日，二十五，二十六，二十七，二十八等五日内始发现有此虫之成虫，被诱而落入瓶中，但其中有一特殊现象，即所诱到者几全数为雄虫，雌虫则仅有两个。二十九日则因天雨未挂灯，其后虽继续挂灯而从未见有此虫之诱到。由挂灯诱杀之结果推知成虫最活跃之时期，即在八月下旬之数日间，至于雌少雄多，或因灯光过高，当时之诱灯乃系装置于一小丘上，高出果树二丈余，雌虫不能高翔趋光而入于毒瓶中欤（表4）。

表 4 诱蛾灯下之雌雄蛾诱杀数

日期	诱到之虫数		总数	百分数（%）	
	♂	♀		♂	♀
24/Ⅷ	18	0	18	100	0
25/Ⅷ	23	0	23	100	0
26/Ⅷ	36	2	38	94.73	5.26
27/Ⅷ	40	0	40	100	0
28/Ⅷ	38	0	38	100	0

5. 挂袋

当果实生长至相当大时，外套以纸袋，即可免去此虫之害，挂袋之方法及挂袋之结果，详见另一报告中。

6. 药剂之驱除

驱杀此虫之药剂种类甚多，而曾经试验确认为有效者，仅砒毒剂一种，兹将其配合式及调制方法，杀虫效力述之于下。

配合式（1）

砒酸铅（糊状）——1 磅

清水——50 加仑。

调治法　先将砒酸铅在天平秤上称后，置于玻璃器中，而将所需之水量一次加入，拌搅使二者充分混合，于应用时，仍须不断摇动，免生沉淀，其杀虫之效力恒在 60% 以上，喷射之时间以晴天为最宜。

配合式（2）

砒酸铅（粉状）——1 磅

清水——50 加仑。

调治法同前。喷射后，第三日虫因中毒死亡为数达 20% 左右，第五日达 60% 左右，第六日则达 90% 以上，此为前后凡三次试验之结果，费时廿余日，所试验之材料为末龄若虫及成虫。

参考文献

Fulton，B. B.：The Tree Crickets of Oregon，Oreg. Exp. Sta.，Bull. No. 223，1926，pp. 5 – 20，8 figs.

Hsu Yin – Chi：Crickets in China. Pek. Soc. Nat. Hist. Bull.，Vol. Ⅲ，1929，pt. 3，pls. Ⅰ – Ⅱ，pp. 5 –42.

Smith，L. M.：The Snowy Tree Cricket and Other Insects Injurious to Rasberries. Agr. Exp. Sta. Cal. Bull. 550，1930，pp. 2 –24，fig. 1 –6.

Shiraki，T.：Orthoptera of the Japanese Empire，pt. Ⅰ. Insecta Matsumurana，Vol. Ⅳ，pt. 4，1930，pp. 239 –242.

松村松年. 日本昆虫大图鉴. 1931，pp. 1 332 –1 339.

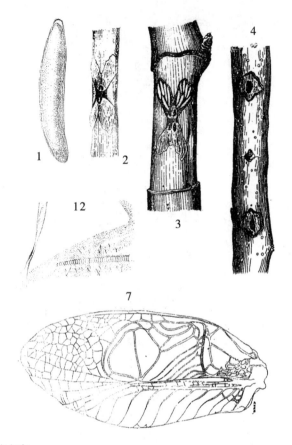

1. 梨蟋蟀之卵；

2. 梨枝上附生之梨蟋蟀卵囊群，梨枝之表皮与韧皮已剥去仅留木质部；

3. 被解剖之卵囊群，示其中虫卵之排列及卵囊孔之位置；

4. 梨枝上之二个卵囊群孔，示其外卵囊群孔与内卵囊群孔之存在；

7. 雄虫之前翅；

12. 雄虫前翅之鏬状器放大图。

图1　图版说明 I

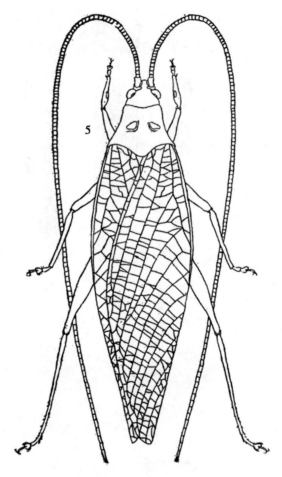

5. 雌梨蟋蟀背面观

图 2　图版说明 Ⅱ

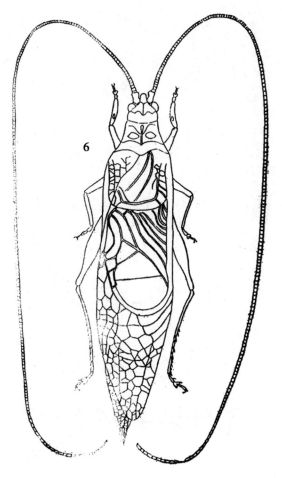

6. 雄梨蟋蟀背面观

图3　图版说明Ⅲ

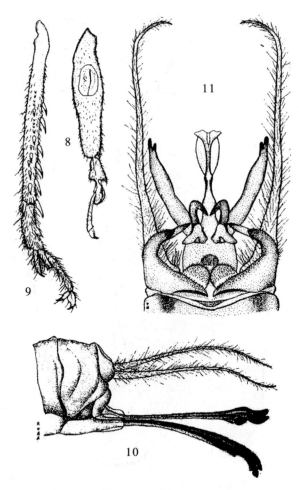

8. 生听觉器之前腿；
9. 成虫之后腿胫节及跗节；
10. 雌虫腹部尾端之侧面观；
11. 雄虫腹部尾端之背面观。

图4　图版说明Ⅳ

Some Insects Injurious to Pear-Trees[*]

By Shen Tseng （曾省） and Ghun Ho （何均）

Laboratory of Entomology, College of Agriculture,

National Szechuen University, Chengtu, China.

(Concluded from *Lingnan Science Journal* Vol. 16, No. 2, p. 259)

Rhynehites heros Roel

Economic Importance. —This weevil eats pears day and night with its sharp mouth, causing great damage. Moreover, the adult after having laid an egg in the fruit cuts the stalk with a view of facilitating the hatched larva therein to emerge when it is ready to enter the ground for pupation. Since one female can deposit about 36 eggs, 36 pears may be injured by one female alone, besides others that are consumed for food.

Distribution and Habitat. —This species is widely distributed in Japan, Korea and China. In China, it occurs not only along the coast, but also esxtends to West China. At Hwayanghsien and Chengtu-hsien, Szechwan Province, some specimens were once collected on pear trees by the authors. As reported by Tao Chia-Chu, the same insects, called "Pear Tigers" by local farmers, injure pear trees at Iwu-hsien, Chekiang Province. In Lao-Shan Valley, they are found on peach, apple, hawthorn and pear trees.

Morphology. —EGG. The egg is ovoid in form and is pale white measuring 1.67mm long and 0.91mm wide. It is transparent at deposition and becomes ochraceous previous to hatching.

LARVA. The length of the larva is 9 to 10mm. It appears yellowish-white due to fatty substance inside. The head. highly chitinized, is dark brown. The body (Fig. 15) is curved, having a broad head and narrow caudal end. The whole body consists of thirteen segments. Each segment bears setae the arrangement of which is irregular. The mouth is mandibulate and well-developed.

PUPA, The pupa (Fig. 16) is exarate, slightly curved. yellowish-white, measuring 6 ~ 8 mm. in length. The head and the mouth-parts are not seen from above since they are on the

---

* 《Lingnan Science》, 1937, 16 (2): 259

ventral side. The wing pads adhere to the sides of the body. The dorsum of the head, thorax and abdomen is covered with deep brown setae, of different lengths and sizes. Of these setae, the caudal two are the longest.

ADULT. The body of the male (Fig. 17a) is very similar to that of the female (Fig. 17b) so that one cannot distinguish between them at a glance. But they differ as follows: (1) The body of the female is larger; (2) the rostrum of the female is longer and curved, that of the male shorter and straight; (3) the female has six visible abdominal segments, the male five; (4) the proctiger of the female is smaller than that of the male.

Life-history and Habit, —The insect has only one generation a year. and overwinters in both adult and larval stages. Before April 15. the adult leaves hibernation and becomes active. Before the end of May, mating takes place. A few hours or a day later the female deposits eggs. The duration of oviposition is about fifty days. The incubation period is 6 ~ 7 days. The larva exists in the fruit for 18 days, then leaves it to enter the ground. Under the ground a cocoon (Fig. 19) is formed in which the prepupa resides for 80 days after which it discards its last skin and becomes a pupa. After 28 days pupation the adult emerges. The whole life cycle from egg to adult takes 132 days.

As the female is furnished with a special ovipositor, eggs are deposited deeply in the fruit (Fig. 18). After oviposition, each aperture is sealed with some wax-like secretion for protecting the future larva.

Some eggs under observation may be described as follows. Just after deposition, the egg is deep yellow with more or less of a whitish tinge, and its shell appears translucent and of a glassy brilliancy. Four days later it becomes partially pale yellowish-white. its shell appearing wholly transparent. During the sixth day, the internal yellowish:white substance concentrates at the center of the egg, and near the apex two blackish-brown spots appear. These spots indicate the presence of the mandibles. The egg hatches on the seventh day. The incubation period was from June 10 to July 15. The percentage of hatching of eggs in rearing differs from that in the field. In the latter case it is 85 per cent while in the former it is only 58 per cent.

At hatching time the larva bites the shell with its mandibles and frees itself from the shell by the movement of the whole body, The hatching from start to finish takes about one hour. The newly hatehed larva is yellowish-white except the mandibles and their basal sclerites which appear dark brown. After hatching the larva takes food immediately. Three days later it molts for the first time, its head still being dark brown, thoxax and abdomen yellowish-white. The larva drills a tunnel through the fruit pulp eating as it goes.

Since the entire larval period is spent in the fruit, it is hard to investigate the number of molts. The length of time spent in the fruit has been determined by rearing. Once twenty larvae were reared in fruit. Only seven reached maturity and entered the ground, The remaining larvae died of disease or the injury of mites. The seven larvae were recorded as having hatched on the same day. Based upon this record, it appears that the duration of the larva stage is a maximum of 21 days, a minimum of 17, and an average of 18 days.

The pupation rate varies according to the environment. In rearing, 35 percent of the larva pupate. while in the field 70 per cent. As to the formation of the cocoon, the mature larva digs into the soil and secretes some fluid to glue soil particles together in forming a spherical cocoon (Fig. 19). The cocoon is about 7. 5 mm. in length and 8. 0 mm in diameter. The prepupa lies in it with its body curved in U-form. The cocoon is placed from 2 to 20 mm. into the ground mostly at a depth of 5 mm. where the temperature and moisture seem to be most suitable for the existence of the pupa.

The prepupa stays in the cocoon for about 80 days. In early September, it sheds its last skin and becomes a pupa with the exuviae at its caudal extremity. just after pupation, the body is pale white; two days later it appears yellowish-white. In the cocoon, the pupa can voluntarily twitch its abdomen and two bristles at the caudal end.

On June 26, 1935, a great number of injured pears with larvae inside were collected and divided into two lots: one was put in the ground under a tree and the other in a wooden case full of soil and sand. These two lots of fruits were sprayed with water daily in order to keep optimum moisture, On September 9, the first inspection was made. Of 24 larvae, 9 or 37. 50 percent, had pupated. On September 15, at the second inspeetion, 51 pupae were found out of 67 larvae. or 76. 12 percent, along with 5 larvae infested with parasitic fungi. The third inspection was made on Oct. 9, and 96 pupae including 34 adults were found out of 111 insects inspected. The pupation rate is 86. 48 per cent. The mean pupation rate is 66. 70 per cent. This investigation shows that pupation takes place in September.

The pupa remains in the cocoon for more than twenty days and finally beeomes an adult. Adults emerged mostly at night or in the early morning. All the insects which molted for the last time before Oct. 10, pupated by the end of the month. Those which did not pupate by that time overwintered as larvae and pupated between the next spring and summer. The following four inspections show that the emergence rate varies widely:

First inspection (on Oct. 9). Among 111 inspected insects were 34 adults. 15 larvae and 62 pupae. The emergence rate was 30. 6 percent. The insects were reared in fruits in wooden cases.

Second inspection (on Oct. 20). Out of 75 insects observed, 72 adults, 3 larvae and no pupa were found. The emergence rate was 96. 0 percent. The insects were treated in the same manner as before.

Third inspection (on Oct. 25). A total of 78 insects were observed, 75 adults, 3 larvae and no pupa. The emergence. rate was 96. 2 percent. All the insects had been previously placed in the ground under a tree.

Fourth inspection (on Oct. 27). On examining 63 insects. 27 adults, 36 larvae and no pupae were found. The emergence rate was 42. 8 percent. The insects were reared in beakers in the laboratory.

The adult hibernates in the cocoon for 190 days, from October to the middle of the following April. Adults just out of the cocoon do not fly but climb up the trunk of the tree. The adult has a habit of feigning death and dropping, if disturbed.

After the adult has lived on the foliage for twenty days and the reproductive organs have fully developed, pairing takes place. The act of mating takes some two hours. As to mating, one interesting phenomenon deserves to be mentioned, i. e. two male insects often fight for the same female. In fighting, the insects raise their rostra and fore legs with the antennae and mandibles extended forward. Two minutes later the rostra are in contact and the insects bite each other. At length, the defeated male runs away while the victor catches the female, mounts on her back, and mating occurs (Fig. 20).

From a few hours to a day after mating, the female begins to lay eggs. The procedure of laying eggs is of interest. The female drills an aperture in the fruit with her long rostrum. The aperture is elongated and sac-shaped with the inner end broad and the outer narrow. Tbe depth of the aperture is 3. 4 mm. and the opening 1. 35 mm. in diameter. After the aperture has been prepared, the female reverses the caudal end of its abdomen toward the opening, inserting its ovipositor into it. After laying one egg, the female secretes some glue for sealing the opening. This substance hardens immediately when exposed to the air, forming a nail-shaped plug, measuring 1. 2 to 1. 6 mm. in length.

A female deposits one egg in about. one hour and ten minutes; drilling an aperture takes 25 minutes, ovipositing 7, and the rest of time is used for sealing the opening. After oviposition the female has to accomplisb the second step of her work by biting the fruit stalk causing the fruit to drop to the ground before ripening. this is to help the future larva to enter the ground for pupation, as has been previously mentioned. In cutting the fruit stalk, the insect uses its mandibles to bite partly through the stalk at its base or middle portion. Although the fruit is still on the tree, its growth has been impeded and it gradually shrinks up. In consequence the injured fruit usually falls in about 7 days but it may remain hanging on the tree for some time.

Experiments in which 15 pairs of adults were reared showed that a female deposits a maximum of 76, a minimum of 5, and an average of 35. 8 eggs. In another experiment, with 140 pairs of adults, each female deposited an average of 39. 49 eggs. In one day. one female lays 1 to 5 eggs. The oviposition begins at the end of May, reaches its height in late June and finishes in early July. The duration of the oviposition period is aboust 50 days.

The whole life of the adult covers about 320 days: the adults emerge and hibernate in October and November. awaken from hibernation in April or May, mate and oviposit in June or July, and die in late June or July.

Preventive and Control Measures. —So far as observed. no natural enemies parasitic on the insects have been found. except a kind of mite attacking the egg and a certain species of fungus living upon the larvae. The mite creeps around on the egg in the aperture and makes one or two sacs. After five days the egg becomes stiff and shrunk, probably due to the juice therein being sucked up. The fungus is in the soil, When the larva is infected with the fungus, its body appears blackish-brown, bearing on its surface graylsh-green spores. Five days later. the whole body of the insect is hardened and breaks into pieces. if touched. The percentage of parasitism is 7. 46. As the scientific names of the two parasites are still unknown. a detailed study of them should be undertaken.

For controlling the insects, no other measures have yet been found to be practical except catching them with a net and protecting the fruit with paper. In May and June, when insects are found on the twigs, beat the branches gently. When the insects fall down, receive them with a net or other receptacle and kill them. When the fruits have attained the size of a thumb, wrap them in paper in order to protect them from the attack of the beetles. Some experiments were made to determine the advantage of this measure. Three hundred pears were wrapped and not one was injured. But in a lot of three hundred unwrapped fruits used as a check, thirty-two fell due to insect attack.

Besides the above-mentioned measures, some experiments with chemicals, such as acid lead arsenate and para-dichlorobenzen, have been done. Although they seemed to be effective in the laboratory, they were not satisfactory in thc field.

References

ALLARD. H. A. 1930. Changing the chirping-rate of the Snowy Tree-cricket, *Oecanthus niveus*, with air currents. *Science* 72: 347 – 349.

CHAN. KWAI SHANG. 1931. Notes on control of the litchi stink bug. *Tessaratoma papillosa* Drur. (Heteroptera, Pentatomidae), *Ling. Sci. Jour.* 10 (4): 399 – 411, 4 *tab.*

DISTANT. W. L. 1902. The fauna of British India, including Ceylon and Burma. Rhynchota, Vol. 1 (Heteroptera). xxxviii and 438 P. , 249 *fig.* , Taylor & Francis, London. (See p. 309 – 312.)

FALKENSTEIN. R. B. 1931. A general biological study of the lychee stink bug. *Tessaratoma papillosa* Drur. (Heteroptera, Pentatomidae) . *Ling. Sci. Jour.* 10 (1): 29 – 82, 2 *tab.* , *pl.* 11 – 12.

FULTON. B. B. 1926. The tree crickets of Oregon. *Bull. Oregon Expt. Agri. Sta.* No. 223, pp. 1 – 20, 8 *fig.*

HOFFMANN. A. 1934. Synonymies et observations diverses sur plusieurs especes de Curculionides de la fauna palearctique (2e Note) . *Bull. Soc. Ent. Fr.* 39: 45 – 58.

HOFFMANN. W. E. 1929 (1931) . The life-history of *Rhynchocoris humeralis* Thunb. (Hemiptera, Pentatomidae) . *Ling. Sci. Jour.* 7: 817 – 820, *pl*, 39 – 40.

HSÜ. , YIN. CHI. 1928—1929. Reproductive system and genitalia of *Callimenus onos* Pallis. *Peking Nat. Hist. Bull.* 3 (4): 1 – 29, 12 *fig.*

1931. Morphology. anatomy and ethology of *Gryllus mitratus* Burm. *Ling. Sci. Jour.* 10 (2

& 3）: 187 –216, *pl.* 28 – 31.

MARSHALL. , SIR G. A. K. 1931 . New injurious Curculionidae. *Bull. Ent. Res.* 22: 417 – 421, 1 *pl.*

PARROTT. , P. J. , AND FULTON. B. B. 1914. The crickets injurious to orchard and garden fruits. *Bull. N. Y. Agri. Expt Sta.* No. 388, p. 417 – 461, 9 fig. , 10 *pl.*

SMITH. , L. M. 1930. The snowy tree cricket and other insects injurious to raspberries. *Bull. Cal. Agri. Expt. Sta.* No. 505, p. 3 – 24, 5 *fig.*

［TAKAHASHI, SHO. ］. 1930. ［Kaju Gaichu Kakuron（A treatise on fruit-insects of Japan. ）］ Vol. 1, 580 p. , 301 *text fig.* ; Vol, 2, 1225 p. , 608 *text fig.* Tokyo, Japan. （See 1: 145 – 147, 442 – 449, and *text fig.* 75, 225 and 226. ）

Ling. Scl. Jour Vol. 16, No. 3   [Tseng & Ho] Plate 5

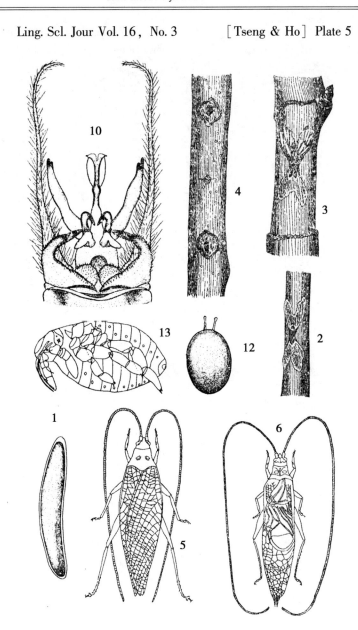

Fig. 1. Egg of *Calyptotrypus hibinonis* Mats. Fig. 2. Egg-apertures of Same on twig of pear-tree with bark removed. Fig. 3. Egg-apertures exposed showing eggs. Fig. 4. Two holes on twig, each communicating inside with four egg-apertuges. Fig. 5. Dorsal view of female adult of *C. hibimonis*. Fig. 6. Dorsal view of same. Fig. 10. Ventral view of male genitalia of *C. hibinonis*. Fig. 12. Egg of *Urochela luteovaria* Dist. with three filaments at its cephalic extremity. Fig. 13. Embrvo of same dissected from egg.

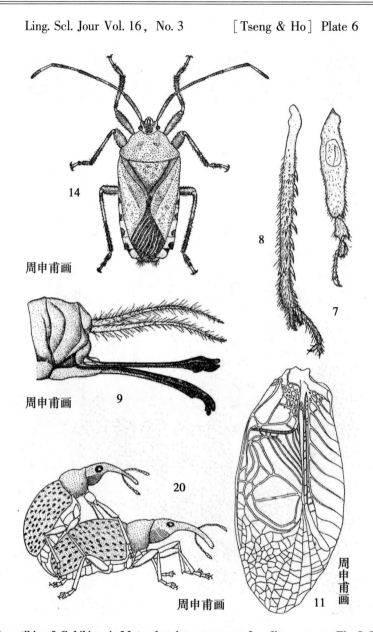

周申甫画

Fig. 7. Fore tibia of *C. hibinonis* Mats. showing presence of auditory organ. Fig. 8. Hind tibia of same showing arrangement of spines. Fig. 9. Lateral view of caudal end of abdomen of same with cerci and ovipositor extending backward. Fig. 11. Right wing of male insect showing structure of stridulatory organs. Fig. 14. Dorsal view of female adult of *Urochela luteovaria* Dist. Fig. 20. Copulation of pear weevils.

Ling. Scl. Jour Vol. 16, No. 3　　[Tseng & Ho] Plate

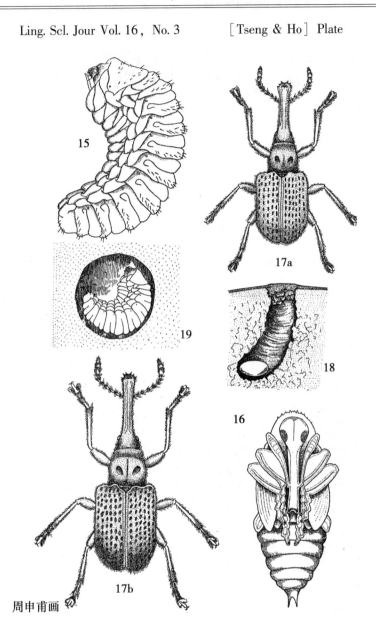

周申甫画

Fig. 15. Larva of *Rhynchites heros* Roel. Fig. 16. Pupa of same. Fig. 17a. Dorsal view of male adult of same. Fig. 17b. Dorsal view of female adult of same. Fig. 18. Egg of same depositied in aperture drilled in fruit with rostrum of female. Fig. 19. Earthen cocoon of same containing prepupa.

柑橘天牛（老拇虫）[*]

曾省　何均

一、什么是柑橘天牛

在栽种后，经过十年以上的柑橘园里，我们常常看见许多柑橘树生长得不好，再厉害的树子都像是要快死的样子。我们仔细在这种树干上查，看见很多拇指大的小孔，有圆的、有扁的、有旧的、有新的，也有的地方连树皮都没有了。在靠近新孔的地面上，还看见如锯末状的木屑和粪粒，如果用铜丝钩沿着洞口向里钩拉，或是用刀斧将树干劈开，会看见沿着洞口向里走的一条弯曲不定的小沟，并且在沟底，或中间，还能看到一根像蚕儿样子的虫子。身体很软韧，没有脚，可是头和嘴巴却很坚硬，全身都是黄白色，有大的、有小的、有长的、有短的，长的同我们拇指一样长，这就叫老拇虫，也有人叫它铁炮虫。老拇虫是天牛子的幼虫，老拇虫昼夜不停地在柑橘树干上钻来钻去，或上或下，或左或右，以木质做它的食料，像这样一天一天下去，受伤轻的树子还看不出什么，受伤重的树子连皮也裂开了，树干也淘空了。树根下的养料和水分都不能输送到树顶上去，同时树顶上的养分也不能输送下来，所以树子生长不旺盛，结果也不多，慢慢地就枯死去了。记得两年以前，我们在成都附近检查过一根曾植三十年而快要死去的树子，在这树干内一共发现有三十二根老拇虫，六个天牛子。这就是说一根二三十年的树子，经过三十多条老拇虫钻后，便会枯死掉，你看多么可怕呀！老拇虫，像这样可恶的东西，我们不仅要注意它，认识它，并且应该想法子消灭它才对。

二、柑橘天牛的形态生活史和习性

要打算防治一种害虫，就应该先认识它的形状，和明白它的一生经过的情形。只要抓住它的弱点，然后定下进攻之策，那么就可以马上成功了。天牛子的种类甚多，生活情形也不一样，单就柑橘天牛来说，据调查所知，就有四五种之多，其中顶凶的要算褐天牛和星天牛了。这两种天牛，在柑橘上生活的情形很相似，一代的经过有四个不同的时期，和四个不同的样子：①卵，②幼虫，③蛹，④成虫。这两种天牛虽说都是经过四个不同的时期，然而他们每期的样子，和各代经过的情形，也多少有点不同。为便于农友们明白起见，将它们分开说在下面。

---

* 《现代农民》，1940 年，3 卷，2 期。

（一）褐天牛

1. 卵

褐天牛的卵，平常不留心的人，是不会看见的。一到每年芒种节前后若在柑橘树干中下部隙缝里，或是破裂的树皮下，看见有一颗一颗黄白色的比麦籽稍小一点，比芝麻要大些，颜色很像芝麻，这就是褐天牛所产下的卵。卵在各隙缝间，经过 10 天左右，就孵化成幼虫了。

2. 幼虫

初孵化的幼虫，身体比苍蝇的蛆还小一点，以后经过多次的脱皮，就长成如拇指大的老拇虫。这幼虫虽然没有脚，可是有坚硬的嘴巴和身体的蠕动，所以能够在树干内钻来钻去，钻进很硬的木头。这种幼虫，在它头的后面有四块小黄褐色的斑点，所以我们一看见有这种记号后，就知它是褐天牛的幼虫了。当这种幼虫长老的时候，在每年阳历八月间（立秋前后），就把它所在的隧道之末端部分，略为扩大，扩大的区域比老拇虫稍长些，即在扩大部分的一端，从身体内分泌出一些石灰质的胶，封闭成室（茧），幼虫藏在茧内不吃东西，经过廿几天再脱皮一次，就变成蛹了。

3. 蛹

幼虫变蛹后，颜色虽与幼虫差不多，可是形象却大不同了。头上生出两根很长的触角（须），盘在身体的下面，两眼长得很大，从背面生出两对翅芽，腹面生出三对很长的腿。腿和翅膀虽已生出了，可是还不会走，也不会飞，整天静静地藏伏在茧内。

4. 成虫

在茧内的蛹经过廿几天后，再脱皮一次，形象又变了一点，翅膀特别长，几乎把身体的后半部都盖住了。再过两天，周身变成黑褐色，并且各处都被些短毛。这时脚也会走，翅也会飞，就成天牛子了。因为身体是黑褐色，所以称它为褐天牛。可是这时它仍然住在茧内，等到明年五月间（芒种前后），才把从前封闭的茧口咬破，沿着旧隧道向外爬出。倘若旧隧道被木屑填塞，或通树干外的口较小，不能爬出时，就用它的锋利嘴巴，把洞口扩大，或把木屑排去，排开的木屑多置于它身体的后方，然后成虫才渐次向外爬出。褐天牛成虫的脾气很特别，白天不大喜欢活动，仍是藏在洞内，或其他隙缝间，也有伏在密枝下面的。凡是藏在洞内的成虫，头都是向外作警戒状，一有外袭，即迅速逃入洞内处，到夜间它们都爬出来活动，雌雄相遇，就实行交尾。交尾后隔数小时、雌的天牛就把卵一颗一颗地产在树干上各部的隙缝里，一处产完后，又到别处再产，成虫因不再吃东西，所以对于柑橘没有直接的害处。

（二）星天牛

1. 卵

星天牛大都白昼产卵，产卵的位置和褐天牛稍稍不同，大都是生在树干基部靠近地面的地方。雌虫用大颚与产卵管，把树皮截凿成没有钩的倒"丁"字形的伤口，在这伤口的下面，生一颗或两颗乳白色的卵，形状大小极像谷米，产后在这伤口下，经过十几天才孵化成幼虫。

2. 幼虫

初孵化的幼虫和褐天牛的幼虫差不多，等长得如拇指大的时候，那么就容易分别出它的不同的地方了。星天牛的幼虫在它的头后有一块像"凸"字形斑，这是褐天牛幼虫所没有的，所以一经看见就可区别这两种不同天牛幼虫了。幼虫的习性也有不同。就是说星天牛的幼虫喜欢食树干接近地面的部分，或是地面下的根部。褐天牛则大多喜欢食树干的中部。还有幼虫所穿的洞也不同，星天牛的洞在地面下的树干部分。最初是在皮下穿凿成一室，然后才向木头内钻进去。在木头内的大多是向上，有时也向下。褐天牛的洞是起初就从皮下，渐次向木头内钻入，在木头内隧道的方向大多是弯曲向上，很少有向下的。

3. 蛹

在每年4～5月（小满前后），老熟幼虫把它所穿凿的隧道稍微扩大，用木屑塞填近排粪孔隧道的一端，幼虫末次脱皮以后，就在其中变成蛹。蛹经过十几天后，再脱皮一次，就羽化为成虫。

4. 成虫

变成的天牛，过一天后周身变黑，背上被有白色斑点，像星一般的分布，故叫作星天牛。并且在它的翅膀基部还生有小瘤多个，腿和触角上被有蓝色短毛，遇到晴天都会从洞内爬出，到处飞舞，或在各小枝苗木间嚼食嫩枝叶，能使小枝苗木失去外皮，因而枯死。雌的天牛于交配后即跑到树干的下部，靠近地面处，先用嘴巴把树皮咬一横的伤口，然后身倒回头，将腹部对准此伤口，伸出产卵管将卵自伤口处送入皮下，因为挤压的关系，从伤口中央又裂一条纵沟，与前条横沟相遇，恰成一个没有钩的倒"丁"字形伤口。

一个天牛一生究竟产好多的卵呢？据在成都附近调查的结果，多的有120几个，最少的也有二三十个，平均有60个左右。就是说一个雌天牛将来可繁殖60多个老拇虫。这是多么可怕的一件事呢！在伤口下，或隙缝内的卵孵化成幼虫，以后，就利用它坚硬的嘴巴，把木头咬烂，一边吃，一边咬，渐次钻向树内去。

三、防治柑橘天牛的方法

防治天牛子的方法很多，有用人工的，有用器械的，有用药剂的。各种方法都有它的长处和短处，我们应该取其所长，去其所短，下面是介绍几个关于防治老拇虫的法子。

（一）人工防治法

1. 铜丝钩虫

在出产柑橘多的地方，都有专门看虫的人，他们都有一套钩虫的器具，就是两个铁凿，两个弯针，一盘铜丝钩针，长约五尺，和一把斧头。他们受橘农雇用，于早春或晚冬到橘园内寻觅老拇虫，见有排出新鲜木屑的虫孔，就用凿把这孔挖凿得较大一点，以弯针探试孔内的方向，及清除孔内剩余的木屑，然后再以铜丝钩针沿着向洞里伸入。遇有天牛幼虫时，将铜丝钩针转动，使其针尖刺入虫体内，然后徐徐向外拉，虫即随钩针而出。这个方法虽然可靠，但是很费钱。听说雇一看虫人，每日连伙食工资需洋一元余，工作效率又低，每天每人大树看到四五株，小树看到十几株，并且把小孔凿成大孔，致引诱其他病虫害的侵入，所以用这个方法的时候，应该注意，最好把凿过的孔口用桐油石灰，或干净的泥填塞才算妥当。

2. 捕杀成虫

当每年五六月间（芒种到夏至前后）在柑橘园里树干上靠近地面的地方，在各破烂缝隙里，或在枝叶上有咬伤的新痕迹，见到有褐天牛，或星天牛时，就把它捉来杀死，以免它再产卵变成老拇虫，来为害柑橘树子。这种工作农家的小孩子多会做，捕捉一个成虫等于捕杀六十多个幼虫，所以这个方法很省钱，很适用，我们应该提倡的。

3. 采卵

当芒种节前后，在柑橘干上见有倒"丁"字形的伤口，或在各缝隙里见到有白色的卵，无论像芝麻还是像白米，都把它破灭，免得它变成老拇虫来钻树子。

（二）器械防治法

捆竹笼——这个方法就是：从柑橘树干下部到上部分枝的地方，用竹编成一个竹笼，把树干保护，使天牛不能到树干上来产卵，一个竹笼可以用两三年，都不会坏。这个法子是防星天牛产卵的好法子，至于用它来防止褐天牛产卵，还不够用，因为这褐天牛在各分枝间也会产卵，故须另想别法来对付它。

（三）药剂防治法

我们知道能够杀死虫子的药种类很多，因虫子的口器，及生活习性不同，所以用的药也不一样。如果用杀红蜡介壳虫（红虫子）的药来杀老拇虫，那是不会发生效力的，下面是我们介绍几个专杀老拇虫的药。

1. 石灰乳

配合式：石灰——20 份。砒酸铅——1/25 份。食盐——少量。桐油——少量。水——10 份。

把上面各种原料混合在一起，调制成奶浆状，在每年四月间，即谷雨节前后，把它刷在树干上，从树干底到分枝处，要涂得均匀，小枝上能刷到更好。据我们在成都试验的结果，刷一次，可管 40 天。若不遇下雨天，管的日子还要多些，这是防止星天牛成虫产卵的好法子，因它喜欢嚼树皮，因而毒死。褐天牛成虫不咬树枝（似无甚效验）。如砒酸铅买不到的地方，红砒或雄黄也可采用。

2. 川大毒胶

配合式：氰酸钠（或氰酸钾）——10 份。棉籽油（或菜油）——32 份。水——16 份。

先将氰酸钠，或氰酸钾，放在盛水的磁盆内，或玻璃瓶内，等它完全化了，再将所需的油慢慢加入，用小棒不停的搅拌，待成糊状时，此胶即成。不用时密封以免走气，用时再打开，将此胶浸棉花或破布，填入有老拇虫的洞内，（最好在农历八九月前，虫洞未深时）。在填塞之先，最好把洞内的木屑用弯针掏出，以便毒胶易于填塞，毒气得以熏入，洞口能再以泥土封闭。老拇虫在洞内不仅吃到可以毒死，就是这毒胶的气味也能把它闷死，这种药是很毒的，用的时候要特别小心。没有棉籽油的地方，桐油和菜油也可用以代替。这是我们在四川大学农学院研究所得的成绩，经过多番配制试验，才得此结果，所以替它起个名为"川大毒胶"，好处是在适于塞入树穴，而且比单用氰酸钾或钠省钱得多了。

3. 直换二氧化苯

这也是外国药，价很便宜，是液体，挥发性很大，有毒。如用棉花漫该液塞入老拇虫洞穴，也能立刻见效，老拇虫闻气辄毙。

四、结语

（1）四川出产柑橘的地方很多，品种也不少，受天牛的扰害也很惨，应该齐心合力，使上各种办法来驱除它，特别注意老拇虫和天牛的卵。

（2）氰酸钠和砒酸铅，现在因为抗战的关系，都不好买。平时在各西药房里，或上海十内门公司内，都可以买到，氰酸钠一斤只要七角钱，砒酸铅一斤只要三角钱，都很便宜。其实驱除天牛害虫用药来治，不如及早预防与扑灭。所以橘农应该对捕捉天牛子与扫灭虫卵下功夫，即说用铜丝针淘老拇虫，应该越早越好最好。在夏秋之间，虫小洞浅，容易工作；若待残冬与新春，则觉事倍功半，且有害于树干。

柑橘红蜡介壳虫之研究[*]

曾省　何均

（国立四川大学农学院昆虫研究室）

　　四川境内，以气候土质适宜，出产柑橘特丰，据毛宗良教授之估计，四川每年出产柑橘价值不下 220 万元。产地以简阳，资中，内江，隆昌，巴县，江津，合江，泸县，綦江，南充，金堂等县为著。近以红蜡介壳虫猖獗，柑橘树被其骚扰，产量减低，品质变劣，甚至全树枯死，尤以红橘树受害为最烈。作者有虑于斯，于 1935 年秋，着手研究，观察此虫之生活史，并作各种药剂喷射试验，今幸略有所得，乃述其结果，用供经营柑橘业之参考。对于防治工作欲取更有效之方法，日下仍在继续研究之中，期臻完善，以资普遍及于农村。

一、名称

　　柑橘红蜡介壳虫之学名 *Ceroplastes rupens* Waskell，英名为 Red wax Scule，俗称红蜡虫，或胭脂虫，亦有名为红蜡子者，盖皆以其体色而命名也。

二、分布

　　红蜡介壳虫原产于印度近热带地方，其后即渐次蔓延及于南洋群岛、日本、中国各地。此虫在中国之分布亦颇广，凡产柑橘区域内有此虫之踪迹，如广东、福建、浙江、江苏、江西、云南、贵州、湖南、四川等省均有之。在四川省境凡产橘区域，此虫为害甚烈。

三、被害之植物

　　关于红蜡介壳虫为害之植物，据作者在成都、金堂、广汉、绵竹等地调查所知，不下六十余种，经专家鉴定学名者计有四十种之多，此四十种植物则分属于二十四科内，其中以芸香科为此虫最主要之寄主，尤以红橘 *Citrus nobilis* Lour, var. *deliciosa* Swingle 为最，次为蔷薇科，再次为茶科，其余植物则不甚重要；因红蜡介壳虫固定于其上后，多未能完成其一代之生活史也。若能于果园中保持相当清洁，即可免去此虫之寄生。兹将

────────────────

　　* 《科学世界》1939 年 8 卷，1 期。

红蜡虫加害之四十种植物列举如下。

被害之植物	采集时期	采集地点	采集红蜡介壳虫之龄数
芸香科 Rutaceae			
1. 红橘 *Citrus nobilis* Lour var. *deliciosa* Swingle.	XII/35	成都	成虫
2. 黄果 *Citrus sinensis* Osbeck.	XII/35	成都	成虫
3. 金橘 *Fortunela margarita* Swingle.	XII/35	成都	成虫
4. 枸橘 *Poncirus trifoliata* Raf.	XII/35	成都	成虫
5. 四季橘 *Citrtus mitis* Blane.	II/36	成都	成虫
6. 酸橙 *Citrus aurantium* L..	II/36	成都	成虫
7. 皱皮柑 *Citrus aurantium* Var.	XII/35	成都	成虫
8. 香橼 *Citrus madiea* L.	XII/35	成都	成虫
9. 佛手 *Citrus madiea* L. Var *Sarsodaetglis* Swingle.	XII/35	成都	成虫
10. 柚 *Citrus maxima* Merr.	II/36	成都	成虫
11. 竹叶椒 *Zanthox lum alatum* Roxb. 蔷薇科 Rosaceeae	VI/36	成都	成虫
12. 梨 *Pyrus pushia* Humil.	VII/36	成都	第三龄若虫
13. 杜梨 *Pyrus serrulata* Rehd.	VII/36	成都	第三龄若虫
14. 花红 *Psrus malous* L. var. *tomeatosa* Kocho	VII/36	连山	第三龄若虫
15. 桃 *Prunus persica* S. et . Z.	VI/36	成都	第一龄若虫
16. 蔷薇 *Rosa roxbueghii* Fratt var. *normalis* Rehd et Wils.	VII/36	成都	第一龄若虫
茶科 Theaceae			
17. 茶 *Thea siaensis* L.	II/36	绵竹	成虫
苏铁科 Cycadaeeae			
18. 苏铁 *Cycas revoluta* Thumb.	III/36	成都	成虫
衞矛科 Celastraceae			
19. 大叶黄杨 *Evon mus jaqonica* Th.	III/36	成都	成虫
20. 小衞矛 *Evon mus* sp.	VII/36	连山	第三龄若虫
樟科 Lauraceae			
21. 楠木 *Machii us bournei* Hemil	VII/36	赵家渡	第三龄若虫
木兰科 Magnoliaeeae			
22. 八角茴香 *Illicium heurci*	III/36	成都	成虫

410

（续表）

被害之植物	采集时期	采集地点	采集红蜡介壳虫之龄数
桑科 Moraceae			
23. 桑 *Morus alqa* L.	Ⅵ/36	成都	第二龄若虫
24. 菩棣 *Ficus* sp.	Ⅶ/36	连山	第三龄若虫
壳斗科 Fagaceae			
24. 粟 *Castanea mollissima* Bi.	Ⅵ/36	成都	第二龄若虫
柿科 Ebenacoee			
25. 柿 *Diospyros* Kali Li & F.	Ⅶ/36	连山	第二龄若虫
榆科 Uimaceae			
26. 山榆 *Uimus* sp.	Ⅵ/36	成都	第二龄若虫
荨蔴科 Urticaceae			
27. 柘树 *Cudrania tricuspidata*	Ⅵ/36	成都	第一龄若虫
毒空木科 Coriariaeeae			
28. 毒空木 *Corioria sinica* Maxim.	Ⅶ/36	连山	第三龄若虫
葡萄科 Vitaceae			
29. 葡萄 *Vitis* sp.	Ⅵ/36	成都	第一龄若虫
30. *Camqtotdeca acuminata* Decne.	Ⅶ/36		
棟科 Melinceae			
31. 苦楝 *Melia azedarach* L.	Ⅵ/36	成都	第一龄若虫
松柏科 Piaaceae			
32. 柏 *Tduja oricntalis* L.	Ⅵ/36	成都	第一龄若虫
蓼科 Polygonaceae			
33. 蓼 *Polygonum* sp.	Ⅵ/36	成都	第二龄若虫
菊科 Compositae			
34. 萎蒿 *Artemisia vulgaris* L. .	Ⅵ/36	成都	第二龄若虫
唇形科 Labiatae			
35. *Marrbium incisum*	Ⅵ/36	成都	第一龄若虫
苋科 Amarantaceae			
36. 苋菜 *Amarantus* sp.	Ⅵ/36	成都	第一龄若虫
十字花科 Cruciferae			
37. 洋白菜 *Brassiea* sp.	Ⅵ/36	成都	第一龄若虫

（续表）

被害之植物	采集时期	采集地点	采集红蜡介壳虫之龄数
百合科 Liliaceae			
38. 百合 *Lilium* sp.	VI/36	成都	第一龄若虫
天南星科 Araceae			
39. 芋 *Colocasia* sp.	VI/36	成都	第一龄若虫
酢浆草科 Oxalidaceae			
40. 酢浆草 *Oxalis corniculata* L.	VI/36	成都	第三龄若虫

四、研究方法

欲明了红蜡介壳虫之构造及各龄形体之变化，须制成胶装片，放显微镜下视之，方明其真面目，兹述其研究用制片方法如下。

（1）清除（Clarfising）。取标本置于哥罗芳（Chloroform）中，将虫体被蜡壳溶化，再复移置于氢氧化钾（10%）液中，加热 3 ~ 10 分钟，候虫体内脏全部溶解后，续作第二步手续。

（2）洗涤（Washing）。将已煮毕之标本用小镊移于蒸馏水中，第一次约历一小时后，换水一次，第二次经三小时后，复换水一次，最好在可能时间内多次数换水，因其能将虫体内含之氢氧化钾及已溶解之内脏全部洗去。

（3）固定（Hardening）。将已洗净之标本移入 95% 酒精中，使其体壳硬化，而便于特征之观察。

（4）染色（Staining）。标本于固定后，即移置于染色液中染色，关于介壳虫制片所用染色液之原料，为洋红。兹根据格基（Cage）化学配合式述之如下。

洋红（Saeurefucbsin）……………………………………………… 0.5 克
盐酸（10%）…………………………………………………………… 25 毫升
蒸馏水 ………………………………………………………………… 300 毫升

标本置于上项之染色液中后可过夜，次日将其自染色液中取出，置于清净之蒸馏水中，倘虫体着色过深时，可在蒸馏水中多洗几次，或稍加盐性液亦可，使其退色，俟其退至适宜色泽时为止。

（5）去水（Dehydration）。将标本自退色液中取出，置于 95% ~ 98% 酒精中，使标本内所含水分减少，以免封胶时混暗。标本在酒精中所经过之时间为 1 ~ 3 小时。

（6）透明（Clearing）。透明液之配合方法，为精制石碳酸（Cristsis of Carbolic acid）一份与二甲苯（xylol）三份混成，将已去水之标本置于此液中，经 1 ~ 3 小时，即可完全透明。

（7）封胶（Mounting）经透明之标本，将其移于玻片上，整理其姿势后，加加拿大树胶（Balsam）加盖玻片，然后登记，制作标本之手续即告完成。

五、形态

（1）卵（图1）。长椭圆形、淡黄褐色、卵壳光滑，近顶端处（较为老熟之卵）有黑色斑点两个。初产后之卵有玻璃光泽，其后渐次消失，而被以白色粉状蜡质物，至孵化时始随卵壳一并脱去。卵之长阔度：初产后平均长度为0.299毫米，阔度为0.155毫米，其中长度最大为0.318毫米，最小为0.287毫米，阔度最大为0.164毫米，最小为0.143毫米；卵孵化前平均长度为0.372毫米，阔度为0.134毫米，其中长度最大为0.972毫米，最小为0.287毫米，阔度最大为0.175毫米，最小为0.124毫米。卵体之重量，以1 063个卵合秤之，其总重量为0.5克。平均每粒卵之重量则为0.0004克。

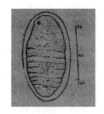

图1　红蜡介壳虫之卵

图2　红蜡介壳虫之第二龄若虫（腹面观，第一龄若虫构造同此）

（2）雌虫。第一龄若虫体为棕褐色，自背面视之为椭圆形，侧面视之则为扁圆形。测量二十个虫体，在活动期内，体长度平均为0.404毫米，体阔度平均为0.259毫米，其中体长度最大为0.419毫米，最小为0.390毫米，体阔度最大为0.267毫米，最小为0.226毫米。固定后至脱皮前体长度平均为0.490毫米，体阔度为0.328毫米，其中体长度最大为0.520毫米，最小为0.473毫米，体阔度最大为0.347毫米，最小为0.316毫米。

头部与前胸分别不明。单眼（ocellana）一对，黑褐色，呈斑点状，而位于头部两侧。触角六节，第一节之阔度较长度为大，第三节及第六节较其他各节为长；触角在步

图 3　雌性红蜡介壳虫之第三龄若虫（腹面观）

行时恒向前伸。口器分口囊（Crumena），口吻（Rostrum）及口喙（Rostralis）三部。口囊藏于体内呈袋状，为薄几丁质所成，口吻仅一节，呈 v 字形，与前者紧连，口喙为大颚及小颚演化而成，淡黄色，平时盘环于胸足间，取食时始自口吻中伸出。胸部三节，其中以中胸面积最大，后胸次之，前胸最小。三对胸足大小略相等。跗节与胫节之分界处不明显。跗节末端上方及爪基下方各具球冠毛（Digitules）一对。胸足在第一龄时因适于行走，故较其他龄期为发达，气孔两对，位于中后胸之腹面，在气孔之外方即虫体之侧缘向内凹入而形成缝隙，称缢窝（sligmatic cleft）。在此缢窝之中央生一巨刺，刺基复具一对半球形之突起（Lateral spinae），此种突起之数目因龄期而异。腹部六节，末节末端中央裂一缝隙，称肛门缝（Anal cleft），在肛门缝基部两侧具一对三角形硬骨片，称三角片（opereula），肛门片腹面与肛门管（Anal tube）相连。肛门管呈袋状，其前方为肛门环（Anal ring），略膨大，在排泄时肛门环自前方向后上方翻出（图 10）。刚毛（setae）因用途及地位而异，故其大小亦不同，位于头部前方者两对，胸部两侧者三对，腹部两侧五对，末端者两侧上有二对，以上所述之刚毛其形甚小，且在其基部均附有较厚之几丁质片，在肛门门环上有刚毛六条，其功用为有助于排泄，在肛门片之末端左右各生刚毛二对，至第二龄时，仅小形刚毛存在，其大者则已消失。此外在触角及胸脚各节间亦具有长短不等之刚毛，司感觉作用。泌蜡孔在第一龄期则不发达，除胸部两侧有定形者外，在胸腹背面则不显著。

第二龄若虫（图 2）体之构造与第一龄略同，体赤褐色，自背面视之仍为椭圆形。胸腹背面隆起，四周边缘则仍为扁平状。体长度平均为 0.859 毫米，阔度平均为 0.540毫米，其中体长度最大为 0.915 毫米，最小为 0.804 毫米；阔度最大为 0.762 毫米，最小为 0.520 毫米。触角及胸脚因不用而退化，各节由细长形而变为肥大短小形。在固定后，触角及胸脚之位置与活动期略异，即在活动时触角及各胸脚恒伸出体外。在固定后，触角向头后方腹面放置，第一对胸脚则向前曲置于两触角之内方，中后胸脚则向后下方平置，中胸脚恒在外。后胸脚恒在内。气孔呈喇叭状，中后胸两侧之缢窝渐向内凹下，其中央之巨刺及短突起之数目无变更，间有稍向内部分发生一大刺七小刺，排列成半环状，此种构造然不多见。刚毛之位于头胸腹各节间者退化不显著，仅腹末节者存在，且其数由两个而增为三个。肛门环（Anal ring）上之六条刚毛，仍与前龄同，他如触角，胸脚，三角片之刚毛或存在或退化则颇不一定。泌蜡孔（Wax pores）之数及形状均有变更，于成虫期时当详论之。肛门管之位置渐次上移，故肛门环之位置与三角片之距离，较第一龄期为远。

第三龄若虫（图3）体与第二龄同，自背面视之为卵圆形，腹面扁平，背面隆起呈半球状。体长度平均为1.349毫米，体阔度平均为0.869毫米，其中体长最大为1.510毫米，最小为1.183毫米，体阔最大为0.978毫米，最小为0.789毫米。触角及胸脚仍为退化型，胸侧缢窝间之短突起之数目增多，由三个增至七八个，多排列于缢窝之两侧，刺之靠近缢窝巨刺者形较大，两侧者较小。围绕肛门管附近即三角片之前上方，渐次有一较厚之几丁质片形成，称围片（OpercuLaria）。此厚几丁片一端与三角片相连，一端盖住肛门管。刚毛在触角与胸脚上者无变化，在头胸脚背侧各面生有多数之小形刚毛，排列成不规则状，此等刚毛之基部均具厚形几丁质环，刚毛在三角片及肛门环上者亦无变化，数与第二龄同。体之末端左右两侧上所生三个刚毛更显著。

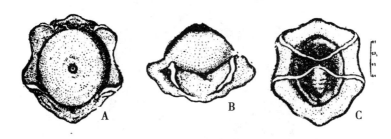

A. 背面观；B. 侧面观；C. 腹面观

图4　雌性红蜡介壳虫之成虫

雌成虫（图4中A，B，C）去蜡后（图5）体形自侧面视之呈半球状，其色泽与第二、第三龄若虫同，表皮现有玻璃光泽，背面隆起不平，以背中央为最高，腹面虽亦隆起不平，但不若背面之甚。头部与胸部合并，故称其为头胸部（Cephalothorax），腹部后方因三角片（Opercula）及围片（Opereularia）关系，故形成一单独之角状突起，为黑褐色。触角及胸脚仍为退化型，腹部腹面中央分六小节，自第五节末端及第六节开始处有一圆形孔，即雌性生殖孔（Vulva），在产卵时尤明显。气孔仍为喇叭状，一端生于体腔内，一端露于体腔外。

在肛门片上之围片，亦随虫体之发育而增长，至成虫期此片向前，将肛门管及肛门环完全遮盖，向后达肛门缝隙之末端，仅三角片突出体外。刚毛之数在腹部末端者由三对增至四对。在胸部缢窝间之短突起之数，由八个而增至十七个左右。泌蜡孔（Cerores）因在雌虫体上占重要之位置，且其形状亦各有不同，兹分述之如下。

①单一圆形泌蜡孔（Single cerores）（图6中B）：即为一简单之几丁质环，中间仅有一孔泌蜡，此类泌蜡孔分布全体背侧各部，且其个体甚小，直径仅0.002~0.003毫米。

②尾部泌蜡孔（anacerores）：位于尾部围片背面，其外形为一简单之孔，其数为七或八，作半环形排列，每孔长约0.007毫米，宽0.003毫米。

③梅花形泌蜡孔（Paracerores）（图6中A）：即一圆形泌蜡孔，内含有六个小孔，均有分泌之作用，此类泌蜡孔多分布于胸部气孔附近，且呈散星形排列，其形状较前述

两种为大，但数目及分布则不若前者之广众。此种孔之直径为 0.003～0.007 毫米。

成虫体长度平均为 2.328 毫米，体阔平均为 1.613 毫米，其中体长最大为 2.780 毫米，最小为 2.200 毫米，体阔最大为 2.200 毫米，最小为 1.570 毫米。

（3）雄虫：第一龄雄性若虫身体各部构造与雌虫同，故关于其形态之叙述则从略。

第二龄雄性若虫与雌虫略同，唯其体形达第二龄期后，变为长椭圆形或履形，同龄虫体较雌虫为大，背面隆起则稍作扁平状，不若雌虫之隆起呈半球状。体长度平均为 1.339 毫米，体阔度平均为 0.659 毫米，其中体长最大为 1.420 毫米，最小为 1.167 毫米，体阔最大为 0.741 毫米，最小为 0.615 毫米。触角与胸脚亦呈刚毛退化及泌蜡孔之构造与第二龄雌虫同。

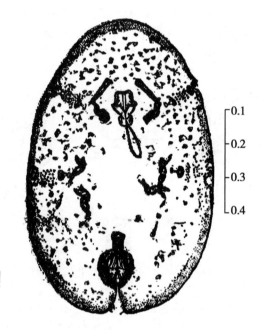

图5　雄性红蜡介壳虫之第四龄若虫腹面观图

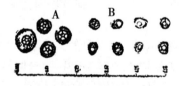

A. 梅花彩泌蜡孔；B. 圆形泌蜡孔
图6　红蜡介壳虫之泌蜡孔

（4）前蛹（图7）。雄性若虫脱皮二次后称前蛹，此时则入休眠期，且停止对寄生植物加害，故其口器全部退化而失原形，触角及各胸脚则较前龄为发达，触角分十节，但各小节分别不甚明显。胸脚与蛹体分离。单眼（ocellana）两个，位于触角后方。翅芽一对，自中胸侧面生出如舌片状羽，气孔对与前龄同。腹部六节，末端肛门缝隙（Anal cleft）消失，而变为三个乳头状突起，中间者较大为将来雄性交尾器之雏形物，两侧者较小，其顶端具刚毛三条，肛门及三角片亦全部消失。蛹体自背腹面视之，均为黄褐色。前蛹体长度平均为 1.217 毫米，阔度平均为 0.450 毫米，其中体长最大为 1.264 毫米，最小为 1.136 毫米，体阔最大为 0.568 毫米，最小为 0.437 毫米。

图7　雄性红蜡介壳虫前蛹（腹面观）

（5）蛹（图8）。即前蛹期复经脱皮一次，其形状大致与前蛹期同，唯触角及各胸肢节间之延长，前胸肢向前沿头部抱围，触角向后与前肢呈交状，中后肢亦向后。头部与胸部分离，其间与颈部连之。气孔全部退化，翅芽较前龄为大，腹部仍为六节，其末端两侧突起上之刚毛逐渐消失。蛹为离蛹，腹部可伸缩活动，体色较前蛹为深，乃为棕褐色。蛹体长度平均为 1.182 毫米，阔度平均为 0.489 毫米，其中体长最大为 1.246 毫米，最小为 1.073 毫米，体阔最大为 0.536 毫米，最小为 0.441 毫米。

（6）成虫（图9）。雄成虫之体为紫橙黄色，头背面具单眼两对，分前后排列，前对较大，后对较小，触角共分十节，其上生感觉毛甚多。头下方口器缺如，而形成单眼式两个（Ventral ocelli）。胸部特发达，几占全体之半，中胸节最大，前胸节次之，后胸节最小。中胸背后方具一长方形横带，黑色，自横带以下至中胸节末端合成一心脏形，两侧具膜质翅一对，呈囊状形，翅面具云母光泽，翅脉多退化，仅翅之前后两缘具两条单行纵脉纹。据 Comstock 和 Tillsard 二氏之鉴定，为胫脉（Radius）及中脉（Media）。胫脉自翅基发出，沿前线而向外缘渐次消失，中脉之发出点不显明，仅见其一部沿翅后缘而向外缘渐次消失。后胸之平均棍不显著，各胸肢均发达，与基，转，腿胫，跗各小节区别显明，跗节末端及爪基各生球冠毛（Digitules）一对，腹部腹面可见到七腹节，

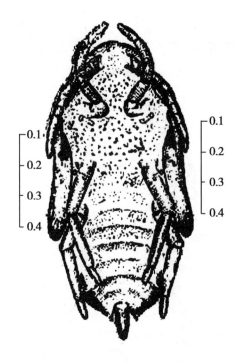

图 8 雄性红蜡介壳虫之蛹（腹孔面观）

其末二节为雄性交尾器（Stylus），外部形成一鞘状物，中部为阴茎。全体及各附器上均被有多数之绒毛。虫体长度平均为 1.207 毫米。翅展开平均为 2.255 毫米，其中体长最大 1.397 毫米，最小为 1.025 毫米，翅展开最大为 2.367 毫米，最小为 2.082 毫米。

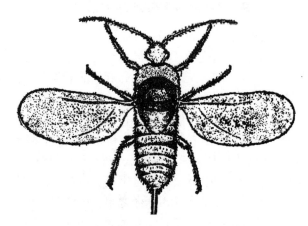

图 9 雄性红蜡介壳虫之成虫（背面观）

（7）介壳。雌虫自第一龄起至成虫止，各龄期皆有介壳遮盖其体，雄虫则仅于第一二龄期间有介壳，因龄期及雌雄性之不同，故其腊壳亦各异，兹分述之如下。

第一龄雌虫自固着其寄主后之次日，即开始分泌蜡质，最先分泌者为其胸部背中央之两侧，及胸部侧面之缢窝间，背面有泌蜡孔三对，侧面有泌蜡孔四对，背面之蜡先成

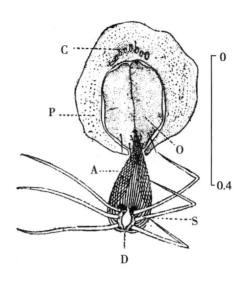

A. 肛门管；S. 刚毛；D. 肛门环；O. 三角片；P. 围片；C. 尾部泌蜡孔

图 10　红蜡介壳虫之尾部（放大）、表示六条刚毛从肛门节内射出

斑点状，后呈一字形分泌，侧面者则始终呈斑点分泌，两部初所分泌之蜡皆成白色之粉状物，分泌后即积于泌蜡孔之附近，后分泌之蜡乃渐次将先分泌者推去，故蜡之位置即日渐扩大及增厚。历七日后背面之蜡呈马蹄形，若自侧面视之，则呈长方形，侧面缢窝间蜡质之分泌物，则堆积如角状突起，至第十日后，背面之白色蜡停止增厚。同时若虫全体之背面均盖有一层透明之蜡质物，虫体亦可隔蜡壳而透视，此蜡质因初分泌，故当其盖蔽虫体后则呈水纹状。十三日后头前方及腹末端生出两对钩状透明突起物，亦由蜡质分泌所成。每对钩状突起之基部亦附有白色之粉状蜡质。十六日后腹部两侧后方复生出一对蜡质突起，其形状与胸部者同。至此时虫体之四周共有八个蜡质突起，同时第一龄之介壳已告完成，其后仅大小厚度略有变更耳。

　　第二龄雌虫之介壳与第一龄末期者同，即介壳背面及前后侧各面之白色蜡质突起，因介壳逐渐增大，遂反渐形消失，背面中央部分渐被体侧新分泌之蜡质层包围，至第二龄末期，则仅有一部露出，且已与虫体绝缘，仅附着于新分泌之蜡质层上。同时胸部侧面之白色蜡质突起，若自侧面视之已消失，仅留遗迹，而以白色粉状之纽带代之。前后方之钩状突起仍存在，唯因介壳增厚，其地位乃渐次上移，同时介壳面呈起伏不平状，而条纹错列，第二龄之介壳至此则告完成。蜡质本身有透明之玻璃光泽，故自介壳外面视之，体呈赤褐色，或棕褐色。若虫体自介壳内缩移，或着药毒死后，则此色亦变，此足证明红蜡介壳虫之蜡质非红色也。

　　第三龄雌虫之介壳，与第二龄不同，其最显著之点为其两侧白色纽状带之增长，与介壳表面各突起线之消失，即仍存亦甚微。介壳中部呈圆形，中央顶点处呈脐状突起，其四周缘蜡质增厚，故介壳亦随之而增高，肛门处之三角片仍突出介壳外。

　　雌成虫之介壳与第三龄末期之介壳形状略同，初时自侧面视之为椭圆形，老熟时则呈半球状，自背面视之为圆形。介壳周围除四条白色纽状带外，其余各部色泽均相同，

419

纽状带之在前方者向前蜿延，达头部前方而渐消失，后方亦如之，唯方向向后。中央部完全突出，四周包以边缘。介壳前后及侧面之白色蜡质突起，至成虫期，则完全消失不复存在矣（图4中A，B，C）。

雄虫第一龄之介壳因与雌虫同，故从略，第二龄之介壳亦大部与雌虫同，仅长度特增大，高度及阔度虽亦有增加，但不若雌虫之甚，故第二龄雄虫之介壳，无论自背面或侧面视之，均为椭圆形。此介壳在若虫未化蛹时为棕褐色，且有光泽。介壳之背面亦起伏不平。除四条纽状之白带外，中央顶点之白色马蹄形环亦存在。介壳自顶点向后渐次低下，两侧及前方则隆起甚高，而将顶点夹于中央。此介壳在未化蛹时，下面开口，使虫体与寄主植物接触，至化蛹时，则自下面分泌一层较薄之白色蜡质，使与虫体背面之介壳完全连合，虫即化蛹于其中，是为茧。

（8）泌蜡细胞。雌雄虫体，当其固着寄主后，即开始分泌蜡质，其蜡之来源，乃由虫体生有一种泌蜡器官。即泌蜡孔与泌蜡细胞是也。泌蜡孔为附着于表皮外之物，其形状及构造已述于前；泌蜡细胞为表皮以下之组织，乃由真皮细胞膨大所成。在红蜡介壳虫表皮下之真皮细胞，疏密及大小均不一定，凡泌蜡之细胞，则较通常之真皮细胞为大，此细胞为囊形，细胞膜在顶端开口，细胞中间为庞大之细胞核，核内有线状及粒状之染色体，核外为细胞质，蜡质自细胞内生成后，即自细胞之顶端排出，成一种浆状液而附着表皮下，故泌蜡细胞往往与表皮分离，即因有蜡物将其隔开故也。即自细胞内分泌之蜡质层，则复沿皮之泌蜡孔排出，若将一泌蜡孔作一纵切面，则表皮之外方具一较厚之几丁质环，环下有一孔道，作长管状，内部与真皮层相通，蜡质自细胞内泌出后，先停下，然后再沿孔道管而向泌蜡孔之外方输出，泌蜡细胞最发达处，乃在虫体两侧缘之表皮下，一群细胞排列如城垛状。

柑橘红蜡介壳虫之研究（续完）[*]

曾 省 何 均

六、习性

（一）若虫

1. 孵化

卵于产后，若在母体介壳下，则经 1 ~ 3 日，即可孵化，若移置于介壳外，则延至三日始行孵化。其孵化之场所均在介壳内，人工移置体外者系属外，其孵化之情况，据1936 年五月二十七日上午八时十分至下午六时十分，壳外观察之结果，报告如次：先是卵壳顶端裂成一纵缝，触角基先突出，触角先端伏在卵内向后直伸，继而头部及单眼出现，借虫体伸缩运动，乃渐将卵壳脱开，至前中肢伸出后，其伸缩之能力更强，伸缩之方法为体左侧紧缩，右侧前伸，继而右侧紧缩，左侧前伸，至卵壳将脱完时，其三对胸肢及触角乃向前伸，徐徐移动，尾毛完全脱离卵时，即停止不动。其停止休息之时间，随外界天气及温度而不同，若天气温暖，于孵化后数小时内，即可继续活动，苟在阴雨或天气寒冷时，须经数日始能活动。

2. 出壳

第一龄若虫在天暖时，即由母体之介壳与寄生植物接触间之空隙爬出壳外，觅寻其固着场所而营新生活，其活动之情形及爬行距离，据同年六月十八日观察之结果述之如次。

第一例在橘叶上。第一次午前九时十二分起开始爬行，至九时十八分止；第二次午前十一时三十八分起，至十二时十七分止；第三次午后二时四十四分起，至二时五十七分；第四次三时八分起，至四时一分止；第五次四时二十四分起，在原处转动未爬行，至四时四十九分止，计需时二时又十六分，所行距离为 620 毫米，平均每分钟行 4.56毫米。

第二例在橘叶上。第一次上午十时七分起至十时二十分止；第二次自十时二十二分起至十时二十五分止，未行走，仅在原处转动；第三次下午二时五十五分起至三时止，计共需时 21 分钟，所行距离为 170 毫米，平均每分钟行 8.09 毫米。

第三例在橘叶上。第一次自上午十时二十七分起至十时三十一分止，以后未行未动。计共需时 4 分钟。所行距离为 50 毫米，平均每分钟行 12.5 毫米。

---

* 《科学世界》，1939 年 8 卷，2 期。

第四例在橘叶上。第一次自午前十一时起至十一时五分止；第二次自十一时十二分起至十一时二十分止；第三次自午后三时五十分起，在原处转运旋即停止。计共需时13分钟，所行距离为137毫米，平均每分钟行10.53毫米。

第五例在橘叶上。第一次上午十一时三十八分起至十一时四十五分止；第二次下午二时十八分起，在原产处转动，旋即停止；第三次下午四时三十二分起至四十四分止；至第二日午前八时又微转动，旋即停止。计共需时19分钟，所行距离为144毫米，平均每分钟行7.58毫米。

第六例在枝条上。第一次自下午三时三分起至三时三十五分止；第二次自三时四十五分起至三时五十四分止；第三次四时十五分起至四时十七分止。计共需时43分钟，所行距离为387毫米，平均每分钟行9毫米。

第七例在枝条上。第一次自午后四时二十六分起至四时三十分止；第二次自四时三十一分起至四时三十八分止，在原处转动未爬行。计需11分钟，所行距离为45毫米，平均每分钟行4.09毫米。

由上数例观察所得之结果，知若虫脱离母壳后继续行动，且经过数次之迁移，始固着于寄主上，若将若虫置于有光泽之纸面上，其爬行之速度，较在柑橘叶上为快，且可连续爬行一时余而不停，反之将其置于细沙质土面上，其行动较在橘叶上更缓，虽连续爬行10分钟，其所行之距离仅及数毫米之远，且时有身体陷落之虑，由此可知此虫行动并不十分敏捷。在步行之际两触角恒向前伸，且不停上下交互摆动，各胸肢跗节后爪间之球冠毛亦同时随胸肢粘着固体向前移动，腹末端之尾毛下垂于后方，亦有助于虫体之行动也。

3. 传播

第一龄若虫活动之程度已如上述，更就其传播及蔓延之力量而言，实足惊人，凡产柑橘之地带，几无处无此虫之踪迹，考其因原乃由媒介传播所致。传播红蜡介壳虫之媒介物，据作者观察所知，计有风，人力，及其他昆虫等，兹分述之如次。

风之传播力甚大，此种情形在成都华阳，金堂县之赵镇，广汉县之连山镇，均能见到，其传播之路线多由山坡而下，向深沟间传播。在昆虫方面，已知者计有二星瓢虫，草蜻蛉，及大黑蚁等，均能传播红蜡介壳虫。此外属于人力者，如苗木之迁移，园中什物之移动，均足为传播红蜡介壳虫之媒介，而又以苗木之迁移影响更大。

4. 固定

幼虫爬离母体介壳后，曾作种种活动，其目的在寻得适当之固定场所，其固定之场所与柑橘受害之程度及施行药剂之防治均有莫大之关系。作者为求明了柑橘受害之程度及达便于施药之目的，对其固定前后之情形曾作精密之观察。在观察时因各种环境因子复杂，故先定观察之范围目的如下。

（1）树之种类。计有黄果及红橘二种，因黄果在成都受害较轻，且其数量亦少，故暂以红橘为主，计选二十株红橘为标准株。

（2）树之年龄及高低。此次观察树之年龄均在二十年左右，高约二丈。

（3）枝叶。枝分一年生，二年生，二年生以上；叶分一年生，二年生，叶背，叶面，及叶柄等。

（4）水平线上下。自树干之分枝起，至树末梢止，其中间作一理想之线分枝为上下两部。

（5）方向。分东、南、西、北四个方位。

①树向：选树四株，每树取其四个方向之一面，每面取大小相同二十小枝作观察材料。

②枝向：自树之中央取大小相同二十枝，每枝亦取其方向之四面。

（6）虫体本身在枝条之位置。取橘枝一条，其上固着之虫数在一百个以上者为适用，检查每个虫在枝条上固着之位置。

（7）结果。

①据各方面观察之结果，红橘树之年龄在二十以上者，固着虫最多，幼苗或衰老之树则甚少。

②在水平线下者检查大小相同之二十枝，有虫 3 999 个。

③在水平线上者检查大小相同之二十枝，有虫 5 587 个。

④一年生枝条共检查大小相同之二十枝，有虫 3 011 个。

⑤二年生枝条共检查大小相同之二十枝，有虫 2 280 个。

⑥二年生以上枝条共检查大小相同之二十枝，有虫 945 个。

⑦在枝条之东方者，共检查大小相同之二十枝，有虫 835 个。

⑧在枝条之西方者，共检查大小相同之二十枝，有虫 795 个。

⑨在枝条之南方者，共检查大小相同之二十枝，有虫 872 个。

⑩在枝条之北方者，共检查大小相同之二十枝，有虫 614 个。

⑪在树之东方者，每株仅取一枝，共检查二十株，有虫 4 748 个。

⑫在树之西方者，每株仅取一枝，共检查二十株，有虫 4 322 个。

⑬在树之南方者，每株仅取一枝，共检查二十株，有虫 7 896 个。

⑭在树之北方者，每株仅取一枝，共检查二十株，有虫 3 130 个。

⑮二年生叶共检查叶数 38 叶，叶面有虫 105 个，叶背有虫 52 个。

⑯一年生叶共检查 21 叶，叶面有虫 62 个，叶背有虫 46 个。

⑰叶柄共检查 24 个，不分新生或老生，叶柄表面有虫 44 个，背面有虫 36 个。

⑱红蜡虫之在枝条上者，共检查 100 个，其中雌虫有 90 个，雄虫有 10 个，在 100 个虫中，头向正上者有 58 个，头向正下者 12 个，头向左上方者 15 个，头向左下方者 5 个，头向右上方者 9 个，头向右下方者 1 个，头向正左或正右者无之。雄虫多在叶面或叶柄，雌虫多在枝条上。

由以上检定之结果，可得下列数个结论。

①柑橘受害较烈，在树之植后 20 年左右。

②红蜡虫在树之上部生存者较下部为多。就枝条而言，一年生枝条最多，二年生者次之，三年以上生者最少。又就叶面叶柄言之，在正面者较背面为多。更就方向言之，无论枝或树，虫在南面生者最多，东面者次之，西面又次之，北面最少。

③就虫体本身而言，其在枝条上固定时，头向上者最多，头向下者次之，头向正左或正右者无之。

④红蜡虫有趋光性或避阴性。

⑤施药时当注意树之上半部及朝东南西之方向。

⑥雌虫多于雄虫。

第一龄若虫，欲固着树枝时，在柑橘枝条上，旋转或爬行，及至适当处，头部高举，口器刺入寄生主之组织内，在完全固定后，触角乃沿体下两侧放置，前肢向前，中后肢向后，次日其背上即可见分泌之白色蜡质。

5. 脱皮

第一龄幼虫自固定后，经 25 日左右，虫体充分肥满，即行第一次脱皮，其第一次所脱之皮壳，究排诸体外，或仍保留于蜡壳内，未悉其详。唯此时已将完成第一次介壳自树上连虫取下，先以哥罗芳 Chloroform 将体外面所被之介壳溶化，再以 10% 之氢氧化钾溶液将虫体煮 5 分钟左右，候其体内组织完全融解后，以清水洗之，则仅虫体之外形现出，此时之若虫与初固定时不同，即其触角及胸肢之退化，为其已行脱皮之证明。脱皮方法亦与普通昆虫同，即自胸部背面继裂一隙缝，而后渐脱下。有脱皮时口器仍在寄主组织内的现象。

第二次幼虫脱皮之方法与次序，与第一次同，唯第二次所脱之皮壳乃由腹部末端排至体外，初脱去之皮壳为白色有皱膜，其上仍含有粉状之蜡质，皮壳脱去不久，因无粘挂之处，故随时即被风吹去而不复存。

在第二次脱皮之结果，雌雄略有不同，即雌虫于第二次脱皮仍为若虫期，雄则化为前蛹期。其经过之期间亦有不同，雌虫在第二龄时经过之期为一月左右，雄虫则为 40～50 日。

雌虫于第二次脱皮后，经过一月左右行第三次脱皮。雄虫则经 2～4 日即行第三次脱皮。雌虫于第三次脱皮即完成其一身之变态而达成虫期。雄虫则尚须经第四次脱皮始达成虫，雄虫第三次脱皮起至第四次脱皮止，其间经过三日左右。

6. 分泌物之生成及体形之增大

若虫在固定后，其分泌物即开始发生，但其分泌物则仅限于虫体之背面及胸部之两侧，背面者呈马蹄状，侧面者呈斑点状，均为粉白色，其白色分泌物增加，同时他处亦分泌一层较稀薄之分泌物，虫体渐次增长，分泌物亦渐次加厚，直至雌虫老熟止，雄虫至前蛹期止。雌虫腹面终身不生分泌物，但气孔周围者除外，雄者则于化蛹时腹面分泌蜡一层，第二龄则与雌虫相同，当虫体幼小时，即被蜡质分泌物包围，自第一龄幼虫起至成虫止，随时均有蜡质封锁虫体，生成之分泌物乃由下方渐次向上方推进，已达老熟之成虫其第一龄时，所分泌之蜡质物仍负于其背上。故虫体之增长不受介壳之限制，介壳形状即依虫体面而成形也。

7. 排泄物与黑煤病

此虫自其固着寄主后，乃摄其寄主之养液，而供其消化，消化余下之物，排出于体外，其排泄之物，纯为透明之液体，排泄物内含有糖分。当排泄时，见其腹末端之两三角片，爪向上弹动，旋后降下，继复举起，如此往复约历 3 秒钟之久，弹动 3～4 次。当末次举起时，不复降下，同时有六条刚毛自此两三角片间向外猛伸，肛门口亦同时伸出如花朵状物，最后，如珍珠状之排泄物，自肛门内喷出成抛弧线而降落于虫体之后方，旋珍珠状消失，在其着落处化成阴湿之斑点。其排泄之次数，平时约隔4分钟排泄一次。其排泄之方法与蚜虫与其他介壳虫略异，盖蚜虫平时蚂蚁在其体上，用触角敲击，排泄物即出，且有时并不泄出任被他虫之吸取。红蜡虫排泄则无此种现象，在不排泄时，虽蚂蚁以触角敲击其背，亦不见有何反应，故平时在红蜡虫附近不易见到蚂蚁或其它虫之停留，即停留者亦非尽为求取分泌物而来也。

煤病（*Meliola cameliae* Catt，& Sace）为附主植物，平时最喜寄生于有昆虫排泄物之处，借排泄物为培养基，而渐次滋生成黑色块片之粉状物，厚度为0.268毫米左右，以手拭之即行脱落。故凡有红蜡虫之排泄物处，黑煤病亦随之而滋生，凡有红蜡虫之处，亦即有此煤病之踪迹，二者发生密切之关系，据作者观察，凡柑橘枝叶繁茂之处，此煤病之积存亦厚。同时红蜡虫之数目亦众，且生长之情形亦佳。唯据一般有经验者言，柑橘树枝与叶上，生此煤病，能窒碍树之光合作用，树渐衰老，在数年内必有枯萎之虞。

（二）蛹

雄性若虫于第二次脱皮后，称前蛹期，在未脱皮之先其体态特别增加，且长度较阔度为大。蛹仍在茧内变化，故未悉其详，仅将含雄虫之柑橘枝叶采下，置玻璃碟中，旁置含水棉花，以防干燥，仅有三个标本完全达羽化期。兹将此三个标本变化之大概经过述之如次。

第一例

7/Ⅷ/1936 若虫二次所脱之皮为白色，排至体外，前蛹棕黄色。

8/Ⅷ/1936 无变化，身体在蛹壳内微动。

9/Ⅷ/1936 体色变暗。

10/Ⅷ/1936 第三次所脱之皮（上午8时前）仍排至体外，然后化蛹，蛹为棕褐色，蛹之腹部时伸缩微动。

11/Ⅷ/1936 无变化。

12/Ⅷ/1936 羽化为成虫。

13/Ⅷ/1936 下午1时前后脱离蛹壳。

第二例

7/Ⅷ/1936 若虫第二次脱皮。

8/Ⅷ/1936 下午3时左右行第三次脱皮。

14/Ⅷ/1936 羽化，同时下午离蛹壳。

第三例

22/Ⅷ/1936 若虫自树上采下。

24/Ⅷ/1936 第二次脱皮。

25/Ⅷ/1936 第三次脱皮。

26/Ⅷ/1936 羽化。（何时离蛹壳未明）

由上列实例观察之结果，前蛹期最长者为3日，期短者为1日，平均为1.66日。蛹期最长者为6日，最短者为1日，平均3.33日。二者合计经过日期为4.99。此虫在室内之变化的观察极为困难，其结果是否与野外相同尚待再观察。

雄虫在野外化蛹及羽化时间，据 1936 年八月四日检查三十七个标本之结果，其中已羽化者 6 个，达前蛹期者 21 个，达真蛹期者 37 个，仍为幼虫期者 5 个。在检查中生死不明者 4 个，由此而知此虫化蛹最盛之期乃在每年八月初旬前后，其羽化期当在八月中旬前后。

（三）成虫

1. 雄虫

雄虫在蛹期时，交尾器及各肢体发育完成，蛹皮借伸缩运动自后方压出即达。羽化期依外界温度而转移，大致在冷后天气忽热，即为其将脱离母壳之预兆，其时间大多在晴天下午 1 时前后，脱离茧壳，仍借腹部伸缩之力而将蛹茧推开，由茧之后方脱出，茧之前端仍与寄主相连，虫体候腹部完全离开后。头胸始继之而出，脱离蛹茧之成虫在柑橘叶上或枝条上爬行，行动时两前翅呈"八"字形，在背上安置，以保持体之平衡。步行方法与第一龄若虫同，唯在行动时身体略簸动似不稳定，飞翔时两翅振动，身体作曲线前进，及达一公尺距离时，即不易认辨。雄成虫因口器缺乏，其飞翔之目的乃在寻雌交尾，不在求食。飞翔时有趋光性。

雄性成虫经过之寿命因交尾与不交尾而不同。据 1936 年 8 月 19 日至 22 日试验观察之结果，计曾交尾之雄虫三个，未交尾者十一个，其结果如次。

（1）交尾用之雄虫，初饲于玻璃碟中之橘叶上，羽化后移于有雌虫之枝条上：羽化时间 12/Ⅷ/1937 上午 12 时至下午 1 时之间。

交尾时间自同日午后 2 时 31 分起至 3 时前，每雄虫仅交尾一次，三个雄虫均待交尾完毕，三时后将其移于玻璃管中；养至 8 月 20 日上午 8 时前而死，交尾成虫寿命为 20 小时左右。

（2）未交尾雄虫，羽化时间自 8 月 21 日下午 1 时至 4 时止，共羽化成虫 11 个，4 时半起分别编号，开始观察。同日晚间八时半第一次检查，见第 2、5、9 号虫不动，翌日上午 7 时前死亡，其余仍继续生活。8 月 22 日上午 10 时第二次检查，无变化仍继续活动，同日下午 2 时第三次检查，仍无变化。下午 5 时第四次检查时，见第 4 号虫不活动。晚间 8 时检查无变化。8 月 23 日早 7 时检查，均不活动，下午 1 时全部死亡。结果知不交尾之雄虫其寿命为 20～48 小时。

雄虫于交尾前在雌虫壳上或附近徘徊，同时交尾器向前方弯曲，将行交尾时，前足攀附雌介壳顶点，触角向前上下轮替触敲雌虫介壳，后交尾器自雌虫腹部壳突出之两三角片之间挣入，为时约 2 分钟，即猛力拔出，交尾即告完成，此后雄虫它去，雌虫体即渐次长呈半球状。

2. 雌虫

雌虫于受精后越冬，在越冬期间无变化，至翌年五月下旬产卵，产卵毕即告死亡。雌虫自固着之日起，至产卵完竣之日止，期间所经过日期为 330 日左右。其产卵之数目，及在雌虫死后剖腹检查所得之结果，述之如下：

表1　红蜡介壳虫每日产卵之调查表

号数	25	26	27	28	29	30	31	1	2	3	4	5	6	7	8	9	10	11	12	13	14	15	16	17	18	19	20	已之产卵	未之产卵
1	164																											164	115
2	78	12	7																									97	138
3	80	10			1			19	11	11	12	12	20	25	26	21	19	17	12	22	15	25	15	10	10	5	9	407	76
4	65	1		16	23	26	40				6		3															171	108
5	178	32	13		1																							224	205
6	136	43	24	19	21	23	22	18		21	16	18	7	2	12													382	105
7	1	17	18	23	23	8					6		3															99	250
8	35	35	49	39	39	28	7	5																				261	157
9			35																									35	265
10	61	22																										83	206
11	67		21	22																								110	199
12	99	52	25	15	9	14	17	13		15	19	13	13	18	2	9	14	18	5	11	12	9	6	7				429	105
13	18	5	42			6																						71	105
14	35	32		51	29	33	15	23		36	14	19	30	27	27	16	18	16	20	18	27	11	35	8	9			549	118
15				25	4			1		5	5	3	4	6	7	1	7	8	5	5	7	5	4	2				104	115
16			11	12	19	9		5		3	7	4	2	1	5			6	5	5	9	15	13			6	7	144	103
总计																												3330	2370
平均																												268	148

表2　红蜡介壳虫昼夜产卵之统计

号数	28/V 夜	28 昼	29 夜	29 昼	30 夜	30 昼	31 夜	31 昼	1/VI 夜	1 昼	2 夜	2 昼	3 夜	3 昼	4 夜	4 昼	5 夜	5 昼	6 夜	6 昼	7 夜	7 昼	8 夜	8 昼	9 夜	9 昼	10 夜	10 昼	11 夜	11 昼	12 夜	12 昼	13 夜	13 昼	总数 夜	总数 昼
1	10		13	4	6				2	5	6	3	7	5	4	3	5	4	9																62	24
2			6	27	5	2	5	6	5	3	7	4	7	3	5	3	7	3	3	4	8	8	9	3	18	3	3	4	3	4	3	4			96	77

　　由上列两项调查之结果，得知：

　　（1）雌虫之产卵期最长者为二十四日，最短者为一日；

　　（2）产卵最盛之期在每年五月二十日以后六月十日以前，若在此时期当若虫初孵化时设法努力扑灭，则柑橘可免其害；

　　（3）每雌虫产卵最多之数目为549个，最少者为35个，平均产卵数为208个；

　　（4）雌虫因受环境影响，死后腹内遗卵最多者为265个，最少者为76个。平均为148个；

　　（5）产卵以夜间为多。

产卵时雌虫腹部自前向后收缩，卵自阴门排出，阴门在腹下，故排出之卵，亦在腹部下方安置，若雌虫连续产卵，则卵与卵连成唸珠状之串，集众过多，触及雌虫体壁时，即分离开母体之方向与其他昆虫略异，普通昆虫之卵多遗留于体之后方，而此虫借腹部之伸缩力向腹部前方推移，卵将排出时，雌虫腹部膨大，腹末端之裂缝间扩呈一圆洞口，卵即自中向外排出，此口平时紧闭。产卵时腹皮渐次向介壳顶端凹入造成一空腔，雌虫寿命即告终止。

（四）生活史

红蜡介壳虫一年间之经过，年仅一代，以老熟受精雌虫越冬。越冬时仍继续对寄主加害，唯较生长期间为弱，排泄物不若生长期间之多。其越冬之场所仍在其固着寄主处之枝条，因体被有硬厚蜡壳，虽在严寒之冬，亦可度过，越冬期内，因虫体生长停止，故介壳亦无变化。其越冬时期，从每年十月起至五月二十日左右止，其间经过八个月份，计240日左右。越冬完毕即开始产卵，卵在此虫一生过程中为最短之阶段，仅一至二日。与卵期相连者为第一龄若虫期，第一龄若虫孵化离母壳后，活动数十分钟至一时左右，即开始固定，自固定之日起至第二次脱皮止，其间共经过二十日至二十五日，当每年六月一日至二十五日。第一龄若虫于离母壳后，在第一日内若不得固定场所，旋即死亡，第一龄若虫在生活期间除虫体增长外，兼分泌蜡质。第二龄若虫期约二十余日左右，当每年六月二十日至七月十五日前后。第三龄若虫经过日数略长于第一二龄，为三十余日，当七月二十三日至八月二十三日前后。雌虫经过第三次脱皮后，即达成虫期，交尾动作即在第三次脱皮后。雄虫在第一龄期经过之时日与雌虫同，第一次脱皮后，即与雌虫大异，因雌虫体长阔俱增，雄虫则长度之增长较阔度为大，第二龄期为四十五日左右，即当每年六月二十五日至八月四日前后，与第二龄若虫期相接者为前蛹期，其前蛹期为1～3日，蛹期2～6日，均在八月中旬前后，成虫期仅20～48小时，兹将此虫一年间之经过列表如下：

卵期——1～2日（五月下旬）

若虫期（雌虫）——70～90日（六月初旬至八月下旬）

若虫期（雌虫）

第一龄——20～25日（六月一日至二十五日）

第二龄——23～25日（六月廿日至七月十五日）

第三龄——30～35日（七月廿三日至八月廿三日）

若虫期（雄虫）

第一龄——20～23日（六月一日至二十五日）

第二龄——40～45日（六月廿五日至八月四日前后）

前蛹期——1～3日（八月七日至十日）

蛹期——2～6日（八月八日至十四日）

成虫期

雌虫——240日（十月至翌年五月底）

雄虫——20～48小时（八月中旬前后）

（五）天敌

红蜡介壳虫之天敌，据调查所知，计有草蜻蛉一种及寄生蜂二种，关于此三种天敌生活史未曾详细观察，一种为黑色，另一种为黄褐色，黑色寄生蜂之学名为（Anicetus annulatus Timberlake.），黄褐色寄生蜂学名未详。故寄生情况亦未尽知。寄生蜂之寄生率据1936年八月间调查之结果为5.89%左右（表3）。

表3　调查结果

虫号	检查虫数	被寄生虫数	寄生百分率（%）
1	52	6	11.53
2	172	0	
3	35	2	5.71
4	125	6	4.80
5	59	7	11.86
6	125	3	1.53
7	145	1	0.69
8	25	5	20
9	236	11	4.66
10	71	0	
11	393	5	1.27
12	86	0	
13	234	16	6.83
14	132	18	13.63
总计	1 960	80	82.51
平均	140	5.71	5.89

（六）防治之药剂

红蜡介壳虫因其天敌之寄生率及捕食能力较低，故此虫遂成经营柑橘园业者之劲敌，四川省境内，几无园无之。作者于一年来对防治此虫曾做多次之试验，其结果则详于另表中（表从略）。关于各种防治药剂调制，关系成效甚大，兹述其梗概如次。

（1）松脂合剂（AB）。先取水一部置于沙锅中，加热煮沸后投入苛性钠，候全部溶解，继将松香渐次加入，待松香全部溶后即成原液。

（2）松脂合剂（G）。其调制方法与（AB）同，仅苛性钠换为大碱即成。

（3）硫化钠剂。初步手续与松脂合剂同，最后将硫黄粉渐次加入，使成褐色液即成。此外硫黄洋碱合剂之方法与此同。

（4）石灰硫黄合剂。先将生石灰加少量水，使风化呈粉状，继加入多量水煮沸，渐次将硫磺粉加入，煮一小时即成棕褐色液。

（5）氢氰酸熏蒸。此种药性危险颇大，调制须小心。其调制方法，乃先将所需之水量投入玻璃或磁器中，继将硫酸渐次加入，切不可将水加入硫酸中，以免瓷器或玻璃器之爆裂，氰化钾则待硫酸混合液置于天幕中后始投入。

〔附〕天幕使用法

熏蒸天幕于熏蒸时，张挂树上，先计算其容积以定用药品之数量，计算容积之方法，乃由下列公式中求得之：

$$V = X \times A \times B \times H$$

V = 容积，X = 0.7，即天幕顶点方锥体之差数，H = 高，A = 纵，B = 横。

（七）结论

（1）红蜡介壳虫一年为一代，其间雌虫脱皮三次，雄虫脱皮四次而完成其生活史，以受精雌虫越冬。

（2）杀红蜡虫以氢氰酸气熏蒸为最佳，唯因价格昂贵，且农民不谙制法，故不适用。

（3）效率大，施药安全，以松脂合剂 AB 两式为最佳，唯其中所用之苛性钠为化学药品，价格昂贵，亦以不用为是。

（4）松脂合剂 C 式其效率大，施药较为安全，价格低廉，颇合于推广之用。

（5）浓厚之硫化钠剂对于柑橘树，杀虫效率固高，而危险性甚大，稀薄者则效率降低。

（6）硫黄洋碱合剂之杀虫效力亦高，唯易引起药害。

（7）石灰硫黄合剂，夏季不适于浓液之喷射，冬季喷射成虫时，则其效力不显著，仅可作防治病害之用。稀薄液对喷杀第一龄幼虫，虽具有相同效果，唯其固着力则不若前数种之强。

（8）就季节而言，在成都每年 6~7 月，为防治红蜡虫最好之时间，幸勿错过，免失良机。因九十月后虽用较浓之药剂，而成效尚不显著。

（9）除药而外，它如剪枝及园地之清理，亦能使柑橘受害之程度减轻。

（10）改植抵抗力较强之品种，如黄果（Citrus Sinensis Osdeck.）之类。考黄果为红橙之一种，川省境内到处有之，品质亦较红橘为优，而受红蜡介壳虫之害为轻。

参考文献

［1］ Comsctok, J. H. Reports on scale Insects. Agr. Exp. Sta. N. Y. Sta. Col Agr., Bull. 372, 1919, pp. 479 – 483, Pl. Ⅳ, figs, 2 – 3.

［2］ Deitz. H. F., Morrison, H.: The Coccidae cr Scale Inescts of Indiana. Indi. Sta. Ent. 8th Ann. Rep., 1916, pp. 195 – 321, 95 figs.

［3］ Ferris, G. F.: A Contribution to the knowledge of the Coccidae of Southwestern U. S. Leland Stanford Junior Univ. Pub., Univ. Series, 1919, pp. 41 – 44, figs. 19 – 20.

［4］ Kuwana I. A List of Coccidae（Scale Insects）Known from China. Linguaam Agr. Rev. 1927, Ⅳ, No. 1, pp. 70 – 72.

［5］ MacGillivray, Alex. D. The Coccidae, 1921, pp. 155 – 182.

［6］ Merril, G. B. & Chaffin J. Scale Insects of Florida. Quar. Bull. Sta. Plaut Board F Florida, 1923, Vol. Ⅶ, No. 4, pp. 254 – 257, figs. 70 – 72.

[7] Newstead，R. A Monograph of the Coccidae of British Isles. Vol. I，1900，pp. 1 –67；Vol. II，1902，pp. 37 –42.

[8] Pettit，R. H. & McDaniel. E. The Lecania of Michigan. Tech. Bull. Exp. Sta.，Michigan Agr. Col.；1920，pp. 1 –35，figs. 1 –16，Pl. 1. 7.

[9] Ratnakrishna Ayyar，T. V. A Contribution to our Knowledge of South Indian Coccidae. Imp. Inst. Agr. Res Pusa，Bull. S7，1919，pp. 29 –30，Pl. Vii；Bull，197，1927，pp. 35 –40，Pl. xv.

[10] Stickney，F. S. The External Anatomy of the Red Date Scale（Phoenicoccus marlutti Cockerell）and Its Allies. U. S. Dept. Agr. Wahington，D. C.，Tech. Bull. 404，1934，pp. 162. fig 78.

[11] Wu，Chenfn F. Catalogus Insectorum Sinensium. 1935，2：188.

[12] 桑名伊之吉. 日本介壳虫图说. 1917：65.

[13] 尤其伟. 漆蝶. 国立中山大学农声，1934，173：424.

[14] 陈方洁. 红蜡介壳虫药剂防治法初步实验. 昆虫与植病，1934，2（31）：606 –608.

[15] 高桥契. 果树害虫各论. 下卷. 1933：860 –866.

[16] 内田郎大，野口德三. 农用药剂学. 1934：477 –494，501 –510.

柑橘红蜡介壳虫研究之二[*]

曾 省 何 均

（国立四川大学农学院昆虫研究室）

四川境内柑橘树受红蜡介壳虫之害甚烈，损失不赀。作者自 1935 年秋起即着手研究此虫形态，生活史及为害状况，其结果曾在《科学世界》八卷一、二期发表，《现代农民》第二期亦曾载有简要报告。至于防治方法，用松脂合剂于六、七月间喷射，亦著成效，在成都、金堂、连山一带推广，农民甚表欢迎。唯其中尚有数问题须待研究解决，故作者又费二年之光阴，继续研究，兹将其结果摘要报告如下。

（1）金堂、成都一带农民，有信加施肥料可以驱除红蜡介壳虫者，现经试验，证明此见解是错误的，唯喷射松脂合剂确有减少害虫之效。

（2）施肥可增加柑橘之产量及果实之重量，但喷射松脂合剂能减少红蜡介壳虫为害之损失，间接有增加产量及果实个体重量之效，且较施肥更为显著。

（3）喷射松脂合剂之季节，在四川以每年之六月下旬至七月中旬为最宜，如在七月初旬喷一次，其效率与两次相当。

（4）喷射液以苛性曹达，天津纯碱，土碱或彭山碱与松香配合成之松脂合剂，依作者研究所得之一定配合量与稀释倍数，按时季喷射，对落果之影响均不显著。其配合量与稀释量：①松香二斤，粗制苛性钠二斤八两，水十斤，稀释二十五倍；②松香三斤，大津纯碱二斤，水十斤，稀释十五倍；③松香三斤，土碱四斤五两，水十斤，稀释十五倍；④松香三斤，彭山碱（亚硫酸曹达）二斤五两，水十斤，稀释十五倍。在四川境内推广以用第四种为宜。

（5）调制药剂所用之水以河水为宜，如果园不近河，可用塘水代之，因河水之硬度较小，软化时可较井水省用碳酸钠三分之一。

（6）依推广所得之结果，此喷射液极受农民之欢迎，因其不仅可驱除红蜡介壳虫，且树干与枝叶上之青苔（地衣）与黑煤亦统被冲去，树上各部顿现清洁。

[*]《中华农学会报》，1940 年，169 期。

四川园艺害虫问题[*]

曾 省

一、四川园艺植物品类繁多

园艺植物包括果木、蔬菜、花卉及观赏树木。四川果木有亚热带品种柑，橘，柚子，香梨之外，尚有荔枝，龙眼，（闻宁凤有香蕉）；亦有北温带果木如苹果，梨树等，到处可种。最令人惊奇者，为成都一带柑橘园里栽植苹果，梨树，皆能生长旺盛，开花结果。蔬菜因四川盆地少强烈日光照射，故生长特盛。平时人民生活所需菜类甚富。如番茄直至残冬，野外尚有结果者。蒿苣自春至冬都可取食，豌豆供给亦终年不断，其它瓜、豆、菜类生长期俱较别处为长，且品质为佳。花卉与观赏树木亦多珍奇名贵之物，如兰、琪桐，山茶等远近驰名。四川人民无论贵贱贫富，都喜买花插瓶，置诸案头，以供赏玩。花市之盛，甲于全国。故花卉与观赏植物在四川亦称重要。惜此类植物害虫未经研究，姑暂置不论，今仅就果木与蔬菜害虫问题，加以讨论如次。

二、四川园艺植物之成灾害虫

四川境内昆虫，对园艺植物加害局部或普遍成灾的，有褐天牛，星天牛，红蜡介壳虫，黑点介壳虫，矢根介壳虫，黑腹天牛，梨虎，桃斑螟，蚜虫，桃折梢虫，以上为害于果树。至于为害蔬菜者以黑壳虫，菜白蝶，小地老虎，黄守瓜，蝼蛄为最烈。

（1）红蜡介壳虫。广汉连山镇，金堂赵家镇，二三十年生以下之树，甚至苗木均被害。受害后枝枯，叶落，树势衰弱，生产减少，果质亦变劣，发生煤病。被害株20%~90%，红橘为多，橙树较少。

（2）黑点介壳虫。永川、江津、巴县、简阳等处甚烈，叶与果均被害，一叶上数十虫至数百不等，能使树势衰弱，果质变劣，面生黑点，不易出售，

（3）矢根介壳虫。各县皆有，以泸县红橘受害为最烈，受害率达50%，橘叶受害轻者发生黄斑，重者枯死。

（4）天牛。柑橘有褐天牛及星天牛，苹果及梨有黑腹天牛。幼虫钻入枝条及枝干中啮食木质，为害甚者，致全株枯死，虫多者一树可捕五十二头，被害株有达90%者，

* 《希望》，1939 年第 17 卷，第 6 期。

江津一带红橘受害最惨。

（5）梨虎。成虫食嫩芽及果实，并在果上钻孔产卵，切断树柄，使果坠落，成都赵镇附近颇猖獗。

（6）蚜虫。种类颇多，吸收树液，引起煤病，桃，李，梅，柑橘都受其害。连山赵镇，简阳，江津等地时有果树受其害颇烈。

（7）桃斑螟。幼虫蛀食果实，桃，李，枇杷，均受其害。成都一带桃实受害甚烈。

（8）桃折梢虫。幼虫钻食嫩梢及果，致枝枯死，果腐烂，桃，梨，樱桃，悉受其害，江津一带之桃，被害有至 100%。

（9）黑壳虫。有大小二种，成虫及幼虫专食十字花科植物，九十月间为害最烈。四川境内无地无之，为菜园四大害虫之一。

（10）小地老虎。春季天气暖和，各种菜蔬及其他作物之苗出土时，啮食嫩叶及茎，至全株枯死，甚者须重播种，为成都菜园四大害虫之一。

（11）菜白蝶。幼虫啮食白菜，青菜，甘蓝等植物之叶，尤以晚种甘蓝（莲花白）在春季三四月间被害为惨，亦成都菜园四大害虫之一。

（12）黄守瓜。成虫食瓜之叶，幼虫害瓜之根，在成都一带四五月间幼苗出土，长仅三四叶，易遭蹂躏，害剧时苗须重行培育，为菜园四大害虫之一。

（13）蝼蛄。成虫喜食苗根，掘土潜行，往往将表土掀起，致苗枯萎，为害于苗木甚大。

三、四川园艺害虫之特殊情形

四川果树品类繁多，故害虫种类亦多。境内全年气温各地既不同，而地势高低又殊异，以是高山原野，亚热带，温带之果木害虫在四川均有之。清初由湖广移民入川，各挟其农作物而俱来，故害虫亦随之而滋生。晚近以来，川人提倡实业，增加生产，广置果园、由省外或国外输来品种甚多，我国海关对于植物病虫之检查向不注意，故害虫亦被输入。凡输入之害虫，受四川特殊气候及环境之限制，自不能悉数生存，或如原产地之景象，故仍能保持四川特殊之状态。何谓四川特殊状态？即省外若干重要果树害虫在川中则认为不重要，反之在川中成灾者在省外则视为无足轻重，此点在蔬菜害虫方面则不若果树害虫方面之显著。例如柑橘上之吹棉介壳虫，其足迹几遍于全国，凡苏、浙、皖、赣、冀、鲁、豫、鄂、闽、粤、湘及辽宁诸省，甚至毗连川境之宜昌均有其产生，而在四川则未之闻见。反之如柑橘白蜡介壳虫，在成都平原异常普遍，而在省外迄未闻其有加害于柑橘者。又如红蜡介壳虫，在省外分布虽广，向不为灾，然在四川成都，连山，赵镇等处，则为红橘之大害。他若黑腹天牛（新种），梨虎，避债虫等，非特种类有异，即为害状况亦不同，凡此特点对于昆虫之防治实堪注意。蚜虫在华北甚盛，在四川种类虽多，并不严重，原因是四川气候潮湿，蚜虫之繁殖力减，同时寄生蜂发生甚盛。曾在一橘园内见一叶上有八十余蚜虫，全因寄生蜂寄生而死，无一幸免。其功效即可想见。

（参考四川省农林植物病虫害防治所 1937 年度工作报告）

四、防治法之研究

讨论此问题，以篇幅关系，仅能集中于下列数种极重要害虫，分述如后。

（1）红蜡介壳虫。一年发生一次，为防治便利起见，当研究观察其生活之弱点，以定下驱除扑灭方法。经三年研究，觉氰酸熏蒸，既属危险而又不经济，乃用松香三斤彭山曹达（产四川彭山县）二斤五两，水十斤，配成松脂合剂，用时一份原液稀释十份，在七月初旬，红蜡介壳虫若虫正发生且体上蜡质分泌未厚时，喷之遂奏奇效。1938年夏中央农业试验所及四川省植物病虫害防治所照此法在华阳，连山，赵家渡一带推广，已得农民绝对信仰，松脂合剂喷射红蜡介壳虫本不为发明，但红蜡介壳虫之生活史在四川经详细观察，定下六七月间喷松脂合剂确是作者与助教何子平先生努力研究之结果。以前有人在成都果园喷射松脂合剂，不能杀死红蜡介壳虫，原因是在未观察 生活史寻定其一生抵抗药剂攻击之脆弱时段，此外用彭山曹达，代替洋油或苟性曹达，尽量利用国产原料以制药剂，亦是此药剂之长处。（利用彭山曹达系四川省植物病虫害防治所陈力洁先生所介绍）。

（2）天牛。此种害虫之幼虫对于柑橘、苹果、梨及其他园艺森林树木为害颇烈，而各处均有发现，为极普遍之害虫。我国农林事业每年因此虫而损失，固属不赀。以是四川大学农学院昆虫研究室于上年开始着手研究此害虫之防治法。在决定防治法以前，第一次明了此虫之生活史。天牛幼虫生在树木枝条内，不易窥察其生活习性，及变态，而且生活期颇长，一世代至少须经过二三年之久，此亦是研究困难之点。然已应用各种方法，将幼虫由卵孵出，装在玻管内给以饲料，生长甚佳，幼虫在其中亦能脱皮，化蛹变为成虫，研究方法可谓已告成功。防治天牛，照土法用针，钩，凿，铜丝透入幼虫隧道，将幼虫杀死或钩出，但缺点甚多，现正努力研究，用药塞入隧道之内，将虫毒死或闷死，成效十之七八已有把握，尚须改进，故暂不宣布其内容。然可以预为声明此种杀虫之药不是白部根，洋油，洋火头，纸炮此一类之物，因此等方法曾经试验，证明其无有显著之效果。

（3）黑壳虫。此种虫嗜食十字花科植物，原有大小二种之分，害烈时，全园可被蹂躏，损失至少在一半以上，全国各处都感严重，不独四川一隅而已。我国农业研究机关，常有人主张用砒酸铅或砒酸钙来喷射，毒杀此虫，成绩虽尚可观，然农家仍感觉有许多问题不能解决：①药料国内尚无大量制造，须仰给于舶来品，为国民经济计，殊不合算；②喷射技能与喷射机械，在现时中国农村里，难期能得心应手，与充分利用；③毒杀虫药亦能毒死人与牲畜，喷射幼苗，离收获期尚远，毒性消失较易，施于蔬菜，想无妨碍，若近成熟期，喷射胃毒剂，其叶面被人及牲畜食下，难保无危险。故认为改良田园耕作制度，实为防治此虫最要之一着。据调查所得结果，成都菜园每年春季多种莴苣（生菜）与玉麦（玉蜀黍），夏季多种茄子，辣椒及豆类，秋季植白菜，萝卜。普通于谷子收割后种于田内，故干田（土）秋季种萝卜者较少。同时有经验之菜农，为避免秋季黑壳虫发生猖獗计，每于春夏二季，在干土都不愿植十字花科植物。如春季种莲花白（甘蓝），夏季种夏萝卜或其他十字花科之植物，而秋季又种萝卜或白菜，则害虫滋蔓，酿成巨灾，势必至不可收拾。次之如第一年，第二年连作内有两次以上之萝卜与白菜，受害亦甚烈，此不可不注意者也。现在川大农学院昆虫研究室根据田园考察之结果，正布置各种试验，以求得一极正确之结论。

（4）菜白蝶幼虫。此虫在成都附近菜园为害于甘蓝（莲花白）亦甚烈，每当春夏间此虫发生猖獗，农民束手无策，而农业研究机关人员，不经详细考察，还有喷射胃毒剂之主张，此亦是一件冒险之事。按作者愚见，以不施药剂而先注意播种期与移植期为上策。依调查结果，夏播冬收甘蓝（六月播至翌年一二月收），在成都无菜白蝶幼虫之害；秋播夏收者（九月播至翌年四五月收）受害最烈；春播夏收者（三月播七八月收）被害较轻，农业推广机关与负指导农民之责者只有劝导农民勿种秋播春收之莲花白，而种用途相同，经济价值相若之菜，则可避免此灾害，诚轻而易举之办法也。

五、结论

考诸上述之事实，作者对于我国各种植物害虫之防治有数意见，可提供讨论，而园艺害虫问题，亦在其中，兹述之于下。

（1）一般人对于害虫防除见解不明，认识不清，往往以为植物栽培与育种是习农，园艺，森林业者分内之事，至于作物害虫防除之研究，不加注意，甚至缺乏此项常识。当害虫发生严重之时，独一无二法门，唯望研究昆虫者配药剂喷射而已。同时研究昆虫学者，对于研究害虫，真能从形态，分类，生活史，习性，药剂应用各方面同时下功夫者固属少见，若进一步，能明了田园工作，懂得耕作道理，及植物与气候，土壤，环境等关系，确是难能可贵。凡应用科学来解决一件事，须有各方面之知识，融会贯通方抵于成。生物生存于地球，受环境之影响甚大，其中因子复杂，决非单一学问可以解决。我国改进农业有许多问题，经年累月研究，而仍不得圆满解决之道，其病在于一般专家对于专门以外之学识进修不足。希望学者嗣后痛矫此弊，努力研究，免致再有学问空虚，知识浅薄之缺点。

（2）对于改良农地推广新技术，以资增加生产，无论战时平时在我国贫困之农村实属迫切之需要。然负责之人每急于事功，欲求速效，将无十二分把握之治害虫方法，向农村推广，势非失败不可，小之影响于个人声誉，大之窒碍新农业之发展，固可深惧。

（3）在今日中国农村经济崩溃的状态之下，加之人民生活低下，知识不足，关于新农业之推进，如治虫一项，应就可能范围内，先着重于田园清洁，耕作方式之改善，不可专赖药剂之驱除。因应用药剂，在现时我国乡村内，极易引起农民因知识不足，机械不能充分利用，与经济周转不灵等问题，致推广工作窒碍而难行。

（4）除恶务尽，并需人人同心协力。在中国农村内做防除工作，应提倡合作与集体耕种制度，较易进行。若如现时农村之凌乱与散漫，无论用何有效杀虫方法，都能失去灵验。为达此目标，政治机构之改善，与运用强健之政治力量，使之推动，实为至要，执政诸公，幸注意焉。

烟草青虫研究之初步报告[*]

曾　省

绪言

在四川境内，烟草青虫为烟草四大害虫之一，啮叶食果危害颇烈。农民难能捕捉，然有时限于人工，搜捕不周，易铸成巨害。或全田烟叶残破不堪，或虫孔随叶片生长由小逐渐扩大，烟叶价格因之而贬损。暑末初秋青虫喜钻烟果，啮食其内种子，对于留种之损失亦严重。某处曾作烟草品种改良试验。因青虫之侵害，致经人工授精已发育之烟果，全被虫啮，粒子无收，其价值更不能以金钱计也。作者有鉴于此，初则注意研究此虫之习性与防治方法。继以此虫在国内各处常视与棉铃虫，玉米穗虫，为一类之物。且幼虫与成虫颜色变异亦各甚大。此虫一生究为若干代，自然随各地气候不同而异。成都一隅气候适宜，而寄主植物亦颇多，究侵害若干种植物，与年发生若干代，皆与防治有关，此亦值得研究者也。

本工作之进行，承四川大学农学院助教黄佩秋女士，及四年级同学龙承德、游庆洪二君，不断协助工作，与供给材料，致此工作能初步告成。俱深感谢！

一、烟草青虫为害状况及其经济价值

青虫乃为害烟草最重要的一种害虫。因在苗床上，或烟田中，常看见有很多烟叶被它们咬成许多小孔，或缺刻。这些小孔，或缺刻，会因叶片生长而渐增大，结果使全张叶片，全株烟叶，或整个烟田中的烟叶，被咬变成惨不忍睹的现象。在被害孔的附近，或烟叶的背面，常找到一条或两条的青色虫子，故叫青虫。复因它专喜烟草的嫩芽，故外国人多称它为"烟草芽虫"。名虽不同，其实都是一样的东西。

青虫自少到老都是生长在烟株上，昼夜不停地啮食，把生长完好的烟叶咬成许多小孔和缺刻。性喜在烟株顶端嫩叶部啮食。其初受害孔的直径，不过 $1 \sim 2$ 毫米，以后因叶片长大，孔亦增大。据 1940 年春天在郫县四川烟叶示范场测定的结果：当每叶增长一寸时，受害孔就大一二分；及叶片增到一尺五寸时，受害孔就增大到二三寸。除烟草叶片外，烟草的蕾果嫩茎亦被取食。花蕾受害即不能结实，果实被害后种子被食，或随风吹动，种子散落殆尽。据调查所知，当烟草开花时，就有 50% ～70% 以上的蕾果悉

* 《农林新报》，1942 年，第 10、第 11、第 12 期合刊。

受其害。嫩茎受害，系因虫体钻入内茎，取食髓质。因此，受害处以上的叶片，尽行枯萎。

青虫为害烟草茎，叶，蕾，果既如此惨烈，产量自然减少。据1941年，在成都试验的结果，每亩要损失干叶4斤，复在郫县农家访问的结果，每亩损失为2~4斤。即以每亩损失2斤计算，四川全省植烟面积为573 206.37亩（内有烤烟7 000亩），就损失干烟叶1 146 412.74市斤，今以每斤值价四元计，当值4 585 618元。据马宜亭氏于1938年调查川西烟草虫害损失，青虫一项之损失估计在什邡为27.82%，绵竹12.72%，新都18.13%，郫县10.61%，平均损失当在17.30%以上。若川省年产价值2.7亿元，则由青虫损失之烟价当为2 200余万元。由此推算全国烟叶因青虫为害损失之大可想而知。

青虫除为害烟草以外，尚有70余种植物被其为害，其中最重要者，如棉花、大豆、豌豆、扁豆、向日葵、苋菜、苜宿、玉蜀黍、马铃薯、甘薯、南瓜、番茄、大巢菜、甘蓝、辣椒、落花生、木槿等。为害植物既多，防治不易，因此就成为一严重的问题了。

四川境内烟草之栽培与它省不同，多于年前秋季播种于苗床中。到翌年春天二三月间移植，至四五月间生长最为茂盛，此时亦适当青虫第二代盛行发生之时，各烟田受害现象，亦于此时最为显著。盖当时其他作物皆未长大，是以烟草独蒙其害。至七月以后，因天气炎热，其他植物俱已生长茂盛，青虫则迁移分散至他种植物上为害。此时纵植烟株，然害亦不著。在成都四川大学农场，八九月间所植烟株殊少虫害。此害虫之消长受气候温度高低之影响也。

二、烟草青虫的种类与其外部形态

为害烟草的青虫，其学名本有六种之多，即：

①*Chloridea assulta* Guenee（tobacco budworm）
②*Chloridea virescens* Fab（tobacco budworm）
③*Chloridea*（*Heliothis*）*obsoleta* Fab（tomoto fruit worm）
④Heliothis obsoleta F（cotton boll worm or Corn earworm）
⑤*Heliothis dipsaceal*
⑥*Chloridea scutosa* Schiff

是也。在成都附近所采得之烟草青虫，依其成虫的特征，确属 *Chloridea assulta* Guenee，其他各虫则未在烟田发现，且据细验其成虫外部形态，与玉米穗虫（corn earworm）比较，确有若干部分有显著之不同。若仅观察采自各种植物上所得之青虫，加以饲养，所变成之蛾，其色泽各有不同，列表示之如下：

在成都所采数种青虫蛾体，色泽之比较（以雌虫为例）。

表1 青虫蛾体色泽之比较

种类	半径线	前横线	中影线	后横线	亚外缘线	环状纹	楔状纹	肾状纹	箭头纹	弦月纹	缘毛
烟草青虫	灰色不甚显明	褐色	褐色	茶褐色带黑	淡褐色	淡褐色，不成环状	淡褐色	肾状外绿褐色	鼠色	淡褐色	深褐色

（续表）

种类	半径线	前横线	中影线	后横线	亚外缘线	环状纹	楔状纹	肾状纹	箭头纹	弦月纹	缘毛
棉铃虫	灰色不甚显明	灰褐色	褐色	黑褐波纹	不显明略呈褐色散斑	褐色，中部有黑斑	淡褐	全部黑褐色	灰褐色	褐色	茶褐色
辣椒青虫	灰褐色显明	褐色	黄褐色显明	深褐色	深褐色	黄褐色，中部有不显明之灰色斑	不显明	肾状外绿褐色	继续之灰色波纹	黄褐色	灰褐色
番茄青虫	灰色甚显明	灰褐色	褐色	深褐色	深褐色，但不成显著之纹	褐色，中部有黑色斑	淡褐色	全部黑褐色	暗褐色	褐色	茶褐色

兹将烟田中发现之青虫的形态写述如下。

1. 卵

卵呈馒头形状，表面有纵走及横走之条纹，纵走纹（20～30条）较粗、隆起，纵走纹间之距离顶端较窄，纵走纹之间有许多不规则之横走纹联结之。卵之基部较上部为大，底平滑，用以固着于寄主植物之上，顶端中央有珠孔（micropyle）一，微作突起，其四周因无纵走纹及横走纹达到，故成沟形，平滑。卵初产时为白色，稍后变成黄白色，越一日后周围及中央部分成褐色，再后一日或二日中央部分之颜色变深，及至孵化前则中央变成黑色，四周为红褐色，基部仍为黄白色。卵壳外为胶质，有光泽，多散生于寄主植物之叶上。卵高约0.5毫米，宽亦如之。

2. 幼虫

幼虫为蠕虫式（Evuciform）具三对胸足，及五对腹足，胸足之末端黑色。初孵化之幼虫，体长平均2毫米，体呈淡绿色，或粉红色，半透明，呈圆筒形。头为黄褐色，第一节上之硬皮板为褐色或黑色之块状物，或散生之斑点，亦有付缺如者。成熟幼虫体长为35～41毫米，然因季节及食物之多寡而稍有不同，体之色泽有多种，概而言之有green，pink，light brown，deep brown，yellow，brownish，green yellowish green 等色。其色虽不同，但其外形之特征大致相同。头盖板由绿至黄绿或淡褐色。气门上线淡绿色，黄白色至深绿色。背线之色亦有多种。胸部及腹部底面之颜色为淡色或灰色。

（1）头部。头部位于体之前端，略呈扁平状，由数骨片接合而成。其顶上部曰头顶（Vertex），其中央部称为前额面（Front），后部称为后头（Occiput），在头部之后面两侧有单眼群各一，由单眼（Ocellus）六个合成，其排列多呈新月形，然因龄期不同，其排列法及各个单眼间之距离亦各异。头上有小触角一对，短小，顶端有刺毛（seta）着生。青虫幼虫之口器为咀嚼型，由上颚，上唇，下颚及下唇等组成。

（2）胸部。胸部由三个环节合成，与成虫相同，每节有胸足一对，第一节之背面为硬皮板着生处，硬皮之纹有成片状及成散点，或无者。又第一节为第一气门之着生处，第二三节付缺如，每节上有黑斑12个，斑上有毛二根或一根，每侧六个。又Cornear-worm 各节之斑点有8个，与其大不相同。胸足之顶端附有黑色之爪。

（3）腹部。腹部由十个环节合成。每节上除最后节外，有六个斑点，左右对称。

斑上有长毛一条或二条着生，腹部节一到八节各有气门一对，第三至六节及第十节，各有腹足一对着生。

3. 蛹

体呈纺锤状，面光滑，顶部平圆，尾部微尖，具有黑刺两枚。初化之蛹呈青黄色，后变成深褐色。其气门黑色，稍突起，六对。蛹之背面之颜色较腹部为深。雌者比雄者之蛹为大。

4. 成虫

成虫之翅比体躯略长，静止时互相折叠于背上，呈屋脊状，雄虫之翅为黄绿色（Yellowish-green），雌虫则为黄褐色（Yellowish-brown），而雌者之体躯较雄者略大。雄者之抱翅（Frenulum）为一根，雌者为二根。头上有细长触角一对，由数十节至百余节组成，黄褐色，两侧有半圆形之复眼一对，黄绿色，头之下部有口吻一，细长，除取食时伸长外，多卷曲于胸部下面。脚细长，呈圆筒形，前脚较短，中后两脚略长。前翅颜色较后翅为深，被以鳞片和细毛。前翅之外缘毛深褐色，箭状线与亚外缘线褐色，略带黑色，肾状纹，后横线，前横线，环状纹，楔状纹等，皆极显明。半径线略为灰白，弦月纹斜置于后翅之中部。虫体长16毫米左右，翅展35毫米左右。

三、烟草青虫的习性

1. 卵

卵在初生时为黄白色，且有光泽，越二日后变为黄褐色，黏着力强，多位于被害植物的叶面上。产于叶之背面者较正面为多。据观察所得的结果，产于叶之正面仅为10%～20%。卵多位于叶之中部，居于边缘者较少。卵比芝麻还小，所以不留心的人，就不易见到。且大多为散生，很少有成堆的，即使有堆积成块者，其数也仅有三四粒左右，绝不像地蚕卵块有数十粒或数百粒之多。此是与地蚕卵块不同之处。此外尚有一个特殊的现象，就是青虫的卵上绝没有紫褐色的斑纹，故在烟田中见到以上两种不同的现象，就可以区别何者为青虫卵，何者为地蚕卵了。卵产后2～5天，即行孵化。行将孵化前，卵之顶端呈黑褐色。

2. 幼虫

（1）幼虫色泽的变异。青虫的幼虫在其一生过程中，因天气，季节，食料，温度以及光线等关系，变化甚多。但在初孵化时，大多皆为锈铁色，且有玻璃光泽，身体上毛刺甚长，头部特肥大，行动迟缓。至第二次脱皮后，幼虫的身体色泽可分为下列各型：

①青绿色型（Green）。头部青绿色，胸部亦青绿色，各环节间为黄褐色。此外，在胸部背侧面，有极不显著的丹红色或黑褐色的斑点，此型幼虫在化蛹时，变为绿白色。

②水绿色型（Yellowiishgreen）。头部水绿色，透明异常光亮。气门上下线及亚背线皆为白色。中后胸之两侧各横列有黑褐色斑三个，中间之一个较大，其余大小皆相同，第一至八腹节之两侧各有大小相同之黑色斑点五个，丹红色斑点一个，各节之黑色斑点除第八腹节外，其次皆自前向后依次缩小。

③丹绿色型（Pink）。头部丹黄绿色，胸部青绿色，胸腹各节间之斑纹除丹红者已消失外，其余皆显著。

④黑褐色型（Dark brown）。头黄褐色，胸部黑褐色，而少带绿色。中后胸两侧各有横列之绿黑色斑纹三个，腹部第一至九各腹节间之两侧各有黑褐色之斑点五个，丹红色斑点一个。

⑤灰褐色型（Brownish green）。头部丹黄色，胸部灰绿色，复被以纵走之灰褐色条纹于虫体之背侧面。中后胸两侧除有黑色斑纹外，腹有丹红色斑纹一个。至于腹部各节间之斑点，与黑褐色型同。

（2）幼虫的活动。青虫幼虫在初孵时，头弯向后，以其咀嚼口嚼食卵壳，待卵壳完全吞食后，则嚼食其附近之叶肉，或爬至植物之顶端之嫩叶上取食，穿成小孔。初孵化时，因虫体甚小，而叶面绒毛甚长，每当移动时，必先将头部高举，待固着点选定后，始以足握着寄主叶面，然后腹部亦高举向前蠕动，至适当处后，始放下安置。胸部拱起，恰如桥形，再继续移动，其法如前。以是移动极为迟缓，欲终止活动时，虫体即平伏于寄主面上。及虫体长大后，行动无须选择固着点，行走不仅迅速，即各叶片，叶脉，茎，株，及蕾果间上下皆活动颇自由。活动范围既广，烟草受害亦以此时为最烈。

（3）幼虫取食方法。在初孵化时的幼虫，即就其孵化附近之寄主部分取食。如在叶面上者，即以叶肉为食，留其表层，形成如镜状的薄膜。有时亦将此薄膜穿透，而移至叶背取食，其法先以咀嚼口于叶上咬穿一孔，后以胸足为圆心，头及胸部为半径，沿孔之四周作圆形之取食，及孔较大，则多沿一方面取食，则自圆形之孔，变成椭圆形，除取食叶片外，复可爬至嫩茎处，将嫩茎咬成一圆形孔，然后蛀入茎内，取食茎髓，待充分老熟，始离此他去。秋间老熟幼虫除能取食茎髓外，复可爬至烟株顶端各蕾果间，蛀入果内取食。一果食尽再食它果，其法如前，直至入土化蛹时而后止。幼小之虫亦可取食蕾果。唯多不能蛀入茎内。

（4）自相残杀（Cannibalism）。青虫有自相残杀的习性。龄期较大的青虫每以咀嚼口咬龄期较小青虫之胸部，直至食完为止。据观察所得，一条青虫可嚼食3~4条青虫。而食肉性之青虫，多中途死去，不能化蛹。

（5）蜕皮。青虫一生蜕皮五次（前蛹期所蜕之皮不在此列）。有只蜕皮四次，有蜕皮六次者。蜕皮前食欲减小，行动迟缓，体色变深，头板发亮。蜕皮时不取食。头部抬起，先于胸部上面中央裂开，头板继而裂开，胸头先行蜕出，体向前移动，老皮向后收缩，至全身离开老皮为止。历时5~10分钟。蜕皮后并不立刻取食，先以老皮为食。幼虫如不能将皮蜕出，每每死去。

（6）幼虫化蛹前的活动。幼虫蜕皮5次后，行将老熟，停止取食，幼虫尾部肛门上之皮显黄褐色，即为化蛹的预兆。即开始脱离其被害植物。在地面上找一适当的场所，然后钻入地2~3寸深处，自土表至土室成一隧道，外面以细土粒填塞隧道，便成小丘形隆起，幼虫后自口中吐出胶状物质，将室壁固结，然后虫体渐绉缩，因体内富脂肪质关系，故外骤视之为略带白色。

3. 蛹

幼虫自钻入地下及作土室之活动期，皆为将来化蛹之准备，故在此时期，特称为前蛹期，及幼虫末次蜕皮后始称为真蛹，初化之蛹，体为绿白色，越一月后即变为棕褐色，将羽化时，再变为暗褐色，蛹在土室内其头部恒向开口之一端，越十余（10～16）日后即羽化成蛾。但以蛹期越冬者，约经五个月以上之久，则不在此限内。

4. 成虫

（1）成虫的羽化。蛹在土室内蛰居相当时间后，身体色泽渐次变为暗褐色，然后将蛹壳脱掉，即羽化成蛾。蛾乃自土室内沿隧道爬出，经数小时后，翅芽伸展，即可飞翔各处，而作取食交尾产卵等之活动。

（2）成虫出现的时间。按照四川（川西坝）的天气，成虫出现之时间为在每年二三月至九月间。九月以后即以蛹期潜居地下越冬。成虫出现最盛之时期，系在五六两月间。皆于夜间出现，白昼多潜伏于烟叶之背面，或杂草丛中，如遇特殊惊扰时，白昼亦可作短距离之飞翔。

（3）成虫的慕光性。凡是夜间出现的昆虫多有慕光性，青虫的成虫因系夜间飞翔，故亦有此性。每遇灯火之照耀时，即有群蛾被火光诱在一处。故诱蛾灯亦有诱杀此蛾之功效。同时此蛾对甜液亦有趋慕性。

（4）成虫的交尾与产卵。当成虫活动，每于雌雄相遇时，即进行交尾，交尾完毕，即各自分离。雌蛾旋即产卵。每处每产卵一粒后，即行它去。如遇适当场所，则继续产卵，其产卵需时极短，每一分钟，即可产卵二三粒之多。迅速者，在飞翔时，其腹部末端仅向寄主叶面一点，如蜻蜓点水一样，卵即产于其上。每一雌蛾所产之卵数，在田间观察可达 1 000 粒以上，唯在饲育笼内时，其数亦可达 20～300 粒之多。

四、烟草青虫的生活史

青虫一生的经过，同家蚕或地蚕一样，亦为由卵，幼虫，蛹和成虫等，四种不同的时期完成一代生命。青虫一年发生代数之多寡，因各地方温度及湿度因子不同而异也。有每年发生两代者，第一代之蛾于六七月间出现，第二代之蛾于八九月间出现。依四川气候，据在成都及郫县观察调查的结果，知每年计发生六代，其中有四代是生长在烟草上。第五代生长在扁豆（*Dolichos lablab* L.），第六代生长在冬豌豆（*Pisium sativum* L. var *arvense* Poir），为便利明瞭起见，将此六代的经过简写在下面：

第一代：卵 4～10日 三月中旬 →幼虫 30～50日 三月中旬至五月初旬 →蛹 16日 五月初旬至五月中旬 →成虫 5日 五月中旬→

第二代：卵 3日（4日）五月中旬 →幼虫 15日 五月中旬至五月下旬 →蛹 12日 五月下旬至六月初旬 →成虫 6日 六月初旬→

烟草

＊第三代：卵 2日（3日）六月初旬 →幼虫 12日 六月初旬至六月中旬 →蛹 10日 六月中旬至六月下旬 →成虫 6日 六月下旬→

＊第四代：卵 2日（3日）六月下旬 →幼虫 22～25日 六月下旬至七月中旬 →蛹 15日 七月中旬至七月下旬 →成虫 6日 七月下旬至八月初旬→

扁豆—第五代：卵 2日 八月初旬 →幼虫 28日 八月初旬至九月初旬 →蛹 17日 九月初旬至九月中旬 →成虫 7日 九月中旬至九月下旬→

冬豌豆—第六代：卵 3日 九月下旬 →幼虫 28日 九月下旬至十月下旬 →蛹 150日 十月下旬至翌年三月中旬 →成虫 7日 三月中旬→

**其中两代有重叠现象，即第四代与第三代之界限不明，第四代幼虫发生后，田间仍有不少第三代之幼虫存在。

青虫之生活史虽云有六代之多，但非尽然，亦有以第五代时之蛹期，即于九月开始越冬至翌年3月间始行羽化者。如此则每年仅有五代发生。亦有越冬蛹，至翌年之六月间开始行羽化者，如此每年则仅有四代发生。以上3种现象皆能在成都，郫县遇见。复按照四川各地之耕作制度，烟草多于每年三月间移植至七月收获完毕。故青虫在烟草上危害每年仅有四代。复因五六两月之青虫，每一代经过之时间较短。且虫类数多，故此时为害亦最猖獗。

五、烟草青虫的防治

1. 烟草青虫可治之点

青虫可治之点有下列数端。

（1）在移植时，烟草叶片为数较少，青虫卵粒易于寻找，可于此时摘毁之。

（2）在三月间因气候较寒，烟草幼苗生长欠佳，孵化之幼虫亦有不少死亡者。

（3）青虫小幼虫为害时多位于烟株之顶端，受害状况甚为显著，此时捕捉较易。

（4）每用药剂可以毒杀幼虫，如烟株上喷射砒酸钙液，或散布砒酸钙药粉的，可以毒死95%以上之幼虫。

（5）辣椒水及除虫菊肥皂液，也可以杀死幼虫，农民颇便之。

（6）蛹潜居地下，畏水灌溉，故烟草收获后即栽植水稻，能将地下之蛹溺毙，免其化为蛾，再产卵为害其他作物。

（7）成虫有慕光性，故以灯火诱杀之，免其产卵再为害其他作物。

（8）成虫在白昼飞翔时，常被蜻蜓捕食。故须保护蜻蜓亦收防治实效。

（9）根据观察所知，青虫幼虫对较老之烟叶不甚嗜食，如能提前打顶（在五月初旬），少留嫩叶，促老叶早熟，亦可避免青虫第二代之危害。如在郫县产烟区，即系根据此项原则，以避免青虫之为害。

（10）根据观察所知青虫在七月间后，不为害于烟草，即为害亦不甚猖獗，故提倡秋烟（如烤烟），既不误农时，复可免青虫之害。

2. 烟草青虫的有效防治方法

青虫之经过习性已如上述，同时关于防除此虫可治之点也已加讨论。兹将数种曾经试验过而认为有效之防治方法，述之如下。

（1）采卵捉虫。于烟苗移植时，检查烟苗上是否有卵粒之存在，如发现时，即将其掐死，可免其孵化危害。次于移后至收获前，不时在烟田巡视，如见有青虫之幼虫为害时，即以长约七寸粗如拇指之铗形竹签将其捕捉杀死。此种方法最为简便，且最适用于目前中国农村。（注意：捕捉青虫时，因人手及什物接触，常引起各种毒素病"Virus diseases"之猖獗。最好种植时用肥皂水洗手。捕捉青虫时也常用棉花浸肥皂水擦手。）

（2）喷射砒酸钙液，或撒布砒酸钙粉。目的在毒杀幼虫，使其不至于为害烟草叶片。配置方法：

a. 液用式，即用砒酸钙 1 份（成都外东净居寺农林部中央农业实验所工作站制售），生石灰 2 份，清水 200 份，在配制之前，先用清水少许，将生石灰风化，去其粗粒，然后与砒酸钙混合，最后将所需之水全量加入，用木棒搅拌，盛于木桶内，用喷雾器喷射于烟株上。在喷射时亦需随时用木棒搅拌药液，免其下沉。每亩烟田约需砒酸钙 1 市斤，生石灰 2 市斤，清水 200 市斤。

b. 粉用式，即用砒酸钙 1 份，生石灰 3 份，草木灰 2 份，在配制之前，生石灰亦先加水少许，使其风化，然后与草木灰和砒酸钙充分混合，用筛粉器撒于烟株上。凡喷雾器之使用和采购困难时，不妨应用撒粉法。其工作速度与喷雾器相当。据作者试验结果，每分钟，以筛粉器可撒布 13 株药粉。每亩烟田须用药品量，计砒酸钙 1 市斤，生石灰 3 市斤，草木灰 2 市斤。两种方法皆有毒死青虫 95% 以上之效果。在目前中国农村中筛粉器甚有提倡之价值，因其构造简单，使用方便，成本低廉故也。

（3）烟田灌水杀蛹。目的在于浸杀潜居地下之蛹，方法即于烟草收获后，迅速灌水，犁耙，栽植水稻，即可将潜居地下之蛹，全部杀死。唯此种方法，仅能适用川西坝各产烟县份之烟田中，如以旱地植烟，则此法不能适用。

3. 生物防治

欲防治青虫，生物防治法较省人工与金钱，故亦有采用之价值。兹将半年来观察所得记之如下。

（1）卵之天敌。

a. 蚂蚁。蚂蚁之种类颇多，在田间有黑色及棕色两种。它可将卵搬走，普通多能将刚孵化后之幼虫捕去。

b. 寄生蜂。外国文献多谓 Inichognamma Sppo 为其卵之天敌，且其灭卵之百分率甚高。唯本年来之观察，关于此类之寄生蜂并未获得，或有待来年之努力。

（2）幼虫之天敌。

a. 寄生蜂。在田间发现者有两种，一为黄小茧蜂，学名不详，唯数目并不多，偶有得知，似无若何经济价值。另一为灰黑色小茧蜂，茧长约 5 毫米，长圆形，茧外附有幼虫之体壳。被寄生者多为三四龄之青虫，是时行动迟缓，食欲不振，头仰起与蜕皮前之动作无异，此后，两三天即见有寄生蜂之茧出现。由上之情形看来，可以推知寄生蜂必在一二龄时，即产卵于虫中，其青虫历九天左右即行成长而后化蛹。此蜂的寄生率较大，究竟多少未行估计，唯于每代青虫发生后，一星期内巡视于田间，烟叶或小梗上随处均可见到此种蜂之茧。苟能设法繁殖之，其裨益不小。据 A. I. Quaintame 和 C. T. Bruce 二氏所著之 "The Cotton Bollworm" 一书之记载，此种蜂似属 Micpoplitis Niyripemois Ashm，唯此书很旧（1915），是否确实待查。

b. 元宝椿象。此种椿象头胸部均为黑色，有光泽，腹部上面之中央黑色，两旁有黑色与黄色相间之条纹，腹部下面之中央为黄色。口吻伸达前胸，前翅较后翅为大，前中后三对足之腿节上有黄色及淡黄色之体环绕之。

c. 胡蜂（wasps）。此种蜂翅黑色，头胸二部为黑色，腹部有黑色之横纹，于其末端有一黄色之条纹。据 G. T. Bruce 谓为 *Tolisles annularies* Linn。此种蜂多筑巢于人之房屋之瓦檐下。一巢恒有数十个至数百个。蜂于田间捕捉青虫，以咀嚼口咬青虫之头部，且以毒刺刺死之，刺死后运返巢穴，以饲养幼蜂。此外尚有一种小茧蜂，（*Apanteles gle-meratu* L.）及一种食虫椿象（*Sphedanolestes impressicolis* Stal）均有捕食及寄生青虫幼虫之能力。故亦应保护之。

d. 枯萎病（Wilt diseases）。此病为一种毒素病（virus disease）于田间常见其尸体。幼虫罹病后体呈锈褐色，不食，运动迟缓，二三天后即行死去。后其体躯即行干枯。此种病之来源据外国文献谓因青虫吞食一种毒素所致。此种毒素是否能使烟草罹病，及青虫由其口器吞食后，是否能染病？实一大疑团。如只能使青虫生病而烟草不受其害，则对于防治上实有莫大之价值，来年实有一试之必要。

e. 腐烂病。其病征与 wilt diseases 颇相似，罹病者体变成锈褐色，食欲停顿，头发亮，三数日之后，即行死去。死后表皮变黑，变软，内部组织与表皮离开，后内部之组织逐渐腐烂成黑褐色之液体流出。此病四川大学农学院植物病虫害系学生龙承德君曾用细菌分离培养法培养，结果获得一种不完全菌（funai imperfect），此菌属 Alta naria。此种菌虽可在动物体寄生，唯其存在于盛虫之器皿中，待虫体腐烂后再行侵入虫体，亦有可能。为确定其是否能寄生于虫体为害计，曾将培养后之菌种接种于虫体上，使其发病。接种时分伤口接种及气门接种两种。每种各用龄期不同（有四、五、六龄三种）之青虫十条做试验。奈接种后二三天，各虫均先后入土化蛹，故无法观察其发病与否。唯此病菌能使青虫提前化蛹之事实颇为显著。此似为一种后期影响（after effect）作用。

（3）蛹之天敌。

a. 甲虫。在饲养室中曾发现一种甲虫，将青虫之蛹全部食去。只余体壳。

b. 田鼠。田间之鼠常将蛹食去。

c. 蚯蚓。蚯蚓虽不能将青虫之蛹食去，唯因蚯蚓所经之处可将其蛹室破坏，致使蛹无法羽化。

（4）成虫之天敌。

a. 蜘蛛。成虫飞翔时每易触着蜘蛛网而被食。

b. 壁虎。曾见青虫之成虫因栖于屋墙上，为壁虎所捕食。

c. 蜻蜓。有两种，一为灰色蜻蜓（Orthetrum sp?），一为绿色蜻蜓（Anax Parthenope Selye），二者均有捕食青虫成虫之能力，唯乡间无知幼童，常以捕捉蜻蜓为戏，因此被杀之数不少，故宜设法保护之。使其在田中捕食青虫之成虫。

六、烟草经治虫处理后所得增加产量之结果

1. 采卵捕虫处理

本试验之目的，在考察采卵捕虫后，烟株是否不完全被害？及产量是否增加？试验方法，在烟苗移植后即取其中未曾被害之烟株 30 株，随机排列，每晨采卵捕虫并记载。第一次试验，在五月中旬开始，六月上旬截止。第二次试验自七月上旬开始，八月中旬截止。参考表 2、表 3 可知采卵捕虫后，烟之产量增加，其虫孔亦减少。在 30 株烟株内即可增加 17.5 克或 11.1 克，表 2　33.4 − 15.9 = 17.5 克，表 3　25.5 − 14.4 = 11.1 克。以每亩 2 000 株计算，即每亩可增加 1 165 克（2 斤 5 两—16 两制）或 740 克（1 斤

7两）。若在苗床内即行捕卵，或可收完全不被害之效。

表2　第一次试验：每晨采卵捕虫后烟叶的增产量

号数	叶数		叶之平均大小				叶之平均重量		被害状	
			纵径（厘米）		横径（厘米）		CK（克）	採卵（克）	CK（孔）	采卵（孔）
	CK	采卵	CK	采卵	CK	採卵				
1	10	10	36.6	23.0	21.1	11.4	31.3	9.4	72	0
2	9	9	39.0	31.6	25.1	18.2	59.9	22.6	8	有枯萎毒素病为害
3	11	11	26.6	31.2	13.9	16.8	11.5	20.4	57	
4	9	10	26.2	26.0	12.4	13.4	11.1	15.7	12	
5	14	13	30.9	33.0	16.4	15.8	21.3	25.5	55	5
6	13	11	31.3	23.9	15.8	13.0	20.9	13.6	40	7
7	12	10	29.8	35.7	19.5	19.8	27.4	37.6	37	10
8	8	11	36.9	31.6	18.1	15.8	20.3	15.6	27	9
9	6	9	44.8	31.8	21.6	16.5	41.7	22.6	10	7
10	7	10	25.3	44.0	12.7	22.7	7.8	153.2	20	
11	13	11	30.3	31.9	12.3	17.7	12.8	19.9	15	7
12	10	8	39	43.5	11.3	22.3	12.5	44.9	55	
13	9	13	21.1	36.3	8.8	16.2	4.2	26.5	27	
14	10	9	30.5	25.1	10.5	11.8	12.5	9.7	37	
15	9	8	22.3	40.6	8.4	21.5	6.9	35.2	28	
16	12	16	25.8	27.0	3.4	11.5	10.9	10.1	9	
17	12	15	29.6	38.0	13.5	19.9	13.0	28.1	19	
18	19	13	29.6	47.1	12.1	21.1	12.6	40.4	10	14
19	13	12	33.3	33.8	18.9	18.8	25.3	24.6	35	3
20	11	9	32.3	31.4	14.6	14.6	19.9	17.5		
21	16	9	26.5	33.0	11.7	21.2	11.7	31.3		
22	17	13	24.9	23.7	11.9	10.4	19.3	10.8		
23	13	7	34.2	40.3	13.4	23.7	17.1	43.8		4
24	16	14	14.9	34.5	5.5	18.5	6.2	31.3		6
25	22	8	29.6	36.1	8.6	20.5	3.5	31.3		
26	14	11	19.3	34.1	8.7	22.9	5.6	42.6		
27	12	7	30.6	45.4	10.4	21.1	9.1	40.2		
28	13	6	27.5	51.3	13.0	26.6	9.6	80.8		4
29	16	11	27.1	43.3	11.6	21.1	3.7	42.6		2
30	8	9	30.8	44.9	11.1	28.0	15.6	53.6		8
总和	364	313	874.6	1 053.1	396.3	552.8	477.7	1 004.4	645	86
平均	12.1	10.4	29.1	35.1	13.2	18.4	15.9	33.4	21.5	2.8

表3 第二次试验：每晨采卵捕虫后，烟叶的增产量

号数	叶数		叶之平均大小				叶之平均重量		被害状	
			纵径（厘米）		横径（厘米）		CK	採卵	CK	采卵
	CK	采卵	CK	采卵	CK	採卵	（克）	（克）	（孔）	（孔）
1	12	10	20.8	28.3	11.8	16.7	7.8	27.1		有叶斑病★
2	14	16	27.5	38.8	14.9	19.7	12.8	42	有毒素病	
3	13	12	31	35.6	15.6	16.7	12.9	26		
4	18	11	21.8	39.8	11.4	21.8	13	33		
5	8	19	31	34.1	14.9	19.8	23.4	26.4		
6	14	13	24.8	26	18.3	18.4	11.2	19.3		有毒素病
7	28	9	31.3	26.3	14.4	14.9	23.1	17.4	3	有毒素病及叶斑病
8	17	13	31.7	43.5	14.1	22.8	14.7	45.7	5	
9	12	17	18	27.1	10.7	12.6	5.2	16.5		
10	15	18	36.7	29.5	12	11.8	10.4	17.4		
11	16	14	41.8	26.5	21.4	14.3	24	8.9	18	
12	19	8	35.2	31.7	16.5	14.5	23.3	33.9	12	
13	18	15	27.2	49.9	14.5	21.8	15	33.4	3	
14	10	19	37.4	42	18.8	21.4	31.3	33	28	
15	22	16	28.8	21.3	14.2	12.5	12	9.8		
16	12	13	25.5	31	12.1	23.1	11.7	28.1		
17	14	17	41	31.7	20.4	23	33.5	29.4	8	
18	15	15	26.3	29	12.3	13	12	14.6	14	
19	16	19	21.5	41.2	11.6	23.1	8.8	17.7	1	
20	13	18	14.8	31.9	7.7	14.7	2	17.3	5	
21	15	20	27.2	39.2	16.8	19.5	20.8	31.3	2	有青虫一头
22	14	10	20.7	25	12	13.8	9.9	4.7	2	
23	13	23	21.1	28.3	10.4	16.1	8.7	21.7		
24	15	23	20.7	41.9	15	18.2	8.3	34.9	5	
25	15	16	25.4	32.6	12.5	14.8	10.4	17.6	10	
26	18	7	26.9	33.1	13.2	14.7	10.4	26.8		
27										
28										
29										
30										
总数	389	399	719.3	864.3	365.5	435.5	374.8	664.9	116	
平均	14.9	15.3	27.6	33.2	14.0	17.4	14.4	25.5	4.4	

2. 土产药剂防治之处理

本试验之目的，在考察各种药剂对青虫之致死性及其防治之成效。此试验系在室内进行。药剂用除虫菊肥皂液，烟锅巴水（即纸烟卷烟之余烬，俗称烟锅巴），辣椒水，砒酸钙液等。其中除砒酸钙为毒胃剂外，余均为接触剂。兹将各种药剂之配合量及调制法述之如次。

（1）配合量及调制法。

①除虫菊肥皂液

除虫菊	2.5 克
肥皂	3 克
水	250 立方厘米

②烟锅巴水

烟锅巴水	200 立方厘米
肥皂	3 克
水	50 立方厘米

③辣椒水

辣椒水	300 立方厘米
肥皂	3 克

以上诸药剂之调制法均相同，先将肥皂切碎，加热溶解，然后加除虫菊，烟锅巴水，或辣椒水。唯烟锅巴需先用水泡一昼夜，且密闭免致其中烟碱（Nicotin）挥发。其配量为一份烟锅巴，二份水，辣椒亦需先用水煮，然后加入肥皂液中。

④砒酸钙（中农所出品）

砒酸钙	2.5 克
生石灰	5 克
水	200 立方厘米

其调制法将砒酸钙及生石灰各加水溶解后过滤，然后将两种液体混合而成。

（2）试验方法。用长圆筒形大花钵 5 个，其中各植烟一株，在土面上铺报纸一层，再将四五龄之青虫 10 头，置于烟株上，然后喷射药剂，外再罩以铁纱笼，笼缘塞以泥沙，以免虫之遁逃。

（3）观查。

①将除虫菊肥皂液喷于虫体上时，即见其向烟叶边缘爬行，其状颇觉难受，经一二分钟后，其体即行变软，再经四五分钟后，即落于纸上。上部及尾部均排清水，体渐缩短，尾部变成棕黄色，体之伸缩均感困难，但仍尽力伸缩，如此经半小时后，即成假死状，不一刻又渐次开始伸缩，在伸长时如未受害然，但此种经过甚短，继后仍伸缩不已，更觉难受。如此经过 5 小时后，虫即死去。受害轻者，经过时间较长。

②将烟锅巴水喷于虫体上时，即行变软，尚可爬行，经四五分钟后即落于纸上，成假死状，经十余分钟后，再行活动，但其行动并不活泼，食欲也减退，经十余小时，即行死去。中毒轻者，其体色无甚变化，重者其腹节中部先变黑色，然后及于腹部与胸部诸节，全体均变黑色。

③喷辣椒水于青虫体上之变化，与除虫菊肥皂液，烟锅巴水同。仅口吐黑水而已。

④砒酸钙为毒胃剂，虫食之则死，未观察其中毒变化。

（4）记载。见表4。

表4　各烟株上幼虫受各药处理后的活虫数

| 药剂名 | 配合比例 | 重复 | | | | | 活虫数 |
		1	2	3	4	5	总和
除虫菊	2.5：3：250	4	3	4	4	4	19
烟锅巴	200：3：50	2	7	6	7	7	29
辣椒水	500：3：50	5	3	1	2	2	13
砒酸钙	2.5：5：250	10	4	2	6	6	28
CK		10	10	10	10	10	50
总和		31	27	23	29	29	139

每种处理重复五次，以每种处理之和除以5，得平均数见表5*。

表5　烟株上幼虫受各药处理后的平均活虫数*

处理	平均活虫数
除虫菊	3.8
烟锅巴	5.8
辣椒水	2.6
砒酸钙	5.6
CK	10

（5）结论。

兹以四种处理平均活虫数相比较，用辣椒水之平均活虫数为2.6，比除虫菊肥皂液少1.2，故知辣椒水优于除虫菊肥皂液，而烟锅巴水及砒酸钙均较劣。

---

* 可能原文的某些数字印刷有误，现又无法更正，故略去其统计计算之原表4及部分说明。——编者。

仓储病虫害及其防治

仓库害虫及其防治（节选）[*]

曾省　李隆术

第一章　绪言

孔子曰"足食足兵"。兵粮盛，民食足，然后方可以言战，诗云"乃积乃仓，乃裹馔粮，爰方启行"，谚云："三军未动，粮草先行"，足证食粮与战争国防有特殊关系，第一次欧战时英德对战，德国所最感难于应付者，非为铁血，而为食粮问题。盖德国自1915年以降，即现粮食恐慌之兆，至翌年秋，益形严重，都市每人一日之分配量自三千四百六十卡，减至一千三百四十四卡，至1917年更减为一千卡，因此国民体力渐衰，疾病骤增，兵士之战斗力及士气亦因粮食而大受影响。虽政府厉行各种措施，仍感不足，遂致遭粮食暴动，全国骚然，盖食粮关系经济资源，一有不足，百务停滞，社会秩序不宁，动摇国本，更易引起前线战事之恐慌及后方民众之骚动，结果战事不能持久，而至败北！此次世界大战，轴心国与同盟国最后胜负之决定，或视两方粮食能否维持久长以为断也。

我国粮产丰富，然因运输关系，全国粮食不能充裕调节，故以农立国每年尚由外国输入大批米粮。据战前海关报告：每年外粮之进口净值，竟有一万七千万海关两之巨。故为杜塞漏卮，补救粮食缺乏，只有积极增加生产，与消极防治病虫害，而讲究积谷储藏，至少可减少百分之五之损失，诚值得注意之一事也。战事发生，民食与军糈之供给，益感迫切，对国内则实行统制食粮，计划分配，对敌国则厉行经济封锁，破坏交通，劫夺粮食资源，使民困于内，兵疲于外，其毒辣之手段影响所及，有甚于炮火炸弹，故宜乎双方殚精竭思，上下努力，祈求对抗万全之策。

关于粮食政策之推行，首重储备，盖粮食有储备，则可以调盈虚、平粮价、充军实、固国防，利莫大焉。

然粮食储备，尚有二严重问题：即因仓库构造及米谷管理之不合理所受之质及量之损失，前者如米质劣变，后者如虫鼠害是。以虫害而论，日人估计该国米谷储藏期内所受之损失，约占全产量百分之五。我国全国产谷量，据中农所1935年之估计，约产八万七千万市石，年以一半储藏，若以百分之五损失计算，平均损失二千万余市石。又据该所1940年之估计，四川省稻谷产量约八千八百六十一万六千石，年以一半储藏，则

---

[*] 《正中书局》，1944年。

为四千四百三十万零八千石，以损失百分之五计算，则去年谷物因虫害一项所受量的损失，已达二百二十一万五千四百石。此乃以储藏方法较进步之日本之损失率所计算，若以毫无储藏技术管理之我国论之，其数或不止此。

此次作者等调查成都之积谷，仓库构造虽多半处于高燥，但以建筑材料及换气方面言之，则差之甚远，且储藏后中途多不启视，以致虫霉任意滋生，损失不赀。如成都外东聚兴诚银行仓栈之小麦仓，储藏未及一年，虫霉损害已达25.4%，外南美事银行之小麦仓，损失亦达20.6%，平均此次调查之损失率约为18.62%。以四川一省1940年之四千四百三十万零八千石储藏量计之，则去年谷物损失八百二十五万余石。若改良仓库建筑及储藏管理方法，以免此八百二十五万余石之损失，不啻增加八百二十五万余石之生产量，对于战时平时皆有绝大之利益也。

解决积谷问题可分为治本、治标二种。前者如仓库之彻底改造，米谷之彻底管理，后者如虫霉害之薰治及受害谷物之处理，二者应同时并行，以收解决目前及将来问题之效果。纵观我国对于仓库管理素少科学研究，年来各农业机关虽对积谷害虫稍有注意，然未至可以普遍应用之程度，际此政府宣布田赋改征实物及实行粮食管理政策，则粮食管理技术之优劣，影响此项政策之成败，事关重要。爰于研究积谷害虫之暇，根据手下国内外之文献及实际调查参观之所得，编成此书，以公于世，使管理仓库者有所取法，而研究积谷病虫害者，亦有所参考，抑且对于国计民生或可裨益于万一。唯仓卒执笔，文献不齐，深恐挂一漏万耳。

第二章　仓储与虫霉防治之重要

稻米为我国主要食粮，于国计民生皆有偌大之影响，近来各地米粮市场常有缺乏米粮供给之现象，此固由囤积居奇所致，而政府亦少粮食政策与储藏谷物之设施，不能统筹支配各地之余粮，乃为其症结所在。因此对市场控制力量薄弱，予奸商以垄断之机会，而影响民食及国防甚大。语云："无三年之储，曰国非其国"，足见古人对于储藏粮食之重视。当兹世界风云紧急，弱肉强食，苟一国本身无人力物力之充分供给，将何以应付此非常时期而持久战争耶！所谓物力，除国防军备及国防经济外，窃以为粮食当为重要之因子，尤应以食粮储藏之准备为当务之急。兹再将食粮储藏之重要与虫霉问题之严重性述之如下。

（一）储藏粮食可调节民食稳定粮价。丰穰之年，粮价势必为供求律所支配而大跌，结果造成"谷贱伤农"；至于荒年，则粮食缺乏，价格暴涨，结果造成"谷贵伤民"，若实行仓储制度，如古代之常平仓，则可于粮价跌落时，政府以最高价格籴进，粮价高涨时，以最低价格粜出，如此方可调节市价。但政府收买米谷后，若储藏不得法，非但减耗甚巨，且有全部损坏之虞！是以欲实行调节米价，当注意储藏问题。

（二）储藏粮食可减少损失。改良仓库建筑及改良储藏方法，皆可使所储藏之米谷免去虫霉之损耗。日本统计该国每年稻米储藏所受虫霉之损失，年约糙米三百万石，占全产量5%。我国稻谷产量据中农所1935年之估计，每年约在八万七千万市石，年以一半储藏，则为四万三千五百万市石，储藏方法又不如日本，损失当超过百分之五，即依年产四万万市石以 5% 之损失计之，年约损失糙米二千万市石。改良储藏方法以免此二千万市石之损失，不啻增加二千万市石之生产量，已可抵制洋米输入数量而有余（1935 年洋米输入总额，为一千三百余万市石）。

储藏米谷，除虫害外，尚有发霉之意外损失，发霉除使谷粒本身变质而外，且不适于加工。最重者其内之胚可完全损失，营养价值亦全失。据日人研究储藏一年米谷之 B 族维生素（Vitamin B）可减少 3/10；二年后减少 4/10；三年后减少 6/10，B 族维生素在米谷内适合于营养之含量为 8/10，渐减则营养价值亦渐小。故改良储藏方法，不但可防止虫害之损失，且可保持米谷之品质。

（三）储藏粮食可调剂农村金融。农业收获之产品，多于贱价时售卖给粮行商贩，再转卖给消费者，故农产价值即被剥削一部，俟青黄不接时，则不能生活，故若提倡农业仓库，可使农人收获之产品，暂为寄押，不致低价迫售，亦得以通融资金以应需要，而产品便可得善价而沽，使农村金融得以调剂。唯经营农仓者，若忽于储藏问题，则储藏米谷一经损坏，必失掉农民信仰，而致仓库事业受重大之打击。为调剂农村金融计，亦应注意谷物之储藏。

（四）储藏粮食可备荒年。古代储藏米谷多以备荒为目的。任何国家任何地方每年皆难免天灾人祸，影响之大无可与比。故应于丰穰之年，广为积储，注意管理，一遇灾荒，方不致束手无策。

（五）储藏粮食以利运输。我国连年米麦入超甚钜，此非产量不足，实系运输洋米较内地为便故也。故政府应择适中地点建立仓库若干所，俾边僻地方可集中运至仓库储藏，再集中运至缺粮地方发售，使粮食运销便利而流通迅速。故在仓库储藏米谷，则可收调剂盈虚之效。

（六）储藏粮食以固国防。我国历代仓储，虽以调节民食为其主要目的，实兼有充实国防之意，故历代言边防者莫不首重积粟。且近代战争首在封锁海口，届时外援断绝，本国所产者难敷食用，虽有强兵精械亦难持久，故应平时注意储备，且施行科学方法管理，避免虫霉之侵蚀，使一遇需要时，方不致感供给之困难。

（七）保存种子。种子储藏问题与农业有密切关系，种子发芽率，每多在一年内有效。一年后则发芽率渐次减少，至二周年，则鲜有能发芽者。若遇水旱灾荒及病虫害之影响而完全失收之年，势必种子感觉缺乏，农民则无法继续栽种矣，故保存种子与发展农业关系綦重。种子之发芽，须具有水分、温度、氧及自身所含之酵素四种，即所谓种子发芽之四要素。发芽四要素与稻米储藏有重大关系，盖稻之发芽，为胚乳内所含之有机物质，遇适当环境而呈活动现象，以作供给养分之准备。其准备方法，即改变其化学组织，以利幼芽之摄取。因胚乳内所含有之物质，以淀粉质、蛋白质、脂肪质、纤维质等为主，此种养分，幼芽不能直接吸收，必须改变其化学组织而后可。变化之力，则在种子所固有或发芽时所发生之酵素，如淀粉经糖化酵素之分解而变成糖类，脂肪、蛋白、纤维等质，亦经各种酵素之分解变成甘油，脂肪酸等物质。是以国人欲长期储藏种子，当使其保持长期休眠状态，勿使变化。

欲长期保持谷米之发芽力，必限制水分、湿气及氧之供给，使稻米永在静止休眠状态。普通储藏方法，虽不至发芽，然亦非完全静止，呼吸作用无时或息，故一年后酵素即失其活力，而不能发芽。温度高，湿气重者，损害更速。是以欲长期储藏谷米，必须极端限制前三者之供给而后可。普通储藏一年后，发芽力大半丧失。据日本近藤万太郎于大正五年及六年试验俵米保持发芽力状况之结果，知五月止能完全（百分之九十五以上）发芽，依次逐月减少，至十一月则全部死亡，即收获于十一月，而死亡于翌年十一月，可谓仅能维持生活力约一年。若因密封储藏方法，施行碳酸气密封，或空气密封，使米谷之含水量在百分之十三以下，于四年后，均可保持百分之九十四至百分之九十九之发芽力，与新米之发芽率无异。此为密封储藏远胜于俵装之点，故若注意储藏，种子方能保持安全而利于农业之发展。

仓储与虫霉防治之重要既如前述。兹更将国内外每年积谷所受之虫霉害损失，述其概要如次，际此储政紧张之期，防治虫霉，挽救损失，实为急不容缓之工作。

（一）1935 年至 1936 年，江西省农业院调查该省积谷害虫之损失自 2%～45%，计 1935 年损失达一千万元以上之巨。

（二）1937 年至 1938 年，中农所调查湖南省仓储，自 1930 年至 1937 年之积谷，其损失自 1.94%～32.6%，储藏越久者，损失亦越大。

（三）1938 年，中农所调查长沙市积谷虫害损失自 2.52%～14.24%。

（四）1938 年，湘农所检查道县积谷结果，1936 年之积谷，虫害损失为 6%，1937 年之积谷虫害损失为 4.2%。

（五）1940 年，中农所调查农本局各仓存谷受虫霉害损失计：

江安仓库损失为 4.14%，

南溪等县仓库损失为 6.98%，

长江下流各仓库平均损失达 7.53%。

又各县积谷仓库之积谷，受虫霉害损失自 1.09%～61.5%，平均为 12.00%。

重庆市仓谷受虫霉害损失平均为 16.28%。

（六）1940 年，鄂农所调查湖北省仓谷受虫霉害损失自 8.47%～22.3%。

（七）1940 年，中农所调查广西省仓谷受虫霉害损失自 4.85%～11.69%。

（八）1940 年至 1941 年，四川大学农学院昆虫研究室，调查成都市各仓储谷受虫霉害损失平均为 18.62%，以此估计川省 1940 年之积谷量，则有八百余万石之损失。

（九）日人估计该国米谷储藏期内所受之损失，年约糙米三百万石。该国年产糙米约六千万石，损失数量约占全产额百分之五。

（十）美国估计该国之储藏谷物及麦粉等所受积谷害虫之损失，约为百分之五，计每年损失二万万五千万元！又在 Idaho, Oregon, Washington 诸地之豌豆遭豌豆象之食害损失每年约六十万元，尤以 1934—1937 数年为甚，1926 年 Stanislaus, Merced Countries, California 诸地遭绿豆象及大豆象之损失，据调查约为一百万元至一百二十五万元。

根据中央农业实验所 1935 年全国稻谷产量之估计，每年储藏约四万万市石，若以损失百分之五计算，年约损失糙米二千万市石。又据李凤荪氏估计：全国贮谷受虫害损失，年达一万万元。忻介六氏估计：全国储藏稻麦年损失达三万万元。又若依照上述我国各地之调查，以估计每年储谷之损失，其数量之钜，良堪惊人。改良仓库建筑及储藏管理方法，以免此大量储谷之损失，则不啻增加大量之生产，亦可抵制输入洋米数量而有余，于国计民生及国力充实上实有莫大之裨益也。

第三章　积谷害虫发生原因之研讨

盖仓库之最大目的，在使所储藏之米谷，常保持其原有之状态，故对于一切使积谷改变原有状态之因子，皆须设法防除之。如仓中温度之高升，不但能使害虫易于繁殖，即对于米质之变劣与发芽力之保持等，实有莫大之影响。而仓中谷物含水量之多寡，与谷物食味及 B 族维生素含量等，亦有莫大之关系。此外如谷物之刚性、黏性、色泽、精米率、酵素之活力、营养素以及馔炊增量等，皆随储藏之合理与否而生莫大之差异。若不经合理之储藏，使苦心所积之谷，于三四年后皆变为味劣、气臭、色黑、无营养价值、发芽力薄弱，无种植价值及不堪供食用之废物矣。随着我国积极办理积谷之时，尤须特别注意，以控制其害虫之发生，兹将米谷储藏促进害虫发生之几个重要原因，述之于后。

第一节　气温之过高

积谷储藏中之最危险者，厥为温度之上升，盖此可使米质起绝大之变化，而使大量虫霉滋生其间也。温度之上升，大半原于外界气温所左右，然亦有受谷物之呼吸作用、发酵作用以及附着于谷物上之霉菌，及害虫之呼吸作用，所生热量之影响。而积谷之温度，又依季节之不同，及一日中之时刻而生绝大之差异。至于谷物之含水量、品质、堆积之数量及方法、与虫霉之发生，亦均因之而起密切之关系。

更由仓库之构造与位置之不同，仓库中即受外界气温所控制，且深影响于积谷之温度。故建筑仓库时，须选择高燥适宜之地址，及作种种之防热设备。又由建筑仓库材料之不同，与仓库内空气受外界气温及湿度影响之程度有相当之差异与迟速，据格兰斯蔓氏（P. Grassiman）于十三个月间，就裸麦、裸麦粉、燕麦及豌豆等作储藏试验之结果，则知此种谷类储藏于 −0~4℃ 之冷藏库中，品质毫不起任何变化，且气味及色泽亦与新鲜谷物无异，即发芽力、维生素及其营养素等，亦不受任何影响。由此可知低温能使谷物保持原有之状态，而设法使仓库内温度之降低，不受外界空气之控制，实为储藏积谷上最重要之问题，而减除虫霉发生之一大因子也。

第二节　积谷含水量之过多

国人皆知欲使谷物长储不坏，必须使之十分干燥而后可。盖谷粒中含多量水分时，谷粒之呼吸作用即甚盛旺，害虫及霉菌亦易繁殖，而谷粒之自热亦因之增高，致米质速于变劣也。据日本近藤氏考察，米谷水分含量至百分之二〇时，虽储藏温度至零摄氏度时，品质亦能变坏，而润温米之 B 族维生素，常易分解而消失。据日本神医学博士及秋元医学博士实验证明，食用润温米时有常罹脚气症之现象，且 B 族维生素与含水量之多寡而有增减。以近藤万太郎之报告，知含水量多之米，于八个月间，消失 B 族维生素特多，以含水量 10.2% 米之 B 族维生素为 100，则米含水量 11.7% 为七十二，米含水量 14.2% 为六十四，米含水量为 16.2%，为四十九，米含水量 18.3% 为十八，其比例顺次减少。由食物霉生之立场言之，米谷亦非干燥不可，且水分越多，米之呼吸作用越盛，而附着周围之霉菌类如腐化米之 Absidia，变质米之 Penicillium，及赤变米之 Oospora 作用越盛；此外 Fusarium, Aspergillus, Gibberella, Helminthosporium, Rhizopus 等霉菌易于滋生。霉米之中往往含有少量毒质，使神经中枢发生麻痹等症。由此可知含水量与储藏关系之綦重，而影响于营养颇钜。然以十分干燥之谷物，在普通仓库中储藏后，亦须受空气中湿气之影响，即十分干燥与干燥不良之谷物于储藏后，两者之水分皆能受空气中湿气之影响，其水分常完全相等。故国人即将谷物十分干燥，若于储藏期中无防止湿气之防湿设备，则此谷物亦必吸收空气中之湿气，致干燥谷物之劳力，毫无代价，虫霉仍可滋生，此其所以于干燥谷物外，尤宜注意于防湿设备。

第三节　积谷自身之发热

积谷害虫极猖獗时，最引起国人注意者，厥为积谷之发热现象，而此现象于害虫猖獗上，亦有甚为密切之连环性，于防治上更有重大之意义。积谷发热现象之原因甚多，大别之为温湿不适，菌类之寄生和虫害之发生。软质之米谷，将至霉雨节时，常发热而发酵，此即水分过多所致，亦常有因霉菌之寄生，致米谷发热而腐败者，但由害虫之发生而引起之发热现象，与前二者之发热，其状况完全不同。其由水分过多或菌类寄生而起者温度常不一定，积谷初发热后，即起腐败作用，致米谷变其形状。而由虫害所诱起之发热，其温度必有一定限度，且因此而发热之积谷，绝不腐败，并常有害虫之生存。反之其由水分过多，或菌类寄生所致者，于未发酵前或有害虫生存，比至发酵时，臭气盈溢，害虫遂为臭气所驱而逃避。由上列诸点，即易判其原因之所在。

积谷发热现象之重要，在于延长害虫之生活时间与增大一定容积内食害量。害虫在常温下至晚秋，即停止一切活动而入于休眠状态，但此种发热现象，常使其休眠时期延长至一二月以上，其尤甚者，则如小谷象在发生发热现象时，即不行冬眠，且加速生长，每一世代约仅费时一月；换言之设积谷终年发热，则全年约可发生至十二次之多，而在常温下，此虫以四月至十月间为其繁殖时期，每年约发生四世代，但在发生发热现象时，则不行冬眠而增高其世代矣。

发热现象之由于虫害者，其为发热主动力之害虫，若不集合至相当数量，即无从达其发热之目的。例如，小谷象之生活温度为 33℃ 左右，在夏季米谷之温度因受外界温度之关系，在 30℃ 以上，在一合米谷中生存成虫五十个以上，始能使温度上升 3℃，成为 33℃。反之，严冬时之米谷温度约在 3℃，欲使米谷温度上升至 33℃，在一合米谷中非繁殖达 600~900 个，适当夏季虫数 10~16 倍不可。换言之，即假定成虫一个，仅食害米谷一粒，则在一定容积内夏季被食去米谷仅五十粒，冬季则达 600~900 粒之多。由此可知积谷发热之重要性，在于害虫为害时期之延长，及其为害程度加速度之增大，与在常温中生活之害虫为害之情形完全不同。

与积谷发热有关之害虫，首推小谷象，此外为长蠹虫、米象、熨斗目谷蛾三种。发热温度据巴克（E. A. Back）及科吞 R. T. Cotton 两氏之观察，寒冷时在 14~43℃。今据日本高桥奖氏之研究。将害虫种类，发热温度及发热继续时间等列表如后：

害虫种类	发热温度（℃）	温度继续之时间
小谷象	32～33	夏季及全冬季
长蠹虫	36～37	自夏季至初冬
米象	30～31	夏季
熨斗目谷蛾	33～34	夏季中短期间

据赣西各县积谷发热害虫之观察，帮助发热之害虫，其重要者厥为长蠹虫，其次为米象，其温度则常在30℃左右，此外则拟谷盗、大谷盗、角胸谷盗及一点谷蛾，均有帮助积谷发热，或使热力不发散之能力。

积谷发热原因之学说据巴克及科吞两氏所述，关于积谷发热现象之记载最古者，首推1762年法国之蒙索（Dubamel du Monceau）、替尔特（Tillet），以为麦之发热，由于麦中发生麦蛾，吸收麦中湿气致发酵而起。1860年法国赫尔宾氏（Howard），以为藕豆（Dolichos）之发热，由于豆象虫成虫及幼虫啮食之机械作用而起。1889年库克氏（Coock）以为害虫能给予谷物以热力。1892年多蓝氏（Doran）以为积谷之发热现象，由于昆虫变态时所发生之潜热相积集而起。此外如1919年英国之登带（Dendy）及厄尔京敦氏（Elkingten）等，亦曾记载积谷发热现象，并谓可由密闭法防止害虫之发生与发热，1924年美国巴克及科吞两氏，调查小麦受麦蛾及米象之侵害而起发热现象之结果，知发热与水分之增加有关；即发热小麦之水分为百分之十五点一，不发热小麦之水分为百分之十三点九，发热小麦熏蒸后其水分为百分之十四点四，不熏蒸之小麦曾保持发热至一月以上。

上述此种水分之增加，二氏以为由于小麦吸收害虫所排泄之粪中水分，再由此种水分而致发酵。但据1933年日本高桥奖氏研究之结果，则由积谷之发热，实完全由于害虫之幼虫，而与成虫无关。由幼虫之水分促进谷粒淀粉内酵素之活动，而此水分绝非如巴克氏所想像为自粪中吸收而得者，实因幼虫自孵化后以至蛹化之时期中，常含有百分之六十至七十之水分，此种水分为食物与吸气作用所生成，经由脱粪与呼气作用，以水分供给幼虫自身所食入之谷粒及其附近谷粒，致促进酵素之活动而起发热，此种热力传导至其他谷粒，更由害虫之繁殖与移转，遂至发生大量积谷惊人之发热现象，此项引起发热现象之温度，以在幼虫孵化后第十二日为最高。

第四节　储藏方法之选择

我国积谷，多谷米兼储，日本近代则以糙米储藏，与我国及其他产米国不同。然二者究以何者为得计，吾国此后是否仍应遵守数千年成法而以谷米储藏，抑应仿效日本以糙米储藏，实为重要问题。谷有外壳保护，虫害不易侵入，霉菌不易繁殖，且外壳含水量少，储藏亦较容易，非如储藏糙米时，偶一不慎，即易变质，此为以谷储藏之优点。但以谷一石磨成糙米，约五斗五升，容积减少一半，而于储藏时节省仓库亦为一半。又米散堆较俵堆能多藏2.2倍，于仓库建筑费既可节省，管理亦较便利，此糙米储藏优于谷储藏之点。白米长期储藏，各国尚无其例，因糙米虽无外壳，尚有果皮、种皮保护，不易损坏，白米则果皮固去尽，种皮亦多无存，易受潮湿之影响而促进虫害霉菌之发生，在普通环境下，不易储藏。唯近年来研究结果，稻谷须有外壳保护，然亦能受长蠹虫之侵害，啮破砻糠，穿成大孔；米象亦能于砻糠之裂缝中产卵，以食害砻糠中之米粒。霉菌不仅能在耷糠之外面，且能侵入至米粒中引起营养素、酵素、维生素等之损失，决非谓为储藏安全。以米之内容变化言之，实与糙米储藏相差无几。故今日欲言合理储藏方法，绝非以认稻谷储藏为满足。白米干燥充分，不使水分增加，常保低温状态，亦能历久不损。

稻米储藏，必经相当时期，农家及农业仓库储藏期间，均在一年以内，即自秋收后至翌年秋收前止，可称为短期储藏。国立米谷仓库及各地积谷仓、义仓等，储藏期间概在一年以上，亦有超过三四年者，此种一年以上之储藏，可称为长期储藏。稻谷储藏，冬季易而夏季难，以短期储藏期内，少虫蛀霉烂之虞。长期储藏，则每逢夏季为一难关，以长江流域而言，霉雨期至，空气潮湿，稻谷逐渐吸收空中湿气而增加含水量，迨至七月温度增高，湿气亦重，害虫霉菌滋生，稻米本身亦增加活动力而改变其理化性质，是以糙米储藏时，如何薰杀害虫，尚在其次，如何防止湿气温度之增高，则为成败所关之要件。

稻之含水量少于糙米及白米，外壳坚硬，多量堆积，亦不至因互挤而损坏。糙米、白米则不然，多量堆积时，苟环境稍有不良，则易受害虫、霉菌之繁殖。故对于稻、糙米、白米之储藏，除对储藏时期有关系外，尤须注意装藏方法。稻有硬壳保护，可散储于仓内，米则须先盛于包装袋内，然后堆积，因各包装之间，空气流通，潮湿易于散失，不易发热，可减少虫霉之发生。若储藏方面失当，不仅虫霉滋生，品质亦可因之大减，不可不慎。

防治公粮霉烂生虫[*]

曾 省

公粮不但是国家的主要财富，一切经济、文化和国防建设都须靠它开支，而且是四万万七千五百万人民生命所寄托的东西，由农民千辛万苦种植出来的粮食，收为公粮，储藏于仓库内，一定要好好地保管，不让霉变虫坏，可是中南区各省各地常有公粮霉烂生虫的消息。下列零星不完备的数字是两年来仅从汉口报纸上随便记录下来的，趁此再提一下，证明公粮损失的数量，确是惊人！如1949年河南确山县李湾仓库70万千克公粮入仓不久而全部生虫。又西平县仓库小麦300万斤生虫腐烂，不堪食用。鲁山县据不完全统计全县损坏的粮食已达37.1万斤，河南商丘宁陵县仓库储粮食一百余万斤，于调拨时全部被虫害。1950年11月22日长江日报载：江西各地仓库九千余万斤公粮生虫发霉。又11月29日该报载：湘赣鄂桂等省入库公粮霉烂生虫1.4亿万斤。

为减少或避免公粮巨大的损失，第一是仓库须有合理的构造。第二是管理人员须有科学的知识和防治虫霉的技术。所谓合理的仓库构造，就是须有防热、防湿、防虫、防鼠雀和换气、密闭等设备，甚至还须附有晒场、干燥机，扇谷机等装置。所谓科学管理，就是说保管公粮的人员一定有调节仓库温湿度，临时抢救的处理，与保持仓库清洁等的知识，而且要掌握着扑灭虫病的技术。这本小册子是根据个人浅薄的经验和参考各方的资料，并结合乡村实际情况，作一个简单扼要的介绍；唯以执笔匆匆，时间短促，难免无谬讹之处，尚祈各级保管公粮同志们，不吝指教，有所改正，是为至幸。

一、积谷发生霉蛀的原因

公粮藏在仓里，或堆积什么地方，保管中顶伤脑筋的事，是谷米堆中温度上升，用手探进去，（用手试探：凡手深入谷堆，觉有凉气的为不发热，有热气的算已经发热，觉得烫手的，即为高热，且已进入严重的霉蛀阶段。）或用温度计检验即知，谷米发热就会使米质起了很大的变化，并且惹起大量虫霉的滋生。谷物堆中温度上升，大概是受了外界气温的变化，与因谷物的呼吸作用、发酵作用，以及受了附着于谷物上的霉菌和害虫的作用，所生热量的影响。这与谷物的含水量，堆积的方法，虫霉的发生及仓库的位置与构造，都有密切的关系。如把谷米储藏于 $0 \sim 4\text{℃}$ 的冷藏库中，等于冬天落雪时候的天气，品质毫不起任何变化，且气味及色泽亦与新谷米无异，即发芽力，维生素及其营养素等，亦不受任何影响。由此可知，低温能使谷物保持原有的状态，而设法使仓

---

[*] 武汉通俗图书出版社，1951.3。

内温度的降低，尤其夏天不受日光直接晒射，门户小心开闭，不使室内闷热，与风吹雨打，实为储藏公粮最重要的问题，而是灭除虫霉发生的一大原因。

我们晓得任何东西，储藏不坏，必须该物体十分干燥。假使谷类中含多量水分时，谷类的呼吸作用，就甚旺盛，害虫霉菌也容易繁殖，那么谷类的本身热度亦因之增高，致米质速于变劣。米谷水分含量至20%时，虽储藏0℃温度时，品质亦能变坏。而润湿米的维生素乙就易分解而消失，多食这种米的人，常会引起脚气病。假定含水量10.2%的米内维生素乙，为100分的话；含水11.7%，维生素乙减少至七十二；含水14.2%，维生素为六十四；含水16.2%，为四十九；含水18.3%，为十八。故为人体营养着想，谷米也非干燥储藏不可。

又谷物内含水分越多，它的呼吸作用亦越盛，而附着它的周围的霉菌，如腐化米的蛛丝菌，变质米的青霉菌，及赤变米的赤丝菌，发生亦愈旺。此外不完全菌，曲菌，豆霉菌等亦易于滋生。霉米中往往含有少量霉质，食之会使神经中枢发生麻痹等症。由此可知，谷物含水量与储藏关系很大，而又会影响人身的健康。十分干燥的谷物、若于储藏期间，无防止湿气的设备，或仓库建筑简陋，纵不被风雨飘淋，谷也会吸收空中湿气，致受潮发热，品质变劣，虫霉滋生。所以对谷物防御潮湿，必须十二分保护周到。

除了上面所说温度水分之外，谷物还会发生"自身热"的现象，这与害虫霉菌猖獗有密切连环性的关系。凡因水分过多或菌类寄生而发热，即起腐败作用，臭气四溢。害虫亦能诱起发热，但温度有一定的限度。能发热的害虫，小谷象发热为摄氏温度计32～33℃；长蠹虫26～37℃；米象30～31℃，熨斗目谷蛾33～34℃。此外大谷盗，角胸谷盗，及一点谷蛾，均有帮助积谷发热的能力。害虫何以会使米谷发热，其说不一。有的说麦的发热，由于麦中发生麦蛾，其幼虫啮破麦皮，吸收空中湿气，引起麦子发酵。有的说扁豆的发热，由于豆象成虫及幼虫啮食的机械作用而起。亦有人相信，积谷发热现象，由于昆虫变态时所发生的潜热相积而成，或吸收害虫所排泄的粪中水分而起发酵。甚至有人主张，枳谷的发热，完全由于害虫的幼虫，因于幼虫含水较多，有促进谷粒淀粉内酵素的活动。就是由于幼虫蜕皮，排粪，及呼吸作用，供给昆虫自身所蚀入之谷粒及其附近谷粒以水分，而促其发酵生热。更由于害虫的繁殖与迁移，遂逐渐蔓延，发生大量积谷惊人发热的现象。这种发热大概在幼虫孵化后十二日为最高。为免除谷米发热霉烂计，防治害虫的发生，也是首要。

二、防治积谷霉蛀的方法

1. 仓库位置和构造

仓内谷物温度和水分的转变，与仓库的位置及构造关系很大。要想储粮成绩优良，首先须注意仓库的建筑。仓库位置须择高燥的地方；仓库形式须东西长而南北短，周围多植树木，尤须注意遮断西方日光的照射；屋顶须高，屋檐须伸出屋外很长，以防夏季外部热气的侵入，而减少害虫的发生；板仓最易受外界温度的影响，空壁仓次之，水泥仓、土仓、砖仓又次之。

2. 入仓处置

（1）在公粮未入仓之前，应彻底清除仓库，凡仓库墙内外屋顶地板存余谷屑及尘垢，应扫除净尽，并举火烧掉，病菌害虫因此消灭。又陈谷新谷，陈米新米不可混集一处。仓内有裂隙及孔洞应用木板，或砖土填塞。通气竹笼麻袋，箩筐谷围，竹垫等项用具要一律搬出仓外，充分暴晒敲打干净，或用百分之点六五有效成分的克灭杀（即六六六粉）喷射在仓库墙壁及麻袋用具上，用量为一千五百平方尺用一磅；或百分之五的可湿性滴滴涕（注一）液剂或可湿性 666（注二），（此药有毒不能直接撒在储粮上以免中毒），就可杀死一切匿藏的仓虫。屋外垃圾瓦砾及其他堆集物，亦须清除，甚至杂草亦须铲刈，免为虫鼠潜伏。

（2）米谷进仓时应检验纯洁与否（泥杂，青谷，瘪谷都应扬去），有无病虫附藏，是否干燥，更为重要，若含水量超过标准含量（储藏稻谷标准含水量是百分之十三点五，小麦是百分之十二），当拒绝收藏入仓。检验稻谷干燥与否，普通用手砻，将稻谷去壳，其糙米不碎，色泽光润，米皮完整而不起毛者，即系干谷，米麦可用齿咬，咬时紧而难断，声音响亮，就是证明含水分低，柔而易断，咬之不响，就是水分多。若发见水分过多时，应即行干燥，或暂行分储，晒干后才能入仓。此外，用手紧握谷粒一把，水分高的，必结成团，不易离散；水分少的，紧握而不成团。此外可用两掌尽力摩擦谷粒，湿谷就不易去壳。

（3）用日光晒干是干燥谷的唯一方法。但天气恶劣时，就不能施行。秋日多雨，谷物登场，往往堆积发芽，无法处理。乡村和城市，谷物集散地点，有用谷物干燥机，干燥谷物免生虫霉，闻江苏常州西门外有万盛铁工厂，制造金冈式干燥机，但效力不甚好，应速设法改进。

日光暴晒（合理仓库左近应有晒场，大小视仓库面积与谷物容量而定，且须三合土或洋灰筑成），可选日光猛烈干燥日子，将稻麦（食米不可晒，晒了米要变脆，并会发酸）搬到晒坪或置晒垫上暴晒，厚度不能超过三寸或二指，每小时耙一次，日中阳光以上午 10 时至下午 3 时最猛，4 时以后逐渐降低，故晒至下午 5 时，就要搬收，先把谷麦搬至阴凉地方，待热气放出，再搬入仓内，切勿趁热入仓，否则虫蛀反凶，发热更易，当暴晒时爬出的虫要扫集焚毁。

3. 入仓后的管理

谷物储藏，普遍分散装和袋装两种。散装因散漫堆积，入仓后管理不便，复因不通风，易起发热霉蛀，新式储藏却喜用袋装。①散装：在堆装谷物之前，先把竹笼横置地板上，两端接合仓库预设的通风洞，然后把米谷入仓内，同时在每一平方公尺面积内，竖立通气竹笼一个，待仓内米谷堆满，竹笼上口至少须露出堆面五寸。堆谷表面须距离天花板三尺。于堆面覆盖竹席，席面再铺二寸厚草木灰，以隔离病虫、雀、鼠等的侵入。如系围囤，高度以 8～12 尺为准，如稻谷不干，堆装不可高达 8 尺，最好只有 2～4 尺高度。囤口直径 6～10 尺，囤内应竖立竹笼 4～6 个。两个围囤之间，应留出工作地位。谷堆表面，亦应用竹及草木灰覆盖。②袋装：堆积有许多式样，分五袋，六袋，八袋，十袋，及十二袋堆积，视仓库容量与谷物种类而分别处理，并顾及仓库安全与管理方便，堆积时应注意之点：第一，袋间须有适宜空隙，使流通空气与熏蒸驱逐害虫的方便；第二，堆间须留人行通路，以便巡视管理；第三，勿堆积过高，避免屋顶雨水潮湿，更不宜接触墙壁，尤以西方墙壁为甚；第四，新米袋与陈米袋分开堆积，免致害虫传播；第五，各种谷物应分别堆积，且谷类之外物品，如棉花、砂糖、药材及肥料等，不应混于一处；第六，堆袋最好垫以抬木，避免地下湿气侵入袋内；第七，米袋如有破坏，须设法修补；第八，如面粉之类须时时翻搬勿使板硬。这一切都是管理公粮的人们，所应注意的事情。

三、仓库发生虫霉后的处理

1. 不密闭熏蒸

（1）倒仓法。各仓储米谷时，应留空仓，在米谷生虫发热不便日晒时，可用此法，把甲仓谷米搬至空仓，再把乙仓搬到甲仓，这样可调节粮堆上下层的温度，粮内郁热和积潮也可因此发散，可减少和阻止仓虫继续发生。

（2）车扇法。米谷发热生虫，不便用上法可用车扇法处理，用风车车扇一次，一面可把粮内害虫，蛀屑霉菌飏出，一面可减低粮温，若（1）（2）两法同时并用更好。

（3）实仓喷粉法。用含百分之点六五有效成分的六六六粉喷撒在麻袋外面，用量为一百平方尺用半市斤至一市斤，此法很经济方便，可用喷粉器或中南农林部设计竹筒制的"大众喷粉筒"喷撒之。

（4）无毒粉末杀虫。每一千斤粮食，用氧化镁一斤仔细拌和，就可把米象等虫杀死。散袋或围囤堆粮，可先在底面喷粉，盖以麻袋或竹摺，再堆置粮食，粮食面上用麻袋或竹摺盖好，再撒药其上，围囤外围和附近地板，亦须喷粉。

2. 密闭熏蒸

在仓虫发生严重及仓库建筑良好，能予密闭的，可用此处理，能彻底消灭仓虫，对粮食亦绝无药害，但熏蒸工作人员，须戴用防毒安全设备（如防毒面具等）以免发生意外。供熏蒸的药剂如下。

（1）氯化苦（又名催泪瓦斯气）。较空气重五倍，能在空气中下沉。对昆虫极毒，对人亦有害及肺部，每一千立方尺用一斤半至三市斤，在20℃以上用之最好，密闭熏蒸（切忌漏气）48~72小时，此气较空气为重，药剂可置高处或粮面，盖麻袋喷撒于其上，粮食须干燥，中间留空道。

（2）二硫化碳。每一千立方市尺，用药四斤半，熏蒸24小时，在堆集严密时，可用六市斤，熏蒸36小时，因较空气为重，熏蒸时，药须放于高处，且须避免接触灯火。

（3）氰酸气。较空气为轻，杀虫力极强，对人亦有害。用氰化钾或氰化钠加硫酸制成。每一千立方市尺用一市斤氰化钾或钠、一斤半硫酸及三市斤水（1:1.5:3）配合，先放水后，逐渐加入硫酸，宜于20℃以上时使用，熏蒸24~48小时。

此外还有一种氰化钙，是一种粗粒的粉剂，用碳化钙吸入氰酸而制成。把它放在空气中，起湿化作用，就慢慢发生氰酸气，使用很方便。用时先在人行道上铺几层旧报纸，工作人员戴好防毒面具，二人一组，把药罐盖启开，用大铁铲把药匀撒于旧报纸上，厚度不超过半寸，空气干燥，可在地上先洒水少许，不可太湿，或用草纸浸湿，放置屋角增加空气中湿气，使氰酸气易于发生。

四、稻谷水湿生芽霉烂

稻谷收藏时，因水分含量过高，加之管理不得当，易起霉烂生芽，基本上有两种情况。

（1）稻谷干潮不齐，原仓未有翻过者，堆积过高，储存日久，聚压紧密，或上层泥杂多，热气闷在下面，不能上升，时间长久，即发生内部霉变。

（2）粮质均匀或已翻过，干湿谷全部混合多分层发热，逐步向上发展，中下层先发热，而后热气上升，中上层热度逐渐增高，水分蒸发上升，表面以及与外界通气地方分段发潮发芽。其发展规律是这样的。

①生霉和腐烂的规律：凡潮湿稻谷，遇到较高的温度，在20℃以上，即易生霉，到了20℃以上，霉菌发展更为迅速。先霉青瘪谷和个别水分过多的，而后逐渐发展。先生白霉或青霉，而后发生为黄、绿、红、黑等霉色。如热度高至50℃以上，霉菌即不能生长。生白、青霉时，米色略为变黄，营养成分和气味均有严重的损失；变成黄、绿、红、黑霉时，即完全变质，腐烂不能吃用。

②发热后水分起变化：各层稻谷的水分，在未发热时，大致相同，经过发热后，中下层的水分蒸发上升，有些散发出去，有些停留在上层，热度和水分互相联系，平行发展，到上层热度增高时，上层的水分也最多（18%），下层反较为干燥（15.5%），故检验发热稻谷水分，以分层为适合，便于分层处理，不宜上下混合。

③发热芽烂所需时间：在六月中下旬至七月上旬的霉雨季节，为全年湿度最大的时期；发热后约10天，即开始芽烂。在七月下半月至八月上半月的暑伏天气，为全年温度最高的时期，如阴雨连绵，也与霉季一样，发芽须10天，如不幸下雨，发热后半月左右，开始芽烂。在春冬天气，发热后20天或一个月，开始芽烂。以上时间，如水分过多，仓房不通风，或漏雨浸水者，发展更快。稻谷生芽最低温度为12~15℃，最适宜的为30~32℃，水分在20%左右与外界温暖空气接触，即行发芽。如温度过高，胚芽死亡，即失去发育的效能。

与防热生霉有关的两件事实，我们当引为痛戒的。第一，苏州某地仓库把八十万斤潮湿不齐稻谷一起储藏，上盖稻糠（谷壳子）五六寸厚，正当霉季，仓内稻谷已发高热，由六月中旬盖至七月上旬，计二十余天，因下面水分蒸发，稻糠分段发潮，已潮随时掉换干稻糠，结果霉黄较严重的稻谷有四万斤（内中霉烂无用的约占3%），其余大部分米色，也稍有微黄，并有个别黑烂的稻粒，这证明加盖稻糠于仓囤上，想进行密闭蒸发，促进稻谷干燥，是错误的见解，不可效法。第二，有人报告：河南农民有时于储粮堆上加封槐叶、麦糠、石灰、草木灰二至八寸厚，原以之阻止害虫的侵入，此类办法在初施行时，似觉有效，但迁延日久，此类加封物品，反足以促进害虫的发生繁殖（如麦糠），且因石灰的受潮发热，反使粮温增高，又妨碍储粮的排气和水分放泄，因而加速储粮的变味、变质，招致同样的失败。

五、土仓改进的意见

征收的公粮，除一部分运至城市储藏销用外，大部分粮食都堆存于乡村或小县城的庙宇祠堂及其他公共房屋内。每以因陋就简或修理不得当的缘故，以致虫病丛生，鼠雀啃食，谷物损失甚大。若统废弃这种房屋而不用，全部改建新仓，又为目前国家财政经济所不许。建筑合理新仓，固为上策，然一时财力不够只有修葺旧仓，力求科学化，合理化，才合于乡村及一般农民的需要。现在把旧式仓库的弊端和必须改进的要点分述如下。

1. 旧式木仓

我国各地储藏粮食的旧式木仓，是长方或正方形。它的四壁全是用木板嵌成，木板厚五分至一寸，地板离地高五寸至一尺，下面多系由土砖砌成的垫柱或安置石墩。仓顶亦用木板做成，离屋顶二三尺，屋顶有时有天花板，有时无之。亦有建筑于屋内楼下，那么环境就较好些。用这种木板仓来储粮，毛病甚多，不适于科学管理。现在逐一加以说明。

（1）仓库有时太高，堆放取运谷物不便，且下面的堆积物，每因压重过度，不能通气，而受温湿度的影响。

（2）仓库内部不分间隔，只适于大量囤积，零星粮食不便储藏。

（3）仓内空间完全作堆积米谷之用，空气既不流通，水分又不易蒸发，久之所堆米谷，不常翻晒，受潮发热，虫霉滋生，皆变为无用的粉团。

（4）建筑料不坚实，壁板过薄，有时不干燥，起弯扭，生裂缝，易受虫鼠侵害及日光雨水的影响。

（5）屋瓦不坚实，又无天花板，易受直射日光的热烤和雨水的渗漏，使谷米发热发潮。

（6）屋内仓间甚少，或无调节换气的气窗，致仓内空气不通，湿温无法控制。

（7）周围尤以西方一面都没有任何遮断日光的设备。

（8）地位卑湿，仓下缺乏地板或三合土或砖地。

（9）仓外走廊有时太狭窄，不能达到防湿防温的目的。

根据上述的弊端，加以下列各点的改良。

①如仓库太高，可改装隔板一层或二层。

②如仓库太大，可酌加分隔，低温少湿之处，宜储藏过夏之米，温高湿多之处，宜放置出仓较早之物。

③墙壁四周，宜加设板坪或篾席以防雨水冲刷及遮断日光，尤以西南与东北方更应注意。

④装设地板：普通旧式仓库下面多为土地，地下湿气上升，影响谷米的湿度甚大，以致霉烂生虫，损失不少；且土地松软，鼠类易于钻洞潜入，侵蚀储藏物。一定要地面坚固，或铺青砖，或铺石板，或用三合土打实，均有防湿防鼠的效果。并应于地面上设置地垄墙，上置枕木，再上铺地板。地板离地高度 2~3 尺，视基地的高低而定，地

板木料须干燥而且须细缝密合。

　　⑤架设泥幔天花：于瓦顶下面，用毛木板，竹笆，或毛木条做成弓形或人字形的天花板，其上下面均须厚涂纸筋灰泥，即成泥幔天花。若用竹笆为筋与屋顶隔开较远处做天花板，可利用原有的屋架或仓柱架，设竹竿或杉木条作为横架，再于横架之上每隔一尺，置一细竹，自仓顶以达二侧，其间再置竹片，并于纵横相交之处，扎以竹丝，然后用竹片编制横筋，再于其上下面粉涂细泥与纸筋灰泥即可。

　　⑥仓壁加涂：木板仓壁之最大缺点，是不能防热，和易于受害虫的蛀食，其补救方法，即于壁上加钉，钉间用蔴绳围绕，然后把足量的灰泥涂于壁上，就会牢固（图1）；或于板上先钉竹条，而涂纸筋灰泥。地板与天花板和仓壁衔接处，灰泥最好加防水材料，及用反射日光的颜色。

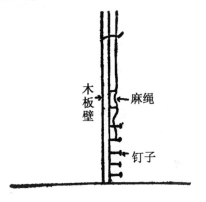

图1　仓壁加涂示意图

　　⑦加开气窗气洞：一般仓库都缺此装置，致仓内湿度温度无法调节，如开仓窗，天花板上气洞，下壁通气洞，地板下气洞，气窗等，皆须合理装设，构造坚实。

　　⑧门窗密封的设施，普通旧式仓库的窗门、常多缝隙，仓窗上都未装铁纱和板门，不仅谷物易受仓外大气湿温的影响，而且鼠雀甚易窜入仓内为害，所以窗门的缝隙，应加修补，使能密接，最好能于木板横门之外，再加装普通双扇木板门。仓窗下壁通气洞，以及天花板上气洞等，均须于其内方装设铁纱或竹丝网，以防鼠雀，其外方加装木板门，以资密闭。

　　⑨仓底的地板，应酌量增高至三尺以上乃至五尺。

　　⑩走廊须加宽至五尺至六尺。

　　⑪屋脊及屋盖和屋壁衔接的地方，可多用石灰涂补，以免漏雨。

　　⑫离墙壁一尺左右，须装钉栅木，其目的在使袋谷不损伤壁体，同时由壁传来的湿热，不致直接影响谷物，此外复便于通风，是仓库中不可缺少的东西。栅木以间隔一尺至一尺二寸为适当。再用三寸及三寸五分的圆木，劈成二半，钉于壁体横木上，其下部须离地板一尺左右，以便扫除。该栅木最好为活动装置，俾可拆下暴晒。

　　⑬门窗及其他处若有空隙，如板缝地隙等，应设法弥补，避免作为虫体的窠穴，且仓内应随时保持清洁，空库在放谷物之前应打扫，熏蒸、或喷撒药物，扑灭虫菌卵蛹及孢子等。

　　⑭仓库的地板下易为鼠虫侵入，最好于仓内地板上，先铺谷糠或石灰，厚约四寸，其上铺席后，始可储藏谷物，另外在仓库下部四周的垫柱上，接近地板，装设斜条圈（图2）以防鼠类．在墙壁下部离地四尺及离屋顶或仓顶一尺处，皆安置防鼠斜条，以防鼠类的侵入或窜上，仓顶上亦须用有防鼠啮板穿洞的设备，或其他布置。

　　2. 泥壁仓

　　用泥土与竹子编涂而成，经济耐用，四川成都一带很多，概筑于高大宽敞的祠庙

图2　防鼠斜条圈垫柱

内，因祠庙高燥凉爽，而此种仓建筑又很合科学原理，储藏白米经久不坏，若以之储藏干燥稻谷，益发无问题。据成都西门外青羊宫二仙庵仓主说："此种仓库建筑已达七十余年，还毫无损坏"。所以特地把制法详细介绍，以供乡村各地建仓的参考。

（1）仓底。在平整的地面上，用石条或青砖砌成地垄墙，墙高二尺，二地垄墙中心的距离二三尺，排成直径约一丈二尺的圆形内，在地垄墙上架置直径约四寸的枕木，在枕木上铺盖一寸厚的杉木板或松木板，合缝严密，地板大小与地垄墙分布范围相应（图3、图4）。

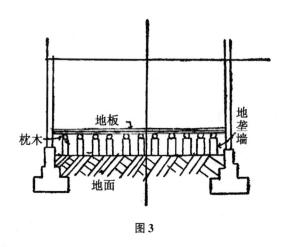

图3

（2）仓壁的建筑。

①用长约五寸宽、厚约一寸的木条作成弧形的木槽，钉于地板上离边缘约五寸的地方，每隔三、四寸，钉置一个，排成圆形，然后在每个木槽上钻直径八九分的圆洞三个，其中间一洞须穿过地板（图5）。

②用直径七、八分，高一丈六七的竹竿，插入槽洞中，中央一竹，穿过地板，下达地面（图6）。

③仓门高约五六尺，宽三尺许，皆为横叠木板门（图7，图8）。其详细构造，说明如图。

④用竹片横编成竹笆仓壁，至高一丈二尺，即渐次向中央收缩，又斜高四、五尺

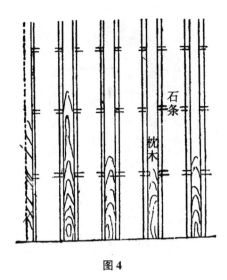

图 4

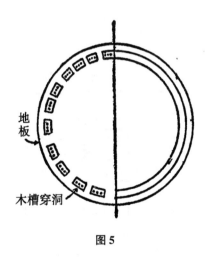

图 5

时，即收缩到中心。如是仓库下面呈圆柱形，顶呈圆锥形（图 9）。内外先涂草泥，等稍干再加涂纸筋石灰，干燥后即可使用。

土仓如是方形，其弊端甚多，改进要点，除已详述于木板仓外，更需：

①提防四壁和仓顶被雨水淋湿，如加宽屋檐或设板坪帘席。

②土仓有时因气候影响，或堆置太久或过重，会使仓壁崩溃。所以在纵横每隔二三尺处，装设木柱以支持它。

圆形土仓如不作密封储藏用（密封储粮谷物须绝对干燥），应于仓顶倾斜部，装设通气窗。地板下亦加开气洞。更于仓壁下方（地板之上）前后对开通气洞各二个。此外在地板上可用三面木板，钉成方盒形之木笼（图 10），其出口处即为气洞，洞内方装铁丝网或竹丝网，外装木网门，木笼上开圆孔，孔径与通气篾笼相同，以便插通气篾

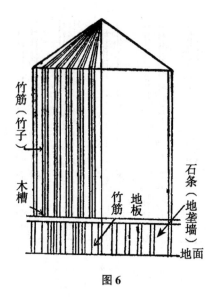

图 6

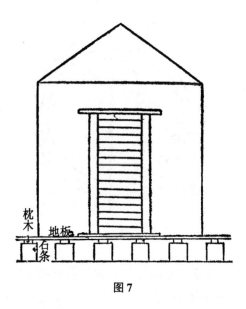

图 7

笼，至于方形土仓之气洞装置，可以参照木仓改良。

六、谷物干燥的重要

照我看法，目前中国公粮保管问题的重心，是在谷物干燥，仓库建筑合理化，应用科学原理来管理仓库；倒不是专在谷物虫霉防治上下工夫，因为前者是治本的办法，后者是治标临时抢救的办法，"防重于治"。我始终主张仓库里公粮要保存得好，经常要

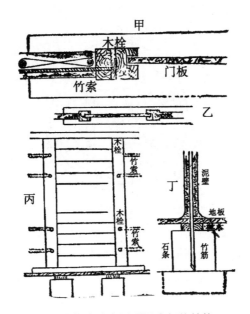

甲．成都青羊宫圆形泥仓门柱结构
乙．成都青羊宫圆形泥仓门顶仰视
丙．成都青羊宫圆形泥仓门板立视
丁．成都青羊宫圆形泥仓门仓壁视

图8

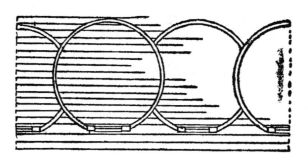

图9　成都青羊宫圆形泥仓平面排列

注意干燥。日光暴晒为向来谷物干燥的唯一方法。然日光干燥须用多量劳力、晒场、晒席以及其他应用器具，若逢天气恶劣，完全不能施行，秋日多雨，乡间收获谷物往往堆积发芽无法处理。城市镇集仓库，人工昂贵，有时房屋窄隘密集又无晒场，靠日光暴晒，绝不是办法。且我国交通不便，谷物运输大半靠水路，在运输途中，木船由船身渗透及与水面上含多量水分湿气接触，谷物很容易变潮，入仓后必定发热生虫。故只有提倡用人工干燥，把谷物通过自动式的干燥装置，一方面减少水分提高品质，另一方面扑灭虫霉，便于储藏。

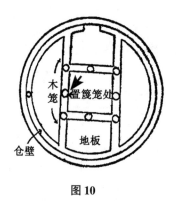

图10

谷物干燥机中，如美国爱立斯式回转干燥机规模过大，不必采用；日本有各式干燥机如三林式，金冈式，小松式，今村式干燥机以及斋启式蒸汽干燥机与炭火干燥机，各形各式，不一而足，都是构造简单，设备容易，甚至有用谷糠来发热，多么经济。我国不妨发动机械专家，结合铁工厂来研究创造或仿制，这是保护公粮不可缺少的重要装置。

我国工业未发达，城市里还没有普遍地应用谷物干燥机，乡村里更谈不到，然秋收之时，秋雨连绵，谷物无法干燥，堆积生芽是常有的事，公粮储仓更感严重，产煤与燃料价贱的地方，可否仿河南，山东植烟区域的烤烟室的装置，两侧改设干燥棚十余段，一次能铺谷四石至八石等，室之外面地下一端装有火炉，燃烧煤炭以生热气，由洋铁管或瓦管导入室内，使室内温度升高至 40～50℃，室之对面装有烟囱，室之四隅设气筒，使室内空气循环不已，排除多湿之空气，谷物就逐渐干燥，我国乡村公粮集中的地方如遇雨天，谷物潮湿，不妨试用一下，看结果如何，再来逐步改进。

七、结论：防治仓粮虫霉的意见

因为仓虫猖獗，公粮保管大受威胁，已引起各级政府和人民的注意。防治公粮虫蛀霉烂，第一，治本的办法是须收干粮，稻谷含水量不能超过 13.5%，小麦不能超过12%，是最妥当。第二，一定要有合理建筑的仓库，宜于防湿防热。第三，管理人员除热心负责之外，应明了仓库管理的原理与防治病虫害的技术。第四，入仓之前如遇稻谷不干，应该用干燥机先加处理。闻常州西门外万盛铁工厂有金冈式干燥机出售，但该机效力不大，希望国内机械专家注意此问题，加以研究改良。若能发明新干谷机或新干谷方法，使用方便，效力增强，那是人民迫切的需要。至于治标办法即临时驱除害虫应利用药物。现在已被认为有效的是 0.65% 六六六与氰酸气及氯化苦等药熏蒸。以上办法，对城市仓库有时或可提倡使用，然而在乡村中治仓虫仍感困难，不但药物、机械防治，无法展开，而且仓库建筑大成问题。所以乡村中储谷只有先从改良土仓入手，这是写此小册子的主要用意。

（注一）可湿性滴滴涕，是把滴滴涕和可湿剂混和制成的。加水后在水中成一种悬浮液，就可用来喷射。用50%可湿性滴滴涕，每斤加水九斤，每3 800毫升（约7斤半）喷射1 000平方尺。

（注二）可湿性六六六是由六六六和可湿剂混和制成的，加水后即可喷射。加水时须先将少量的水加到粉内，搅成糊状，然后再冲大量水下去，拌搅均匀。每15两加水3 800毫升，喷射面积1 000～1 500平方尺。

附录

补充资料：

1. 介绍苏联库兹巴斯式巡回谷物烘干机（图11）

这部烘干机是由两个密闭车厢所组成：一个车厢安置火炉，产生为烘干谷物所必需的灼热气体；另一个车厢是烘干室，里面放置需要烘干的谷物。从火炉部分出来的灼热气体，经过送气管压入烘干室和空气混合。这混合气体在烘干室放出热来吸收谷物中的水分，最后再由排气管排出去。

烘干过的谷物又须被送入冷却室，由另外一个送风机从外面压入的冷空气流充分地吹冷谷物。末了把谷物送入聚谷箱，在那里分别被放入袋中，或经过传送装置，运到谷仓中去。

整套的谷物烘干机只需9.65马力（1马力＝735瓦），因此可用任何种类的内燃机，电动机或拖拉机传动。这机器每一小时能加工1.2～1.5吨谷物，使湿度比原来降低14%～20%。这部机器很容易被一辆汽车所拖动，也可以被机车牵引，沿着铁路车站进行谷物烘干工作。

2. 谷物拌粉储藏

除上述用氧化镁与谷物拌和以外，尚有细矽粉（结晶和无定形的），碳酸镁，培多黏土粉（Bentonite），滑石粉，胡桃壳粉等，经人试过都有效，而以结晶细矽粉为最显著。据试验结果，粉末愈细，则效果愈大。空气中湿度亦至关重要，湿度低则拌粉杀虫效力快。虫经拌粉后，如效力显著，虫体内水分消失，体重因而减少。就此可以证明拌粉的杀虫作用是使虫体干燥与受刺激而死。

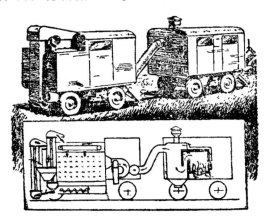

图11

昆虫事业及昆虫学研究

川康白蜡改进刍议[*]

曾　省

一、引言

白蜡为我国特产之一，计全国之年产量约五万担至十万担左右，若每担以目前之价值千元计之，则其值为 0.5 亿 ~ 1 亿元，有益于农村经济不少；且此物可以代替洋蜡，减少输入，或能向外输出，换取外汇，尤属重要。我国湘、黔、闽、浙、皖、滇诸省皆产白蜡；尤以四川所产为量至钜，分布亦广，计射洪、蓬溪、西充、南部、彭县、灌县、宜宾及成都附近县份均能产之。至沿青衣江各县如洪雅、夹江、丹棱、眉山、彭山、青神、峨边、犍为、井研、仁寿、乐山、峨嵋等县产量尤丰。白蜡在工业上之用途最广，如制烛、造纸、纺织、丝绢出光、机械、模型、雕刻等业，均不可少。其他如医药油膏、农业所需接蜡、封蜡及学术上所用之蜡片等，用途亦不可胜计，简言之，举凡洋蜡可用之处，均莫不可以白蜡代其用；且白蜡之熔点较洋蜡为高，则将来白蜡用途经研究改良后，则前途之希望更未可限量也。平时，吾国白蜡产量则感日少，而洋蜡之进口日多，究其原因，至为复杂，然交通梗阻、农民知识缺乏、政府未甚注意，则为其衰败之最大原因也。然考我国土宜，凡大江南北对于放蜡最为适宜，昔时我国所产除供本国而外，尚输至日本、檀香山、南洋各地及英美诸邦。日本自我国输种仿效挂蜡，锐意革新，产量大增，而我国则蹈常习故，不求进步，尤自敌人封锁我海口之后，及将来国家建设在力求自给经济状态之下，更感重要。四川大学农学院昆虫研究室有鉴于斯，且以此为昆虫生产事业之一，故于数年前，即曾加注意，努力研究，现已颇著成效，急需推广、栽培、放蜡，与作进一步之研究，尚望负川康经济建设之责者注意及之。

二、过去及现在研究之结果

白蜡虫为介壳虫科白蜡虫属之昆虫，乃我国特产之一，其来历虽不可考，然其在我国为人利用之时已久，唯向来未经科学研究耳，《农政全书》谓嘉定之白蜡虫自潼州取卵，浙江金华自湖取卵，故知产白蜡之地、不产虫种，必至产虫种之地取卵，举此一端，即可知白蜡虫生育之奇特，不可与其他昆虫同视也。若不加以考察、研究，则莫明其妙，而欲从事大量培养以增加生产，亦将无从着手。一方面，须将白蜡虫生活史、习性、天敌等，

* 《科学世界》，1941 年，十卷，五期，中华自然科学社印行。

切实研究，此固属于昆虫学方面问题；另一方面，对于蜡树之繁殖，亦须注意。据川大森林系助教陈德铨君研究结果，白蜡树以插木繁殖为最佳，女贞则以播种为佳。至于蜡树插穗长短、时间、方法及女贞播种量、时间、方法，均有结果可资比较。去岁该校学生廖定熹，又在成都做各种放蜡试验，如各地方虫种产蜡量比较试验、放蜡时期与蜡树品种对产蜡量之关系试验、放蜡方法与收蜡时期对产蜡量之关系试验、结果甚佳。并于上年暑期前往嘉、峨一带，从事白蜡生产量调查，范围至为宽广，举凡分布区域、自然环境、农家经营状况、每年出产数量、价值、虫子种类、来源、历年数量价值、交易行规、集中地点及产种不产蜡、产蜡不产种诸问题、均加切实研究。白蜡在中国经济上之重要既如彼述，而其生产方式之复杂又如此，自然农民无法加以改革，生产因以日减。将来欲作较大规模之推广，与求进一步之研究，当于产虫最佳地之西昌及产蜡最优地之峨眉，设立白蜡改良场，以资实地作整个有系统之研究，将其所得合于乡村实际需要之方法，以之推广民间，则白蜡生产之增加，品质用途之增进，定操左券。

三、今后改进之途径

我国白蜡生产事业，因交通阻塞、外蜡倾销、农民守旧不知改良等原因，遂日就衰堕，我辈为达增加生产之目的，除作科学研究外，尚须针对所需要设计谋改进，务期成本减低、品质改善、产量增加，能与洋蜡竞争，我国蜡业始有复兴之望，兹将实验方法及推广之计划述之如下。

（一）**改进事项**

1. 蜡园之改良及扩充

以我国荒地之多，欲扩充蜡园，确非难事，举凡荒山废地固无处不宜，然过于高寒、或过于卑湿之地，则不甚适，且肥分补充，常可影响蜡及蜡虫之生产，故建园放蜡，择地一事固关重要也。

2. 虫种之统一及推广

白蜡因虫种来源不同，而产蜡量遂异，建昌虫产蜡最多，且为最可靠之虫种，故于西昌大量培植虫子，统一运购及推广，固为当务之急也。

3. 组织蜡农以舒民困

产蜡之地蜡农虽有蜡树，而无资本以购虫种，往往向商家或富农重利借贷，或由商家或富农购虫种，而蜡农出劳力与蜡树，将来蜡农仅能得所产白蜡之半，甚或因无资本，蜡树任其荒废，实属可惜。故若能由政府机关组织白蜡生产合作社，轻利贷款于蜡农，此为直接救济蜡农之贫困，间接增加生产之道也。

4. 白蜡品质之改良

生产白蜡所经步骤，自然因手续上之差异，如收蜡之期早晚，地域之差别，以及炼蜡方法之不同，均足以致白蜡品质有优劣之分，故有采取一定标准，规定其放蜡、采收、制造之方法、划分等级之必要。

5. 改善白蜡之销售

白蜡之贩卖非有共同组织运销之合作社或联合会等机关专司其事，则运输困难、贸易停滞、往往受出口商人之左右，销路因此大受打击。

（二）研究及推广

1. 研究工作

（1）关于蜡树方面者。

①蜡树品种试验。蜡树大别为女贞及白蜡树两种，白蜡树又分五叶、七叶、九叶等，孰优孰劣，孰者宜于蓄种、孰者宜于放蜡，均须一一做试验，以资比较。

②蜡树环境之试验。一般谓女贞适于高地，白蜡树适于低地，然事实上盛产白蜡之峨眉山地皆白蜡树，而少有女贞，盛产虫种之西昌山地，皆女贞树，而少用白蜡树，凡此皆须加以研究决定。树形整理、剪定、高刈法、中刈法、根刈法、连成法、连年寄放法、间年寄放法、三年寄放法、白蜡虫种双收法、白蜡虫种轮收法，以及各种肥料、栽培方式之试验，因蜡树环境之不同，而其收获之质量亦有差异。试验之结果，可决定选用何种环境宜于何种抵抗力强之品种，而作何种经营方式。

③蜡树病虫害防治试验。关系病虫害对蜡树之寿命及叶之好坏影响甚大，病之要者，为在白蜡树有两种寄生菌类，其虫为害之烈者，在茎有天牛一种，叶上有青虫一种、红蜘蛛一种，女贞上则尚有介壳虫，均须加以观察，并作防治试验，免致蔓延蹂躏蜡园。

（2）关于白蜡虫方面者。

①白蜡虫品种观察。白蜡虫种来自不同区域，其产蜡能力及生长状况均有差异，需加以详细之比较，观察各地方品种间，是否有不同之点，以作选种之根据。

②白蜡虫生态学上之研究。白蜡虫自然环境如何，与品质及蜡量有密切之关系，与各品种之能否培育亦有密切之关系。有只能育种而不放蜡者、有放蜡而不育种者、有既放蜡而又育种者，由是观之，宜于雄虫养育之地，未必宜于雌虫，反之亦然。气候寒暑之影响固大，而土质之差异、雨量分配之多寡、风之速度与方向，皆足左右其生长之状况。其余如保护管理、采摘虫种之早晚、方法及采收后之储藏及运输，皆可影响孵化率、足以支配蜡虫生长之盛衰、蜡量之多寡，凡此均需分别加以试验以求进步也。

（3）关于白蜡虫之病虫害方面者。

①蜡虫病原之研究。于蜡虫寄放之后，雄虫、雌虫均有死亡，此中必有致病之源，或与树液有关，抑虫体受外来寄生菌病或由其他原因使然，均应加以详细之研究。

②蜡虫害虫之研究。蜡虫害虫计分吞食与寄生二类：吞食蜡虫之大敌有瓢虫二种、避债虫二种以上、蟋蟀一种、蝗类数种、蚁若干种、鳞翅目昆虫一种；体内寄生者，有寄生蜂一种、象虫一种，均应一一加以观察，以明生活状况，进而研究其防治扑灭之方法。

（4）关于蓄种方面者。蜡虫蓄种受地理环境限制颇严，故品种试验得有良好结果后，如某地特适于蓄种者，则宜于此地扩充蓄种场，大量培育，以输至放蜡之地分配。

（5）关于制蜡方面者。

①制蜡之研究。制蜡之经营方式，往往不合经济原则，农家粗制为"头蜡"、"二蜡"，而其间优劣差异甚大，因之"头"、"二"合成之"官妆"，品质亦有显著之不同，售诸市上必再经转火，始成"米心"，"米心"之等第亦不一，蜡商收入后，若欲

运至申、汉，则又尚须请托蜡行，转小盆为大盆，果尔则其间所费之炭薪、人工糜费固多，宜研究制炼法，使其手续简单，而适于各种用途，生产成本因此亦可减低。

②制蜡机械之研究。农产品须工业化，机械之重要任人皆知，若能研究一种炼蜡机能使蜡分级，而制造迅速，维持适当之温度提炼纯尽，则蜡之产量虽未增高，而其品质上、经济上，当得有不小之代价。

（6）关于白蜡之物理化学性方面者。蜡在物理方面比重、融点、色泽、硬度等，于应用上均有重要之意义；化学方面，蜡树、蜡虫、所含物与白蜡之各种分析，为目前应有之工作。若能对此数问题加以研究，则以后对蜡树选种、栽培、制蜡、育种等，均将有极大之裨益也。

（7）白蜡检查之研究。白蜡检查向无一定标准，故必须根据其理化性质，而研究出检定之标准，以供政府分级及一般采购者使用之需。

（8）白蜡利用之研究。白蜡利用尚未达充分之境，当今首宜注意者，为白蜡与植物油混合，以代凡士林之配合成分研究，其次，则为利用不同融点之蜡，而用以代替科学上所用之洋蜡，其他各种用途，亦正待于详细研究。

2. 推广工作

推广工作本有县推广所专司其事，然白蜡事业乃属初创，非一般推广机关人员所能了解胜任，故必与研究白蜡机关连为一气，则可将其研究之结果直接告诸农民，而其收效自转速而大也，推广之法，先宜设白蜡示范场从事改进，俾农民知利益之所在，而行育种，次则劝导种女贞或白蜡树，在白蜡已发达之区如西昌及峨眉，则应行以下之工作：

（1）关于蜡园改良推广事项

①荒芜蜡园之改植，由白蜡改良场设立苗圃一百亩，俾蜡树苗养成后，半价给农民种植之，但在第一年未成苗时，则应购入蜡树苗，仍半价给农民种植之，使荒芜蜡园可以恢复原有之繁荣，俟自育新苗成功后，另从事大规模造林，开辟新园。

②每区设立示范蜡园一处，或择知识开通之农家订立合同，而为特约种植蜡树并放蜡。

③指导农民驱除蜡树病虫害。

④作蜡树品种及蜡树环境之试验。

⑤指导农民繁殖蜡树。

（2）关于放蜡育种之推广事项。

①西昌、峨眉两地分设白蜡改良场，以指导农民培育虫种及放蜡、收蜡等方法。

②于峨眉、西昌指导农民组织白蜡生产运销合作社，实行以下事项。

a. 共同购入虫种、树苗、蜡具、桐叶及肥料等物。

b. 设立虫种冷藏库，以代农家于不良天时保藏虫种。

c. 实行共同放蜡、移包、除虫。

d. 作烘箱以为共同烘蜡之用。

e. 作共同炼蜡之设备。

f. 作放蜡、蓄种及蜡园之调查。

（3）关于白蜡教育事项。

①在峨眉、西昌两地各中小学自然课程中加授蜡虫知识。

②印行白蜡浅说。

③作公开演讲。

④开蜡业竞赛会。

（三）结论

白蜡为四川之特产，而为输出之大宗，无论从经济或科学之眼光，皆须研究改良。上述各节目的，在引起主持川康经济建设者之注意。四川大学农学院昆虫研究室研究此物已二年，所得结果颇详，且饶兴趣，唯短于经费，工作势将中辍、惜哉！

——成都，四川大学农学院昆虫研究室——

白环介壳虫变态的观察[*]

曾 省

(武昌华中大学生物学系)

本文是继续叙述 1947 年研究寄生爬墙虎藤上白环介壳虫 *Takahashia* sp. 的结果。1947 年中国科学社年会论文提要中曾略为报道这虫的外部形态（题为 A new scale insect parasitic on the Ivy，见《科学》，1947 年第 1 期第 21 页）。兹再述其雌虫变态的经过。

自 1947 年春发现此虫后，我们对校园内住屋附近爬墙虎的叶上所寄生的白环介壳虫时常加以慎密的观察。自春历夏，到秋天，这虫很少有变化，及至 11 月 11 日，检视此虫，似在第二龄后期中，此时群虫因天气变冷，大部离开叶的背面，移到一年生枝条上，于近地处，度其固定生活，故上部枝条就甚少发现有此虫。虫体的颜色由黄绿变成黄褐，犹如一般昆虫作越冬准备的样子。身体形状仍保持原形，只体的厚度增加，同时因体内充积蜡质，体背和围缘圆肿，中央有长卵圆形暗褐色洼陷。虫体长约 4 毫米，宽 2 毫米，厚 1 毫米（图 1 中 A）。

此虫在树枝上越冬，经过惊蛰、春分（1948 年 3 月 17 日是春分节，在春分节前四日检验虫体仍伏原枝上未动）、清明等节候，都没有显著变化。这时爬墙虎已发浅红色芽苞。直到谷雨节后，立夏节前，约在阳历四月底（4 月 22 日在树的上部枝条上发现），见虫似蜕皮一次，入第三龄。体积忽增大、变厚、作龟形，左右两缘各有三个突起，两侧是黄脂色，边缘各有二粉红色斑，背部中央是褐色条带，有三块白色斑，体的前端似具有三个微突起，后端仅一个（图 1 中 B）。

过二日，虫的背板起了不规则绉纹，体更肿胀，边缘呈暗黑色，稍上作淡黄脂色，中线两侧现白脂色，在正中线处有浅红色带一条，似由体内皮下的颜色显映出来。此外，尚有较大的虫，比前更形圆肿，背面仍分黄、白、红三部，体前端亦有显著突起，生于后端者则不见，中央红条上斑点消失，体两侧各有三突起，变形而集中，这是第三龄末期的虫（图 1 中 C）。

第四龄稚虫的体，呈卵圆形，前端有淡黄色脊线，上留二黑斑，延后有红褐色宽形中条，近尾部有黑褐线。中条两侧是白脂色块，更外是浅黄色缘，体侧两三个突起移生于体前端两侧（图 1 中 D）。再行发育即成老熟，而入产卵时期；虫体（图 1 中 E 所绘之虫体特小）的后端因卵囊迅速发育，向上举起，前端倾斜与原附着枝条成 30°～40° 角，卵囊越长越大，而虫体内各部器官渐形萎缩，体面绉纹益显明深刻。由图 1 中 F 即知卵囊长大几超过体之三倍，而虫的本体益形干瘪。谷雨后，因虫体变化迅速，且寄生

---

* 《中国科学》，1950，11，第 1 卷，2～4 期。

于树上，故观察较难，未见其实在蜕皮情形。然后采得的标本，窥测它的体上遗迹，和发展的情形，按图索骥，即可推求而得。

5月5日检视介壳虫，俱生卵囊块，最小之虫亦有之，见图1中E。卵囊内含粉红色卵，均未孵化。5月21日再检视一次，在久雨二星期后，因气温骤降，卵囊已破裂，卵多暴露，然仍未孵化，唯色由粉红变为淡黄褐色。5月28日检视树叶及卵囊，虫卵大部孵化，第一龄稚虫固定于叶之下面，原有虫体渐萎缩干化。

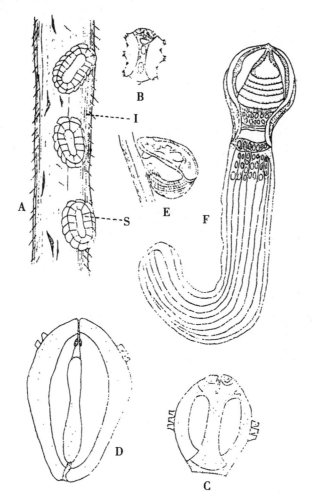

A. 越冬第二龄稚虫寄生于爬墙虎一年生近地枝条上：(I) 爬墙虎枝条，(S) 白环介壳虫第二龄稚虫；B. 第三龄稚虫；C. 第三龄末期稚虫；D. 第四龄稚虫，E. 雌性成虫，卵囊方生出；F. 老熟成虫的腹面观。

图1　白环介壳虫的各龄形状

1948 年 4—6 月天常降雨，雨量见下表。

表 1　1948 年 4—6 月天常降雨

月份＼日期＼雨量		1	2	3	4	5	6	7	8	9	10	11	12	13	14	15	16	17
1948 年 4～6 月雨量	4 月						0.16			0.07		0.02		0.07	0.02			
	5 月	3.27	0.60		2.46					0.80	1.70				0.10	0.12	0.16	0.04
	6 月								0.59	0.27		0.11	0.04	2.21				

		18	19	20	21	22	23	24	25	26	27	28	29	30	31	总量	历年平均量
	4 月			0.42			0.09	0.20	0.25		0.02					2.82″	6.00″
	5 月	0.27	0.90	0.14			1.20	0.13						0.49	1.72	14.15″	6.50″
	6 月					0.18	2.39	4.55				0.90	0.21	1.14		12.59″	9.60″

注：雨量以英寸为单位。

看此表所示的 1948 年 4—6 月雨量分布情形，和白环介壳虫成熟产卵期对照就可知道四月底以前雨量稀少，不及历年平均量的二分之一，不大影响此虫的发生；但在五月内雨量超过平均量的一倍，尤其是 5 月 1 日和 4 日骤降大量雨水，5 月中旬后复阴雨连绵，正值此虫产卵之后，继有 5 月 30 日、31 日两天下雨。在六月内雨水亦多，超过平均量，且 13、23、24 日都有大雨，也会影响此虫稚虫的生存和发展，故后来在树叶上很难找到稚虫，数量不及前一年（1947）的十分之一。到 1949 年春，在原来墙脚枝条上也找不到越冬稚虫。直至四五月间在墙上高处，于一烟囱附近，较背风，而且日常有暖气供给的枝条上（由砖墙传烟囱暖气），才看见白环显露的成虫。由此可见该虫繁殖力骤减，和雨量多寡及分布期很有关系。又常因虫生树上，故观察颇难，虽经屡次检视，始终未能区别雄虫而分别观察它的变态。且羽化后的雄虫也未遇到，因雄虫体甚微小脆弱，或被风雨飘淋淹没而死亡，亦未可知（有许多介壳虫品种，到现在未明雄虫形态，比比皆是）。后来切视这虫的卵块，发现里面少有受精发育的胚胎，这就证明了雄虫早已死亡的事实。

白环介壳虫 *Takahashia wuchangensis* Tseng 的数种细胞[*]

曾 省

（武昌华中大学生物学系）

白环介壳虫在第四龄的时候，卵囊未长大，虫体肿胀达于极点，而且刚在旧皮蜕去之后，新皮还柔薄，我偶然取数个虫，投入新配未久的史靡士氏固定剂（Smith fluid）内。这固定剂由重铬酸钾（Potassium bichromate）0.5 克，冰醋酸（Glacial acetic acid）25 立方厘米，福末林（Formalin）10 立方厘米，及蒸馏水 75 立方厘米配成，本用以固定蛙卵，供胚胎学实验用的，把虫体放于这液中经过一昼夜，约 24 小时，取出用水洗，再用 5% 福末林液洗，直至无色为止；更用水洗 24 小时，换水数次，再经过 50% ~ 70% 酒精，一日之久，末了保存于 80% 酒精内。后来依石蜡切片法，把它切成片，结果甚佳。体内各种组织和细胞内容都能固定良好，保存正确，用苏木精曙红（Hematoxylin and eosin）染之，片色鲜明。各组织细胞构造，都辨别清楚。遂根据这一批切片，观察它的内部构造，发现奇特细胞很多，现在把它们逐一记载说明，不仅要明了它们的构造，而且有时亦可明白它们发育的经过。又用薄安氏固定剂（Bouin's fluid）泡制，结果甚差，就此证明史靡士氏溶剂可供固定昆虫组织之用（一定要在昆虫蜕皮后，表皮特别柔薄的时候）。这件事在中外书籍尚未提到过，所以在未说及各种细胞构造之前，顺便为它介绍如下。

第一，血液细胞（Free haemacytes）：此种细胞在昆虫体内，若附着于别的组织上，呈梨形、纺锤形、或作星芒状，使多方与支持物密切接近；若游离飘流于血液中，则为圆形、椭圆形、已看见者有①粒体白血球（Granular leucocytes）或前血球（Proleucocytes），圆形、直径 4.52 微米、细胞质稠厚、内富粒状、细胞核着染红色。②微核细胞（Micronucleocytes），圆形、直径 5.67 微米、细胞质稀薄、核内可窥见稀疏的染色质。③大核细胞（Macronucleocytes），圆形、或似圆形，小者面积 19.2 微米 × 16.0 微米，大者可达 48.0 微米 × 38.4 微米，细胞质匀致，灰黄色。核显著、形大、几占全细胞的一半，内富染色质，具有一或二核仁，常有数个细胞聚集于一块地方。此种细胞和在别的昆虫体内所发现，别书籍中所记载的，无多出入，故图从略。

第二，尿质细胞（Urate cells）：凡缺马氏管（Malpighian tubules）的昆虫，如缨尾目（Thysanura）、弹尾目（Collembola）及蚜虫（Aphids）等，其体内的尿酸粒体（Granules of uric acid）常积贮于这种细胞中。在白环介壳中的体内，这种细胞很多，分离散布，并不集杂于脂肪细胞间。如图 1 中 a，证明在表皮下，初由微小血液细胞逐渐

---

[*] 《中国昆虫学报》，1950 年 12 月，第 1 卷，第 2 期。

发育而成，后则区分成二种，如图 1 中 b，是似圆形细胞，（16. 0～28. 8）微米 ×
（25. 6～32. 0）微米，中含圆形透明小泡（Refractive droplets）很多。核显著，直径是
6. 4～12. 8 微米，图的两旁，就是它们的未长成中的细胞。我疑此细胞是一种游离油点
细胞（Freely floating fat cells），是不聚集连集成块、成条的，在粉虱（Aleurodids）体
内，已有人发现过，然与 Wiggleswort 的昆虫生理学书中第 259 图相似，且在此虫体内
与下述一种细胞（图 1 中 c）混在一处，所以暂时把它列入尿质细胞。图 1 中 c 是代表
另外一种细胞，细胞核是不规则的，核仁是由 Oxychromatin 质做成，呈圆形或卵形，着
染红色，甚显明，细胞质内富含透明粒体，粒中似含微点，粒体大部嗜碱性（Baso-
phil），间有带嗜酸性（Acidophil）者。细胞面积为（16. 0～28. 8）微米 ×（22. 4～
32. 0）微米，核大（12. 8～19. 2）微米 ×（9. 6～16. 0）微米。此种细胞常与含菌细胞
（Mycetocytes）生于一处，而且看见这种酵母菌似乎常侵居此种尿质细胞中，或集于数
细胞间，而不侵入第一种尿质细胞，这是值得注意和玩索的现象。

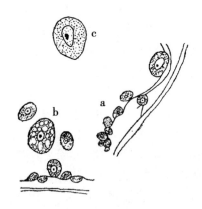

a. 微小血细胞；b. 一种尿质细胞（？）；c. 另一种尿质细胞
图 1　尿质细胞

第三，含菌细胞（Mycetocytes）：一般具吸收口器的同翅目类昆虫，如蚜虫、介壳
虫、粉虱（Aleurodids）及蝉类（Cicadids），体中某一种细胞，有微菌、酵母（Bacteria
and yeasts）等寄生。此种细胞称 Mycetocytes，有时相集成块（Mass），或成条线
（String），就叫做 Mycetomes，据说对于虫体营养和同化（Assimilation）有助，且可利用
氮素废物（Nitrogenous waste products）造成蛋白质。也有人说这种微生物会产生乙种维
生素（Vitamin B）。在此虫切片内窥见第二种尿质细胞，内外有不少的微生物聚集，甚
至细胞常有被其破坏，看见酵母菌外逸。绕核的四周隐约见到酵母密集，且此处染色较
细胞外围为深暗。细胞质中现有红色粒点数颗，酵母所在周围的细胞质就包绕酵母成泡
（Vacuole），内含淡液，像原生动物体内的食泡（Food vacuole）一样（图 2）。这种酵
母在细胞的内部为多，散布于细胞间隙（Intercellular spaces）也不少，用油镜窥视此
菌，内含多数微粒和数圆形空点，构造酷似酵母。量它们的面积是（1. 92～2. 20）微
米 ×（7. 36～8. 00）微米。这种菌既生于尿质细胞内，想利用氮素废物，以之合成蛋
白质，供给昆虫体内所需的学说，较为可信。又此种酵母菌对第一种尿质细胞没有侵入
或寄生现象，所以我觉得第二种尿质细胞是真尿质细胞。而白环介壳虫体内的含菌细胞

与尿质细胞本是同一来源，只因为后者被菌类侵入或寄生，故成一种所谓 Mycetocytes。

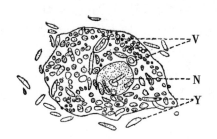

N. 细胞核；V. 菌泡；Y. 酵母菌

图 2　含菌细胞

第四，蜡脂细胞（Adipoleucocytes）：在昆虫体内，此类细胞原由血液细胞（Haemocytes）演变而成，中含油点（Droplets of fat），或贮蜡质（laden with wax），在白环介壳虫内由血液细胞变为贮蜡细胞，更进而成单细胞与多细胞的蜡腺。它们的构造，与形成步骤，甚为明显而奇异，故特别把它写出来。白环介壳虫所分泌的白蜡分两种：一种是组成卵囊（Ovisac）主要部分的蜡丝（Waxfilaments），与散布体外各部及敷盖蜡丝外面的蜡粉（Wax powder）。这两种蜡质的来源不同，其制造方法亦异，兹分述之如下。

（1）蜡丝腺的形成：看图 3 中 A，它们的原始细胞有圆形、梨形、或不规则形，附生于表皮（Cuticle）的下面，约大 16 微米 × 25 微米，细胞核椭圆形，中有稀疏染色质，细胞质浓暗，易染碱性颜料，中含细粒，长大至约 39 微米 × 41 微米时，细胞质内生油点（fat droplets）（图 3 中 B），油点直径约 3.2 微米，有透亮的、有暗淡的。核内现红色核仁，核仁四围有稀疏成群的染色粒（Chromatin granules）。再长大至 41.6 微米 × 51.2 微米左右，油点聚积更多，细胞质稀薄，核内染色质亦渐变稀，核仁特著，最后长至 43.2 微米 × 86.4 微米左右时，油点凝集成蜡，细胞质内设有一蜡腔（Wax-vacuole）以藏之，直径约 22.4 微米，蜡色淡黄（Cremish-yellow）可辨，细胞变成长方形。在蜡腔一端，细胞则延长成管，细胞核如前，细胞质内再生零星油点，细胞旋长成，呈布袋状，蜡腔伸入细胞中部，几占全细胞二分之一。核内染质逐渐消减，细胞质内油点增加不已（图 3 中 C），分泌微管（secretory ductlet）延伸至表皮，经表皮上小孔而通于外。蜡腔内积蜡坚厚，沉绕腔壁，视之很明显。此时蜡质生产虽已达顶点，然未即竣工，最后细胞长至约 92.8 微米，蜡腔扩展 22.4 微米 × 48.0 微米，蜡腔与分泌管之间又生一蜡囊（Wax-vesicle），大（16~19）微米 ×（19~32）微米，似用之以容纳，由沉积蜡脂融化的蜡，再泌出而成蜡丝者。此囊想具两种功用，一为贮蜡，二为挤蜡。蜡由蜡囊中排出，经分泌管直达表皮，越泌蜡孔，抽成为丝。管长 35.2 微米，径 3.2 微米，亦有长至一倍以上者，视其细胞位置距表皮远近而定。蜡管伸入蜡囊中好像取蜡质的样子，因为在切片上，有时可见其横断面甚清晰。细胞核此时虽能保持原形，但内部渐稀疏，细胞质着染益浓，但模糊不辨。

（2）蜡粉腺的形成：蜡粉的生成与蜡丝的制造方法完全不同，前者的分泌器官为多细胞型腺（Pleuricellular gland），后者为单细胞型腺（Unicellulur gland），以是蜡粉分泌腺的形成较为复杂。初由表皮下的似填质细胞（Mesenchyme-like cells）发展而成，此种细胞的细胞核显著，细胞质淡薄，而细胞膜不辨，合集成群（如图3中C内Mc）。此群细胞中间突现圆形的初期泌蜡板，中生微孔，四围绕以原细胞，此时各细胞间隔膜渐显。再各细胞伸长，彼此紧集成腺，通表皮处，生出泌蜡板，板分中心板（Central plate）与外围小孔（Peripheral porelets），孔数十至十一，蜡粉即由此孔分泌而成。板下有公共蜡室（Common wax chamber）（见图3中D内Ch），通细胞间道（Intercellular canals）。细胞分泌蜡质由此流入公共蜡室，再经泌蜡板小孔向外分泌，蜡粉腺全形似烟袋或作缶状，由十个左右三角锥形细胞组合而成腺，腺的切面约54微米×50微米，（亦有较此为大者），每细胞大（10.5~18.0）微米×（32.0~48.2）微米，核位于细胞底部，圆形，直径16微米，亦有狭长切面（12.8~14.4）微米×（7.2~9.6）微米，细胞质均匀，色浅淡，中无粒状体，但见线状物。

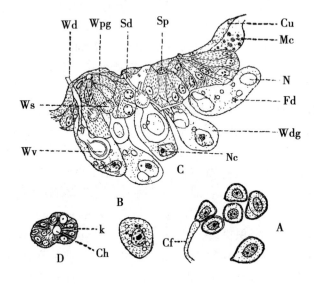

A. 原始蜡脂细胞：Cf 结缔组织纤维；

B. 较大蜡脂细胞，中含油点；

C. 蜡腺的纵切面：（Cu）几丁质表皮，（Fd）油点，（Mc）填质细胞，（N）细胞核，（Nc）细胞核仁，（Sd）分泌细管，（Sp）分泌小板，（Wd）蜡丝，（Wdg）单细胞蜡丝腺，（Ws）蜡囊，（Wv）蜡腔；

D. 蜡粉腺横切面：（k）细胞间道，（Ch）公共蜡室

图3　蜡脂细胞

　　第五，酒色细胞（Oenocytes）：根据希腊字根"Oinos"就是"酒"的意思。这种细胞在新鲜状态中，呈酒黄色，所以把它译成酒色细胞，但是也有在某种昆虫体内，是呈无色的。此种细胞通常在昆虫体内，形极大，为数很少，在介壳虫体内发现这种细胞，或者还是第一次的记载，（据我参考书籍所见如此，不知对否？）。普通酒色细胞在昆虫体内，可以迁移行动，也有聚集于某处者。在染色切片上窥之，就觉得细胞质很稠厚，很均匀，有点染酸性，有时亦可见其中有粒状体和空泡，甚至在药液固定组织细胞中，有裂罅，或反射形小间道。这些特征与我在白环介壳虫体内所见到的，略有出入，

不妨详细地把它写出，以供参考。

在白环介壳虫内，此种细胞集成五堆。体前端食道附近两肩角的地方，各有一群，在右边者由九至十一个细胞组成，有两个不在同一水平上，故图 4 中 A 仅示九个细胞，细胞卵形与椭圆形，面积是（87 ~ 188）微米 ×（101 ~ 203）微米，细胞核有梨形、圆形及椭圆形，面积是（29 ~ 136）微米 ×（43 ~ 116）微米，细胞内各有空泡，且各细胞彼此区分不清，空泡亦互相沟通，而达于细胞群间的公共空隙，它们的分泌液似由此排出。此外左角亦有与此同性质的细胞群，由十个细胞组成，排列姿态与右边的不同，但它们的结构、细胞的大小、形状，几全相同。

在体的中部，近背处，有 Y 形的细胞群（图 4 中 B），似由 13 ~ 14 个细胞组成，结构与上述二处细胞群相同，唯细胞形稍狭长，（130 ~ 319）微米 ×（72 ~ 116）微米，细胞核（43 ~ 130）微米 ×（29 ~ 89）微米。这群细胞内最显著的现象是中间公共三角形空隙（图 4 中 C）里见到小型第一种尿质细胞（？）和大核细胞（Macronucleocytes）前已述过，这里不消再说了。第四群细胞是在第三群细胞后偏向腹面的，由十五个细胞组成，细胞面积是（110 ~ 295）微米 ×（87 ~ 174）微米，细胞核是（58 ~ 130）微米 ×（42 ~ 87）微米，形状和结构与第三群的细胞相同。第五群细胞群偏近尾部，由十三个细胞组成，但不甚紧凑，细胞面积为（87 ~ 159）微米 ×（87 ~ 116）微米，细胞核为（29 ~ 87）微米 ×（36 ~ 69）微米。这群细胞最后有两个细胞，一部分融合为一体，在切片上看不到清晰分界的细胞膜。用高倍镜下窥之，形特大（图 4 中 D），内有空泡六七个，细胞膜下的原生质特厚，嗜酸染性，细胞质匀净，此种细胞之中现线状纹（Filamentous structures），沿细胞膜下有小孔道（Canals）。此种细胞尚有其他特性，就是核膜很厚，且外围以浓稠细胞质，亦嗜酸性染料，核内染色质着红色，散布颇匀，也有结成数大块者，呈不规则状，有时聚集于一处，着染红色后，即嗜酸性更强。

第六，卵细胞（Oocytes）：在白环介壳虫切片上看见卵细胞和营养细胞结合在一处者甚多，如图 5 中 A，是属多滋形卵小囊（Polytrophic ovarioles）。卵细胞的上端有四五个营养细胞（Nutritive cells），每一细胞外围以纤维质膜（Fibrous capsule），厚为 3.2 ~ 4.80 微米，细胞本身大（25.6 ~ 48.0）微米 ×（16.0 ~ 35.2）微米，或较大，呈不规则形。细胞质染碱性颜料，在其中可见一或数个粉红色圆粒体。细胞核卵圆形，内有 1 ~ 3 个嗜酸性粒体。

在卵细胞和营养细胞的纵切面上，可看见分泌物流线（Streaming of secretion），由营养细胞群中流注于卵细胞内，状甚清晰。卵细胞面积为（60 ~ 96.0）微米 ×（115 ~ 160）微米，在细胞质中有嗜碱性粒体（Chromidia）颇多，细胞核似圆形，（12.8 ~ 22.4）微米 ×（16.0 ~ 19.2）微米，中有嗜酸性染色质块。卵细胞周围绕以卵囊细胞（Follicular cells）一层，厚为 6.4 ~ 12.8 微米，细胞各部区分甚明显。图 5 中 B 是卵的横切面，卵外的卵囊细胞正逐渐表现退萎的样子。图 5 中 C 是成熟卵〔（161 ~ 210）微米 ×（238 ~ 285）微米〕，外有卵壳（Chorion），壳外围以一层极薄的围膜（Peritoneal coat）。图 5 中 D 是卵壳边缘切面，表示其上有精致的卵壳雕刻（Chorin sculpturing），是受卵囊细胞结构模印而成的，因为卵壳是由卵囊细胞分泌做成，彼此的关系很密切，在其中还可看见数个卵囊细胞的切面。

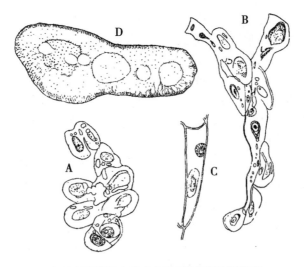

A. 生于食道附近右肩角细胞群（用低倍镜看）；

B. 体中部 Y 形细胞群（用低倍镜看）；

C. 三角形细胞间隙（用高倍镜看）；

D. 酒色细胞横切面图（用高倍镜看）

图 4　酒色细胞

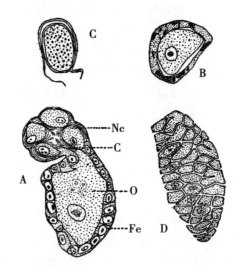

A. 多滋型卵小囊的纵切面：（C）分泌物流线，（Fe）小囊细胞，（Nc）
滋养细胞，（O）卵细胞；

B. 多滋型卵小囊的横切面；

C. 白环介壳虫的卵，外部生有卵壳和卵袋；

D. 卵壳的边缘切面，在其中尚可看见卵小囊的细胞

图 5　卵细胞

Some Cells Found in the Body of the Scale Insect, *Takahashia Wuchangensis* Tseng

Tseng Sheng

(*Huachung University*, *Wuchang*, *China.*)

This brief account is the third part of the study of a new scale insect parasitic on the ivy. It contains the results of careful observation of the following cells found in the body of the insect, namely, (1) haematocytes, (2) urate cells, (3) mycetocytes, (4) adipoleucocytes, (5) oenocytes and (6) oocytes.

The material for study was fixed in Smith fluid and stained with haematoxylin and eosin. The former gives good fixation and preserves faithfully cell contents.

Amongst the free haematocytes, three kinds of cells can be distinguished, viz., proleucocytes, micronucleocytes and macronucleocytes.

As to the urate cells two forms are seen. One, filled with reflective droplets, is spherical in shape and $(16.0 \sim 28.8)$ μm $\times$ $(25.0 \sim 32.0)$ μm in size. The other does not enclose reflective droplets but numerous minute clear granules. The cells of the second kind are commonly associated with mycetocytes.

The interior of the mycetocytes is full of a certain kind of yeast which measures $(1.92 \sim 2.20)$ μm $\times$ $(7.36 \sim 8.00)$ μm.

There are two kinds of adipoleucocytes: one, up to 43.2μm $\times$ $(86.4 \sim 92.8)$ μm, is a unicellular gland that secretes wax filaments constituting the ovisac; the other, made of a group of cells, measuring $(10.5 \sim 18.0)$ μm $\times$ $(32.0 \sim 48.2)$ μm, is a pleuricellular gland.

The oenocytes are grouped in five places within the body. The number of cells, their size and the position of cell – groups are tabulated below.

	Position of glands	Number of cells	Size of cells
1st group	at right hand corner of oesophagus	$9 \sim 11$ cells	$(87 \sim 188)$ μm $\times$ $(101 \sim 203)$ μm
2nd group	at left hand corner of oesophagus	10cells	same size as right hand ones
3rd group	dorso-mesal in body	$13 \sim 14$ cells	$(130 \sim 319)$ μm $\times$ $(72 \sim 116)$ μm

(续表)

	Position of glands	Number of cells	Size of cells
4th group	postero-ventral to third group	15cells	$(110 \sim 295)$ μm × $(87 \sim 174)$ μm
5th group	at caudal end	13cells	$(87 \sim 159)$ μm × $(87 \sim 116)$ μm

One oocyte together with four or five nutritive cells constitutes a polytrophic ovariole. The oocyte, measuring $(60 \sim 96)$ μm × $(115 \sim 160)$ μm, is surrounded by a layer of follicular cells which leave sculpturing of the chorion after it has been formed.

参考文献

Child, L. 1914. The anatomy of the Diaspinine scale insect, *Epidiaspis piricola* (Del Guer.) Ann. ent [J]. Soc. Amer. 7: 47 - 57.

Johnston, C. E. 1912. The internal anatomy of Ieerya purchasi [J]. Ann. ent. Soc. Amer. 5: 383 - 385.

Imms, A. D. 1935. Textbook of entomology [M]. 3rd edi., Methucn.

Maximow, A. A., W. Bloom. 1947. Textbook of histolgy [M]. 4th edi., Saunder.

Tseng, S. The Metamorphosis and Development of Some Special Cells of the Scale insect, *Takahashia wuchangensis* n. sp. Abstract of paper read before the joint meeting of six scientific societies (Wuhan section) Science & Technology in China. 2 (2): 34.

Wigglesworth, V. B. 1947. The princiiplce of insect physiology [M]. 3rd edi., Methuen.

桑名伊之吉. 1917. 日本介壳虫图说后篇 [J]. 55 - 57.

曾省, 何均. 1939. 柑橘红蜡介壳虫之研究 [J]. 科学世界, 8 (1, 2): 13 - 22, 60 - 70.

曾省. 1947. 寄生爬墙虎之白环介壳虫 [J]. 科学论文提要. 1: 21.

曾省. 1950. 白环介壳虫变态的观察 [J]. 中国科学, 1 (2 - 4): 427 - 430.

An Ecological Study of Mosquitos in Wuhan Area[*]

By Tseng Sheng and Wu I.

(*Biology Department, Huachung University, Wuchang, China*)

Very little work of any kind has been carried out on mosquitos in Wuhan, which is situated in the heart of the vast area of central China, except for a brief survey made by Dr. Feng Lan-chou in 1932. The results of collections made in August and September of that year were presented in his paper (1933) and included the following species: *Anopheles hyrcanus* var. *sinensis* (Wied.); *Armigers obturbans* (Wlk.); *Mansonia uniformis* (Theo.); *Aëdes albopictus* (Skuse); *Culex fuscanus* Wied.; *Culex tritaeniorhynchus* Giles; *Culex pipiens* L.; *Culex sinensis* Theo., and *Culex bitaeniorhynchus* Giles.

The present writers found all of the above species except the last two but, in addition, found *Culex fatigans* Wied. and *Culex vagans* Wied.

Mothods

This study was carried out between July and December 1947. Collections were made at Yu Kian Wan (the Hupeh Provincial Agricultural College), Lo Chia Shan (Wuhan University), Wuchang and its vicinity, Hanyang and its vicinity and in the Hankow area.

Adult mosquitos were usually found in secluded corners inside or underneath buildings, sometimes on window screens and in toilets, soldiers' dormitories and in poorer class dwellings and animal sheds. Larvae, according to species, occurred in the following breeding places: *Armigeres obturbans* almost exclusively in toilet jars diluted with rain water; *Aëdes. albopictus* in stagnant water in any artificial container; *Anopheles hyrcanus* var. *sinensis* and the other species recorded, in rice fields, ponds, pools and pits.

In collecting adults, a cyanide vial, one inch in diameter, was used very successfully when free from moisture. The insects were captured while biting, or resting on an object, by slowly moving the killing vial to within an inch or so and then quickly covering them. When they were to be kept alive for egg-laying or dissection, the insects were captured in a similar manner with a clean vial.

---

[*] Tseng Shen, Wu I. 《Bulletin of Entomological Research》. Cambridge U Press, 1951, Vol. (3), 527 – 533.

In order to collect adults out of doors at night, a black cloth trap 12 × 8 × 8 in. was employed during the summer. The trap was designed so that a mosquito entering to shelter in darkness could not readily escape after daybreak. The trap was finally closed by quickly covering the opening and buttoning it up. The specimens so captured were subsequently killed by exposing the trap to the noon sunlight.

For collection of larvae, since a white-enamelled dipper as commonly used was not available, a dip-net covered with fine mesh linen was employed. A large-mouthed pipette served to collect and transfer the specimens which were finally preserved in 75 per cent. alcohol.

For microscopic examination the whole larva was mounted on a slide after about 20 hours' soaking in alco-glycerol, a mixture of equal parts of 70 per cent. alcohol and pure glycerin. During soaking, alcohol escapes gradually on evaporation, while penetration of the tissues by glycerin goes on until the specimen becomes thoroughly transparent. Balsam mounts of whole larvae were sometimes required for taxonomical study.

Topographical Notes on Wuhan

The following brief account of the topography of the area is given to indicate the environment in which the mosquito species occur.

Wuhan area, the delta of the Han River (30′50′N., 114′20′E.) lies in the centre of the alluvial plain of the middle Yangtze, just on the border between the Palaearctic and Oriental regions. Elevation is about 150 feet above sea level, with no mountains worthy of the name within a hundred miles. There are, however, a number of low ranges of hills, rising rather abruptly out of the surrounding plain to an altitude of 200 to 300 feet, and running roughly east and west. With the exception of those named Chiu Feng and Lo Chia, the hills in the vicinity of Wuhan are practically treeless.

These ranges are composed mainly of sandstone, including quartzite, micacious sandstone (Hong Hill) and massive sandstone (Tortoise Hill). Conglomerate is generally found in conjunction with the sandstone. Beds of shale of varying thickness are to be found (underlying the series) in most places. By far the greater part of the area is, of course, flat alluvial plain with considerable areas of "red beds", deposits of eroded red sandstone from Szechwan.

There are some well known lakes in this region known as Tong Hu (surrounding the northeastern side of Lo Chia Hill), Sah Hu (west of the former), Chiang Hu (within Wuchang city), Nan Hu (south of Wuchang) and Yuan Ya Hu (north-west of Hanyang city).

With the exception of Tong Hu (East Lake), in which no aquatic stage of mosquito was found, the borders of the lakes, if decaying vegetation or other organic matter is present, usually favour the development of *Culex* spp. Lotus ponds with floating scum also serve as *Culex* breeding places. Anopheline larvae are almost exclusively rice field breeders; none was found in any hill stream except on Chiu Feng, where Dr. M. K. Hu collected *A. hyrcanus* var. *sinensis* during a brief visit to Wuhan.

During the rainy season (June and July) many temporary pools are naturally made; they do not generally help to increase the mosquito population unless they are polluted by being near human habitation.

Seasonal Incidence of Mosquito Species

Judging from observations during the collecting period, the incidence of the different species varies markedly with seasonal changes. Thus, when collection began at the end of June 1947 two domestic species, *Culex fatigans* and *Armigeres obturbans*, were found to be abundant. The former became less abundant towards the hottest part of the year (July and August), whilst the latter, on the contrary, throve all through the hot summer and early autumn, and finally became scarce when the temperature dropped to freezing point. *Mansonia uniformis* and *Aëdes albopictus* were plentiful during August and September. By October *Culex tritaeniorhynchus* was breeding extensively in some of the bomb craters near Sah Hu, north-east of Wuchang. As winter began, the activity of *Culex pipiens* was considerable. Adults of this species survived even at freezing point, and a few could still be found flying indoors at the beginning of spring. They became active and began to bite humans in the early part of March, when the room temperature was 70 °F.

The breeding of Anopheline mosquitos was most extensive during August, September and October. This coincides with the period of lowest mean relative humidity (69.1, 65.6, 63.9 per cent, respectively), or it may be that relative humidity affects the survival of *Anopheles* (see Table I). It should be noted that the optimum humidity for survival of *Anopheles* for the Canton region was the lowest, namely 67.7 per cent.

Bionomics of the Species Studied

The following account of observations both in the laboratory and in the field includes notes on bionomics and relation to human pathology. Ecological conditions in breeding sites are discussed in a later section.

Anopheles hyrcanus var. *sinensis* Wiedemann, 1828

Adult females freely attack man as well as animals such as cattle. Blood-fed females were collected in abundance in soldiers' dormitories at Yu-Chia-Wan. Five blood-filled females from near Wuchang were kept for egg laying in a cage containing a water-filled dish. More than 40 eggs had been laid by next morning and were floating on the water surface, arranged end to end in connected triangles. After two days' incubation (average noon temperature 95 °F.) all hatched, but unfortunately owing to a sudden drop in temperature they died, and no record of the life cycle was obtained. Li and Wu of the Entomological Bureau of Hangchow reported

（1934），as a result of their work in Hangchow, that this required 11 days for completion.

The preferred breeding sites of this species are chiefly rice fields, pool margins, and slowly running streams.

Monthly figures for climatic factors, and the incidence of malaria and of *Anopheles hyrcanus* var. *sinensis* are shown in Table I.

TABLE I. Rainfall, temperature and relative humidity in relation to* incidence of malaria and abundance of *Anopheles* in Wuhan

Month	Mean rainfall (ins.)	Mean temperature F.	Mean rel. humidity (per cent.)	Malaria incidence (per cent.)	Abundance of *A. hyrcanus sinensis*	
					Adult	Larva
June…	9.6	79.7	79.7	15	(collecting not started)	
July…	7.1	85.5	71.0	15	40	33
Aug. …	3.8	85.5	69.1	18	96	55
Sept. …	2.8	72.9	65.6	24	123	84
Oct. …	3.2	62.1	63.9	19	85	40
Nov. …	1.9	54.0	71.6	7	15	8
Dec. …	1.1	38.9	73.3	0.5	0	0

* Rainfall, temperature and relative humidity are averages for ten-year period 1916—1925 obtained from *Hankow Weather Guide*. Data on malaria incidence were obtained from three hospitals; St. Joseph's, Church General and London Mission, at Wuchang.

It will be observed that *A. hyrcanus* var. *sinensis* is most abundant during the months of August to October, with a peak in September two to three months after the peak of rainfall in June, a period when there is still plenty of water, but with little danger of larvae being washed away by heavy rains. The relative humidity during this period is at its lowest for the year, ranging from 69.1 to 63.9 per cent. By December, when the mean temperature has fallen below 40℉., all activity has ceased.

The species was most abundant when incidence of malaria was at its height, and as no other species of *Anopheles* was collected there is good reason to believe that this species is the vector of malaria in this area.

The combined records of the three hospitals for 1947 (1937 patients) included 232 malaria cases, of which 31 gave positive blood tests. Statistics showed *Plasmodium vivax* 7 per cent., *P. falciparum* 4 per cent., and *P. malariae* 1 per cent.

The species is also an important vector of filariasis in China. There was only one case of elephantiasis in the records for 1947 at St. Joseph's Hospital, Wuchang, and no parasite was found in the test.

Mansonia (*Mansonioides*) *uniformis* (Theobald), 1901

Observations indicated that females of this species were entirely anthropophilic in their feeding habits. Because of their persistence when biting, it was possible to capture a specimen immediately it started to bite. They were greatly attracted to light at night. Considerable numbers were collected during August at Lo Chia Shan by first attracting them into the house by means of a light and then catching them with the killing bottle. The females bite man in the open air as well as indoors. They are especially active during the night in the rainy season. Feng (1938) has recorded that heavy rain will not prevent them flying. During the hottest months of July and August 1947 they were found in abundance in bushes and weeds throughout the region. The hospitals of this area had no medical information on this species.

Armigeres obturbans (Walker), 1860.

This is a very common domestic species throughout the region, and may be found by day in large numbers both in toilets and dark interiors. The females actively attack humans, feeding at night but, if the house is dark, they may attack at any time.

The most favourable breeding site was found to be a toilet jar containing human faeces and urine, diluted with rain water. Larvae were also found in abundance in garden compost pits containing very foul water.

No information regarding this species as a possible vector of disease is available for this region.

Aëdes (Stegomyia) albopictus (Skuse), 1895

This species is a vigorous daytime biter, but it does not occur in large numbers. Females are often to be found by day amongst bushes and weeds around human habitations. The preferred breeding site is in collections of rain water, especially in household containers out of doors. A considerable number of Aëdes larvae was found in earthenware vessels stored in an open yard beside a pottery shop in Wuchang.

The life cycle of this species was observed in the laboratory by rearing 28 larvae hatched from eggs freshly deposited by a captured female. The water used for rearing was brought from the breeding site mentioned above. The average temperature during the breeding period was 77.7 °F. room temperature, and 76.5 °F. water temperature. The results obtained were as follows: Incubation period two days; larva eight days; pupa two days; period of emergence one day; total, egg to adult, 12 ~ 13 days.

The larva of this species is not so susceptible to unfavourable rearing conditions as that of others and this makes it a suitable subject for laboratory study.

It has been shown by Simmons, St. John and Reynolds (1930) that Aëdes albopictus is a very important vector of dengue fever in the Philippines.

In China, no experimental work has been carried out, but the observations of Buddie (1928) at Canton showed the epidemiological relationship of this species to dengue fever. The hospital records at Wuchang indicate that the inhabitants of Wuhan did suffer from this disease, Known as "Japanese malaria", during the Japanese occupation of the area.

Culex (*Luizia*) *fuscanus* **Wiedemann, 1821**

This species is seldom found indoors. Personal observations showed that it probably does not bite humans, and yet Buddie (1928) stated that it bites and sucks human blood greedily, but that its bite leaves no mark. Larvae were frequently found in natural pools together with *Culex tritaeniorhynchus*. Feng (1938) reported that the larvae are predacious, and feed not only on other mosquito larvae, but also on their own kind.

No information regarding its relation to disease in this area is available.

Culex tritaeniorhynchus **Giles, 1901**

This species is usually abundant indoors during the latter part of the summer and autumn; it bites man freely at night, indoors and in the open. Field observations showed that from the end of August onwards breeding was most prevalent in bomb craters, and also took place to some extent in rice fields containing decaying vegetation. Adults were readily obtained in the laboratory from larvae maintained at a temperature of 96. 8 °F to 98. 6 °F.

Culex vagans **Wiedemann, 1828**

Only one specimen was obtained, from the Hankow Union Hospital.

Culex fatigans **Wiedemann, 1828**

This is the commonest domestic mosquito in the area, especially during the early part of July. It bites man at night.

Culex pipiens **var.** *pallens* **Coquillett, 1898**

This species attacks humans fiercely at night, in places where sanitary conditions are poor, it is the one most commonly found in houses. It appears early in November, and remains active even at temperatures at or below freezing point.

Possible transmission of diseases in the area by the five last named species needs investigation.

Ecological Conditions in Larval Habitats

Samples of water were collected from three distinct breeding sites: a rice field (*Anopheles*), a rain-diluted toilet jar (*Armigeres*), a pond (*Culex*). In addition, a sample was taken for comparison from a pool where no mosquito larva was ever found.

The samples, each of one gallon, were first filtered, so as to decrease the possibility of further chemical change, before preservation in separate stoppered bottles. Features chosen for analysis were odour, colour, residue, pH value, total organic nitrogen, and dissolved oxygen. The results are shown in Table II.

The significance of these results is not very evident, but the following points may be noted.

As might be expected, the total organic nitrogen in the *Armigeres* breeding water is considerably higher than in the other sites. There may be some connection between this and the rapidity of growth and large size (up to 1 cm. length) attained by the larvae of *Armigeres*.

498

TABLE II. Analysis of water from breeding localities of *Anopheles* , *Armigeres* **and** *Culex*

	General examination		Chemical analysis			
	Odor	Colour	Residue(mg/500 ml)		pH	* Total organic nitrogen (mg/1)	†Dissolved oxygen (mg/1)
			On evaporation	On ignition			
Anopheles	Grassy, earthy	Muddy yellow	150	120	7. 2	0. 36	2. 23
Armigeres	Urinary	Reddish brown	300	240	8. 0	2. 88	20. 40
Culex	Grassy, earthy	Pale yellow	150	130	7. 8	1. 20	2. 23
Non-breeding	Earthy	Colourless	20	10	7. 5	0. 96	2. 51

* Determined by the Rideal Stewart modification of the Winkler method.

† Determined by the Kjeldahl method.

The amount of dissolved oxygen in the breeding water of *Armigeres* is also very much higher than in the other sites. It has been observed that the larvae of *Armigeres*, in contrast to those of the other species which spend long periods with their syphons open to the air through the surface. film, scarcely ever come up to the surface.

In contrast to the breeding water from the other three sites, that in which no breeding took place contained very much smaller amounts of organic substances and minerals.

It seems characteristic of Anopheline larvae that they are most frequently found in association with filamentous algae (*Spirogyra*) . Lotus ponds with *Polygonum* along their margins favour the breeding of *Culex* spp. If the water surface is completely covered by floating plants, such as *Azolla* , *Spirodella* , *Marsilea* , *Lemna* , etc. , mosquito larvae will not be found.

The fauna of mosquito breeding places may include enemies of the larvae. Tadpoles, fish and aquatic insects are often found as predators on larvae. As mentioned earlier in this paper, larvae of *Culex fuscanus* are recorded as being predacious on other mosquito larvae. During laboratory rearing of larvae of *Armigeres obturbans*, larger larvae were frequently observed to feed on smaller individuals, and also on dead ones.

Larvae of *Anopheles* were generally found in gently flowing water near the passage between two rice fields. Four or five larvae were usually taken in about two square feet of water at such a passage, whilst in still water of equal area scarcely one could be obtained. No *Culex* larvae were found in any moving water.

The larvae of *Anopheles hyrcanus* var. *sinensis* were always found in full sunlight. Larvae of *Culex tritaeniorhynchus* were generally found in the complete shade of water plants and grassy pond edges. Those found in a particular bomb crater were all attached to the adventitious root hairs of *Polygonum* along the shaded bank edge.

The water accumulations in artificial containers which yield larvae of *Aëdes albopictus* are usually poorly illuminated.

Larvae of *Armigeres* develop in almost complete shade, and are highly sensitive to direct sunlight. When exposed to sunlight in the laboratory, all the larvae sank to the bottom of the vessel.

Anopheline larvae thrive in rice fields with a temperature ranging from 70° to 86 °F. and tolerate a temperature as high as 104 °F. Incubation of the eggs took three days in the laboratory at 83. 5 °F. When the temperature later dropped to between 66 °F to 75 °F. , the larvae stopped growing.

In the laboratory, eggs of *Aëdes albopictus* took two days to hatch, and a total of 12 ~ 13 days for the cycle from egg to adult at an average noon temperature of 77. 4 °F. and at a water temperature of 76. 5 °F.

Larvae of *Culex tritaeniorhynchus* throve most vigorously at 89. 6 °F. in a bomb crater in the vicinity of Wuchang. As the temperature gradually dropped, over a period of two weeks, to 66. 2 °F. , it was noted that the larvae became less active and the emerging adults were unable to fly, and some appeared to die.

Larvae of *Armigeres* still survived at temperatures around freezing point, but neither pupation nor emergence of adults occurred.

The figures given in Table I suggest that torrential rain at the peak of the rainy season is less favourable to multiplication of *Anopheles hyrcanus* var. *sinensis* than more moderate intermittent rainfall, with intervals of sunshine, which occur in the latter part of the summer and autumn.

Figures in Table I also suggest that a relative humidity of about 66 per cent, is one of the factors favourable to *Anopheles hyrcanus* var. *sinensis*.

Summary

Field and laboratory studies were made of the mosquitos of the Wuhan area, central China, between June 1947 and March 1948.

The following species were collected: *Anopheles hyrcanus* var. *sinensis*, *Mansonia uniformis*, *Armigeres obturbans*, *Aëdes albopictus*, *Culex fuscanus*, *Culex vagans*, *Culex fatigans*, *Culex pipiens and Culex tritaeniorhynchus*. A brief account is given of the topography and other environmental features of Wuhan.

The seasonal incidence and feeding habits of the adults, and the breeding sites favoured by the various species are recorded.

Monthly mean figures for rainfall, temperature and humidity are examined in relation to incidence of malaria and abundance of adults and larvae of *Anopheles hyrcanus* var. *sinensis*. The peak of malaria incidence coincides with that of *Anopheles* population which occurs two to three months after the peak of rainfall at an average relative humidity of 66 per cent.

A chemical analysis of waters from different types of breeding sites was made. Both the total organic nitrogen, and the amount of dissolved oxygen were considerably greater in the breeding site of *Armigeres obturbans* than in those of other genera. A sample of water from a site in which no mosquito breeding was observed contained very much smaller amounts of organic substances and minerals than samples from known breeding sites.

Other ecological factors affecting the early stages in their breeding sites are briefly referred to.

Acknowledgements

The writers wish to express their sincere thanks to Dr. C. Ho and Dr. M. K. Hu, both of whom helped in the identification of species, thanks are also due to Dr. L. Weidenhammer, who directed the laboratory analysis of the water samples from breeding sites.

References

Buddle, R. 1928. Entomological notes on the Canton delta [J]. J. R. nav. med. Serv. , 14: 190 – 200.

Feng, Lan-chou. 1933. A brief mosquito survey in some parts of central China [J]. Chin. med. J. , 47: 1347 – 1358.

Feng, Lan-chou. 1938. A critical review of literature regarding the records of mosquitoes in China [J]. Peking nat. Hist. Bull. , 12: 169 – 181, 285 – 318.

Li, Feng-swen & Wu, Shih-cheng. 1934. The observations of the life history of *Anopheles hyrcanus* var. *sinensis* and an investigation of mosquitoes in the mosquito net [J]. Yearb. Bur. Ent. Hangchow, 3: 154 – 162.

Simmons, J. S. , St. John, J. H. & Reynolds, F. H. K. 1930. Transmission of dengue fever by *Aëdes albopictus*, Skuse [J]. Philipp. J. Sci. , 41: 215 – 231.

各级农业教育的研究与实践

本校植物病虫害系之回顾与前瞻[*]

曾 省

　　顷接出版组通告，嘱限于1944年元月五日以前写本系工作检讨或展望一文，俾便汇登校刊，以饷读者，因时间短促，无暇缕述，仅就记忆所及，举其梗概，借作一年来之进度报告耳。

　　过去情形：本系于1937年奉部令成立，当初一二年因农院学生人数不多，功课有限，教授、助教则致全力于研究工作及搜集教材，如螟虫及柑橘红蜡介壳虫防治法之研究，成绩优良，结果俱已发表（曾省、陶家驹1936年《成都螟害之观察》，《农报》4卷6期，曾省、何均《柑橘红蜡介壳虫之研究》，《科学世界》，8卷1~2期，《柑橘红蜡介壳虫防治法》，《现代农民》，1卷2期）。而防治红蜡介壳虫用松脂合剂，于六、七月间喷射树上，绝对有效，四川省农改所与中央农业实验所依法推广，至今金堂、成都一带农民有口皆碑，咸称川大农院确为农民解除痛苦减少害虫损失也。后以财政部税务署及农产促进会补助经费，又与金陵大学农学院合作研究烟草害虫，三年于兹，先后共发表论文三篇，（《烟草青虫研究之初步报告》，（曾省）；《烟草青虫防治试验第二次报告》，（曾省、黄佩秋）；《烟草绿椿象观察报告》，（曾省、谢大赉）《农林新报》）。且每年于种烟时期，教授、助教亲往新都、郫县一带调查推广，灌输烟农及小学生以防治烟虫知识，深入农村，实地研究，效果甚大。此外，仓库害虫之研究经教授忻介六与何国模及助教、同学之努力，亦常有论文在国内各杂志报章发表；本人与毕业同学李隆术君合著之《仓库害虫及其防治》一书，已由正中书局承印，行将出版问世矣。此外学生研究论文中，有廖定熹之白蜡虫研究，李隆术之仓库害虫调查，杨绍鸥之桃斑螟蛾研究，龙承德之烟草青虫、谢大赉之绿椿象研究及李惟和之氟素杀虫剂试验等，皆特有心得之作。

　　植物病理方面因学校不安定，教授、助教屡易人，研究工作无长期计划，以致成绩不能多方表现，殊为憾事。然讲师许如琛先生对于烟草褐斑病之研究、同学喻季姜对柑橘储藏病害之研究，皆独具心得，而阎若珉教授所著之植病研究方法，业已问世，与本系工作固有关也。

　　本系成立以后因感研究须有充分设备，而当时学校经费尚宽裕，故显微镜、切片机、天平、玻璃器皿、化学药品可供研究与学生实习者购备颇丰，标本之采集亦富，抗战期内尚能勉强维持者，全赖当年之积蓄。今历年消耗已多，无法补充。图书方面除教科参考书籍之外，整套专门杂志购置亦颇不少，惜自1939年以后无复续购者。然无论

　　* 《川大校刊》，1944年，第16卷，1期。

如何本系设备之盛，又不受战事影响，始终安全无恙，确甲于国内任何大学植物病虫害系，规模粗具，端赖今后如何维系改进，使其尽量发挥效能，成为战后我国西陲斯学研究与培育人才之机关也。

上年工作：1943 年度本系因经费困难，工作成效不多，唯植病方面自林孔湘先生来校任教后，热心教学，努力研究，本系植病工作确有起色，可庆得人。又朱蜜铺先生担任本系细菌学后，将原有设备略事补充，拟从事于酵母之培养及有用菌之繁殖，并研究园艺、畜产品之加工，渐使消极之植病防治工作另开生面，向积极生产途径发展，研究农产加工之基本学问（发酵），期使四川农产原料丰富之地，一跃而成农产品加工出口之省，适合战后建国之需要，此项工作尚望学校当局之提倡，社会人士之赞助焉。此外为蚕桑系开设桑树病虫害学，并合作研究蚕病之防治。

此一年内本系师生研究工作已有相当结果者，计有：曾省、李惟和之《除虫菊开花之观察及制药试验之初步报告》；曾省、谢大赍之《烟草地蚕之研究》；许加琛先生之《轮纹病菌之研究》；萧庆璞、牟济宽之《几种果类炭疽病之研究》；吴明藻之《衣物储藏害虫之研究》等，就中尤以炭疽病之研究，系在种种设备用品缺乏情形之下，完成相当详尽之研究结果，尤为数年来鲜见之作。《衣物储藏害虫之研究》对于衣蛾之生活史及防治试验结果，在实用上有相当价值，至于其他种储藏害虫，尚有何国模先生指导下继续研究。

新岁展望：一年大计决于春，本系惩前毖后，不能不将年来感受困难情形，一一言之以求改进之道，同时提出数种重要工作，立为目的，使全系同仁、学生有所准绳，知所努力。困难之点：①本系负担外系共同功课太多，如普通昆虫、植物病理、植物生理等课。自学校全部迁回后，植物生理学应与普通化学、物理、生物等课同样办理，由理院开班较为合理。②经费支绌异常，实验消费研究调查等费，为数过微，大学以研究教学为中心工作，不能任其废弃，对实验科学研究设备的消耗应及时增补，否则工作实难推进，③为助教人数不敷分配，工人缺乏，无法调度，推动试验工作，④为仪器标本渐感不敷，标本因旧者渐已告罄，新者无法添补，巧妇不能作无米之炊，影响学生学业甚大，此皆值得注意，急须谋善后解决者也。至于重要工作：①本系功课教材须力求实用，既能引学生向学之兴趣，又能达学以致用之目的；②学生外国文程度应设法使之提高，使之有必需之工具，能吸收外国科学与各种新知识；③养成好学自动研究之风气，本系学生毕业论文已变通以往规定办法，自第三学年第二学期辄动手，使田间观察、室内饲养，可历春夏秋冬而得窥其全豹，施行以来，结果良好，尚望持续不替，努力工作；④嗣后研究十之六七注重实用，十之三四兼治纯理论，二者不可偏废，勿因噎废食而不能得到全面之训练；⑤关于菌学之利用，施之于积极方面，无论由学校或社会力量，必促其实现，迅速完成，为斯学开一生路，以应国家之需要，以助农业之进步；⑥完成培育人才之目的，因省感战后专家东移，川中人才不足，本大学师资恐将有不能罗致之虞，二年前曾下决心，扶助本系毕业生，就学深造，将来回校工作，数年以来结果良善，尚望同学继续奋起，肩此巨任，为文化建设事业奠定基础。

以上诸端皆省所热烈希望者，时间迫切，拉杂书陈，尚望我校贤达有以教之。

1944 年 1 月 3 日书于

本校病虫害系研究室

川大成立十二周年纪念感言[*]

曾　省

今年十一月九日是四川大学成立十二周年的纪念日。我记得前年今日——曾发表研究论文，纪念川大成立十周年，表示我们研究学术的精神，于那论文弁言中曾有这几句话："此项研究之进行当在敌机扰攘威胁之下，而终未稍懈，其研究精神，固足多也。……且证明敌机仅能破坏我物质，不能毁灭我精神。"

现在距十周年又隔两年，我们应当本着抗战越战越强的精神，来多做科学研究的工作，多做病虫害防治试验，与自然界中害虫毒菌奋斗，这样方能帮助农业增加生产，而为我们民族求生存。今年十一月九日拟于本校农院发行"昆虫植病"专号，将近年来本系师生埋头研究所得到的结果，撮要编辑成帙，一方面贡献于我国学术界、农业界作参考；另一方面来纪念本校。总希望我们年年有研究成绩来表示我们大学是富于科学研究的精神与创造的能力，以之提高文化地位与适应国家抗战建国的需要。

植物病虫害学，原是崭新科学，产生最晚，拿昆虫学来说，在美国仅有七八十年的历史，日本有此种科学研究，也不过四五十年。德国自 K. Escherich 博士，法国自 R. Marchal 游美归国之后，才在国内提倡此种应用科学 Applied Entomology。英国从前也是注重纯粹昆虫学，自克洛曼公爵（Lord Cromer，曾任中非研究委员会主席，The Chairman of Central African Research Committee）得卡纳祺（Andrew Carnegie）之助，派学生留美，专习病虫害防治方法，回国后，始引起国人与政府之注意。我国应用科学方法来治病虫害植物，只有二十余年的历史，向不受政府与国人重视，可是，先总理于三民主义第三讲中曾提醒我们注意，指示我们方向，他说："国家要用专家对于那些害虫来详细研究，想方法来消灭"。"我们要用国家的大力量，仿效美国的办法，来消灭害虫"。这几句话，不仅我们学病虫害的人听了感觉到非常奋兴，就是主持教育与办理农业推广的人，也应当奉为圭臬。

我们的农业欲增产，须先减却病虫害的损失。到乡村里听到农民要求驱除病虫害的呼声甚高，所以在乡里干农业推广工作的人们，常有"三分种，七分虫"的说法，换句话说，谋我国农业的改进和农产量的增加，育种工作固然重要，而病虫害的驱除，尤感迫切。十余年来，政府对于植物病虫害防治虽称努力，然限于经费及人才缺乏，终是捉襟见肘，无济于事。"前事不忘，后事之师"。嗣后应宽筹经费，广育人才，并奖励研究，提高技术以合战后建国的需要。美国卡纳祺（Carnegie）先生，问英国克洛曼公爵（Lond Cromer）："汝经营非洲将欲办何要事"？克答曰："工作俱有计划，且极有希

* 《川大校刊》十二周年校庆纪念特刊，1944 年及《新农村》，1944 年，2 卷 4 期。

望，唯研究非洲资源，觉英国无人能控制此膏腴土地上所产农作物之害虫，为一憾事"卡允拨巨款劝送青年学生往美学习防治害虫工作，归国后，遂为英国开发非洲资源，收农业之大利。此一发展农业之途径，可作我国改进农业的榜样。

植物病虫害的驱除，对于农业之重要既如上言。然我国青年学生，每视为畏途，不愿学习，原因是该门科学须有高深生物、理化等学做基础，且须精通一、二外国文，才能登堂入室，技术须娴熟，方法须精巧，非有健全身体，冷静头脑，与有忍耐性，治学难能成就。一般青年学生又误认植物病虫害为消极之学，仅涉防除，不悉亦可利用做积极生产工作，此学范围牵涉颇广，善为致用，正能左右逢源，途途是道，决不致局促于一隅，无所发展，现在我把这门学科内容与研究范围说一下：

病虫害学如站在消极方面说，自然系防除作物、果树、蔬菜、森林、木材、人类、家畜、食物、书籍、衣服等病虫害的学问。从积极方面来看，内中包括有细菌、真菌，是发酵工业的资源；又蜜蜂、家蚕、柞蚕、皆属昆虫，所产物如丝、蜡、蜜，或供食用；或供衣服；或供工业原料，目下蚕丝制绸，可作降落伞及飞机翅衣，已成国防军需品之一了。白蜡虫、五棓子（系蚜虫寄生盐肤木所致）、洋红虫、紫胶、食用昆虫、食用菌、药用昆虫、药用菌，向来有经济价值，经现代科学研究的结果，觉利用前途方兴未艾。至于杀虫药、杀虫剂之配制；或利用工厂副产物；或就我国出产矿物植物提炼，无一非关于工业生产部门。病虫害为农学之一环，而且是工业的一部门，病虫害不定是耗费的科学，而是直接间接增进生产的学问与技术。

我用上面这些话来纪念川大十二周年，其目的是：一、我们川大无论战前、战后在西南方面总是占文化重要地位，我们应该以我们工作代价——研究成绩——来纪念学校，使学校地位日高、声誉日隆，不愧为一座最高学府；二、四川盆地是一片膏腴冲积土，农业确是重要，大学内农学院因此所负使命亦很重大，我们当自奋勉，互相淬励，为农业多做点改进工作；三、一部分青年往往习于所见，对于学问不能看到超视线的深远境界，治学每贪易而畏劳，不肯用远人眼光，下踏实苦学的工夫，遂致科学仅袭皮毛，不能博学多闻，推陈出新，适应于本国的需要，是我们教育的错误，应痛改前非，从事富创造性学科的探求，那么中国本位的科学才会建立起来。

乡村教育与农学院[*]

曾 省

国家到现在的局面总算很危险了！内忧、外患、天灾、人祸、交相煎迫；若不于此时大家挣扎，死里求生，寻一条出路，亡国灭种迫在眉睫。目前救国根本的办法，是在于努力乡村建设。建设乡村首在推广教育，所以这几年来乡村教育之推行，几如风起云涌，弥漫了全国。可是政府对乡村建设未定了标准，有许多地方推行乡村教育是离开了国家教育行政的重心，而另立系统，这是一件危险的事。推广乡村教育，大家都注意横的方面发展，而不把纵的方面沟通起来，如大学的农学院与乡村内中等学校及小学的工作，未能打成一片；而且现在仅办理乡村组织与推广民众教育，而不注意农业科学的研究及促进生产方法的改良，这也是不妥当的办法。我此刻把乡村教育与农学院的关系说出来，使大家明了大学农学院在乡村教育工作中所负的使命，得有共同努力的机会，将来乡村建设的工作一定快些。

乡村教育的对象就是农民，乡村教育的目的是在启发农民的智力，和救济他们的困穷，内中已包涵了两种工作：文字教育与生产教育。现在实行乡村教育的方法与以前各处识字运动大不相同，不仅教他们识字念书，而且教他们生产；不仅教他们生产，还须培养他们适应环境的能力。换句话说，就是养成乡村内健全的国民。这是求民族复兴、国家治平、社会安宁最迫切需要的一件事。我对这种"新教育"的办法绝对赞同。而且我曾担任过短时期的农民运动工作，向来主张农民教育应从识字及生产双方并进入手，而且对于政治和经济，亦当引起他们的注意。等他们的社会组织逐渐稳固，生活逐渐安定，政府就有大多数人民为后盾，方可以争国际间自由平等；否则，绝对大多数人民未能参加政治，国家政治还有好办法吗？

农民为什么要这样教育呢？要答复这问题，最好就事实来说。例如教农民识字，就是解除他们文盲的痛苦，嗣后记账、写信、立契约、看广告、都用不着请人代庖，那么无人敢居中操纵渔利，与鱼肉乡民了。更进一步，他们若会看报、阅书、晓得国家政治、就可以了解政见、投票选举、正式负起建国责任来了。像目前的农民，目不识丁，还能投票、选举、罢免官吏吗？乡村教育内列文字教育工作，是应农民的需要，灌输他们一切的知识，文字是灌输知识的工具。教农民子弟念书，绝不可依他们传统的错误观念，让他们子弟离了乡村，集中城市，作求官的勾当，打破士大夫教育也就是看清这一点。

生产教育是以增进农业生产为目标，不仅需要科学化农业的技术，而且要懂得合理

* 《农业周报》，1934 年，3 卷，49 期。

有效的经济组织。像现时一般农民所用的品种，大半是退化杂交的，品种栽培的方法是数千年留下来的旧法子，加工制作是很粗放简陋的，卖买的手续是极散漫无系统的，结果下来凭你手足胼胝，终岁勤劳，总是穷苦。就有些蝇头微利，亦被奸商、市侩、地主和资本主义者剥夺净尽。难到现在地步，连丰岁不能求温饱，荒年更不消说了。农村衰落，人民购买力弱，自然会影响城市的工商业，所以大家都感觉到痛苦，一致主张，救国先在救农，国家建设应从乡村做起，这样做法是很对的！

照上面说来，生产教育与文字教育都是农民所必需的；但是由事实来证明，在乡村里推行文字教育，若不注意生产教育，一定引不起农民的兴趣。他们不推说没有工夫，就说这桩事与我们无关，他们日出而作，日入而息，从晨忙到晚，还不能糊口，还有什么工夫来念书？这实是真情。既然如此，生产教育似比文字教育还重要；可是做起来很不容易。推广生产教育，绝非口说指划就可以见效。晓得学理，还须经验；既会课本，还会劳作；既能说给他们听，还须做给他们看。乡村教育人员能做到这样工作，农民方能五体投地佩服你；感激你；才晓得你们的工作实在有利于他们的生活，肯听你们的指导。回转来检验乡村小学的教师，有几位曾受过充分农业技术的训练？不错，乡村师范学校也列有几门农业的功课与劳作。请问将来毕业后农业技术是否够用？他们的能力足以应付农村环境之需求吗？这都成了问题。

照我的意思，改良乡村以乡村小学为中心，这是无疑义的。小学教师须担任农业技术的指导，也是事实上不能免的。农业方面范围甚广，专门又专门，断不能在一门"农业大意"功课内可以讲得尽，学得完的。现在农村需要是下层工作与农业研究工作。训练下级人材，以乡村小学教师为最适宜。教授以研究所得之结果，付诸乡村小学教师，再由乡村小学教师传到乡村小学生，要他们实地去做，推广深入民间，不是很好吗？同时小学生，这种农家子弟不易离开乡村，将来经营农业时，感到困难，可以请教小学教师，小学教师解决不了，可以送材料到农学院研究，或报告农学院，由农院派人实地去研究。以此大学与小学打成一片，农业与农学冶于一炉。大学农学院好比人体中中枢神经，乡村小学好比旁侧神经，乡村小学生好比运动与感觉器官。有了这个有机体的组织，然后呼应灵敏，分工合作，运用方发生效力。照这样干生产教育，才有办法，还有什么农业干不通呢？

此外以乡村小学为一切乡村建设运动之中心，比任何机关为强。因为乡村小学是教育农民的子弟，乡下人对老师向来是很尊崇的，对良好教员的言语行动是顶服从的；而且天天相处在一块地方，很容易接近，可以感化他们。乡下人极怕政府设立的机关，独对学校所办的事却不怀疑，不会视同衙门及收税的机关，这一点是学校举办乡村建设占便宜的地方。而且别的机关派人到乡间工作，决不会办得像小学的普遍，及小学教员的众多。假使乡村小学教员真能训练得法，替政府推行建设的工作，效果是很快，力量是很大的。农业研究工作应该由大学农学院担任。大学农学院是万能，大学教授是件件通的，我也不敢说。不过嗣后力避以前农业教育的错误，注重田间工作，不作抄书宣传，关心农情，埋头苦干，或能有贡献于农业。以前农业教育的错误是什么？第一，学的人既非农家子弟，又非立志经营农业，或服务乡村者，学非所用，自然社会得不到好处。第二，教者不做研究工作，抄袭外国成法，自信能改良中国农业，翻译外国书籍，自夸是研究成绩，隔靴搔痒，如何得通。第三，不切农情，无远大的计划，农业最受时季及地域的限制，一地有一地之农业，一国有一国之农业，若不认识清楚，通盘筹算，任拟计划，轻于尝试，未有不败。如提倡某种农业，不先研究乡村经济情形及气候土宜；与专重生产，不为农民谋销路，都是错误。第四，不肯深入民间，仅在城市里发号施令。乡村生活处处不如城市，研究农业者往往视为畏途，自身既不愿与农民接近，自不见乡村景象，则情形隔阂，纵有室内研究所得之结果，不合农民之需要，闭门造车，南辕北辙，于农业有何益处？从前农业教育失败是公认的一件事，前车不忘，后事之师，愿大家不再重蹈以前之覆辙。近几年来农村情形每况愈下，经济破产，国本动摇，纵不为穷苦的农民谋，宁不为自身及子孙谋欤？当此严重关头，改良农业教育刻不容缓，全国学农者应总动员，各尽其能，各竭其力，奋勇向前，于千难万苦之中杀出一条血路，以救农民，那末农村才有复兴的希望。

论到复兴农村，应办之事固多：如普及教育、努力治安、筑道路、兴水利、流通金融、讲求卫生等，皆是要图；然同时不能不注意增加农业生产的问题。增加农业生产比较复杂难办，须健全的人才，与永久的通盘计划；绝不是片面或局部的问题；也断不是"头疼医头，脚疼医脚"的办法可以奏效；更不是引用东西洋现成的办法，对农民讲解，或在报纸上宣传，就算尽力。万事须经过相当时间的研究，科学尤重在实验，先实地试验，然后推广，才会发生效力。

依我的经验，目前进行改良农业，最困难的是缺乏人才。所谓缺乏人才是指上无研究学者，下无指导人员。研究学者应具以下数个优点才行：一、富有学识与经验；二、有科学研究的训练，室内与野外工作经验兼而有之；三、吃苦耐劳，乐于乡村生活。下级指导人员亦须合于下列数条件：一、其知识与能力可以接受农业科学之指导；二、有探研的精神与应付乡村环境的能力；三、不辞劳瘁，勇于做事，肯为农民谋利益。对于这两点我不能不切望教育当局于努力发展乡村教育之时，应急须定下奖励农业科学研究人才与优待下级工作人员及乡村小学教师的办法，这真是百年大计，复兴民族的重要工作。

农民教育实施的初步[*]

曾 省

国弱民贫，由来已久，推其缘故，教育不普及，乡村里80%以上人民的知识未开通，任何文化变迁，思潮递嬗，政体改革，以及其他种种运动，都不能引起乡村农民的注意，使他们自动来参加，共同努力，奠下了坚固的基础，所以革命是读书人的革命，建设是都市人们的建设，早已成为铁一般的事实了。这种局部的改革与畸形的发展，是因果颠倒，不合理的做法，完全是表面不切实际的工作，到处暴露它的弱点，到处发生它的危险。

论到农民教育一层，除了乡村小学的数量比前数年增多以外，还有民教馆与乡农学校等，皆以教育农民为目的，给农民不少求知的机会。可是我国乡村地方这样辽阔，农民这样多，而农民学校几寥若晨星，如何进行迅速，能得到很大的效果，以之挽救国势阽危的局面呢？而且乡农学校和乡民教馆主持的人大多数是学教育的或是政治工作人员，对于民众教育，对于乡村组织或可为力。至于谈到农业技术，指导农民改良生产，那就是门外汉了。我屡次遇到热心办民教的朋友，都异口同声对我说："唉！我们这办法已觉得无路可走了，请你们学农的快来协助指导，使农民对于改进生产发生兴趣，就会觉到知识的需要，民教的前途才有办法。"这话并不属应酬的虚套，确是事实的表现，所以教育农民应从生产与文字方面并进，换句话说：就是民众教育与农业技术双管齐下，才能推动乡村的改进与农业的发展。

此外，我时常感觉到全国教育经费的分配，向来偏于城市而不顾到农村，教育制度也专为读书人的子弟打算，而不为农民着想。试查中央及地方教育经费的分配，城市与乡村的比例相差多少？各处的学校专为培植农民子弟，从事农业的有没有？大学农学院、中等农业学校以及乡村师范究有多少学生来自农家？其实全国的教育经费以及其他军政费，那一项不是直接或间接取自农民汗血换来的金钱呢！政府不为大多数人民谋利益则已，如为大多数人民谋利益，自然应首先顾及农民的利益，而第一件事要做的是教育农民。在目前教育制度之下，农民无教育，不能自拔，故非将农民教育方针速行定下，从事推进不可！

根据上述的理论与事实，作者早有意于创办农民学校，训练他们以农业技术与生活所必需的知识；而且将学校教育与社会教育沟通起来，使大学研究问题有所根据，将来把研究所得的结果，即可交给农民应用。今年于山大农学院成立之后，就开设冬期农业训练班，以试办性质，不敢扩大，仅收农院附近乡村真正农民十五人，结果认为非常满

---

[*]《农业周报》，1934。

意，可断定农民教育循此途径进行，前途颇有希望，而且于最短期内必能影响农人的生产，以促农村的改进。兹特介绍办法并报告工作情形如次，以供研究乡村教育者的参考。

山大农学院办理冬季农业训练班的宗旨：是在推广农业的新知，使农家子弟，既有耕作习惯，兼具科学方法，做将来发展农村和改良农事的基础。招收的学生，都在农院附近各村，一来毕业出去后，仍可随时加以指示和视察；二来由近及远，逐渐推广，比较容易有把握。学生的资格：凡是年在十八岁以上，二十五岁以下，有三年以上的农事经验，曾在高小毕业或有同等程度，身体健全，能耐劳苦，没有什么不良嗜好的，都可以来应考。修业的期间，暂定三个月。录取之后，每日授课两小时，农场工作六小时，星期日由管理员率引，赴各处农业机关，农事试验场以及有关农业制造的各工厂去参观，使他们扩大眼界，知道农村里种的东西，和社会上的关系。学生的膳宿文具书籍杂费，都由农院供给，并每人每月看他的成绩，酌给津贴二元或三元，作为工作的代价。这样一个办法宣布出去后，附近的农民，就纷纷的来院报名，可见他们很注意这件事，而且很愿意求上进。到了考试的时候，我们的手续：第一是国文题，第二是常识测验，第三是填写考生家庭和个人经历调查表及口试，最后是农场实习工作一小时。考试的成绩很好，出乎我们意料之外，国语大多数通顺，能够写一二百字或三四百字，发表自己的意思；常识测验，也对答的不差，填写表格和问答的口齿，都很清楚；就是耕作一小时的成绩，锄起的土和筑成的畦，都能整齐适合。后来经过招生委员会的评定，录取了十五人；训练生的家庭住址，在农院四周，如周家庄、全福庄、辛甸庄、丁家庄、沙河镇、菜园庄、姜家庄、冷水沟庄等处，分布很均匀，将来于农事的推广，收效较易。

训练班的课程：一部是由农院教授讲师助教等担任，一部分请山东省立祝甸乡民教馆的教师担任。现在把三个月内科目时数，列成一表如下：

科　　　目	时数
国　　　语	一五
珠　　　算	一五
园　　　艺	二〇
农　　　作	二〇
牧　　　畜	一六
森　　　林	六
土 壤 肥 料	五
病　虫　害	二〇
农　村 合 作	六
新　闻　读 法	二
政　法 概　要	四
中 国 历 史 概 要	四
中 国 地 理 概 要	四
注 音 符　号	六
农　村 卫 生	四

自行车练习　　课外练习　　因乡间交通不便，来往费时，唯自行车行走，可以增加农民活动的能力。

上列的各项科目，都由教师编成讲义或提要，一面由训练生自行做详细的笔记，每星期交出，由管理员或教师替他们订阅一遍，这样办法，学生的得益较多，以上是教室里的工作；农场上实地的劳作，也有规定的种类和程序，总使学生得到有系统的观念，做一种实习，知道一种实习的意义，并得到合于本土农业的技术，将来就可去应用。现在也把各项重要的科目，开列如后：

（一）园艺

专重技术的训练纯熟，如：①切接、舌接、芽接法的实地练习；②杜梨、毛桃、山楂、沙果等种子的储藏播种、培苗、以充砧木；③苹果、梨、葡萄、桃、李子之冬期修剪整枝；④葡萄插条之砂藏；⑤黄瓜、蕃茄、芸豆之促成栽培（济南附近缺冬季蔬菜，此项工作，关乎近郊农民之收入甚大）；⑥土温室、温床之造筑；⑦早春提早育苗实习等。

（二）农作

如考查①农作物单本；②各种作物选种；③制造堆肥；④制造骨粉；⑤制造淀粉；⑥轧棉花；⑦施肥练习；⑧用深耕犁练习；⑨用手推犁练习；⑩用脱粒器练习；⑪用钢磨制面粉练习；⑫用播种机练习等……

（三）畜牧

关于猪、牛、羊等的管理、饲养、挤乳、验乳、剪羊毛，以及各种普通兽病防治的简易实施。至于养鸡、孵鸡之设备尚无，拟逐渐扩充，补目前的不足。

（四）病虫害

1. 关于植物病理方面

①各种植物病害标本的观察；②赴附近各地采集病害的植物；③各种植物病害的显微镜下简易检查。

2. 关于植物虫害方面

①昆虫形态与变态之观察；②昆虫采集、制作、与保存法；③粟、高粱、玉蜀黍等害虫的观察；④蔬菜害虫的观察；⑤棉花害虫的观察；⑥麦、大豆害虫的观察。

（五）药剂实习工作

①调制波尔多液；②调制石灰硫黄合剂；③调制除虫菊、肥皂合剂；④调制烟草、肥皂合剂；⑤调制棉子油、石碱合剂等。

以上关于学理上的普通知识和实地的劳作，经过三个月的训练，大致已够应用。毕业以后，因农院附近系蔬菜区域，将来对于蔬菜方面，拟特别注意；各训练生离院后，组织蔬菜合作，由农院负指导改良及监督的责任，并订定推广指导的办法，给他们种种的利益，使各村农家，仿效实行，农业改进的工作，就可事半功倍了。

附种菜推广指导办法

（1）目的：本办法之目的在改进蔬菜栽培，并增进菜农之收益，设区示范，使济南近郊菜园知所仿效，谋自动之改进。

（2）设区范围：拟先在山大农院附近各村庄内举办，择相当农田与农民约定，受本院指导，从事栽培，暂定十五区，一村内只有一区或二区，每区面积至少二官亩，至多五亩。

（3）受指导农民之权利：凡与本院特约设立推广菜园之农民，得享下列各项之权利：

①由本院供给优良种苗；②由本院介绍银行低利贷款，作耕种资本及购买器具等费，办法与银行商定；③由本院指导驱除病虫害，有时得供给药剂及借新器具与农民作试验之用；④由本院指导并辅助春季蔬菜早熟栽培，及冬季促成栽培；⑤由本院指示合作、贩卖、储藏制造等方法；⑥如农民乐受本院指导，而成绩优良者，酌给奖品，以资鼓励；⑦指导区收入完全归农民所有。

（4）受指导农民应尽之义务：凡与本院特约设立推广菜园者，应尽下列之义务：

①须服从本院之指导；②对于一切耕种，驱除病虫害工作仍由农民完全负责；③蔬菜发生病虫害时，须及早来院报告，不得延误；④自农院领用种子苗药剂等，须自己应用，不得转售或赠送；⑤如有改进之意见，及按上列各办法进行遇有困难时，可随时报告农院，供研究之资；⑥特约指导菜园之收支，须切实报告，以便由院统计，而作成绩之考核；如有作弊，一经查出，取消所享之利益，并追回垫款。

（5）组织：由本院指定助教，助理若干人，商承院长及园艺教授办理各项事务；另雇冬季农业训练班毕业生二人任技工，实地帮助农民工作；并得由院长或教授召集受指导之农民，开会讨论进行事宜，而且助教、助理技工等得列席备咨询。

我国教育办法，有许多自相矛盾的地方，实在无理可解。比如以前甲种和乙种农业学校的学生，本不想经营农业，偏偏教他们什么肥料土壤，什么病虫害等；而真正农民在田园内工作，天天需要这种知识，可是无人过问，这是一件矛盾的事。还有现在乡村小学总算发达了，差不多每村一所。乡村小学教员除每日教学生认识数个字以外，对于农人子弟的生活上必需的知识，一点不能指导，（自然也有例外的，）这是应该么？这是合于教育原理么？难怪农民不愿将子弟送在学校里念书。我在乡村里考察农业，时常发现这种缺点，所以今年曾在莱阳产梨的地方，召集农人及乡师学生，分期开了种梨讲习会，目的是灌输农民与乡村小学教师，以谋生上必需的知识与技能，颇受当地人士之赞许与农民的欢迎。这种办法很有推广的价值，也把它介绍一下。

莱阳是产梨名区，梨的品种全国著称，前次农院园艺系教授前往调查，看到该地农民对于梨的栽培方法不知道改进，病害、虫害的防除也没有人注意，因之产量日减，品质日劣，农民生计大受影响，深为感慨。后来就和该县省立乡村师范校长谈到，该校校长也很关心，以为师范学生毕业后就要到乡村内做指导工作，应该负起这种农业责任，于是双方议定合作办法：一方面育成优良梨苗，广事种植更新（办法从略）；另一方面合办讲习会，唤醒农民的注意。办法规定如下：

①目的：训练乡师高级学生（莱阳籍）及梨产地农民，以种梨所需要的知识与技能。

②期间：乡师学生以 10～40 天为度，农民以 3 天或 5 天为度。

③办法：农院派人至莱阳担任教师及实地指导，乡师专负以后督促进行。

前项办法于去年十一月中旬着手实行。先在莱阳种梨中心区照旺庄地方开始对农民宣传演讲；第一日上午讲梨修剪、包装方法，下午偕听讲员往梨园实习；第二日上午讲梨的病害防除，下午实习防除方法；第三日上午讲梨的赤星病防治法，午后制波尔多液，并做喷射训练。三天之内听众大为感动，对于不了解的一再询问，可见他们的关心，实在有必要给予这种亟切需要的知识。公开演讲完毕，又在莱阳乡师校里召集莱阳籍的学生，再行详细讲解果树栽培方法、虫害的驱除、病害的防治等共计八天，听讲的有一百数十人，演讲的纲要附录如后。

①果树栽培纲要及实习

a. 胶东的气候土壤对温带果树栽培适宜的特点；b. 梨的栽培法；c. 苹果栽培法；d. 葡萄栽培法。

（实习）

a. 切接、割接、芽接等实施练习；b. 梨树之整枝法；c. 梨树之修剪法；d. 挂袋法。

②虫害驱除纲要及实习

a. 梨姬心食虫、心食虫、透黑羽虫的形态、经过、习性、驱除、预防等方法；b. 蔬菜夜盗虫、白纹蝶、猿菜虫的形态、经过、习性、驱除、预防等方法；c. 粟夜盗虫及蚜虫防除法。

（实习）

莱阳红石崖梨区食心虫、姬心食虫的冬季驱除；不油乳剂对蚜虫及壳虫的驱除。

③病害驱除纲要及实习

a. 植物病害的意义、重要原因和防治；b. 梨的赤星病、煤点病、黑腐病、粉冲病；c. 粟、小麦、玉蜀黍、高粱、白菜的病害。

（实习）波尔多液制作和喷射。

结论：这报告包括山东大学农学院对于农民教育的两种办法，规模虽觉太小，但含有重大的意义与切实易施的功效。现在国家死里求生寻出路，对于复兴农村、教育农民，急不容缓，希望各处推行乡村教育尽量尝试，大家共同努力，研究改良推进。这办法不过当作提议的方案，希望"登高自卑，行远自迩，"若干年内遍布全国，与丹麦农业学校互相媲美。

大学农学院本来是研究高深学术，养成专门人才的场所，而且经费少的须七八万元，大的须数十万元；可是山大年来经费拮据异常，于千难万难中成立农学院，无非利用旧有校址与设备，使其在山东省农业上，际此复兴农村工作极紧张的时候，充分发挥效率，以冀有补于万一。现在农业的亟要而首先须办的工作，是农业科学研究与训练农民，使下部事业生动起来，上面工作才有归根，而中层的训练大学生的工作自然有出路。农院这半年来研究工作丝毫不放松（研究报告见山大农学院发行的丛刊），同时灌输农民以浅近初步的技术与知识，也很努力。关于大学生的训练，专门人才的养成，以及研究事业的扩充，尤期政府加以注意。增添经费，使其充分努力与发展。若论农民教育发展的计划，也有提醒的必要。去年的这些办法是初步的尝试，自己检讨下来，觉得范围太小，内部师资和设备都不大完备；而且经费有限，房舍不敷（农院房舍大部份被驻军借用），也无法尽量地发挥效能；所以今年对于这步工作，有待于政府与社会的予以援助。我想这种最合理最切用的职业教育，且对于政府所标示的复兴农村的政策，有绝大的好处，谅邀大家赞同的。我们的计划除对于莱阳及本院附近已有的事业，使他格外充实与改进外，训练班拟每年办两期、三期冬季的，规定三个月；一期春季始业，规定八个月。并于高唐县开植棉讲习会（仿莱阳办法已得该县党政机关的同意与援助），教农民种植美棉，现在该地农民所植棉花退化到损失 50%。又拟在胶济路沿线各县设巡回烟农训练班（详情及计划见《大公报》所披露拙作，改付鲁省烟业之计划书内）。此外与农民教育有密切的关系，而且将来农民教育的责任要托付于他们身上的，就是分批短期训练全省乡村小学教员。这是合事实的需要，为乡村教育加注新的力量，寻出新途径，使城市的农村复兴运动能深入乡村，使农民实在得点好处，也希望教育当局予以注意与援助。

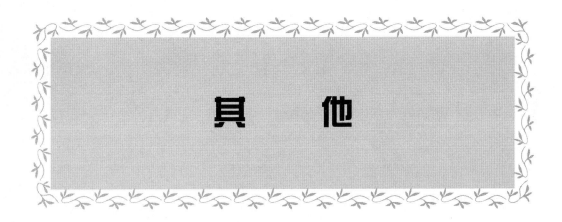

其 他

生物学与人生*

曾 省

　　这是我在青岛山东大学科学馆落成时的科学讲演稿，其中所说的话，用生物学家的眼光来看，不免有"老生常谈"之议，值不得去发表，占了《国风》的篇幅；不过我当时选这个题目，说了这些话，并不是没意义的。第一，我想我国一般好学的朋友们，对于学问很认真，对于事业也很努力，可是无生物学的知识，对于生命现象不明了，对于饮食起居不讲究，往往糟踏了他们的身体，使学问和事业，不能发扬光大，赍志以没，这不是一件很可惜的事吗？第二，我国许多研究生物学的朋友，很有研究的经验和兴趣，而且孜孜为学，真值得敬仰！但是素不注意生物学与人生的关系，又不明了目前社会对于科学的需要，偶然谈起应用问题，不是绉眉蹙额，就是认应用科学为末流，遂致灾荒频仍，饥馑荐至，也没人过问，这是科学家应有的态度吗？本这两个意义，把生物学与人生的关系提出几点来谈谈，或者可以引起人们的注意。

　　研究生物学之目的和方法。人为生物之一，而且时常与别的生物接触，所以不能离生物界而独存，这是不可改变的事实。那么人一方面必须明白他的地位，和其他的生命现象，改善他的身体和智力，然后可以制胜别的生物；另一方面须知道别的生物的构造和习性，然后可以尽量地利用他们。照这样说来，假使我们不晓得生物学，或进而研究生物学，怎样能达到以上两个目的呢？

　　论到研究，必须有种种的方法。研究生物学的方法，可分两个步骤，观察（Observations）与实验（Experiments）。观察是认识生物的外形，构造和作用等。实验是于生物体施以各种试验，研究其变化和结果。由观察可知事实（Facts），由事实能推知其法则（Laws），欲求其法则，必须用试验来证明，所以生物学的研究实验算顶要紧。

　　生物学的内容。生物学英语为 Biology，德语、法语为 Biologie，就是讨论生命之科学（Science of life）。此名系德国博物学家，又是数学教授，曲来费拉奴斯氏（Treviranus）所创的。他在 1802～1805 年著了一本书名 Biologie，或 Philosophie der lebenden Natur。这门科学内容包括了动物学与植物学，范围广大，而且内容很是复杂。

　　生物学与别种科学的关系。照斯宾塞（Spencer）的主张，生物学是中坚科学（Central Science），以物理化学为基础，以心理学及社会学为依归（Biology is the central Science based on chemistry and physics, leading up to Psychology and Sociology）。换句话说，就是将生物界（Biosphere）位于无生物界（Cosmosphere）及社会界（Sociosphere）（或人类）之间。在生物体内有氧化（Oxidation）、还原（Reduction）、加水分解（Hy-

---

　　* 《国风半月刊》，1933 年，1 卷，12 期。

dration）、去水作用（Dehydration）、溶解（Solution）及发酵（Fermentation）等化学现象，有人以人体当作有机化学实验室看，实在一点不差。此外尚有物理的现象，如表面张力（Surface tension）、毛细管现象（Capillarity）、渗透作用（Osmosis）、杆杠作用（Leverage）、水力（Hydrodynamics）、热力（Thermodynamics）、及电（Electricity）等。所以研究生物学应该懂得物理和化学，同时研究物理和化学的人，也不可不知道生物学、心与身的关系，以拉丁语证之较切：Nemo Psychologus nisi Physiologus，就是说没有心理学家，就没有生理学家。如人受了感情刺激，就分泌肾上腺素（Adrenalin），消化不良能改变决断力及失却好感，脑内充血往往使人目昏，反是，体胖由于心怡，得佳音可以健饭。智力、体力、心理、生理，时常发生密切的关系。社会由许多个体组成，也是一种有机体的组织，治社会学的人也不可不明了生物学。

生物学与人生。论到生物学与人生的关系，范围很大，内容很复杂，限于篇幅，自然不能详细都谈到，现在挑其新颖而重要者来说说。

1. 内分泌（Internal Secretion）

这门学问在动物生理学范围以内，算最新而最重要的学问。研究这门学问不仅发现人身与动物生理上种种现象，而且影响卫生、医学甚大，人与动物体内所有腺体分两种：一种是有管，其分泌液流于体内，如唾腺、胃腺等。流于体外，如汗腺、泪腺、皮脂腺等，——其分泌称外分泌（External secretion）。一种腺分泌液体，不由管输出于体内外，而入于其器管中血管里头。然后由血带到别处，这种腺叫作内分泌腺，这种腺的分泌液中主要成分，称激素（Hormone）。激素能刺激某器管，促进或抑制其作用，而调节它，与神经系统负有同样的使命，例如：

（1）肾上腺（Adrenal Gland）呈帽状，附着肾脏顶上的黄色器官，分泌肾上腺素（Adrenalin）和胆碱（Choline）两种激素。前者使交感神经末梢奋兴，血管壁增强，那么血管收缩，增高血压，间接加强心脏的鼓动。后者和前相反，有扩张血管，降下血压的作用，如将全腺除去，就食欲缺乏、呼吸微弱、肌力衰、而体温降，这个人容易被病原菌侵入。

（2）甲状腺（Thyroid Gland）在喉的直下，是被覆气管的黄赤色、马蹄形器官。如甲状腺缺损，或机能衰退时，由皮下结缔组织起了变性，皮肤起水肿、食欲不进、营养不良、毛发脱落、新陈代谢半减、体温调节发生障碍。又因骨发育停止的缘故，使未成年的人，变为侏儒，睾丸、卵巢亦不发育，女子不见月经，神经系又大有障碍，精神官能衰弱使运动和知觉麻痹，甚至痴呆，不免于死。

（3）脾脏（Spleen）是胃左侧暗赤色、扁平、卵圆形的器官，它的分泌作用不甚明白，但能破坏旧红血球和白血球，而生新白血球，胎生时又有产出红血球的作用。

（4）胰脏（Pancreas）除分泌胰液的部分外，能分泌激素，摘除胰脏，会产生高度的糖尿病。

（5）脑垂体（Hypophysis）是下垂于大脑底之腺体，能分泌促心身发达的激素。人在幼儿时代，脑垂体机能停止时，骨骼就不会发育、乳齿与恒齿不复更迭、生殖腺外阴部发育不能充分、不现第二雌、雄的形质。

（6）松果体（Epiphysis）认为能分泌一种激素与脑垂体相反。人在幼时，若此机能衰弱，则心身急遽早熟、身体长大、貌如成人、男子生须、喉节发育而变音、女子的乳房就忽见膨大。

（7）生殖腺（Genital Glands）雄的睾丸、雌的卵巢、不仅以产精虫及卵细胞为主，也同时产其余生殖器官的激素。倘若此类腺被摘去，雌、雄生殖器就不发育、并无第二雌、雄形质的表现，我国古代的宦官就是好例。

此外还有副甲状腺（Parathyroid）胸腺（Thymus）与人体生理亦有重大关系。

2. 维生素（Vitamin）

据近来学者的研究，疾病由食物成分缺乏而引起的很多。所谓成分，除蛋白质、脂肪、碳水化合物、水、盐类等主要食素以外，其余有裨益人生的食物，总称曰维生素。维生素的化学性质未明之点尚多，初分为三种，最近经学者的研究，又添三种，计分为两大类。

（1）水溶性维生素，（Water-Soluble Vitamins）。

①B族维生素$_1$ 即神经炎维生素或脚气病维生素（Antineuritic Vitamin or antiberiberic Vitamin）。此种维生素可以治人的脚气病及神经炎，虽能抵抗沸水，历一二小时之久，但热至120℃就不活动，在这时候 Vitamin B$_2$ 常和此素生于一处的就无碍。②B族维生素$_2$ 即禁比拉格拉维生素（Pellagra-Preventing Vitamin）。若给鼠以缺少此种维生素的食物，在数星期之后，皮上现炎斑，鼠则发生一种病，很似人的 Pellagra。B族维生素$_1$ 和 B族维生素$_2$ 常生在一处，如牛乳、鸡卵、麦芽、及番茄液，含量较瘦肉为少，而以酵母内含量多，蔬菜、水果、含量极少，油与脂肪内则缺这种维生素。③维生素 C 即坏血病维生素（Antiscorbutic Vitamin）。遇水有溶解性，新鲜野菜的绿色部分含得很多。萝卜、芜菁、橘类果品，皆有这种维生素。坏血病须摄取这种维生素才会好。遇热不安定，所以在煮过的食品中失去，自不待言，就是干燥食品中，亦易分解。欲摄收此种维生素，须食新鲜的东西，这种维生素经氧化后，会失去其活动的能力。

（2）脂溶性维生素（Fat-Solunle Vitamins）。

①维生素 A 即眼干燥病维生素（Autixerophthalmic Vitamin）。此种维生素，兽和鱼的肝内含得很多。在鱼肝内，此维生素与维生素 D 同生，在兽肝内则没有维生素 D。绿色植物因阳光的作用，可使维生素 A 充分增加。此种维生素在普通空气中，氧化能毁灭它，增热更速。Green 和 Mellanby 二位学者，最近证明此维生素有抵抗传染病的功效。②维生素 D 即佝偻维生素（Antirachitic Vitamin）。此维生素与紫外线（Ultra-Violet light）有关。食物暴于紫外线，就会增加维生素 D。食物中鱼肝油和鱼油含此维生素特多。牛乳、牛油含有少量，且因时季的不同而异，就是夏多而冬少。③维生素 E 即生殖维生素（Anti-sterility Vitamin）。喂鼠以缺少一定养料的食物，就发现一种维生素。缺此，动物雌、雄就都不会生育。小麦芽及生菜内含此很多，植物种子、绿叶水果内也含它。动物组织如油及肌肉也有，牛乳、卵黄仅含少量。鱼肝油独缺此物。白米、白面、酵母及橘水，则仅含少量。食物内须含各种维生素，尤以对小孩、孕妇、乳母等的食物为重要。因缺少此物，大有碍于体躯的发育。维生素的功用，不仅限于治坏血、脚气、比拉格拉、佝偻、及眼干燥病等，而小孩的换牙与否，也受维生素有无的影响。在孕育及哺乳时期，供给小孩以维生素，全靠他们母体的食料。所以此时食料配制得宜，

是顶要紧。此外各种不常的变态，皆由不可思议的维生素缺乏而致。希望大家调食时加以注意。

3. 微生物（Microorganisms）

微生物无论何处，地上、空中、水中都有，分显微镜微生物及超显微镜的微生物，显微镜下可见之物，最小限为0.1～0.3微米，在0.1微米以下时则不能见，故超显微镜的微生物是用显微镜不能见的。人类的病由这种微生物而致的，有鹅口疮（Soor）、猩红热（Scarlatina）、天然痘（Variola）、沙眼（Trachoma）。显微镜的微生物：①螺旋体（Spirophaeta）、梅毒（Syphilis），即由此种菌寄生所致。②细菌（Bacteria）是微生物中主要的分子，形状有球状、杆状、丝状、杆状而弯曲的。寻常细菌一时间在100℃上大抵皆死，而它们的孢子则在140℃才会死，也有至180～190℃液体空气之下还不死的。繁殖力甚速，二、三十分钟分裂一次，即一分二，五小时可得千个，十余小时成百万个。细菌引起人类之病甚多，如白喉（Diphtheria）、肺炎（Pneumonia）、结核（Tuberculosis）、伤寒（Typhus abdominaris）、霍乱（Cholera）、黑死病（Pest）、淋疾（Gonorrhoea）、软性下疳（Ulcus molle）。淋疾、梅毒、下疳总称花柳病，或曰性病。蹂躏了个人的快乐、家庭的幸福和子孙的繁荣，就是这些病。此外破伤风（Tetanus）、癞病（Lepra）、炭疽（Anthrax），也是细菌传染所致。植物的病由细菌寄生所致的也很多。如茄、马铃薯之青枯病、烟草之立枯病等都是。因限于篇幅，不必枚举。③真菌（Fungi）如白菜之白锈病（Albugocondida）、柑橘之霉病（Capnodium），稻之稻麹病（Ustilaginoidea Vireus）、麦类之黑穗病（Ustilago spp）、梨之锈病（Gymnosporangium）等，都由与细菌不同的真菌寄生所致，害于农作物甚大。菌类也有寄生于人畜的，如人的白癣，由黄癣菌（Achorion Schonleinii）所致。④原生动物是动物界中最下等、最细微的，也会害及人畜，如赤痢（Entamoebahistolytica），是一种寄生于人肠内的变形虫所致，睡眠病（Sleeping Sickness）是黑人所患的，非洲土人每年死于是病的数，达万人，甚全有许多部落凼而废绝。病源是鞭毛虫类的Trypanosoma Cambiense，由采采蝇（Tsetse fly）传播。疟疾（Malaria）我国到处都有。其病源出自印度，向东、西传播，一时称霸欧洲的罗马帝国灭亡，有人说是由于恶性疟疾的输入。疟疾由于原生动物孢子虫类的疟虫（Plasmodium）寄生于红血球而起，疟疾病源原虫由疟蚊（Anopheles）而传到人身上。微生物中亦有益于人生的，我们晓得酵素能将复杂化合物变为简单化合物，例如酒精发酵、醋酸发酵，由酵母菌及醋杆菌所发之酸素起作用，这是微生物对于工业上的好处。酱、酱油亦由菌类所发出酵素，将大豆、谷类酿成，此外大豆的根瘤菌，有改造土壤的能力，肥料的分解及发热也赖细菌繁殖的功效。又有所谓保加利亚菌（Bulgaria），能抵抗大肠杆菌（Bacterium Coli Commune），及其它在肠内腐败发酵的细菌，有益于人的生理甚大。巴尔干半岛保加利亚小国有人口400万，百岁以上的有3 800人，因多食含有此菌的食物，故此菌有Bulgaria的名。又藻菌中的昆虫寄生菌科Entomophthoraceae，常寄生于昆虫身上，也可利用它们来除虫。香蕈、蘑菇可供食用，我们所吃的茭白，系一种水草名菰（Zizania aquatica）的茎被Ustilago esculenta菌寄生而成的。

4. 其它有经济价值的生物

至于谈到生物学的应用，不但明了人与动植物的关系密切，而且证明生物学在科学内所占地位的重要。除上面曾经说过细微的生物，普通一般人不大注意以外，这里将日常大而易见的生物与人的关系密切，再来说一点。第一，我人日常所食的野兽、野鸟、及鳞、介、虾、蟹之类无非都是动物。第二，用动物身体的各部作装饰和别种用途，如羽、毛、皮革、玳瑁、珍珠等，有的为呢绒衣服的原料，有的作为装饰品。第三，家畜之类，我人豢养它们供直接、间接的用途，如鸡、鸭、牛、羊、犬、豕、蜂、蚕等。第四，蚯蚓皆搬运泥土，助人耕作，达尔文在他所著的书——Formation of Vegetable mold through the Action of Worms——内说：一英亩之地有五万以上的蚯蚓，一年之内有 18 吨粪，二十年之内可将三英寸厚深土搬至上面。此外蜂、蝶能传递花粉，皆有助于人类的工作。第五，有害于人类的动物，如豺、狼、蛇、蝎等伤人及畜，以及蚊、蝇、蚤、虱、各种寄生虫等，生物学家应该有研究消灭它们的责任。第六，有许多害虫损害田禾和果木，使人间接受害，如螟、蝗之类。亦有有益之昆虫，毁灭害虫，而利于人的。如台湾瓢虫和一般寄生蜂等。现时生物学家正在努力研究种种方法，利用益虫来除虫。东、西洋各国驱除害虫不用药液，而提倡天然（生物）防治方法（Biological control），就是经生物学家一番的努力，将人与生物间又添上一重的关系。至于植物的有益于人类与动物相较，只有过之无不及。我们衣、食、住、行四大生活问题中，大部分东西是仰给于植物的，大家稍稍注意，便会明了，毋庸细说了。

5. 遗传

生物学范围以内尚有一门学问与人类有直接间接关系，而且很有应用的价值，就是遗传学。自 1869 年奥僧孟德尔（Mendel）发现生物界遗传现象以来，学者对于遗传学研究益精，效用日广，如品种之改良，则应用遗传学说，挑选纯种、利用变异、提倡人工交配、造成杂种、而得优良兼备的品种，瑞典 Nilsson Ehle 之于小麦、美国加州 Luther Burbank 之于果树、日本人对于蚕种、我国年来各农业学校对于小麦和棉花亦根据遗传原则，实行品种选择和改良。遗传学理不但对于动植物有利益，即对于人类亦有好处，研究这种科学名优生学（Eugenics）。优生学论人种的改良，须注意配偶的选择，与设法限制不良分子的繁殖。有人主张教养（Nurture）重于禀赋（Nature）换句话说，就是注意优境学（Euthenics）而忽略优生学，从生物学家的眼光去批评他，觉得他们的主张是不彻底的。

结论。第一，生物学与别种科学都有关系，若专论科学方面，则生命科学与人类关系较诸物质科学更为密切。这句话并不是劝大家不必研究别种科学，而专来研究生物学，我的目的是希望每人应该有点生物学的知识，尤其是治别门科学的人应该明了生物学，同时研究生物学的人也应有别门科学的训练。第二，科学教育不是教学生专在课本上用功夫，又不是模仿、贩卖东、西洋各国研究所得的结果为能事，要有创造的精神和自动研究的能力，注重实际问题，产生本国科学贡献于人类才对。第三，上面所说的话似乎偏于应用科学方面，但是我并不是不主张中国人研究纯粹科学的。虽然历史明白告诉我们：一切科学都由实用方面产生，而且 Prof. Espinas 也说过：Practice has always gone in advance of theory；但是纯粹科学是根，应用科学是果，一棵树没有根，如何可以产出果来呢？我国现在人才和经费都不充分，科学事业不应该分得那么清楚。老百姓正受穷，没饭吃的时候，我们治科学的人不应忽视民生问题。正如斯宾塞所说：科学为人生，非人生为科学，（"Science is for life, not life for science."）。

作于青岛沙子口国立山东大学海滨生物研究所

第一次动物采集报告[*]

曾　省

本校生物标本因经费困难曾未有充分之设备，教授颇感其苦。植物标本自胡步曾先生往浙、皖、赣三省采集后，现计有几千种。唯动物尚付缺如。今夏秉农山博士莅校，除教授农科以外，又兼教生物学，因无标本到处棘手，若向沪肆购买，价既昂，势难实行。而沪肆所有标本，率是舶来之品，于是有暑期外出采集之动议，欲南至宁波北至烟台，需款千余，初学校因经费困难，不能照办。后经秉先生再三陈说，乃与暨南、附中、一中三校商议，效去岁植物标本采集团办法，各校出款若干，将来以采得标本为酬报之品，各校皆赞成。每校出款二百五十元，合本校之款为千元，以此千元供南北二路采集，必不敷用，于是改变方针。由宁动身赴沪，由沪分赴浦东、吴淞等处采集，后乃齐往烟台留烟一月。更分途出发，曾省与王君家楫南下，王君回奉贤，曾省回温州。盖二地皆系滨海渔盐之区，水族必蕃，且地属南方，所有动物种类与北方必有出入。秉先生与孙君宗彭则北赴登州、龙口、威海等处，于九月间先后回校。今标本计有几千种，除分门别类分送暨南、附中、一中三校之外，尚须印详细报告，附以极精确之图，以供研究生物者之助。斯篇之作仅关于当日情形，固无披露之价值，然动物之产地及其生态悉举靡遗，抑亦有心生物者之所乐闻欤。

七月十六夜由校启程，赴下关车站，计同行者四人，秉先生、王君家楫、孙君宗彭及曾省。此行因经费困难，不带校工，所有行李都自料理。十一时开车，戒旦抵申寓名远旅馆。

午饭后分组办事，孙、王二君去购物，曾省因雇轮随秉先生往自由农场访尤怀皋先生。场在英界康脑脱路，为先生发起集股组成，初资本为三万元，逐年推广，现有外国乳牛十六头，每天出乳百余磅。乳质鲜美、卫生讲究，为上海各乳牛厂冠。

钟已四下，日将西沉。乃告辞出自由农场。行不数武，见贫民教养院在焉。时尤先生同行，备述该院办理周到、成绩优良，相与入内参观。至则屋宇壮丽、设备整然，知非寻常贫儿院可比。时值溽暑，办事人强半不在校，唯周、孙二先生在。坐谈片刻。导入参观校舍。经膳堂、休息室、卧室、教室、皆整饬有序。此外，尚有农场、工场、体操场、游戏场，供学生运动操作之用。皆布置得当，望见群儿熙熙攘攘，都有活泼精神。若忘其为贫民子弟也。唯赤足徒行，不合卫生，盖今兹世界各处有一种最通行之钩虫病，系 Necntor Americ anns 钩虫所致，在污泥中发育，遇有赤足者，遂钻皮而入，由回血管至心脏。由心至肺，由肺至气管，更进而入肠胃，遂附着肠膜而吸吮血液，故人

* 1921 年，《国立东南大学南京高师 农业丛刊》，3 期。

常有以之而死者，愿该校执事诸公稍留意焉。

在沪勾留两日，各事已料理就绪，定二十日赴吴淞采集，盖此地有水产学校，水产想必丰也。早饭后提桶持竿搭淞沪火车前往，抵站秉先生旧友郝先生已伫候久矣，由秉先生一一介绍毕，遂随之入营（郝先生在此处驻军中为军医官）。少憩，即出外采集，一望原野，唯有稻棉，且港浅、多污泥、无海滩，颇扫兴，后绕营见河畔螃蟹无算，心窃喜之。蟹形颇奇异，在宁从未之见。蟹穴都彼此相通。加之蟹运动灵敏，人来辄遁入穴。仿乡人捕蟹之术，持芦苇带叶钩之，顷刻得蟹数十。时已傍午，遂乘兴返营。

午后参观水产学校，至时门者挡驾，几不能入。后遇该校助教孙百宜先生，遂由孙先生率领参观制钮厂、标本室及研究室。标本室内陈列标本，强半购自日本。研究室内标本几十种，采自宁波皆未标名。行时承孙先生赠以南洋螺壳十余种，皆珍奇可爱，特志之以答高谊。返营日已暮，在营晚餐后持灯再出采集。九时始回，抵寓夜已半矣。

新铭船二十七始开往烟台，距此尚有五六日。若仍逗留沪渎，恐非利也。于是分组采集，秉先生与孙君宗彭再往吴淞，曾省与王君家楫赴奉贤。二十二日晨，摒挡行李，即往十六浦，趁洙泾班船，十时开船，一时到闸港，遂乘舆往奉，所遇皆膏腴冲积之土，杂种甘薯、稻、棉，皆葱葱郁郁，极茂盛。及暮抵奉，奉为一小城，街衢狭隘，市廛寥落，东西滨海多浅滩，潮退之时蟹穴无算，穴口有土，围绕成周，状若高垒，产阑胡，俗名弹涂。跳跃极活泼，见人辄遁、追捕不易。乡人每以竹管插穴中，驱之使入，遂被捕。蟹类有黄甲、遮羞螯、螃蜞等，味皆佳。黄甲即名青蟹，多售沪上，价极昂。鱼类亦多，不胜枚举，兹姑从略。

二十五日新铭船到沪，悬牌二十七上午十时开船，曾省与王君家楫于二十六晨由奉贤回上海，秉先生与孙君宗彭已早一日至矣。下午遂摒挡行李，已有标本则寄存前本校工科教授周子竞先生处。夜间上船，船舱本托人定好，后账房借口招商局出票太早，及期又未关照，临时仓皇，无舱可售，经多番交涉终未获允。此人顽悍狂悖，无可理喻，不得已买定房舱门口破榻四张。是日旅客拥挤，人言杂遝，喧闹之声、碳酸之气使人沉闷难堪。午夜就枕，方冀酣甜深入，借以舒畅精神，奈臭虫来侵，遂至通宵未寐，委顿殊甚。秉先生一夜捉到臭虫十余个，装以玻瓶，至今尚在，真好标本也。翌晨十一时启碇，三时余出吴淞口，天朗气清，海不扬波，舟中尚觉舒服。有时登高遥眺，江山之外水天一色，孤帆岛屿若没若见，洵大观也。俯瞰水中船过之处，波涛汹涌，水母簸扬其间，亦饶趣味。在船历二昼夜，睡卧之外无所事事，故感触尚少。然最足令人累叹而深悲者，莫如烟禁大开，吞云吐雾，毫无忌惮，虽国纪沦胥，政令不行，咎在政府。然国民知识缺乏，自治能力薄弱，腾笑友邦，自甘败亡也噫。

二十九日晨四时，舟抵烟台。因堤坝未成，尚无码头，故寄泊海中。时天色朦胧，遥望烟台群山缭绕，林木葱茜，而园圃楼台参错其间，颇多佳致。六时乘舢板登陆，半途遇雨，幸有油布在旁，抽而遮之，故衣履未湿。俄顷上岸，往保安栈，入室则窗户四闭，空气不通，而唾涕满地，龌龊不堪，几令人欲呕。本拟即行迁移，后以经费有限，清洁之栈，价必昂贵，此议遂寝。

烟台为山东东北一良港，昔为古狼烟台，举火为号以备倭寇。或名芝罘，因港口有岛名芝罘，今则以沙埂连于陆地。初为滨海之一渔村，清咸丰间辟为商埠，凡往来南北之汽船，皆寄泊于此，商务甚盛，近则见夺于青岛。港内水深，筑有堤坝，以防海浪，气候温和，避暑避寒均极佳良，来往外人甚多。烟台山下市肆环列，马路平宽，外人之房舍都在于此，精美可观。居民除往各地经商外，寄居本土者，大率以捕鱼为业。花边、发网亦为此地大宗之出产品。运往海外销售颇广。

午后，参观卖鱼场，此场在烟台西海岸，为方形，两旁辟有鱼肆，中为街道。凡渔户捕获鱼、虾、蟹、蛤等物，无论大小，悉萃于此。每日上市无定时，先售于鱼肆，然后由鱼肆零趸发售，故来此或可见希奇不易得之种类也。是日适非其时，至则鱼已售罄、怏怏而返。闻卖鱼者言，此地产鱼春为最繁，彼时皆用网捞，夏秋则用钩钓，间有用网捕者。亦罕觏，故此时鱼类不多。然能逐日来，异种或可得也。后在烟一月，暇则走访，计得标本不少。如锤头鲨（丫髻鲨）（Sphyrna）、带鱼（Trichinrus）、刺鳐（Sting-ray）（Dasyatis）、竹蛏（Solen）、西施舌（Tresus）、鱵鱼（Hemirnamphus）、鬼面蟹等，稀奇不易得之物、皆见于此也。

由卖鱼场回寓，为时尚早，秉先生与孙君宗彭因事不能外出，曾省与王君家楫乘兴欲赴烟台山附近采集，遂提篮握竿出栈门，望海关码头而行，抵岸，适海水正涨，沿岸浅滩被淹无遗，乃雇舢板向港口出发，是夕风急流湍，舟不能行，至海坝止焉。舍舟登坝，得大形 Asellus，俗名海鼠，携之归寓，日已暮矣。

三十日晨买舟赴芝罘岛，由海关码头出发，经烟台山外面，是时潮水方退，岩石之上苔藻杂缀，淡菜、牡蛎丛生其间。弃舟踞岩，俯察品类，磊石之下，隐蟹负壳而走，举皆敏捷伶俐，真可喜也。藤壶（Balanus）、石鳖（Onithochiton）则固定不动，海菊花（菟葵蒱 Sea-anemone）伸其绿色触手（Tentacles）随波吞吐，状亦姣丽，触以指，则萎靡收缩，若含羞畏惧状，愈动则愈退，非用斧凿挖取不为功。蛤、蟹之类，蛰居砂石之下，贫民携锄搜讨，无微不至，烟山下几无一片安静土矣。贫民生计之艰，可以想见。由烟台台山挂帆西向，出堤坝，舟行十余里，历二小时，抵芝罘岛，沿岛石砾弥望皆是。且潮水已涨，由南迄北，巡游一周不见特异之物，遂乘船返烟台。

三十一日为星期日，华洋蚕丝联合会刘、黎二君，承王复卿先生之托，来寓邀赴胶东苗圃一游，盖海关花园所在地也。此地山岭重叠，树林阴翳，绝无城市嚣尘气象。所过之处，葡萄、苹果比比皆是，且茎叶茂密，结实累累，知山东蔬果之利颇饶。该场主任李君，相待甚殷，并邀留宿。初以该场宽畅，空气新鲜，即欲移居，后以距海太远，且道途两旁淀粉厂、瓦窑甚多，污秽堆积，臭气逼人，往返不便，遂作罢。

在烟数日，附近各处采集既毕，乃浮海搜求。盖此时鱼正生长，都在深海游泳，非若春期产卵，溯流而上，在沿岸各处可能捕获也。八月一日早起后，乘靖安轮船赴养马岛，此岛为烟台港口三岛中之最大者，距烟台八十里，船驶二小时，至前滩登陆。是时海水尚涨，岛旁浅滩都被淹没，仅得蟹及蛤壳少许，遂寻路入村。妇孺见者咸惊骇，道旁有乡人四、五，闲坐笑谈，往而叩之，何处可以捞鱼，彼则目瞪口呆，相视失色。后遇学生二人，问何处可得鱼类标本，彼则对标本二字似未知悉，讷讷而退，采集之难，从所未有。然志不稍馁，仍向前进。时未早餐，饥渴殊甚，遂坐大树下少憩，略用茶点，而乡人来观者，络绎不绝，彼此揣测，语多可笑。俄顷一商人来询，状貌魁伟，衣履洁净，知非寻常乡人可比。秉先生告以来意，彼能略知一二，据云此地无鱼可捕，唯后海间有一二渔户，越山即至，可往观焉。遂由伊雇人作向导，至山岭，俯视坡陀之间，瀺灂房舍几所，旁有渔船一二艘，知必是捞鱼处也。遂乘兴下山，至海滩上，阳光照耀，皎亮夺目，星鱼堆积无算。皆渔人之所弃也，或干瘪、或腐烂，腥秽不堪。然亦有新自海中捞取者。余等抵烟已数日，星鱼从未之见，今忽遇之，恍若天堕。遂不避污秽，皆拾而置诸囊，渔人见者皆惊笑。时方傍午，轮船未到，于是徒跣下水，搜讨动物。王君家楫于磊石下偶见海胆一个，形如粟，乃大喜。相率翻石寻之，须臾得海胆数十个，又得活星鱼一个，放水中观之。管足（Tube-feet）毕露，蠕蠕前进，若反置之，亦能翻动自如，真有趣也。此次采得星鱼种类为二：一为长臂星鱼（Asteroidea），臂数为五，臂之中间有蓝紫色花纹，其两边为淡黄色，背面有刺甚多，皆圆锥形，腹面纯系黄色；一为海盘车，五角形，每二角之间，其皮肤向中部稍凹，背面深蓝色，有红斑点甚多，斑点之面积大小不等，腹面纯为橘色。此外，尚有海菊花，蟹螺等与烟台山附近产者不同。

八月二日秉先生与王、孙二君再赴养马岛采集。曾省以昨在船呕吐，精神困顿，秉先生嘱在寓休息，故此行未从。秉先生与王、孙二君在养马岛信宿始回，携有海参、海胆、六角星鱼、六角海盘车等无算。回时海风忽起，大雨滂沱，船几覆没，抵寓衣履尽湿，水滴如注，而秉先生与孙、王二君神色不变，真堪歆羡。闻在养马岛驼子村，邂逅一商人林君环海，款待有加，其父福堂先生亦和蔼可亲，采集时得其多方协助，故未感困难。海上相逢，一见如旧，雅谊隆情，殊足令人回溯不已也。

四日天雨，道路泥泞，不能出外采集，遂际此休闲，往水产试验场及博物院参观，借以增进知识，而收借镜观摩之效也。早餐后乘车至水产试验场，场在烟台西山崖海滨，面积狭小，屋宇卑陋，一望知无甚精采。入门由司阍导至接待室，少坐，会计尉君出而相见，言场长卧病，不克躬迎，有负盛意。后捞鱼科科长某君至，秉先生与谈，述此次来烟采集，为时既促，而人地生疏，种种困难，不免而有，贵场研究水产有素，对于水产动物，搜罗必广，故来此参观，借扩眼界，并聆教益。某君答曰，敝场经费支绌，甚至玻璃、酒精不能购置，故创办虽有几年，水产动物却未搜求，指壁上干制鱼类十余尾曰，此皆敝场年来之成绩也，又开橱出所有藻类标品数种，标本颜色虽能保存，然制作并不精致，或有名；或无名。入办事室，见桌上摆有大形玻璃瓶数只，每一玻瓶之中，杂放大小异类标本几个，而酒精则熏蒸殆尽，一若鱼肆之陈列商品然，见之令人发噱。后参观渔具陈列室，见捞鱼器具全有，喜出望外，欲雇该场工人、渔船，浮海游行一周，冀可得深海奇异之动物。以此意商诸某君，某君多方推诿，终不遂愿，快快出场。下午五时该场会计尉君来访，述崆峒岛距烟台尚近，日来敝场鱼船停泊于此，有便当遣人来邀，俾赴该岛一游可也，余等皆允诺，不数日即有崆峒之行。

出水产试验场，本欲即往博物院，后闻该院下午二时始开门，早去者不得进，遂返寓，少憩，届时始往。该院在烟台广涛街，系外人所创。附设教堂。纯系教会性质。借此招要游人，来聆圣经，并非广人眼界，开发民智。然陈列标本尚丰，惜房舍窄隘，光线不足，尘埃堆积，糊涂难辨，而剥制标本，虫鼠蛀蚀殆尽，无复完者。动物标本可足述者，如长及丈余之鳄鱼、大形之鳐鱼、径半尺之长蛇、二首之牛。牛有二形，一牛前生四足、后生二足、尾二、肛门二、产于牟平，生下始死。一牛前后俱二足、肛门与尾仅有其一、产于即墨，生下十余日即死，不悉确否。此外鸟类颇多、不能备述，蛤螺之壳形极巨大、盖热带产也。鱼类标本与在水产试验场见者相同。

在烟已逾旬日，水族标本罗致甚多，唯山林旷野动物未曾搜求，实一憾事。自水产试验场会计尉君来晤后，急欲诣崆峒采集，奈海风时作，银浪滔天，舟不能行，遂相议先赴胶东苗圃作陆地之采集，待此处采毕，再往崆峒未为晚也。五日早晨，收拾器具满载上山，至苗圃息焉。略事安排，即分赴前后山采集。于污池中得虾蟆一种，形小、腹下有红纹，从未之见。树林之下草莽丛间，有晰蜴一种、形小、爬行迅速，追捕不易，半日之久仅获十余。蝉类有吉了、小热伏令，而秋令则未发见，蝗虫、蜻蜓种类颇多。松树上有一种松蚕，全身生毛、有斑纹，做茧树枝上或叶间，为害甚烈。毒蝎此处亦多，晚间室内壁上时有见之。

苗圃办公室之前有大树数株，树下有青石一方，剥制动物最宜地也。到烟以来，因福茂林（Formalin）携带不足，购买为难，故硕大鱼类都未罗致，唯有干制之一法，可补其不足。在寓时因庭堂狭小，旅客拥挤，不便试行。今苗圃既有此相宜之地，剥制之念，不禁油然而生。六日省与王君家楫下山，往鱼场得大鲨鱼一尾，重二十余斤，载之苗圃，放石上剖之。先去其内脏，次筋、肉及鳃，最后脑髓，仅留其皮及骨骼（有时骨骼亦取出），用水洗净，晾于阴处，稍干，以麦麸拌砒霜遍擦之，越一、二日塞以木屑，线缝之，则剥制之事毕矣。此物运输既便，保存又易，洵采集不可少之事也。翌日，秉先生与孙君宗彭往鱼场，亦得鲨鱼一尾，较前为大，依法制之，至今俱在。

八日早起后曾省随秉先生及王、孙二君赴烟台东海岸采集，盖先一日旅馆主人告秉先生曰：日来东岸有人捞鱼，可往观也。至，果有数十人，分为二行，一东、一西，负缏鱼贯而走，初不见其网也。越时许，网拉至海滩，群鱼尽搁，跳跃不已。其中无奇异之物，唯有破碎水母少许，颇足惹我人之注意。网为长方形，大数海哩，网之上边系于缏，下边垂有铅块，缏上有木块，使之浮于海。潮平之时，置网浅海中，隔时执两端拉之，使成半圆形。鱼入其中，逃遁不得出，愈拉则愈近，故终无幸免者。回时，沿海滩而走，潮水方退，沙泥之上有物白色，体柔轻而透明，形如布袋，随波激荡，颠扑不破。用指挖取，下有长管深入穴中，黏以泥沙，状若树根。外国小孩在海滨游泳者，皆呼为 Balloon，因其形似气球也。

十日早晨王、孙二君由胶东苗圃返，乃与之俱往观渔。是日，渔人正拉网，候片刻，缏始尽，网中水母甚多，大半残破不适用，渔人以其无价值，任意抛弃，遂无一完者。后沿岸东行，海滩之上潮水已退，水母堆积无算，且形体皆完全，甚喜。一一置诸器中，用海水养之，能蠕蠕动。亦有于海水中望见之者。其盖或向前、或向上。一伸一缩，能使其体前进。水母下部有臂四条，臂间有口，口臂之外生生殖器（Gonads），盖之外边有环道（Circumferential canal），由口至环道有射道（Radial canal）。盖缘遍生触手（Tentacles），其间有八个黑点，即其感觉器（Sens organs）所在处也。在沙滩之上，望见蚯蚓之粪堆积正多，翻土寻之，不得一物。后择粪旁有孔者掘之。发见海蚯蚓，此物与普通蚯蚓不同，体前大而后小，有红绿条纹，刺足甚长。又有一种沙蚕，体细长，红色，掘沙时见之。

十一日仍往胶东苗圃剥制及采集动物。晚间曾省与王君家楫下山往东海岸观渔。至时网新布海中，在沙滩上蹲候一小时，方冀捞有异类之鱼，可以携归。奈网破鱼遁，一物莫有，渔父咸怨姿，余等亦怏怏，遂返宿保安栈。

翌晨，驰往胶东苗圃报命，秉先生与孙君宗彭已整装待发，盖昨晚胶东苗圃主任李君因公往水产试验场。该场尉君寄语谓日来有渔船寄泊崆峒岛，盖往观焉，并允派人雇船与余等同往。故决于是日下山往崆峒岛。十时开船，越四时抵岸，一望童山濯濯，唯略植黍粟而已。岛大约三四里，屋舍湫隘、道路龌龊、居民百余户、专以捕渔为业。民风闭塞、莫此为甚，男不识字、女皆缠足、小孩赤足裸体、蓬首垢面、日在海水污泥间戏游。见余等来皆疑是日本人，幸有水产试验场役夫赵姓在旁解释，始不惊骇。后住小铺内，男女来观，门限几穿。

崆峒岛前面多浅滩，潮退之时水不盈尺，故无稀奇动物。夜间坐渔船入海，亦仅环岛游行一周，所得者皆杨枝鱼、海河豚、鱲鱼之类。唯捕鱼之法可略言之，网为长方形，较前在烟台东海岸见者为小，然拉亦须十余人。捕时两船同时出发，一船载网先行，一船坐人尾随之，至沙滩附近闻鱼声噞喁，则于是止焉。网布后，渔人齐集，分为两队，尽力拉网，越一小时而缠始尽。余等坐渔船二次，观其每次所得皆不过百余斤，价值四、五元。除船网租钱之外，有余每人分摊二三百文，生计之艰可以想见。该岛后面有山，上筑灯塔，由海关派人司之。夜间灯光照耀，俨若流星，山背被海水激荡，侵蚀殆甚，至时几无路可寻。探首俯视，悬崖深壑，更令人心悸。然既至此，断无空回，乃决意匍匐下降，抵麓循海滩搜寻，不得异类。唯石罅、海草间发见扁虫类动物，又有 Gonionemus，在此处偶见一个红丝白盖漂泊水面，状若鲜花。初不知其为腔肠动物也，后再寻之不复见。亦幸事也。

十五日晨乘船返烟台，下午稍憩。十六晨省与王君家楫，随秉先生往胶东苗圃剥制鱼类。十七日闻有新丰船开往上海，遂于是晨返保安栈，预备南下。盖烟台采集既毕，分组出发，本余等原有之计划也。下午八时上船，与秉先生、孙君宗彭，别于舟中。翌晨四时启碇，甫抵威海卫，船忽停轮，闻将有风自香港来，寄舶此处，欲避险也。是时风和日丽，毫无风雨气象，旅客不信咸向买办诘责。乃于十九日午时开船，方出威海港，风雨骤作，船身摆荡，旅客莫不呕吐，曾省与王君家楫幸于船未开时先服 Seasick Pill，故不昏晕，然沉闷已极矣。二十一日下午抵沪，寓上海旅馆，方冀休息一二天。后闻二十二日有船开往温州，遂于是日乘爱仁船回温。王君家楫因接洽定制玻璃瓶事留沪，二日始回奉贤。

抵温翌日即赴瑞安，瑞安居旧温属六县之中心，城南有飞云江，由西东流入海。出江口七八十里，岛屿棋布，渔场在焉。沿海多泥涂，稍内为涂园，两园之间沟浍颇深，其中水族滋生，获利颇饶。曾省回瑞适当淫雨之后，河水方涨，东都一带道路多被水淹，沿海采集无从着手。乃利用时间，在山上搜求。每日携僮出发，凡集云山（在北）、横山（在西），龙山（在东）、莲潭山（在横山西），皆涉足焉。所见之物，普通者如蜻蜓、蝗虫兹不必述。择其中特异者言之，如蛙、蛇、蜥蜴、竹虱等是也。蛙类中最大者俗呼为田鸡，在山谷低洼处生长。昼间多潜伏石罅或丛草中，背黝黑、有类积苔，颇难辨识，然小心考察，亦易搜寻也。体长二十余厘米连足、背宽六七厘米，实北方所罕觏、肉可食、味殊佳。蜥蜴俗名四脚蛇，穴处田岸丛草间；或岩石下。爬行颇速，追捕不易，形有二种，与在烟台见者不同。大者背稍呈红棕色，小者背带蓝色条纹，尾部脆骨折断颇易，追捕时偶一不慎，则伤其尾，故无完善之标本。蛇之种类不下数十，大者体长及丈、直径约六七厘米、小者长三十余厘米，或有毒或无毒。大者概产树林阴翳之处，据捕蛇者言，夏间捕蛇，大者不易得，缘夏时草木繁茂，蛇生其间，无可追寻，即不生森林，而生田野，此时田禾正盛，避匿有所，亦难搜寻。唯初冬之时，稻已收获，无处藏匿，偶一见之，即可捕逮，日必数十尾，且体皆肥腯，真好标本。唯现非其时，惜哉！竹虱属鞘翅目，色微黄，飞翔时状似胡蜂，侵食竹枝，为害颇烈，防治无法，栽竹者时用手捕杀之。闻乡人言，取竹虱置油灯上爆之，可供药用，不知确否？此外，蜘蛛大者亦颇多，此地无森林，鸟兽之类见者皆非特异之物。

越数日河水始涸，道路可以通人，乃往沿海一带采集。沿海各乡渔业最盛者，首推东山及东山下洋厂。东山为渔船往来寄泊之所，是地居民以捕鱼为主业，种植为副业。每当秋夏之际，全乡居民皆泛舟海中，用稻草结网，至离海较远处捞水母，日必数十个至百余个，销售市上，价颇昂贵，而资本所费鲜少，故获利甚伙，渔夫视为重要事业。至冬，分为二班。一班用网在沿海一带捞鱼；另一班泛舟荒岛间，于岩石之上潮退之后，见有石砌、淡菜、藤壶等附生之物，用铲剥下之，载归，取其肉，沽诸市，价极昂。水母俗名鲊鱼，体极柔轻，捞取后渔人用刀将上部之盖（Umbrella）及下部之臂（Oral Arms）分开。浸以稀薄之明矾水（Solution of aluminium Sultate），使体变硬，且防腐烂。其中之生殖器（Gonads），及盖缘着生黑色之膜亦取下，稍煮之，是名鲊鱼花及鲊鱼漆，可以供食。待潮涨时，送鲊鱼至东山，再由东山运至城，趸售之。墨银一元可得鲊鱼十余个，或二十余个，要视所获之多少，而定其价之高下也。鲊鱼买入后，洗以清水，去其污物，并以刀剖其臂，去水使干，再以明矾粉和食盐拌擦之，压缸中，经年不坏，市上所售之海蜇皮即此物也。东山下洋厂在东山极东之处，距海更近，用小网捞鱼者皆在于此。当余往观渔，方在淫雨之后，淡水由上流下倾甚急，鱼类因之而减少。故在此处留宿三日夜，所见之鱼仅有梅鱼、鳈鱼、白虾、河豚、螃蟹、比目鱼、刀鱼、虾蛄等是也。梅鱼头大、口殷红、鳞黄色，全形酷似石首鱼（即黄鱼）。大者曰珠梅，体长 17 厘米，小者曰沙梅，体长 7～8 厘米，其形相似，唯珠梅眼较小，且背部穹窿较甚，味颇佳，价亦昂。鳈鱼体长 20～30 厘米、口阔大、齿多且锐、体半透明、且极柔弱、易腐败，鲜时烹食之，风味颇佳。白虾全身白色，形与淡水产者不同，味较佳，夏日捕获甚丰，渔人每以之制虾米。海河豚口阔而短、腹部肿大、背面有刺、且具花纹，因卵巢有毒，其肉亦不敢食，渔人弃之如敝屣。螃蟹与在烟台、奉贤见者相同，鲽鳗大者长盈尺，小者长几寸，黄褐色，与烟台产者不同。刀鱼与长江所产者大致相似。虾蛄俗名琴虾、体为苍灰色、肢带黄色、尾节带红色、体长 15 厘米，可生食或熟食，冬产者较肥。在东山下洋厂采集时，见渔夫捞一绝大之鳖，长 100 厘米、宽 60 厘米、体重六十磅，以二元购之，至今尚在。

在东山采集已毕，乃往董田作海涂上之采集，此处海涂时受海水之激荡，与奉贤海滩一样，故所见动物颇相似。如弹涂（此处有二种、曰花兰，曰沙粗花兰），味较佳（奉贤产者仅一种）。涂拘（奉贤呼为土刡绉），吐铁、章鱼、蟹等是也。在海涂之上，见鳝穴间生有沙蒜，大如拳、体极柔轻、下部蟠据甚坚、上部生触手、随波簸扬、伸缩自如。乡人每持铲掘起之，先以盐水杀之，使体略变硬，然后剖开，同咸菜烧之，味颇佳。是即一种菟葵蒂（Sea-anemone），从未之见也。海涂之内为涂园，外筑堤塘，内植山芋、豆类、棉花等作物，两园之间有沟浍甚深，以作宣泄之用。其中产青蟹，乡人持笼往捕，大者径达四、五寸，味颇佳，利亦厚。在此处采集，乡人以一物见赠，形状特异，初不能辨。后思察之。知其为鲎（Kingcrab）Limulus Polyphemus。据该地父老言，鲎有鲎媚，雌者常负雄而行，虽遇怒涛不得脱，渔人见之，持其雄，则雌者不去，持其雌，则雄者遁矣，然雄自失雌之后，亦不能生活。闻鲎子可作酱，温人争购之，曾省未染指，不知其味何如也。

此次动物采集大概情形已尽于兹矣，然犹有不能已于言者，则采集动植物之利益是也。兹姑就此而略论之：①采集动植物可以辨别动植物形状之不同，可以考察动植物之生态及其分布之现象，增进生物学上知识，且课本与实物得以互相印证。②学校有标本，罗列实验室内，任学者自由考览，引起研究生物之旨趣，不复有枯索无味之苦。③采得标本其数必多，价亦低廉，尽可供实验之用，不复有材料缺乏，一时难于应付之患。④现时国内各学校陈列标本皆舶来之品，若自能采集，不必仰给外人。⑤抑亦提倡国货挽回利权之一道，至我国地大物博，野生之物不知凡几，当出外采集之时，遇有奇珍特异之物，审其价值，设法利用之，增进人生幸福诚非浅鲜。⑥当今我国科学未昌明，动植物教材皆取自外国书籍，从未有人自行研究，故其中不适用之处比比皆是。若能自行采集，搜罗种类，细加研究，有所发现，得公诸世，将来学术能独立，宁非我学人之幸欤？采集标本利益既如上言，然行之者几如寥若晨星，唯我校诸先生所见独到，去岁胡步曾先生往浙、赣两省采集植物，已开采集标本之先河。今夏秉农山先生动议赴烟台等处搜集动物，初学校以经济困难，无力担任采集费，乃商诸附中、一中、暨南三校。此三校当事慨然允诺，予以辅助，俾此事得庆厥成。余等对此三校当事除私致谢忱之外，未尝不敬佩其深远之眼光，及协助精神于无既也。然余等所望不仅此三校而已，尚希海内各学校闻风而起，集钜资广为搜罗，奖励学者，从事研究，则此学之进步更无际涯也。

胶州湾之海产生物[***]

曾 省

（国立山东大学海滨生物研究所）

胶州湾气候温和，海产丰饶，洵为研究海洋生物之佳处也。研究海洋生物，其目的不仅在明了生物在海洋中生存之现象，作科学上之贡献，推其用可以改进渔业，开发海洋富源，是以欧美先进国家莫不注意是项研究，而早著成效。我国海权旁落，科学晚兴，对于海洋生物之研究素少注意。斯文之意图在唤起国人研究海产、提倡海事、则海权不致沦于异族也。

一、海产生物与人生

地球面积，海占四分之三，而陆有其一，海之面积，实大于陆，生物学家除研究陆地生物外，不能不兼顾海洋生物之探讨，故为求知识计，我人宜采集、研究海洋生物，俾得领略自然界现象之全体也。海洋学大家 John Murray 有言："海中动植物之富源，胜于陆地，海中之农业可谓之'立体农业'"。盖陆地仅有平面可供种植，而海洋深浅不一，最深海底虽移喜马拉雅山最高峰而填之，犹恐不及其深。海水每深若干寻，则有不同之生物生存，譬如田上加田，故海洋生产力远胜于陆明矣！国家为拓殖计，宜注意海产。近来成为国际间争执之太平洋问题，其原因固复杂，然竞争海洋富源为其主因也。

夫海之所出，鱼、盐之外、虾、介、螺、贝，可供食用，珍珠、珊瑚、玳瑁可为饰品，此常人所共知，毋庸赘述。据最近科学发明，海产食物所含成分于人类生命不可缺者，如碘，普通采自海藻，不仅供外科敷伤之用，且是甲状腺内主要成分，为人体营养中不可少者。缺此，始则人体发育不良，对于病毒之抵抗力因以丧失，继则转成甲状腺分泌缺乏之病，如 Myxodema，cretinism，及 Endemic goitre 是其例也。此外尚有其他病症，因缺碘而发生者。

海产动植物多含碘，较其他食物为富。今将各种食品之千万分中所存之碘量列表如下，以资比较（表1）。

表1　各种食品中所存之碘量

食品名	碘量	食品名	碘量
牛肉	5	鸡蛋	22
牛乳	28	白塔油	106

*　《青岛工商季刊》，1932 年，12 期。
**　《科学》，17 卷，12 期。

（续表）

食品名	碘量	食品名	碘量
鳖鱼	290	河豚	362
虾	450	蛤	1.370
牡蛎	1.160	海藻	900.000

铜素存于贝、虾类动物血球中成 Haemocyanin，传递氧气，与铁之在高等动物血液中成 Haemoglobin 有相同之功用。故常食贝、虾类食物能使血液净化，维生素 A. D. 鳖鱼肝油中含量独丰，亦可由河豚、鳁等鱼油中取出（鲨鱼肝亦可）。贝类动物体中含维生素 C. 与人体生理有关之镍、钴、锰等成分，海产动物体内亦含有之。果尔，海产动物成为人类不可缺乏之食物，补养人身之价值不在其他食料之下，故西人有劝多食鱼（Eat more fish）之事也。

此种人生不可缺之有效成分最初为无机盐类，被浮游、底栖生物及海藻所吸收，以造成其身体，继而此种生物，又被海产小动物所摄取。终乃不脱弱肉强食之律，小动物又被大动物及人类所食。其遗弃海中之尸体、残渣及排泄物又复入海，变为无机盐，此人类与海产生物营养上之循环关系也。

按上述诸端，海产生物关系我人生活及国家财富有如此者。

二、海洋与生物之关系

海洋之中动、植物俱有，而尤以动物占多数。何处产何生物，何者不适宜何地，则视其所在地之海洋环境而异。构成海洋环境之要素有六：压力、日光、温度、咸度、海水运动、土质。兹分别论之如次：

（一）压力

海水每增深1 000寻（6 000英尺）则每平方英寸可增重一吨，故浅水动物至海深处，对海水压力之重大则不能耐。深水动物则变更其体之构造，求适于环境之生存，故其身体组织之结构遂疏松而含有多量之水，虽周围有重大压力，而其体则不觉环境之压迫，犹人体受大气之压力而不觉其重也。若将深海产之鱼提至上层，则鳔多破坏，而血管溃破，盖受压力骤减之影响也。

（二）日光

日光被海水吸收，颇有益于动物之繁滋与发育，而海水绿色植物亦赖日光而进行其光合作用。200 英尺下深水，则非日光所至，植物不能行光合作用，故少能生存。动物虽能生存，然无食草者，其食料之来源多为上层动物沉下之尸体，或演成弱肉强食之残杀现象。且深海极黑，而动物往往变盲，否则，双目特别发达，或生发光器。

（三）温度

动物有能抗温度之变化者，海水冷热变易几度，而动物之生活如常，此种动物称抗变温动物（Eurythemes），概产于浅海区。反之，4 000英尺之深海温度为2℃，6 000英尺则为0.5℃，皆不受日光之影响，全年温度几无变化，故此处之动物对于海水温度稍变即死，名曰嫌变温动物（Sténothermes）。

（四）咸度

生物之对咸度变化亦如温度，有能抵抗其变迁者，名抗咸变动物（Euryhalins），亦多属于浅海；其不堪受海水咸度之变迁者，曰嫌咸变动物（Sténohalin）。普通海水在1 200 英尺以上咸度常略有变化，在 1 200 英尺以下则绝无变化，故嫌咸变生物概栖深海。生物之所以对温度及咸度能抵抗与否，半因为种属之遗传，半因其咸环境之养成，其外观虽难辨别，然其构造与生理定不相同，兹限于篇幅，不详述之。

（五）海水运动

波浪潮汐关乎生物之生存极要。岩石滨海区生物，如石鳖、海葵、滕壶等固着岩礁，利用波浪之激荡，潮汐之消长，得捕食纤小动物以维持其生命，又鱼之迁徙、浮游动物之漂浮海中，波浪潮汐几为其主动力。此外，海洋中暖冷流之过往，亦影响生物之分布，以上种种皆指浅海生物而言。若对于深海动物，则殊少影响。深海动物无抵抗海水运动之必要，故筋肉不甚发达。

（六）土质

海底之上层多为沉淀之细砂，其下多为混合之泥砂或岩石。深海动物对于土质之影响尚小，浅海常因土质之不同，而生物之形态亦异。海岸成直线形，易受波浪之激荡冲洗，生物多不适于生活。海滩由碎石而成者，因风波激荡，碎石因之流转磨擦，生物亦不能留存。又砂滩松疏，且因潮汐之消长而随之移动者，亦不适生物之生存。反之海岸弯曲，斜度较大，加之水面平静之地，无论为砂为岩，则生物畅旺，此实海产生物采集之胜地也。

海洋环境与生物之关系既如上述，而海洋本身之区分关乎生物之分布亦重要，兹再分言之。观图 1 由 A 至 B 为滨海区，A 为潮水最高能及之地，B 为潮水最低能及之地。由 B 至 C 为浅海区。由水平线 E 而至 C 之垂直距离为 200 英尺，是日光不及之地。

合海滨及浅海区总名之曰近海区（Littoral region）。近海区距海岸之远近不同，如海底斜度极大，则距离甚短，如斜度极小，则距离甚长，总至水深 200 英尺处为度，因之浅海区有长数十英尺者，有长数十里者。如距离过远，则生物之种类及个体均多，但深海动物不易上浮于此。若距离极近，则生物分布之情形则反之。

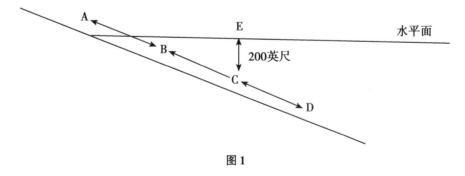

图 1

由 C 至 D 为深海区（Abyssal region），深度由 200 英尺至 8 000 英尺以上。浮游生物虽浮游于水之上层，似与海之深浅无关，实则亦因地位而异，属于浅海者为介壳区之浮游生物（Plankton neritique），属于深海者则为深海区之浮游生物（Plankton océanique）。

三、胶州湾之地位及分区

胶州湾位于山东半岛之东南隅，即在北纬35°57′~36°15′，东经120°5′~120°20′，为崂山山脉之团岛岬及小珠山之海西岬环抱而成。口向东南，广约一英里又四分之三，湾之面积约五百七十六平方公里。水最深处在黄岛团岛间，约为六十公尺，最浅在大鲍岛之北，约六公尺，海深平均约为三十公尺。全湾形势背山面海，气候温和，寒暑适中，海水温度终年常在零度以上，故为海洋生物繁息之所。如独立前海之小青岛，对峙于胶州湾口之薛家岛及团岛之两半岛，胶州湾内之黄岛及阴岛，潮满则宛在水中，潮退则连接大陆，对于研究海产生物最宜。此外，崂山南之砂子口、青岛湾东迤之汇泉湾及燕儿岛，亦适为海产生物采集之地。而口外横列之水灵山岛，竹岔岛皆为孟夏渔业之中心（图2，图3）。

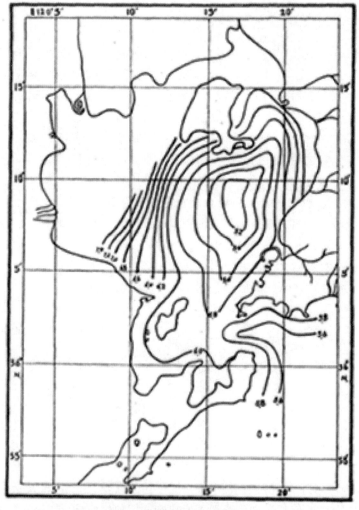

图2　胶州湾海面水温分配

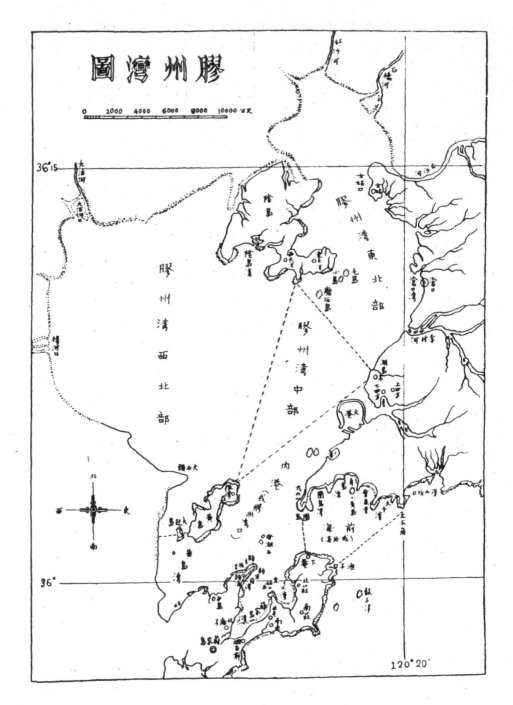

图3 胶州湾图

胶州湾之海洋性质，如物理及化学方面，关乎生物之滋生与分布甚大，兹当分别论之：

（一）海水温度

胶州湾海水温度经青岛市观象台刘靖国君之研究甚明晰，兹简述之：周年水温以二月为最低，为2℃；最高在八月，为25.9℃（表2）。其周日变差为1℃，最高温度在十五时，最低时在六时。1931年9月25日，天晴风静，其海面水温之测量如下：

表2　胶州湾海面水温月平均及年平均表

温度（℃）　月 年	1	2	3	4	5	6	7	8	9	10	11	12	年平均
1924	3.8	2.2	4.4	8.8	14.0	19.2	23.4	26.5	25.0	19.6	11.7	6.0	13.7
1925	3.2	2.3	4.4	8.5	14.0	18.9	22.6	26.0	24.5	20.3	14.9	6.6	13.9
1926	3.0	2.2	5.4	9.6	14.4	19.3	23.0	26.0	23.6	17.9	13.0	5.1	13.5
1927	1.8	1.5	4.1	8.3	13.0	18.8	23.4	25.8	24.3	19.1	12.0	7.4	13.3
1928	2.9	1.8	4.9	9.5	14.7	19.7	23.4	25.4	23.6	18.4	12.3	6.4	13.0
1929	2.7	1.0	4.5	8.9	14.6	19.7	22.7	25.3	23.6	10.7	13.5	6.9	13.6
1930	1.5	3.0	6.1	10.1	15.0	19.0	24.4	26.5	24.1	19.4	12.5	8.1	14.1
月平均	2.7	2.0	4.8	9.1	14.3	19.2	23.3	25.9	24.1	19.2	12.8	6.6	13.7

3h·····················24.0℃

6h·····················23.8℃

9h·····················24.1℃

12h·····················24.8℃

15h·····················24.8℃

18h·····················24.7℃

21h·····················24.6℃

24h·····················24.3℃

至于海面水温之分配，据刘君报告，以1931年3月27日之测量为根据，并绘图以示之（图3）。自沿岸至湾之中心，水温逐渐低降，其最低在湾之中心稍偏，为5.2℃。其最高则在西北部之浅滩处，如红石岩之附近，为7.4℃。其等温线曲折之姿势则与海岸大概平行也。又胶州湾内港较外港感受大陆气候之影响为大，故冬令季候风盛时，内港海水温较外港为低，夏令季候风盛时，内港水温较外港为高。至于湾内与外海海水温度之变差，关系渔汛甚大，亦值得注意也。

胶州湾大部多浅滩，其水深逾十五公尺之部分，不过占全湾面积三十分之一，故其水温之垂直变象，以潮汐涨落之影响，特殊天气之关系，而无一定之规则。然普通自表层至海底，除水温最低时，自水面至海底似渐增加外，余自水面至海底，水温均渐减低，其变差之度夏季较大，而冬季较微，表层较大，渐深则渐微。胶州湾西北接陆地，东南连海洋，海陆温度之比较，在冬日则海高于陆，故气流常由陆而海，发生北风或西北风；在夏季则陆高于海，故气流常由海而陆，发生南风或东南风，由此而海水温度常受风之影响而增减2℃或3℃。胶州湾水温有时受天时晴阴之影响而变异，天气由阴转晴，海水温度常增高，由晴转阴，海水温度常减低，雨水入海，亦可减却海水之温度。

（二）潮汐

胶州湾潮汐其最高满潮为16.1英尺，最低满潮为7.8英尺，最大干潮为8.3英尺，最小干潮为1.8英尺，满潮平均为12.19英尺，干潮平均为3.0英尺，故其平均升降为9.2英尺。潮水涨落之程度关系渔业极大，盖渔民近海捕鱼，往往乘潮落入海，潮满返港，已成为我国渔民捕渔之习惯，此外潮水涨时，往往带鱼，虾，介，壳等俱来，潮退之后，滞留海滩，拾取颇便，故在海滨采取动物，务识潮汛，且须择潮之涨落较大之日前往，即朔、望、大、小弦之日是也。关于胶州湾潮汐涨落之时候及程度，青岛市观象台曾有记载，按表逐月推算，不难得其大概。胶州湾湾口向东，每遇东北东南风，潮涨之度增高，而退潮不易，遇西北风则反之，遇南风及北风则无显著之不同，故自十月起至二月止，退潮程度较其余月为大，在青岛海滨采集生物，除有关于时季性外，则以秋季为宜。

（三）海底之性质

胶州湾之海底大半为砂质，有数处为花岗岩，经海水长久岁月之浸蚀，变为泥沙者，并有数处地底泥层松软，深达二三尺。前海多岩岸，其浅滩细砂平铺，海水清洁，构成天然的良好浴场，汇泉、湛山、南海沿等处其最著者也。此项滩之倾斜度甚缓，干潮、满潮线间，其海底沉淀殆为纯洁之细砂所成，且少它种杂物，唯星鱼、海胆等普通海滨生物间或有之。小港、大港一带人口繁密，船樯盛集，陆地排泄物甚多，积年累月，寝成多年之泥污，此外则有煤炭层粒，往往与沉淀物相夹杂，至西北两岸，则以毗连大陆，类多浅滩，以西北面为最，干满潮线间常广至十余里，沉淀则纯为软泥，实海洋生物幼虫最好之滋养场也。兹将青岛观象台海洋科1930年所发表之胶州湾海底沉淀物分析成分，及山东大学化学系分析沙子口、显浪湾等处海泥之成分，列表如次，以资参考。前者为物理性，后者为化学性。

表3　胶州湾海底沉淀物成分分析

日期			地点		海深	海底沉淀物之成分（%）						
年	月	日	东经	北纬	公尺	泥	粗砂	细砂	贝壳	煤炭	腐烂植物	动物遗骸
1930	1	17	120°14′58″	36°59′40″	3.5	97.2	0.9	1.3	0.2		0.4	
	2	12	120°15′40″	36°2′45″	40	36.4	28.5	14.8	10.5	9.5		0.3
	3	12	120°15′50″	36°4′30″	30	94.0	2.0	2.2	0.6	1.2		
	4	30	120°21′0″	36°2′0″	7	95.0		2.4	2.4			0.2
	5	30	120°18′0″	36°5′20″	12	95.0	2.0	1.3	0.3	1.2	0.1	
	6	26	120°19′5″	36°3′24″	8	83.6	5.0	10.7	1.0		0.3	

表4　青岛附近海泥成分分析

地点	时期	深度	成分		
沙子口西南方	1933年4月29日下午3时	3.0米	SiO_2—70.16% CaO—14.1% CO_2—10.5%	Fe_2O_3—2.62% MgO—0.009% Cl—0.34%	Al_2O_3—1.94% Na_2O—0.29%
沙子口	1933年4月19日下午3时	7.2米	SiO_2—76.52% CaO—9.035% K_2O—0.21%	Fe_2O_3—2.438% MgO—1.084% Cl—7.241%	Al_2O_3—2.52% Na_2O—6.303% CO_2—1.109%

（续表）

地点	时期	深度	成分		
沙子口	1933年 四月十九日 下午二时	8.7米	SiO_2—78.42% CaO—4.66% SO_3—6.31%	$Fe_2O_3 + Al_2O_3$—5.07% MgO—1.74%	K_2O—2.49%
沙子口	1933年 四月二十日 下午二时	9.0米	SiO_2—74.82% CaO—10.1% Cl—7.24%	Fe_2O_3—4.29% MgO—1.745% SO_3—5.10%	Al_2O_3—4.72% Na_2—4.37%
沙子口 西南	1933年 四月十九日 下午二时	9.5米	SiO_2—78.75% CaO—1.7% MnO_2—0.74% SO_3—2.91%	Fe_2O_3—3.64% MgO—1.47% CO_2—1.34%	Al_2O_3—4.74% Na_2O—1.8% Cl—2.2%
沙子口 附近	1933年 四月二十日 下午二时半	1.0米	SiO_2—80.17% CaO—6.68%	Fe_2O_3—2.38% MnO_2—0.81%	Al_2O_3—4.82% CO_2—4.92%
显浪湾	1931年 四月廿四日		SiO_2—83.34% CaO—1.32% K_2O—0.32% 有机物及碳酸—3.14%	Fe_2O_3—5.53% MgO—0.65% SO_3—0.68%	Al_2O_3—0.63% Na_2O—2.11% Cl—2.28%
小青岛 西北	1932年 四月 二十四日		SiO_2—87.42% CaO—1.69% K_2O—0.60% 有机物及碳酸—3.68%	Fe_2O_3—2.86% MgO—1.31% SO_3—1.87%	Al_2O_3—1.39% Na_2O—0.58% Cl—0.68%

（四）海水之咸度

据青岛市观象台海洋科1930年第一期报告，胶州湾海水咸度35.61~38.05，平均为36.68，即1 000克之海水含盐分为36.68克。1930年下半年报告，其咸度为35.27~36.08，平均为35.61，相差为1.07，盖受雨量之影响欤？按胶州湾入海之河流，人者东北有白砂河、东有李村河、海泊河，北有红沙河、石桥河，西北有大沽河（胶莱河）、洋河，小者为湾头河、石沟河、浮山河、金家岭河、石湾河、旱河、凉水河、广河等。平时虽多干涸，每至雨期，洪水泛滥、水势汪洋，以致海水之咸度顿减，影响于此处之浮游及浅海栖息之动物生活自不待言。

胶州湾之区分：为研究上便利起见，可分为三大部分：①前海（外港）、②后海（内港即胶州湾口）、③胶州湾本部。

1. 前海

为胶州湾之南部。东自太平角之南端，向西南划一直线，至海西岬之淮子口中，自海西岬之下庵向北方划一直线，以至团岛南端之游内山，成为一不等边三角形，谓之前海，又名外港。水深由13~26公尺，海岸砂石相间，海底多为沙泥所构成，间有介壳及石块。太平湾及青岛湾岩石、沙滩各半，汇泉湾多沙滩，团岛湾多岩岸。小青岛孤立青岛湾中，距岸不足一里，岛周多岩石，为动物栖息最佳之处。

2. 后海

在海西岬与团岛间之直线以西，更由湖岛子（在四方以北）向西南以达黄岛后湾庄之直线以东，此区域谓之后海，亦名内港，即胶州湾之口。东有大港及小港，西有黄岛及大赶岛，南有黄岛湾、显浪后湾、显浪前湾、薛家岛湾及小叉湾，沿岸多岩石及沙滩，海水之深度10~60公尺，最深处为游内山与黄岛之间，海底概为泥壳所造成。

3. 胶州湾本部

可分为三部：①胶州湾东北部——自湖子岛向阴岛西大洋之南划一直线，此直线东西方包有沧口湾、女姑湾及阴岛东岸，此区即所谓之胶州湾东北部，海岸多为沙滩及泥滩，间有石岸，此区之东北隅为白沙、石桥、红沙诸河入海之处，此等河流常带来多量之泥沙，因之此部日见淤浅，故海水之深度仅一至六公尺，阴岛及女姑口间海岸多黏泥，沧口湾之海底则泥沙参半。②胶州湾中部——自湖子岛引一直线至阴岛南端西大洋之南角，更由此角引直线至黄岛北端之后湾庄，在此人字形内之区域，谓之胶州湾中部，深度为3~30公尺，海底为泥沙及壳类所构成。③胶州湾西北部——由黄岛北端后湾庄引一直线至阴岛西大洋之南角，在此直线西北之部分，即所谓胶州湾西北部，海岸强半为泥沙，仅阴岛湾有数处为岩岸，此区之海水甚浅，除黄岛北部稍深（30公尺）外，其余深度仅1~10公尺，就中尤以阴岛西方为最浅，盖胶州湾之西北隅，适当胶莱河入海之口，恒携带多量之泥砂，沉淀于此，逐年如斯，遂致此部之泥沙日高，海水之深度日浅，退潮后阴岛与平原毗连，几成半岛之形势矣。此外如青岛湾东方之沙子口，西方之薛家岛，南方之竹岔岛、水灵山岛皆为研究海产生物适宜场所。

（五）胶州湾所产之生物

胶州湾气候温和，海产动、植物繁盛，自不待言。山东大学生物学系成立以来，则注重海产生物之采集与研究，虽以时间短促，未能将已采集之标本悉行鉴定，然因校内师生之努力，及校外专家之赞助，如鱼类、虾类、蟹类、棘皮动物、前鳃类软体动物、多毛类之环节动物、寄生鱼类之吸虫及绦虫、以及供食物用之软体动物均已鉴定完毕，其名称曾在山东大学科学丛刊次第发表。至于腔肠动物、浮游动物，以及甲壳动物之等脚类、桡脚类等动物之研究，亦正在进行中。胶州湾内海藻种类不下四五十种，今夏北平静生生物调查所李良庆教授来青采集，所得颇多。平时采集皆是滨海区之动植物，而浅海区深在六七十英尺左右，则不易得，今夏山东大学特租借捕海参之渔船一艘，携潜水器下海采集，结果甚佳，以是对于浅海区所产动、植物亦已明了。将来当再用汽船，拖大形曳网（dredge），捞取深海生物，想其成绩更可观也。

青岛产鱼类标本共计二百种，得南京中国科学社生物研究所之协助，鉴定学名者百七十余种，内外软骨鱼十八科、三十三种，硬骨鱼六十六科、一百三十九种，有 *Chimaera pseudomonstrosa*、*Ctsengi*、*Saurida microlepis*、*Hexagrammos pingi*、*Liparis choanus*、L. chefuensis. 等六新种。青岛之海水鱼概用新式渔轮从远洋捞获，大部分渔业操在日人之手，而本港渔业仅占少数。渔汛来时，渔获所在地，概在阴岛、水灵山岛、竹岔岛、沙子口等处。

青岛之蟹约有二十四种。与烟台、威海等处所产者正同，内有 *Halioareinuo yangi.* 为新种，在别处未曾发现，其中可供食之蟹以 *Portunuo trituberoulatus*（Miers）为大宗捕获，地点在沙子口及青山等处。

青岛虾类动物约有二十五种，其中以对虾（*Peneus orientalis* Kishinonye）为重要，因其产量颇丰，而味鲜美，极有经济之价值。

胶州湾内软体动物颇多，前鳃类有二十余种，后鳃类有六七种，斧足类三十余种，无论浅海、滨海，都可采得。头足类有十余种，产量亦丰，可供食用，且捕法亦饶趣味，详见山东大学科学丛刊第一期，第二期，兹不复赘。据张尔玉博士调查，胶州湾内可供食用之软体动物，有数十种之多，亦云伙矣。

环节动物在水草岩礁间常见之，而沧口、女姑口之沙滩，大港堤旁，此类动物殊多，种类不下二十种，识名者有十二种，而以 Neris Mictodonta、*Sabella sp.* 及 *Glycera clibranchiata* 为最普通。

青岛之棘皮动物已知其名者有二十五种，名称及产地，见山大科学丛刊第一期，其中 Stichopus Japonicus（Selenka），俗名海参，可供食用，胶州湾内及山东沿岸，产量甚丰，每年十月间，渔人用潜水器下海采捕、去肠、煮熟、用盐腌过、拌灰曝干，即成市上所售之海参。

腕足类（Brachiopoda）在胶州湾内所常见者为 Magellania（？）及 Lingla。后者在沧口、女姑口泥滩上可采得，而前者生于海底，往往被大浪冲至海岸，其遗壳在沙子口海滩上常见之，而用曳网采集，在前海亦可将活动物捞起。鱼类寄生虫关乎卫生及经济甚大，山东大学生物学系对于此项研究之进行，历年有所发现的新种与已知种，不下数十，曾在山东大学科学丛刊次第发表。

腔肠动物在胶州湾内所常见者，水螅水母类（Hydrozoa）有数种，生于岩石木椿上。海葵类（Actinozoa）有六、七种，生于沙滩岩礁间。小水母如 gonionemus 等亦有五、六种，浮游于水面。大水母可供食用者，有 *Stomolophus meleagris*、*cyanea capillata*、*Rhopilema sp.*，渔民具粗网捞获，用明矾腌之，去水，再用盐腌过，则成市上所售之海蜇。

珊瑚类动物在前、后海则罕见，而湾内阴岛东南角磨石岛、毛岛之间，水深五、六寻处，往往附着岩石，丛生累累，盖此处海水温度较别处为高故也。

海绵除岩礁上附生小形者外，于大港、小港、薛家岛，水深四、五寻处所采得之标本则形体较大。

结论：

（1）研究海洋生物，不仅对于科学有所贡献，且能开发富源，供给人民生活上必需之物。方今举国竞言科学救国，于此一端，宜有提倡发展之计划，庶立体农业之田地，不使因荒废而丧失也。

（2）胶州湾海产丰饶，交通便利，加之气候适宜，冬无严寒，夏无酷暑，为我国研究海洋生物独一无二之场所。山东大学生物学系自成立以来，对于此项工作，努力进行，不遗余力。唯感经费不足，人材不集中，近复组织海滨生物研究所，希与国内各大学及研究机关通力合作，借收众擎易举之效。从此发展迅速，蔚然大观，则美国之胡斯浩（Woods Hole）、意大利之纳布尔（Naple）将不得专美于前也。

（3）水产事业包括渔捞、加工、养殖三项。而此三门学问，莫不以海洋生物学为基础，凡生物学家研究海洋生物之形体、发生、营养、成长、习性、分布，其结果皆可用于水产事业，故研究海洋生物，不仅为生物学家应尽之责，乃谋水产事业发展者所当提倡之事也。

一年来四川农业之进步[*]

曾　省

溯自东北四省沦陷，暴邻压境，华北及沿海各省，日处于蹂躏骚扰状态之中，一旦战争爆发，而尤以东部沿海受压迫为甚，以是经营西北与西南以作长期奋斗，复兴民族根据地之呼声，遂因之而起。夫西北各省，受天时、地利之限制，经营不易，至西南各省中，地势优胜，天产丰富、若善为经营，可以自给，不受外界封锁威胁者，首推四川。考四川全省经济之基础，大部建于农业之上，每年输出物农产品占92%，输入占64%，故目前川省政府之建设计划及四川大学教育方针，亦以振兴农业、复兴农村为急务。一年以来，虽在萌芽草创时期，然规模初具、成效略著，兹述其梗概，想举国上下，注意川省事业者，所乐闻欤。

（一）农业概况

川省幅员辽阔，而气候土质又适于各种农业，以是农产品类之众多，全国各省，罕有其匹。故四川之农业，非但概括西部各省之农业，实足以代表全国之农业，其性质之重要，与其范围之广大，概可想见。如稻、麦、棉、麻、甘蔗、烟草随处可种，唯以产量不丰，或生产技术不精，致输出无由，且每年反由省外输入约数千万元，以此而欲振兴农业，则在作物方面急需研究者也。蚕丝出口价值，居川省输出物品之第一位。据全国经济委员会所派蚕丝专家玛利博士来川调查报告：川地多山，桑树都植于高丘，叶质含水少，养蚕事业胜于江浙近海之区；且全境之蚕少白僵病及微粒子病，所产之丝，线度细、而质颇优，受法国、安南、缅甸、印度丝厂之欢迎，唯以缫丝、饲养、制种不得其法，故渐就衰隳。倘加以改良，对外贸易激增，影响农业经济亦甚大。据四川蚕桑改良场场长尹良莹之报告，川丝输出最盛时代价值五千万元以上，人民依蚕丝业而生者有二百万人。由此可知蚕桑在四川省影响农工商之钜，而蚕丝事业急需研究改良者也。羊毛、猪鬃、兔皮、牛皮、鸭毛等运至上海及国外，以最近五年（1928—1932年）输出价格平均值为五百二十五万八千二百二十七两之钜，品质亦佳，唯川省乡村迭经土匪蹂躏，兽疫又复流行，不但畜产品来源减少，甚且畜种告绝，故急需推广良种，讲求防疫，畜牧兽医之研究、无容或缓也。桐油在川本为名产，数年以前，出口虽见衰落，近以国际风云紧急，需用额增，去年输出竟达一千三百余万元；又全国木材之供给，川省向居重要省份，无如交通便利之处，森林砍伐殆尽，童山濯濯，致农田水旱时闻，而僻远深山，虽有良材、无法运出，造成全川木荒现象，遇有建筑、顿感困难，故开采森林与造林在四川亦需从速努力进行。据最近郑万钧调查森林，峨边、大渡河一带，发现阔叶林，系硬木，供给成渝铁路需要之枕

---

[*] 《国风月刊》，1936年，第八卷，第十一期。

木，绰有余裕。有人估计开发四川森林，可供全国二、三十年木材之需，诚非虚语。此外川产药材，每年出口五、六百万元。水果、花木、蔬菜等量丰而质美，据毛宗艮教授调查（《四川大学周刊》、第四卷、第十三期与二十八期），川省产柑橘年值150万~220万元，而出口不及5%，江津、简阳、连山等处所产柑橘，每担平均价仅值2~3元。唯以栽培不得其法、病虫害防治乏术、加之储藏运输不讲究，不能销售外省，致在内地贬价求沽，农民收入减少、生计益蹙，此须设法使其改善为要。

（二）改进途径

四川省境内农产丰饶，品类繁多，既如上述，然查海关统计，则见全川输入品与年俱增、入超高涨、资财外溢，长此以往，民生凋敝，现状尚难维持，遑言作民族复兴之根据地？考农业衰落之原因甚复杂，大部份系政治问题；若就农业本身言之，则生产技术落后、产量低少、品质恶劣、无以适应工商业之需求。改进之道，厥为数端。

（1）农业调查：在试验研究图农业改良之初，调查全川农业生产及经济之一切情形，以为试验及研究之根据，然后定下计划，循序前进，免贻闭门造车出不合辙之讥。若以人力财力有限，不能全部举行，政府应就全省农业机关，挑选专家，且有研究能力、而富有经验者，以先欲兴办之事为对象，则调查所得之材料，合于实用，且事亦较易，成效必著。若事之兴办尚在渺茫之际，而先办广泛之调查，虚耗国帑，无济于事，而调查之结果，终限于调查而已。

（2）研究及试验：此项工作包括①品种之改良、②生产方法之改进、③病虫疫害之防治、④农民经济及生活情形之改善等。欲求农业之改良，非有科学方法，从事试验研究不可。研究之进行，须先得有曾受研究训练之人，而对于研究工作有浓厚之兴趣与苦干之精神，且能了解实用方面情形；不然将拥研究试验之美名，历十年、数十年不见其成效，即有结果，而不能施诸实用，此农业所以不振也。

（3）农业推广：研究所得之结果，须推广至乡村间，使农民受其惠，则生产量增加、销售合理、农民收入从而余裕。如优良之品种、改良之技术、病虫疫害防治之实施、合作事业之推进、无一不赖政府之力量，及推广事物本身之价值。其有利于农者，令无不行，法无不从，故根本问题尚在各农业研究机关研究所得之成绩是否合用，与政府如何策划及推动之能力耳。

（4）培植人材：如培养专门技术人材、开办训练班、举行讨论会、推进乡村教育等是也。川省幅员辽阔、农业范围广大、农业专门人材不敷分配、而研究苦干之人更属祥麟威凤，不可多得，此四川大学亟须培植此项人材，以应社会之需要。此外推广及技术指导之下级人员，因往昔所受训练太差，难能领略日新月异之科学，及接受崭新技术之指导，故须重行训练。至于农民教育之推进，如乡村小学之改良，农民补习学校之设立，及举办农事展览会等，皆直接间接有利于农事，而建教合一尚焉。

（5）统制农产、提倡合作：我国农产品不合于工商业之需求，其原因是在无标准化，政府宜注意①农产市况、②农产品之检验、③农产品之分级、④取缔作伪搀杂、⑤农产品之运销。同时，为增加农业推广之便利、改良农产品贩卖方式、减轻农民经济之压迫、与金融之调节，宜在乡村间尽量推行合作事业，以救农民之贫穷。如现时之省合作委员会，仅粉饰门面、不事实际，须力求改善，以收实效。

当此人材、经费，均非宽裕之时，四川省政府建设厅应与四川大学取得联络，以川大农学院备咨询及任教育研究之责，力避在一省内彼此重复、互相矛盾之工作，出其财力谋设，有益于实际、较为切用之数特种农业试验场如下：

①改良甘蔗，增加蔗糖产量，可在内江设甘蔗试验场，盖甘蔗盛产于沱江流域，内江为其中心，交通尚称便利。

②产棉重要区域，从仁寿迄东北，折而南，以遂宁为中心，可设一棉作试验场。

③油桐盛产川东、长江流域，及嘉陵江下流，柑橘盛产于江津，优良之猪种产于荣昌，宜设试验场于重庆，可顾及此数种农业。

④川省西北山地草原，均甚广漠，林、牧事业之发展无限，药材之收集靡穷，只以交通不便，一时难以深入，就地研究。可设试验场于灌县，以森林、畜牧之试验为主要工作，药材、茶业之研究副之。

⑤什邡、新都、金堂产烟颇著名，可设一烟草试验场，输入良种、注意栽培、烤焙、发酵等方法。俟有成效，可设烤烟厂、制烟厂、求纸烟及雪茄烟之自给及输出。

⑥川省境内，最宜畜牧，建厅可在成都设家畜保育所，制造血清、预防治疗牲畜疫病；同时注重育种、管理、饲养等研究。

⑦稻、麦、芸薹（油菜）之试验与研究工作，当在成都，与川大农场合作，将来于川东、川南、川北再设分场。

（三）最近工作

四川省政府自卢作孚先生就任建设厅厅长以来，对于全川农业之发展，擘划进行，不遗余力，如内江甘蔗试验场、遂宁棉作试验场、南充蚕桑改良场、川省家畜保育所、川省稻麦改进所，均已次第成立；此外尚有园艺试验场及森林局亦在筹划之中。今将各场所工作情形，撮要报告如下。

（1）川省稻麦改进所由四川省政府建设厅、四川大学农学院与实业部全国稻麦改进所三机关合作，现尚在筹备时期，然一部分工作已开始进行，将来生产技术与经济管理并重，前者包括灌溉、品种、肥料及虫害等问题，后者则注重农民资本之引用，以及米麦运销、储藏、分级等工作。

（2）棉作试验场。本年三月，筹设棉作试验场于遂宁县，购入美国脱字棉种二百担，中国孝感棉种十担，一面自行栽培；一面特约农家推广，分设指导所于射洪县之太和镇、柳树沱、三台县之石板滩，占地共2 000余亩，并于富顺、荣县、仁寿、简阳等县，作分区移植试验，同时于推广区内，指导成立合作社十二所，介绍贷款、供给轧花设备。现在正值收花期间，成绩极为优良，决于本年度内增加场地200～400亩，推广特约农家至10 000亩，分配改良中、美棉种至1 000担。

（3）内江甘蔗试验场。本年春间，由沪运回爪哇蔗种六千余斤，就内江县圣水寺地点租佃附近公地，仍与四川大学农学院合组成立甘蔗试验场，以一部作本场品种试验，其余无价分配于特约农家，共约二十七户，广为培植。拟于本年下期，再由爪哇直接输入优良蔗种，继续试验，同时指导农家推广，增加生产数量，并拟于本年度内，创设年产一万余吨之制糖厂于内江境内，使与推广改良蔗种二年后之产量相适应，预备于五年内，完成每年十万吨之精糖生产计划。

（4）蚕桑改良场。复兴川省蚕丝事业，以改良蚕种、注意饲育、管理丝业、统一经营，为既定之方针。曾于去年下期，先就南充县设立蚕桑改良场，从事栽桑、养蚕之改良指导工作，并由建厅先后无价分配改良春蚕种五万张、秋蚕种八千张，于川东、川北、及川南各蚕区蚕农饲育，现在秋蚕亦已上簇，成绩均极优良，丝量超过土种百分之四十乃至八十。[改良茧每斤（十六两）能缫丝一两八钱，每升四、五千颗，重二十二两，能缫丝二两二钱；蚁量一钱，饲育日数三十天，平均收茧二十五斤，每斤价三角五分，蚕户可收八元七角五分。土种茧每斤缫丝一两二钱，每升六百七十颗，重三十两，能缫丝一两八钱；蚁量一钱，饲育日数亦约三十天，平均收茧一十六斤，每斤茧价二角四分，蚕户可收三元八角。改良茧解舒容易、断头丝少、每人每日能缫丝十三两五钱；土种茧每人每日只能缫丝六两。每担改良茧，丝厂加工费为一百二十元；每担土种茧，丝厂加工费为一百八十元。]并输入桑苗五万株，无价分配农民栽培，又桑秧二百万株，辟场地五百亩于北碚对岸之东阳镇培植，拟于本年度下期，就地设立规模完备之制种场及原种制造场，更于川北之南充、川南之乐山、川东之巴县、开办蚕种制造场，预计自制春蚕种八万张以上，分配于各蚕农饲育。

（5）家畜保育所。1935 年下期，于成都南门外，创办家畜保育所，注重猪、羊、牛品种之改良、改进家畜饲养方法，并为血清之制造、讲求防疫设施、保育畜产，以为农村经济之保障。并就成、华、犍、乐、江、巴各地，分设四个实验区，指导保健防疫事宜。此外更注意家畜副产，如猪鬃、羊毛、兔毛等之研究。

（6）森林调查。关于森林方面，建厅拟分调查、管理、采伐、培植各项，逐步实施。业经派员将大渡河流域、青衣江流域、松、理、懋、汶各地森林，调查竣事，继续办理涪江上游、渠江上游之后江区域，及雷、马、屏、峨、南、巴等县之调查。据已调查发现广大面积之森林区域，沿岷山山脉（松、理、懋、汶等县）有五百方里，计树一百五十万株。邛崃山脉（天、芦、荣等县）有一千六百方里，计树一千七百万株。大雪山脉（越、康、泸、峨等县）有二千五百方里，计树二千二百万株。而通、南、巴、万、城等县之森林，因未调查完竣，无从报告。

国立四川大学农学院，系于 1935 年 8 月遵奉部令由前省立农学院合并改组而成。以前省立农院，因经费有限，年仅四万余元，且常受时局影响，即此区区之数，尚不能按时发给，致各事废弛，成绩无由表现；加之屡遭兵劫，仪器书籍散失殆尽，农场虽拥地二百亩，亦大部租招佃户耕种，故对于教学之改进，殊感困难。此外教授上课，只发讲义，不尚实习，则学业失之空浮，更难进于探研检讨，以之解决农业上问题。自任叔永校长主持校务以来，感四川省经济基础全部尚建于农业之上，而农业问题须待科学研究而解决者正多，故一方面提高学生程度与充实设备；另一方面提倡学术研究，与建厅合办各项事业，以应社会之需要。一年以来，农院院务日有起色，而外间事业亦渐见成效。该院内分四系，即农艺系、园艺系、病虫害系、森林系是也。此外，又设三研究室——畜牧研究室、农业化学研究室（1936 年寒假后成立），农业经济研究室——以补设系之不足，使各种农业于轻重繁简之间，相与协调，以谋农业全部之推进，兹将各系及研究室之工作略述之如下。

①森林。森林研究工作，则注意桐油，盖桐油为四川输出品之大宗，关系国际贸易，

至为重要，现已将征得之桐油品种，从事培育研究，以期于经济建设方面，不无裨益。

②园艺。对于果木曾作柑橘类品种之调查、授粉试验及储藏试验；蔬菜则特别注意于涪陵、鄞都、江北等县之榨菜栽培及制造，西人有言"庭园中若无中国之观赏树木，不能称一完美之庭园"，足见中国观赏树木之价值。四川一省观赏树木颇多，现正辟苗圃，从事繁殖。

③植物病理。现在研究工作，已在着手进行者有油菜之嵌纹病，大麦之条纹病，寄生抱（侵害森林之寄生植物）之种子分化，及柑橘储藏病。

④昆虫。采集蚜虫、介壳虫作分类之研究。此外关于水稻螟虫之观察，已得有结果，可供治螟之参考。柑橘树红腊介壳蜕之生活史，已研究完毕，各种防治方法，亦曾作多方之试验，决定对由卵初孵化后之幼虫，体尚柔弱，喷射松脂合剂为最有效。

⑤畜牧。注意乳牛及乳羊之饲养与蕃殖，预备供给成都全市之兽乳，因目前成都各乳厂均不清洁，影响市民健康颇钜。同时繁殖改良鸡种，交农民饲养，增加农民之副业收入。为繁殖鸡种计，现在着手研究四川古法人工孵卵之改良，一切工作与建设厅之家畜保育所分工合作。

⑥作物。对于稻、麦、芸苔、棉花、烟草等商品化之作物，备加注意，曾搜集品种甚多，作品种观察、区域试验，及其他关于栽培、杂交、遗传等学理研究。

⑦农业经济。由各县填寄制就调查表，现已收到四十余县，同时本年春间，本院与四川省农村合作委员会合组四川农村经济调查团，调查成都近郊代表村约一万余户之农家经济状况，作为统计，制成报告。并着手研究全川米谷生产及运销情形，首先注重成都平原米谷之生产及销费，对于新都、温江两地，已有实地之调查。

川大农院，不独教育专门人材而外，尚感中国社会教育之不发达，乡村间常缺乏接受技术指导之人，影响推广农业亦甚大。故每年招收农家子弟，粗识文字者若干人充农工，一方面教以简单农业学理；一方面实习田间技术。第一期仅收十余人，系试办，结果甚佳，嗣后拟年招一次，以期普及。文明各国，感农业重要，而农人以工作关系，少有机会求学受训练，故有冬季农业学校或农事讨论会之设立。我国年来中央农业实验所，冬季有作物讨论会之举，集各省技术人员予以短时期之训练，及灌输以新学识、调整工作，用意至善，唯范围太小，偏于专门，一般实地经营农业之人，仍多向隅，而边远省份，感觉需要更甚。今冬川大农院欲举办冬季农业学校，招收实际经营或指导人员，予以训练及相与讨论，期能改良农事，以收实效。

（四）结论

四川在防区时代，内战频仍，百政俱废，土匪兴起，地方糜烂不堪，尤以农村之破坏，与农民之受痛苦为甚，所谓农事、农政，诚如一束乱丝，不知如何整理。今幸川局底定，而热心事业之卢厅长与任校长，适于此时出而主持建厅与川大，使二机关切实合作，推进全川农林改进事业，一年以来，显见成效，若能持之久远，集中人力与财力，按此方针，向前迈进，五年、十年之后，农民元气恢复、农村繁荣，可操左券。唯望中央与省教育当局，提高边陲人民知识程度，多拨经费，推行乡村教育，创办农人补习学校，盖欲生产增加，不能不讲究技术，讲究技术，不能不提高知识程度。农民知识增高，则农事之推行固无阻，而国家一切建设亦易为也。

战时四川的农业[*]

曾 省

　　自卢沟桥和虹桥事件发生以后，中国全面抗战就开始了，我国整个版图的边缘，已有三分之一，在敌包围封锁之下，惨受敌人海陆空军残暴的轰击，沿海各省人民的生命与国家财富大部被敌人伤害与摧残了。我们晓得此次对日抗战，是为我们整个民族洗刷数十年来受日本帝国主义者压迫侮辱的反抗，换言之，就是为民族谋解放，为民族求生存，而且为世界和平争出路。虽然我们战斗武器和军事的准备不及敌人，可是现代战争胜负的分野，不限于前方火线以内，而要看全国经济资源能否充分，足以应付持久性战争而为断的，就是说要全国人力、财力、物力充足，加之运用支配合理，才足以发生最大效果，控制敌人，而获得最后的胜利。所以前方将士所用的军用品、粮秣以及战区人民生活所需要的东西，要靠后方源源供给，才可以巩固前方抗敌的意志与力量，同时后方民众安定与生产能力提高，也与战争有密切的关系。譬如，欧战的时候，德国的战斗能力，本来十分充足，但是结果因受了协约国的完全包围，后方资源断绝，粮食缺乏，使军事上受了莫大的牵制而溃败了。苏俄革命后反抗联盟国干涉战争，终得最后胜利，就是因为它有广大的地方、富厚的资源，发生无穷补充的力量。由此看来，战时后方的供给与前方抗战是同样的重要。居于后方的同胞若于战时能竭其智力，贡献于国家、用最大的努力从事于生产工作，巩固前方的长期抗战能力，其功效不在于前线肉搏血战之下。若仍因循贻误、苟且偷安，不但后方资源渐窘，即前方战争亦受莫大影响，其何以对国家，何以对前线捐躯救国的志士呢？

　　自淞沪第二次战争突起，我国沿海各省遭日本海陆空军的轰击，所有工厂大部分被敌人破坏或自行停闭，农村被敌人蹂躏，农民相率逃避，农田大多荒芜，同时，交通阻塞、贸易停顿、商业凋敝，因之，前方社会感受极度恐慌，自顾不遑，还有能力说得上维持长期的抗战？所以国防的基础，是全建筑在西南各省。所谓西南后防区域，包括云南、贵州、四川、西康四省，四省之中，当以四川为杰出、沃野千里、物产丰富、所负后防的责任甚为重大。

　　在四川担任后防工作，其中重要者是什么呢？第一是补充壮丁，这非是农业范围以内的问题，可置而不论；第二是供给米、面、肉食、米面可以充饥，大众都明白的。肉类为食品之一种，以其富于蛋白质及脂肪，营养价值较米粮为高，如能制成罐头及腌肉，送往前线，不特可减少米粮之需要，且可增强战士之作战力量。第三是皮毛、棉衣之产制。皮革可制各种军需品，毛与棉可制军衣，值此天气渐入冬寒的时候，前方将

---

　　* 《财政季刊》，1937。

士，将在冰天雪地中抗战，最需要者为绒毛内衣与皮外套。四川是产皮毛的地方，应该用这种军需品，供给前方。第四是供给军马，川边西北区牧地辽阔、水草丰富、养马最宜，将来持久战，需要军马甚多，所以军马之供给，四川应该早为注意。其他如煤、铁矿产与其工业品的供给，亦非在农业范围，姑且置而不论。

以上所指出的各点，是就后防区域供给前方军需品的应尽义务。若谈到维持后方安定与供给战区人民生活必需的物品，就马上涉及四川农产品自给与对外贸易问题了，现在就事实所表现出来的，觉得很是危险，更觉得政府与人民非从速努力规划改进不可。

第一，食的问题。四川的谷米、小麦、杂粮，本可自给而有余，从前曾有川米出口的记录，从1931年以后，逐渐地由输出省份变而为输入省份。1931年稻、麦入口为102 512担，此后年各有增加，就去年上半年芜米入川已达二万袋之谱，足以证明年来川省食粮所产不能自给，而去年因春季少雨，插秧太晚，秋季复受螟害甚烈，收获仅有五六成，今年一定是再会遭荒的。自食尚不足，还配谈供给前方战区的粮食吗？所以政府应督促农民多种小麦，在未种小麦之前，于大春收获后，宜尽量利用土地闲暇种上短期可以收获足充粮食代用品之作物，如荞子、洋芋、小豆等。因为这几种农产物不但可替代平常的粮食，并且它们的营养亦很好。至于其他关于增加生产的办法，如改良种子、增加耕种面积、增方进地、振兴水利、防除病虫害等，当此非常时期，应该择其轻而易举，且能速见功效者，分别先后施行，由有关机关负责推动。

第二，衣的问题。四川全省产棉年仅四十五万担，用充纺纱织布，早感不足，故每年布疋、棉纱由外输入合值三千万元，一旦战事延长、入口来源断绝、立即发生恐慌，若等改良棉种、增加生产，为时晚矣，急不可待。为今之计，唯有一方，收买本地土棉在成都设厂制造；另一方，改良川陕路运输，将陕棉运蜀加工制造织成布疋，转运前方。因去年陕棉产额增加，目前正苦于无法销售，此宜注意的一件事。至于毛织品亦趁此机会，在四川设厂制造，因四川羊毛产量素丰，平时都运往上海求售，现在以战事发生、交通阻碍、工厂不能工作、羊毛销售已成问题，不如在四川自行加工制造，较为得计。

第三，住与其他问题。住与其他问题，自然与人民生活关系也很重要，可是在战争时期看来，没有衣食的问题那么严重。现在欲急须讨论的是川省农产品输出的问题。换言之就是川省对外贸易的问题。

我们晓得四川全省经济，仍建于农业之上，每年货物出口运往外国或外省，农产品占90%以上。在1935年入超达430余万元，若战事一时不能解决，对外贸易完全停顿，而生活必需品仍然由外购入，致全川金融周转不灵，势必经济趋于崩溃。现在政府各机关经费拮据万分，财政罗掘已尽，而成、渝两处各大营业相继停歇，是其明证，长此以往，恐人民之生计穷窘，将日甚一日，人人应该日夜筹思，相谋解决这个问题，才能达到爱国救省的目的。否则若任其自然，甚至丧心病狂，趁火打劫，囤积居奇，直接扰乱后方的治安，间接就是阻碍前方抗敌工作，这是国法民情都不能允许的。

现在再把四川出口货疲软的情形，简略地说一下。

四川农产品输出近年顶活跃者为桐油，产量占全国三分之一，以去年而论，输出量为三十五万五千一百七十八担，价值为一千四百二十万七千一百三十一元，拿全国来比较，去年总出口达八十六万七千三百八十三公担，价值为七千三百三十八万七千四百五十六元，四川实占重要地位。其畅销之原因，第一是油漆工业之进步，第二是军需工业之景气，尤其现在各列强间之互相扩充军备，世界战云密布的当儿，军舰、飞机等类军械用品，为要防止木、金属之腐蚀，故桐油非大量准备不可，且为电之绝缘体，可代替橡胶及各种电罐材料，故世界上畅销我国桐油之国家有二十二个单位之多，以美国第一，占总输出70%左右，英国占10%，其他为德、法、荷兰、日本等国家。但最近看来，去年九月十八日成都《复兴日报》载："涪陵桐油每岁出产十万斤，价值月前每百斤售法币四十三、四元上下，但战事一起，近日来交易停顿，其价格连日狂跌至二十元。"不但桐油如斯，再看其他农业输出品怎样？九月四日《复兴日报》载："隆昌有麻布商号批发庄二十余家，受寇祸影响，销场断绝，一体停业，所有麻市、麻线市、麻布市，每逢集期，竟市可罗雀。"九月二十三日《复兴日报》载："松、茂、灌各地出产药材，向为川省出口之大宗者，于此秋季期间，该业下河交易例应畅旺，惟以战事关系，致所有货物，无法下运，乃屯居此间，营斯业者，损失甚钜，现在设法销售，以期挪出血本，另谋其他。"蚕丝方面，四川丝之出口最盛时达五万担，约值二千四百万元，自蚕桑改良场设立以来，四川蚕丝日有进展。然经此战争，丝价惨跌，据去年九月十三日成都《华西日报》载："潼川本年度新丝每担（重量为一千七百两）陆续涨至七百二十元左右，一般屯户均勒不出售，迨中日战争爆发，丝价跌至每担五百元上下，估计该县屯户跌价之损失约为数十万元。"由上而看来，四川农产品因战事影响，无市场可销纳，且交通梗阻、无法运售、损失甚大。故重庆市商会，以抗战发动，长江下游梗阻，恳请省府将川省原由沪出口山货、药材等改由粤汉路至香港出口，若一旦战事延长，粤港亦受威胁，粤汉路事实上不能尽量担任运输货物工作，而此路可常通与否，确成问题，于此可感四川农产品运销问题之严重。

战时四川的财政状况与经济的危机，以及对于抗敌之影响，上而曾经说过，现在我们尢论在位与在野的，应该各竭其智能，集中力量去谋解决这个问题，打破这个难关，那么后方可以安定，方期收得全面抗战最后的胜利，民族前途才有希望。说到打破这个难关，正值非常时期，一切工作不能再取缓进的步骤与片断零星的办法，而且应兴应革之事，足与今后民族的出路有关的，中央与地方应共竭全力以谋之，不容再有怀疑与迂回态度了。现在应须急施的办法，有下列诸端。

（1）责成各机关负责或另聘专家指定问题从事研究，使达到应用科学、改良土产、增加输出量的目的。关于改良土产、增加输出，应先办轻而易举、能速见功效，且为解决目前实际问题之事业，是为至要。至于有许多基本工作，缓不济急者，宜酌量缩小范围，使其继续维持，不可中断。骈枝机关，数年来毫无成绩，须即裁撤或合并，以节糜费、免废事功。

（2）组织贸易局，统制全川贸易。贸易局工作是救济工商业、调济金融、改良土产、奖励输出、限制输入，平时固感重要，战时更觉迫切，尤其是现在海口被敌人封锁、交通阻塞、运输断绝，解决这种困难，断非商人团体能力所能办到，一定要国家力量来做才行，不仅官商合办，而且中央与地方，各省政府与人民，努力合作与协助，方可通行无阻，而收全效。

（3）改辟路线以利商运。以前四川货物出口，大半由上海输出，现在上海被敌人封锁，此路已经不通，按目下情形看来，川粤与川滇俱属重要。长江各省所需川货，仍由重庆、万县出口运至汉口，由汉口转销各地。川东货物须运海外者，可由渝、万直达长沙，运往粤港，有时亦可吸收贵州的大宗产品，不过这条路，当战事延长恐复有受威胁之可能。故川滇线较为稳当，而川南、川西方面的货物取道宜宾（叙府）往昆明一段，需用人力、畜力的驮运是其缺点，叙府至昆明旱路路线途程，由叙至昆共计二十四站，"叙府（陆）、钩运（水）、横江三站—老鸦滩三站—昭通六站—东川三站—杨林二站—昆明七站—"，每站里程多少不一，全视山路好走与否而定。运输货物分人力、畜力两种，由叙府至昭通之十二站路程，人力居多，每人可背负一百二十斤以上，如以肩挑，则只七八十斤而已。由昭通至昆明之十二站，畜力居多，每马一头，可驮重一百四五十斤。说至此，我不能不说我国建设于轻重缓急之间，计划未臻周密，若先期移其在东南方面粉饰太平，所耗亿万元金钱的建设，在西南、西北设铁道网，我想中日战争不会受威胁得这样厉害。要而言之，我希望政府无论中央与地方，当此情形最严重的时候，应该责令负责机关，用最有效办法，于最短时间把这几条路线改善，不仅利于商运，且有益于国防哩！

（4）提倡内地工业。四川是工业处女地，有丰富的原料，有剩余的劳力与广大的市场。而中国资本家想不到非常时期光临，更想不到日本军人竟在上海租界地带大施其残暴毒辣手段，现在一般工厂炸的炸，关的关了，工业品不能制造，纵有，亦无法向内地运销，正是内地工业抬头的时候。希政府赶快努力这番工作，资本家亦应不趑趄地向四川投资设厂，或将沿海工厂搬一部分到四川来，这不是应付目前的环境、开发工业、救济农业的好法子吗？平心而论，全国工业集中于一隅，总是一件危险不合理的事。

我觉得在四川办任何事业，农业当然包括在内，成败难易，全以交通为枢纽，平时是如此，战时更觉得重要。交通如果发达便利，不仅资源开发、输出增加、全省经济情形可改善，而且对于人民知识、思想、道德都会变迁，政治自然也就跟随上轨道，希望中央政府于抗战期内分点力量、拨款派干员来川督促地方，从速完成川陕（宝鸡至成都）、川滇（成都至昆明）、川湘等铁路，并努力四川与西康、西康与西藏交通的建设，才可以集中西南各省的力量，完成我们的抗日工作，才能建设强盛的国家。

除虫菊开花之观察及制药试验之初步报告[*]

曾 省 李惟和

除虫菊（Pyrethrum Cinerariafolium）性宜干燥温和之气候，排水佳良之沙质壤土，不论瘠沃，皆可栽培。日本北海道及本州北部，奥地利南部及南斯拉夫一带山地出产最丰。近年我国经各方提倡，推广栽培，生产增加；唯抗战时期后方各省产量仍不足市场需要，此值得注意之事也。

成都平原气候温和，而土质卑湿，除虫菊大量栽培每每发生困难，春夏之际生长期情形尚良好，但秋季遗株则死亡甚多。本系（植物病虫害系）试行栽培，期能使除虫菊适应当地气候、土壤、减少损失，爰在头瓦窑种菊二亩，女职校旁约一亩，观察其生长、产收状况。各田菊株均生长良好、发育健旺，本田自四月初即开始着花，五月下旬花开最盛，六月上旬而渐次凋谢，其经过观察如次。

1. 每株花蕾数目之调查

四月初在田间就一般平均高度之菊株随机调查其花蕾数。种子来源计狮子山、草店子、本系农场三处；施肥为渣滓垃圾及人粪尿二种；定植期分前年栽及今春补栽二种；每处理调查20株，分别列表，大略结果如次，（粗放平均）：

a. 品种（同时定植、同样施肥）——平均蕾数计狮子山20 ±、草店子30 ±、本系农场20 ±。

b. 肥料（本场苗、同时定植）——粪尿20 +；垃圾20 ±。

c. 定植期（本场苗粪尿及垃圾兼施）——前年栽100 ±，今春补栽10 -。

就四月初情形论：①狮子山与本校农场苗结蕾数相当，草店子较优。②基肥用人粪尿及垃圾，其结蕾数并无十分显著之差别，（平均观察以施人粪尿者稍佳）。③前年栽者结蕾数每株少则10~20，多者达300，大概多数均在100以上，极不一致；今春补栽者小则一蕾未发，多亦不过20左右，大概多数在10以下，故除虫菊生长以定植后，隔年最为旺盛。

2. 开花情形调查

四月初旬田间即见除虫菊花数朵，中旬以后逐渐盛开，尤以头瓦窑本田着花较早且盛，大概每丛花蕾四五十朵至百余朵者，先开较多。自4月15日起在女职校旁田间隔畦随机调查四十株，每五日调查一次其开花情形。以每丛朵数范围20~300，分为七组，组距40，每组内求其某日开花平均数（每组株数、次数除各该组当日开花朵数），并求得某日平均开花百分率（开花平均数×100以每组中心值除之）。据表可作曲线，

* 《新农村》，1944年，2卷，4期。

表示每丛朵数之分布次数与开花平均数及开花百分率之关系，大略可代表田间除虫菊初开至盛开之过程。

①每株自开花一朵至全开经过，平均日数 25～40 日，视每株花蕾数而异，但其相差并不与花蕾数呈正比，大概每株朵数在 100～150 朵内者，其开始着花多较迟，而逐日开放较速。生长健旺者半月内全株开花灿烂矣。②自五月初以后，每株在 150 朵以上者，其开花平均数最多，但其开花百分率并不呈激剧之增加，（盖原来平均花蕾数大之故）。③每朵由孕蕾至开放之平均数经在田间挂牌观察，随机取 40 株，每株 5 朵，挂牌标识，隔 2 日观察一次，在牌上作一记号，因田间农工及路人采花，损失若干；据所余百余朵观察平均，花蕾自初现一小点白心至全开，花瓣呈水平，8～12 日，大概五月中旬较速；盛开后至凋谢，花蕊呈淡褐色、瓣渐下垂，一周至十日间。

3. 采花期与毒力比较

曩者多以为除虫菊以半开者含有效成分最多，嗣据 Gnadinger、Tattersfield，今并诸氏实验，将各种绽开程度不同之花朵分析，证明 Pyrethrin（除虫菊酯）含量在花开后逐渐增加，至花瓣完全伸张时含量最高。（据 Gnadinger and Corl，未成熟花至成熟花之 Pyrethrin 成分自 0.75% 增至 0.87%，而花之成熟者较未成熟者水分较少，即同体积之花前者重量较后者为重，故同体积或同朵数之成熟及未成熟花其 Pyrethrin 成分之差异大于上列两数之差）。

本试验在不同时期采收成熟不同之花，同样晒干碾粉，试验其对于臭虫（Cimex lectularis）之毒杀力，计用①四月中下旬所采嫩花；②五月初旬嫩花；③五月中下旬嫩花；④五月中下旬熟花；⑤六月初旬熟花；⑥六月初旬老花等六种。每种称干粉一克，置玻皿内，放臭虫十头，大小均等分配于各组。初放入后 15 分钟内臭虫即渐不能爬动、挣扎；以后每隔 2 小时观察一次，记载其结果。计 24 小时内各组死亡百分率为：①80%；②、③、④100%；⑤80%；⑥60%，实验所用臭虫因不易得，为数甚少；死亡百分率必不甚正确。就各组臭虫麻痹时间及死亡先后多少情形作一比较，结果大致与上数符合。所谓嫩花为花瓣开放初年或呈水平者，但四月中、下旬所采①多犹未达到此程度，熟花为盛开以后所采；同时期之嫩花、熟花相差不过四五月，试验结果并无差异。假定各组臭虫之大小强弱相等，各组中大概以五月嫩花毒杀力较速。熟花亦相差有限，同月所采花者以及六月所采老花均稍逊，（后者花心已呈褐色，花瓣渐萎，想花粉多散失）。

4. 干燥处理与毒力比较

除虫菊之干燥方法用①晒干、②阴干、③烘干。晒干者须在晴天，暴晒三、四日，中间若遇多云天，置室内又渐潮润，必须择晴天继续暴晒，至花瓣干燥用手捻可碎为度，若时间不待，或用烘烤方法，视经济需要而定。烘干须设干燥室或烘炉，费用多而手续较繁。普通烘焙需保持 120～130℉，至充分干燥为止。大概鲜花 300 斤可得干花 75 斤，仅及原重 25%。

除虫菊经日光暴晒及潮湿空气之影响，易减低 Pyrethrin 成分；据 Wilcoxon 和 Hartzell 研究，除虫菊粉铺一薄层，曝日光中 3～6 小时，Pyrethrin 含量减低约 0.2%。唯有效成分之损失与花之熟度及干燥程度有关，过熟花较未成熟花分解较速；普通储藏花之干燥程度水分含量恒须在 13%～14% 以下，不然亦易促进其分解及霉烂。又磨粉储藏，较干花储藏分解为快，据 Smith 实验，除虫菊粉愈细，其对蚜虫之麻痹作用愈速；可见其毒素挥发较快，故鲜花晒干其有效成分绝不致如花粉暴晒之易于分解也。

烘干法若温度调节不适当，或时间过久，则 Pyrethrin 挥发之损失比较晒干为多。据作者经验，烘时温度过高火力太大，或加火炒，均有使花中有效成分散逸，致杀虫力减低。本试验用去年旧花（室内敞开储藏），一部分晒干、一部分烘干、磨粉；晒干者保持较鲜之黄色，烘干得则微呈黄褐色，而气味亦稍异。两种各用臭虫十头试验，设臭虫大小强弱机会分配均等，24 小时内死亡百分率大略：晒干者 100%、烘干者 60%。因臭虫太少，数字不完全正确可靠，唯大概可见者，烘干花毒力较弱，以晒干处理较优。

5. 储藏时间与毒力比较

除虫菊之储藏须在密闭情形下，而储藏时间越久，有效成分分解越多。据 Gnadinger 和 Corl 研究，除虫菊粉密闭储藏二个月后，Pyrethrin 分解约 3% +，半年后约损失 20%，一年后为 30% ~ 39%，其毒力减低 20% 以上。储藏时期之温度在 40℃ 以上，则分解愈速，故以干燥、阴凉、密闭储藏为原则。

本试验用上年旧花与本年四五月间新花（初熟花），各晒干磨粉，分别用臭虫十头试验，比较其毒力，结果如下：24 小时内死亡百分率各约为 80% 及 100%，旧花毒力较新花稍弱。以气味香色比较，新花色较鲜而味浓郁，毒杀力较大当属可靠。

6. 除虫菊粉与其他药粉毒力之比较

除虫菊制粉用以防除害虫，尤通用于臭虫，从效用及经济方面着眼，均可加其他冲淡物（diluant）；如除虫菊之茎叶，皆有杀虫力，唯其效远不如花粉，普通用以渗和花粉配制药剂。茼蒿花（Chiysanthemum Coronarium）及叶亦含杀虫毒素。兹分别用下列材料作实验比较，①除虫菊新花、②除虫菊叶、③××粉、④茼蒿花、⑤茼蒿叶，各种均经晒干碾成细粉，各称 2 毫克，置玻皿中，分别放虫十头试验，观察结果如次：

（1）除虫菊粉与××粉之比较——结果××粉使臭虫麻痹较速，但致死时间与除虫菊相差不远。设所用臭虫大小强弱分配均等，以麻痹不动时间计，××粉相当除虫菊之 3 ~ 4 倍，以全部死亡时间计，前者约为后者 1.25 倍。

（2）除虫菊叶与茼蒿花及叶之比较——结果茼蒿花与除虫菊叶差不多，臭虫全部致死时间均三日，茼蒿叶为四日以上，设以除虫菊花之毒力为 1 计，除虫菊叶为 0.2 左右，茼蒿花略等，茼蒿叶则远不逮矣。

7. 除虫菊粉数种配合法应用之效果比较

就以上试验，××粉及除虫菊叶粉均可作除虫菊粉剂之渗和物，兹先以三种共配成全量 90%（10% 保留其他成分），计下列六种重量比例配合（表 1）：

表 1　六种重量比例配合

	除虫菊花粉	除虫菊叶粉	××粉
（1）	30	30	30
（2）	50	20	20
（3）	40	40	10

（续表）

	除虫菊花粉	除虫菊叶粉	××粉
（4）	50	30	10
（5）	30	40	20
（6）	40	20	30

每组配合放臭虫十头，分别观察结果如下：20 小时内死亡百分率为（1），（2）80%，（3）60%，（4）70%，（5）60%，（6）70%，各组均在 60% ~ 80%，差异不甚显著。大概各配合中除虫菊较少者，其效力××粉可补偿之，反之××粉较少者，除虫菊之效力可补偿；唯各配合中除虫菊花粉与××粉之合量在 60% 以上者，其死亡百分率较高，在 70% ~ 80% 间，故除虫菊花粉用量可 40% 左右，××粉须在 20% 以下。

兹再以除虫菊花粉 40% ~ 50% 间数种配合比例试验：

各配成全量 90% 计六种配合（表 2）：

表 2　六种配合

编号	除虫菊花粉	除虫菊叶粉	××粉
（1）	40	25	25
（2）	50	20	20
（3）	45	30	15
（4）	50	25	15
（5）	40	30	20
（6）	45	20	25

每组配合放臭虫十头，分别试验，用蛙牌臭虫粉"Cimicide"（系中华除虫药厂出品，成都市销售）作比较，各种配合与 Cimicide 之效力比较几无轩轾，证明蛙牌臭虫药粉之配制，杀虫力相当有效。

8. 除虫菊煤油、汽油、浸出液之试验

Pyrethrin 可溶于石油醚、乙醇、酮、二硫化碳、四氯化碳、二氯化乙醑等溶剂，其在各溶剂中溶度不同，而其析出之多寡亦视温度与浸渍时间而定。据 Gersdorlf 氏研究，谓各溶剂中以酒精最佳，据 Gnadinger 氏（1929）研究，浸出液之工业制造以二氯化乙醑（ethylene dichloride）甚佳，可浸出花重之 7%。大概普通应用之除虫菊浸液多用煤油、乙醇等，每加仑溶剂用干花 1 磅，每 100 毫升，约含 Pyrethrin 103 毫克，最为适当。用粉浸渍较干花浸渍为快。

今用除虫菊花粉以煤油及汽油作溶剂，配合如下。

（1）煤油每 160 毫升，浸除虫菊花粉 4.5 克。

（2）汽油每 100 毫升，浸除虫菊花粉 6 克。

（3）汽油每 100 毫升，浸除虫菊花粉 12 克，以与（2）比较。

（汽油、煤油系由桐油提炼而成，为永利公司所赠，谨此致谢！）

用与玻皿同面积之草纸在溶液内浸润后，各放臭虫十头于纸上，同时又用煤油与汽油作对照试验。据刘鹤昌氏（《农报》3，16）研究，在40～50℉，煤油浸渍时间约一月，其效最佳。

由上可知汽油及煤油本身即为优良之接触杀虫剂，浸除虫菊后其毒杀效力增加。第一次以煤油浸渍液效力较速，第二次则以汽油浸出液较佳。设所用臭虫强弱无大差异，大概煤油之浸出有效成分较快，而相当时期饱和后，其含量或不及汽油之浸渍量。第一次之汽油浸出液除虫菊倍量者其效力较速，第二次则除虫菊6克者与倍量者完全相同，大概有效成分之溶出，先以倍量者溶出较多，而最后溶量则两者相等，唯时期所耗不同，实无须用倍量，仅须充分之浸渍时间。同样一种浸渍液三周及五十日后之效力比较，汽油浸出液之五十日者其效较稍速，设浸一月期间内多作数次实验，必亦有差别，可见刘氏结果谓浸渍时间至少须一月时间相当正确。

除虫菊粉制剂及浸渍液对于臭虫毒杀力之比较，显以后者效力为大，而室内应用除虫菊制剂无论对于蚊、蝇、臭虫，均以喷射浸出液为便利。唯浸出液挥发太快，在不密闭情形下，必须用量相当多，或多用数次，可保持更大效力；而另方面煤油与汽油在我国状况下均不易得，故制造、运用上均甚困难，一般不得不用粉剂以代之耳。

参考文献（略）

附　　录

曾省先生科研教学工作年表

1899	生于浙江瑞安。
1916	毕业于瑞安中学。
1920	毕业于南京高等师范学校农业专科，留校任动物学助教，开设了组织切片方法的课程，并兼修本科学分。师从著名生物学家秉志（农山），在秉志先生精心培养下，打下了动物学（特别是组织学和解剖学）方面深厚的基础，受到严格的实用技术训练和严谨治学精神培养。
1921	暑假参与秉志先生领导的动物标本采集。著有《第一次动物标本采集报告》。此采集属我国动物学界早期奠基事业的一部分。 发表论文《瓯柑栽培》。 南京高师升级为东南大学。
1924	修完生物系本科学分，获东南大学学士学位，任教员。
1928	东南大学更名为中央大学。晋升为生物系讲师。 经秉志等著名生物学家的推荐，获中华教育文化基金会资助，赴法留学，就读于里昂大学理学院，攻读生物系昆虫学、寄生虫学和真菌学博士学位。博士论文题一《Etude sur la Douve de Chine (Clonorchis sinensis Cobb.) 中华肝吸虫（华支睾吸虫）的研究》（为答辩论文），题二《Proposition Donnée par la Faculté Les Dipteres Pupipares（对双翅蛹生类昆虫特性的论述）》（为宣读论文）。
1930	7 月通过博士学位答辩，成绩优秀，评委一致同意授予曾省里昂大学理学博士学位。 博士论文《Etude sur la Douve de Chine》作为专著由法国里昂 BOSC 兄弟出版社出版。书中所述吸虫分布于亚洲各国，主要寄生于中国人的肝脏内，1875 年首次被发现。曾省用了 54 件由自己带去的和国内友人寄去的我国肝吸虫标本，作了认真详尽的研究，并与日人的研究作了对比，得出中日肝吸虫属同一物种的结论，并确定了病源和传染途径。 同年，任瑞士暖狭登大学动物研究室研究员。发表论文《Sur un Gasterostomide Immature chez Siniperca》。
1931	继续在暖狭登大学工作。 发表论文:《Douve Trovée dans un Oeus de Poule a Nankin et Considerations sur les Espèces du Gere Prosthogonimus》。
1932	发表论文: ①《Studies on Avian Cestodes from China (Part Ⅰ)》。 曾省是我国第一位研究中国鸟禽类体内双线绦虫的学者。

1932	②《Etude sur les Cestodes d'Oiseaux de Chine》。 在巴黎博物馆作昆虫分类研究，再去德国短期学习德语，后经莫斯科回国。 据山东大学校史记载，曾省作为著名寄生虫专家被青岛大学聘任为生物系主任，教授。（同年9月青岛大学易名为山东大学）。 在山东大学生物学会作学术演讲①《海洋原生动物》，②《青岛之渔业》。 夏季历时2个月，率领学生赴山东半岛北部各海口，采集大量海产生物标本。 发表论文：③《胶州湾海产生物》，④《水灵山与竹岔岛渔业概况》。
1933	改任山东大学海滨生物研究所主任。 发表论文：①《Studies on Avian Cestodes from China（Part Ⅱ）》，本文的新发现如下： （1）发现了七个鸟禽类绦虫物种，并确定其为新物种，予以描述并命名。 （2）中华鸟禽类绦虫在一定程度上或多或少与乌拉尔，澳大利亚，埃及及欧洲地区的鸟禽类绦虫有亲缘关系。 发表论文：②《生物学与人生》，首次述及国外已有用益虫来治害虫的"生物防治"，③《寄生鹰肠内之绦虫》，④《寄生鱼体绦虫之研究》。
1934	发表论文：《Anatomy of New Appendiculate Trematode from the Sea Eel》。 当得知校方决定筹办农学院时，曾省主动征得学校同意，前往济南筹建山东大学农学院，并任院长。他提倡"办农学院要教育、科研、生产相结合，培养全面人才。"主张农学院应招收研究生和举办冬季农民训练班。是年冬，第一期农民学校办得非常成功。详见论文《乡村教育与农学院》、《农民教育实施的初步》。 调查研究果树和棉花虫害问题，做了大量防虫试验，发现有井棉田，灌溉好，棉株苗壮，棉蚜为害轻。 做了梨果挂袋试验，证明挂袋能优质高产，此法推广后一直沿用至今。
1935	发表论文：①与陶家驹合著《棉蚜》，提出可饲育5种瓢虫来防治蚜虫。 ②与陶家驹合著《Observations on Cotton - Aphids，Aphis Gossypii Glover，in the Vicinty of Tsinan》。 是年秋，应任鸿隽（叔永）校长之邀入川，任四川大学农学院院长，教授。他积极主张学校办农场。并提倡"手脑并用，耕读兼施"的教学方法。举办初级农校，自任校长。
1936	发表论文：与何均合著①《梨果挂袋试验报告》及②《梨蟋蟀（俗名金钟）之研究》。③与陶家驹合著《A List of the Aphididae of China with Description of Four New Species》。 筹划建立植物病虫害系及农场，调查水稻病虫害，发现灌溉好的稻田，可抑制虫害发生。去都江堰了解春季放水情况。在成都种了25种水稻试验田，发现一种晚稻抗虫品种"铁梗青"，其受螟害率仅为1%。 抗日战争逼近，四川人口激增，建设大后方急需资金。为此，建设厅长卢作孚亲自抓种烟事宜。川大农学院接到建设厅函请派员协助建设厅调查烟草害虫问题的通知后，曾省即亲自带队参加防治烟草青虫的调研工作。

1937	与新都烟草改良场合作试验。曾省亲自动手研制药粉、作撒药试验，并传授给农民。 四川大学农学院成立植物病虫害系，曾省兼任系主任。他认为在大后方办高校是抗日战争的一部分，应为挽救国家民族危亡，为抗日战争胜利和战后建设培养人才。 与何均一同去各地受红蜡介壳虫及柑橘天牛为害的橘园，调查研究害虫生活史，生态环境，做药物试验。 发表论文：①与何均合著《Some Insects Injurious to Pear-Trees》》；②与陶家驹合著《New and Unrecorded Aphids of China》；③与陶家驹合著《1936年成都附近水稻螟虫之观察》。 建议都江堰提前放水，以破坏水稻螟虫的生长环境，抑制虫害。
1938	辞去四川大学农学院院长职务，专任植物病虫害系主任、教授。 按当时教育部关于编写职业学校教材任务要求，编写教材《螟虫》一书。 经多次防虫药剂试验证明，松脂合剂防治柑橘红蜡介壳虫，效果最显著。并研制出用四川土产的彭山碱配制的松脂合剂，效果良好，安全，价廉。经四川省农改所及中央农业实验所推广，深受橘农欢迎。
1939	得知我国稻谷仓储损失最高达到20%以上，相当于我国每年进口粮食量，为了抗日持久战的胜利，确保粮食安全，他带领学生李隆术搜集资料，研究仓库害虫问题，并开始编著《仓库害虫及其防治》一书。时逢抗日战争日机轰炸频繁之年，白天警报不绝于耳，敌轰炸机在头顶低空轰鸣，炸弹爆炸声此起彼伏。曾李二人白天照常坚持教学科研究工作，晚上在微弱的菜油灯下持续写作，坚持三年之久。 发表论文：①与何均合著《柑橘红蜡介壳虫之研究》；②与何均合著《柑橘红蜡介壳虫防治法》；③《四川园艺害虫问题》。 《螟虫》一书出版。
1940	发表论文：①与何均合著《柑橘红蜡介壳虫研究之二》，根据此虫生活史与习性，找到其生命中最脆弱的时段为每年的6—7月，总结出此时喷药最为有效；②与何均合著《柑橘天牛（老拇虫）》，总结出防治柑橘天牛的人工防治，器械防治，药物防治等方法；③与何均合著《果树天牛之研究》。发明了防治柑橘天牛的特效药"川大毒胶"；④《对于各级农业教育之管见》。 6月曾省带领本系师生赴种烟大县新都，与种烟示范场技术人员一起举办防治烟虫讲习班。亲自讲课共9次，听众有农民1 000余人次，学生600人次，效果很好。 11月由曾省等三人执笔，傅况鳞主编的《四川鼠患及肃清方法》一书出版。 自12月起，兼任金陵大学农林生物系昆虫学教授及硕士学位考试委员会委员。
1941	发表论文：①《烟虫问题》，②《推广研究烟虫防治报告》，③《川康白蜡改进刍议》。

1942	纪念川大成立十周年，著文写道"此研究之进行当在敌机扰袭威胁之下，而从未稍落，其研究精神，固足多也。……且证明敌机仅能破坏我物质，不能破坏我精神"。 完成《烟草青虫研究之初步报告》。烟草青虫即蔬菜青虫，为害70余种作物，调查了为害状况及经济损失；研究了青虫习性及生活史；提出三种防治法： ①人工防治——采卵捉虫灌水杀蛹；②喷药防治，包括砒酸钙，辣椒水及除虫菊水等；③生物防治，提倡保护害虫之十种天敌；在烟田中曾省发现了一种使青虫致死的菌，他试图以该菌来灭杀青虫，于是指导学生用细菌分离培养法获得一种菌。将其接种于10条青虫身上，并饲养在器皿内，两三天后各虫先后提前入土化蛹而无法进一步观察。试验虽未做完，但这毕竟是曾省进行生物防治试验的一次探索。烟田中还发现了一种能使青虫致死的病毒，也拟来年进行生物防治试验。 历经三寒暑，与李隆术合著《仓库害虫及其防治》定稿。
1943	发表论文：①《烟草青虫研究之初步报告》；②与黄佩秋合著《烟草青虫防治试验第二次报告》；③与谢大赉王季阳合著《烟草绿椿象观察报告》；④《A Comparative Study of Morphology of Cutworms, part I. External Morphology》。 近年四川蚕业遭白僵菌传染，桑蚕大量死亡，蚕丝出口亦遭重创。是年秋，曾省与李惟和一起赴乐山调查白僵病，曾省开始关注白僵菌的研究。
1944	曾省组织病虫害系与蚕桑系联合组成课题组，研究防治白僵病。 《仓库害虫及其防治》一书出版，书中述及仓库虫霉防治之重要；积谷害虫发生原因之研讨；34种仓库积谷害虫之种类及其生活史、习性；仓库改进；积谷管理；储藏剂；防治方法等。 发表论文：①与李惟和合著《乐山蚕桑害虫调查记》。 ②与李惟和合著《除虫菊开花之观察及制药试验之初步报告》，本实验以臭虫来检测除虫菊杀虫药效，效果甚佳。 ③《本校植物病虫害系之回顾与前瞻》，载于《川大校刊》，提出"望学生养成好学、自动研究之风气。本系学生毕业论文规定办法，要求自第三学年第二学期即开始动手，以使对昆虫的田间观察和室内饲养，能经历春夏秋冬而得窥其生态全豹。以后十之六七注重实用，十之三四兼治纯粹理论，二者不可偏废，勿因噎而废食，而不能得到全面之训练"。 ④《川大成立十二周年纪念感言》，载于《川大校刊》，指出："我们应本着抗战愈战愈强的精神，来多做科学研究的工作，多做病虫害防治试验，与自然界中害虫毒菌奋斗。这样方能帮助农业增产，为我民族求生存。…农业推广工作人员常有"三分种，七分虫"的说法。植物病虫害的驱除，对农业之重要既如上言。然我国青年学生，每视为畏途，不愿学习，原因是该门学科需有高深生物、理化等学做基础，且须精通一二外国文，才能登堂入室。技术须娴熟，方法须精巧，非有健全身体，冷静头脑，与有忍耐性，治学难能成就。……总希望我们年年有研究成绩来适应国家抗战建国的需

1944	要"。他希望："青年学生能看到自己视线以外更深远的境界，肯用远大眼光下踏实苦学的功夫，才能博学多闻，推陈出新。"
1945	白僵病菌联合课题组一方面研究家蚕被白僵菌寄生所起生理与病理反应及防治措施；另一方面研究白僵菌在我国利用之可能性。 8 月，日本投降，普天同庆十四年抗战的伟大胜利。 曾省在四川大学已工作整十年，成绩显著，学生们为他隆重庆贺。 从 1945 年年底他写给四川大学校方的一份报告中写道："……省最近介绍（接种）蚕之白僵病孢子于臭虫身上，确能寄生，如空气湿度较高臭虫必致病毙"。文中他明确表示："今后打算从事生物防治的研究。"
1946	发表论文《白僵病菌与昆虫》。介绍僵菌种类，家蚕被白僵菌寄生所起生理与病理反应及繁殖现象，还提供了美国麻省以白僵菌治玉米蛀虫之大田试验信息。 年初，辞去四川大学职务，去武汉。任汉口商品检验局技正，兼任湖北省华中农学院植物病虫害系主任及教授和武昌华中大学生物系教授。讲授昆虫学、组织学、胚胎学等课程，并任硕士生导师。
1947	辞去商品检验局兼职工作。 指导研究生调查武汉地区蚊虫问题。 发表论文《寄生爬墙虎之白环介壳虫》。
1949	发表论文：①《The Metamorphosis and Development of Some Special Cells of the Scale Inseet, Takahashia Wuchangensis n. sp. 》；②与研究生吴铱合著《A Preliminary Survey of Mosquitoes of the Wuhan Area》。 5 月 17 日武汉解放。曾省满怀喜悦，迎接解放。从此，开始了他 50 岁以后的崭新生活。他为国为民所做最重要的贡献都是在新中国成立后作出的。 8 月，军管会通知他去北平参加中华全国自然科学工作者代表大会筹备工作。 10 月在北京亲历新中国诞生的伟大历史事件，使他倍感振奋。中国农民获得解放，中国的农业也将大有希望了！
1950	参加高校教师"俄文短训班"。此后即可阅读俄文资料。至此，曾省已掌握英、法、日、德、俄 5 种外语。精通英、法文，日、德、俄文能熟练查阅文献。 发表论文：①《白环介壳虫变态的观察》，②《白环介壳虫的数种细胞》，③《防御公粮霉蛀》。 撰写《防治公粮霉烂生虫》一书，11 月某日曾省从长江日报获悉"湘赣鄂桂等省入库公粮霉烂生虫达一亿四十万斤"的消息。心急如焚连夜疾书。不久即完成此册科普读物及相关论文。宣传重视保护公粮。 是年河南遭小麦吸浆虫为害损失达二亿三千余万斤，全国豫、陕、皖、苏、鄂等省 80 余县遭受小麦吸浆虫严重危害，引起曾省高度关注并立即着手研究。 参于筹建"中南农业科学研究所"，任副所长兼植保系主任，研究员。负责主持中南五省植保工作。

1951	《防治公粮霉烂生虫》科普图书出版。 发表论文：①《贮粮土仓的改进意见》，②《棉铃霉烂原因及其防止途径》，③《武汉市郊水稻螟虫的观察》。 调离高校，专注中南农科所工作。 二月赴京参加第一次全国小麦吸浆虫座谈会。在农业部，中南农林部及河南省委指示下，组织中南农科所、河南大学农学院、河南农林厅三方成立"南阳小麦吸浆虫研究站"。曾省与中南农科所刘家仁，吴铱，蔡述宏一起参与研究站工作。 5月赴南阳考察1950年南阳发生吸浆虫的原因，指导当地的防虫工作。 发表论文：④《南阳小麦吸浆虫调查总结》，提出须在上游实施护林造林，兴修水利，免致洪水泛滥将吸浆虫带到下游地区；在低洼地多开沟渠以利排泄积水，破除吸浆虫巢穴；提倡推广"拉网捕成虫"法，强调拉网捕成虫前，应先拔除乌麦穗，以免拉网会助其孢子菌扩散，切忌乌麦穗病菌的孢子病菌粉散落在田间助病菌传染；劝导农民改变耕作法，如小麦南北向开行，通风光照良好，使吸浆虫不易藏匿；提倡办短训班"把技术交给农民"；建议农民种植抗虫害的小麦品种。 ⑤与何均等合著《小麦吸浆虫防治方法》，总结出四种有效的防治方法：一是人工防治法：捕捉成虫的网兜法和拉网法，捕捉幼虫的剪麦穗法和烧场底法。二是农业防治法：如选种、排水、稀栽、播期等法。三是药剂防治，介绍飞机播撒六六六药粉试验情况。四是天敌防治，可利用蚂蚁、蜘蛛、寄生蜂、捕虫植物（麦莲子）等。 ⑥《我对防治害虫的看法》，此文是在中国昆虫学会上的发言，文章最后部分阐明了生物防治的基本概念和内容。 ⑦与吴铱合著《An Ecological Study of Mosquitos in Wuhan Area》。
1952	曾省为我国害虫天敌异地引种开创了成功的典范，成为我国生物防治之先驱。当年，湖北宜都等县发生了严重的柑橘吹绵蚧为害。宜都县20万株柑橘仅产5 000多千克。曾省派助手蔡述宏前往浙江永嘉县采集大红瓢虫300余头，通过人工饲养、繁殖、驯化、采用多点释放和保护越冬等措施，使大红瓢虫适应了当地环境条件，建立了自然种群。经三年努力，基本控制了吹绵蚧的为害。1954年四川泸州由湖北宜都引入瓢虫一批。经四川1957年调查12个吹绵蚧发生点的被害橘树，由大红瓢虫完全歼灭吹绵蚧的树株，高达99.46%。 2月，出席洛阳第二次全国小麦吸浆虫会议。继续在南阳、洛阳两地进行研究，对两年来工作进行总结。 发表与何均等人合著论文《南阳吸浆虫的生活史与习性》。
1953	发表论文：①曾省、何均等合著《1952年小麦吸浆虫研究总结提要》。工作组认为今后尚需深入研究，拟在明年注意抗虫品种的选择与其性状的观察；大规模应用翻耕暴晒来消灭土中幼虫的数量；在小麦抽穗扬花前，试验中耕除草一次或施六六六粉于土中以阻碍蛹变成虫。 ②曾省、何均等人合著《1953年宛洛吸浆虫发生情况》，论及洛阳一带之水浇地，今春3月雪多，吸浆虫为害严重。经洛阳方面对越冬幼虫、蛹、成虫的观察得出结论：测定大多数越冬幼虫上升至土表预备化蛹时即应准备防

1953	治，发现吸浆虫开始化蛹，预测成虫即将发生。平均温度21℃，相对湿度50%，可促成虫盛行发生。南阳今春无雨，故为害轻。 年初得知我国出口前苏联大米因捡出有水稻粒黑穗病孢子而退回，严重影响外贸出口，造成很大的损失。曾省立即按农业部指示参与调查研究工作。
1954	发表论文：①《水稻粒黑穗病调查报告》。述及曾省进行实地考察后提出妥善防除措施：出口大米必须选自无水稻粒黑穗病稻田，其仓储包装运输应严加管理，务必确保安全无菌；种植方面应优选抗病品种，合理施肥以防倒伏引发此病等。 ②曾省、何均等人合著《小麦抗吸浆虫品种的选择》，认为这是一种非常有效的防治虫害的方法。 曾省著③《小麦吸浆虫防治方法》和④《作物抗虫品种的鉴定》。
1955	2月出席北京全国第三次小麦吸浆虫座谈会。 曾省在洛阳做了大量吸浆虫生物特性及吸浆虫的发生与小麦生长关系的研究；土壤理化性对幼虫影响的研究；他重视抗虫品种的研究，多次去田间观察。
1956	出席武昌全国小麦吸浆虫预测预报会议。 发表论文：①曾省与洛阳工作组合著《河南洛阳小麦吸浆虫研究工作总结》。认为洛阳重灾区防虫，须进一步研究气候与小麦生长及吸浆虫发生的关系；系统淘土掌握虫情；抗虫品种比较；吸浆虫分布密度与土壤理化性的关系。试验得知，当土地含水量在1~6寸深处为11.16%~16.99%，土壤pH＝7.7~8，有机物含量1.09~1.89时，既适合小麦生长，又适合幼虫地下生存。经pH溶液试验：pH为7~11幼虫存活，pH为6以下，12以上幼虫均死亡。故如何改进土壤和肥料以根绝吸浆虫，尚待继续研究。 ②《华中地区水稻螟虫专业会议总结》。曾省主持的华中农科所在湖北孝感及湖南醴陵进行的大面积治螟中，用研究成果来指导生产，已获成效：创造了深水灭螟，六六六药水灌田以及稻根收集耙（胡菊勋创造）等法，给防治螟虫带来了很大效益。会议对华中地区1956年实行"水稻螟情预测预报试行办法"，提出了存在的问题和建议；对1957年大面积治螟重点技术措施及水稻螟虫的研究提出了意见。
1957	中国农业科学院成立，曾省任农科院首届学术委员会委员。 发表曾省与雷惠质、朱鑫合著论文《湖南省郴县专区稻飞虱大面积防治工作考察报告》。 曾省著《小麦吸浆虫及其预测预报》一书出版。我国农业发展纲要中提出要在7年或12年内消灭农作物严重病虫害，必须加强病虫害预测预报。为此，农业部特邀请曾省执笔，并经小麦吸浆虫预测预报训练班研讨，由农业部植保局编审出版。书中述及小麦吸浆虫为害，虫的生物特性，生态环境，防治方法；主要预测预报对象的预测理论根据及预测办法；农业部植物保护局1956年小麦吸浆虫预测预报试行办法，及小麦吸浆虫情报员观测办法。 出席西安第二次小麦吸浆虫预测预报会议。 发表科普文章《小麦吸浆虫的预测》，以宣传群众，把技术交给广大农民。 在武汉市科技界"向科学进军"誓师大会上，曾省作为科技界代表和主席团成员，受到毛泽东主席的接见。

1958	2 月出席北京全国第四次小麦吸浆虫座谈会。 发表论文：①徐盛全，蔡述宏，曾省合著论文《吸浆虫蛹期的鉴别》。 ②《华中地区稻虫专业会议总结报告》，华中地区先后在湖北孝感，湖南醴陵，邵东，江西南昌等 12 处进行了稻虫大面积防治示范工作，防治面积达 120 多万亩，螟害损失显著减轻，挽回稻谷损失 2 539万余斤。 从筹建中南农科所，到该所易名为华中农科所、湖北农科所，9 年来，曾省一如既往，忠于职守，热爱植保事业。作为这个科研机构和植保科研体制中研究方向的奠基人之一，长年累月带领科技人员奔赴重灾区，以其满腔热情和业务专长，与农民一道战胜小麦吸浆虫害，使河南湖北等地 3 000万亩小麦免受灾害；深入华中三省广大农村，依靠农民进行大面积防治水稻螟虫、飞虱和水稻粒黑穗病，使湘鄂赣三省水稻病虫害得到有效的防治，稻谷得以丰收，出口大米质量得以保证。为我国农业发展做出了重要贡献。 他重视科研成果的积累和传播，支持和创办了《中南植物保护通讯》、《华中农业科学》等期刊，并担任湖北省科学技术协会副主席和《昆虫学报》编辑。
1959	调离湖北农科所，赴京任中国农业科学院植保所研究员，负责昆虫标本室工作，并主持《中国主要农作物病虫害图谱》编审工作。 开始着手整理小麦吸浆虫的资料，为编著《小麦吸浆虫》一书做准备。 据"动物学界动态"沈嘉瑞报道："农科院植保所曾省教授最近将其三，四十年所搜集的有关寄生虫、蠓虫的珍贵书刊 272 册捐赠给中国科学院动物所。这批书刊很难买到，且有重要参考价值，对开展有关寄生虫的研究，将有不少帮助……"。
1960	60 年代初辽宁省柞蚕业发生危机，由于柞蚕体内的寄生蝇（柞蚕饰腹寄蝇）的为害，使柞蚕丝减产达 69% ~ 100%。
1962	曾省受农业部指派和辽宁柞蚕研究所的邀请，前往辽宁凤城等地参加柞蚕寄生蝇防治工作组工作。 发表论文：①《小麦吸浆虫的生态地理，特性及其根治途径的讨论》，在曾省参与防治吸浆虫研究十余年后，全国吸浆虫为害面积显著缩小，地下虫口密度迅速下降，一般小方（0.25 平方尺，深 6 寸）土中仅有虫头数 1 ~ 5 以下，麦粒被害仅 0.1% ~ 0.3%。但今后，该虫可能再度猖獗为害。故曾省提出根治意见，他认为尤其是地势低洼，土壤经常湿润的地方，或渠浇、井浇麦田，更应经常注意吸浆虫的发生动态。 为继续消灭小麦吸浆虫，他提出应按其地理分布与传播途径，全国通盘筹划，集中力量，重点歼灭低洼地的吸浆虫。特别要注意上游河谷盆地和下游滋生场所。这些地方吸浆虫密度仍大，严重田块应做土壤处理。必须把技术交给群众，并组织群众认真贯彻执行，推广抗虫小麦品种，以抑制吸浆虫为害发生。因幼虫能随水漂流，故更应根治上游地区虫害，以免增加下游地区虫群来源。 ②与尹莘耘合著《一种寄生昆虫的穗状菌（*Spicaria sp.*）研究初报》。此寄生于昆虫体的粉样穗状菌，于 1962 年 1 月在我国由曾省首次在棉铃虫病蛹上发现，经初步试验证明，此菌寄主范围广（如棉铃虫蛹、苍蝇蛹、斜纹夜盗蛾等），繁殖容易，有大田利用的可能。有许多昆虫可感染发病，希早

1962	日用来作生物防治。③与尹莘耘，赵玉清合著《柞蚕寄生蝇赤紫穗状菌（*Spicaria rubido-purpurea* Aoki）的初步观察》，该菌于 1962 年 6 月，由曾省在辽宁省凤城，安东一带柞蚕寄生蝇蛹体上首次发现，拟用作生物防治柞蚕寄生蝇的探索性研究。并计划作菌粉制造与大田利用试验。
1963	曾省带领助手多次奔赴现场调查柞蚕寄生蝇虫情，他仔细观察研究柞蚕寄生蝇生活史和习性，注意到寄生蝇产卵的奇特方式：雌蝇产卵前要寻觅产卵地，当柞蚕吃叶正盛时，雌蝇飞到蚕儿食叶处，对准蚕儿口器前边的叶面上产下卵来，产卵后即敏捷飞离，使蚕儿毫无察觉中把蝇卵吃了。蝇卵被蚕吞入消化道之中肠，借肠液作用孵化成蛆。此现象启示曾省将家畜寄生虫的防治方法，移植到柞蚕寄生蝇的防治上，提出用药方案：讓蚕吃下喷洒过药液的柞叶，柞叶所带的药必杀死柞蚕体内的蝇蛆，而此药不影响柞蚕正常生长发育和吐丝结茧。此药即"灭蚕蝇一号"，试验效果十分理想。此项目 1981 年获国家科技发明二等奖。 曾省与张义成合著《柞蚕寄生蝇》一书出版。 发表论文：①《辽宁省柞蚕寄生蝇调查及其防治措施的研讨》。②与赵玉清合著《应用赤色穗状菌防治柞蚕饰腹寄蝇的初步研究》，该菌是寄生在柞蚕饰腹寄蝇蛹身上的一种食虫真菌。经分离培养试验和观察，断定该菌对柞蚕饰腹寄蝇蛆和蛹的侵染力相当强，且培养容易，蛆蛹接触该菌罹病，必死无疑。并对赤色穗状菌进行了鉴定。拟针对生产问题继续研究，解决应用技术与大量生产孢子问题。不仅可解决柞蚕饰腹寄蝇和家蚕多化性寄生蝇危害，还可试用以防治农作物及果树害虫，成为生物防治法的新利器。
1964	3 月，由我国著名昆虫学家刘崇乐代表中国昆虫学会和曾省代表中国植物保护学会共同主持，在武汉召开"全国第一届农林害虫生物防治学术讨论会"，曾省对如何加强我国生物防治研究提出了不少很好的建议。会后出版了曾省主编的《1964 年全国农林害虫生物防治学术讨论会论文集》。 随即在曾省的创议和主持下，中国农业科学院植物保护研究所设立了由他主持的生物防治研究课题组，积极开展生物防治的相关研究。如赤眼蜂繁殖和应用的研究；用苏云金杆菌防治菜青虫的研究；京郊主要农作物害虫天敌种类调查，都取得了很好的成绩。 出席"中国昆虫学会二十周年学术讨论会"。德高望重的生物学家秉志先生致开幕词提到，使他倍感欣慰的是：广大治虫学者、科学家们，新中国成立后在党和政府的领导下，满腔热情地奋战在防虫抗灾第一线，在防除"稻螟、飞蝗、棉蚜、小麦吸浆虫、蚊、蝇、鼠患"七大严重灾害斗争中做出了重大贡献。曾省有幸在新中国成立后亲身参与了四项，且成绩卓著。加上他此前的业绩，30 年来他共参与防治并战胜过六大严重灾害。会上，他发表了论文《类似吸浆虫与瘿蚊科昆虫》，以提高小麦吸浆虫预测预报的准确性。
1965	发表论文：①《虫生微生物及其利用》，向同行们提供国内外将微生物（细菌、真菌、病毒、原生动物）用于生物防治的实例，推广利用微生物防治

1965	害虫这一新技术。②《有关赤眼蜂种鉴别的商榷》，赤眼蜂是一些害虫的天敌，可用作生物防治。由于其体型甚小，种型特征难于辨认鉴别。日本学者对赤眼蜂种别的描述不甚完善。曾省提出用赤眼蜂雄蜂外生殖器和翅上毛列作为分类依据，并首次按此法对北京郊区和辽宁丹东的三种赤眼蜂进行了鉴定。③与尹莘云、赵玉清合著《一种虫生真菌——赤色穗状菌 Spicaria fumoso – rosea（Wize）Vassilijevsky 的研究》，全面总结了应用赤色穗状菌制剂防治柞蚕饰腹寄蝇的创新成果和成功经验。 完成《中国主要农作物病虫害图谱》的编审，交农业出版社出版。 曾省编著《小麦吸浆虫》一书出版。稿费捐赠植保所。该书是对 20 世纪 50 年代我国各冬小麦产区在农业部领导下，历时 8 年，战胜吸浆虫严重灾害情况的历史记录和全面总结。书中还汇集了大量由全国各相关农业研究所、农学院科研人员搜集的有关吸浆虫及其防治的第一手宝贵资料、数据、图表等。 11 月，曾省和植保所生物防治组人员，从长沙湖南省农科院的试验田内采集到三化螟幼虫尸体，从中分离出一种芽孢杆菌，定名为"杀螟杆菌"。在湖南省微生物工厂协助下，使该菌制剂顺利进行批量生产。产出的"杀螟杆菌剂"，经田间试验，表明对稻苞虫、水稻三化螟、茶毛虫、菜青虫等均有良好治效。这是我国首次自主采集、分离、培养、制粉、接种、试验成功并进行工厂化生产和大面积应用的细菌杀虫剂。 曾省等还开展了用苏云金杆菌防治菜青虫的研究工作，为该药剂的推广应用提供了试验数据。 这一年，是曾省献身植物保护事业的丰收年。66 岁的曾省，仍怀着一颗火热的心，全心全意、不知疲倦地奋斗着，终于登上新的高地，为我国生物防治害虫事业的奠基作出了重大贡献。
1966	年初，华东等地同行，从植保所引去菌种，进行大量培育和防螟工作试验，并在全国推广，效果良好。 6 月"文化大革命"开始，停止了一切科研工作。
1968	6 月曾省被迫害致死。
1978	9 月由中国农业科学院宣布为曾省平反昭雪。

曾晓华编

曾省先生主要著作目录

一、早期论著

1. 瓯柑栽培（1、2、3）. 南京高师农科的研究课题. 曾省.《中华农学会报》1921，2（6、8、9）.

2. 第一次动物采集报告. 曾省.《国立东南大学南京高师 农业丛刊》1921，（3）.

3. 蛎灰. 曾省.《农学》1924，1（7）.

二、寄生虫研究

1. 【Etude sur la Douve de Chine（Clonorchis sinensis Cobb.）】［中华肝吸虫（华支睾吸虫）的研究］. Tseng Shen. LYON Imprimerie BOSC Freres & RIOU. 1930.

2. Sur un Gasterostomide Immature chez Siniperca（一种寄生在鲈鱼胃腹口的未成熟蚴. Tseng Shen.《Annales de Parasitologie》（《寄生虫学年鉴》）. 1930，8（5）.

3. Douve Trouvee dans un Oeuf de Poule a Nankin et Considerations sur les, Especes du Genre Prosthogonimus（南京的一枚鸡蛋内发现一头吸虫，考虑其种属为前殖吸虫属），Tseng Shen，《Bull. de la Soc. Zool de France》（《法国动物学会通报》），1931，56（5）.

4. Etude sur les Cestodes d'Oiseaux de Chine（中国鸟类绦虫的研究）. Tseng shen,《Annales de Parasitologie》（法国《寄生虫学年鉴》），1932，10（2）.

5. Studies on Avian Cestodes from China.（Part I）（中国鸟禽类绦虫的研究之一）. Tseng Shen.《Parasitology（Cambridge）》（剑桥《寄生虫学报》），1932，24（5）.

6. Studies on Avian Cestodes from China（Part II）（中国鸟禽类绦虫的研究之二）. Tseng shen.《Parasitology（Cambridge）》（剑桥《寄生虫学报》）. 1933，25（4）.

7. 寄生鹰肠内之绦虫. 曾省.《国立山东大学科学丛刊》. 1933，1（1）.

8. 寄生鱼体绦虫之研究. 曾省.《国立山东大学科学丛刊》. 1933.

9. Anatomy of New Appendiculate Trematode from the Sea Eel（一种新的寄生于海鳗体内吸虫的解剖）. Tseng Shen.《Peking Natural History Bulletin》（《北京自然历史通报》），1934－1935，9（Part3）.

三、生物学、海产及渔业论著

1. 生物学与人生．曾省．《国风半月刊》，1933，1（12）．
2. 胶州湾之海产生物．曾省．《青岛工商季刊》，1932，(12)．
3. 水灵岛与竹岔岛之渔业概况．曾省．《青岛工商季刊》．

四、棉病虫害及其防治

1. 棉蚜．曾省，陶家驹．《山东大学农学院丛刊》．1935，(6、7、8)．
2. Observations on Cotton – Aphids, Aphis Gossypii GLOVER, in the Vicinity of TSI-NAN（济南地区棉蚜的观察）．Sheng Tseng, Chia – Chu Tao．《Peking Natural History Bulletin》（《北京自然历史通报》），1935 – 1936，10（Part3）．
3. A List of Aphididae of China with Descriptions of Four New Species（中国蚜虫名录附四新品种），曾省，陶家驹．Sheng Tseng、Chia – Chu Tao《昆虫与植病》．1936，3，4（7 – 9）．
4. New and Unrecorded Aphids of China（中国发现的蚜虫新种和未曾记录过的蚜虫）．Sheng Tseng、Chia – Chu Tao 曾省，陶家驹．《West China Border Research Society》（《华西研究会刊》），1937．
5. 棉铃霉烂原因及其防止途径．曾省．1951．

五、园艺害虫与烟草害虫及其防治

1. 梨果挂袋试验报告．曾省，何均．《园艺》，1936，2（7）．
2. 梨蟋蟀（俗名金钟）Calyptotrypus hibinonis Mats.（= Maoasumina hibinonis Mats.）之研究．曾省、何均．《中华农学会报》，1936，(153)．
3. Some Insect injurious to Pear – Trees（梨树害虫纪要）．曾省，何均．《Ling Nan Science》（《岭南科学》）．1937，16（2、3）．
4. 柑橘红蜡介壳虫之研究．曾省，何均．《科学世界》．1939，8（1）．
5. 柑橘红蜡介壳虫之研究（续完）．曾省，何均．《科学世界》．1939，8（2）．
6. 柑橘红蜡介壳虫的防治方法．曾省，何均．《现代农民》，1939，2（2）．
7. 四川园艺害虫问题．曾省．《希望》．1939，17（6）．
8. 柑橘红蜡介壳虫研究之二．曾省，何均．《中华农学会报》．1940，(169)．
9. 果树天牛之研究．曾省，何均．《中华农学会报》．1940，(169)．
10. 柑橘天牛（老拇虫）．曾省，何均．《现代农民》．1940，3（2）．
11. 烟虫问题．曾省．《农林新报》．1941，18（19 – 21）．
12. 推广研究烟虫防治报告．曾省．《新农村》．1941，创刊号．
13. 烟草地蚕．曾省，何均．《川大农院，十周年纪念特刊》，1941，11.

14. 烟草青虫研究之初步报告. 曾省.《农林新报》.1942, (10 – 12).

15. 烟草青虫防治试验第二次报告. 曾省, 黄佩秋.《农林新报》.1943, (13 – 15).

16. 烟草绿椿象观察报告. 曾省, 谢大赉, 王季阳.《农林新报》, 1943, (13 – 15).

六、仓储病虫害、鼠患及其防治

1.【四川鼠患及肃清方法】. 曾省, 李声扬, 刘宗烈.《四川地方实际问题研究会》.1940, 11.

2.【仓库害虫及其防治】. 曾省, 李隆术.《正中书局》.1944.

3. 防御公粮霉蛀. 曾省.《新科学》.1950, 1 (1).

4.【防治公粮霉烂生虫】. 曾省.《武汉通俗图书出版社》.1951, 3.

5. 储粮土仓的改进意见. 曾省.1951.

七、蚕类病虫害及其防治

1. 乐山蚕桑害虫调查记. 曾省, 李惟和.《新农村》.1944, 2 (4).

2. 辽宁省柞蚕寄生蝇调查及其防治措施的研讨. 曾省.《中国农业科学》.1963, (1).

3.【柞蚕寄生蝇】. 曾省, 张义成.《辽宁省科学技术协会》.1963, 3.

4. 蚕品种选育与蚕种检验办法改革学术讨论会纪要. 夏建国, 曾省.《蚕桑通报》, 1985, (1).

八、小麦吸浆虫及其防治

1. 小麦吸浆虫防治方法. 曾省, 何均, 刘家仁, 杨有乾, 徐盛全, 蔡述宏.《新科学》.1951, 2, 2 (4).

2. 南阳小麦吸浆虫调查总结. 曾省.《中国昆虫学会通讯》.1951, 9, 3 (4 – 5).

3. 南阳吸浆虫的生活史与习性. 何均, 曾省, 徐盛全, 杨有乾, 刘家仁, 蔡述宏.《自然科学》.1952, 2 (2).

4. 1952 年小麦吸浆虫研究总结提要. 曾省, 刘家仁, 吴铱, 蔡述宏, 何均, 杨有乾, 徐盛全.《科学通报》.1953, (6).

5. 1953 年宛洛吸浆虫发生情况. 曾省, 刘家仁, 陈业英, 何均, 杨有乾, 徐盛全.《新科学》, 1953, (4).

6.【小麦吸浆虫防治方法】. 曾省.《武汉通俗图书出版社》.1954.

7. 小麦抗吸浆虫品种的选择. 曾省, 刘家仁, 陈业英, 何均, 徐盛全, 吴庆搿.《农业科学通讯》, 1954, (4).

8. 作物抗虫品种的鉴定. 曾省.《植物保护通讯》，1954，（4）.

9. 河南洛阳小麦吸浆虫研究工作总结（1955）. 曾省，唐属宝，陈济，何均，张冬生，徐盛全，赵华英，刘其芳，刘水香.《华中农业科学》. 1956，（2）.

10.【小麦吸浆虫及其预测预报】. 曾省.《财政经济出版社》. 1957，7.

11. 怎样预测病虫的发生（二）小麦吸浆虫的预测. 曾省.《农业技术》. 1957，（6）.

12. 吸浆虫蛹期的鉴别. 徐盛全，蔡述宏，曾省.《昆虫知识》. 1958，（3）.

13. 小麦吸浆虫的生态地理、特性及其根治途径的讨论. 曾省.《中国农业科学》. 1962，（3）.

14.【小麦吸浆虫】. 曾省.《农业出版社》，1965.

九、水稻病虫害及其防治

1. 1936 年成都附近水稻螟虫之观察. 曾省，陶家驹.《农报》，1937，2，4（6）.

2.【螟虫】. 曾省. 商务印书馆. 1939，8.

3. 水稻粒黑穗病调查报告. 曾省.《农业学报》. 1954，4（4）.

4. 华中地区水稻螟虫专业会议总结. 曾省.《华中农业科学》. 1956，（6）. .

5. 湖南省郴县专区稻飞虱大面积防治工作考察报告. 曾省，雷惠质，朱鑫.《华中农业科学》. 1957，（5）.

6. 华中地区稻虫专业会议总结报告. 曾省.《华中农业科学》. 1958，（2）.

7. 武汉市郊水稻螟虫的观察. 曾省.《中南植保通讯》.

十、昆虫事业及昆虫学研究

1. 川康白蜡改进刍议. 曾省.《科学世界》（中华自然科学社印行）. 1941，10（5）.

2. 昆虫事业之今昔观. 曾省.《农业推广通讯》. 1942，4（8）.

3. 四川白蜡虫（续）. 廖定熹，曾省.《农林新报》. 1943，（1－3）.

4. A Comparative Study of Morphology of cutworms, part 1., External Morphology（地蚕形态的比较研究，第一部分外部形态的研究）. 曾省. Published by the Ent. Lab. of Sichuan Univ.（《四川大学昆虫实验室印行》），1943.

5. 我国战后昆虫事业改进之商榷. 曾省.《农林新报》. 1944，（25－30）.

6. 寄生爬墙虎之白环介壳虫，A New Scale Insect Parasitie on The Ivy. 曾省.《科学》，1947，30（1）.

7. The Metamorphosis and Development of Some Special Cells of the Scale Insect, Takahashia wuchangensis. n. sp.（白环介壳虫的某些特殊细胞的变态和发育）. 曾省.《Science & Technology in China》（《中国科技》）. 1949，4，2（2）.

8. A Preliminary Survey of Mosquitoes of the Wuhan Area（武汉地区蚊虫的初步调查）.

曾省.《Science & Technology in China》(《中国科技》), 1949, 4, 2 (2).

9. 白环介壳虫变态的观察. 曾省.《中国科学》. 1950, 11, 1 (2-4).

10. 白环介壳虫 Takahashia wuchangensis Tseng 的数种细胞. 曾省.《中国昆虫学报》. 1950, 12, 1 (2).

11. An Ecological Study of Mosquitoes in Wuhan Area (武汉地区蚊虫的生态研究). 曾省, 吴铱.《Bulletin of Entomological Research》. Cambridge U Press (英国剑桥大学《生态学研究学报》). 1951, 3.

12.【中国主要农作物病虫害图谱第1, 2集.】曾省编审.

13. 类似吸浆虫与瘿蚊科昆虫. 曾省. (见《小麦吸浆虫》一书附录。)

十一、生物防治

1. 白僵病菌与昆虫. 曾省.《农林新报》, 1946, (1-9).

2. 我对于防治害虫的看法. 曾省.《中国昆虫学会通讯》1951, 11, 3 (6-7).

3. 一种寄生昆虫的穗状菌 (Spicaria sp.) 研究初报. 曾省, 尹莘耘.《植物保护学报》. 1962, 3, 1 (3).

4. 柞蚕寄生蝇赤紫穗状菌 (Spicaria rubidopurpurea Aoki) 的初步观察. 曾省, 尹莘云, 赵玉清.《中国昆虫学会讨论会会刊》. 1962.

5. 应用赤色穗状菌防治柞蚕饰腹寄蝇的初步研究. 曾省, 赵玉清.《辽宁蚕业研究所刊物》. 1963.

6. 1964 年全国农林害虫生物防治学术讨论会上的发言. 曾省. 1964.

7.【1964 年全国农林害虫生物防治学术讨论会论文集】. 曾省主编.

8. 一种虫生真菌——赤色穗状菌 Spicaria fumoso - rosea (Wize) Vassilijevsky 的研究. 曾省, 尹莘云, 赵玉清.《植物保护学报》1965, 2, 4 (1).

9. 有关赤眼蜂种鉴别的商榷. 曾省.《昆虫学报》1965, 14 (4).

10. 虫生微生物及其利用. 曾省.《科学通报》. 1965, (9).

十二、各级农业教育的研究与实践

1. 乡村教育与农学院. 曾省.《农业周报》. 1934, 3 (49).

2. 农民教育实施的初步. 曾省.《农业周报》. 1934.

3. 对于各级农业教育之管见. 曾省.《农林新报》. 1940, 4 (13-15).

4. 本校植物病虫害系之回顾与前瞻. 曾省.《川大校刊》, 1944. 16 (1).

5. 川大成立十二周年纪念感言. 曾省.《川大校刊, 十二周年校庆纪念特刊》, 1944, 11, (5-6);《新农村》. 1944, 2 (4).

十三、四川战时的农业

1. 一年来四川农业的进步. 曾省. 《国风月刊》1936，8（11）.
2. 战时四川的农业. 曾省. 《财政季刊》. 1937.

十四、其他农业科技

1. 除虫菊开花之观察及制药试验之初步报告. 曾省，李惟和. 《新农村》. 1944，2（4）.
2. 武汉的牛乳业. 曾省. 《现代农民》. 1946，9（5）.
3. 介绍余杭蚕农制造丝绵的经验. 曾省，王定莫. 《蚕桑通报》. 1958，（4）.
4. 武汉附近蚕豆病的初步观察. 曾省，马桂辉. 《植病知识》. 1959，（1 - 12）.

注：①本文中含【】为专著，其余为论文，
　　②出版日期，按年，月，卷（期）注明。

曾晓萱、曾晓华、曾晓光、曾晓庄搜集，曾晓华整理。

后　记

我退休后陆续读到叶正楚先生写的两篇关于父亲曾省的文章，才略知父亲生前的功绩。于是萌生了从父亲的成长历程中去进一步了解父亲的想法。时逢妹妹曾晓庄及妹夫潘家任正准备为我舅舅陈公培（中共早期党员，曾在法国勤工俭学）去法国搜集资料，编写文集和传记。并请了两位法语专家：高发明（前任中国国际广播电台法语部主任、国际台驻巴黎首席记者）及其夫人张敬群同行，他们都是妹妹曾晓庄在广电总局的同事。我希望妹妹此行能顺便求索父亲的资料，妹妹建议我同去。于是，我和妹妹、妹夫等一行 5 人于 2014 年 6 月去了法国。

在里昂我们巧遇两位中国留学生夫妇阮叶海和董士靖。当他们得知我们此访的意图，就主动帮我们从网上检索到父亲的博士学位论文及其存处。还查到父亲的 4 篇在法国和瑞士暖狭登大学研究的寄生虫论文，并获悉父亲在《中国鸟禽类绦虫的研究》的（一）与（二）两文中曾发现了 7 个鸟禽类绦虫新物种等，这使我们倍感振奋。

而后，我们径直去了罗纳河畔的里昂大学理学院旧址（现为里昂第二大学），方知父亲当年就读的里昂大学理学院，早已迁至现今里昂第一大学校址。我们在里昂一大校园内的大学图书馆，见到了父亲的法文版的博士学位论文《中华肝吸虫（华支睾吸虫）的研究》手稿，版面精致、解剖切片图工整细腻、极其规范考究。在场的人莫不为之惊叹。高发明先生对我说："你们应该把你父亲的论文搜集起来编成文集出版"。这位目光敏锐的资深记者，此时已感到眼前论文的作者定是一位不凡的学人。此后，他又多次强调这是有意义的事，提醒我重视。

阮叶海夫妇还通过里昂市图书馆的网络，查到曾省的博士学位论文已于 1930 年作为专著在法国出版，现存巴黎法国密特朗国家图书馆。我们回巴黎后又去该馆，复印了那本书。

由于高发明先生的启迪，我开始搜集父亲的著作。回京后即请人将法文版博士论文全文译出。读后方知此文的学术价值。8 月去上海，又检索到那两篇具有新论点的《中国鸟禽类绦虫的研究》（一）与（二）的英文版论文。9 月回杭州，立即去浙江图书馆电子阅览室，又检索到父亲 1951—1958 年的 11 篇馆藏中文著作目录。这使我感到搜集他的著作大有希望。增强了为父亲出版文集的决心和信心。

2016 年 4 月下旬，为取得父亲生前所在单位中国农业科学院植物保护研究所对出版曾省文集的支持，我向植保所办公室袁会珠主任报告了此事。当天下午袁主任便正式通知我："植保所领导已开会决定为曾省出版文集"。我真是喜出望外，立即告知家人。

姐弟妹们得知此消息，无不欢欣鼓舞，但对须在短时间内完成搜集父亲遗著一事也颇感为难，因我们毕竟都是80岁上下的老人，精力有限，但都表示要千方百计战胜困难，投入搜集资料工作。我们先后求助了京、浙、沪、宁、汉、蓉等地相关大学及科研院所图书馆、档案馆。他们无不热情积极、尽力相助。通过国际、国内馆际互联网，帮我们查询检索。有时发来资料字迹不清，又退回再复制发来，如《仓库害虫及其防治》一书，200多页，因复印不清楚，又请清华大学图书馆委托吉林大学图书馆再次复印寄来。清华大学图书馆的王伟老师还花了很多精力查到几十件著作的出版时间和出版单位，使我们十分感动。

截至2016年6月底，我们共搜集到文章90余篇，专著7部（由于年代久远，"文革"破坏，以及个人能力所限，文献有所缺失。例如，父亲在1964年全国生物防治会议上的重要发言及由他主编的《1964年全国生物防治会议论文集》至今仍未找到）。2017年初，又收到浙江图书馆查到的几十件文献目录和4篇文章。由于篇幅所限，本书仅选入49件文献（有关寄生虫的论著拟另出专集）。

此外，还编写了《曾省先生科研教学工作年表》和《曾省先生主要著作目录》（包括未纳入本书的文献），撰写了《代序二》和《后记》。

在搜集资料过程中得到近百位朋友的热心帮助，在此我代表家人向所有帮助过我们的朋友致以真诚的谢意！没有你们的鼎力协助，这本书是不可能出版的。

更要感谢快捷的互联网技术，使我们能在短短几个月内，搜集到跨时近百年、跨地数万里的百余件珍贵资料。

特别要感谢以下各单位及各位老师们：

法语翻译 高发明、张敬群夫妇；

中国留法学者 阮叶海、董士靖夫妇；

中国农业科学院植物保护研究所领导、袁会珠主任、叶正楚研究员、蒋红云研究员及参与审阅本书的专家组；

中国农业科学技术出版社；

法国密特朗国家图书馆；

法国里昂市图书馆；

法国里昂第一大学内的大学图书馆，档案馆；

清华大学图书馆，馆际交流处 王伟女士；

浙江图书馆，电子阅览室；信息服务中心 徐进先生、李萍女士；

南京大学，郑意春女士；南京大学图书馆，王雷先生、李佳女士；

上海图书馆，文献提供中心，陈燕梅女士；

中国科学院上海分院图书馆文献阅读室；

湖北省农业科学院，胡定金先生；

四川大学校史馆，党跃武教授。

以上单位还有许多热情帮助过我们的朋友，由于当时大多都未留姓名，现只能在此向你们深深鞠躬以表谢意！

由于我是学机械工程的，对农业及防治农作物病虫害完全是外行。好在近两年阅读了大量父亲的遗著，深受教育和感动，下决心边学边干，尽力把事情做好。然而，终因时间仓促和知识能力所限，差错难免。敬请专家、读者批评指正。

曾晓华

2017 年 7 月